U0538697

工程材料
第五版

Structure and Properties of Engineering Materials
Fifth Edition

Daniel Henkel, PhD, PE
Alan W. Pense, PhD
Lehigh University
原著

國立台北科技大學機械工程學系 李文興 教授 審閱

劉品均 翻譯

國家圖書館出版品預行編目資料

工程材料 / Daniel Henkel, Alan W. Pense 原著 ; 劉品均譯.
-- 初版. -- 臺北市：麥格羅希爾, 2004[民93]
　　面 ;　公分. -- (機械叢書 ; ME001)
譯自：Structure and properties of engineering materials, 5th ed.
ISBN 978-957-493-907-7 (平裝)

1. 工程材料

440.3　　　　　　　　　　　　　　　　93007728

機械叢書 ME001

工程材料 第五版

作　　　者	Daniel Henkel, Alan W. Pense
譯　　　者	劉品均
企 劃 編 輯	陳靖
業 務 行 銷	李本鈞　陳佩狄　曹書毓
業 務 副 理	黃永傑
出 版 者	美商麥格羅‧希爾國際股份有限公司台灣分公司
地　　　址	台北市中正區博愛路 53 號 7 樓
網　　　址	http://www.mcgraw-hill.com.tw
讀 者 服 務	E-mail: tw_edu_service@mheducation.com
	TEL: (02) 2311-3000　　FAX: (02) 2388-8822
法 律 顧 問	惇安法律事務所盧偉銘律師、蔡嘉政律師
總經銷(台灣)	臺灣東華書局股份有限公司
地　　　址	10045 台北市重慶南路一段 147 號 3 樓
	TEL: (02) 2311-4027　　FAX: (02) 2311-6615
	郵撥帳號：00064813
網　　　址	http://www.tunghua.com.tw
門　市　一	10045 台北市重慶南路一段 77 號 1 樓　TEL: (02) 2371-9311
門　市　二	10045 台北市重慶南路一段 147 號 1 樓　TEL: (02) 2382-1762
出 版 日 期	2013 年 6 月（初版二刷）

Traditional Chinese Translation Copyright © 2004 by McGraw-Hill International Enterprises, LLC., Taiwan Branch.
Original title: Structure and Properties of Engineering Materials, Fifth Edition
ISBN: 978-0-07-235072-2
Original title copyright© 2002, 1977, 1965, 1949, 1942 by McGraw-Hill Education
All rights reserved.

ISBN：978-957-493-907-7

※　著作權所有，侵害必究。如有缺頁破損、裝訂錯誤，請寄回退換

審閱序

　　翻譯是個相當複雜的挑戰，講究的是信、達、雅，爭論的主要重點是要「直譯」或是「意譯」，其實在不同的文句中，翻譯具有各個不同的使命，也就是應該採用的翻譯原則也就不同，不能一概而論，本書的翻譯原則在各個段落中特別注意到這幾項原則，在此首先向各位讀者作個說明，翻譯的原則是把中文定位在輔助讀者看懂英文的角色，在這個定位之下，我們演化出兩個翻譯原則，第一、我們按照原文的段落位置一句一句翻譯下來，這樣可以方便讀者在看原文書時，一旦碰到困難，可以很方便的找到該句相對應的中譯文句來看。第二、在每個翻譯的中文句中，本次翻譯的原則是採用平鋪直述的方式處理，也就是儘量按照原文的句子敘述的順序以同樣的順序譯成中文，當然中英文兩種語言結構上的差異翻譯時在順序上難免會有前後更動的情形，可是原則上我們會儘量避免，於此兩大原則之下，當然翻譯出來的文章還是必須保持可讀流暢的結果，但是原文重重的限制有些地方還是會有不太自然，但為了達到輔助看懂英文的任務，這是無法避免的後果，這是我們在翻譯完這本書後深深覺得與旋元佑先生對翻譯的看法有異曲同工之處，因此才會特別提出來闡述翻譯本文的一些感想.

　　本書的內容非常適合初學材料科學的大學生使用，全文採用進階式的方法作深入淺出的教學處理，當然與坊間其他相類似的書籍也一樣會有內容過多的通病，但這並不妨害到全文的流暢性，教師可以選擇所需的章節自行節錄出來，當然對於可有一年時間的基礎材料課程是相當適合的，一學期似乎有點過於倉促，研讀一年比較可以使學生紮下深厚的材料基礎。最後敬祝同學教師可在中文環境中快樂的學習而能有所收穫，最後引用一首馬演初的詞與大家共勉

　　　　　　　榮辱不驚閒看庭前花開花落
　　　　　　　去留無意漫觀天外雲捲雲舒

讀書人成功之餘，別忘了

　　　　　　風格高一點、糊塗一點、瀟灑一點、幽默一點、度量大一點.

　　　　　　　　　　　　　　　　　　台北科技大學機械系暨育成中心主任

　　　　　　　　　　　　　　　　　　李文興　教授

　　　　　　　　　　　　　　　　　　謹誌於中華民國九十三年五月六日

序言

第四版在材料科學方面進行了前所未有的增幅,增加了工程塑膠與陶瓷材料兩方面的章節,檢視當時被認為新穎的主題例如像是方向性凝固和潑濺冷卻法等,然而時至今日,距離當時的出版的日期也已經過了二十三年,當時被視為相當現代的材料也已經過時了,本書原始的創作理念在第五版仍然保留著,也就是希望作為一本中級材料科學方面課程的教科書,但是也可以作為現場工程師在基礎原理和實作資訊上的重要參考書籍。

大體上而言,本書是以工程的觀點來看物理冶金,並且擴及高分子科學、陶瓷材料和複合材料等。學習本書的內容,可釐清我們在選擇材料時的許多疑慮,也可了解為什麼在某些特別的環境下材料會有異於尋常的反應。本書前兩章,先討論原子尺度下的材料結構,接著談到五種基本強化材料的機構,也就是材料強化的元哩,然後在書最後的部分述及目前被認為最有用的十三種材料的相關知識,並且特別加入一些參考資料來讓非冶金學家也能夠了解。

在本版中經過詳加考慮後特別加入一個重要的章節——材料老化,先前該章只是放在附錄部分,因為它並不屬於材料強化或是特別材料的部分,因此本次作了突破性的編排,才會考慮將它緊接著排在原子結構介紹之後。檢視時也發現有必要增加潛變與疲勞的篇幅。在材料種類次序的編排上,我們做得更傳統,也就是先講鐵類合金,然後是非鐵類合金,最後才是非金屬材料。為了保持相同的篇幅,我們去除了一些不太相關的章節像是鈹材料、鋼鐵製程與硬化能等,但同時加入了新的主題像是鍍膜工程、複合材料與鋁鋰合金等。

希望本書能夠作為理論教科書與工程手冊間的橋樑,所以在相變化與製程變數的影響方面的內容稍有加重,讓我們有能力預測材料的組織與性質。本書中也闡述了材料性質間彼此的關係,雖然大都未作任何推導,但卻有足夠的敘述、充分的說明,幫助讀者了解實際的情況。在每一個主題下我們蒐集了相當多的參考資料,引導讀者探索理論基礎的根源。書末全新的練習題冀望可以引發讀者一些討論並且幫助讀者複習課文,雖然練習題並不像其他「材料科學」入門書那樣簡單。最後經過全新改版後也把書中的單位全部從英制改成公制。

我們希望向許多對本書有所貢獻的人致上無限的謝忱,讓此書成為具有五十年以上知識的結晶品,最後,對樂於挑戰高難度工作的茱麗葉‧克里蒙‧漢克爾女士因為有她不斷的激勵,才讓本書得以成功,作者漢克爾博士在此對她致上特別的敬意。

作者簡介

丹尼‧爾漢克爾

　　丹尼‧漢克爾是一位具有二十五年經驗，結合專業冶金工程師與材料研究科學家的大學教授。他目前是美國紐約州蔻特蘭市帕爾公司材料研發部的資深經理。漢克爾博士是裏海大學材料研究所的博士、冶金與材料工程研究所的碩士，賓州州立大學電子工程系的學士。他先前為漢克冶金科技公司的總裁，從事表面科學的研究，提供產業界與政府有關材料方面的諮詢工作，在那之前，漢克爾博士為美國國家太空實驗室資深研究科學家，他專擅於探討顯微結構與物理/機械性質間的關係，於 NASA 那段時間，他同時是威廉與馬麗學院應用科學的助理教授，教授高等顯微鏡與顯微組織之特性，他擁有兩州的冶金工程師執照，三項美國專利，以及一連串有紀錄可查發表過的文章，本身並為美國材料學會 ASM 國際會員。他曾經獲得國家鑄造協會研究獎助，NASA 研究訓練獎助金與能源部研究獎助等。

阿蓮‧W. 潘斯

裏海大學榮退院長教授

　　阿蓮‧W. 潘斯博士自 1960 年即進入裏海大學從事教職，歷經教授、系主任、院長、副校長等職，1987 時，它成為 ATLSS 計畫主持人之一並領導 ATLSS 大型結構系統高科技中心，該中心是 NSF 所支持在理海的研究中心，他同時也是一位物理和機械冶金和銲接的專家，潘斯博士從事教職並進行研究論文發表工作長達四十年，除了得到幾項著名的教育獎牌之外，於 1989 年他獲選為美國金屬學會的會員，並於 1993 年成為國家工程學術會員，他也名列在美國科學人之中，美國的人上人協會，世界的人上人協會，於 1997 年他退休下來並成為榮退院長教授，今日，潘斯博士繼續在 ATLSS 研究協會中，從事先進的銲接研究，並且也是政府和私人公司的顧問。

目錄

第一部份　材料概念介紹

第一章　結構與性質 1-2

1.1　原子堆積形式 1-2
1.2　晶體結構 1-7
1.3　晶粒組織 1-12
1.4　機械性質與測試 1-15
1.5　物理性質 1-24
1.6　非合金固體的特性 1-30
問題 1-39
參考文獻 1-39

第二章　材料性質的退化 2-1

2.1　延展性材料的破裂 2-3
2.2　脆性材料的破裂 I 2-4
2.3　脆性破裂的抑制 2-6
2.4　線性的彈性破裂機制 2-8
2.5　高溫之下的性質退化 2-10
2.6　循環載荷下的性質退化 2-12
問題 2-13
參考文獻 2-13

第二部份　強化機制

第三章　固溶體強化 3-2

3.1　固溶體的形成 3-2
3.2　凝固的機制 3-3
3.3　純金屬的凝固 3-6
3.4　金屬合金的凝固 3-9

3.5	擴散	3-11
3.6	金屬合金中的分離	3-15
3.7	真實固溶體	3-18
3.8	固溶體的一般性質	3-19
	問題	3-23
	參考文獻	3-24

第四章　變形硬化與退火 ... 4-1

4.1	金屬的塑性	4-1
4.2	變形硬化金屬的性質改變	4-9
4.3	退火	4-12
4.4	退火金屬的性質改變	4-19
4.5	方向性質與優利方向	4-21
	問題	4-23
	參考文獻	4-23

第五章　多相強化 ... 5-1

5.1	二元共晶	5-1
5.2	金屬間化合物	5-4
5.3	多元共晶	5-4
5.4	多相材料的微細構造	5-5
5.5	多相材料的廣義性質	5-13
	問題	5-15
	參考文獻	5-16

第六章　析出硬化 ... 6-1

6.1	析出硬化的一般機制	6-1
6.2	固溶體之析出硬化	6-3
6.3	析出硬化的過程	6-5
6.4	影響析出硬化之變數	6-10
6.5	銅－鈹合金之析出硬化	6-14
	習題	6-16
	參考文獻	6-17

第七章　麻田散鐵變態

7.1　Fe－Fe3C 相圖 7-1
7.2　鐵與碳的合金 7-4
7.3　非硬化鋼的微細構造 7-8
7.4　共析鋼的熱處理 7-12
7.5　麻田散鐵變態 7-17
7.6　非共析鋼的熱處理 7-21
7.7　麻田散鐵組織形成時的物理性質改變 7-26
7.8　麻田散鐵組織的回火 7-27
7.9　恆溫變態鋼材的顯微組織 7-29
7.10　熱處理鋼材的一般性質 7-40
問題 7-43
參考文獻 7-43

第三部份　Metallic Materials Engineering

第八章　低碳鋼 8-2
8.1　煉鋼製程相關名詞 8-2
8.2　鋼材的晶粒尺寸 8-3
8.3　無法硬化之低碳鋼 8-5
8.4　高強度低合金 (HSLA) 鋼 8-11
8.5　低碳鋼的焊接 8-14
8.6　低碳鋼的表面硬化 8-17
問題 8-20
參考文獻 8-21

第九章　中碳鋼 9-1
9.1　中碳鋼的分類 9-1
9.2　可硬化碳鋼 9-4
9.3　可硬化合金鋼 9-6
9.4　沃斯田回火法和麻淬火法 9-12
9.5　超高強度鋼材 9-13
9.6　鋼材的特殊製程 9-16
問題 9-18

參考文獻 9-18

第十章　高碳鋼 10-1

10.1　高碳鋼的分類 10-1
10.2　高碳鋼的熱處理 10-3
10.3　燒結碳化物 10-15
問題 10-16
參考文獻 10-17

第十一章　不鏽鋼 11-1

11.1　不鏽鋼的相圖 11-1
11.2　不鏽鋼合金的命名 11-4
11.3　不鏽鋼的熱處理 11-6
11.4　不鏽鋼的機械性質 11-7
11.5　不鏽鋼的抗腐蝕性 11-9
問題 11-12
參考文獻 11-13

第十二章　鑄鐵 12-1

12.1　鑄鐵（鐵－碳－矽）的相圖 12-1
12.2　灰鑄鐵的凝固 12-2
12.3　延展性鑄鐵的凝固 12-6
12.4　鑄鐵中的石墨化作用概念 12-6
12.5　鑄鐵的性質 12-9
問題 12-14
參考文獻 12-14

第十三章　鋁合金 13-1

13.1　加工硬化鋁合金 13-3
13.2　可熱處理鋁合金 13-3
13.3　鑄造用鋁合金 13-6
13.4　鋁合金的殘留應力 13-15
13.5　鋁－鋰合金 13-18
問題 13-21
參考文獻 13-21

第十四章　銅與銅合金 ... 14-1

14.1　銅合金的命名 ... 14-1
14.2　非合金銅 ... 14-2
14.3　黃銅：銅－鋅合金 ... 14-5
14.4　錫青銅：銅－錫合金 ... 14-16
14.5　矽與鋁青銅 ... 14-17
14.6　鑄造銅基材合金 ... 14-18
問題 ... 14-19
參考文獻 ... 14-19

第十五章　鎂合金 ... 15-1

15.1　鎂合金的命名 ... 15-1
15.2　鎂合金的性質 ... 15-4
15.3　鑄造鎂合金 ... 15-6
15.4　鎂合金的特性 ... 15-14
問題 ... 15-17
參考文獻 ... 15-18

第十六章　鈦合金 ... 16-1

16.1　非合金鈦 ... 16-1
16.2　鈦合金的相圖 ... 16-3
16.3　鈦合金的熱處理 ... 16-10
16.4　鈦合金的性質 ... 16-11
16.5　鈦合金的應用 ... 16-16
問題 ... 16-16
參考文獻 ... 16-17

第十七章　高溫作業需求的金屬 ... 17-1

17.1　耐火金屬的高溫性能 ... 17-2
17.2　鎳和鐵基材的超合金 ... 17-5
17.3　鈷基材超合金 ... 17-9
17.4　釩、鈮與鉭 ... 17-13
17.5　鉻、鉬還有鎢 ... 17-17
17.6　耐火性金屬的被覆 ... 17-22
問題 ... 17-22

參考文獻 17-22

第四部份　Nonmetallic Materials and Composites Engineering

第十八章　工程聚合物 18-2

18.1　聚合物中的鍵結和結構 18-3
18.2　聚合物的一般性質 18-8
18.3　烯烴、乙烯基還有相關的聚合物 18-11
18.4　熱塑性聚合物 18-15
18.5　熱固性聚合物 18-18
18.6　彈性體聚合物 18-19
問題 18-21
參考文獻 18-21

第十九章　陶瓷材料與玻璃 19-1

19.1　陶瓷相圖 (Al2O3-SiO2) 19-1
19.2　傳統的陶瓷：黏土、耐火磚以及研磨黏土 19-2
19.3　工程陶瓷的結構與性質 19-5
19.4　玻璃的特徵 19-6
問題 19-12
參考文獻 19-13

第二十章　複合物 20-1

20.1　複材的強化材料形式與性質 20-2
20.2　複合基材材料的形式與性質 20-5
20.3　金屬基複合材料 20-7
20.4　聚合物基複合材料 20-9
20.5　陶瓷基材複合物 20-10
20.6　碳與石墨複合物 20-11
問題 20-12
參考文獻 20-12

索引

第一部份

材料概念介紹

Section 1 Introductory Materials Concepts

第一章
結構與性質

1.1　原子堆積形式 Atomic Packing

　　首先，試將固體中的原子想像成是又硬又圓，且在各方向皆具吸引力的球體。如果有一些這樣硬且圓的球體，那麼要如何安排它們，使其緊密的堆積在一起，換言之，就是如何將這些球體堆積成最小體積的情況？一開始我們將其考慮成平面的堆積型態我們會比較容易了解，當已知數目的原子堆積成六邊形時，就像是蜂窩那樣，這樣原子堆積就可滿足所想要的條件，最密集的堆積方式，此時原子佔據了最小面積。

　　因為金屬的密度相對地較大，所以他們原子堆積的較為緊密，就像圖 1.1，該圖表示在平舖的紙上，原子最可能緊密堆積的形式。若要在三度空間中將球體堆積成佔有最小之體積，我們必須將第二張紙的原子圓心位置，置於第一張紙原子間的凹洞位置，圖 1.2 中，打 × 的位置即是第二張紙上原子的中心點，這裡必須注意的是第二張紙所涵蓋的只有第一張紙凹洞位置的一半，另外一組的洞，沒有用 × 符號所標示的，也同樣被第二張紙的其他原子圓心所填塞，這兩層的原子排列方式看起來是相同的。

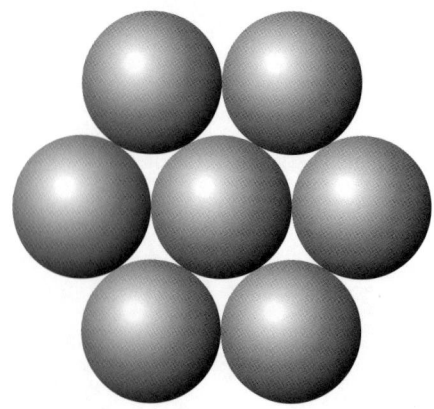

圖 **1.1**　相同大小的球體在單一平面上佔據最小面積的堆積方式。

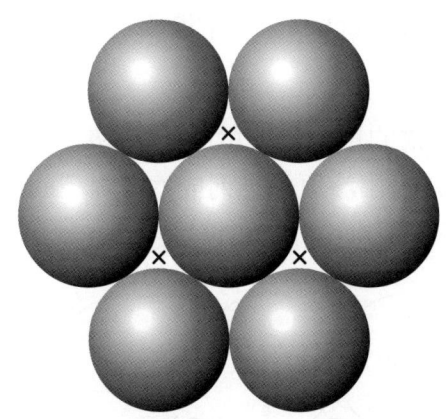

圖 1.2 與第一層相同的第二層原子其中心位置落在 × 記號的地方之情形。

　　這樣用硬球堆起的金屬晶體只有兩層原子厚，接下來要放第三層原子，要放在第三層的原子位置可能有一點複雜，因為有兩個位置我們可以放置，第一種放置方式是將第三層原子的中心點放在圖中沒有做 × 記號的位置，為了說明這樣的結構，讓我們先把第一層原子層叫做 A 層，第二層也就是有 × 記號的叫做 B 層，以及第三層，原子中心點所在位子不在 × 記號的地方，叫做 C 層。如此的緊密堆積順序稱為 ABC 堆積，這樣的三層原子堆積形式，可算是緊密堆積的一種形式，但是第四層原子可以再度放在 A 層的位置，按照如此的堆積順序 ABCABCA 就可以堆積到我們所想要的厚度，結果就形成一種三度空間球體最可能的緊密堆積形式，圖 1.3 顯示出這種結構的平面視圖。

　　圖 1.2 的緊密堆積方式也有第二種方法，前二層就像圖 1.1 那樣堆起來，但是第三層的位置現在則是直接放在與第一層 A 層相同的位置，這樣的結構顯然的也是一種緊密堆積的形式，像我們先前所衍生出來的一樣，只是堆積的順序變成了 ABABA，我們發現很多金屬具有像 ABCABCA 或是 ABABA 的緊密堆積形式。雖然有些金屬具有更複雜的結構，這些我們在以後會談到。

　　基於多方的考量，把緊密堆積的結構視為上述緊密堆積的形式雖然是蠻方便的，但是，為了方便說明起見，我們可以只拿出堆積原子中一小團原子，這一小團原子是這種結構的最小重複單元，然後用這一重複單元來介紹這類原子的結構，這樣用來描述原子結構的這一小團重複單元的原子，我們稱為此結構的單位格子 (unit cell)，我們是可能有千百種完全一樣的選取方法來代表單位格子，但是經驗顯示，對每一種特定結構，只有一種單位格子的型態才是最容易觀察研究的，也就是最能顯示原子對稱排列的方式。

　　對 ABCABCA 的緊密堆積形式而言，這樣的一小團原子所形成的單位格子示於圖 1.4b。注意該圖的畫法有一點傾斜。此結構中原子的位置圖示於圖 1.4a。從該圖可證實原子排列之立方對稱性，因為在單位格子內之原子排列，此種 ABCABCA 緊密排列的方式我們稱為面心立方結構（face-centered cubic structure，通常簡稱為 fcc），典型的 fcc 金屬有銅、鋁和鎳等元素。

一團原子形成 *ABABA* 結構的單位格子示於圖 1.5*b*。此結構中的最密堆積平面都呈水平，極易辨識。從圖 1.5*a* 可以看出該原子排列成六方對稱的形式，這種結構因此稱為六角密排結構 (hexagonal close-packed, hcp)，鎂和鋅是為 hcp 結構金屬的兩個典型例子。

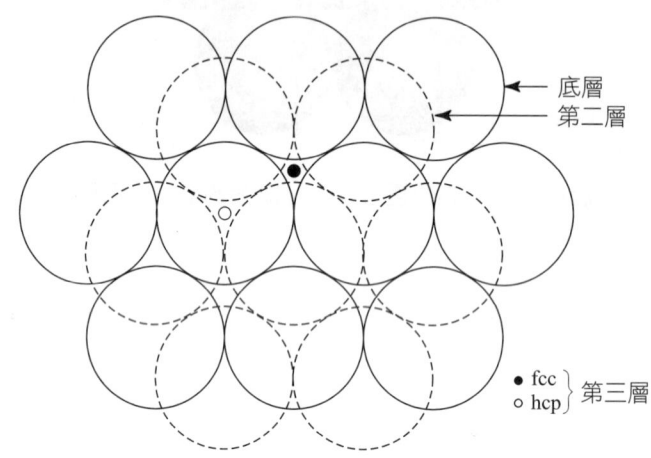

圖 **1.3** 用實線畫的圓代表底層的原子，用虛線畫的圓代表座落在第一層原子（*A* 層）之第二層原子（*B* 層）。於最密結構中，第三層原子中心位置可以在實心圓點（*C* 層）或是空心圓點（另一個 *A* 層）的位置。

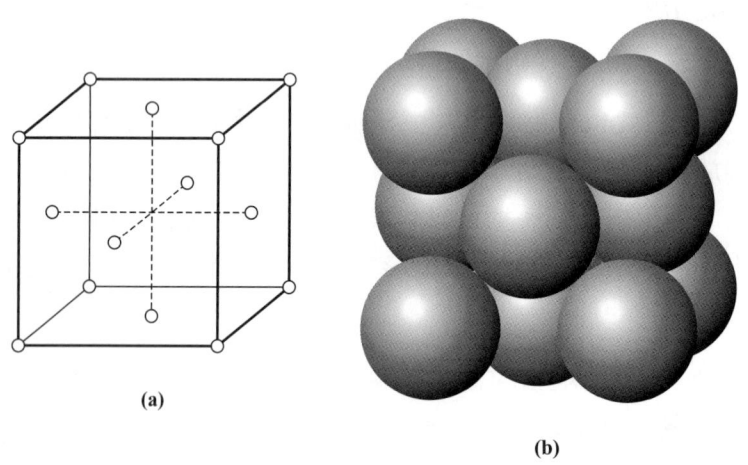

圖 **1.4** **(a)** fcc 結構單位格子原子圓心所在的位置。**(b)** fcc 結構原子堆積的方式。每一個在面心上的原子與周圍角落的四顆原子相接觸，同樣的也接觸到前、後的各另四顆原子，因此，有十二顆相接觸之鄰近原子。單位格子中含有四顆原子。（包括有六顆佔一半體積位在面心上的原子，八顆佔有八分之一體積位在角落上的原子）

假設金屬原子在各種情況下都是由在各方向皆具相同引力的堅硬圓球所組成，那我們即可預期所有的金屬不是 fcc 就是 hcp 結構，然而，讀過化學之後就知道很多原子吸引其他原子時並非在各個方向皆相同，反而會在特定的方向形成鍵結，具有這樣行為的一些金屬，他的晶體結構就不會是最密堆積，有一種稍微偏離最密堆積的結構叫做體心立方結構 (body-centered cubic, bcc)，如圖 1.6。許多重要的金屬包括有鐵 (Fe)、鉻 (Cr)、鎢 (W) 都具有 bcc 結構。

有些金屬的結構則偏離最密堆積更大，像是鉍 (Bismuth, Bi)、銻 (Antimony, Sb)、鎵 (gallium, Ga) 等，他們的原子結構呈現四方體 (rhombohedron) 而非立方體。這些金屬有所謂的開式結構(open structure)，意思是說結構中每個原子的周圍有較大的空隙空間，與此有關的一有趣現象是當這類金屬溶解時體積都會縮小，這跟一般的金屬是不相同的，因為大多數的金屬在液體狀態時的比容（specific volume，單位重量所具有的體積）都較固體時為大，也就是都會產生膨脹的現象。

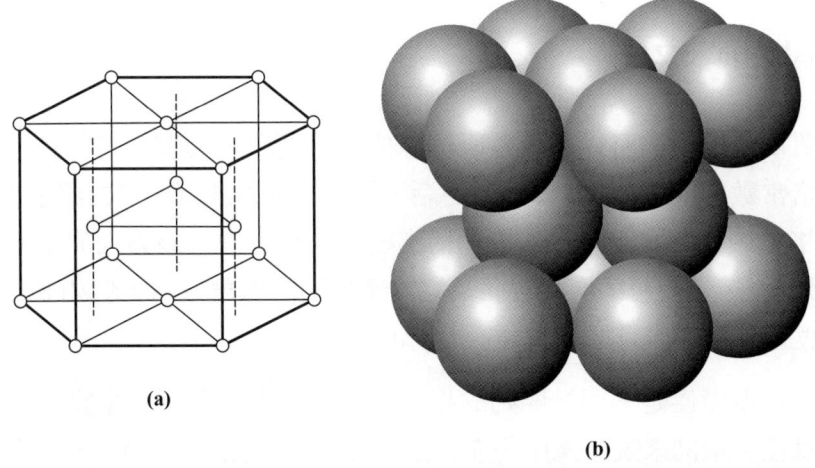

圖 1.5 (a) hcp 結構單位格子原子圓心所在的位置。(b) 一 hcp 結構單位格子原子堆積的方式。如同 fcc 結構一樣，每一個原子有十二顆相接觸之鄰近原子。包括在同層上的六顆，三顆在上層，還有在下層的三顆。

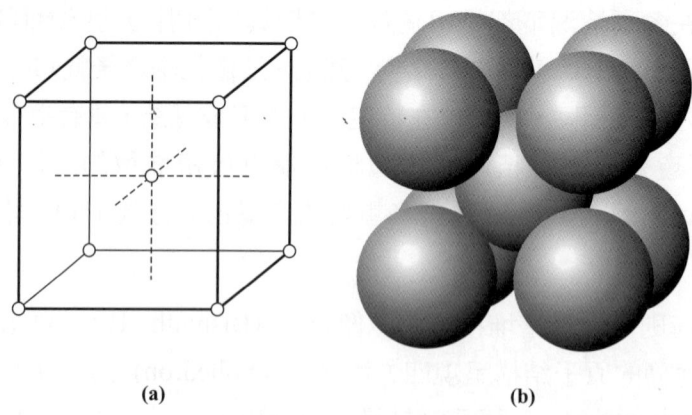

圖 1.6 (a) bcc 結構單位格子原子圓心所在的位置。(b) 體心原子與周圍角落的四顆原子相接觸,但該四顆原子彼此則並不鄰接。單位格子中含有兩顆原子。(包括有八顆佔有八分之一體積位在角落上的原子和一顆在體心的原子)

原子大小　Atomic size

　　在某種性質範圍內我們可以把金屬原子想成一顆硬球,具有一定的直徑。知道一種金屬的結構與晶格常數 (lattice parameters) 的話,我們就可以計算出它的原子直徑。晶體上之原子沿著單位格子中某特定方向相鄰接,稱為密集堆積方向,該方向原子密度最高。參看圖 1.4 可以發現 fcc 結構的密集堆積方向為立方體各面之對角方向,假如 a 為晶格參數,面上對角線的長度即為 $a\sqrt{2}$,且原子直徑必為 $\tfrac{1}{2}a\sqrt{2}$。

　　金屬的硬球模型僅僅是一個一開始的近似方式。學者發現到,事實上金屬原子並不會總是有相同的直徑。舉例來說,鐵原子在純鐵金屬中的直徑與它在鐵-鎳合金中的直徑會有些微的不一樣,而在含鐵的氯化物晶體中也會有不一樣的直徑。不過這個原子直徑的概念在冶金學上仍然被證明是相當有實用價值並且在瞭解合金的形成上扮演著重要的角色。

　　與沿晶體密排方向排列的給定原子相毗鄰的原子,就稱之為這些給定原子的最接近鄰接原子。在 FCC 結構中每一個原子都會有 12 個鄰接原子,如同圖 1.4 中所示。在 HCP 結構中的每一個原子也是如此的情況。不過在 BCC 結構中,每一個原子會有 8 個最接近鄰接原子。在某個給定的晶體結構中所找到的最接近鄰接原子數目就稱之為該結構的協調數字。因此 BCC 鐵的協調數字是 8,而銅的協調數字則為 12。

1.2 晶體結構 crystal structure

晶格常數　lattice parameter

描述晶體結構時常會用到晶格這兩個字。所謂晶格 (lattice) 指的是在三度空間中規律性重複出現、整齊排列的原子。假使在 fcc 結構中於單位格子內各原子的中心處放上一個點，連接這些中心點就會形成所謂的 fcc 晶格，bcc 結構和 hcp 結構產生的方式也與此相同。

了解金屬和陶瓷材料的合金化行為，其中相當重要的變數之一就是晶格參數，就一已知的晶體結構而言，單位格子任一邊的長度即為晶格參數，具有立方對稱的金屬，若其立方單位格子的邊長已知的話，則其晶格大小即為定值。因此立方晶體僅有一晶格參數，金屬的晶格參數可以利用光穿透金屬產生繞射現象而計算得到。通常所得到的數據單位為 Å (埃)。$1\text{Å}= 10^{-8}$ cm。典型的數據有鋁＝4.04Å，和鉬 ＝ 3.14Å。

若是單位格子不是立方結構的話，則其晶格參數將不止一個，所以像六方晶體，它的晶格參數就不止一個。第一個晶格參數是在最密堆積平面相鄰的晶格點距離我們稱為 a，也就是在六邊形底邊的一邊長，另一個晶格參數為單位格子從頂端到底端的距離稱為 c。假使六方堆積的晶體真的是最密堆積的話，也就是說是由球形原子以 $ABABA$ 堆積起來的，則 a 與 c 彼此之間幾何上必有一定的關係值，事實上，$c/a= (8/3)^{1/2} = 1.633$ 代表著理想的密集堆積型態，大多數六方體結晶的金屬他們原子間的作用力多少有些偏離理想密集堆積，以鋅為例，其偏離程度超乎想像的大，其軸向比值 $(c/a) = 1.85$，這個將會影響他的應變硬化率，詳細的情形於後面會再談到。

晶面與晶軸　crystal planes and axes

晶體晶格上的點可用來定義晶面排列，這些晶面有些可以直接用觀察的方式辨認，例如那些示於圖 1.4 和 1.6 點出 fcc 和 bcc 單位格子的平面，也就是我們所熟知的立方平面，這些平面中的每一個面，皆會在晶格中重複性的無限延伸，形成一整排以固定距離相隔、平行的平面，對簡單立方而言，此面與面彼此之間相隔的距離即為其晶格參數，對 fcc 和 bcc 結構而言，此距離為其晶格參數的一半。一些較為重要的平面示於圖 1.7。注意，每一組晶面有其特定的面間距離。

特定的晶面在晶格中會重複的出現，對特定平面所在的位置在晶體結構學中並不如想像中的重要，反倒是要想了解晶體變形的機構，平面的方向或者一組平面與單位格子邊緣相對的方向則變得較為重要。為了要定義這個『方向』，因此我們建立了一組晶軸 (crystal axes)，也就是以單位格子的三個邊為一組軸。因此，對 fcc 和 bcc 結構而言，該組軸即為卡氏座標系。晶面與此三軸相交的距離（截距）可以以公分的單位或是埃的單位量取。但實用上證明，在晶體結構學中直接用晶格參數作為單位會比較方便。具相同方向的平面在不同晶體中具有相同的截距，即使他們的晶格參數不同。

目前已經發現我們需要六種晶軸來定義各種可能的晶格，此六種可能的晶軸組是於表1.1。

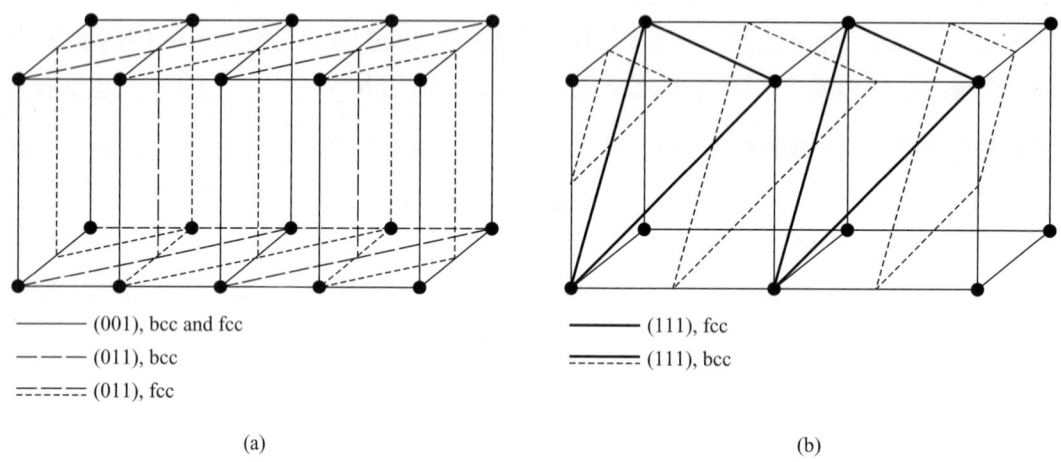

―――― (001), bcc and fcc
― ― ― (011), bcc
═══ (011), fcc

―――― (111), fcc
═══ (111), bcc

(a)　　　　　　　　　　　　　(b)

圖 **1.7**　立方晶格的兩個單元格子，只顯示出角落的原子。**(a)** 對於 **BCC** 與 **FCC** 結構來說，立方平面 **(001)** 的空間間距是一樣的。對十二面體平面 **(011)** 來說，**BCC** 結構所需要的空間間距是 **FCC** 結構的兩倍。**(b)** 對於八面體平面 **(111)** 來說，則是與上述規則相反的狀況。

表 **1.1**　六種晶體結構

名字	軸		例子
	單位向量長度	軸的角度	
立方體	$a = b = c$	$\alpha = \beta = \gamma = 90°$	
正方體	$a = b \neq c$	$\alpha = \beta = \gamma = 90°$	錫、銦
六方體	$a = b \neq c$	$\alpha = \beta = 90°, \gamma = 120°$	鎂、鋅
正交體	$a \neq b \neq c$	$\alpha = \beta = \gamma = 90°$	鎵、硫
單斜體	$a \neq b \neq c$	$\alpha = \gamma = 90° \neq \beta$	磷
三斜體	$a \neq b \neq c$	$\alpha \neq \beta \neq \gamma$	銻、汞

同素異形體　Allotropic Forms

　　有一些金屬是以超過一種結晶形式的方式存在。鐵在溫度範圍 910°C 以前都是屬於 bcc 結構，但是在這個溫度之下，鐵將會經歷一個同素轉換現象，然後變為 fcc 結構。這個 fcc 的相態直到 1400°C 以前都還算是穩定的，溫度到達了 1400°C 時，它就又變回 bcc 結構，這個結構會一直維持住，直到達到鐵的熔點溫度。金屬的各種不同晶體形式就被稱之為同素異形體。有許多的金屬像是鋁和銅都只有一種晶體結構，不過許多其他的金屬，特別像是那些週期表中處於過渡元素族群的金屬，多半會有兩種或是多種的同素異形體。

　　同素變態的發生是因為於特定的溫度區間內某特定的結構較他種結構穩定，吾人發現金屬發生相變態時所出現的能量差很小，也就是說小小的原子間力量改變，即可改變金屬的晶體結構，吾人同時也發現到有些相變化（同素異型體），卻是導因於原子間磁感交互作用的關係，然而，大多數的現象理論學家到目前為止尚無法完全理解這些力量產生的原因。

非金屬固體結構　Structure of Nonmetallic Solids

　　上述普通金屬之晶體結構與礦物界裡他種大多數結構相比之下都要簡單，一些非金屬材料的結構討論如下。

　　在礦物學裡，分類的方法有以化學組成作為分類方法的，還有是根據材料是元素或是氧化物或是硫化物或是矽化物，於此我們將根據晶體原子間鍵結力作為分類標準，基於此，主要可分成四種晶體結構，他們是：

1. 金屬 (metallic)，已在上面描述過。
2. 離子化合物 (Ionic)，他們原子間之作用力來自帶電離子。
3. 共價鍵 (Covalent)，她們原子間鍵結力來自化學共價鍵。
4. 分子化合物 (Molecular)，屬於一種化學飽和原子受到凡得瓦爾鍵作用而鍵結在一起。

離子晶體結構　Ionic Crystal Structures

　　離子晶體結構最有名的就是大眾所熟知的鹽，氯化鈉（參看圖 1.8），此結構基本上是以 fcc 晶格為主，和大多數金屬晶體不一樣的是，它的一個晶格點不是只有一個原子，而是兩個，一個位在晶格點上，另一個位在 fcc 晶體單元格各邊線 $\frac{1}{2}a$ 的位置，這時所謂的「原子 (atoms)」事實上應該稱為離子 (ions)，一個晶格點會出現成對的離子，一個是鈉離子

Na⁺，另一個是氯離子 Cl⁻，這裡要注意的是，每個陽離子會受到六個陰離子包圍，反過來說，每個陰離子也會受到鄰近六個陽離子所包圍，這是因為陰陽離子相互吸引的緣故。

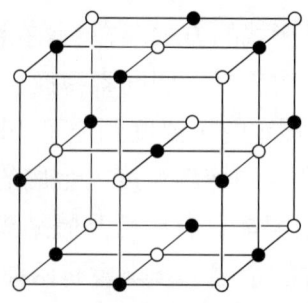

圖 1.8　岩鹽固體 **NaCl** 的結晶結構，注意到這裡的密排方向是立方體的邊而不是立方體面的對角線。

還有一個簡單的離子結構晶體就是氯化銫（CsCl，參看圖 1.9），此結構可能是從簡單立方晶格衍生過來的，一個離子被置放在晶格點上，另一個離子則放置在單元格對角線一半的位置，因此，帶任一種電荷的離子將會受到八個帶相反電荷的離子所包圍。

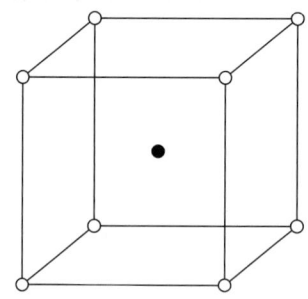

圖 1.9　氯化銫的晶體結構，白圈的部份是銫離子，黑圈的部份是氯離子，將上述部份反過來看也可以成立。

於 NaCl 和 CsCl 結構中我們可以看到，並無單獨存在的鹽分子，可將整個晶體視為一個巨大的分子結構，有些離子晶體具有形成單獨一個分子的傾向，例如像是 Pyrite 硫化鐵（圖 1.10）FeS_2 結構，在一個 fcc 晶格每個晶格點上就有一個硫化鐵分子。

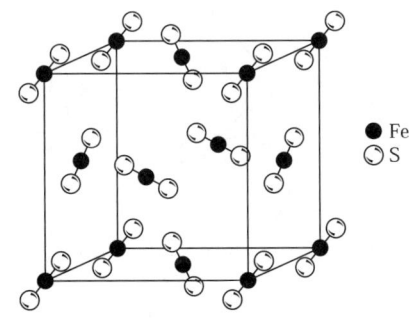

圖 1.10 硫化鐵 **FeS$_2$** 礦物之結構圖。

共價晶體結構　Covalent Crystal Structures

鑽石（圖 1.11）即為一個典型的共價晶體，從圖中可以看出是以 fcc 晶格為基礎所畫出的，原子間的線代表共價鍵結，每個碳原子有四個共價鍵，如同碳原子在甲烷 CH$_4$ 分子中的情形。除了鑽石、元素矽、鍺和錫的一個同素異形體，也都具有此種鑽石立方結構。整個結構中由共價鍵所構成的網狀結構也是此類元素具有高硬度的原因。

矽化物代表共價晶體且非常重要和龐大的一個族群，它主要是由一個矽原子和四個氧原子所組合而成的四方體結構，如圖 1.12 所示，因為四面體 SiO$_4^{4-}$ 根離子可以彼此或與其他正離子以各種不同的方式相連結起來，所以他的結構相當複雜，如圖 1.13 所示，矽化物礦石在地球上佔有相當大的數量，所以地質學家和礦物學家對他們具有高度濃厚的興趣，同時他們也是冶鍊金屬時所用的爐子需要的耐熱材料它的主要成分。

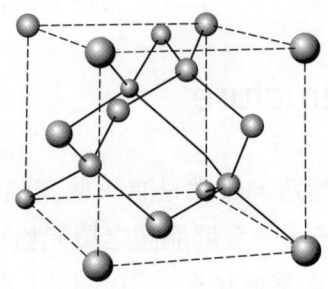

圖 1.11 鑽石之結晶構造，是碳的一種同素異形體。

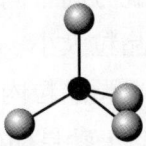

圖 1.12 四個氧原子和一個矽原子所形成的 **SiO$_4^{4-}$** 族四面體結構。

○氧　●鎂　•矽

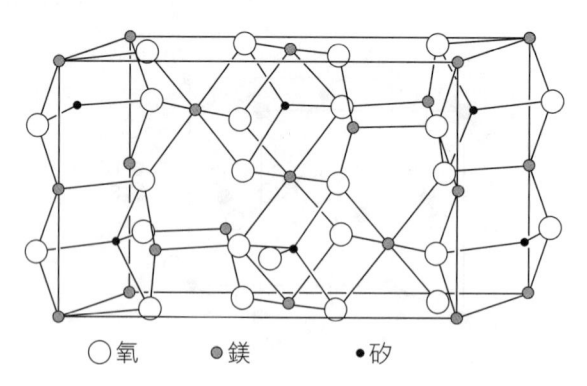

圖 1.13　橄欖石 Mg_2SiO_4 的結晶結構。

非晶型與高分子結構　Amprphous and Polymer Structures

　　玻璃與高分子材料（俗稱塑膠）為非晶形材料，也就是說他們的原子不具週期性、整齊排列的形式，大多數的玻璃主要是由矽化根離子 SiO_2 所組成，且有相當數量的較大原子鈉 (Na) 與鈣 (Ca) 元素加在裡面，所加入的原子因為無法完全的砌入矽化物結構中，因此冷卻時熔液就不易結晶，所以玻璃屬於一種黏滯性 (viscosity) 相當大的過冷液體 (supercooled liquid)，有關玻璃的詳細資料我們會在第 19 章討論到。

　　高分子材料，像是橡膠或是一些透明的合成樹脂（常用來作為飛機窗口或是一些店舖櫥窗的材料），是由長且扭曲、相互纏繞、鏈狀的有機分子所組成的，然而，有些高分子材料是具有某種程度的結晶性，高分子材料中的某些區域會出現多條長形分子彼此間相互平行並排著的情形，於此區域內，分子排列是具有某種固定的「模式」，此類高分子材料有時候可以稱為具有結晶性（屬於一種短程有序的排列方式），雖然他們並不具有我們所通稱的結晶（長程有序）一詞真正的意義。高分子材料的結構與性質將會在第 18 章談及。

1.3　晶粒組織　Grain Structure

　　基本上金屬通常都具有結晶構造，雖然是有一些非結晶金屬存在，也就是所謂的金屬玻璃。固態金屬中沒有所謂的分子，一金屬晶體之單元格可能包括有 10^3 到 10^8 個原子直徑，例如，一根 2.5cm×20 cm 之金屬棒包含有 10^{25} 個原子，也可以製成單晶構造，因為大多數的金屬為多晶材料，也就是由許多晶體組成，每個晶體的直徑約為 10 ～100 微米（μm）之間，，除了相對於外在的參考座標系統方向不同外，純金屬晶體基本上都是相同的，這些我們稱為晶粒，他們的平均直徑稱為晶粒大小，我們將會在第四章中看到，晶粒組織是決定材料機械性質主要的參數之一，每一顆晶粒內的原子彼此間都是相互緊密、緊鄰在一起的，正常情況下，晶粒內是沒有空孔的，參見顯微照片 1.1。

顯微照片 **1.1** 真空沈積鋁膜 **0.5mm** 厚的電子顯微照片，放大倍率 **26000** 倍。因為電子根據不同方向的晶體做鏡射的動作，所以顯示的晶粒陰影略有不同。在晶粒中的多孔網路組織是差排的次邊界。

當兩顆方向不同的晶粒相互緊鄰在一起的時候，很明顯的，在交界處兩個晶格原子排列的方式一定無法完美的相吻合，兩晶粒間一定存在一「過渡區 (transition layer)」結構，既不屬於某顆晶粒也不屬於另外一顆晶粒，因為位處此過渡區的原子，相對於任一晶粒而言並未處於恰當的排列位置，其整齊度越差，在晶界處的熵 (entropy) 值越高，導致晶界處的能量比鄰近晶粒材料來的高，暴露在化學腐蝕溶液下時，晶界的溶蝕速率將會比鄰近區域來的快，所以一個腐蝕過的顯微組織，晶界是以凹槽的型態顯現出來，其他部位（晶粒內部）則是呈現平坦之型態，但是，通常我們所使用的腐蝕劑不會使不同成長方向的晶粒可以作染色的區別，因為光線散射的緣故，顯微組織下的晶界將呈現黑線暗紋。

現有證據顯示，晶界上不整齊的原子結構過渡區只有幾個原子層厚，是故允許我們可以定義晶界，將其量化成單位面積具有的能量，根據實驗的定量計算出來的晶界能 (grain boundary energy) 結果顯示，兩個晶粒間結晶方向夾角大於 10°以上時，晶界能將會非常接近一定值，也就是說晶界能與晶粒間的角度偏移量 (mis-orientation)、晶界方向兩者無關，還有一點，統計上，多晶材料往往其角度偏差量小於 10°的機會很小，大致上，晶界每單位面積具有的能量可視為一定值，通常用來表示它的單位是每平方公分有多少爾格 (ergs/cm^2)，或是同單位因次的每公分有多少達因 (dynes/cm)，因此晶粒邊界就像是液、氣介面一般，可以想像成一種表面張力，且此表面張力也會是決定多晶材料平衡後（完全退火）最後晶粒的形狀。

當三顆晶粒相遇時，此三顆晶粒表面張力必須形成一力平衡系統，因為三個晶粒邊界每單位面積之能量相同，也就是說具有相同的表面張力，如圖 1.14 所示，三個晶粒邊界彼此間將以 120°夾角相連接在一起，因此不幸的話，假如僅有兩顆晶粒相接的話，很明顯的，此時唯一可行的相接方式就是只有成一條線，四顆晶界相鄰接的情形則相當罕見。多晶形結構他們的面接角為 120°，邊接角為 109°28′（四條線在空間中等份相接於一點的情況），與其他相類似的多晶形結構在三度空間中疊起來可以形成如圖 1.15 所示，我們也期望多晶金屬晶粒也可以於理想狀態下以此種型態堆積起來，所謂的理想狀態 (ideal conditions)，就是晶粒邊界有機會可以漂移至穩定位置，純金屬的晶粒結構通常滿接近圖 1.15 的理想結構，觀察此結構形成最佳的方法之一是透過以下實驗來完成，將一滴液態鎵元素滴在一塊具粗晶粒的鋁片上，鋁片將會受到鎵元素的切割，幾分鐘之後，液態鎵會穿透鋁的晶界，最後可將金屬鋁之各個晶粒分割出來，這些晶粒型態會是滿接近圖 1.15 所示。

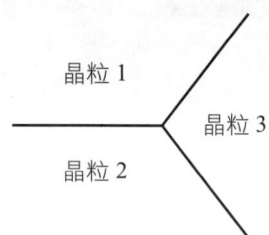

圖 **1.14** 三顆晶粒彼此間以相接觸的情形。

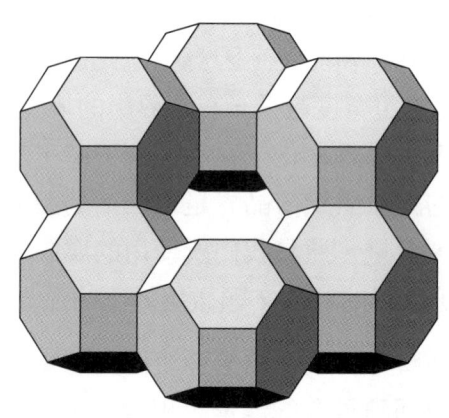

圖 **1.15** 一種由四邊六邊面混合組成的結晶球體結構在三度空間下的堆積方式，本圖主要是說明這種多邊形結構晶粒如何的在三度空間中互相搭接在一起的情形，這樣可以將邊界線的能量降至最低，也就是說連接三顆晶粒或是彼此間形成 **120°**，同時也可將點連接的能量降至最低，因此只有四線邊界於一點相接且彼此間的角度為 **109°** 這個也是能量最低的時候。

一塊具理想結晶組織的金屬經過顯微切割後，卻發現未能看到上面所描述那樣的規則性，這是因為當切割時切割面所通過的是堆積方向隨意的晶粒，有些晶粒看到的面積佔較大部分，有些晶粒看到的面積較小，從顯微照片 1.1 很明顯的可看到幾乎所有在晶粒交接處都呈現三個晶界的現象。

除了晶粒形狀之外，晶粒大小也和它一樣影響材料的強度，晶粒的大小有些大到幾乎可用肉眼直接觀察，有些則小到必須用顯微鏡才能看清楚。

量測晶粒尺寸時，可以將其放在顯微鏡底下運用已知的放大倍率，然後計算單位面積的晶粒數即可求得，根據 ASTM (American Society of Testing Materials) 美國材料試驗學會規範，晶粒尺寸 N 定義為 2^{N-1}，相當於在線放大倍率 100 倍之下每平方英吋所看到的晶粒數。表 1.2 為 ASTM 晶粒尺寸數值與其他有時候用到的方法之比較表。ASTM 已經公佈一套標準晶粒尺寸比照表，讓科學家可以快速的直接從顯微鏡底下所觀察得到的結晶晶粒迅速的粗估它的大小。

表 **1.2** 晶粒尺寸比照表

ASTM 編號	晶粒/平方英吋 At×100*	平均晶粒 晶粒/平方公厘	直徑，公厘
−3	0.06	1	1.00
−2	0.12	2	0.75
−1	0.25	4	0.50
0	0.5	8	0.35
1	1	16	0.25
2	2	32	0.18
3	4	64	0.125
4	8	128	0.091
5	16	256	0.062
6	32	512	0.044
7	64	1,024	0.032
8	128	2,048	0.022
9	256	4,096	0.016
10	512	8,200	0.011
11	1024	16,400	0.008
12	2048	32,800	0.006

*若乘以 50 倍，則晶粒尺寸會比 ASTM 小 2，若乘以 200 倍，則晶粒尺寸會比 ASTM 大 2。

1.4　機械性質與測試　Mechanical Properties and Testing

機械性質之理論基礎　Theory of Mechanical Properties

為了方便討論起見，我們將機械性質定義為彈性、塑性，與組織敏感、組織不敏感兩類。所謂的彈性指的就是彈性常數；而所謂的塑性，包括的範圍則比較廣，包括有強度（strength，材料於斷裂之前所能忍受的應力）、潛變（creep，材料承受在彈性範圍內之一定負荷長時間高溫的情況下產生塑性變形的現象)、疲勞(fatigue,材料受到反覆的荷重超過一定的循環數之後產生塑性甚至斷裂的現象),以及破裂特性(fracture,除非是完全脆性材料,否則於破裂時都或多或少會有一些塑性變形)。結構敏感性 (structure-sensitive properties) 指的則是材料中以原子尺度為考量的微小缺陷,就其分佈情況以及程度深淺而定,所以有可能在同一塊材料中不同試片而差別相當的大,譬如說,經過熱處理或是機械加工過的純金屬試片的降伏強度可以差到一倍以上,甚至更多。至於所謂結構不敏感性指的就是材料的彈性常數與光學常數,試片間的差異性很小。

彈性(Elastic Properties) 所謂晶體的彈性係數基本上指的是晶體中原子造成相對位移所需要的力量的一種量測,因此直接與原子間的鍵結力有關,圖 1.16 顯示出原子能量隨著原子間距變化的曲線,原子間距平衡的位置即在曲線最低點,也就是點 a 的位置,現在沿著 x 軸方向施以一個拉升應力,將會增加原子間距,且晶體的能量也跟著增加,因此我們可以看出在 x 軸方向的應變彈性模數與曲線最低點的曲率半徑成正比。

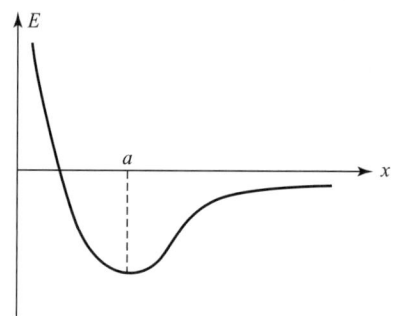

圖 1.16 晶體沿著 x 方向做擴散或收縮行為的能量－位移圖形,a 點的位置是沿 x 軸上原子間作用力平衡的地方。

因為彈性係數與原子間作用力的關係是如此的密切,對任何材料想改變這種關係的方法甚少,其中或許可用合金的方法作適度的改變,但是對於利用冷作的方法或是輻射照射,或其他可使用在材料身上的處理方式效果會比較有限。

非晶形材料 (amorphous) 屬於等向性材料,也就是說它的彈性係數並不因方向改變而改變,包括楊氏係數與剪模數不管材料受力時是在那個方向都是一樣的,另外即使是立方晶體也是等向性材料,例如,銅的楊氏係數於 [111] 方向時為 19,400 Kg/mm^2 但在 [110] 方向時成為 6800 Kg/mm^2,因為等向性材料有兩個獨立的彈性係數,立方晶體則有三個,因此在計算任意晶體的楊氏係數時必須三個係數通通用到,多晶金屬裡面的晶粒相對而言彼此間都是任意排列的,所以它表現出來的性質也像等向性材料一樣,它的彈性係數基本上是各個晶粒的平均值。

塑性 (Plastic Properties)　晶體的塑性屬於結構敏感性質的一種，也就是說受到材料內不完美性的影響較大，我們會在第四章詳細的討論，因為她跟機械性質有關所以在此必須考慮到此點。

機械性質試驗 (Mechanical Property Tests)　材料的機械性質指的是材料受到應力時的回應情形，應力有拉伸或是剪力形式也有可能是兩種一起複合作用的，材料受到應力系統作用的回應描述在工程力學上是相當的複雜，為了要研究材料的性質，材料工程師依賴故意所設計的簡單應力模式作實驗，如先前所作的抗拉試驗，當然啦，在實驗室內所設計的理想應力作用模式，所得的結果與實際的應力模式可能並不相符，許多工程結構遭受到破壞導因於對此現象作出不當的判斷，然而，任何研究力學性質的起始點還是要從實驗室理想化的試驗開始。

抗拉試驗 (The Tensile Test)　在過去的 100 年間，將抗拉試桿拉斷是材料機械性質數據的主要來源，且似乎未來也不會有其他試驗來取代它，抗拉試驗被視為具有快速的實用價值，但是解讀抗拉實驗數據並不是那麼直接，工程師必須具備足夠的知識去決定在實驗室的條件下，對照實際的情況，其他像是溫度或是腐蝕情況是否參雜在結構系統內，可否應用抗拉試驗數據。

試驗機器與抗拉試片 (Testing Machines and Tensile Specimens)　要完成一項成功的抗拉試驗主要必須解決的問題有以下幾項：

1. 試片必須在測試機器上夾緊，當受到作用力負載的時候不會產生滑移的現象，拉伸時，變形區必須侷限在試片可測知的部分，尤其是，不可發生在夾頭的位置這個我們可藉由在試片上車削出一段測試區來做到，讓測試區的截面面積比夾頭部份小，設計和製作抗拉試片時要避免尖銳彎角，且也要避免在量測段上留下過深的刮痕，因為它會使得應力集中增加導致試片出現先期破壞的現象。

2. 必須決定試片的應力狀態。通常此可由計算作用在試片上的負載來決定，並且假設此負載在試片上形成均勻的拉伸應力，應力值為為負載除以量測段的截面積。

3. 抗拉試驗時最困難的部分就是量測試片已經有多少產生應變。假如試片於量測段產生均勻變形，並且在夾頭處沒有出現打滑的現象，甚至在試片其他部分並未出現變形的情況，則試片的應變 (strain) 即為總伸長量（所量到的就是夾頭的位移量）除以量測段的長度，因為通常抗拉試驗機在夾頭處總有彈簧和鬆弛的部分，所以上述總與實際情況有些出入，根據上述的量測方法並無法量出真正的應變，除非應變非常大。要求得真正的應變可將應變規直接貼在試片上，應變規基本上為一根導線，它對特定的變形量有特定的電阻變化值，試片上的應變量可在抗拉試驗時藉由追蹤應變規電阻增加的情形而求得。通常我們會使用橋式應變規，而非黏貼式量測規。

有些抗拉試驗機會自動的在紀錄表格上紀錄應變規所得到的變形量和由負荷單元所顯示的施力,這類的機器在進行抗拉試驗時會自動的畫出施力與變形曲線。

測試結果 (Test Results)　典型的施力—變形曲線示於圖 1.17,從圖可以發現曲線圖上最初的直線段到點 A 的位置,源於試片產生彈性變形的現象。假使在點 A 之前,將施力卸載,試片會彈回到原先的長度,然而通過點 A 之後試片則無法回到原先的長度,繼續施力則試片在整個變形段會產生更多的變形。當到達點 B 時,一種塑性非穩定狀態會出現。試片開始出現頸縮 (neck down) 的現象。此時在量測段上會有一小段材料出現塑性流動(圖 1.18)。結果是隨著應變的增加試片截面積急劇的縮小,頸縮現象出現時面積縮的太快了,即使在頸縮處的應力持續增加,作用在試片上的負荷卻會減少,負荷與伸長量曲線開始下彎且持續下降直到試片斷裂。

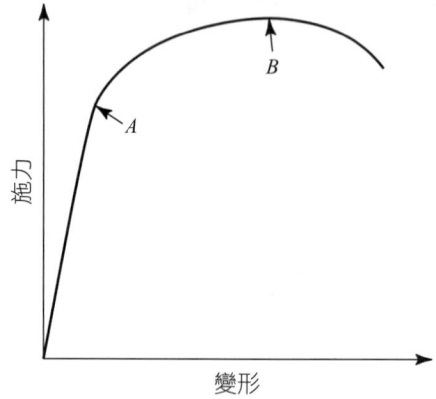

圖 **1.17**　拉伸測試中所得到的載荷—伸長量曲線圖 **A** 點是塑性變形的起點,而 **B** 點則是產生頸縮之處。

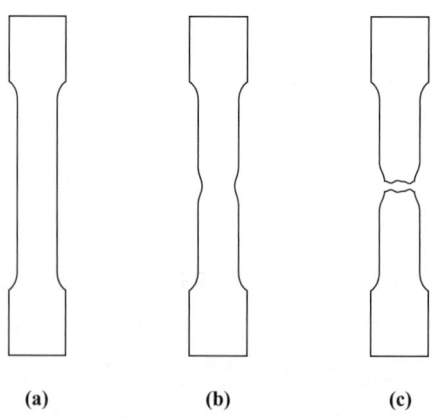

圖 **1.18**　**(a)** 變形前的測試件 **(b)** 頸縮開始的測試件 **(c)** 破斷之後的測試件。

應變定義為材料每單位長度的伸長量,就像應力定義為每單位面積的負荷一樣,因為抗拉試驗進行時,抗拉試片的長度和面積會不斷的變化,所以計算試片的真實應力和真實應變並不容易,因為一般都不使用工程應力和工程應變,就是直接將負荷除以試片初始截面積,工程應變則是 l/l_o,其中 l_o 為試片之初始長度爾後於抗拉試驗的後半部,我們會發現這兩個工程量值與試片真實的應力和應變狀態關係不大,事實上,當頸縮現象發生時,我們幾乎是不可能計算真實應力與真實應變,然而只要是均勻變形,真實應變 ε 可由下是計算得到。

$$\varepsilon = \int_{l_o}^{2} dl/l = \ln l/l_o$$

將負荷除以真實截面積即為真實應力。在彈性變形範圍內,實務上工程量與真實量可視為相同。

一些重要的數據可藉由計算材料的負荷—伸長量曲線或是應力—應變曲線求得。像是彈性係數,即為材料真實的物理性質,其他像是抗拉強度,雖是人為定義的參數但對於設計工作卻極為有用。

楊氏係數 (Young's Modulus) 其定義為彈性變形範圍內應力除以應變之參數,為應力—應變曲線範圍內直線段之斜率。工程實務上,當結構受到已知負荷時,材料的楊氏係數主要是用來測量其可能出現的變形量,係數越小,相同應力作用下的彈性變形量越大。

降服強度 (Yield Strength) 當材料受到拉力作用達到其彈性應變極限,且開始出現塑性變形,稱之為降服現象,所以所謂的降服強度即是開始產生塑性變形的應力,某些材料在良好的測試條件下其應力應變曲線會出現突起的降服點,如圖 1.19 所示。大多數的情況則是會從彈性慢慢的轉換至塑性變形。事實上,假使所使用的是精良的測試機器,即使是在彈性變形區內我們仍舊可以發現材料受到永久變形的證據。所以很明顯的所謂的降服強度,最好的說法是,它是在應力—應變曲線上任意定義的一點。大多用來定義降服強度的方法如下。如同在圖 1.20 所看到的,先在應力—應變曲線上對著彈性變形線畫出一條跟她平行的直線,但是距離它的位移量約為應變的 0.02%,該線與應力—應變曲線相交的那一點即為 0.02%降服強度。

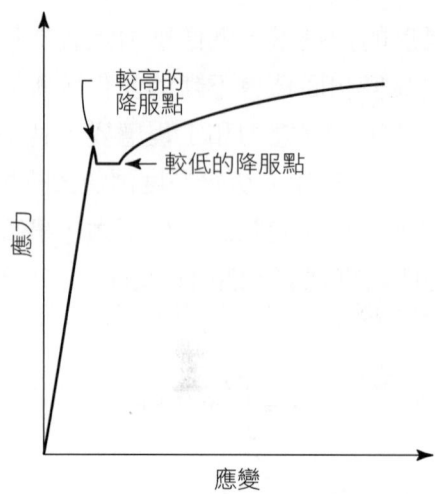

圖 **1.19** 拉伸測試的應力－應變曲線，顯示出一個尖銳的降服點。

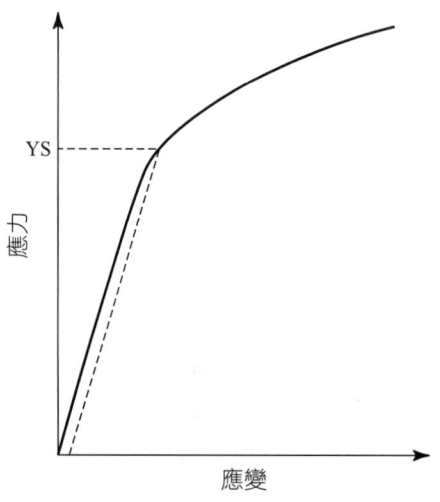

圖 **1.20** 決定降服應力的偏移量方法。虛線的部份是與應力－應變曲線在塑性區域成平行的，但是在應變軸上的起始點有著 **0.20%** 的偏移量。

　　另外有兩種定量分析可用來定義降服強度，第一種叫做比例限法，定義為應力－應變區線上量出非線性時的應力值。第二種叫做彈性限法，也就是材料不會出現永久塑性變形可以承受的最大應力，這兩種方法最大的缺點是因為他們完全受到測試機器敏感度的影響，所以不同的人作試驗會有差異出現。況且，彈性限法必須經由負載卸載重複不斷的步驟才能求得，算是最冗繁的工作。上段所提到降服強度的定義是最實用的，而彈性限法或是比例限法基本上不太鼓勵讀者使用。

　　抗拉強度 (Tensile Strength)　此為機械性質之一，定義為試片受到抗拉試驗時所能承受之最大應力，也就是最大負荷除以試片截面積。有時候也叫做材料的最大強度，我們也必須意識到此性質完全是一任意量化值,雖然它作為一種安全指標相當有用,但卻不具實質的物理意義。

真實斷裂強度 (True Breaking Strength) 此為試片斷裂時所需的應力,也就是斷裂時的負荷除以斷裂時的試片截面積,因此它是材料最後毀損時可以忍受的真正應力,故為一個真正的物理量。

拉伸伸長量 (Tensile Elongation) 此量通常作為抗拉試驗時材料的延性指標,然而並非從負荷—伸長量曲線求得,而是從斷裂後的試片所量得的,所謂伸長量指的就是試片增加的長度,試驗前我們會在試片的量測段預作記號,量伸長量時是再將兩片拉斷的試片接合在一起。伸長量百分比指的則是增加量除以試片記號段內的長度再乘上 100。因為試片在量測段端點處因為側向未受到束輔且應力降低的關係,所以側向會產生收縮,在試片記號區內的金屬伸長量並不一定要均勻,因此,「伸長量百分比」為最初量測區的函數,必須要特別加以指明是在量測段內的百分比,還有在斷裂處附近的伸長量百分比非常高,此處對伸長量百分比所佔的比例最高,因為這樣的現象,所以有可能製造出來的冷軋鋼伸長量雖然只有 2 英吋佔 2%,但於局部位置卻有可能出現伸長率佔 20%的現象。

斷面縮減率 (Reduction of Area) 也就是將斷裂處減少的截面積除以在該處的原始截面積,乘上百分比即為即值。同理此值與伸長量百分比類似,其值可作為材料延性的指標,也不受到局部區段斷面縮減率與頸縮位置處不同的影響,一律將其截面縮減率和伸長量一樣是為均勻變形。

應變硬化率 (Rate of Strain Hardening) 在應力應變曲線超過降服點之後的斜率參看圖和圖,顯示出應力增加率隨著塑性應變增加而增加,此斷的斜率越陡表示塑性變形所造成的硬化效率越高,雖然應力應變圖形為曲線,但是正常情況下若是我們用對數為座標的話可將其改成直線,且可以方程式 $\sigma = \kappa \varepsilon^n$ 表示,其中 n 代表在應力—應變曲線圖初期塑性變形的斜率,稱為應變硬化率指數。此無因次量非常有用可以量化表示,且其等於最大負荷時的應變,也就是在圖 1.17 上的點 B。低應變硬化率的材料抗拉試驗時的伸長量較不均勻,頸縮現象較早出現,具有較高應變硬化率的材料它的伸長量均勻的部份較多,且受到拉伸作用時不會有局部頸縮的現象。

抗拉試驗的應用與限制 (Uses and Limitations of the Tensile Test) 抗拉試驗是獲得材料強度主要的方法,所得到的數據對設計者具有直接的用處,然而,在應用與解釋抗拉試驗結果時,有幾點限制必須謹記在心,第一,實務上所有的材料對測試條件都相當敏感,此點的重要性在先前設計試片時就已經談過了,無論機器是「硬施力 (hard)」或是「軟施力 (soft)」,也就是說作用在試片上的施力速率常數是快還是慢,都會影響到應力應變曲線圖形的形狀。試片受到的應變率的影響也是很大,有些材料受到高應變率作用時的圖形與低應變速率的圖形是完全不相同的,尤其是對一些延性較差的材料而言,試片是否在測試機器上準確的與測試夾具成一直線是相當重要的,因為對齊不良有可能造成試片已經受到永久性的塑性變形，在這樣的情形下幾次的試驗下來結果總會有所偏差，所以要想獲得可靠的數據唯一的方法就是多作幾次然後統計其結果即可。當然，若是只測試一次的話，它的數據可靠度也就不是那樣高了，因為抗拉試驗屬於一種破壞性檢驗，所以每次都必須準備新的試片作測試，因為這樣，所以會令一些測試人員望而卻步，因為他們必須多作幾次試驗來獲得可靠的數據。

硬度 (Hardness) 材料的硬度最好還是用硬度試驗機來測比較好，事實上，硬度並非一個真正的物理量，而是受到諸多物理量相互影響的綜合結果。量硬度的方法有好幾種，每一種方法可量出材料真正不同的組合性質，所以，某種測硬度的方法無法與他種測硬度的方法相比較，測硬度的方法主要有三種，分別是，刮痕、回彈與穿刺試驗。刮痕試驗方面，指的是材料表面受到一組從最軟的雲母、滑石的到最硬的鑽石材料刮刻的抵抗能力，這種硬度測試方法主要用在測試礦石和耐熱材料。至於回彈試驗則是使用一顆堅硬鋼球從一固定的高度落在測試片上，然後測量該球彈回的高度，測試的材料硬度越高則彈回的高度越高。這種試驗所量到的是材料受到撞擊時被試片所吸收的能量，目前這種測試方法較少使用。

幾乎所有的硬度測試方都是使用穿刺試驗，穿刺的方式或許不盡相同，但是基本上他們共同的方式都是使用一個標準壓痕器於特定的荷重之下穿刺進入金屬內，然後量其穿刺深度。最常用的穿刺試驗法為布氏 (Brinell) 和洛氏 (Rockwell) 兩種。布氏試驗法是使用一顆硬化過的鋼球於固定荷重下壓入金屬材料內，然後量出壓入鋼球的直徑。接著利用公式或是直接利用對照表查看所得的試驗硬度值，我們稱為布氏硬度 (Brinell hardness, BHN)。洛氏試驗基本上和布氏試驗相同，只是所使用的鋼球直徑不同和鑽石壓痕器（圓錐形）形狀不同，而且洛氏試驗也不用量取壓痕的直徑，取而代之的是壓痕的深度會自動在刻度盤上顯示出來。這兩種壓痕試驗，測試結果不只是受到金屬對變形的阻抗能力也受到測試時壓痕器附近金屬阻止壓痕器穿入變化的情形所左右，而且因為量壓痕直徑是在壓痕器離開的時候，所以也受到金屬彈性性質影響，因為金屬會有一些彈性回復，伴隨著一點直徑改變，另外必須牢記一項變數，那就是隨著壓痕器穿入材料內的同時，相對量的體積也被壓痕器，球形或是圓錐形，穿入深度的變化而被同時取代。一般而言，布氏硬度值是不能轉換成洛氏硬度值的，即使是洛氏硬度值本身也無法轉讀成其他的硬度值，不過某些特定的材料經由實驗結果，製成相當可靠的轉換表，但這樣的轉換表事實上對其他材料是不適用的。

硬度試驗是一種快速、粗略檢驗金屬材料機械性質的試驗方法，例如，就布氏硬度值而言，把它乘上 500 約略等於一般碳鋼的抗拉強度，單位為 lb/in^2。至於洛氏硬度試驗則是具有操作簡單，壓痕又小等優點，做完試驗後在金屬表面上幾乎不會察覺到壓痕，而且也不會傷害到零件的使用功能。本書和文獻中大多數所使用到的硬度單位不是布氏就是洛氏硬度值（除了 R 之外，另外會併用一個英文字母用來表示所使用的負荷和壓痕器，例如：B=100Kg 荷重和 $\frac{1}{16}$-in 鋼球壓痕器，C = 150Kg 荷重和布雷爾 (Brale) 壓痕器）。

為了測試一些表面薄層的硬度，我們把洛氏硬度試驗稍做改變，例如洛氏表面硬度試驗機，就是設計用來測試金屬薄切片或是金屬表面的硬度，讓壓痕器穿刺的深度較淺，顯微硬度試驗用的是鑽石壓痕器，因此所得到的壓痕一般都很小，必須要用金相顯微鏡觀察和計算，金屬中的單顆晶粒甚至晶粒中的微粒都可以用這種試驗來量硬度。但是，所量到的硬度值跟所使用的荷重有很大的關係，因此用 1-g 荷重試驗所得的硬度值與用 50g 所測得的值是不盡相同的。

衝擊、潛變、和疲勞 (Impact, Creep, and Fatigure)　一材料承受快速負載速率作用的試驗條件，我們稱為衝擊試驗。對於應變率很低的試驗條件則稱為潛變試驗，所謂的疲勞試驗則是使用降服強度附近的應力進行反覆荷重作用的試驗條件，直到測試物斷裂為止。這些各種不同的測試條件目的是要將材料實際受到應力作用的情形重現。測試的目的是要尋找某種適合該應用情況下的材料。

衝擊試驗一詞對科學用詞來說解釋上有困難，衝擊試驗是測試時在試片上施加瞬間的或是脈衝式的作用力。實驗時模擬的瞬間衝擊力主要來自落下的荷重，通常是使用一根擺錘，衝擊力若是能夠衝斷試片，通常我們用來測量衝擊值的單位是試片吸收能量的多寡，韌性越強的試片，吸收的能量越多，相反的，脆性材料，例如像是玻璃和硬化過後的鋼料，他們斷裂時所吸收的能量幾乎沒有。

常用的 Izod 和 Charpy 衝擊試驗原則上是可以求得金屬的韌性，事實上，試驗結果表示在該凹槽部位多軸向應力情況下，金屬受到局部變形所吸收的能量，也就是說，它是一種凹軸測試，而非真正的衝擊試驗，例如將一根沒有凹槽的試片拉斷於快速負載率的情況下拉斷所需要的能量，與真實應力真實應變曲線下的截面積相當，強度高但是脆性的材料與強度差但是延性相當好的材料，兩者能量吸收能力都比強度適中延性普通的材料吸收能量的能力都要差，因此，沒有凹槽的試片吸收能量的能力作為評估材料的韌性較為恰當。

所謂的潛變是指一材料受到一短時間內不會產生塑性變形的負荷，然後經過長時間之後，材料才會產生流動，也就是塑性變形的現象，最簡單的潛變試驗是將一荷重掛在試片的上面，然後利用顯微鏡或是其他敏感度較高的應變計量取紀錄它隨著時間的伸長量。較為精緻的潛變設備，是利用槓桿和法碼來施加荷重讓作用於試片上的應力為一定值，使得作用力隨著試片伸長時因為試片截面積減少而漸漸的降低，材料產生潛變的速率與相對於該材料溶解溫度的測試溫度 T_m 很有關係，測試溫度低於 $0.4T_m$ 時潛變現象不易發生，但若高於此溫度，潛變速率則開始隨著溫度增加而極劇的增加，所以精確的爐溫控制設備對於進行潛變試驗是必要的。

因為許多的金屬結構當其應變超過 0.01 到 0.1%以上時，結構就會遭受到破壞，所以潛變試驗有其實務應用上的重要性，尤其是用在高溫的情況，像是蒸氣渦輪機或是氣體渦輪機引擎，另一方面，對於短時間受到高溫作用的機械設備而言，此時高溫強度就顯得比就重要，像是火箭噴射推進設備只會受到短暫的幾秒或是幾分鐘的高溫作用，這樣的條件下，我們在乎的機械性質就不是材料的抗潛變性而是短時間耐高溫的強度。

疲勞試驗可以測出材料承受重覆來回作用力不會產生斷裂現象的耐力，即使該作用力的大小初期並未使得材料出現塑性變形。疲勞現象經常出現在工程結構中，較為常見的例子有承受荷重的旋轉軸，當它繞著一軸心旋轉時，表層上的材料每旋轉一圈即會受到一次的張應力和壓應力所作用，假使所產生的應變為彈性應變，也就是會完全回復的話，那是什麼情況也不會發生，但假如所作用的應力稍微大一點的話，即使只讓金屬的某極小部分產生微小的塑性變形，結果永久的破壞現象就會從那個地方開始延伸出來。多餘的應力可能來自過負載，可能來自過於劇烈的震動，太大的噪音（噴射飛機會發生音速疲勞的現象），或是來自凹槽局部的應力集中處，像是鍵槽等，這些現象原先並未讓人料想得到，原本我們都認為應力皆應處於安全範圍之內。事實上，上述各種情況的發生皆起因於早期在局部地區有一些永久性的毀損現象，然後這些毀損區會開始聚集，最後形成裂縫，且一旦出現這種現象，在裂縫尖端處的應力集中值開始急遽的增加，結果導致裂縫在整根棒材內延伸，最後出現像凹槽式的斷裂，這樣代表材料沒有延展性。在腐蝕的環境中，金屬材料對疲勞破壞的敏感度會急遽的增加，此種現象就是著名的腐蝕疲勞。

在旋轉式的疲勞試驗機中，我們是將一根軸的一端固定，並且在與旋轉軸垂直的方向施加一荷重 W（如圖 1.21 所示），然後計算材料斷裂前的旋轉數有多少。至於推拉式的疲勞試驗機，目的是在試片上產生循環作用的張力和壓力。同樣的也是計算試片斷裂前的循環數，疲勞試驗的結果通常用應力為縱座標以循環數為橫座標畫出曲線，S-N 曲線，來表示(如圖 1.22 所示)，當，S-N 曲線漸漸變成水平線時，也就表示在該應力值之下，該材料可以忍受無限制的反覆作用次數，而不會產生疲勞破壞，此時的應力值稱為疲勞限制 (endurance limit)。

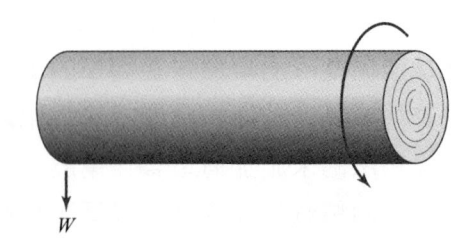

圖 1.21 在旋轉式疲勞試驗機於試片上施加荷重之示意圖。

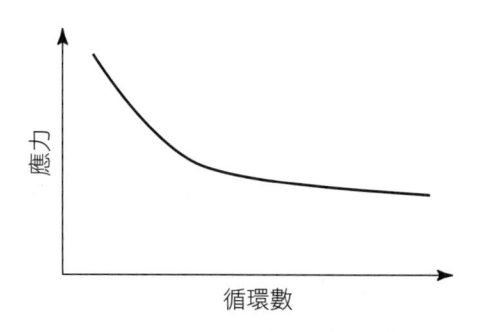

圖 1.22 疲勞試驗結果所得到的 **S-N** 曲線，斷裂循環數為橫座標，應力為縱座標之疲勞試驗圖。

1.5 物理性質 Physical Properties

密度 (Density) 已知金屬的晶格參數和原子的重量（將原子量除以亞佛加德羅常數即可），這樣要算它的密度就非常的容易。計算密度的第一步驟就是要先找出單位格子體積所含的原子數，簡單立方的晶體結構只要用觀察的方法即可看出其原子數，只要稍微用點想像力將原子稍微移開一點，即可看出整個晶包點的位置，另外我們也可以不用測試讀者的三度空間視覺，用下面的例子即可說明，首先考慮一個 bcc 晶格，晶格中的角落原子基本上是由八個晶格所分享，所以一晶包內的原子數可計算如下；

$$一顆中心原子 + (8 \times 1/8) 角落原子 = 兩顆原子/每單位格子$$

對於面心立方晶包而言，計算原子數的方法相同

$$(6 \times 1/2) 面心原子 = (8 \times 1/8) 角落原子 = 四顆原子/每單位格子$$

若要計算晶體的密度，所有要作的事只有找出單位格子內所有原子的質量，然後將其除已經包的體積即可。以計算鐵的密度為例，鐵為體心立方結構，可由下法算出；因為鐵的原子量為 55.85 且其晶格常數為 2.8610 Å，所以，鐵的密度可計算如下

$$2(55.85)/6.025 \times 10^{23} \times (2.8610 \times 10^{-8})^3 = 鐵的密度，g/cm^3$$

這樣所計算出來的是完美的鐵晶體密度，但是存在晶體中的空孔會造成晶體的密度比計算所得的值要小，然而晶體中的不存物因為填係在晶體中反而會造成晶體的密度增加，由此可知計算晶體的密度可以知道晶體的完美度。

熱性 (Thermal Properties) 材料對外界熱的反應可由它的比熱，所謂比熱就是材料要吸收多少熱量才能增加 1°C 溫度，第二項是從他的熱傳導性得知，所謂的熱傳導性指的是熱在材料中傳遞的速度，第三項則是它的熱膨脹係數，金屬和其他固體往往都有簡單的晶體結構，此項熱膨脹係數與晶體中的原子在它的晶格位子上的震動有關。

比熱 (Specific Heat)　　根據分子動力學理想氣體的熱量由其原子動能所決定，$\frac{1}{2}Nmv^2$，其中 m 為原子質量，v為其速度，N 為原子數。晶體受熱後，這熱能會以原子震動的方式儲存起來，晶體內的原子所在的位置是被固定住的，因為原子間彼此有鍵結的力量存在。我們可以把這些原子間的鍵結力想像成像彈簧一樣把原子相連起來。就簡單立方而言，每顆原子與六顆原子用彈簧相連著，當這樣的系統受熱時，原子會開始來來回回的震動，保持在動的狀態，但是平均而言原子所在的位置也就是晶格真正應該的位置，這是晶體真正的情形，受到震盪運動時，簡單立方的原子具有六個自由度，其中三個自由度與各個原子運動的速度有關，就跟氣體原子的運動一樣，另外三個自由度與原子的位能有關，這個由原子間相對的位置所決定(必須確定原子的座標)，一莫爾晶體的熱能因此等於$\frac{6}{2}RT$，且其比熱為

$$C_v = \frac{\delta}{\delta T}\frac{6}{2}RT = 3R \approx 6 \text{ cal/mol}\cdot°C$$

大多數金屬的比熱 C_v（體積為常數，我們稱為定容比熱）事實上都滿接近 6 cal/mol·°C，對於具導電性的金屬而言因為傳導用的電子也會儲存能量因此它的比熱可高達 8 cal/mol·°C。

根據上述的定義，C_v 值應該與溫度無關，對大多數的金屬而言這是對的，然而，當溫度非常非常低的時候，則事實則非如此，如同圖 1.23 所示，隨著溫度下降定容比熱會減少的非常快。

熱傳導係數 (Thermal Conductivity)　　金屬本質上無論是傳熱效果或是導電性都非常好，金屬中的熱傳導機制有二，其中之一是金屬中的自由電子負責傳遞熱能，這些電子也負責用來傳遞電流，電子的用途會在下節中繼續討論，另一種機制是晶格傳導，主要是因為晶體中相互連結一起原子間的震盪作用，對金屬和合金而言，電子和晶格震盪對於導電的效果都相當重要，但是，絕緣體中的電子的作用則幾乎沒有。

晶格震盪的熱傳導效果可由以下說明得知，把金屬的一端受熱時，該端受熱原子的震盪振幅會比冷端原子的振幅來得大。因為任何原子都與鄰近原子用相同的彈簧連結（鍵結力）在一起，因為受熱原子增加的震盪就從這些連結的彈簧傳遞給鄰近原子，如此到整個晶體。解釋熱傳導作定量分析的話必須用到晶格震盪的量子力學，但是，也沒有像比熱那樣有一個簡單的通則可以用來作概括的說明，量子力學理論也證實晶格中的不存物和非完美性排列的確會阻礙晶格震盪，這也就是說我們可以透過合金的方式改變晶格震盪部份對熱傳導的效果。

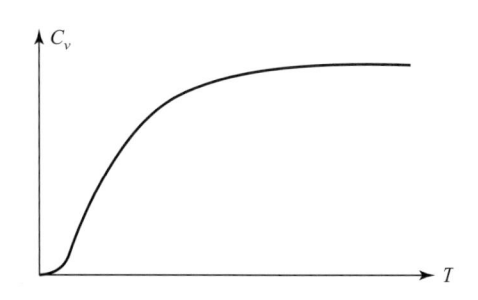

圖 1.23　金屬之定容比熱對溫度的變化曲線。當溫度接近絕對零度 (°K) 的時候定容比熱也接近零。

熱膨脹 (Thermal Expansion)　隨著晶體中原子因為受熱而震盪的變化的時候，原子的平均位置也會產生變化，因為晶格位置的改變也造成晶體的大小隨著溫度變化而變化，受熱時，基本上大都是產生膨脹的現象，雖然有些材料在晶體特定的結晶方向可能會有收縮的現象。通常晶體的熱膨脹與溫度成正比，除非在溫度很低的區域或是相變化（同素變態點和磁性變態點）溫度的地方才出現非線性關係。膨脹計，一種可以準確量取材料隨著溫度改變長度的儀器，經常被用來偵測材料發生同素異形變態點時溫度，偵測的依據是因為不同的相有不同的體積和膨脹係數而來。

已經發現熱膨脹係數 α 與材料的壓縮率 κ 和比體積 v 與定容比熱 C_v 有關，關係如下，

$$\alpha = \gamma \kappa C_v / 3V$$

其中 γ 為格魯案森 (Grüneisen's) 常數，對大多數的金屬而言其值為 1.8，然而上式並非對所有的情況都是那樣的準確，我們通常利用此值來驗證手頭所得到的數據是否準確，合金化可以大幅的改變材料的熱膨脹係數，尤其是對於某些具有強磁性的金屬來說。

電性與磁性　Electrical and Magnetic Properties

根據材料的導電性可以區分為導體半導體和絕緣體，事實上，對不同種類的材料而言，所謂的導電性對不同種類的材料他們的導電界定範圍很大。良導體的電阻係數約為 10^{-6} $\Omega \cdot cm$，相對於絕緣體的電阻係數則為 10^{-18} $\Omega \cdot cm$，

至於半導體它的電阻係數則約為 ohm-centimeters 的十倍左右，介於導體和半導體之間，除了導電性之外，材料的介電常數對導體和半導體也是相當重要的電性之一，同樣的，對於所有的材料光學性質也可以視為電性的特例，因為將材料曝露在光線的環境中正如同將材料至於高頻的電場環境一樣。

導電性 (Electrical Conductivity)　金屬的導電性很強，且其導電度隨著溫度上升而降低，金屬中的電流是利用電子作為載體，電子在晶體中可以自由的移動，這些導電電子可被視為限制在金屬固體內的電子雲，以金屬表面面作為限定的邊界，金屬原子中的價電子，

也就是可以自由移動的電子來形成電子雲，相對的，那些靠近原子核附近的固定電子則被吸附在各自的原子附近，這些電子雲扮演決定金屬性質的角色，因為基本上金屬性質受到金屬中原子與電子雲相互作用所影響，電子雲可增強金屬中原子間的鍵結力。

雖然金屬中傳導電子真正的理論必須應用量子力學來說明，另外一個來描述金屬中電子性質有用的說明方式，是籠統的將電子雲直接考慮成尋常的氣體分子，想像電子隨機的以高速運動，然後和晶體中的原子相互碰撞，當外加作用一個電場時，電子會產生一個與外加作用電場方向相反的飄移速度，這是因為電子帶負電的關係，結果這樣將會增加電流的大小，在任何已知電場強度作用下，傳導電子與原子間的撞擊次數將因而限制電流的大小，此就像在傳導量子理論中所說的一樣，當原子離開他原本的晶格位置時，那些撞擊現象將會比較容易發生，因此升高溫度時，原子震盪的幅度也會跟著變大，金屬的電阻變得較大。

電子雲正如同尋常的氣體分子一樣，也可以用來傳導熱能，電子雲也是負責金屬熱傳的工作，這是電子的部份，也就是說傳熱主要是由兩部分一同作用，一部分由自由電子負責，也就是電子雲，另一部分由晶格利用震盪的方式來完成，對純金屬而言，由電子雲傳熱的部份遠大於由晶格震盪傳遞的部份，因此我們可以預期那些應是電的良導體的純金屬同時應該也是熱的良導體，反過來說也是一樣，真的存有這樣的關係，也就是知名的惠德曼和法蘭資定律，該定律如下所示

$$熱傳導率／電傳導率 \times 溫度 = 常數$$

使用這個關係式時，當中的常數，就是所謂的勞倫茲常數，當中的傳導率使用的單位必須要一致，於 cgs 制中，勞倫茲常數為 2.48×10^{-13}。

並非所有的材料都是良好的導電體，有兩種情況是可以增加材料的導電度，第一，電子雲中每個原子只有一個價電子，也就是只有一個自由電子，並且純度要高，第一個條件要從簡單的電子雲想法中去看似乎並不明顯，從量子力學效應來看，若是電子雲的密度太濃的話，電子載運電流的能力將會受到限制，另外因為原子熱震盪的關係，導電電子會受到干涉，導致電阻增加，至於高純度也是必要的，因為金屬中溶入的不純物原子也是造成干涉導電電子的中心位置，對一般的金屬而言，銅元素最符合第一個條件，鋁有價電子濃度最高的優點，但是卻不像銅那樣是很好的導電體，然而，若是金屬的重量很重要的話，鋁就具有其獨特的優點了，另外一方面，銅製導體也比較容易銲接在一起。

除了溫度很低的情形外，否則金屬的電阻是和溫度成正比的，這也是溫度計製作的原理，當溫度接近絕對零度時，純金屬的電阻會變得非常非常小，如圖 1.24 中曲線 *a* 所示。有些金屬會在溫度接近絕對零度時出現超導的現象，如圖中曲線 *b* 所示，水銀、錫和鋅屬於超導金屬，很不幸的，應用超導體材料作為導電體會受到相當的限制，因為當電流太大時，大電流伴隨著磁場的生成，導致材料回到非超導的正常狀況。

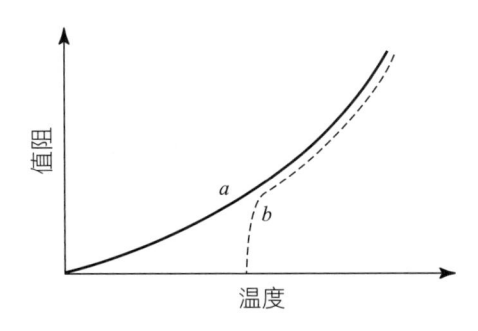

圖 1.24　純金屬電阻隨著溫度降地而變化的曲線圖，曲線 **a**，當絕對溫度趨近於零時的超導體曲線圖，曲線 **b**。

磁性 (Magnetic Properties)　所有的材料會對外加磁場產生一定的回應，但是此僅限於強磁性與鐵磁性材料中，因為這些材料本身已有磁性，且它的作用夠大可以隨時對外加的磁場作出反應，工業上，材料的磁性對發電和電力傳輸非常重要，轉子、靜子和變壓器的心子的磁損對於電力設備和各式各樣的電子電路效率限制很大，討論材料的磁性時，其中有三個物理量一定會提到。

磁化 (magnetization)　J 定義為材料每單位體積的磁矩，作為材料受到磁化的程度量測單位。

磁場強度 (Magnetic field strength)　H 是磁場強度的符號，其單位為，越大的 H 值，代表磁場中作用在單位磁極的力量越大。

磁感應 (Induction)　材料受到磁化和外加磁場作用時，材料內部真正磁場通量的密度，其符號為 B，單位為高斯 (Gausses)。

對於那些非自然磁化的材料而言（既不是強磁性也不是鐵磁性的材料），我們發現磁化程度 J 與外加作用磁場強度 H 成正比，如下所示

$$J = \chi H$$

其中的比率常數稱為材料的磁場感應度，因為 J 與 H 值成正比，因此，B 值也與 H 值成正比，公式改寫如下

$$B = \mu H$$

其中 μ 稱為導磁率 (permeability)。

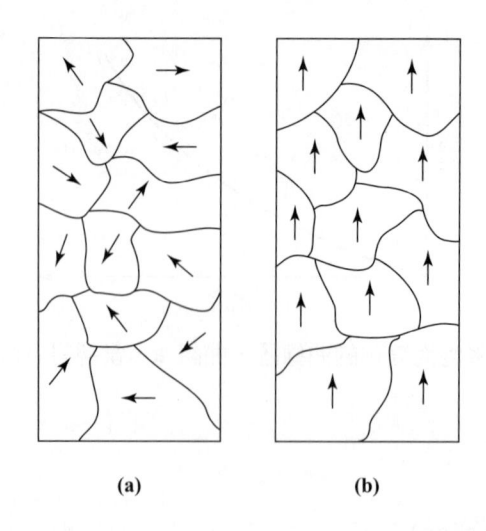

圖 1.25　(a) 在非磁化棒材內的磁區，和 (b) 相同棒材內完全磁化的的磁區。

　　有些金屬材料，像是鐵、鎳、鈷等元素，它們與生俱來即帶有磁性，也就是說，即使當 $H = 0$ 的情況，他們的 J 值也會有一定的大小，這類的材料我們稱為強磁性材料，例如像是鐵元素，存在的磁化現象並非一下子就可以發現的，以鐵棒來說，是有所謂的磁化區域，或是小的磁化範圍，在其中的磁極都是方向相同，不同的磁化區，其 J 的方向都不一樣，所以任何只要比微米稍大的金屬片，不同的磁化區方向將會相互抵銷，淨磁場強度因此為零（圖 1.25a）。當我們將鐵棒磁化時，也就是強迫他們的 J 值都作用在同一方向（圖 1.25b），要完成這樣的磁化現象，只要外加一磁場強度 H 導致他的淨磁通量為 B 即可。

　　當鐵棒的溫度增加時，鐵棒內的磁區強度也會跟著降低，直到降至鐵的居禮溫度為止，此時自然磁化現象消失，總而言之，鐵磁性是一種強磁性的變化，發生在某些氧化物身上，例如像是磁鐵礦，它的自發性磁化現象不像強磁性那樣完全。

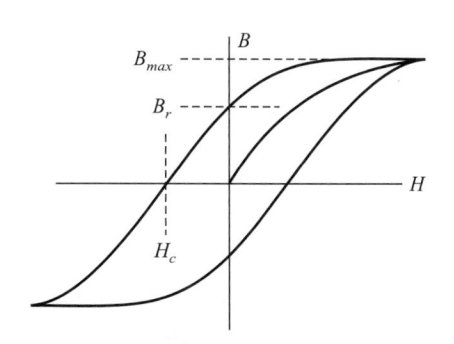

图 **1.26** 铁在磁化作用时所产生的磁滞圈。*H* 就是所施加的磁力场，*B* 则是样品所反映出来的磁化作用强度。**Bmax** 是指可获得的最大磁性流量密度。*B*$_r$是残余磁力，在移除了所施加的磁力场之后，这个残余磁力就会消失，*H*$_c$是所需要的相反磁场（强制力），这是用来将磁性改变为零的。

　　强磁性材料的磁性可从变化磁场强度然后量取它的磁通量求得，总磁化是一种各个磁区可排成一排的程度，这种实验的结果所得到的是 B 值对 H 值的曲线，如图 1.26 所示，从 $H=0$ 和 $B=0$ 开始，随着 H 值增加 B 值一开始也会快速的增加，然后渐渐的增加速率越来越缓，最后会到达一最大值，或者称为饱和，称为 B_{max}，超过这个大小后，所有在材料内的区域都已经排成一列了，进一步的增加 H 的大小，不会再增加 B 值，现在假使开始降低 H 值的话，却发现 B 值却不会沿着原来的磁化曲线退回去，相反的，它是沿着图 1.26 曲线的上部退回，所以当 H 值为零的时候，试片却部份被磁化了，于 H 值为零的地方，所留下来的磁化大小称为残留磁化值 (remanence)，为了将 B 值降为零，磁场作用的方向必须相反，它的大小我们称为 coercive force，继续施加外加磁场 H，实验结果会得到一个磁滞回路曲线 (hysteresis loop)，如图 1.26 所示，完成这样的一个磁滞回路，在试片上所耗掉的能量，等于磁滞回路所围成的面积，且是以热的形式消散出去，在变压器的铁制心子上，每一秒中会出现这样的磁滞回路 60 次，所产生的热是造成变压器效率变差的主因，因此，在电力系统中应用铁制材料时，冶金学家所遇到的问题是如何制造具有较小磁滞曲线的材料。另外一方面，在制造永久磁铁时，我们希望能够得到的残留磁化和 coercive force 越大越好，这些问题显然已经超过冶金的领域。

1.6　非合金固体的特性 Characteristics of Unalloyed Solids

　　特定的元素是不是金属端视它的某些特性，然而，环视全世界也找不到一个通用的准则，到底是那些性质或是某些性质可作为金属材料的准则，对化学家来说，假使某一元素它的氧化物可以溶解在水里面导致该溶液为硷性的话，该元素即为金属，对物理学家而言，假使某元素它是电的良导体，而且它的导电性随着温度上升而降低的话，则该元素即为金属，对材料工程师而言，因为比较关心材料本身的机械性质导电性质和磁性质，所以假使該元素可以滿足物理學家所定義的，也可以作適度變形的話，即可視為金屬，事實上，工程師的主要課題是藉由變化金屬的結構和組成，找出改進金屬性質的方法，一個工程師若能具備了解金屬性質可以改變到何種程度的能力，那他利用材料作為結構性材料或是其他應用的能力，會比單單使用材料手冊的人要強很多。

這裡我們故意使用「非合金」一詞，而非純元素，是因為即使經過電解出來的金屬它的純度也只能到 99.999%，若是用帶熔純化 (zone refining) 的方法那就更低了，只有 98% 甚至更低，本章中，我們所討論的是商業化的純金屬，不會故意在金屬中添加所謂的合金元素，過去的幾十年來，參考中所列舉的一些非金屬他們在應用上的重要性漸漸的超越某些金屬。

表 1.3 列舉了一些重要金屬在物理性質方面的數據，其中主要的部份，是考慮一些與結構組織無關的性質，因為與結構組織有關的性質太多了幾乎不可能表列他們的性質，那些性質即使是相同的材質但是不同的結構組織是會隨著不同的試片而有很大的不同，在材料的分類上，以週期表作為主要架構是滿方便的，下面我們會慢慢說明。

第 IA 族，鹼金屬　The IA, or Alkali, Metals

鹼金屬包括有鋰、鈉、鉀、銣、銫等金屬，他們具有較大的化學活性，低密度，低熔點等特性。他們都有 bcc 結構，也都是所謂的開金屬，也就是說如果把原子看成一顆硬球的話，在晶體結構中原子之間是不相接處的，因此這類元素的可壓縮性較高，因為比較軟而且強度差，所以並不適合作為結構用材料，液態時，這些低溶點的鹼金屬元素作為熱傳介質很有用。

表 1.3　金屬的物理性質

元素	符號	20°C時密度 g/cm³	至100°C的熱膨脹係數°C ×10⁻⁶/°C	18°C時電阻 Ω·cm	電導體（與銅相比較）%	20°C（或指定溫度）的晶格形態		晶格參數（單元晶格的基本長度） a ×10⁻⁸cm
鋁	Al	2.70	24.0	2.72	61.8		fcc	4.0490
銻	Sb	6.62	9.8	39.8	4.23		rh	4.5064
鈹	Be	1.82	12.4	6.3	26.7		cph	2.2854
鉍	Bi	9.80	11.8	118.0	1.41		rh	4.7356
鎘	Cd	8.65	29.8	7.25	23.2		cph	2.9787
鈣	Ca	1.55	....	4.5	37.3	α	fcc	5.57
						β300 < T < 450°C		
						γT > 450°C	cph	3.99
碳	C	2.22	1.2	3500	....		dia cubic	3.568
						Graphite	hex	2.4614
石墨	Cr	7.19	6.1	13.0	....		bcc	2.8845
鉻	Co	8.92	12.8	6.8	24.0	α	hcp	2.507
						β	fcc	3.552
鈮	Cb	8.57	7.2	13.1	8.4		bcc	3.3007
銅	Cu	8.96	16.7	1.68	100		fcc	3.6153
金	Au	19.3	14.3	2.21	76.1		fcc	4.0783
鉿	Hf	13.3	....	32.0	5.26		cph	3.206
鐵	Fe	7.87	12.3	8.7	19.3	α	bcc	2.8664
						γ908 < T < 1405°C	fcc	3.656
						δT > 1403°C	bcc	2.94
鉛	Pb	11.34	28.3	20.7	8.13		fcc	4.9495
鎂	Mg	1.74	26.0	4.3	39.1		cph	3.2092
錳	Mn	7.44	19.7	185.0	0.91		cubic	8.912
						β727 < T < 1095	cubic	6.313
						γ1095 < T < 1173	fcc	3.782
						T > 1173		
水銀	Hg	13.55	42.2(86 K)	95.4	1.76		rh	2.006
鉬	Mo	10.2	4.9	4.72	35.6		bcc	3.1466
鎳	Ni	8.9	13.3	7.35	22.9		fcc	3.5238
鈀	Pd	12.0	11.7	10.75	15.6		fcc	3.8902

晶格參數(單元晶格最大值)或 $c \times 10^{-8}$ cm 是軸角度	最接近近似距離 $\times 10^{-8}$ cm	比熱（室溫下）cal/g°C	金屬氧化物最低生成熱 kcal/g mol	熔解熱 ΔH_{fus} kcal/mol	熔點 °C	退火金屬的最終拉伸強度 MPa	退火金屬伸長量 %	退火金屬的勃氏硬度	彈性楊氏模數 GPa
....	2.862	0.217	389.5	2.57	659.7	47	49	16	55
57°6.5'	2.903	0.051	165.4	4.74	630.5	11	....	30	78
3.584	2.225	0.425	146	2.36	1350	186	....	97	290
57°14.2'	3.111	0.030	135.5	....	271.3	....	....	....	....
5.617	2.979	0.059	65.2	1.45	320.9	71	50	21	69
....	3.94	0.145	151.7	....	810	59	53	17	21
6.53	3.95								
....	1.544	0.165	26.4	....	3550			....	5
6.7014	1.42								
....	2.498	0.110	267.4	4.20	1615	483	....	110	248
4.069	2.506	0.104	57.5	3.64	1495	255	....	48	....
....	2.511								
....	2.859	....	....	....	2500	345	30	....	....
....	2.556	0.093	34.9	3.12	1084	220	42	....	103
....	2.884	0.031	12	2.95	1063	131	45	25	80
5.087	3.15	....	....	....	1700	....	....	....	....
....	2.481	0.107	64.04	3.7	1535	289	....	77	207
....	2.585								
....	2.54								
....	3.499	0.030	52.47	1.225	327.4	12	30	4.2	22
5.2103	3.196	0.245	145.76	2.16	651	194	....	29.4	41
....	2.24	0.1211	90.8	3.5	1260	Brittle	....	....	159
....	2.373	....	....	....	....	Brittle			
3.533	2.587	....	....	....	....	496	40	....	159
70°31.7'	3.006	0.033	21.7	....	38.87	....	....	....	....
....	2.725	0.065	131.4	6.71	2620	683	....	144	290
....	2.491	0.105	57.83	4.21	1455	407	40	100	724
....	2.750	0.058	21.5	3.84	1553	145	24	49	117

（續）

表 1.3 金屬的物理性質(續)

元素	符號	20°C 時密度 g/cm³	至100°C 的熱膨脹係數°C ×10⁻⁶/°C	18°C時電阻 Ω·cm	電導體（與銅相比較）%	20°C（或指定溫度）的晶格形態		晶格參數（單元晶格的基本長度） $a \times 10^{-8}$ cm
鉑	Pt	21.45	8.9	10.5	16.0		fcc	3.9237
鉀	K	0.86	83.0	6.9	24.3		bcc	5.344
錸	Re	20.53	....	....	....		cph	2.7609
銠	Rh	12.44	9.6	5.0	33.6		fcc	3.8034
硒	Se	4.81	37	....	....		hex	4.3640
矽	Si	2.33	3.1	....	....		dia cubic	5.4282
銀	Ag	10.5	18.8	1.58	106.3		fcc	4.0856
鈉	Na	0.97	62.2	....	....		bcc	4.2906
鉭	Ta	16.6	6.7	14.7	11.4		bcc	3.3206
碲	Te	6.25	16.75	....	....		hex	4.4559
錫	Sn	7.28	26.92	11.3	14.9	α, gray $T < 13.2$°C	dia cubic	6.47
						β, white	tetrag	5.8311
鈦	Ti	4.5	8.5	89	1.89	α	cph	2.9504
						$\beta T > 900$°C	bcc	3.33
鎢	W	19.3	4.3	5.32	31.6		bcc	3.1648
鈾	U	18.7	....	....	....	$\alpha T < 665$°C	orthorh	2.858
						$\beta\, 665 < T < 775$°C	low symmetry	
						$\gamma\, 775 < T < 1130$°C	bcc	3.49
釩	V	5.96	7.7	25.9	6.5		bcc	3.039
鋅	Zn	7.14	26.28	5.95	28.3		cph	2.664
鋯	Zr	6.4	5.2	45	3.74	α	cph	3.230
						$\beta T\ \ 867$°C	bcc	3.62

晶格參數(單元晶格最大值)或 $c \times 10^{-8}$ cm 是軸角度	最接近近似距離 $\times 10^{-8}$ cm	比熱（室溫下） cal/g°C	金屬氧化物最低生成熱 kcal/g mol	熔解熱 ΔH_{fus} kcal/mol	熔點 °C	退火金屬的最終拉伸強度 MPa	退火金屬伸長量 %	退火金屬的勃氏硬度	彈性楊氏模數 GPa
………	2.775	0.032	17.0	5.27	1773.5	117	30	………	166
………	4.627	0.192	86.26	0.57	62.3			0.037	………
4.4583	2.740	0.035	………		3000				
………	2.689	0.058	………		1985	503		139	294
4.9594	2.32	0.077	56.42	1.3	220				………
………	2.351	0.181	198.3	9.48	1420	93			113
………	2.888	0.0558	6.95	2.855	960.8	159	48	28	76
………	3.715	0.295	99.16	0.63	97.5			0.07	
………	2.860	0.036	500.12		3027	345	40	46	186
5.9268	2.87	0.048	78.3	9.28	452			………	………
………	2.81	0.054	69.8	1.72	231.9	14	96	5	41
3.1817	3.022								
4.6833	2.89	0.1125	217.4	………	1800	538	27	………	116
………	2.89								
………	2.739	0.034	126.2	8.07	3370	1000	310	………	352
4.955	2.77	0.028	256.6		Ca. 1133				
………	3.02								
………	2.632	0.1153	209		1710				
4.945	2.644	0.0925	84.4	1.765	419.47	110		………	69
5.133	3.17	0.068	178	………	1900	240	………	………	76
………	3.13								

第 IB 族貴金屬　　The IB, or Noble, Metals

　　銅銀和金與鹼金屬一樣價電子數為 1，所以也像鹼金屬同樣的皆為電的良導體，然而，貴金屬的結構較為密集 (fcc)，熔點較高，表面出強度佳延展性好的特性，在延展性方面則顯得特別重要，大量的銅金屬被抽拉成銅線用來作電力傳輸；金有一個很獨特的性質，那就是它的氧化物並不穩定，它的表面因此可長保光澤；銀在所有金屬中它的傳導性最好，所以可用在電器接頭上，因此它的抗蝕性也很重要。

　　雖然大多數的金屬在工業上應用時，都是以合金的形式使用，對銅而言卻不盡然，銅金屬用在於導電用品和散熱器上最多，這兩種用途都需要高傳導性，一種需要高導電性另一種需要高導熱性，反過來說兩者都需要高純度，電解純化可降低銅內的不純物濃度，只留下氧為銅中主要的不純物，這是因為電解純化時陰極銅一定會引入氧元素的關係，在液態金屬內添加磷元素可製成無氧銅，通常，殘留的磷含量會降低傳導性，該磷含量處於作為導電體可容許的範圍之內,應用在導電上的銅製零件,是在一氧化碳氣氛中熔煉和鑄造出來的一種無氧且具高傳導率 (oxygen free high conductivity) 銅。

第 IIB 族金屬　The IIB Metals

鋅和鎘金屬具有六角密排結構結構,固態水銀為菱形晶系,事實上,鋅和鎘的軸長比超過理論值 1.633 很多(鋅為 1.856,鎘為 1.886),所以並非真正的最密堆積,因為他們的價電子為 2,所以並非電的真正良導體,鋅有一個非常特別的用途那就是只要將鐵塊浸入鋅液中,或是利用電鍍的方式,都可以很容易的將鋅鍍在鐵塊上,這樣可以保護鐵在中度腐蝕的環境下免受侵蝕破壞,這種防蝕作用屬於一種電化學保護,鋅相對於鐵為正極,溶入腐蝕環境厚,鐵扮演陰極,只要鋅一直存在並且兩者電性相連結,鐵就可以一直受到保護。

鋅的熔點相對較低,所以在合金的情況下,特別適合用壓注法來製造,但是,初期應用此法時,情況並不是很理想,特別是在溼熱的氣候區作,鋅壓鑄件會漸漸地膨脹,而將機構卡住,這是因為粒間腐蝕所造成的膨脹現象,也會大大的降低鑄件強度,目前發現只要保持鉛和鎘的不純度在 0.01% 以下,壓鑄件即可徹底的具有防止粒間腐蝕的能力,所以,作為壓鑄合金的鋅金屬必須純度高達 99.99%,更進一步的對於用在和銅金屬製造成為黃銅的鋅元素或是作為鐵的犧牲陽極的鋅元素他的純度恐怕必須更高。

輕金屬　The Light Metals

這類的金屬包括具有低密度和適當的機械強度的材料,像是鋁、鎂、鈹元素等。鋁具有 fcc 結構和良好的延展性,一些有鐵矽和銅不純物存在的商業化純鋁,他們的強度可能稍為好一些但是延展性會較差(像是合金 1100),但是這類鋁合金在大多數的應用上,相對而言此點並不是那麼重要,只是在合金鑄造性和熱處理的溫度上,有必要控制不純物的含量,以保持高品質。

鋁是一種電的良導體,體積只有銅的三分之二,重量上更只有銅的三分之一,因為鐵和矽在組成上並無法溶入鋁中,所以就材料而言不會降低鋁的導電性,商業上純鋁漸漸地用作長距離高壓電力的輸送線,像是電纜,鋁線包著鋼線,以增加強度,重量也較輕可以增加電線桿間的距離,就材料而言,也省卻了電線桿設立的費用。

鎂具有 hcp 的結構,熔點普通,延展性較為有限,但是當溫度超過 250°C,即可輕易進行加工,鎂就像鋁一樣,若是機械性質比較重要的長合,鎂通常會作成鎂合金,鈹同樣也具有的 hcp 結構,一般他的延展性很差,假使延展性的問題和產量可以增加的話,以鈹特有的高彈性係數、高熔點、高比強度(所謂的比強度紙的是材料的單位重量所具有的強度)等特性,相信使用在航空器材和航天器材上一定相當有用。

過渡金屬　The Transition Metals

這類金屬包括週期表上所有的過渡性元素，從元素到鎳元素，從銥元素到鈀元素，從鋼元素到鉑元素，有些過渡性金屬在實驗室比較少見，有些在工業上則相當重要，他們共同的特性是他們電子組態的 d 軌域是處於完全填滿的狀態，所以他們的鍵結力強，熔點高，因此機械強度高並且可保持至高溫狀態，有些金屬像是鐵、鈷和鎳屬於強磁性，但是他們跟銅鋁比較起來都是電的不良導體。

大多數的鐵的被應用時都是合金的形式，稱為鋼，純鐵的抗蝕性比不純的鋼即使碳含量不高的鋼，都要來的好，不考慮強度的話，鐵錠最大的用途是用在鍍上法瑯的家用品上，因為它的抗蝕性比鋼好。

鐵和鋼最最不希望有的不純物就是硫元素，硫會和鐵化合成低熔點的硫化鐵，導致加熱缺陷，這是因為當進行熱加工時硫化鐵在熱作高溫下會溶解，導致滾軋失敗，鋼料斷裂，鋼料中添加五倍以上的錳元素，可使錳與硫反應形成硫化錳，化解硫所帶來的不良效應，當鋼中的塊狀硫化錳組織含量夠多的時候，可使切削加工中的肥粒鐵基地較易斷裂，因此加工較快，耗能較少且加工件的表面較為光滑。

商用上純鎳可能含有少量從熔煉爐所帶來的硫，硫化鎳可能會在出現在晶粒邊界上包圍晶粒，導致整個結構變脆，硫化物含量可能少到連一般的顯微金相技術也無法偵測出來，在鎳中添加 0.05% 的鎂元素，可形成無害的硫化鎂，會像鋼中的硫化錳一樣，散佈在晶粒中，讓金屬本質上可以作塑性變形和加工，同理，鉛也會成為金金屬的不純物，也可逃避顯微鏡的檢驗，而且還會形成一層很薄、強度差的的連續薄層包圍金晶粒，使得整個結構變脆。

鎳金屬的價格稍高，也因為這樣，所以鎳的使用範圍不是很廣，它的抗蝕性很好，所以使用時通常是在其他金屬表面鍍上薄薄的一層，作為保護用，或是鍍在銅底鍍層上，鎳更常作為鉻金屬層的底鍍，因為鉻金屬更硬，更亮，看起來較漂亮，然而，抗蝕性靠的是鎳金屬，因為鉻金屬鍍層常有空孔，因此想是車輛車身經過所謂的黑鉻電鍍 (chrome plate) 之後，還發生生鏽的現象，應該就是鉻金屬鍍層下面的鎳金屬層太薄的原因。

電機和電子工業上依賴蠻多各種不同的鎳金屬合金材料，因為它獨特的電子散發和膨脹作用（用來密封玻璃），化學工業上，鎳金屬也是一個相當重要的觸媒劑，然而，鎳金屬最重要的是作為鋼料的合金元素。

高價電數金屬　Metals of High Valence

這類的金屬包括有鎵、銦、鉈、錫、鉛、鉍、銻和砷等，其中只有鉛為 fcc 結構，這些金屬相對上他們的晶體結構都較為複雜，強度差且具有低熔點的特性，有些高價電的金屬，像是砷,很難將其視為一種金屬,事實上,他們既不是金屬也不是非金屬,錫被大量的用在鍍鋼上面,成為錫罐,鉛則用在儲能的電池上。

半導體　Semiconductors

　　金屬具有許多的傳導電子用來導電,受熱時也會因為熱干涉引起電阻增加,半導體呢?像是矽和鍺,它的傳導電子數很少,因此電阻值很高,於 °K 時,半導體沒有游離電子,所有的電子都被束綁在原子附近,當溫度慢慢增加時,漸漸的有電子可以自由的移動,可以離開原子,成為游離電子,可用來導電,當溫度更高時,游離電子更多,電阻也就相對的降低,這就是金屬與半導體最大的不同的特徵之一,直覺上,半導體比較接近絕緣體,比較不像金屬,半導體受熱時電子會呈現一定的比率關係漸漸的釋放出來,對絕緣體而言,這個釋放電子所需的能量門檻較高,而半導體則較小,金屬即使在絕對零度的情況下也有傳導用的自由電子,一些典型的能障值列於表 1.4。

表 1.4　半導體能障值。

	材料能障, eV
錫 (灰)*	0.08
鍺	0.6
矽	1
鑽石	10

* 錫共有兩種同速異形體,白色的錫在 18°C 以上是穩定的,分類上屬於金屬。灰色的錫則在較低的溫度才會是穩定狀態,分類則是屬於半導體。

　　錫有兩種銅素異型體,白錫 18°C 以上為錫的穩定相,屬於金屬,灰錫低溫時較穩定,屬於半導體。

　　半導體的導電性身受材料內不存物的濃度所影響,這是因為不純物元素的能障值遠比半導體母材料的能障值為低的緣故,因此少量的不純物會劇烈的影響半導體的導電性,基於這樣的關係,製備半導體材料時不純物的控制就顯得相當的重要,製造半導體元件時,像是電晶體,花了相當的技術部份在於如何在高純物母材料中添加正確的不純物量,因此,半導體工業中另一個主要的工作也就在於發展純化基本材料的技術上。

問題

1. 證明在 hcp 結構中,長軸與短軸(c/a)的理論值為$(3/8)^{1/2} = 1.633$,然後將此值與已知的一些 hcp 金屬(c/a)值作比較。

2. 假設銀原子為球狀且其半徑為 1.44 ,銀為 fcc 結構,且假設銀原子會在最密堆積方向相連接在一起,求銀的晶格參數是多少?

3. 利用上題所計算得到的晶格參數,和已知的銀原子量,計算銀金屬的密度是多少?

4. 有相同純度的銅線試片兩條,但是他們的楊氏係數卻相差 50%,可能是什麼原因,有什麼辦法確認您的假設。

5. 在抗拉試驗中,當應力超過降伏強度後,應力與應變關係為 $\alpha = \kappa\alpha^n$,利用微分的方式,證明 $n = \varepsilon$(最大荷重的情況),(注意必須用相同的荷重面積和伸長量,來取代應力與應變)。

6. 利用表 1.3 中銅的電阻係數據,計算一條長一公尺直徑 3 mm 的銅線它的電阻為多少歐姆。

7. 作為導電用的鋁線中,何種不純物是最不希望有的,屬於可溶性或是不可溶性的元素。

8. 試想是否有可能製造透明的金屬,有哪些理由?

9. 參看圖 1.16 能量對位置關係圖,金屬的楊氏係數受到溫度增加影響,您的看法為何?

10. 只考慮電阻在熱效應的部份,金屬受到外加極大靜壓力時對電阻會有什麼影響?

11. 有一位銷售員聲稱他有一塊比熱為 12 cal/mol·°C 的新發明合金,請問您對它的說法有何反應?

參考文獻

Flinn, R. A., and P. K. Trojan: *Engineering Materials and Their Applications,* 4th ed., Wiley, New York, 1981.

Reed-Hill, R. E., and R. Abbaschian: *Physical Metallurgy Principles,* 3d ed., Van Nostrand, New York, 1994.

Askeland, D. R.: *The Science and Engineering of Materials,* 3d ed., PWS Pub. Co., Boston, MA, 1994.

Barrett, C. S., and T. B. Massalski: *Structure of Metals,* 3d ed., Pergamon Press, Oxford, UK, 1980.

Callister, W. D., Jr.: *Materials Science and Engineering—An Introduction,* 5th ed., Wiley, New York, 2000.

Budinski, M. M., and M. R. Budinski: *Engineering Materials, Properties and Selection,* 6th ed., Prentice-Hall, New York, 1999.

VanVlack, L. H.: *Elements of Materials Science and Engineering,* 6th ed., Prentice-Hall, New York, 1989.

Mangonon, P. L.: *The Principles of Materials Science for Engineering Design,* Prentice-Hall, New York, 1999.

Cullity, B. D.: *Elements of X-ray Diffraction,* 2d ed., Addison-Wesley, Reading, MA, 1978.

Dieter, G. E.: *Mechanical Metallurgy,* 3d ed., McGraw-Hill, New York, 1986.

ASM Handbook: Vol. 8, *Mechanical Testing,* ASM International, Materials Park, OH, 1995.

Cullity, B. D.: *Introduction to Magnetic Materials,* 2d ed., Addison-Wesley, Reading, MA, 1972.

Pollock, T. C.: *Properties of Matter,* 5th ed., McGraw-Hill, New York, 1995.

第二章
材料性質的退化
Deterioration of Material Properties

有許多方式都會讓材料在作業中發生退化或是損壞、破裂或是斷成為好幾片是最決定性也是最引人注目的。在選擇材料時最主要的目的和對於特殊作業規格需求元件的設計就是要抑制破裂的發生。破裂發生的情形很多，像是結構良好的船身也可能突然就斷裂，這是由於在某個元件部分重複的承受載荷造成疲勞所致，也可能是因為廣大的塑性變形所造成的。

假使發生比完全破裂好一些的材料退化，也可能會造成了某個元件無法發揮它原本適當的功能，尺寸上的改變通過潛變或甚至通過彈性撓曲都可能會造成系統接近需要保持尺寸公差地方的損壞。然而，這些較小的損壞是很容易預期到並且可以預先消除的，不過結構中的載荷構件突然和完全的損壞通常很難被預期且常會導致相當嚴重的結果。因此，瞭解材料性質如何退化的發展是相當重要的一門學問，如此才可以適當的選擇材料的初始性質。

這個退化的控制僅僅是某一部份的材料科學問題而已。適當的元件設計還有使用裂縫偵測技術和質的控制也都是相當重要的。經由小心的選擇對應作業需求的材料並且在製造與材料檢查上都可以進行許多加強工作以避免無法預期的損壞發生。不過這些無法預期的損壞是無法完全的被消除的，在許多例子中，設計出足夠可信度的結構是和足夠載荷能力的設計一樣重要的。可信度的設計意味著除了材料在強度上的考量之外，像是在機械測試數據的統計，可能存在的腐蝕物環境，動態載荷的情況還有在部分損壞狀況下的多重載荷方式設計，這些都是必須被考量的。

一個材料的損壞是一連串發生在材料中的複雜退化過程所造成的末端結果。因為導致損壞的項目都是在亞微觀的尺度之下，而且發生的速度相當快，常常是無法在表面所看到的，所以破裂過程的直接實驗研究室非常地困難的。因為在破裂過程中機械性質處於變化的狀態，通常很難去知道哪一個例子該應用特殊的理論進來。因此，材料工程師對於特殊的合金做概括性的論述時必須要特別的小心。

在材料中，有兩個基本型態的損壞：一個是脆性破裂，另一個則是延展破裂。在特定材料中的破裂可能會有部分是脆性破裂，另一部份則是延展破裂，不過最常見的破裂方式幾乎都是完全脆性破裂或是完全延展破裂。

在金屬中的脆性破裂是破裂裂痕在塑性流開始產生或是在塑性流產生之前一刻就在整個材料中蔓延開來所造成的。完美的脆性破裂會在非結晶材料中發生，像是玻璃就會發生這種破裂，當溫度太低的時候，就不會存在原子的移動。在這些條件之下，破裂可以在沒有任何塑性變形痕跡的情況下發生。在金屬中可以發現到脆性破裂是因為塑性流在材料中的出現而發生的。一個關於脆性破裂的良好例子可以藉由利用鐵鎚打斷灰鑄鐵的棒材來觀察。破裂表面將會顯示出許多明亮，平整的琢面，並且將不會看到任何塑性變形（雖然一些局部的微細變形將會發生）的可見證據。

延展破裂會發生在大規模塑性變形的末端。它可以藉由拉伸一個軟黃銅的棒材來觀察，舉例來說，在張力測試機台上的破裂就可以觀察到延展破裂的情況。測試工件的破裂表面將會有杯狀與圓椎狀的特徵出現，就如同圖 2.1 中所示。測試棒材在延展破裂之後會開始出現頸狀外表。停止張力測試之後，除了破裂之外，剖開工件就可以看到頸狀外表。如同圖 2.2 所示，可以在頸部裡面看到一個內部裂痕。

上述的實驗顯示出了一個在脆性破裂與延展破裂之間最重要的特徵差異：延展破裂只有在材料被拉伸的時候才會發生。一旦停止變形，那延展破裂的裂痕擴展也會停止。在脆性破裂中，一旦裂痕開始形成，就會以一個可與聲速相比的速度開始擴展到整個材料中，事實上在裂痕開始擴展的過程中也沒有辦法來停止。結構中的脆性破裂是特別危險的，就是因為這個特徵：對於突然的破裂無法有外部的警告。

在最小化材料於破裂時的的退化與損壞時，材料本身的完美與否也是一個重要的因素。內部的缺陷像是起源於材料製造時的裂痕或者是不純物，如凹槽刻痕會表現出應力集中的現象，因此可能會造成疲勞或是脆性破裂的發生。有某部分包含慢速成長的疲勞裂痕是可以在它們還沒有成長到達臨界的長度時於作業中移除，當然這需要適當的測試方法來定位裂痕的所在。在任何這些問題中所使用的測試方法都必須要是非破壞性的才可以，所有的材料都必須要以這樣的方法來進行測試，並且不能削弱材料本身未來的使用性。有許多技術都可以用來進行裂痕的偵測，最常見到的問題是如何分辨裂痕訊號是來自於那些真實材料結構中特徵所產生還是材料破裂所產生。大的缺陷，是指那些不連續性大到可以和顯微構造的特徵相比的狀況，這是可以輕易的偵測到的，然而小的缺陷，也就是和微細構造的特徵來相比實在是太小了，這是非常難被發現的。

有三種最一般的非破壞性檢測發法。在 X 光照相方法中，會對一個測試的工件利用 X 光或是 γ 光來進行拍照。磁性測試法會在通入強大的電流時於環繞材料周圍的磁場中發現到不規則的狀況。聲波檢測的方法也會被用來偵測材料中是否有內部的損壞。一般來說，可以利用像是差排運動所發出的聲波訊號來檢測結構內部的狀況。

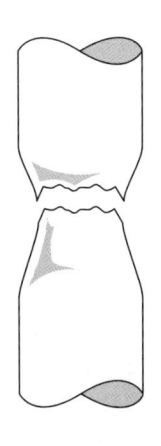

圖 **2.1** 伸張試件的杯狀與椎狀延展性破裂

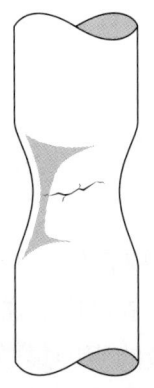

圖 **2.2** 拉伸測試試件在破裂之前的縱向剖面圖，顯示出內部延展破裂裂痕的發展狀況，一開始是在頸部下方的中心地區開始發生。在裂縫形成之前，就已經存在著第三軸的張應力了。

2.1 延展性材料的破裂 Fracture in a Ductile Material

　　延展性破裂的裂痕是在雜質的粒子上進行成核作用的事實，這已經被人們所熟知，譬如說在金屬中的氧化物雜質上就會進行成核作用。假使金屬的試件可以被製造為無雜質的狀況，那麼可以預期的是這個試件在張力測試之下將可以顯示出 100% 的縮減面積比。圖 2.3 中顯示出延展性破裂裂痕在延展性金屬像是銅的拉伸試件上的狀況。當一個拉伸的棒材開始出現頸化並且快要破裂時，很明顯地這樣的裂痕將會開始成核並且會成長為一體。連續不斷的塑性變形會產生空穴，這會以向頸部內成長的方式開始向外成長。

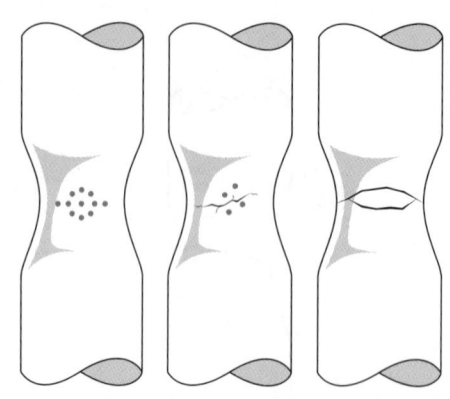

圖 2.3 在一個延展性材料伸張試件的變形時，較小的背部裂痕會在雜質的粒子上開始成核，成長並且聯合到一起直到由於外環的剪力所引起的最終損壞發生。

2.2 脆性材料的破裂 Fracture in a Brittle Mterial

脆性破裂的發生可以被視為兩個不同的步驟，那就是裂痕的起始化或者是成核作用，然後是隨後的裂痕擴散。這個區分是合理的，因為有可能在某些狀況下會有裂痕的產生但是卻不會進行擴散（顯微照片 2.1）。

為了要起始化不規則的裂痕，必須要在局部的區域發展出正向應力來通過一對結晶平面，而這個應力必須要比在這些面上結晶的黏聚強度還要大才行。理論指出所需要應力的量及大約在 10^6 lb/in^2。在缺乏這個量級的應力集中狀況下不會有任何的裂痕形成。然而，在某些狀況下，這個應力集中的量值也有可能在塑性變形形成時在結晶中被增大。

對於由塑性變形所引起的裂痕成核作用可以分為以下兩種狀況：

1. 開始運動的差排必須要和障礙層或是其它的差排相交錯以建立較大的局部應力集中
2. 因此而加強的應力必須不被周遭材料的塑性變形所減小

因為塑性流所造成的明確裂痕成核作用證據可以在圖 2.4 中所顯示的過渡金屬面心立方結構中發現。當塑性流在某個晶粒中開始發生的時候，在一對相交的〈110〉一類型平面上移動的差排將會遭遇在一起。假使有一對在這個〈110〉一類型平面上的差排聯合起來並且和平行於〈100〉結晶平面的另一個半平面形成一個新的差排，那麼這個陣列的能量就可以被降低。因為〈100〉平面在面心立方金屬中並不是滑動平面，它們的新差排也不會移動，如同圖 2.4 中所顯示的，它們會表現為楔形物的作用並且在〈100〉平面上將結晶分開。假使在周遭晶粒上的差排因為初始溶解原子的關係而無法移動，那麼剛剛所描述藉由差排的交互作用所發展成的應力集中就不會被放鬆，而且將會一個裂痕將會被成核生長。和上述機制一致的實驗事實顯示，體心立方金屬會在脆性破裂時沿著〈100〉平面裂開，而且不含任何空隙溶解物（如碳，氮，硼還有氧）的鐵即使在低於 4K 的溫度之下還是具有延展性的。在面心立方金屬的例子中，可以顯示出圖 2.4 中類型的差排交互作用是相當不利地；事實上,脆性破裂從來不會發生在面心立方金屬中,除非有存在第二相或是說金屬是存在於一個會導致應力腐蝕裂痕的環境中。

假使上述所討論需要來進行裂痕成核機制的應力是比所需要用來擴散裂痕的應力大的時候,材料將會是脆性的;假使比較小的話,那麼就不一定會是脆性的,這端視裂痕是否能夠擴散出去而定。對於材料中一個給定的應力狀態之下,抵抗裂痕發生的因素一個是產生兩個新表面能量的增加,另一個則是在材料出現連續裂痕之前對於塑性變形所做的功。因此,材料的塑性性質在估量是否裂痕會產生擴散時是相當重要的。對於塑性流的大抵抗能力意味著當裂痕開始移動時將會造成較少的塑性功,而且一個給定尺寸的裂痕是更容易來進行擴散的。減少材料的塑性,換言之,增強材料的降伏強度可以被預期來增加抵抗因脆性破裂而造成損壞的能力。

顯微照片 **2.1** 在 **-140**℃之下鐵因伸張而有些微變形的微細構造。裂痕會在結構中成核生長,但是不會擴散。

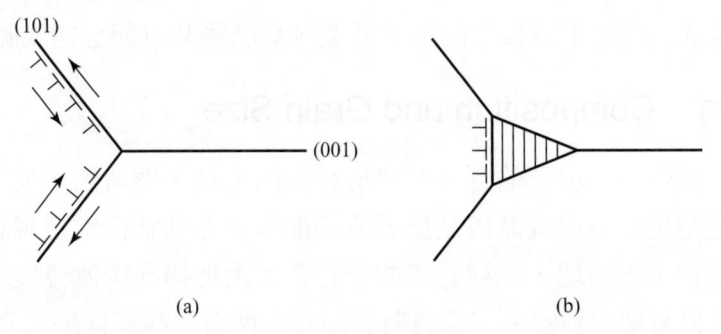

圖 **2.4** 在面心立方結構中於相交的 {**110**} 平面上的差排運動,造成了空隙的成核作用,會在 {**100**} 平面上產生裂痕。

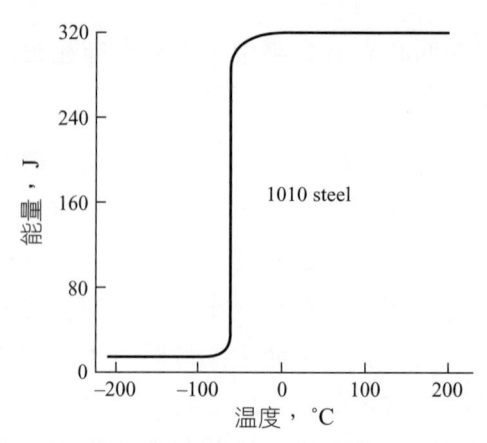

圖 2.5　低碳鋼在 V 型刻槽撞擊測試中對某段溫度範圍的延展-脆性過渡溫度曲線

2.3　脆性破裂的抑制　Suppression of Brittle Fracture

　　有許多考量在設計鋼材結構時是相當重要的，特別是假使要避免脆性破裂的狀況之下：操作的溫度，鋼材的材料組成與晶粒尺寸，作業的環境還有應力的分佈等等都是必須要被考量的。

溫度　Temperature

　　在零下的溫度時，鋼材會顯示出較大的抗塑性流能力，因此會更容易受到因脆性破裂所造成損壞的影響。如同經由特殊測試所量測到的，像是在打斷標準尺寸與外型的試件時所吸收的能量，從延展行為過渡到脆性行為會發生在相當清楚的定義溫度之下，如同人們所熟知的延展—脆性過渡溫度 (DBTT)。就像圖 2.5 中所闡明的，打斷試件所需要的能量在脆性開始出現的時候將會出現一個明顯的落差。不過應該要時時記得的是過渡溫度並不是一個唯一定義的溫度；它端視所使用的測試方法，試件的外表，合金的組成甚至連所考量之材料破片的尺寸也會影響。因此一個材料在某溫度之下其薄平板外型可能會是具有延展性的，但是在同樣的溫度之下以較厚的板狀外型接受試驗時可能會變成脆性的。

組成與晶粒尺寸　Composition and Grain Size

　　在平常的純碳鋼中，增加碳的含量會增加材料的脆性，換言之，增加碳含量會提高過渡溫度並且降低在超過過渡溫度時破裂所吸收的能量。在其它很常出現在純碳鋼中的元素來說，過量的磷是特別不利地，這種元素的存在會大大地提高過渡溫度。在合金鋼材中所使用的各種元素，只有錳和鎳看來好像會對於過渡溫度有一些較佳的效應。

　　肥粒鐵晶粒尺寸對於鋼材的脆性有很重要的效應。肥粒鐵晶粒尺寸越小，那麼過渡溫度就會越低。如同圖 2.6 中所顯示的，在過渡溫度與肥粒鐵尺寸的平方根對數值之間存在一個線性的關係，這意味著差排交互作用的數目是比較少的，而且增進成核裂痕所需的應力集中量值的機會也比較小。

環境 Environment

某些環境會大大的增加材料受到脆性破裂影響的能力。舉例來說，任何環境如果會導致使氫氣在金屬分解的話，就相當的危險，這樣的話金屬即使在室溫之下也會變得易脆。較高強度的鋼材可以藉由某幾種電鍍處理來提供脆性。氫氣在電解液中會被鋼材所分解，產生的結果將會在下一個部分做討論。

應力分佈 Stress Distribution

完全延展的材料在單軸張力載荷的狀況之下當受到複雜結構構件中的聯合應力影響的時候將會變為完全脆性。在處理出現脆性破裂狀況所造成的影響時有兩個考量是相當重要的：一個是應力集中的效應，另一個則是在非載荷方向上的張力組成。這些都可以藉由考慮一塊平板承受張力情況下，在凹槽上的破裂性質來做詳細的闡述（圖 2.7）。如同圖 2.8 中所示，在應力施加（垂直）的方向上會有較大的張應力集中在凹槽的根部。破裂假使發生的時候，就被預期發生在這一個應力集中的區域。除了垂直張應力的集中之外，在水平面上所發展的張力分量也會通過凹槽的中心。這些應力分量都會藉由材料的波松膨脹而增加，當平板的厚度增加時這些分量也會變得更大。在凹槽根部的材料會進入三軸繃緊的狀態並且增加它對於破裂的敏感性。由於這個效應，有凹槽的厚板可能會是脆性的，但是相同材料的薄板在一個給定的溫度之下（在這個例子中晶粒尺寸通常是一個額外的因素）會是延展性的。

工程師透過應力集中的消除像是凹槽，可以最小化脆性破裂的可能性，因此就可以允許在任何給定的應用領域中使用高強度的材料。在高應力元件中導致脆性破裂的凹槽也可能是因為不良的加工來造成。機械加工所留下的痕跡還有不良的焊接是兩個造成困擾的最大原因。在材料本身的微細構造中，灰鑄鐵中的石墨小薄片會作用為凹槽的地位並且剝奪了幾乎所有材料的延展性。

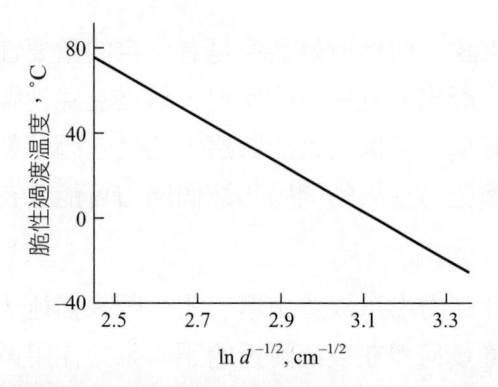

圖 2.6 脆性過渡溫度在 **1010** 鋼材中與肥粒鐵尺寸平方根的關係（d 代表平均的晶粒直徑）

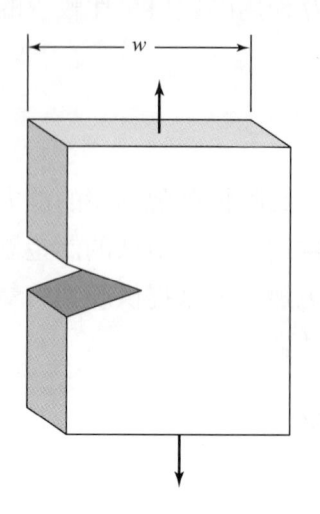

圖 **2.7**　張力載荷下的凹槽平板

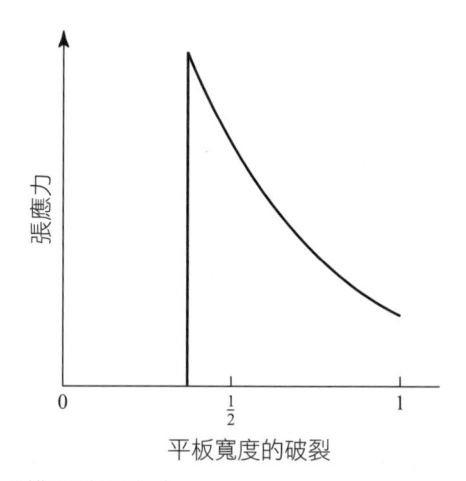

圖 **2.8**　在圖 **2.7** 的試件中通過凹槽面的張應力

2.4　線性的彈性破裂機制　Linear Elastic Fracture Mechanics

　　就抵抗脆性破裂方面來說，凹槽或是裂痕是有一定的重要性的，特別是當包含了材料的厚重剖面時，這會導致發展出接近破裂的狀況，稱之為線性彈性破裂機制。分析上假設所有的真實結構都包含一個或是多個尖銳的裂痕，這是起因於製造上的缺陷或是材料的裂縫。因此這個問題變成一個應力層級的問題，這個應力可能會在裂縫變為移動的脆性裂痕之前就施加到裂縫上面。

　　在裂痕頂端附近的彈性應力場可以藉由單一的參數來描述，那就是人們所熟知的應力強度係數。這個係數是裂縫幾何與在裂痕附近的正向應力作用區域的函數。因此，假使應力強度係數與重要的外部變數（施加的應力和裂縫尺寸）對於一個包含特殊缺陷的給定幾何結構來說是已知的話,那麼在裂痕頂端區域的應力強度就可以從所施加的應力與裂縫的尺寸來估算。

一個應力強度係數的臨界值,傳統來說稱之為 K_C,這可以被用來定義破裂時的臨界裂痕頂端應力狀況。對於在水平拉伸(在限制的狀況下進行拉緊動作以避免平行於裂痕前端方向的應變)狀況下的開啟模式載荷(張應力垂直於裂縫的主平面)來說,破裂不穩定性的臨界應力強度係數則是被稱之為 K_{IC}。

對於那些可以在裂痕的頂端發展出塑性變形區域的材料——例如,大部分的金屬——快速的裂痕延伸在儲存能量存在的時候,基本上是和位於塑性區域金屬結晶的塑性應變極限相關。當塑性區域到達一個臨界的尺寸時就會發生不穩定的裂痕移動;在破裂之前的塑性區域越大,那麼在擴散破裂時所消耗的能量就越多,材料也就越堅韌。假使結構的尺寸來說,塑性區域和裂縫的尺寸相比是相當的小,那麼破裂的堅韌度就可能是金屬所能展示出最低的 K_{IC} 值。在這個基準之下,K_{IC} 被考量為一個基本的材料參數。

藉由線性彈性破裂機制的分析是相當準確的,除非位於裂痕頂端的塑性區域和一般的試件尺寸相比之下是相當小的時候才會出現問題。當塑性區域尺寸大小對上試件尺寸的比例增加的時候,線性彈性破裂機制的方法就變得不適用了。對於建造用的金屬來說在厚剖面的厚度,由於厚度所產生的塑性限制都可能會產稱平面應變的狀況,即使是在正常的高塑性材料中也是一樣。在這些材料中的 K_{IC} 值測量將會變為一個破裂控制中有可能發生作用的方法,這是因為 K_{IC} 值是一個在大多數壓力狀態之下可以被預期是最小等級的堅韌度指標。

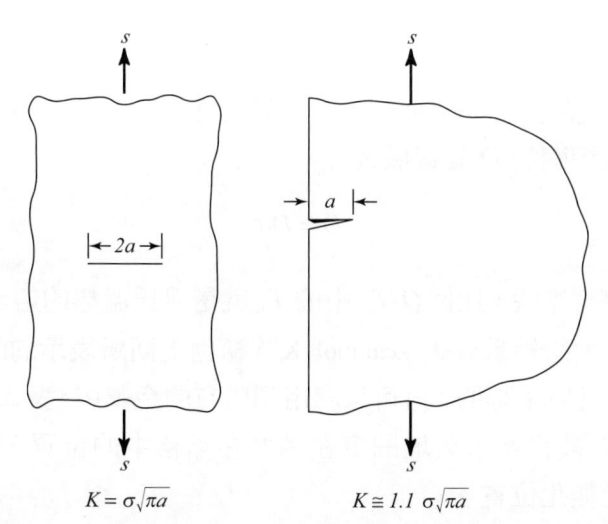

$K = \sigma\sqrt{\pi a}$ $K \cong 1.1\,\sigma\sqrt{\pi a}$

圖 2.9 對於簡單結構而言的一些應力強度係數。裂痕會穿過平板的厚度。當 K 到達材料的 K_{IC} 值的時候,不穩定的裂痕成長就會發生在厚剖面的例子中,這很明顯地滿足了平面應變的準則。

在許多例子中，對於作業狀態（對於已經的裂痕或是被懷疑可能存在的）的 K 值數學計算是相當簡單的。有兩個最常見的例子可以在圖 2.9 中見到。使用這些公式還有對於特定材料已經的 K_{IC} 值，再不產生脆性破裂情況下可以存在的最大裂縫尺寸將可以被計算出來。這允許了估算包含了裂縫的已知材料在使用的狀態下還可以使用多久的預測（舉例來說，已經發現一座橋含有裂痕）或是對於材料使用的應力—裂縫尺寸的關係也可以藉著給定的 K_{IC} 值來做說明。

2.5 高溫之下的性質退化
Property Deterioration at High Temperature

潛變過程的終點就是潛變破裂所帶來的損壞，但是在大部分的狀況下，潛變是相當重要的，「損壞」是發生在那些有問題的部分其尺寸已經改變並且超出設計的容忍範圍時；通常這離破裂發生還有一段時間。

在材料的應力小於其降伏應力的情況之下，金屬會顯示出一個慢速塑性流—潛變—這是起因於兩個同時實施過程的作用：晶界的滑動還有藉由攀爬而通過障礙物的差排移動。這兩個過程都端視熱能活化的原子移動性而定。這個移動性的量值可以以下列的方式來闡明：時間 τ 是指在成功的原子跳動間所花費的時候，這可以從自我擴散係數 D 來計算得到，其關係為

$$D = \frac{\alpha a^2}{\tau}$$

其中 α 是一個常數，端視結晶的結構而定，不過這個值總是會在 1/10 的量級裡面，a 則是晶格的參數。已知和溫度相關的 D 其關係為

$$D = Do^{e^{-Q/RT}}$$

可以發現到對於自我擴散來說，比例 Q/T_m 中的 T_m 就是凱氏溫標的熔點溫度，對於所有的金屬來說都接近是常數，大約相當於 37 kcal/mol·K。藉由上面所表示的關係，τ 就可以被計算為比例 T/T_m 的函數，而且所求得的 τ 值可以應用到所有的金屬中。表 2.1 就顯示出這個結果。在非常低溫時原子可以被視為永久地固定在她們在晶格中的位置，然而當到達熔點的時候，原子會快速的彼此變化位置。

表 **2.1** 在金屬中的原子移動性

T/T_m	0.1	0.2	0.3	0.4	0.5	0.6	0.7	0.8	0.9
τ, s	10^{66}	10^{25}	10^{11}	10^{4}	10	10^{-2}	10^{-4}	10^{-6}	10^{-7}

⊥　⊥　⊥ ⊥ ⊥ ⊥→

圖 2.10　金屬在潛變時差排攀爬越過障礙層

在表 2.1 中所給的數據是在晶粒本身中的原子移動性；在晶界時的原子移動性通常會大一些。事實上，在適當高溫下的實驗會顯示出晶界的表現會如同它在黏性流體中作用一般。在適中或是較高溫度之下的應力，金屬的變形是由於在晶界上的黏性流造成晶界的滑動所致。這就是一個潛變應變的機制。

假使作用在金屬上的應力是小於降伏應力的話，它的差排可能就不會有運動的產生。這在絕對零度的時候也是成立的，不過在較高溫度的熱能活化之下原子活動是可行的，並且在經過一段時間之後，這會幫助運動中的差排通過本來無法克服的障礙層。藉此所發生的一個機制可以在圖 2.10 中看到。假設差排是在滑動平面的障礙層上互相碰撞幾成一團，施加的應力就不足以允許它們破裂貫穿。任何一個差排都可以移動到一個平行於阻塞差排的的滑動平面上，然後這個阻塞差排就可以再次的移動到另一個差排之上。這個過程就是所熟知的差排攀爬，假使原子移動的速度夠快的話，它就可以在有限的時候間內發生。對於空間地區而言所需要的就是要擴散到差排的額外半平面上直到有一列的原子已經被移動了。然後差排會在下一個滑動平面上停止並且不會繼續往前前進。表 2.1 中顯示出差排攀爬對於潛變的貢獻將會隨著溫度快速的增加。事實上，當 T 接近 T_m 的時候，對金屬來說要顯示出任何真實的剛性將會變得越來越難。

晶界的滑動還有差排的攀爬都會對承受應力金屬的潛變應變有相當程度的貢獻。當應力很低並且潛變的速率很小的時候，晶界的滑動是更重要的過程這件事是被大家所相信的。在高應力和高溫度的狀況之下，差排的攀爬就變得更重要一些，根據推測這是因為在晶界上的運動會被限制，並不是被邊界本身的黏性性質所限制而是因為鄰近晶粒所提供的抑制所限制住。

在金屬中潛變的連續性最終會造成它本身的破裂損壞。一般來說沿著晶界成長的裂痕損壞會造成所熟知的晶粒間損壞。有兩種行態的晶粒間損壞是可以觀察到其發生狀況的。在第一種中，裂痕會在沿著邊界上應力集中特別高的特殊點上進行成核生長。因此在有三個或是多個邊界相交的線上，就很難容納發生在三個邊界上的滑動。其它形式的破裂包括了沿著晶界上的裂縫成長，這是一種形式的裂縫，最有可能發生在長時間施加小應力的情況之下。所觀察到的空隙主要都是在邊界上形成，並且正向於張應力的方向。當一段時間經過之後，空隙就會開始成長並且聯合起來，發展成為裂痕。根據實驗可以相信，空隙的成長會藉由在它們變形時於晶粒內空白處的附聚作用而發生。

實際上,潛變的抑制包括了好幾項重點,首先是材料的使用,所選用材料的熔點相對於作業溫度必須要很高。在固溶體中的元素和較大的晶粒尺寸也傾向可以減低潛變的速率。一種已熟知的技術像是分散強化也是特別有效的方法,這是因為一些奈米尺寸的第二相粒子在操作溫度的時候本身就會變得較堅固。在高溫作業下最有效率的分散劑就是 Al_2O_3,這是基於 Al_2O_3 這個氧化物的高熔點所致。假使這些分散粒子要做為針對潛變所回應的差排運動的障礙層的話,為了要提高效率,這些分散的粒子必須要不太大也不太小。假使粒子太小的話差排就可以很輕易的在基材中推開它們。假使它們太大的話,差排就可以通過在粒子之間相對起來較大的空間(對於給定數量的析出而言,粒子的尺寸越小,粒子之間的距離也就越小)。被發現到最有效率的粒子間距離大約是 10^3 個原子的距離。

在產生抗潛變合金時有一個重要的問題就是使用了第二相析出會控制它們在高溫的時候不會變粗。因為對於較細的粒子來說表面/體積的比例比較大,所以粒子的面間能量會是一個有效率的驅動力傾向於造成粗化。既然溫度是相當高而且粒子間的距離也很小,將會有一個物質傳輸的傾向是從小的粒子傳輸到大的粒子中,這是藉由基材的擴散來達到的。為了要抑制這個傾向,粒子的組成就必須要限制其在基材中的溶解度或是粒子—基材間的能量必須要非常低,因此才能降低附聚作用的驅動力。在高抗潛變的金屬像是 SAP(燒結鋁粉末),Al_2O_3 粒子是在鋁中分散,並且因為在基材中氧化物受到限制的溶解性,所以在高溫時仍然會分散。在這個材料中最大作業溫度比上熔點溫度的比例 T_s/T_m 大約是 0.72。在比較高溫下的作業會獲得鐵或是鎳基底的合金,雖然和這些一起的話 T_s/T_m 的比例通常不會像 SAP 那麼好。

2.6 循環載荷下的性質退化
Property Deterioration from Cyclic Loading

已熟知的現象像是在張力繃緊的材料表面上所出現的疲勞現象,承受循環的載荷還有以非常低的速率成長等等,已經都被良好的確立了。和潛變相對比的,疲勞並不是透過熱能的活化原子移動而發生的。疲勞損壞可以在溫度低到 4K 時被輕易的產生。疲勞過程的第一個步驟被發現在滑動帶到達表面的地方形成小的開口。

這可以被看為在表面附近移動差排的小群集前後運動之下所造成的結果。一旦在表面的開口被形成,疲勞裂痕成長到臨界的尺寸就只是時間的問題。然而假使循環載荷應力的張力組成仍然低於可忍受的極限時,不是在上面所描述類型的表面上沒有局部的差排運動形成就是發生差排運動,如果發生了,在足夠快的加工硬化處理之下,可以在發生永久性的損壞之前將這個差排運動給停止下來。

藉由合金來增加材料的降伏強度將會使得材料更能夠抵抗疲勞的損壞。然而,要避免疲勞損壞端視適當的材料性質設計而定。應力集中在起始化疲勞裂痕上扮演了一個相當重要的地位。在承受應力構件的尖銳角落或是即使機械加工所遺留下來的表面粗糙度都常常會是造成疲勞損壞的原因之一。在元件或是結構構件設計上的一點小改變就可能可以降低高度的應力集中。有時候引入壓縮應力也是可能的，這是藉由錘擊的方式進入在作業中承受另一種應力的部分來達到。這些壓縮應力會大大的減低起始疲勞裂痕的可能性。表面的狀況在控制疲勞損壞中是最基本的重要因素之一。表面不但要是相當平順且沒有應力集中的問題，它還得比位於其下的表面更加強壯才可以。在鋼的表面上會有少量的去碳化作用可能會大大地降低材料的耐久性極限，不過氮化物會帶來有幫助的效應。

隨著對利用破裂力學的觀念來描繪材料特性的興趣與日俱增，對於疲勞的重視已經被轉移到裂痕成長的行為上。這個轉移的原因有兩個，首先，既然大多數的工程組成都包括了一些裂縫或是不連續性，那麼人們感興趣的就應該是裂痕的成長而不是疲勞壽命的裂痕起始化部分。耐久性測試則同時包括了裂痕起始化還有裂痕的成長兩者。第二點，破裂的機械分析需要材料在作業壽命中所有點的裂縫尺寸的鋅關訊息，裂縫成長的速率或是裂痕擴散的速率也都必須要被知道才可以在抓到在使用壽命末端的裂縫尺寸和確保這個裂縫尺寸不會超過對材料來說的臨界快速破裂裂縫尺寸。

疲勞裂痕的成長速率測試通常都是利用破裂力學中的參數 K 來做為描繪成長速率行為的依據。K 或是 ΔK 的變化都是藉由作用在裂縫尺寸上的應力變化而得到的，將其和裂痕成長的速率相結合可以用下面的式子來表示

$$\frac{da}{dN} = A(\Delta K)^m$$

其中 a 是裂痕的長度，N 是循環的數目，ΔK 是應力強度係數的範圍，A 和 m 都是常數，反映著主應力，材料性質還有環境的變化。在這個類型的研究中所使用的測試事件是中央凹槽或是中央裂痕的嵌板，寬度也都足夠，可以來讓疲勞裂痕成長通過試件的厚度並且縱向的成長也可以到達試件的邊緣上。試件的總壽命可以藉由已知的或是假定的起始裂縫尺寸，測量到的成長速率，然後經過積分就可以找到總壽命。

腐蝕性的環境將會大大的加速疲勞，就像已知的腐蝕性疲勞現象。因為疲勞對於環境是這樣的敏感所以和金屬在真空中的測試相比，只要存在著潮濕的空氣就可以降低金屬的疲勞壽命。舉例來說，將鋼圈暴露到海水中，可能會因為疲勞造成它的過早損壞，即使在暴露於這樣的環境之後已經做過完整的清潔還是無法避免這樣的損壞情況發生。對於腐蝕疲勞的解決辦法就是選擇該作業環境下具有腐蝕能力的材料。

問題

1. 一個材料擁有平面應變破裂堅韌度 50 Mpa-m$^{1/2}$ 還有降伏強度 1000 MPa，並且被做成大的嵌板。
   (a) 假使鑲板被施加 250 Mpa 等級的應力，於明顯的損壞發生之前所可以忍受的最大裂縫尺寸為何？（假設是中心凹槽的結構）
   (b) 在破裂時，沿著裂痕前端的嵌板中心處其塑性區域的尺寸大小為何？
   (c) 假使這個嵌板有 2.5 公分，這會構成一個有效的平面應變條件嗎？
   (d) 假使厚度增加到 10 公分，在部分(a)中所計算出來的臨界裂縫尺寸會有改變嗎?

參考文獻

Hertzberg, R. W.: Deformation and Fracture Mechanics of Engineering Materials, 4th ed. Wiley, New York, 1996.

Garrett, G. G., and D. L. Marriot (Ed.): Engineering Applications of Fracture Analysis, Pergamon Press, New York, 1979.

Campbell, J. E., W. W. Gerberich, and J. H. Underwood (Ed.): Application of Fracture Mechanics of Metallic Structural Materials, ASM Int., Materials Park, OH, 1982.

Conway, J. B.: Creep-Fatigue Interaction, in Mechanical Testing, vol. 8, 9th ed., Metals Handbook, ASM Int., Materials Park, OH, 1985.

Broek, D.: The Practical Use of Fracture Mechanics, Kluwer Academic Publishers, Dordrecht, Netherlands, 1989.

Bannantine, J. A., J. J. Comer, and J. L. Handrock: Fundamentals of Metal Fatigue Analysis, Prentice-Hall, New York, 1990.

Fuchs, H. O., and R. I. Stephens: Metal Fatigue in Engineering, Wiley, New York, 1980.

第二部分
強化機制
Strengthening Mechanisms

第三章
固溶體強化
Solid-Solution Strengthening

材料藉由添加其它的元素來進行合金，一般來說都會是在液態的狀態下相加在一起，這是為了要增加純金屬較低的強度以及改善其它的性質。最簡單並且是最一般的合金強化機制就是藉由添加另一種金屬，這個金屬是和基材金屬經過液體凝固後所產生的單相固溶體有相關關係的。在這一個章節中，簡單的銅－鎳系統將會被用來做為固溶體和相關強化作用的例子。

3.1 固溶體的形成 Formation of Solid Solutions

固溶體 (Solid solutions) 是一種固體包括了在單一結晶結構中隨機分佈的兩種或是多種元素以上的原子分散。在代用型態的固溶體中，溶質元素的原子在它晶格中的隨機點上會代替溶劑的原子。在間隙型態的溶液中，溶質原子則是存在於溶劑結構的空隙中。間隙溶質被限制為小原子的型態，一般來說會是硼、碳、氮還有氧。

在二元合金系統中，四個準則定義了代用固體的可溶性程度，其中給定的溶劑可能會有各種類型的溶質原子。

結晶學 (Crystallographyt) 完整的固體溶解性，換言之，從 0 到 100%的添加金屬，只有在兩種元素擁有相同的結晶構造情形下才可能發生。許多系統可以達到這個要求，不過只有一些系統，如銅－鎳還有鎢－鉬系統可以在所有的溫度之下都存在這個完整的固體溶解性。在許多其它的例子中，如鐵和鉻、鎳或是釩，一個或是兩個金屬的同素轉化物都會限制完整的固體可溶性只能在某些溫度範圍成立。在其它的例子中，例如，銅－銀的系統，在其中隨機分佈的溶質原子在四原子晶格中如果有特定的原子比例如 1：3 或是 1：1 時就會改變成為叫令人滿意或是叫有次序的分佈狀況。

尺寸因素 (Size Factor) 對於兩個金屬合金時的固溶體形成還有一個必要的條件就是它們的原子尺寸或是有效的直徑要在另一個的 15%範圍中。當尺寸因素已經達到要求的時候還有有其它因素可能可以妨礙固溶體的形成，不過假使尺寸的差異大於 15%的話，溶解性必定會受到嚴格的限制。

對於溶質和溶劑之間一個較大尺寸的差異意味著會在固溶體中的每一個溶質原子周圍出現巨大的彈性應變值。隨著溶質含量的增加，在固體中的應變能也會增加，使得溶液變得不穩定。

原子價因素 (Valence Factor) 當溶質和溶劑的電子價變為更接近的時候，固體的溶解性就會變得更加受到限制。溶質和溶劑之間的電子價差異可以估算到合金的電子對原子比例 e/a，換言之，每個原子中所存在的電子價數目。舉例來說，對於一個包含 50%銅（原子價 1）和 50%鋅（原子價 2）的合金來說，e/a 值是 1.5。合金結構一般只能夠忍受某些改變，如在合金變得不穩定或是能量太高並且轉變到其它較低能量的結構之前增加或減少它們的 e/a 值。這可以在銅與高原子價金屬的合金中闡明。當溶質的原子價增加的時候，它的最大固體溶解性就會減少。在表 3.1 中的數據顯示出鋅，鎵還有鍺的最大溶解性，這個都是在週期表中與銅在同一列的元素，這個最大溶解性是發生在接近常數的 e/a 值。

表 **3.1** 在銅中用接替原子編號金屬的最大溶解性

原子號碼	溶質	原子價	最大溶解性, 原子百分濃度, %	最大溶解性時的 e/a 值
29	Cu	1		
30	Zn	2	38.3	1.39
31	Ga	3	19.9	1.40
32	Ge	4	11.8	1.35

陰電性 (Electronegativity) 元素像是氟和氯都帶有強大的陰電性，這意味著它們對電子有強大的親和性，所以可以形成化學鍵結。在金屬中像是鈉還有鎂來說，陰電性都相當的低，不過像是鉛或是錫這種接近週期表中心的元素就擁有中間等級的陰電性。當兩個元素之間的陰電性差異比較大的時候，元素會傾向於形成明確組成的化合物而不會形成溶液。因此兩個元素之間較大的陰電性差異意味著某一個元素在另一個元素中的溶解性是受到限制的。舉例來說，鎂和錫在陰電性上有相當明顯的不同，並且形成 Mg_2Sn 的化合物，即使兩者的尺寸因素是相當符合要求的，但是錫在鎂中的溶解性只有 3.4%而已。

3.2 凝固的機制 Mechanism of Solidification

自由能可以用來估量一個相相對另一個相是否穩定，吉伯自由能定義為以下的方程式

$$G = U + PV - TS$$

其中 P 為壓力，V 是體積，U 則是內能，也就是要完整地將原子分離到無限遠所需要做的功。在原子之間的黏著力越強，那麼這個功就越大，而內能也就越負[註1]。在常壓之下，$U + PV$ 的總和被稱之為焓。因此，吉伯－黑姆荷茲方程式在冶金系統中可以寫為下列的形式

$$G = H - TS$$

在第二項中，T 是絕對溫度而 S 是熵，這是一種估量原子在相中的安排混亂程度的量。在固態的晶體中，熵的存在主要是來自於原子的熱能震動。在液態中，因為沒有規則的原子安排，所以熵的來源是來自於原子的熱能震動還有結構上的混亂。內能的零點是指相中的原子都彼此被分離到無限遠距離的狀態下開始估量內能的那一點。功必須要被作用到相中以使得這些原子分離，因此內能也會被為負值。

圖 3.1 中顯示了金屬固態與液態相的自由能隨著溫度的震盪。在 $T = 0$ K，$F = E$ 的時候，固態相因為它的原子間黏著力比較強，所以會有最低的內能因此也擁有最低的自由能。增加溫度可以增加 TS 項的相對重要性，而既然 $S > 0$，這會造成自由能的減低。不過液相的熵比固態相的要大一些，所以液態相的自由能在溫度上升的時候降低的幅度比固態相也要大。因此，兩個自由能的曲線最終必定會相交，而液態相在較高溫度時會有較低的自由能。在較低的溫度時固態相會是比較穩定的，而在高溫時液態相會更加的穩定。兩個曲線相交的點就相當於熔點的溫度。

理想地來說，當液態相的金屬被冷卻的時候，它應該要在到達凝凍點時馬上轉變為固體。事實上，這是無法發生的，除非在一瞬間每一個在熔化態原子都將自己轉移到在固態晶體中的適當位置。既然存在的所有原子做這樣動作的可能性微乎其微，那麼在熔化的局部區域中就必須先發生凝固的現象，藉以形成結晶固體的小粒子。當這樣的固體一形成，就形成的一個液態-固態的界面。這個界面有確切的單位面積能量並且會增加固體的總自由能。假使如同在凝凍點的例子中一樣，液態與固態的自由能是相等的，那麼額外固態小粒子的表面能會使得它的局部自由能比相對應質量的液態相來的更大，因此會變得不穩定。假使這種固態粒子在凝凍點時於固態相中形成，它將會馬上再溶解。為了要使得凝固過程開始，液態相必須要被過冷處理冷卻到低於凝凍點的溫度。然後因為固體相比起相同數量的液態相來說有較低的自由能，固態小粒子的表面能將不會把它的總自由能增加到超過液態相，所以它是穩定狀態並且可以繼續成長。在液態相中可成長的固體粒子的形成就稱之為成核作用，而可以成長的小微粒就稱之為核（圖 3.2）。

[註1] 內能開始量測的零點是指當相中所有的原子都彼此被分離到無限遠距離的時候。功必須要被作用到相中以造成這個分離，因此內能總是會保持在負的值。

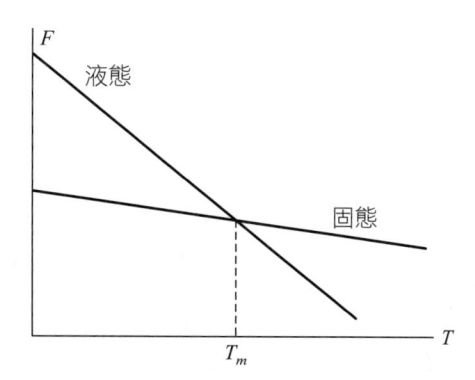

圖 3.1 金屬固態與液態相的自由能 **F** 隨著溫度 **T** 震盪的圖形。因為液態相較大的熵值，它的曲線會有較大的斜率。

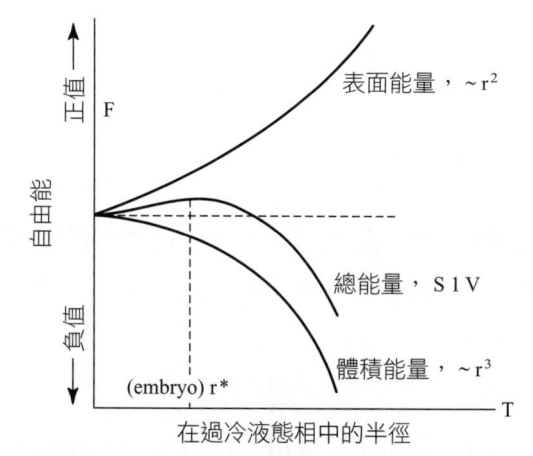

圖 3.2 對一個過冷液態相中固體微粒的表面能與體積能量之間的關係圖。臨界微粒的直徑 r* 可以用來估量這個粒子將會傾向於消失或是成長，這是過冷程度的函數。

　　在核的尺寸與熔化物過冷處理的數量之間是有一個重要的關係存在的。小粒子和它的體積相比會有相對較大的表面積，對於一個球狀的粒子來說，表面對體積的比例是

$$S/V = 4\pi r^2 / \tfrac{4}{3}\pi r^3 = 3/r$$

在小粒子中，表面能量是總能中一個相當重要的部分，不過在大粒子中，表面的區域和表面能量相對來說就比較不重要了。隨著少量的過冷處理，只有較大的粒子可以變成核，然而當進行大量的過冷處理時，粒子就可以變的更小，而且可以是穩定狀態甚至成長。因為固體粒子是在液態相中偶然的波動而形成的，成核作用的速率被預期隨著過冷處理的程度而增加。

　　理論指出，所需要來起始金屬凝固的過冷處理程度是相當大的。在實驗室的實驗中，液態金屬被以三倍於它們熔化溫度的程度來進行過冷處理。對粒子來說，只需要小量的過冷處理就可以來起始化凝固作用。這是因為異種成核作用的現象所致。在熔化物中的外來固體粒子表面還有容器的壁面都是固態相核可以形成的地方，而且在表面能上也只比液態

相有少量的增加。因此成核作用的能量障礙在這些界面上相當的低，在給定等級過冷處理狀態下成核作用的可能性相對地就相當大。均質的成核作用，也就是在純熔化物中的成核作用一般來說是無法被觀察到的，除非採取特殊的預防措施來抑制異種成核作用。

一旦核被形成了，它可以繼續的以和凝固潛熱被帶走一樣的速率成長。因此熱傳導性，相對質量還有熔化的外形，固體以及模具全部都會影響固相的成長。固態與液態相對溫度的重要性可以藉由樹枝狀成長的現象來說明。假使在固態與液態之間有一個水平的分界面，因為固態比液態處在更低溫度的狀態，在固態-液態界面上潛熱釋放的流動將會趨向固態。在另一方面來說，假使一個大量過冷處理的液體比固體冷的時候，就會發生不穩定的狀況；假使某部分的分界面往其它的分界面前方推進，這個分界面就會成長到冷卻的液態中並且可以輕易地使凝固的潛熱消散。這允許了更進一步的成長，因此造成了在固體表面上的少量不規則性，這會快速的往外成長到突出的尖物上。這樣一個成長的尖物可能會被傳遞到外部的分支，使得一個固體纖維的網路向液相中成長。這就是樹枝狀成長，而每一個個別的尖物就是一個樹模石。圖 3.3 中描繪出在液相中理想化樹模石成長的圖形通常樹模石會是附屬在較冷的表面上，像是模具的壁面或是可以移除凝固熱的地方。可以觀察到金屬樹模石的成長發生在某些特別的方向上，對於面心立方結構與體心立方結構來說是在[001]方向，對於六角密排結構的金屬來說則是在 [0001] 的方向；這些都是在結晶學上沿著樹狀物長度的方向。

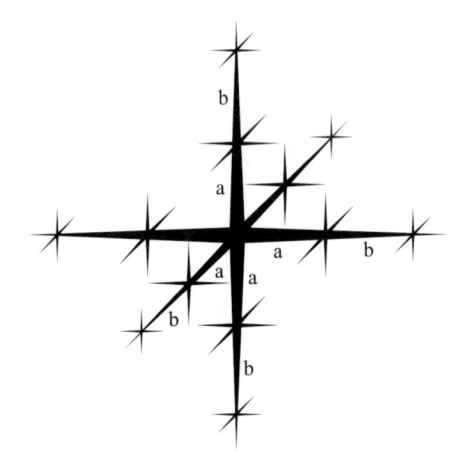

圖 3.3 固體立方晶體在液相中樹模石成長的圖形。快速成長的方向是三個立方體的軸向。二維上所看到的，換言之，切過這個樹模石的視圖，就端視視圖平面與 **X**，**Y**，**Z** 立方軸之間的角度關係而定了。

除了溫度梯度在樹枝狀結構上的影響之外，在冷凍分界面上的組成梯度也是相當重要的。少量的合金元素一般來說會減少金屬的冷凍溫度。當冷卻持續進行時，合金元素的原子會傾向於集中在液態相中而不是固態相，因此一個較細的溶質富集液態層會被建立在凝固金屬的前面。既然液態相的冷凍溫度粗略來說是和它的組成成正比，鄰近於固態-液態界面上的液體將會有較低的冷凍溫度，樹模石間物的尖端延伸通過溶質富集層到達此區域將會發現到較大程度的過冷處理狀態，這是因為雖然它的真實溫度可能和溶質富集層差不多，可是它的冷凍溫度卻比較高所致。這個效應就稱之為組成過冷，這可以說明在許多合金中樹枝狀成長模式的穩定性。這個現象也可能會導致於鑄造中心的等角晶粒成長，這會在下一個部分中論述到。在這個例子中，鑄造的中心在溶質富集層允許完整地樹枝狀凝固之前就變成了過冷的狀態。新晶粒成核作用會在過冷液體區域中發生，其中包括了亂數方向的等角晶粒（擁有相同尺寸的晶粒）。另一個可能形成這個區域的理由是成長中的樹枝狀間物延伸通過了溶質富集層時被在凝固時所產生的熱能震盪或是對流效應所打斷或熔化。這些被打斷的樹模石會漂浮進入中心過冷區域並且作用成為等角區域的核。

3.3　純金屬的凝固 Solidification of Pure Metals

在非常慢速的熔解冷卻之下，所有的金屬都被維持在一個單一的溫度，凝固將會在恰好低於冷凝點的溫度之下開始展開。新的核將會形成並且分佈遍及整個液體，而且每一個核都會在它所有的優先方向（如樹模石方向）上進行成長以形成一個較粗的等角晶粒結構。假使全部的液體都是快速且均勻的冷卻，過冷將會變得較大，更多的核也會在熔化物中產生，產生出較細晶粒的等角性結構。假使某部分的液體冷卻的速率較快而其它部分則是很慢的冷卻（如同在工業的鑄造過程中熱液體與原來的冷模具相接觸），那麼核就只會在快速到達過冷的區域中形成，換言之，在模具的壁面上形成，而且這些核將會在熱能梯度的方向上成長，形成瘦長型或是圓柱形晶體。稍後，在鑄造的中心或是較熱的部分可能會在圓柱形晶體成長到達這個部分之前到達冷凍溫度。等角晶粒可能會在這邊被發現。

在鑄造的時候，有可能會出現粗、細、圓柱形還有等角形晶體的結合體。藉由控制液體與模具的溫度，熱傳導係數還有相對質量就可以進行鑄造結構的控制。液體—金屬溫度剛好高於冷凍溫度意味著移除少量的熱就足以造成固體晶體的異質成核作用開始形成。核一開始將會在模具的壁面上形成與成長，不過很少可以在熱流將液體的下一層帶至固體成核作用的溫度之前就廣泛的成長。因此新的核將會傾向於在一開始的晶體已經成長到這個區域之前就形成。因此，對於所有的晶粒來說傾向變為等角的，而且它們的尺寸估量要透過熱移除的速率來估算，換言之，模具的溫度，質量還有熱傳導係數等等都必須被考量。

當大量的液體過熱，即遠超過了液體本身凝固點的溫度時，這意味著在液體金屬中必定存在著一個陡峭的熱能梯度。因此，在模具壁面上一開始形成核之後，它們將會在與熱能梯度相反的方向上以和熱流動一樣快的速率來成長。熱液體在成長的結晶體前面可能不會冷卻到凍結溫度，所以不會有新的核再形成。在這個例子中，圓柱形的晶粒是一定會形成的，不過再一次的，它們的尺寸將會藉由熱移除的速率來估算。應該要被注意的是，雖然圓柱形晶體的長軸將總是正向於模具的壁面。除此之外，既然晶體不會在所有的結晶方向以一樣的速率來成長，最佳方向的核必定會是成長最快速的。在面心立方晶體的例子中，舉例來說，[100] 方向將會是垂直於模具的壁面的。

在圖 3.4 中可以見到具有相同可能性的鑄塊典型例子的巨觀構造。它們是屬於鋁的固溶體，不過是典型的沒有氣體發展參與的金屬凝固作用。圖 3.4a 顯示出非常精細的等角晶粒結構，圖 3.4b 則是較粗的等角性晶粒結構，圖 3.4c 是完整地圓柱形結構。

鑄造金屬經過切開，碾磨還有深層蝕刻之後不但可以顯現出晶粒的尺寸與外型，也可以把空隙都顯露出來。

在圖 3.4 中所看到的小鑄塊並沒有這些空隙，這對於說明的目的來說是很不幸地，但是對於它們接下來的使用卻是相當幸運。它們可能是起源於在液體金屬中溶液的氣體，這在凝固的時候會集中在液體中並且只有在集中到某個程度時才會開始發展開來。假使金屬中包含了少量的氣體，這一個集中點將只會在凝固的最後階段才到達，而且可能會在頂部的中心部分或是最後冷凍的地方造成一些空隙。假使原先的氣體含量就相當高的話，那麼氣泡將會分佈遍及整個鑄造物中並且形成空隙。

(a) (b) (c)

圖 **3.4** 鋁基材固溶體的巨觀照片。(**a**) 精細晶粒的鑄塊，在只高於液體金屬本身熔點一點點的溫度下將液體金屬灌注到冷的鐵模之中來獲得 (**b**) 粗晶粒的鑄塊，在只高於液體金屬本身熔點一點點的溫度下將液體金屬灌注到熱的鐵模之中來獲得 (**c**) 圓柱形晶粒鑄塊，在遠高於液體金屬本身熔點的溫度下將液體金屬灌注到冷的鐵模之中來獲得

在巨觀構造或是微細構造中空隙出現的第二個來源就是大多數金屬在凝固的時候都會收縮，這是起因於原子在固態下的密度比在液態的狀況下要大一些。假使冷凍是在所有的表面上開始發生並且固定外部的尺寸到接近液體的尺寸，那麼必然會有 4 到 8%的空隙出現在結構中，這些圖就代表著所遭遇到的凝固作用收縮的範圍。只有擁有外部的液體金屬儲存槽來提供因為收縮時的液態金屬不足才可以消除這種收縮空隙。在鑄塊中，這個液體可能藉由隔絕熱冒口或是電弧的方式來提供，這會保持冒口的液體或是利用在冒口連續的灌注額外的液體然後在底部進行冷凍的方式來執行。在沙鑄中，液體會藉由一個稱做升管的儲存槽來供應，這在剖面上要比鑄造來得大一些，而且假使有可能的話將可以和鑄造中最粗的剖面直接連接到一起。

　　收縮空隙與氣體孔洞對於樹枝狀結構來說都是必定會發生的現象。氣體空隙是圓球狀的，並且很少連續出現，不過在氣體發展強烈的狀況之下，舉例來說，從模具表面的污染或是在液相中過多的氣體，都會造成一個半連續狀的空隙，稱之為蟲洞。假使物理狀況使得成核作用與分子氣體的氣泡成長變得可能，氣體在鄰近液體中的集中會減少，並且於再一次的達到臨界溶質氣體集中之前繼續進行正常的凝固作用。在另一方面來說，收縮空隙在它們發生區域中的任何地方都必定會是連續的。收縮孔洞因此會更有可能造成滲漏鑄造的發生，換言之，鑄造金屬允許水或是其它的液體在壓力之下可以滲漏經過固體金屬。

　　一個較佳的等角晶粒結構通常會因為它較大的強度與硬度而受到歡迎。假使不純物存在於晶界中，它們將會更加精細的分散到細晶粒結構中，所以會是較不令人煩惱的狀況。當鑄造物是鑄塊並且接下來會經過軋碾的處理的時候，這個描述就更加的真實；粗糙晶粒的結構比較有可能會在加工的初期就出現破裂的狀況，而且脆性與存在晶界中的不純物含量有相當關係的。

3.4　金屬合金的凝固 Solidification of Metal Alloys

　　圖表中可以顯示出存在合金系統中的相是溫度與組成成分的函數的就稱之為相圖，組成圖或是平衡圖。在本書中所有的圖片都是平衡圖，這意味著某溫度與組成成分下所指出的合金相狀況將不能顯示出任何隨著時間的改變或是傾向。穩態或是平衡的狀況都是動態的，原子並不是靜止不動的，不過所有運動的總量加起來還是等於零。接下來的歸納對於分析特定的二元固溶體合金系統像是圖 3.5 中的銅－鎳系統來說是有相當大的幫助的：

1. 單相區域，舉例來說，那些標示為液體或是 α 的必須要被包含一些單相的兩相區域所分離，舉例來說，液態的區域加上 α。上面的線定義了液體加上 α 的區域，稱之為液相線，在下面的線則是固相線。

2. 當一個固定成分的合金被加熱或是被冷卻而經過圖中的線所指出溫度的時候，就會有部分的（對有傾斜的線來說）或是完整地（對某些在水平線上的點來說）相改變，而且會伴隨著熱形式的能量吸收或是釋放。因此在冷卻一個 70%銅—30%鎳合金（圖 3.5 中的組成 a）通過液相線的時候，會有一些 α 相的固體晶體開始形成，而且它們形成所釋放出來的熱能會造成冷卻曲線斜率的改變。這個效應的觀察可以利用來估量凝固作用開始發生時的溫度或是合金必須被加熱以達成完整熔化的溫度。

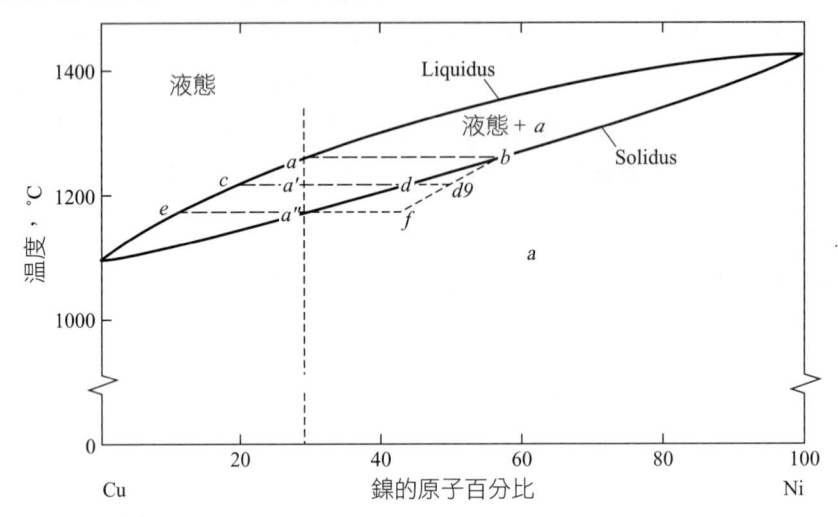

圖 3.5　銅—鎳合金系統的相圖

3. 在兩相的區域中，每一個相在特定溫度下的組成都是藉由水平線的交叉，在這個溫度下所畫的圖以及相區域的邊界線所給定的。因此，在水平線 ab 所指出的溫度時，液體的組成為 a（30%的鎳），固體的組成則是 b（50%的鎳）；在 cd 線上，液相與固相的組成分別是 22%和 40%的鎳等等。

4. 每一個相在兩相混和中的性質還有合金的溫度與組成成分都是已知的，這些都可以藉由槓桿法則來得到。這意味著對於兩相區域中的合金來說，每一個相的比例是藉由總合金組成和其它相的差比上兩個相中組成成分的差這個比值來決定。因此，在相圖中，70%銅—30%鎳合金在溫度水平 cd 線時包含了組成成分 d 的 α 還有組成成分 c 的液體。每一個的比例數量會是如下所示：

$$[(d-a')/(d-c)](100) = [(40-30)/(40-22)](100) = 55\% \quad 液體$$
$$[(a'-c)/(d-c)](100) = [(30-22)/(40-22)](100) = 45\% \quad α$$

歸納 3 所需要的固態相組成必須要在減少溫度的凝固作用區間改變。在平衡條件之下，這個組成的判斷將會在全部的固態相中成立，這會形成樹模石。然而，平衡在商業用的鑄造過程中幾乎從來沒有實現過，第一批的樹模石核會在較高熔點的元素中富集而不會在低溫時所形成的接替層中出現。總固態相的平均組成成分在這個例子中將不會在某個給定的溫度下藉由相圖來顯現，舉例來說，在溫度 cd 上的點 d，它有可能會包含有更多的高熔點元素，或許這會是由點 d″ 來給定。從一個樹模石的中心到邊緣的組成差異可能會由於遲緩的原子交換位置或是擴散而殘留下來。（中國三千年前的青銅器就顯現出這個樹模石組成的差異了)70-30 的合金在到達了較低的相區域邊界線(點 a'')的時候應該要是完整地固體,不過在非平衡條件之下平均的固態相組成將會在接近 f 點的同一點,某些液體也會殘留下來,更明確地來說,可以表示為:

$$(f - a'')/(f - e) = [(37 - 30)/(37 - 15)](100) = 32\% \quad 液體, \quad 68\% \quad 固體$$

在固溶體合金中會有一些液體存在,從液態線冷卻到固態線,這是因為了要維持在平衡集中時固態相的成長樹模石組成,兩種型態的原子之間擴散失敗所致。存在這裡的液體數量端視在凝固作用時的擴散時間而定。冷凍的速率越快,離平衡就越遠,所存在的液體數量也就越多。即使在相當慢速的冷卻狀況下,就像在估量這個相圖時所可能採用的熱分析一樣,固相溫度在冷卻的曲線中從來不會被明顯地標註起來。在最後液體的凝固作用已經完成時,冷卻速率可能會輕微地加快。不過在特定的溫度之下很少會出現明確界定的斜率改變。

液相溫度可能會在過冷時因為第一批固體核的形成太慢而受到削弱,不過這效應可以藉由攪動或是攪拌熔化物來最小化,在一些例子中,則可以藉由人工的成核作用來改善。再接近凝固合金的模糊狀況下則是要避免攪拌,雖然所需要的擴散可以藉由變形而加速,要在一個坩鍋或是模具中形成合金並且還有部分的液體還是相當困難的。固相線溫度可以很輕易地藉由加熱均質的固溶體到達一個連續高溫的溫度來估量。假使合金同時承受輕微應力的作用,整個固體都會塑性的變形,不過一旦固相溫度已經達到的時候,液體(使其在低熔點溫度元素中富集)會在晶界上形成並且合金會因為晶體之間的損壞(熱縮減)而破裂。假使合金被從剛好高於固相線的溫度進行淬火,在那個溫度之下液相存在的證據將會被保存下來並且可以因為它的不同組成成分被用來做為顯微照片的識別。這包含了兩種估算固相線的方法。

從實驗數據對相圖所建構的一個強而有力指引就是相定則,這是偉拉吉伯從熱力學上推導所得到的。這個規則中所考量的壓力是一個常數[註2],可以寫為下式:

$$F = C - P + 1$$

其中 F = 獨立變數的數目

C = 在系統中組成的數目;在合金中指的是元素的數目

P = 共存相的數目

在應用吉伯相定則到銅—鎳系統的時候,對於每一個純金屬來說在它的熔點之下,都會有一個組成成分與兩個相,液體和固體金屬,這在冷凍的時候都是共存的。因此,$F = 1 - 2 + 1 = 0$,系統是不變的,金屬必定會在常數的溫度之下冷凍。假使熱移除的速率是

[註2] 慣用的變數是溫度,壓力還有每一個相的組成成分,其中包括氣體。金屬與合金幾乎總是在大氣壓力下進行研究,而氣相常會被忽略;另一方面來說,一般形式的相規則將會應用,$F = C - P + 2$。

接近凝凍點附近的時候，這意味著假設平衡狀況存在的時候，溫度的冷卻曲線對時間的變化圖在冷凍的期間將會顯現出一個水平的中斷。

　　對於在銅—鎳系中任何合金的冷凍也都只會包括兩個相，α 固體還有液態溶液。然而，因為有兩個組成成分，F = 2 - 2 + 1 = 1，在這邊會有一個獨立的變數出現。因此系統的溫度可能會在兩相共存的時候改變，不過每一個相的組成成分在任何一個選定的溫度之下都是不會改變的。假使某個相的組成成分，舉例來說，固體 α 是特定的，那麼其它相的組成成分和溫度會因此而被固定。另一個解釋 F = 1 重要性的方法就是說合金會在一段範圍的溫度內冷凍，而不管是液相或是固相的組成成分都會端視溫度而定。這個結果就是說固溶體的凝固作用無法藉由冷卻曲線上的水平中斷明顯地表達出來。固體 α 結晶的熱量會在它形成時於液體中釋放出來，這會減慢溫度下降的速率並且造成在冷凍起始點一個界限清楚的轉變點。

3.5　擴散 Diffusion

一般法則 General Laws

　　銅—鎳合金在平行狀況之下的凝固作用在進行時需要固體相一直連續不斷的改變其組成成分。雖然粗略看起來一旦固溶體形成，原子就應該要被鎖定在特定的位置上，但是在前面對於均質化作用中的觀察顯示出這樣的描述並非真實──原子是可以在固體中遷移的。既然我們知道晶體的原子是隨著溫度越高震動的越厲害，所以可以預期的是這樣的熱能震盪可能會造成原子的內部混合。在密排結構中，並沒有足夠的空間可以讓原子藉由擠壓彼此互換位置，除非這個非常高能量的障礙物可以被克服掉。計算顯示出這種直接的原子內部改變所帶來的擴散是非常小的，所以是可以忽略掉的，即使在接近金屬熔點附近的溫度時也是一樣。假使在晶體中有一些空白的晶格空間，如同圖 3.6 所示，那麼在原子附近的轉移就會變得相當容易，這是因為對於原子來說要運動到鄰近空間的障礙能相當小，所以可以輕易的進行位置轉移。任何原子間想要進行的內部改變都可以藉由移動原子附近的空間來得到較好的結果，就如同在猜謎板上的移動一樣。

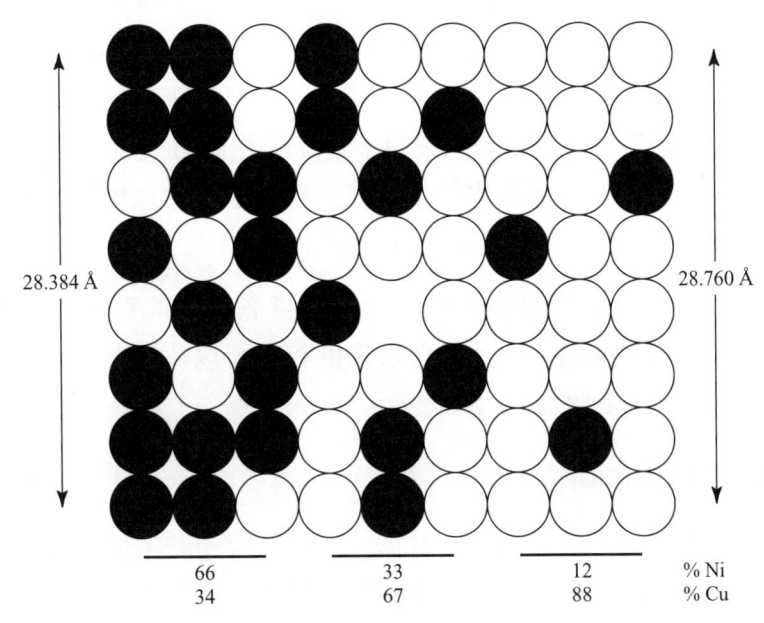

圖 3.6　一張較為誇大的原子論照片，在固溶體中有急遽的組成梯度存在，舉例來說，在冷鑄白銅（銅鎳合金）中有強大的核心。所伴隨的阻成梯度將會是在單元立方體尺寸中的梯度，在繪圖上強烈建議使用埃索（10^{-8}）的尺寸。假設在中心的地方有一個空白的原子空間，這允許原子的移動並且可以使得鎳原子（黑色）進行重新分佈，而銅原子（白色）也可以實現一個均勻或是均質的固溶體，假使時間與溫度允許的話。

雖然在理論上晶體中空間的存在是被預期的，不過對於它們的存在，還是可以找到直接的實驗證據來證明。這可以藉由在溫度上升的時候比較晶格的參數與晶體的長度來獲得。當在一個給定的溫度之下空間形成的時候，在原子間的平均距離仍然維持不便，不過晶體會變得較大一些，這是因為對於每個空間內部來說必定會有額外的原子出現。謹慎的實驗可以顯示出在溫度上升的情況下，金屬晶體的體積增加的速率比晶格膨脹的速率還要快，而且空間濃度也會隨著溫度而增加。在鋁中這樣的量測可以顯示出當接近熔點溫度的時候，空間存在的比例大約是 9.4×10^4。晶體的統計學上可以預測空間的濃度 C 應該端視溫度而定，整個表示式可以寫為下式

$$C = C_0 e^{-E_f/KT}$$

其中　C_0 = 常數

　　　E_f = 所需要在晶體中形成空間的能量

　　　K = 波茲曼常數

　　　T = 絕對溫度

實驗上所觀察到的這個現象就是人們所熟知的克肯達耳效應 (Kirkendall effect)，它提供了在密排合金中空間擴散機制的最終證據：這個效應是說兩種原子在一個二元合金系統中的擴散速率一般來說是不一樣的；舉例來說，在黃銅中，鋅原子的擴散比銅原子還要快。假使擴散是藉由原子的內部改變所發生的，那麼兩種原子將會以相同的速率來進行擴散不同的擴散速率可以很輕易地藉由空間的機制來說明。

根據上述的擴散模型，即使是純金屬的原子也應該要彼此連續不斷的在內部改變位置，這個現象就稱之為自我擴散。自我擴散現象的存在可以藉由讓一些在某個純金屬試件表面上的原子變得有放射性的實驗來證明。

擴散定律 Law of Diffusion

考量一個合金，其中有一個集中的梯度存在。原子會連續不斷的改變位置，對於原子的跳動來說並沒有較優先的方向：在空間上任何一邊的原子都有相同的機會可以跳到空間中。這僅僅是因為在一個給定的區域中有許多的原子存在，在高集中區域之外，這些原子將會出現一個淨流動的現象。假使在 X 方向有一個集中梯度存在，而且 J 是指原子的通量（原子在單位時間內通過正向於 X 方向平面的數目），可以發現到

$$J = -D\frac{dc}{dx}$$

其中 D 為給定溫度之下的常數，這就是所熟知的擴散係數。上述的方程式就稱之為菲克定律。擴散問題的解包括了積分這個方程式以得到 c 是位置與時間的函數，並且要給定某些邊界條件。數學上來說，這個問題和那些要在一開始給定溫度梯度然後進行加熱的金屬片上找到溫度分佈的問題相當接近。對於想要計算在某段給定的時間內可以發生大量擴散的距離，可以藉由皆下來的近似法則，它也是從菲克定律中被推導出來，相當的有用。令一開始的條件如圖 3.7a 中所示，一個濃度 C_0 的合金是與純金屬相接觸的，濃度是 x 的函數，x 則是沿著棒材的距離，這可以在圖 3.7b 於時間為零時看到；在合金與純金屬界面上會有一個急遽的下降是從 C_0 降到 0。經過擴散某一段時間之後，濃度距離或者是穿透的曲線將會如圖 3.7c 所示。距離 x' 在圖中會被定義為穿透的距離並且是估量所發生擴散程度距離的指標。藉由在這些條件之下求解菲克定律，可以發現到

$$x^2 = Dt$$

其中 t 就是所經歷的時間

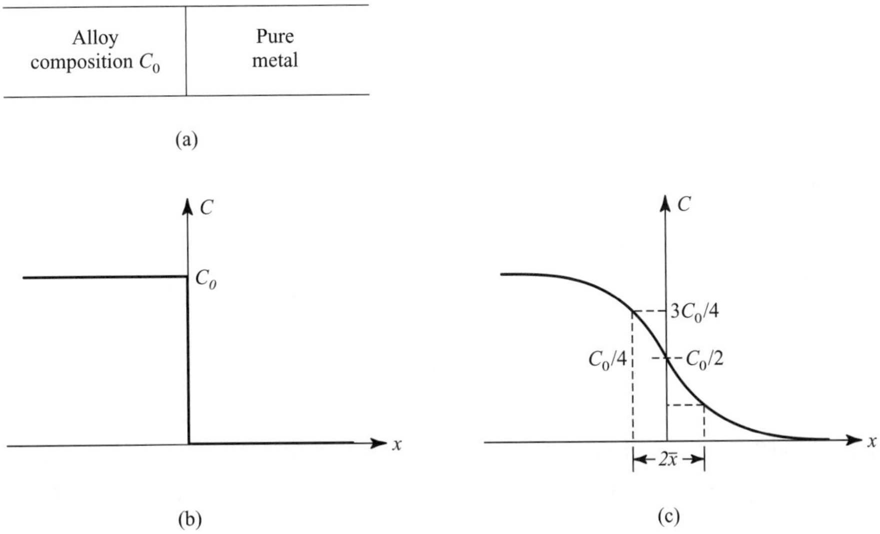
Alloy composition C_0
Pure metal
(a)
C
C_0
x
(b)
C
$3C_0/4$
$C_0/4$
$C_0/2$
$2\bar{x}$
x
(c)

圖 3.7　簡單的擴散實驗。**(a)** 一個合金的長棒材在某個給定的溶劑金屬中有濃度 C_0 的溶劑，這個長棒材被限制與一個純溶劑金屬的棒材相接觸 **(b)** 當沒有擴散發生的時候，在時間為零時組成成分是沿著棒材距離的函數 **(c)** 經過保持在提高溫度下依段時間之後，有一些溶質原子已經擴散到合金外面並且進入了純金屬，溶劑原子則是以反方向來移動。x' 則是稱之為平均穿透距離。

另一個使用這個關係的例子，考量均質化一個鑄造合金的問題，將這個鑄造合金保持在接近它的固相溫度之下，大部分的代用合金在接近固相線時的 D 大約等於 10^{-8}cm2/s，而一天大約是 10^5 秒，所以 x' =0.3cm，這可以很清楚的看到藉由擴散所造成的均質化是一個相當慢的過程。

擴散係數的溫度相關性
Temperature Dependence of the Diffusion Coefficient

在密排結構金屬中所進行的擴散速率是和空間的濃度還有和鄰近空間改變位置的速率成比例的。空間的濃度可以寫為

$$C = C_0 e^{-E_f/KT}$$

跳躍進入空隙位置的速率是和 $e^{-Ej/kT}$ 成比例，其中 E_j 是指原子所需要將其鄰近的原子擠壓進入空間位置的能量。因此擴散的速率可以寫為

$$D = C = C_0 e^{-E_f/KT} e^{-E_j/KT} = D_0 e^{-Q/KT}$$

其中 D_0 是比例的常數，$Q = E_f + E_j$ 是擴散的活化能。根據上面的方程式，ln D 對 $1/T$ 的圖形應該要是一條直線。圖 3.8 中就顯示出在金—銅合金中的擴散曲線，在這個圖中可以看到 D 的數值會隨著溫度做相當快速的降低。從圖中可以很清楚的看到下列的關係

$$x^2 = Dt$$

（$x=$ 距離）當想要像在均質化作用中一樣，達到最大量值的擴散程度時，必須要使用最高的可能溫度；在最低溫度時，所需要來達到平衡的時間太久了，所以對於合金來說，實際上凍結將會進入非平衡狀態。

在間隙溶質的擴散例子中，像是鐵中的碳，間隙溶質的原子可以很輕易的從某個間隙位置移動到另一個。因為間隙原子的可溶性相當低，對於間隙原子來說在鄰近的地區總是會有空出來的位置出現。因此，在這個例子中的擴散係數可以簡單的寫為

$$D = D_0 e^{-E_j/KT}$$

其中 E_j 是指當溶質原子從一個間隙位置移動到另一個位置時所必須克服的障礙能量。對於擴散來說在這個例子中的活化能相當低，間隙溶質的擴散速率也比那些取代溶質的速率快很多。

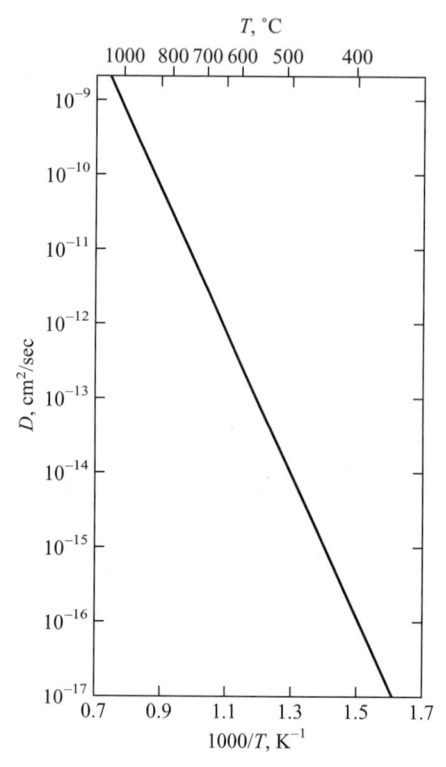

圖 3.8 金擴散到銅中的擴散速率是溫度的函數

3.6 金屬合金中的分離 Segregation in Metal Alloys

固溶體合金的凝固速率很少能夠維持的夠慢以維持在液相線—固相線區間的平衡。因此，它的特徵就是會存在從樹模石分支中心到樹枝狀結構中心的組成分佈梯度。既然化學攻擊的速率會隨著組成而改變，適當的表面拋光蝕刻通常會被用來顯露出樹枝狀的結構。

樹枝狀分離或是結晶偏析的程度端視兩個不同原子在固溶體中的擴散性還有可擴散的時間而定。後者端視凝固速率而定，在冷凍鑄造時可擴散時間會變得較短，但是在沙鑄時這個時間卻又相對的拉長，而且它的熱傳速率會隨之降低。

在微觀尺度的樹枝狀分離被稱之為結晶偏析；這可以藉由使用已經討論過方法的相圖來進行解釋。在巨觀或是全尺寸的尺度之下，有一個相似的效應必須要被注意到就是最先被冷凍的鑄造物將會在較高熔化相中富集，然而最後凝固（一般來說，是頂部中心的部分）會在較低熔點組成的部分富集。這個效應在本質上來說是統計的結果，因為兩個部分都會展露出結晶偏析的現象。化學組成所造成不均勻性即為人們所熟知的正規分離，它與結晶偏析的不同之處只在於尺寸上而已。第三種型態的分離和這個正好相反，換言之，鑄造物最先冷凍的巨觀部分將會在低熔點組成的地方富集。這個效應就稱之為逆分離。這主要是因為凝固樹模石的收縮所造成的，樹模石的凝固會傾向於放大樹枝狀結構的通道。當這些通道開放的時候，就會出現一個吸入效應將殘留的液體金屬拉入通道，在溶質原子（或是低熔點組成）中富集，通過通道進到表面。

結晶偏析可以藉由高溫時的擴散處理（均質化作用）被完全地消除掉，如同顯微照片 3.1 到 3.4 所示。正規分離以及逆分離都會被這個處理輕微地影響到，因為這包括了極大的距離（以原子的尺度而言）。

帶熔純化 Zone Refining

在非平衡合金凝固過程中所發生的組成分離可以被利用來做為精鍊金屬的技術。做法是沿著棒材的長度方向產生分離作用，這個棒材的末端所包含的高濃度溶質將會被切除與摒棄。一開始會在要被進行精鍊材料上的某一端有一個熔化的區域出現（圖 3.9），通常這會利用感應熔化的方式來進行，感應加熱的線圈會沿著棒材的長度方向由左至右來通過。因為大多數不純物在液體中的可溶性要比在固體中來得多，液態區域會吸引相對較高濃度的溶質，留下部分純化的金屬。藉由反覆的通過沿著棒材的熔化區，不純物的濃度可以在某一個末端被增加，在另一端留下純度相當高的材料。藉由 10 次或更多次的處理就可以得到相當高純度的材料。

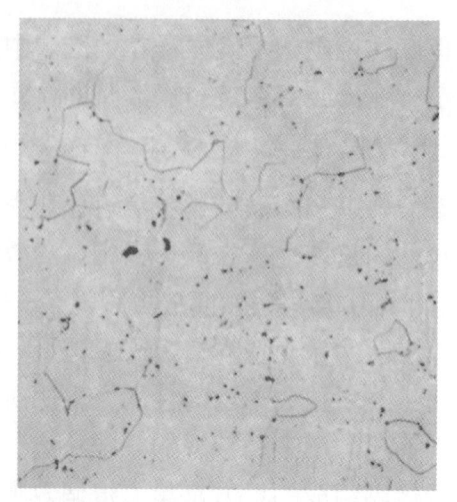

顯微照片 **3.1** 85％銅—15％鎳，冷凍鑄造後在 **950**℃進行加熱 **9** 小時；放大倍率 **50** 倍。這個冗長且高溫的處理會完整地均質化鑄造結構，換言之，在所有點上都使得組成成分變得相等。晶界可以很清楚的看到，它們的不規則性在鑄造和均質化固溶體中式很常見到的，這個不規則性與液體合金中樹模石成長的滲透有相當的關係。黑色的粒子是銅或是鎳的氧化物雜質。晶粒尺寸並不會比原來鑄造物中的大，這是因為晶粒的成長在鑄造中通常不會發生，除非當鑄造物預先就已經被一些應力（外部所施加的或者是從冷卻時的收縮所產生的）作用。

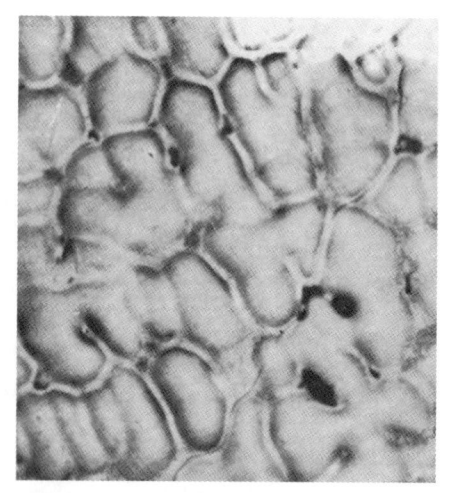

顯微照片 **3.2** 85%銅—15%鎳，在熱模具中的毛胚鑄件並且慢速的凝固；放大倍率 **50** 倍。單元格代表著鎳富集的區域（較矮的山丘），狹窄與接近平行的線條則是描繪出樹枝狀銅富集低凹處的區域。黑色的模糊輪廓地區則是收縮的空洞，值得注意的是在元件中最後發生冷凍的地方，換言之，銅富集的區域。在這張圖中也可以清楚的看到單一的晶界對角線橫跨了沿著樹枝狀空間。

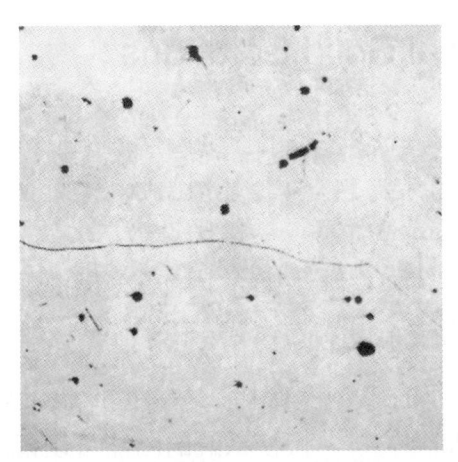

顯微照片 **3.3** **85%銅─15%鎳**，在熱模具中的毛胚鑄件並且慢速的凝固，然後在 **950**℃進行再熱 **15** 小時。在這個均質化的結構中晶粒尺寸很明顯地比顯微照片 **3.2** 中的還要粗一些，在這張圖片中可以看得更加明顯，這是在三個晶界交叉的地方所拍的照片。再一次的，銅或是鎳的氧化物是可以看到的，同時也可以看到一些收縮的空洞。儘管通過較粗樹模石上的起始組成差異比較小，但是較粗的樹模石所需要來進行均質化的時間會比精細樹模石中所需要的還要多。造成這個現象的理由是因為在較粗結構中銅原子和鎳原子必須要擴散的距離比較大。

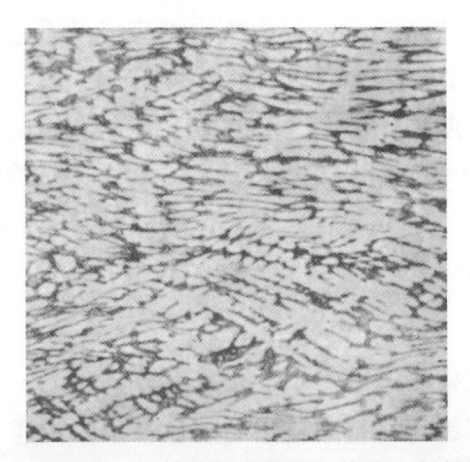

顯微照片 **3.4** **64%銅─18%鎳─18%鋅**；放大倍率 **100** 倍。這是一個鍛造合金的縱剖面，稱為鎳銀是因為這個合金的顏色類似銀色。這種合金很常因為它的顏色而被用來做為鍍金銀製品的基材或是其它的應用，另外它的抗腐蝕性還有強度也都是被採用的考量原因。這個商業用金屬的顯微照片是處於高溫加工的狀況，顯示出儘管變形會加速均質化的進行，但是結晶偏析的樹枝狀結構並沒有因此被均質化。在這些合金中均質化金屬所增加的柔軟度並不值得這樣長時間高溫退火的花費。

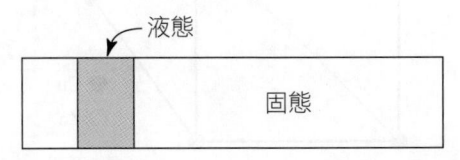

圖 **3.9** 沿著棒材上用來精鍊液體的區域，舉例來說從左邊到右邊，集中的不純物將會移動到右邊的末端。

3.7 真實固溶體 Real Solid Solutions

吉伯的自由能模型提供了對於以表面配置的熵為基礎的理想系統在混合時的不可測性的有效想像。然而，在實際的系統上，在低能量的狀況之下並不會考慮到組成與溫度的效應。隨機安排的原子可能不會達到平衡，或者大多數穩態的安排也沒有辦法得到可計算到最小的自由能。在實際的溶液中，對於最低的內能，相關的原子間鍵結能，最高的熵，不可測性還有達成最小的自由能之間其實存在著一種妥協。

在包含了 A 與 B 兩種原子的二元溶液中，最接近平衡的狀態可能會是一個有次序代理的，叢集的或甚至是隨機的間隙安排。假使系統的內能可以藉由增加 A-B 的原子鍵結數目來增加的話，那麼一個將會形成一個有次序的代理固溶體。當系統可以很積極的增加 A-A 和 B-B 鍵結的數目時那麼就會出現叢集的狀況。當原子 A 與 B 之間的尺寸差異非常大的時候，那麼可以預期會出現一個隨機間隙的固溶體。

化合物的晶體像是 NaCl，這可以被認為是一種固溶體（因為 Na 和 Cl 的原子都被親密的混合在一起），在其中原子於晶格位置內的分佈並不是亂數的分佈而會符合明確的樣式規定。有一些合金會在高溫的時候形成無次序的固溶體，不過當溫度被降低到某個點的時候，這些無次序的固溶體將會轉變為有次序的結構。有個例子就是銅加上原子百分濃度 50% 的鋅的核金。在無次序的狀態之下，在大約 460℃ 以上銅和鋅的原子就會被亂數的安排在面心立方晶格上的點；低於 460℃ 時合金就會像圖 3.10 所顯示的一樣有次序。這個有次序的結果是因為在銅原子與鋅原子之間的內部交互作用力所造成：這其中鋅原子會傾向於被銅原子所環繞以當作最近的鄰居，就如同在 CsCl 晶體中 Cs 較喜歡接受 Cl 來做為最近的鄰居一樣。

當在一個無次序或是隨機的固溶體中發生次序化的時候，就可以看到電阻率的顯著下降；這個電阻率可以低到與純母系金屬差不多的值。次序化通常會造成母系金屬強度上的增加與合金中延展性的減少。

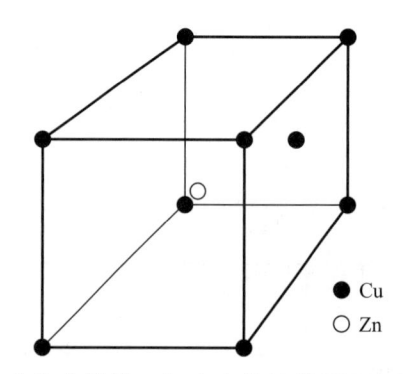

圖 3.10　α 銅（或是 CsCl）中的次序化結構。無次序的結構是面心立方結構。

3.8 固溶體的一般性質
General Properties of Solid Solutions

溶質強化作用 Solution Strengthening

　　一般來說，溶質原子的影響是會將無次序性帶入晶體晶格之中，這是因為溶質原子在尺寸上和溶劑原子是不一樣的。假使溶質在溶劑晶格中是代理的，那用一個不同尺寸的原子來取代溶劑將會在當周遭的原子轉移到可以容納不同尺寸原子的地方時創造出局部的晶格應力。假使溶質是有空隙的，也會有相當類似的效應發生，這是因為間隙原子會傾向於在它所佔領的間隙空間中膨脹晶體的晶格。這些晶格的應變都傾向於隨著溶質的濃度增加而增加。在系統中顯示出完整地固溶體它的晶格應變最大值大約是在 50%上下。

　　原子的交互作用與晶格的缺陷附近所引起的局部應變是有相當重要意義的，這就是人們所謂的差排。這些缺陷會在第四章中作更詳細的討論，在第四章中會對它們在機械變形中的角色做更深入的描述。與固溶體的機械行為相連接之後，值得注意的是固體的強度會直接的與差排在晶體晶格中是否可以輕易移動有相當的關係。環繞在溶質周圍的應變場也可能會和差排有交互作用產生，這是因為差排本身也會有相關的局部應變場。這些應變場的交互作用會產生溶質原子的穩態表面結構，如此一來溶質和差排就會彼此連接在一起。因此，差排的運動就會被妨礙，而這個合金就會顯現出比純金屬更高的硬度與強度。溶質原子與差排的聯合體就被稱為柯屈爾區，而在間隙溶質的例子中，可以在某些金屬中產生明顯的降伏點現象。

晶粒強化作用 Grain Strengthening

　　晶界可以阻礙差排的運動，因此有細密晶粒的合金比起粗晶粒合金來說會有較高的降伏強度與張力強度。晶界和差排之間的交互作用在理論與實驗上都會和固溶體經過 Hall-Petch 的的相關機械性質有關，這可以寫為下式

$$\sigma_{ys} = \sigma_o + Kd^{-1/2}$$

其中　σ_{ys} = 合金的降伏強度

　　　σ_o, K = 固溶體性質中的常數

　　　　d = 平均晶粒直徑

　　因此，在這邊會從固溶體的強化作用與晶粒的強化作用作一個效應的結核。在金屬中的破裂應力通常會顯示出和晶粒尺寸有關的性質，這與 Hall-Petch 關係相當類似。細密晶粒尺寸因此可以在某些商用的固溶體合金中被採用以用來改善機械性質。

在固定的晶粒尺寸與均質性之下，固溶體的性質會顯露出溶質濃度的逐步連續增加變化：強度增加了，延展性通常會降低，電阻率也會增加。銅—鎳合金的典型數據可以在圖 3.11 中獲得。

退火固溶體的性質也會受到測試試件的晶粒尺寸影響，而且可溶性的雜質元素也會對其產生影響，所以要獲得可比較的數據是相當困難的。再結晶溫度還有晶粒尺寸的特徵都會被溶質和不純物的濃度所影響，因此，在圖 3.11 中所給予的數據並不一定會和工業用合金所獲得的數據一樣，這應該只能被拿來做為一個被分解的元素其效應從品質上來說的指標。當對於溶液硬化合金晶體機制更加瞭解的時候，出現了一些歸納概論，其中有一些預期由於添加特殊的溶質到外晶金屬中會造成的性質改變；在許多這類的例子中必須要有實驗的數據出現才可以證實以上的說法。

固溶體合金通常不會使用在強度與硬度是最重要因素的應用範圍中，它們的基本性質是延展性，這個性質會接近或是在某些例子中遠超過純溶劑合金的值，適當的增加了強度的性質，還有其它比較特殊的性質是因為一種或是多種的其它組成成分所帶來。α 黃銅要比銅便宜一些（因為所添加的媒介鋅是比較便宜的），而且也要強壯一些，不過並沒有顯露出優異的延展性和良好的抗腐蝕性。白銅（銅鎳合金）和銅與黃銅比起來抗腐蝕性的能力是比較好的，不過也比較昂貴。在所有的其它例子中，可比較的幾種特殊性質的妥協都可以在固溶體合金中獲得。

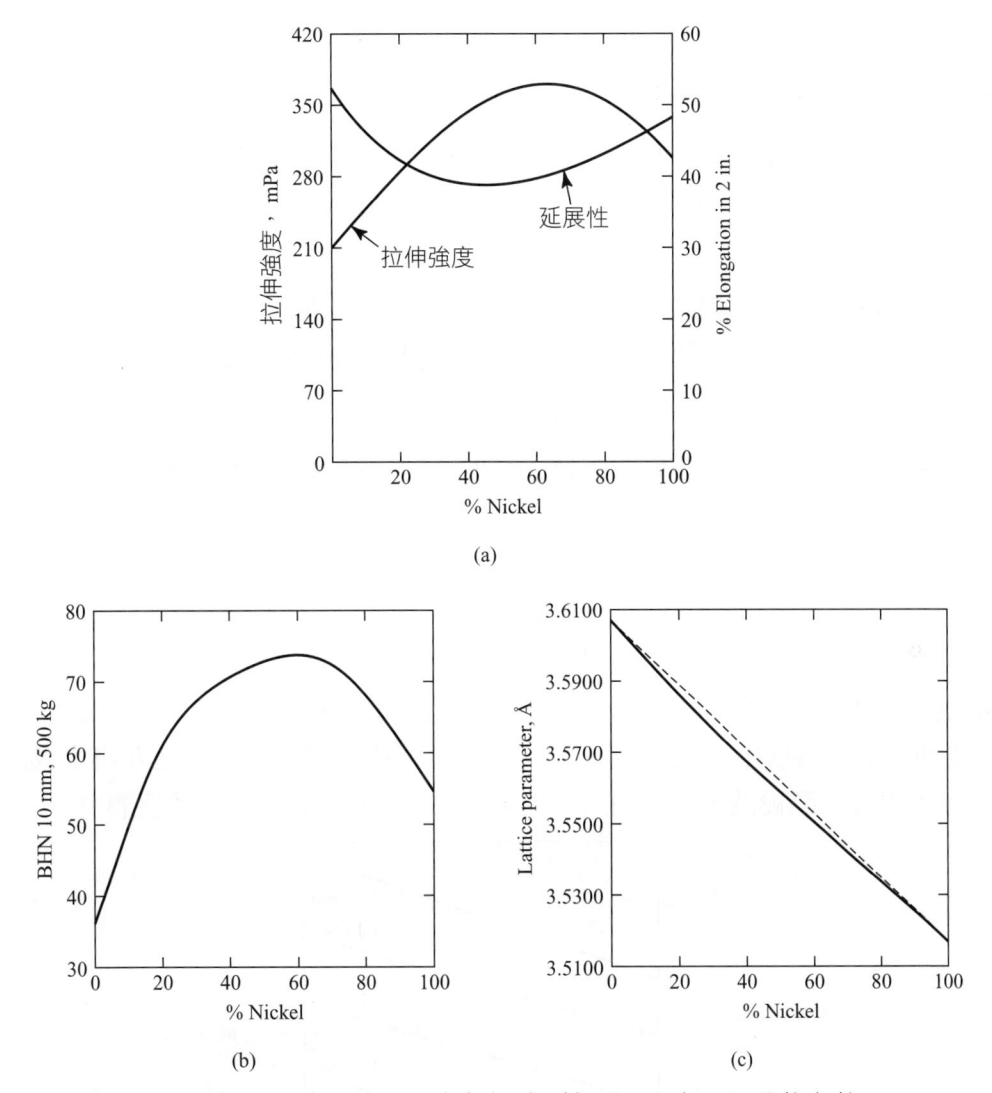

圖 3.11　退火銅—鎳固溶體合金的性質：**(a)** 強度與延展性　**(b)** 硬度　**(c)** 晶格參數

列出在所有溫度下合金系統所展露出的固體溶解性是相當有趣的，更重要的一件事情是這些合金的晶體結構，這包括了：

Ni-Cu, Ni-Co, Ni-Pt, Ni-Pd（面心立方結構）

Ag-Pd, Ag-Au, Au-Pd, Pt-Rh, Pt-Ir（面心立方結構）

W-Mo（體心立方結構）, Bi-Sb（菱面體六角形, rh 六方形）

固溶體的電子性質　Electrical Properties of Solid Solutions

溶質原子會干擾金屬晶體結構的規則性，並且會在散落中心來做為傳導電子；溶質原子的存在總是會導致金屬阻值的增加。在稀固溶體中溶質對於阻值的效應可以藉由下列的兩個法則來描述。

馬丁森法則說金屬電阻的增加是因為在固溶體中另一個濃度較低的金屬所致，與溫度的效應無關。另一個說法是說隨著溫度而增加的電阻值增加率是與濃度無關的。這可以藉由圖 3.12 中的數據來說明。在 0 K 的時候對於一個合金電阻值唯一的貢獻是來自溶液中的溶質原子；這被稱之為殘留電阻值，並且常被用來測量金屬的純度。一個完美的純金屬將不會具有任何的殘留電阻值。

林得法則指的是金屬電阻值的增加是因為所給予的溶質原子百分比，這是與溶質與溶劑之間原子數差異的平方根成比例的。圖 3.13 中的數據可以用來說明這個法則套用到銅的固溶體的例子。

理論上來說，電阻值與固溶體中溶質的濃度之間的關係可以表示為

$$\text{Resistivity} = kc(1-c)$$

其中 K 是常數，而 c 就是溶質的原子百分比。圖 3.14 顯示出銅—鎳合金的電阻數據；它們看起來都相當的遵循上述的法則。在非常稀薄的溶液中，添加少量的溶質會造成電阻值相當大的增量，然而在濃度較高的溶液中，電阻值的改變就慢很多了。這個現象是可以預期的因為在稀薄溶液中相當於是在一個幾近完美的結構中給予擾動，但是在濃度較高的合金中這個完美的程度已經被減弱了，因此添加更多的溶質也無法使它變得更糟糕。

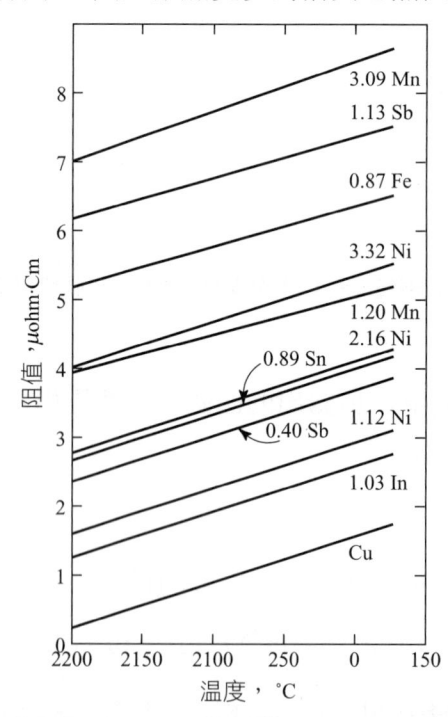

圖 **3.12** 稀銅合金的電阻率與時間相關性。組成是以原子的百分比來顯示。根據馬丁森法則，曲線應該要是平行的。

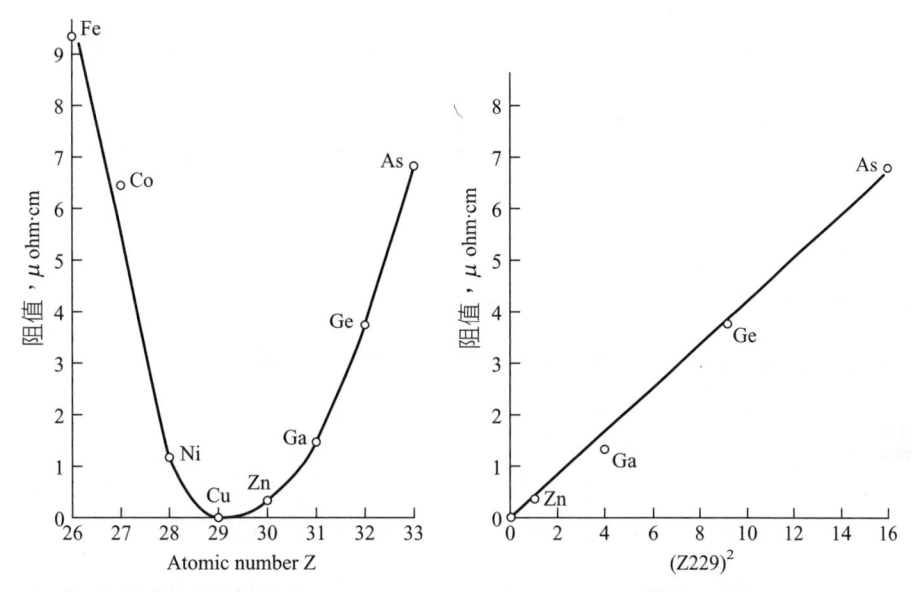

圖 3.13 在銅的固溶體中由於原子百分濃度 **1%** 各種金屬的存在所導致的阻值增加

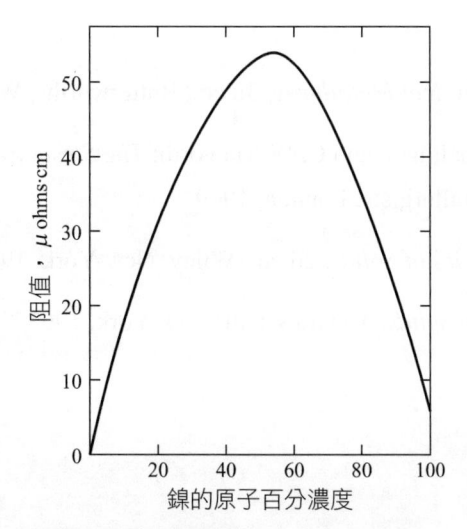

圖 3.14 對銅—鎳合金來說在 **0°C** 時所量測到的阻值是組成成分的函數

問題

1. 假使下列的幾種合金被冷凍鑄造之後再進行均質化作用，在微細構造上會有什麼不一樣的地方：
   (a) 85% Cu–15% Zn,
   (b) 70% Cu–30% Zn, and
   (c) 50% Cu–50% Ni？

2. 比較了基底金屬或是溶劑之後，固溶體總是會(a)較強壯(b)較無延展性(c)更能夠抗腐蝕(d)較差的導電性(e)較大的原子間距？

3. 假使不可溶的雜質存在於固溶體合金中，在下列幾種情況之下這些雜質會在微細構造中被發現嗎？(a) 鑄造狀況 (b) 鍛造狀況？

4. 假使一個特殊的鑄造物有很粗糙的晶粒尺寸，對於這個特殊的鑄造物來說可以進行哪些處理呢？

5. 在固溶體合金中的原子次序要如何進行偵測呢？為何在體心立方結構中當組成成分為 50-50 的原子百分濃度時最容易發現到次序性呢？然而在面心立方的立方體中同樣的次序性要在兩個 75-25 的原子百分濃度組成才會出現呢？

6. 說明在固溶體的微細構造與巨觀構造中三個快速凝固作用的一般效應。

參考文獻

Flemings, M. C.: *Solidification Processing,* McGraw-Hill, New York, 1974.

Kurz, W., and D. J. Fisher: *Fundamentals of Solidifications,* Trans Tech Publications, Rockport, MA, 1984.

Porter, D. A., and K. E. Easterling: *Phase Transformations in Metals and Alloys,* Van Nostrand Reinhold, Berkshire, England, 1983.

Smallman, R. E.: *Modern Physical Metallurgy,* 3d ed., Butterworths, Washington, 1970.

Hume-Rothery, W., R. E. Smallman, and C. W. Haworth: *The Structure of Metals and Alloys,* Institute of Metals and Institution of Metallurgists, London, 1969.

Swalin, R. A.: *Thermodynamics of Solids,* 2d ed., Wiley, New York, 1972.

Shewmon, P. G.: *Diffusion in Solids,* McGraw-Hill, New York, 1963.

第四章

變形硬化與退火
Deformation Hardening and Annealing

　　材料承受大規模塑性變形的能力，換言之，產生永久的外型改變而不會破裂，這是一種在工程上相當重要的性質。可塑性不只可以讓所要製造或成形的外型變得較經濟，同時也使得它們可以承載更多的負載而不會突然遭遇劇烈的破裂。

　　伴隨著材料塑性變形的是在它們的結構與性質上的顯著改變。強度性質會隨著延展性的減少有相當程度的增加。不過，和固溶體的強化作用相反的，所增加的強度還有因為變形所造成的結構改變都可以利用隨後的退火處理來進行消除。控制材料與製程的變數對於有效率的利用變形硬化與退火的特性來說是相當重要的。

4.1　金屬的塑性　Plasticity of Metals

單晶之的塑性變形　Plasticity of Single Crystals

　　為了要能夠瞭解多晶體材料變形的過程，首先必須要對單獨的晶粒在承受應力時的機制作一個瞭解。因此，在單晶體上的實驗就是對於研究塑性變形的出發點。在檢視一個單晶體的金屬試件時，下列的幾項事實是可以很快的被觀察到的：

1. 單晶體是非常軟的材質。舉一個高純度鎂金屬的單晶體為例，只要在每平方英吋的範圍上施加幾磅的力就可以讓它產生變形。

2. 因為剪應力而所產生的塑性流只會發生在幾個特定的結晶平面上與特定的結晶方向上。一般來說會發現到滑動發生的平面都是在晶體的密排結構（最寬闊空間的）平面，在面心立方晶體上是(111)平面，在六角密排結構晶體上是〔0001〕。與這個相似的，在這些發生滑動的平面上，滑動方向是沿著原子彼此之間最接近空間，在面心立方結構上的方向是 (110)，在六角密排結構晶體上的方向則是 $(1,1,\bar{2},0)$。

3. 當所給定的材料純度夠高而結構也夠完美的晶體中，滑動總是會在剪應力通過滑動平面到達某個明確的值像是臨界分解剪應力的時候開始發生。所需要來開始變形的真實應力端視滑動平面相對於所施加應力的方向而定。假使晶體的形式是圓柱形

的，其截面積為 A，並且被以 F 的力伸張的拉扯，如圖 4.1 所示，那麼在滑動平面上的滑動方向所受到的分解應力就是

$$\sigma_r = (F/A)\cos\phi\cos\lambda$$

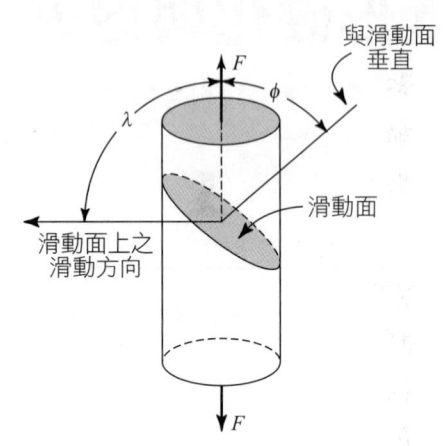

圖 4.1 將張力 F 施加到單晶體上顯示出造成了在一個明確的結晶平面上的明確方向上會產生滑動。角度 ϕ 是指正向於滑動平面的方向與張力的軸方向之間的角度。

假使滑動平面是接近於垂直於晶體的軸，ϕ 就會接近零，這時候就需要一個相當大的力量來啟動滑動的機制。這個現象可以在六角密排結構的金屬晶體中出現，像是鋅還有鎂，在這些金屬中只會有一組的滑動平面；在面心立方結構的例子中就會有四個不同方向的 {111} 平面，因此不管晶體主軸的方向為何，至少會有一組的滑動平面是較有可能的滑動方向。

當變形發生在單一組的平行滑動平面時，它可以繼續發生直到晶體已經被分開。假使晶體如同在面心立方結構的例子中一樣，有好幾組的平面可以滑動，可是變形只發生在一組平面上，那麼最後變形還是會發生在其它組的平面上。在兩組或是多組的 (111) 平面上所發生的滑動意味著活躍的滑動平面將會與其它的平面交互作用。在兩組平面上的滑動妨礙作用將會造成應力必須要繼續的增加以保持變形持續發生。這可以藉由圖 4.2 中的應力—應變數據來表示。在六角密排結構的金屬，鋅和鎘之中，應變硬化—隨著應變所增加的應力的速率—是非常小的，然而，在面心立方結構的金屬銅，銀還有金之中，應變硬化是非常大的，這是因為出現了交叉滑動的系統。

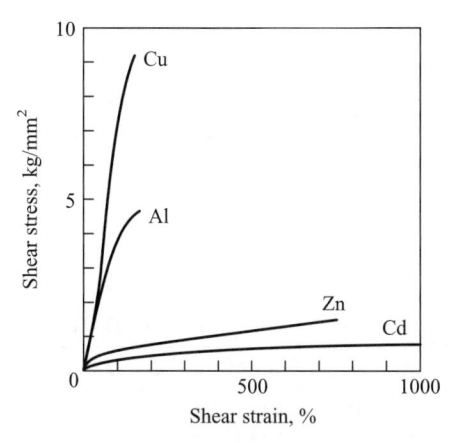

圖 **4.2** 各種純金屬單晶體的應力—應變曲線圖。應變硬化在六角密排結構中是非常小的，這是因為並沒有出現交叉滑動的平面。

塑性流的差排理論 Dislocation Theory of Plastic Flow

　　金屬的黏著力強度是非常大的，得要對原子平面上施加一正向的應力，並且量級達到百萬磅每平方英呎才有可能來分離一對原子平面。對於完美的晶體，在理論上的計算指出它們在剪切作用上是相當強壯的，換言之，剪應力的量及必須達到 7 Gpa 才有可能開始滑動。實際上單晶體的臨界分離剪應力大約是比理論值所計算的小了十萬倍，但是沒有理由來相信理論會發生錯誤，所以必定在金屬的晶體中有一些不完美的缺陷存在，這會使得滑動所造成的變形較容易來進行。

　　有一種缺陷的形式會使得滑動在低應力的狀況下仍然是可行的，這就是圖 4.3 中所顯示，簡單立方構造的邊緣差排[註1]。有一個原子的平面（以二維來看是指線 OC）在結構裡終止了。這個原子平面的邊緣是一條線，正向於這張紙的名面透過到整鉻的晶體中；這就稱之為差排線。滑動平面就是包含了線 OA 和差排線的那個平面。在剪應力 σ_s 的影響之下，如箭頭所示，滑動是發生在經過差排線沿著滑動平面在 OA 方向上的。差排線運動到晶體的末端會在表面上產生一個滑動步階，如圖 4.4 所示；許多差排通過晶體繼續的進行運動將會造成任何所要求數量的滑動。

　　金屬上的臨界分解應力是相當低的，這是因為要使差排沿著它的滑動平面運動所需要的剪應力相當小的關係。為了要看到這一個效應，考慮一群位於差排線四周的原子，如圖 4.5 所示。C 是一個在差排線上的原子。在經過 C 的垂直面左邊與右邊的原子位移都是相當對稱的，在 C 上的水平力也恰好平衡。需要來讓 C 沿著滑動平面的水平力是相當小的。當 C 開始移動的時候，一個輕微的不對稱就會在水平力上開始出現，這時候就需要一個小應力

註1 一個相當類似的晶格缺陷對於體心立方結構金屬的變形來說是相當重要的，這是一種螺旋式的差排運動，這種差排運動可以在差排理論的參考書籍中見到。

來保持差排的移動直到它到達下一個對稱的位置。理論上的計算指出，當差排在密排結構晶體中的密排方向移動時，這個力的量值將會達到最小。

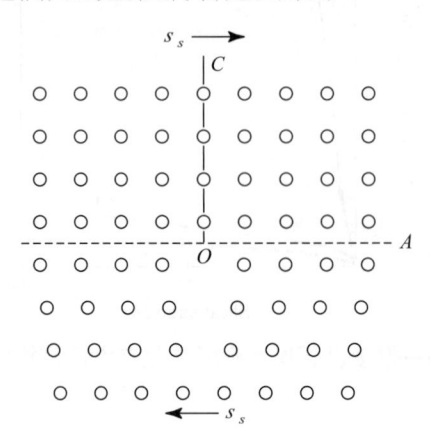

圖 4.3 在一個簡單的立方晶格中差排的二維視圖。原子額外的半平面 **OC** 延伸遍及整個晶體並且正向於紙的平面。滑動的平面是 **OA**。

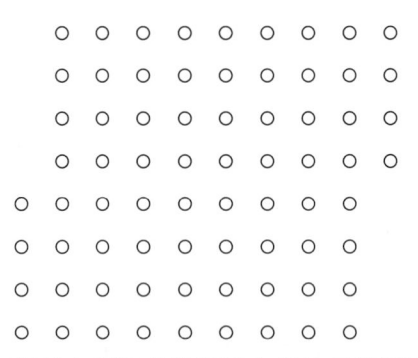

圖 4.4 圖 43 中所顯示晶體的原子結構在經過差排移動之後的二維視圖。

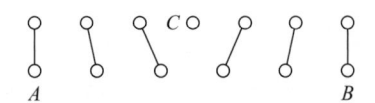

圖 4.5 原子沿著差排滑動平面的位置表示圖。抵抗原子 **C** 水平位移的力量是相當小的，這是因為原子移動到 **C** 的左邊及右邊的位移是相當對稱的。

材料的晶體除了金屬之外，舉例來說，鍺還有岩鹽，都有包含了差排，不過並沒有顯示出較明顯的可塑性。這是因為差排的移動是藉由它的寬度來估量的，也就是在圖 4.5 中的距離 AB，在這邊滑動平面的原子是在它們的適當位置之外的。差排的寬度越大，那麼在 C 上當差排沿著滑動平面來移動的時候水平力就更接近平衡狀態，而且也會降低所需要來保持差排移動的應力。在金屬中的差排，因為在原子間鍵結的力是不具有方向性的，所以差排比較寬廣，非常容易移動。在共價鍵結的晶體像是鍺裡面，在原子之間就具有方向性的鍵結，所以差排比較狹窄也比較難以移動。

這可以假想為當變形持續的時候，在晶體中所有的差排都會是精疲力盡的（因位移動到了一個自由表面），所以滑動將會停止。實驗已經顯示了新興的差排會在塑性流產生的時候連續不斷繼續產生，因此在任何給定滑動平面上的滑動將會無限期的繼續下去。這個新差排生成的機制在所有現代的差排理論參考書中都有詳細的描述，最常見到的模型就是 Frank-Read 的版本。

雙晶 Twinning

在其它的材料中，有另一個變形的機制也是相當重要的，這並不會包括滑動。那就是在承受應力的時候在晶體內部會有雙晶的生成。雙晶的方向如圖 4.6 中所示，晶體的上半部其實就是下半部的鏡像。形成雙晶需要一個橫向的剪切運動，而且這並不是所顯露出全部的運動狀況，換言之，在上半部中實線與虛線的位移只不過是從每一層中的白圈部分所做的最小移動而已。對於六角密排結構金屬來說，當晶體的方向並不適合做為滑動方向的時候，機械雙晶就變成是一種相當重要的變形模式。在低溫時候的體心立方結構金屬將會遭遇這樣的情況。在所有的例子中，因為雙晶的發生，必定會導致晶體在承受張應力方向的擴張。突如其來地形成的雙晶常常會伴隨著散發某種聲音，舉例來說，人們所熟知的，錫放出來的類似哭泣的聲音。

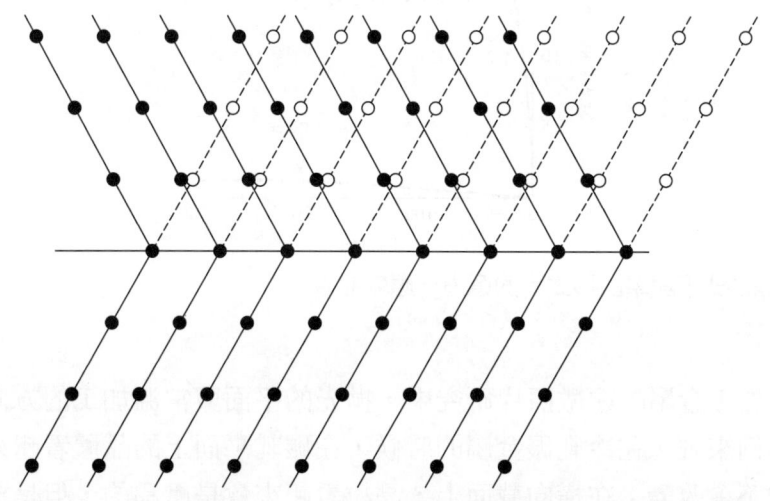

圖 4.6 在雙晶產生的時候，原子位置移動的表示圖。白圓圈和虛線代表著在雙晶發生之前的結構與位置。

多晶變形 Deformation of Polycrystalline Materials

大規模的滑動在六角密排結構的金屬中是特別容易的一件事，這是因為在其中沒有任的阻礙，像是交叉滑動平面等等，這些東西會阻礙沿著某一組滑動平面上的運動。然而，在晶粒方向是隨機排列的多晶六角密排結構金屬中，滑動將會在每一個晶界上受到阻礙。如同圖 4.7 中所示，需要很大的應力來使一個多晶試件產生變形，而且在試件產生破裂之前的變形的程度也小了很多。這將會使人們很容易的瞭解到，多晶金屬的變形是一個相當複雜的過程，到目前為止還沒有相當精確的科學分析可以說明。

在商業上的加工操作像是碾軋、抽拉或是旋壓，這些都會在加工的金屬上施加一個複雜的應力系統。變形首先將會在這些晶粒中最可能發生滑動的方向開始，接著藉由應變所引發的硬化將會在它們傳到其它晶粒之前，先在這些晶粒上開始作用。在鄰近於晶粒的晶界上所發展的應力將會在這些地方開始滑動直到所有的晶粒都開始經歷變形。因為晶界是彼此之間互相連接在一起的，而變形是發生在不同晶粒的不同方向上，所以在不同晶粒上的所有的滑動系統都會開始作用。當變形持續發生的時候，彎曲、旋轉還有其它滑動平面的畸變當將會開始發展。在變形的過程中，金屬中差排的比例將會大大的增加。沒有變形的金屬所含有的差排量級大約是在每立方公分的金屬中會有 10^6cm 的差排線；在加工更劇烈的金屬中，這個數值將會達到 10^{12}cm。顯微照片 4.1 到 4.6 中顯露出了滑動的發展以及到最後隨著變形程度的增加，畸變與彎曲也同時變得更嚴重了。

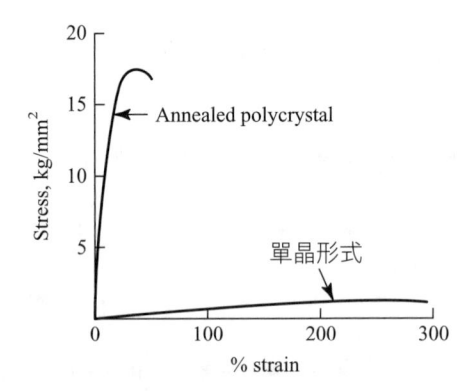

圖 4.7 純鋅在多晶形式下與單晶形式下的應力－應變曲線

在許多常溫加工金屬的顯微照片研究中，拋光的平面與常溫加工的方向之間的關係是相當重要的。舉例來說，在冷軋碾金屬的時候，在碾軋平面上的晶體看起來會比較瘦長一些，但是寬度並不會改變；在橫向截面上，晶粒看起來會是壓扁的，但是寬度還是一樣沒有改變；在縱向截面上，晶粒則是會同時表現出瘦長與壓扁的外型。因此當仔細觀察縱向截面的時候，可以發現到此時變形最為明顯。

擁有精細晶粒的金屬所包含的晶體，假使有隨機分佈的方向的時候，雖然個別的晶粒具有其非等向性的行為，但晶粒整體大都會表現出等向性。在大規模的塑性變形之後，在每一個晶粒上的微晶碎片會向相對於塑性流方向的位置移動，金屬不管在結晶學上或是機械物理上都會停止其等向性的行為。這將會視所量測的方向不同而顯露不同的性質，換言之，測試試件的軸相對於塑性流的方向或是滾動的方向。

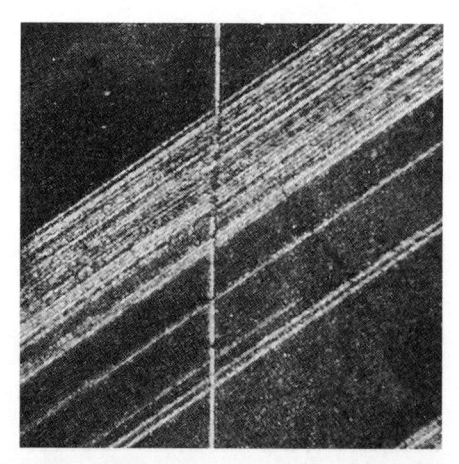

顯微照片 **4.1**　α 黃銅的單晶體承受應力變形 **0.2%**，放大倍率 **200** 倍。這個試件有經過拋光，並且利用過氧化氨進行蝕刻，變形然後在傾斜的角度利用打光來進行拍照。未經干擾的晶體表面呈現暗色，較光亮的地區是從像階梯狀的不連續處邊緣或是指出滑動平面的線所反射的。單獨的垂直線是在變形之前在拋光平面上的抓痕。從原先的筆直線產生一點點輕微的偏移意味著在每一個可見的滑動線上的塑性位移數量大約是 **700** 到 **800** 個原子的距離。

顯微照片 **4.2**　多晶退火的黃銅，經過拋光然後用過氧化氨來蝕刻，最後用鉗子進行輕微的擠壓，放大倍率 **100** 倍。在正常的照明狀況之下，這個晶粒結構的顏色變化是與方位的不同相關的（顯微照片 **1.1**）。平行的暗色線就是因為滑動所造成的階梯狀不連續處。注意到當這些階梯狀的不連續處到達晶界的時候，它們就會停止或是改變方向。在某一些例子中，它們會平行於退火的雙晶（在黃銅中滑動的平面同時也是可能的雙晶平面）。當活躍的滑動平面不是平行於雙晶而是與它相交的時候，可以注意到位在雙晶上方向的改變和在其它邊上會恢復成原始的方向。這在雙晶中的方向變化可以找到更多的證據，不過雙晶與原來晶體之間的原子方向則是相當一致的。同時也應該要注意到底部的晶體在一些雙晶上會顯示出兩組的交叉線，這意味著有超過一組的可能滑動平面在這個輕微的變形中是有發生作用的。所有這些明顯的證據都是由於在滑動平面兩端的任一邊上表面層級的差異所導致；重新將試件進行拋光將可以除掉這些明顯的記號。

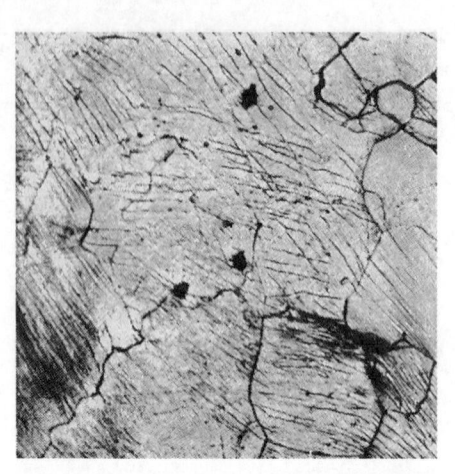

顯微照片 **4.3** 阿姆科鐵拋光，利用硝酸浸蝕液進行蝕刻，然後力用鉗子擠壓，放大倍率 **100** 倍。體心立方的鐵並沒有定義明確的單組滑動平面。取代任何較不完美的晶體結構的可能解釋就是這些典型的交叉與波浪狀滑動線。

顯微照片 **4.4** α 黃銅冷軋到 **30%** 的縮減；**NH_4OH-H_2O_2** 蝕刻，放大倍率 **200** 倍。這個表面的結構和碾軋的平面平行（碾軋的方向是垂直的）顯示出晶粒在碾軋的方向上有一些拉長。先前筆直的雙晶條紋現在變得有一些彎曲，這意味著晶格的彎曲變形。在晶體上大量的彎曲暗色線是平行於活躍的滑動平面的，不過這和顯微照片中的理由是完全不一樣的；在相當高的 **30%** 縮減之後（顯微照片只變化了不到 **1%**），原子在活躍的滑動平面上並不是一致的換言之，密集纏結的差排創造了一個高度局部不穩定的區域，在這邊蝕刻進行的速率會更加的快速，在某種程度上可以類比於在晶界上的攻擊程度。在一個單獨的晶體上有三組記號代表著在變形的過程中有三組不同的八面體平面是有效用的。因為這些記號並不能夠藉由再拋光來消除，所以它們被稱之為 **noneffaceable** 變形線，蝕刻記號或是簡稱為應變記號。

顯微照片 4.5　α 黃銅冷軋到 30% 的縮減；$NH_4OH-H_2O_2$ 蝕刻，放大倍率 200 倍。在大幅度的縮減之後，這個碾軋平面（再一次的，碾軋的方向仍然是垂直的）的結構顯露出的應變記號是較不清楚的，而且波浪狀，彎曲還有分支的狀況也都更明顯了，這意味著產生較大的晶格畸變和分裂。在這邊也可以很清楚的看到應變記號（在活躍的滑動線上）並不是由於隨機晶體方向的分佈而造成隨機分布，晶粒到晶粒的形式，相反地，傾向於假設它是位於表面上常見的一般位置，接近於垂直於碾軋的方向。因此個別晶體或是晶體上有條紋的部分旋轉到相對於流動方向的對稱位置的，都會產生一個較佳的方位。

顯微照片 4.6　和顯微照片 4.5 中的一樣，但是這張照片是在平行於碾軋方向的平面和垂直於碾軋方向的平面上（縱向的剖面）進行 200 倍的放大照相。在顯微照片 4.5 中傾向於和碾軋方向垂直的記號在這邊看起來是代表著對著碾軋平面表面彎曲大約 45° 的方位。

4.2 變形硬化金屬的性質改變
Property Changes in Deformation-Hardened Metals

應變硬化 Strain Hardening

雖然材料的晶粒在它被常溫加工超過 30%的時候就會變成非等向性，但是晶粒的尺寸仍然是保持常數。在常溫加工時對於維持晶界結合的需求，會導致和原子不適應有關的晶體平面（圖 4.4）相當大的彎曲。在差排密度上的增加會從 10^6 到 10^{12} cm/cm3，大多數邊緣（線）差排的交叉會造成差排糾結的形成。新生成的差排只有在施加較大力量的情況下才可以在這些糾結的舊差排中移動。這就是在前面的部分曾經簡短提及到的應變硬化模型。

應變軟化在逆轉應變的狀況下是可能發生的。假使一個低碳鋼被經過冷軋的處理，它的降伏強度將會從 240 Mpa 增加到 860 Mpa。隨後在幾個逆轉彎曲的循環下，表面層會輪流的伸張和壓縮。伴隨著這個應變軟化的就是在差排糾結密度上的降低。

影響應變硬化的變數 Variables Affecting Strain Hardening

1. 金屬或是固溶體合金開始塑性變形的型態是一個重要的變數，它可以用來估量可能發生的應變硬化速率。

2. 變形的程度與常溫加工的型態，換言之，是否碾軋，擠壓成形，抽拉或是其它動作等等，都分別是主要或次要的應變硬化變數。

3. 變形的溫度與速率，這可以用來估量變形是常溫加工或是高溫加工或是這兩者混和處理之下所造成的。在溫度低於 1/3 熔點溫度的時候（凱氏溫標），就是屬於常溫加工的範圍之內。當溫度高過了 2/3 的熔點溫度時，就是高溫加工，而且不會有應變硬化的情形產生。假使是在這兩者溫度之間的話，非常快的變形情況一定是常溫加工的情形，換言之，這會導致應變硬化，然而慢速的變形就不會是常溫加工了。

應變硬化時的性質改變 Property Changes from Strain Hardening

各種性質變化的範圍在估算常溫加工金屬的潛能工程應用上是相當重要的。雖然硬度和強度都會增加，但是當將這兩者對冷軋所造成的縮減畫圖時（圖 4.8）它們兩者並不會是平行的。一般來說，強度將會增加的多一些，或者說強度的增加並不是以線性的增加，但是硬度的增加在起初 10%的縮減時是相當快速的，然後在較高的縮減比例之下增加的速率就慢了很多下來。舉例來說，在圖 4.8 中可以看到洛氏硬度 B 的增加和 70-30 彈筒黃銅張力強度顯示了縮減增加到了大約全部變形的 70%。硬度數值在一開始是以非常陡峭的方式來增加，接下來變為平整的部分可以用下列兩個原因來解釋：(1) 洛氏刻度的非線性 (2) 凹口的深度。所有的洛氏刻度在低數值的範圍中都是相當靈敏的，但是在這個數值達到 100 的時候洛氏硬度就已經不靈敏了；大多數材料的冷軋都包括了大規模的伸長（還有橫向的延展），這個效應表面層會比中心來得更強一些，如同藉由一般末端與邊緣的凹面觀察就可以發現到的明顯證據一樣。既然洛氏硬度的壓記是在表面上，這也可能會擴大初始的增加。

　　延展性，如同張力測試中的伸長量所顯示的，其發展大致上與硬度相反，在一開始20%的縮減實有較大的初期減少，然後是逐漸變慢的速率，以漸進線的方式逼近到一個相當低的數值。圖4.8中的數據顯示了增加鋅含量的效應在於同時增加了固溶體張力強度（初始的縱座標數值）和應變強化的響應。鋅在固溶體中對於塑性與延展性的相對效應可以用兩個方式來顯示，那就是利用電解韌煉銅與70-30彈筒黃銅的伸長量的數值還有降伏強度（在0.2%的偏移量時）來表示。伸長量的數據顯示出了從鋅這邊只有在中間的縮減時才得到一些有用的效應。降伏強度的數據與相對應的張力強度數據比較之下，降伏強度比上張力強度的比例對於討論延展性的時候是更重要的一個指標。銅的降伏強度雖然在退火狀態之下是相當低的，但是在兩個例子的比較之中，電解韌煉銅在超過40%的縮減時其降伏強度會比彈筒黃銅更接近銅的張力強度。

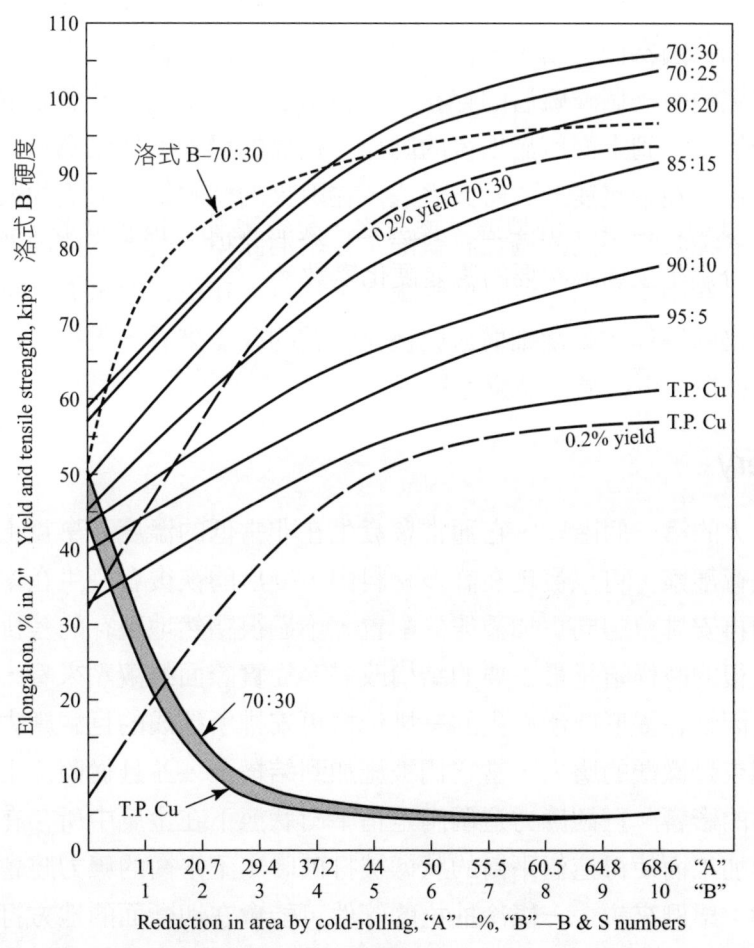

圖 4.8　銅和各種銅－鋅合金的單相固溶體（第一個圖在右上方的是銅的百分比），如同所熟知的黃銅，在經過冷軋之後的效應。所有張力測試的伸長量數值都落在陰影的區域中。

對於彈筒黃銅來說，在降伏強度與張力強度之間的延展範圍比起銅來說要大的多，這意味著黃銅的冷抽程度可以進行的更大，卻不會有破裂的危險。冷軋就沒有受到比較大的影響，這是因為張力應力的缺乏，不過在常溫加工中張力應力就是存在的，彈筒黃銅的性質比起銅來說就特別的優越，在事實上，它也幾乎比所有其它的金屬都要優越。

除了機械性質之外，常溫加工也會改變物理性質。它對於軟鐵的磁性是有較不好的影響，而且也會輕微地減低純金屬的導電率（大約 2 到 5%），對於某些合金像是黃銅甚至可以降低其導電率到接近 20%。它也會藉由差排的形成和空白空間的產生來減低金屬的密度到 0.1%。

4.3 退火 Annealing

在金屬的塑性變形的時候，其實已經對材料做功了。這個功會在加熱的時候消散掉（增加工件的溫度），不過有 10%的功會殘留在金屬中做為儲存能。這個儲存的能量會和大量的差排還有其它在金屬變形中所產生的缺陷聯合在一起。常溫加工的金屬在某種程度上是感覺比較不穩定的，因為假使給予一個機會的話，它可能會藉由恢復到未變形的狀態來降低它的能量。在這邊有一個障礙層的存在，而藉由加熱金屬達到某個溫度一段適當的時間就可以克服障礙層，達到上面所謂恢復的動作，這樣的過程就稱之為退火。許多不同型態缺陷的複雜配置都會在金屬變形的時候生成，在退火的時候這些缺陷的表面配置都會被重新分配並且藉由各種其它不同的過程將缺陷本身給消除掉，有一些處理過程是發生在不同等級的溫度，另一些則會在同一個溫度等級之下進行。在這方面來看，常溫加工金屬的退火是一個高度複雜的過程。就微細構造與機械性質的改變來看，大約可以辨識出三個不同階段火，分別是恢復、再結晶與晶粒生長。

回復 Recovery

這是屬於退火的第一個階段，它通常會發生在非常低的溫度。事實上，利用相當高靈敏度的技術來進行觀察，可以發現在許多材料中，變形的恢復會發生在室溫（或是更低）的溫度。差排的再安排會趨向更加穩態的配置，不過很顯然地現存的差排數量並不會有太大的改變，在恢復的時候這是最主要的結構改變。從實際面的觀點來看，在恢復時金屬結構上的改變就是因為在變形時所產生的差排結構再安排所造成的巨觀應力或是微應力。在這邊不管是巨觀或是微觀的應力，當它們被施加到結構上，並且從照片上來做觀察的話，兩者有相當重要的影響。巨觀應力這個詞是指平衡狀態下在金屬中所存在的大區域彈性應力。當金屬因為加工而使得這個平衡的狀態被打破時，不平衡的應力將會藉由金屬的畸變而進行重新配置；舉例來說，一條冷抽拉的管件可能會在切斷面的地方打開來，增加了管徑的直徑。在另一方面來說，微應力也必定會處於一個平衡的狀態，在這麼小的尺度之下或是在大範圍中的某個小部分內這些微應力並不能夠在金屬被加工時造成尺寸上的改變，它們只能藉由 X 光散射的方式或是其它相類似的方法來進行偵測。

　　沒有了退火所帶來的好處，在常溫加工金屬上的殘留應力將會逼近材料的強度，而且假使局部的表面刻痕被某些特別的腐蝕性物質所攻擊的話，這些殘留應力甚至可能超過材料的強度，這樣會開始形成裂痕。既然腐蝕性的攻擊通常會在晶界上造成刻痕，刻痕會在晶界上開始產生並且開始擴散開來，造成晶粒間的破裂，就像人們所熟知的季節性裂痕或是更準確地來說，稱之為應力腐蝕裂痕。

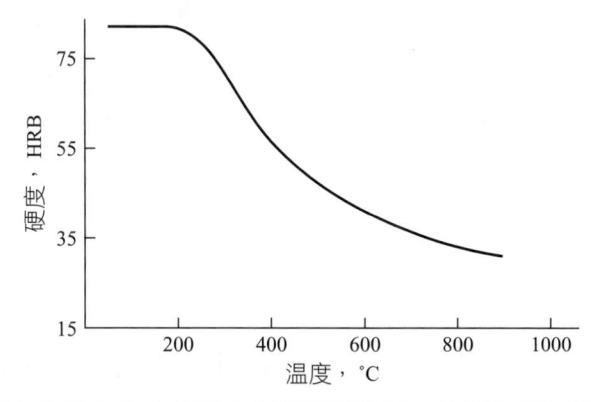

圖 4.9　彈筒黃銅（30%鋅）的樣本在冷軋到 80%的面積縮減，然後進行各種溫度的退火處理 30 分鐘之後的硬度。

　　用來減低應力腐蝕裂痕的常溫加工金屬熱處理方法一般來說就稱之為應力釋放退火，而且這個處理會在恢復範圍內的溫度中執行。因為會妨礙差排在結構中運動的晶格畸變並不會受到影響，硬度與強度也不會有很顯著地降低；事實上，在某些固溶體合金中，像是 α 黃銅，它的硬度與強度都會輕微地增加。（將一個冷軋黃銅的測試試件放到熱散熱器上，經過好幾個小時之後將會提升它的強度）這個硬度上與強度上的輕微增加被相信是因為一些相的析出物所造成的，它們溶解在穩態的結構中但是並不溶解於畸變的結構。在這邊也可能會有較輕微的結構上改變，不過一般來說，最多也只是造成常溫加工和應力釋放退火金屬的微細構造傾向於較無法顯露出蝕刻或是應變記號。這個效應可以用來闡明造成原來蝕刻效應的局部應力的減少。

再結晶 Recrystallization

　　在恰好高於恢復範圍的溫度時，硬度開始快速的降低（圖 4.9）。同一時間，在組成上與晶格結構上都和原始未變形的晶粒一樣的新生精細無應變晶體，開始在微細構造中顯露出來。這些晶體並不會像變形過後的晶體碎片一樣呈現瘦長的外型。它們看起來會更接近各方等在的外型，而它們的直徑在各個測量的方向來看都是一樣的。

晶體一開始會出現在加工結構上畸變最嚴重的地區，通常會是在先前晶界的地方。再結晶晶體的形成過程也是一種成核作用。對於一個再結晶金屬所形成的晶粒而言，能量一定會隨著畸變材料轉變到未畸變材料而減少，而這個能量也會是足夠大的，這樣才可以克服在新晶界與原來的畸變構造[註2]之間所形成界面所增加的能量。當溫度上升的時候，熱波動的可能性也會變得足夠大以造成特殊的畸變區域再結晶的增加：溫度越高，再結晶的速率就越大。對於一個給定的退火溫度來說，再結晶隨著時間的行進是沿著圖 4.10 中所顯示的曲線。因為在這張圖中很難說出何時再結晶的作用才完成，所以為了方便起見就在基於時間與一些其它準則，例如硬度的減少等等，在這些原則下對再結晶作用來下定義。

如同圖 4.12 中的數據所顯示的，再結晶作用將會在一個較低的溫度下完成。假使再結晶作用的時間是一個小時，那麼再結晶溫度將可以被定義為所需要來完成 95%再結晶作用的溫度如同表 4.1 所示，在一般純度下金屬的最小再結晶溫度與它們的熔點之間是有相當密切的關係的。

晶粒成長 Grain Growth

在再結晶的期間，未畸變材料的晶粒會進行成核作用並且成長到變形材料的周圍。損壞周遭再結晶晶粒的晶粒成長就稱之為晶粒成長。在再結晶與退火的晶粒成長階段之間通常是沒有明顯地區分的，因為晶粒成長可能會在已經發生過再結晶的部分結構中繼續發生，但是同時其它的區域仍然在進行再結晶作用。晶粒成長的驅動力就是再結晶晶界上的表面能量：晶粒的尺寸越大，在材料中就有越少量的晶界，而且它的能量也會越低。

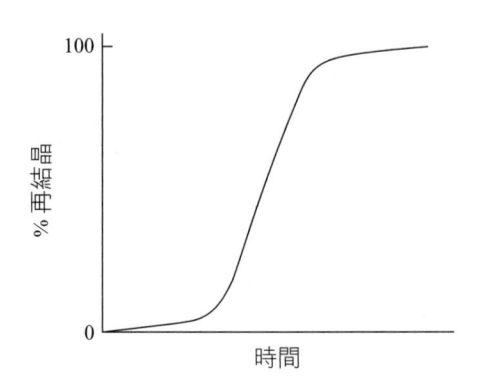

圖 4.10 在常溫加工金屬中，在再結晶溫度的範圍之內，保持在於固定的常溫之下一段時間所進行的再結晶作用範圍。

[註2] 假使材料經歷輕微變形的話，那麼儲存能就會比較低，這樣就無法使得材料進行再結晶作用。不正常的晶粒成長可能會在高純度的材料中發生。事實上這是一種從多晶高純度金屬中成長單晶體的方法。

個別晶粒的外型會和所有鄰近的晶粒都有密切地的關係，而它們是否能夠完整地填滿空白的空間也都端視面際之間的能量而定。在一個退火的多晶金屬中，在兩個接觸的晶粒面之間將會存在二維的表面，在三個晶粒交界的地方會存在一維的線，而在四個晶粒交接的地方會存在零維的點。平面的表面應該要是平坦的；否則它們將會傾向於移居到凹面的方向以達到平坦化的最小能量。三個平面的表面會在 120°的地方彼此相遇以平衡相對的能量並且變得更加穩定。最後四條線會在四個晶粒的連接點上相遇，這個角度應該要是109°28′才可以平衡交界線上的力或是能量。凱文的 tetrakaidecahedra（圖 1.15）除了在四條線連接點上的109°28′角度之外，所有上述的要求都已經達到了。

　　實驗上的研究顯示出在晶粒成長的時候，所這些理論上的考量都變得相當有效，因為彎曲的邊界表面也會被移動來變成平坦的（或是在二維薄切片上的直線）。三個邊界的交界也會移動，然後在三個相交的邊界上（在正向於邊界的平面剖面）發展成 120°的角度。一般來說，當邊界以這樣清楚的方向來移動時會消耗掉一些晶粒並且造成殘留下來較大的晶粒變得更接近理想晶粒包裝的拓樸學，結構變得更加的穩定所以接下來發生的晶粒成長就會變得更慢了。

表 4.1　再結晶作用與熔點溫度之間的關係

金屬	最小再結晶溫度，°C	熔點溫度，°C	再結晶溫度對熔點溫度的比例
Tin	< Room temp.	232	<0.60
Cadmium	~ Room temp.	321	~0.51
Lead	< Room temp.	327	< 0.50
Zinc	Room temp.	420	0.43
Aluminum	150	660	0.45
Magnesium	200	659	0.51
Silver	200	960	0.38
Gold	200	1063	0.41
Copper	200	1083	0.35
Iron	450	1530	0.40
Platinum	450	1760	0.35
Nickel	600	1452	0.51
Molybdenum	900	3560	0.31
Tantalum	1000	3000	0.39
Tungsten	1200	3370	0.40

　　顯微照片 4.7 到 4.12 中顯示出了退火時微細構造上的連續改變。許多的雙晶會在退火之後出現在面心立方金屬與固溶體中，它們被稱之為退火雙晶。如同可以從顯微照片中看到的，在高溫時的延長退火可以造成非常大的晶粒尺寸。

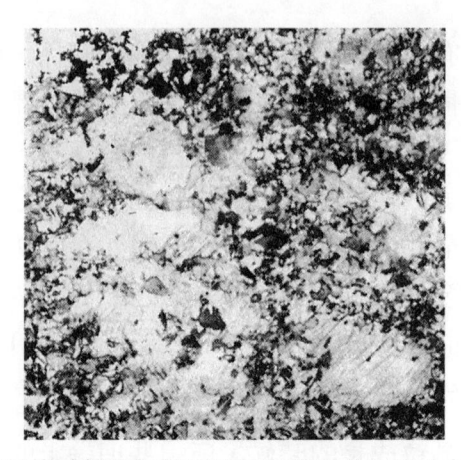

顯微照片 **4.7** α 黃銅，冷軋 **60%** 縮減然後加熱到再結晶範圍的溫度（在 **300°C** 保持 **30** 分鐘）；放大倍率 **75** 倍。這個結構顯示出了微小新生晶體的群集，在這邊解析度並不是非常好，有一些舊有變形結構的區域仍然保持著應變記號。

顯微照片 **4.8** 和顯微照片 **4.7** 中的一樣，放大倍率 **500** 倍。新生晶體的結構和應變記號在這個放大的倍率中都顯得清楚許多。新生晶體的平均直徑大約都在 **0.002 mm**。

顯微照片 **4.9** 顯微照片 **4.8** 中的試件在 **400°C** 保溫 **30** 分鐘；放大倍率 **75** 倍。再結晶作用完成與部分的晶體成長之後，平捐的晶粒直徑大約達到 **0.020 mm**。

顯微照片 **4.10** 相同的試件，在 **500**°C之下進行再熱 **30** 分鐘；放大倍率 **75** 倍。額外的成長會增加平均晶粒的直徑到大約 **0.045 mm**。

顯微照片 **4.11** 相同的試件，在 **650**°C之下進行再熱 **30** 分鐘；放大倍率 **75** 倍。平均晶粒的直徑現在大約是 **0.15 mm**。

顯微照片 **4.12** 相同的試件，在 **800**°C之下進行再熱 **30** 分鐘；放大倍率 **75** 倍。在較低的放大倍率之下對於面積較大的區域必須要仔細的檢查以估量晶粒的平均直徑，現在直徑大約在 **0.25 mm**。

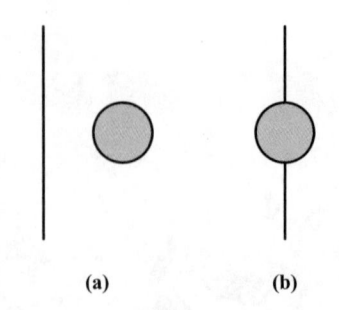

圖 4.11 （a）接近非金屬雜質處的晶界（b）對應於這個系統最小能量的表面配置

影響退火的因素 Factors Influencing Annealing

對於一個特定的常溫加工金屬而言，影響其退火所需要的時間與溫度的因素如下：

1. 在低溫時開始的再結晶作用以及在狹窄的溫度範圍內所完成的再結晶作用：
    a. 先前變形量越大的
    b. 先前晶粒尺寸越細的
    c. 金屬純度越高的
    d. 退火時間越長的
2. 再結晶晶粒尺寸將會較小：
    a. 溫度越低的（高於再結晶所需要的最低溫度）
    b. 保溫的時間越短的
    c. 加熱到達溫度的時間越短的（增加成核作用）
    d. 先前的縮減情況越嚴重的
    e. 所存在不溶解的粒子數目越多或是被驅散的粒子是比較精細的（圖 4.11）

從上述的聲明 1c 和 2e 中可以很明顯地發現到雜質或是合金的組成成分像是鋅或是銅都會提升再結晶的溫度，然而不溶解的成分像是在銅中的 Su_2O 對於再結晶溫度方面就沒有顯著的效應，不過它會降低再結晶晶粒的尺寸。後面這一個效應在商業上被廣泛的利用，藉以在退火的金屬中得到較精細的晶粒構造。溫度如何提升可以從圖 4.11 中看到。晶界在每單位面積上都會含有某些能量，這就如同在雜質粒子與基材之間的能量一樣；藉由捕捉雜質的粒子，在圖 4.11b 中的晶界就可以降低總面際上的「邊界與粒子面積」，這就代表了一個較低的能量配置。因此包含了雜質粒子的再結晶金屬晶界，在它們遭遇粒子並且在晶粒成長的範圍內沒有自由地移動的時候會傾向於穩定狀態。

在給定的退火溫度下保溫某個特定的時間之後所獲得的晶粒尺寸,如果隨後金屬又繼續進行再熱處理到一個較高的溫度,但是還是保持穩定的時候,這個晶粒尺寸將會增加,並不會被所有較低溫度的影響,除非時間被大幅度的增加。這些變數中有一些所造成的效應也可以在高純度銅的退火曲線中看到(見圖 4.12)。對於縮減 50%的常溫加工金屬改變其退火時間從 1 小時變為 24 小時會降低它的軟化或是再結晶溫度 40℃;將縮減百分比從 50%變為 88%會降低 24 小時退火的軟化溫度約 30℃。

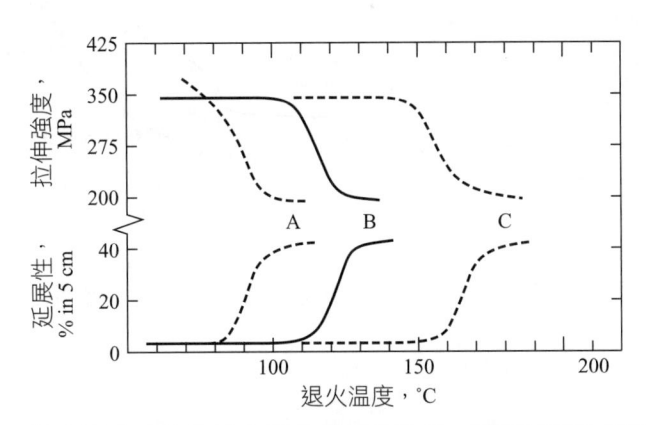

圖 4.12 高純度常溫加工銅在退火時張力強度與伸長量的改變,顯示出原先縮減以及再結晶溫度下退火時間的效應。**A**:88%縮減,24 小時退火 **B**:50%縮減,24 小時退火 **C**:50%縮減,1 小時退火

4.4 退火金屬的性質改變
Property Changes in Annealed Metals

在退火的恢復階段中,硬度與強度會有些許受到影響,不過應力至少會有部分被移除,因此容易受到應力腐蝕的裂痕就可以被消除。再結晶範圍中,變形的結構會被新的未畸變晶體所取代,這是一個性質快速改變的範圍,從常溫加工的再結晶範圍或是承受應力的區域到沒有應變的結構都在這個範圍之內。因此,強度和硬度會受到削減,而延展性,如同在張力測試中的伸長量數值所示(圖 4.13),將會獲得增加。較高的退火溫度會增加晶粒的尺寸,相對應地也會減低每單位體積的晶界面積量值。因為晶界提供了滑動或是差排作用的中斷作用,晶粒變粗會伴隨著更多的強度與硬度減少和塑性的增加。

高溫加工 Hot Working

高溫加工是在某種溫度或是速率下的塑性變形,在這邊再結晶作用就可以發生而且最後的結構在本質上也會沒有應變硬化的現象。

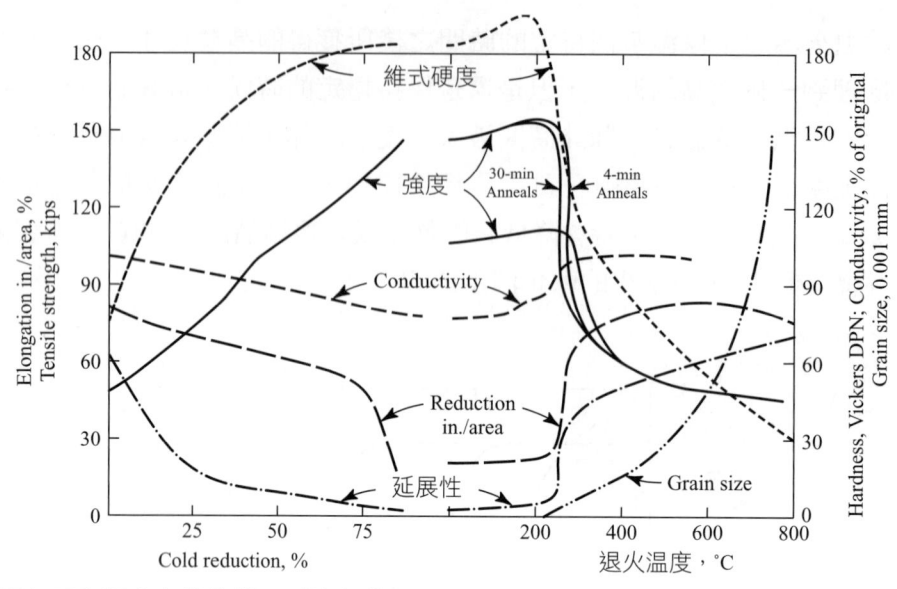

圖 4.13　常溫加工與退火在某些常見到的高黃銅（35%鋅）的效應。退火時間是 30 分鐘，但是特定指出的區域只有 4 分鐘。在下面的初始「強度」退火曲線是對 50%的冷軋金屬而言，較高的曲線則是 87%的冷軋金屬數據。

雖然人們通常會說高溫加工是等同於常溫加工與退火的，不過在這邊必須要察覺到的是時間與速率的因素可能會造成結構上相當程度的不同。舉例來說，當對一個純度相當高的銅進行劇烈的常溫加工時，可能會在 100°C 於 24 小時內發生再結晶與軟化的作用，如圖 4.12 所示。然而，相同的銅在接近 100°C 的溫度進行碾軋時，可能並不會被高溫加工所考慮，這是因為時間與速率的限制所致。實驗室中的測試顯示出，鑄造勒煉銅在 800°C 的熱軋之後，會和相似的銅在進行相同程度的冷軋與在 350°C 退火 1 小時之後有相同的強度與硬度。然而，在兩種樣本中的 Cu_2O 雜質分佈則是完全地不相同，在冷軋金屬與退火結構中的延展性將會比較差一些。

在先前就已經指出，冷軋的時候，與碾軋輪接觸的表面區域上變形會是比較劇烈的，特別是在先前有變形的地方。這樣所導致的結果就是凹處末端與邊緣。對於高溫加工來說，與這個論述對立的說法也是成立的。因為碾軋或是其它的加工表面通常都是比金屬本身要冷一些的，所以金屬的表面層就會變得比較冷也比較硬。因此，在中心的變形會比較大一些，所以剖面上的末端與邊緣就很有可能變得比較凸一些。

在所有的變形過程中，被拿來改變金屬外型的能量會轉變成為熱能。在沒有應變硬化的高溫加工中，所有的能量更是都變成熱能。假使被加工的金屬表面—體積比例是比較大的話，那麼熱能消散到周遭的速率會比它在金屬中生成的速率還要快，這時候冷卻就會在加工時發生。然而，有相當大的表面—體積比例的剖面就很容易變得相當的熱，而且假使變形的速率太快的時候甚至這個金屬剖面會產生熔解的現象。這個因素限制了最大的變形溫度。最小變形溫度可以藉由估量施加到金屬上的力已經無法使其產生變形時的應變硬化來得到，或是利用在金屬或是合金例子中在常溫之下有極限延展性的裂痕來得到。

有一些金屬在常溫加工時只顯示出極限延展性，這樣的金屬可以被拿來進行較劇烈的高溫加工。舉例來說，鎂（六角密排結構）在室溫之下有極限延展性的存在，在滑動的過程中只有基本平面在進行動作。然而在較高的溫度之下，其它的結晶學平面會發生作用，金屬也因此變成塑性，最後的結構在本質上來說也會是沒有應變硬化的。

4.5 方向性質與優利方向
Preferred Orientation and Directional Properties

常溫加工的過程會造成晶粒對流動方向的旋轉。這個旋轉會在多晶合金中發生，並不是以整個晶體均勻旋轉的方式來進行，而是以晶粒中的片段，破片或是細帶的方式來進行。然而，滑動的平面並不需要傾向於變成平行於流動的方向。在面心立方的金屬中，當第一組到達了從流動方向來看大約 55°的時候，至少會有兩組的滑動平面發生作用，穩定的位置會在這個時候達到，這時候真實的晶體阻障位置可以在圖 4.14 中看到。並不是所有的晶粒都精確的位在這個位置之內（或是它的對稱鏡射位置），不過會有一個往圖中所顯示方向的傾向。體心立方和六角密排金屬是完全不一樣的滑動機制，它們有不一樣的晶粒位置或是晶粒碎片。

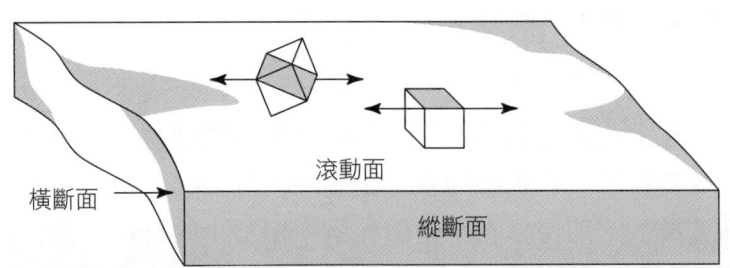

圖 **4.14** 在冷軋銅中慣用的優利方向顯示在左手邊的立方體，在這邊有一個平行於管棟平面的體對角平面，方位是朝所顯示的或是其鏡射方向。在退火之後，這個銅片會顯示出右手邊立方體所指出的優利方向，這邊會有一個立方體的面平行於滾動表面，也會有一個立方體邊緣位於滾動的方向上。黃銅，鋁還有其它面心立方金屬所顯示出來的優利方向都只有些許的不一樣，然而體心立方金屬所顯示出來的優利方向就完全不同了。

冷軋或是冷抽拉所發展出來的優利方向有很大一部份端視在進行常溫加工之前，金屬的狀態（隨機或是優利方向）而定。在任何的狀況下，新產生的常溫加工方向並不會變得很明顯，直到冷縮減超過 50%以後才會變得比較明顯。因此，在應變硬化與優利方向之間並沒有直接的關係。

因為大多數金屬的晶體都是分別地非等向性的，假使晶體阻障全部都傾向於將它們本身排列在相對於流動方向的同一個方向上，那麼無疑地，金屬的機械性質和其它性質都會隨著先前流動的方向而有變化。假使彎曲的軸是平行於滾動的方向的話,沿著彎曲方向發生裂痕的傾向就會遠大於彎曲軸是在和滾動方向成直角的狀況。

在相當劇烈的縮減之後,從變形金屬中所發現到的優利方向通常會被改變,不過這永遠不會被再結晶作用所抹滅掉,而且晶粒成長還會伴隨著其後的退火。事實上,性質的定向性可能會變得大一些。不過有幾個令人討厭的地方是在將碾滾與退火過的薄片在平台上進行加工抽拉變成杯子或管件。假使晶體是在優利方向上面的話,那麼金屬的流動性在某些方向上將會比較大一些。相對應地來說,抽拉的杯子在頂部的邊緣將會是均勻的,可是也會有其它部分(耳朵的部分)是屬於較薄壁厚的。

不同金屬的方向性質將會在凹壓的時候變化。有一些會顯示出在滾動方向的 0 到 90°位置會有四個耳朵;其它的四個耳朵會在 45°的位置;然而六角形或是立方體的金屬會有六個耳朵。方向性的性質一般來說會是增加的,而且不只隨著先前的縮減而增加,也會隨著退火溫度的增加而增加。因此看起來似乎核不只會在再結晶作用的時候顯示出優利方向,在晶粒的成長時這個現象更加的重要;接近某些方向的晶體會是較具優勢的,而且這些優利晶體會吸收座落在它們旁邊較不幸的鄰近晶體。

在退火金屬的優利方向這個領域中已經有許多人投入心力進行研究,這些研究中指出了從核的優利成長所發展的優利方向到變形的基材晶格之間是有一個緊密的關係的。就更實用的看法來說,可以發現到傾向於增加方向性的狀態就是次末縮減(最後一個的旁邊),低次末退火溫度還有最終退火的高溫。

隨著測試鍛軋金屬的方位改變,對於性質上的改變也包括了人們所熟知的纖維或是組織的改變。這些碾軋和退火金屬的纖維,主要是在優利的結晶學方向上,這不應該和鍛造鐵或是相似金屬的纖維搞混,在這邊的效應是屬於機械上的,主要是因為碾軋方向上所有爐渣細脈的存在所造成的。即使是在平常碾軋鋼中相當小的雜質,都有足夠的能力來削弱退火鋼材在橫向上的性質,更甚者還會影響到垂直於碾軋平面的性質。

在控制優利方向上有一個相當重要的應用就是在製造變壓器核心的鐵片上。對於一個國家而言,變壓器在發電傳輸系統上使用的數量是相當大的,對於變壓器來說,當變壓器核心時產生熱時所消散掉的電子能量,對於發電的成本來說是一個相當重要的因素。因此有許多的金錢被投資到這方面的研究,其中最重要的就是變壓器鐵的磁性性質,研究中發現到如果可以適當的改善這個性質,那麼等同於可以從總電力的花費中省下許多的成本。最常使用的變壓器鐵包含了大約 3%的矽做為添加的合金。矽除了可以用來使磁滯現象的迴圈變得較狹窄之外,也可以增加鐵的導電率,因此經由渦電流所減少的能量就減低了。鐵在<100>的結晶學方向來說是最容易被磁化的方向。在變壓器的核心所使用的薄片性質上,更近一部的改善是利用將薄片進行碾滾與退火,藉以發展出較強健的優利方向。晶粒的<100>都會排列在同一個方向上,而且這個方向就是在作業時薄片會被磁化的方向。這個產品就是現在人們所熟知的粒狀方向薄片。在典型的薄片中，當電源的頻率是 60 Hz，導入 10 kG 的電通量時，核心的損失會是 0.16 W/N。

問題

1. 考慮一個圓柱形的單晶體沿著它的軸向施加張力 F 的載荷。在這個晶體上最大剪應力的量值與方向分別為何？當 F 的值增加，而且所有的滑動平面都是正向於張力軸的時候，晶體會發生什麼變化呢？

2. 機械性質的量測要如何來使用區分面心立方與六角密排結構的金屬晶體呢？

3. 讀者如何來分辨 (a) 滑動線 (b) 變形線（應變標記）(c) 退火雙晶 (d) 機械雙晶？

4. 假使一個 70-30 黃銅長條被經過退火的處理然後進行抽拉成形動作，最後再經由電鍍的處理來做為探照燈的反射器，最可能的退火溫度為何？為什麼？

5. 假設鑄造黃銅元件在表面上有數字的標記，然後被用挫刀磨掉了。讀者如何能夠去辨識出原始的標記號碼呢？假使這個數字是在模具上鑄造的，那麼當它們被挫刀磨掉時有可能再辨識出它們嗎？

6. 假想一片鋁薄片，經過冷軋之後形成最終的厚度，然後進行退火，被發現到在厚度上會有 2%的超過。冷軋對於尺寸的效應以及退火對於移除這個輕微縮減的硬化效應為何？

7. 假設利用摩擦膠布包起來的矽青銅元件在作業中承受了一定的壓力，結果被發現到破裂並且還有晶粒間的破壞。試著診斷可能造成這個現象的原因並且建議一種診斷的測試方法與一個消除這種現象的方法。

參考文獻

Courtney, T. H.: *Mechanical Behavior of Materials,* 2d ed., McGraw-Hill, New York, 2000.

Dieter, G.: *Mechanical Metallurgy,* 3d ed., McGraw-Hill, New York, 1986.

Roylance, D.: *Mechanics of Engineering Materials,* Wiley, New York, 1996.

Weertman. J., and J. R. Weertman: *Elementary Dislocation Theory,* Oxford University Press, New York, 1992.

Barrett, C. S., and T. B. Massalski: *Structure of Metals,* 3d ed., McGraw-Hill, New York, 1966.

Davis, H. E.: *Testing of Engineering Materials,* McGraw-Hill, New York, 1982.

第五章
多相強化
Multiphase Strengthening

本書中先前所考慮的合金在這邊都是固溶體的狀態，從定義上來說，這些固溶體包括了結構上的單晶相；像是氧化物或是硫化物等不純物都不在考慮範圍之內。在這個章節中，注意力將會被直接導引到處在固體狀態的合金本身，包括了結構上屬於兩個或是多個不同結晶相的狀態。

不同結構結晶的存在，在除了正常的單向晶界之外又引入了新的交界面。這些新的交界面和外型，尺寸，還有新相的性質都對差排的自由移動增加了新的障礙層。因此，兩相的合金會比單相的材料來得堅固一些。

擁有兩個或是多個固態相的最簡單合金系統就是共晶系統。這種含有共晶的系統在金屬合金以及含有氯化物，氧化物等等的非金屬系統中都是相當常見的。

5.1 二元共晶 Binary Eutectics

既然在多相反應中主要的導引是靠相圖，想要瞭解多相合金的性質與結構首先就必須要先研究它們的相圖。鉛-銻合金系統（圖 5.1）的相圖就是一個典型的共晶圖。在圖 5.1 中水平線左邊末端的 α 相代表著在固體鉛的固溶體中大概有 3.5% 的銻存在。相圖中的溶解度隨著溫度而減低，如同相圖中左手邊的線（固體溶解度或是故溶線）所指示的，這一條線隨著溫度的降低往左改變方向，這指出了在室溫下 0.3% 銻的溶解度限制。在平衡的狀態之下，含有 2% 銻的鉛合金將會凝固為固溶體，這將會是相當穩定的，直到溫度到達 220℃ 才會起變化。在更進一步的冷卻時，合金穿越了固溶線並且進入了兩相的區域，最後會形成 α 晶體被驅散分佈到整個固態的 β 相中。在冷卻的時候從單相固體改變到雙相的結構是與這個固溶線的型態有關，這對於時效硬化（將在第 6 章中討論）來說是必須的動作。在平衡的狀態之下，這個 2%銻的合金將會在室溫下顯現出雙相的結構，不過並不會表現出共晶的結構。

在水平線右端的 β 相代表著在溶液中的固態銻和部分的鉛。這個溶解度的實際程度無法很確切的知道，而且在商業上來說也並不重要，這是因為銻還有這個 α 相是非常脆弱的。

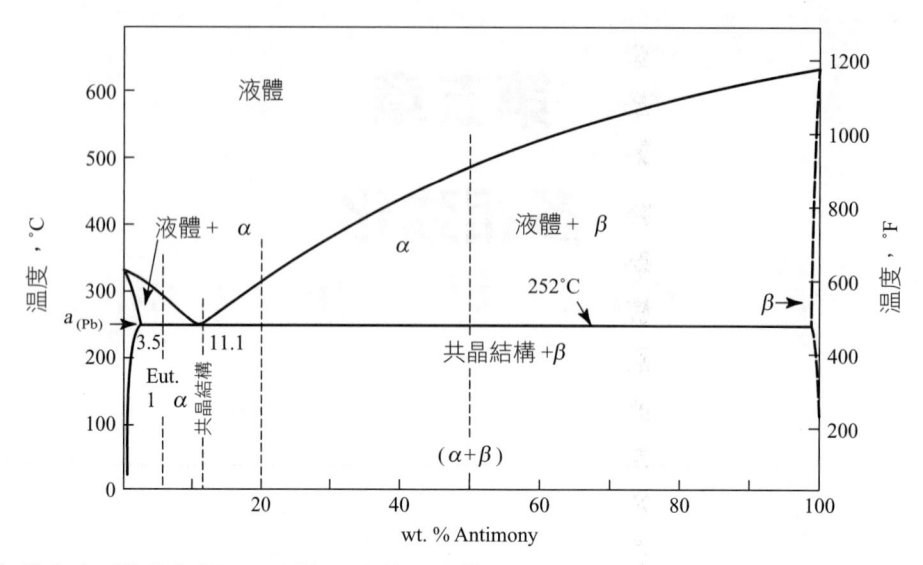

圖 5.1　鉛-銻合金系統的相圖，一種簡單的共晶結構

　　在 252℃ 時沿著水平線有三個相可能會處於平衡的狀態。這和固定壓力下的吉伯相定律也是符合的，三個相要在平衡的狀態下處於一個二元的系統內，除非是處在一個常溫之下並且各個相之間有其固定的組成。這個狀態的最佳代表就是可逆反應

$$液體_{Pb+11.1\%Sb} \rightleftarrows \alpha_{3.5\%Sb} + \beta_{3\%Pb} + 熱$$

　　這個反應在冷卻的時候會向右方進行反應，釋放出 α 與 β 相的結晶熱，在平衡的狀態之下凝固將會在常溫 252℃ 之下發生。（有許多年的時間，共晶被視為一種明確的化學化合物，這是因為它們會在常溫之下冷凍並且顯示出固定的濃度，換言之，在本例中為 88.9% 的鉛加上 11.1% 的銻）在加熱的時候，反應會往左邊移動，吸收了 α 相與 β 相的結晶熱並且形成包含了 11.1% 銻的液態相。因為共晶合金（11.1% 的銻）會在常溫之下完全地溶解，而共晶這個字在希臘文中就是『良好的溶解』的意思，所以共晶被用來描述這種型態的反應或是相變化。字首 Hypo- 在希臘文中代表著『少於』的意思，在這邊被使用來指那些少於某種合金元素共晶濃度但是有較多的固溶體限制（在這邊大約是 3.5 到 11.1% 的銻）的合金，另一個字首 Hyper- 則是指『多於』的意思，在這邊用來指那些合金組成超過共晶的合金（在這邊是 11.1 到大約 97% 的銻）。

　　在平衡的狀態之下，亞共晶合金從液態狀態開始的凝固情形如下：(1) 在到達液相線時，β 原生結晶的核開始形成，它的成分組成可以藉由與固相線相交的水平線來決定 (2) 經過 α + 液態區域的冷卻會造成 β 原生樹模石的成長，但是它們的組成會隨溫度而改變，如同固相線所顯示的一樣；同一時間，鉛富集相的形成會造成殘留的液體變為銻富集，所以它的組成將會沿著液相線來改變 (3) 在 252℃ 的時候，原生的 α 晶體和液體都以某個比例存在，這個比例可以藉由槓桿法則來得到；共晶液體冷卻，在良好的物理驅散作用之下就

會形成α和β相。這個驅散會稱之為物理的是因為在這邊沒有連續的原子整合或是在兩相原子的接觸分界面與平面之間不需要任何緊密的鍵結關係。

在非平衡的狀態之下，冷卻並不是從液相線開始的，而是從低於液相線好幾度的溫度開始冷卻（過度冷卻）。原生晶體的平均組成成分並不是位於平衡的固相線上而是位於亞穩態的固相線上，因此，在252℃液體的百分比將會比相圖中所顯示出來的高一些。在原生樹模石中的低濃度合金元素需要一個亞穩態，往左方延長的共晶水平線來與亞穩態固相線相交。因此，若有一個合金只包含了 1.5% 的銻，應該不會顯示出共晶結構。共晶冷卻可能會被過冷和原生晶體的結晶所延緩；假使某個相的共晶過冷程度比另一個相更高，那麼將會產生共晶濃度與溫度的取代現象。

共晶液體的過冷是有一個雙重效應的。從熱能上來說，它會造成共晶反應在平衡相圖所顯示的溫度下好幾度的地方發生（或許是 5 到 30℃）。結構上來說，它會造成在反應中所析出相的粒子尺寸變得更精細，在冷凍鑄造的時候樹模石也是以相同的方式變得更精細的。當從均質的液態中形成了包含3.5%銻的α與包含 97%銻的α─銻時，在液態中必定會有兩種原子逆向擴散到兩個相的核中。當液體突然被冷凍的時候，，當液體突然凝固的時候，即使它的擴散速率相當的快，這種情況下的凝固速率無法允許長時間的液體擴散，所以同一時間反應晶核成長的點會大量的增加。這兩種因素都是被利用來改變共晶中晶體的尺寸。

鋁─矽相圖（圖 5.2）顯示出這是一個簡單的 eutectiferous 系統，介於在固溶體中最多包含 1.65% 矽的鋁還有接近純質的矽之間。藉由部分的冷凍鑄造或是更完整地利用添加少量的金屬鈉所達成的過度冷卻會抑制矽晶體的成核作用，使得共晶溫度從 577℃ 降低到 550 至 560℃，並且會使得共晶中的矽從 11.6% 增加到 13 至 14%。

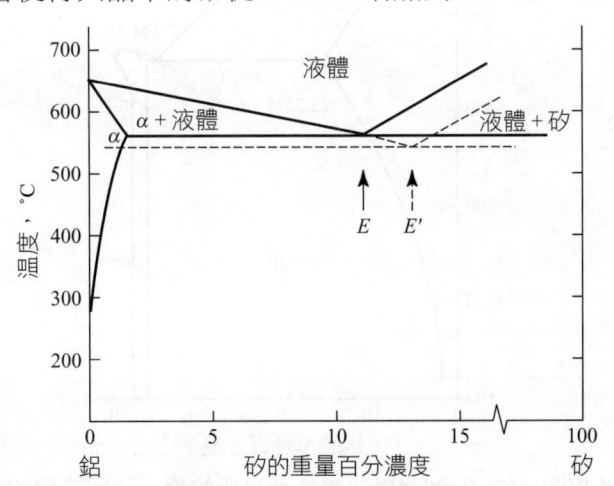

圖 5.2 鋁─矽系統的相圖，處於在平衡狀態之下（實線）與當冷凍鑄造或是添加鈉改變（虛線），顯示出共晶溫度與組成位移從 E 到 E'，這是因為矽相的優先過冷所造成的結果。

仔細觀察這張圖可以得到一些有用的定性結論。因為鋁的固溶體造成了 85 到 90% 的共晶，這個相在微細構造上應該是而且也必定是連續的，所以共晶結構可以顯示出一些延展性。然而，既然矽本身就是脆性並且堅硬的，過共晶合金包含了相當大量的矽主晶體，所以預期可用性來說並不如共晶或是過共晶合金來的有用。

5.2　金屬間化合物 Intermetallic Compounds

在先前的共晶相圖中，有兩個末端固溶體會被一個兩相區域所分離。通常居中的相會發生在在相圖中。它們在結晶學上來說是不一樣的結構，其組成可以在某些限制之內變化。有時候居中相只會在一個非常小範圍的組成中存在，在這個情況下，它們就被稱之為金屬間化合物──這主要有兩個原因，首先是因為它們有相當高的熔點（或是分解點，那就是包晶），並且擁有不同化學種類的其它特徵，第二個原因是因為利用原子分率來表示它們的組成成份時通常會是簡單的比例。這些化合物可以是共晶中的某個組成成份。舉例來說，在鋁－鎂系統（圖 5.3）中的鋁末端顯示出 450℃ 時在固溶體中包含 15.35% 鎂的鋁與 α 相之間會產生共晶，其組成接近 Al_3Mg_2 的化學計量比例。這個金屬間的相是相當堅硬且具有脆性的。藉由使用槓桿法則，讀者可以發現到共晶包含了這麼多的 α 相，因此可以預期它的共晶結構應該是脆性的──而事實上也是如此。因此，有用的合金所包含鎂的數量必須要比在固溶體中所能溶解的最大數量還要少，換言之，要少於 15.35% 的鎂。

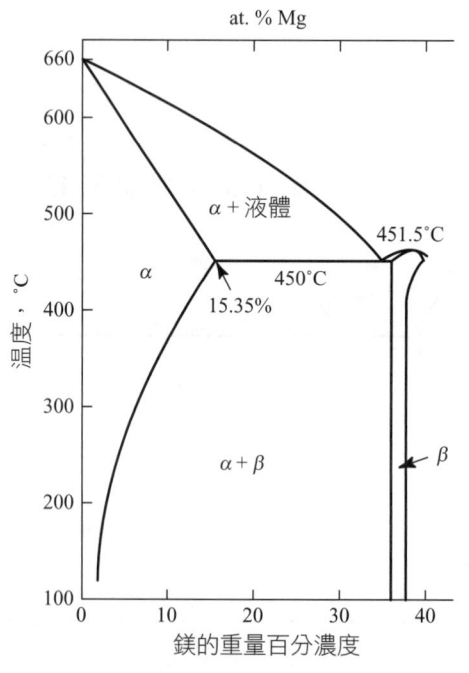

圖 5.3　鋁－鎂合金系統的相圖，從 0 到 40% 重量百分比的鎂，在固溶體的 α 與金屬間化合物 β 之間產生一個共晶。

5.3 多元共晶 Multicomponent Eutectics

對於一個三種成份合金系統的溫度—相關係無法在一個二維的相圖上做表示,這是因為有三個獨立的變數存在(兩個組成與一個溫度),所以需要建構三維的相圖。三元相圖通常都會利用每一種元素沿著等邊三角形的邊上存在數量的繪製來完成,因此在三角形上的每一個點都會對應到某一個特定的組成成分,而溫度則是沿著垂直軸。圖 5.4 中表示出了一個三元合金的系統,其它合金元素為 A,B 還有 C,在這邊二元系統 A-B,A-C 還有 B-C 都是簡單的共晶。二元的液相線在三維中會形成三個液相面並且相交在三個低凹處,它們會在三角形面積中的某處相遇。因此添加了第三個元素會減少每一個二元共晶的凝凍點,並且可能會改變組成金屬的相對比例。三元的共晶是發生在一個最小的溫度,在這裡會存在一個包含了所有三種成分的液態相。

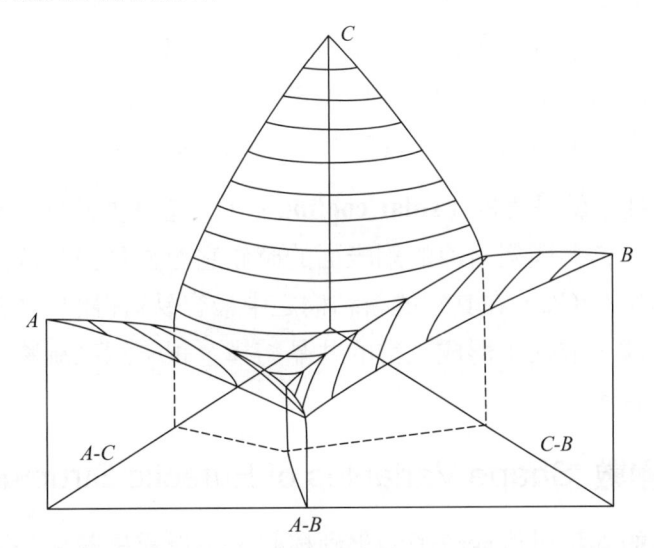

圖 5.4 三維相圖的同重圖,顯示出金屬 A,B 還有 C 之間的三元共晶。溫度在垂直的方向被繪製;組成成份就是等邊三角形的底部。液相表面的等溫彎曲輪廓線會在二元共晶的地方相遇然後收縮到一個低點,也就是三元共晶的地方。二元共晶低凹處的投影在底部以虛線的方式表示。

對於包括了四種或是更多種合金的相圖就無法以一張單獨的相圖來表示,因為這種情況下需要的空間超過了三個維度。多組成相圖的剖面圖是可以被建構的,不過它們的使用就比較麻煩了。在實際上,多半會使用準二元相相圖來描述複雜的合金系統,像是顯示出某個成分組成改變,其它的成份則保持常數的相圖。在本書中後面的章節將會出現一些這樣的相圖。

然而完整的相圖對於一些較簡單的三元相圖來說是具有較佳的效果的,針對四個或是超過四個組成合金系統的完整相圖就比較少了。

5.4 多相材料的微細構造
Microstructure of Multiphase Materials

冷卻速率的變數 Cooling-Rate Variables

共晶中的第二相假使在冷卻速率相當快速的狀況下將會以較小的方式形成，因此所對應的晶體數目也會變的更多。相當慢速的冷卻不只會有跟預期相反的效應發生，在亞共晶合金中它還會造成共晶分離。在這個例子中，當 α 與 β 必須要在已經存在的原生 α 晶體上共晶形成時，共晶的 α 將只會在原生 β 上形成。結構上的結果就是可以觀察到相當粗糙的 β 晶體會在 α 原生樹模石與非典型的 α−β 共晶構造之間形成。

最顯著的共晶分離例子曾經在北密西根州被觀察到，在這個例子中，銀被天然地鍍上銅皮，在大量的銅中包含了 8% 的銀，其中也發現到一個銀晶體中包含 8% 的銅。銀與銅形成了共晶，這些組成的固溶體從 72% 銀 + 28% 銅的液態開始冷凍。silver-bearing copper 是在大量的初始熔解岩漿中經過一段地質學上的時間之後才凝固，這個時間可能超過百年。

相對極端的冷卻速率就是**急冷（splat cooling）**了。這種方法使用震波來將液態金屬或是合金的小液滴逐出，當薄膜對著冷的銅表面的時候它會產生撞擊或是以高速濺潑出去。冷卻速率從 106 到 109 °C/s。在其它的新結構之中最容易獲得的（見附錄 3）就是高度過飽和固溶體。舉例來說，取代了形成正常的共晶結構，銀−銅系統將會在整個系統中顯示出高度過飽和的固溶體。

共晶結構的外型變數 Shape Variables of Eutectic Structures

第二相在共晶中的外型可以從粒子變化到棒狀，小板或是薄片等等。結晶學上的因素在這邊是有很強大的影響性的；假使第二相是一種脆性的非立方材料，舉例來說，銻或是像 Mg_2Sn 這種化合物，eutectiferous 的第二相將會顯示出一些結晶良好的礦石（顯微照片 5.5），然而假使是立方晶體相，就很少有可能顯露出明顯地結晶體面與角度。

如同圖 5.5 中所顯示的，兩種相的相對比例也是一個重要的因素。在體積比例中佔支配地位的相將會總是傾向於連續的狀態，另一個共晶相就會產生分離的粒子。假使兩個相大致上是以相同的比例存在的話，那麼將會在不連續的相中發現到薄片狀的結構。

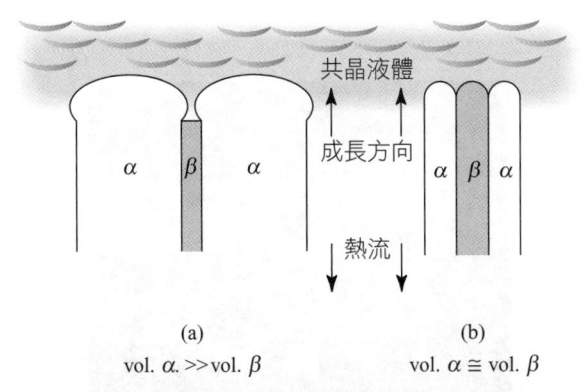

圖 5.5 共晶反應的圖解剖面圖，固體 α 和 β 會從共晶液體中長成。**(a)** 大量的 α 造成了它的成長並且切斷了 β 晶體的長，這導致了短粒子或是小板狀 β 的生成 **(b)** 接近相同量的 α 和 β 可以造成薄片結構或是棒狀結構的生長。

最後，對於方向性凝固共晶的商用方法發展是可以允許產生共晶結構的，特別是那些柱狀形態的第二相，其中這些柱狀結構全都是朝同一個方向。

共晶微細構造 Eutectic Microstructures

顯微照片 5.1 到 5.5 顯露出了從鉛—錫合金中凝固所產生的典型結構。顯微照片 5.6 是一個三元過共晶合金。鋁—矽共晶形態合金的內容則可以在顯微照片 5.7 到 5.10 中看到。

顯微片中 5.11 和 5.12 中顯露出了一個例子，這可以說明為何共晶微細構造可以藉由控制凝固來改變，這是一個鋁—銅系統的故共晶。在這個系統中的共晶發生在 33.2% 的銅，並且是在終極固溶體組成鋁 + 5.6% 銅與金屬間化合物，含有鋁 + 52.5% 銅 $CuAl_2$ 之間發生的。這個兩相的體積比例大致相等的時候，這個共晶正常來說會包含了薄片的殖民地，並且方向是隨機分布的。假使共晶結構是方向性的凝固的話，換言之，一個溫度梯度被施加到共晶組成液體上，因此冷凍會從某一個小鑄錠日益增加地發生並且延續到下一個鑄錠上，在小的殖民地上有規則的共晶區域是可以很清楚見到的。這個殖民地的結構可以在顯微照片 5.11 中看到。假使溫度梯度和凝固的速率被調整到了適當的數值（正常來說慢速的凝固速率是在 1.3 and 5.0 cm/h 之間），共晶結構可以變得幾乎是完全地準直，如同顯微照片 5.12 中可以看到的，這也會伴隨著方向性性質的發展。

在顯微照片 5.11 和 5.12 中所看到的結構在本質上是屬於薄片的結構，不過在先前所提及的柱狀結構一般來說就性質而言是更具有吸引力的。在顯微照片 5.13 中可以看到一個這種柱狀結構的例子。這個共晶結構在純鉍的基底中包含了 MnBi 的金屬間柱狀結構，並且有強大的非等向性磁性，這是因為 MnBi 柱狀結構的機械與結晶學準直性所導致的結果。

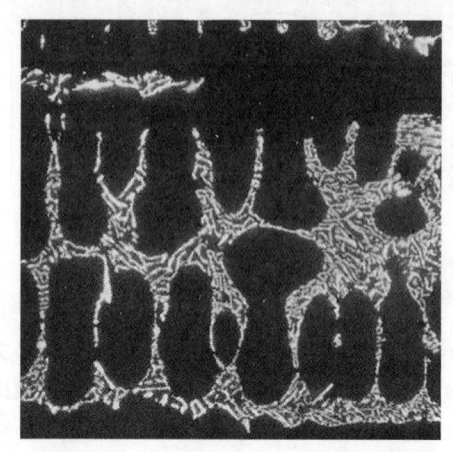

顯微照片 **5.1** 鉛 **+ 6%** 銻；放大倍率 **50** 倍。這是一個典型的亞共晶結構，包含了原生 α 樹模石（黑色部分），加上了共晶的樹枝狀結構填充物。白色的粒子是 β 的晶體，這個是連同在黑色的 α 上面，β 就埋置在 α 中，也包含了兩相的結構。在原生的 α 與共晶 α 之間有相當顯著的不同，不過這兩者都會形成連續狀態的塑性結構。

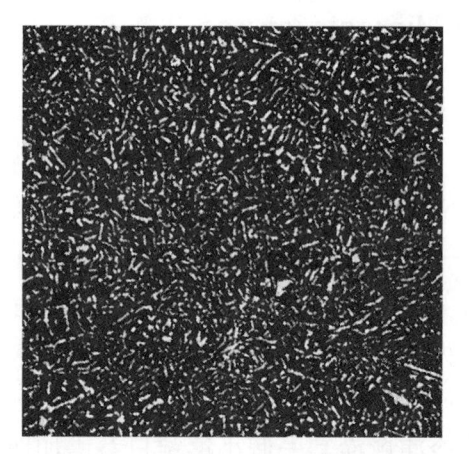

顯微照片 **5.2** 鉛 **+ 11.1%** 銻；放大倍率 **50** 倍。在這個濃度之下，結構完全是 **eutectiferous** 的，白色的脆性 α 晶體會被驅散到塑性的 α 連續基底中。不同方向的 β 粒子殖民地指出了共晶反應不同的開始點。

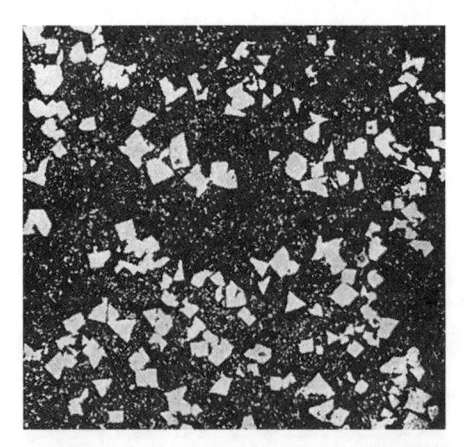

顯微照片 **5.3** 鉛 **+ 20%** 銻；放大倍率 **50** 倍。過共晶結構在共晶基底中顯示出了原生的 β 晶體。原生的 β 晶體是具有角度的外型而不是像原生 α 一樣像是柱狀的外表，根據推測這可能是因為較低的表面張力所致。注意到在原生與 **eutectiferous** 的銻之間，明顯地區分是外表上的，而不是結構或是組成上的。在這個結構與顯微照片 **5.1** 中 **eutectiferous** β 粒子的尺寸差異是相當明顯地。這是因為凝固速率的不同所導致的；**20%** 的銻合金是冷凍鑄造的，但是 **6%** 的銻合金卻是在熔化坩鍋中慢慢的凝固所形成。假使 **20%** 的合金是以相同的方式慢慢的冷卻，那麼將會發現到顯露出明顯的重力分離狀況；較低的一半是完整地 **eutectiferous** 結構，含有 **11.1%** 的銻，然而上面的部分將會擠滿了較輕的原生 β 晶體，可能會包含了 **50** 到 **60%** 的銻，也就是一個重力分離的例子。

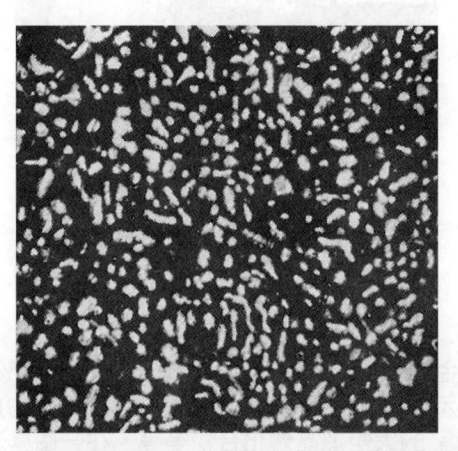

顯微照片 **5.4** 鉛 **+ 20%** 銻；放大倍率 **500** 倍。這個微細構造其實是和顯微照片 **5.3** 中的合金相同的，看起來好像不一樣是因為在這邊只顯露出了共晶部分的結構。在這邊最有意義的就是和顯微照片 **5.1** 中在外型還有 **eutectiferous** α 粒子尺寸的對比。快速的凝固不只會造成共晶粒子變的更小，同時也會妨礙它們變成板狀的外型。在這邊它們的外型大部分都是柱狀的居多。

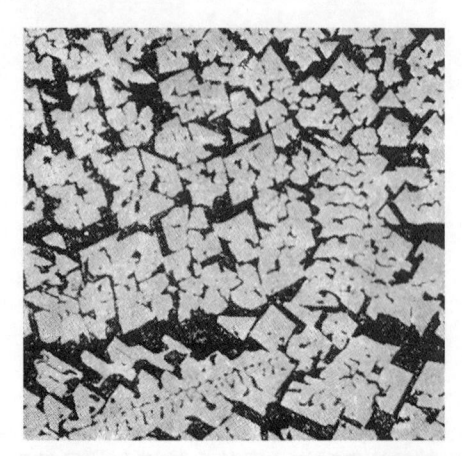

顯微照片 **5.5** 鉛 **+50%** 銻；放大倍率 **50** 倍。這個過共晶合金在共晶基底中包含了許多的原生 α 晶體。注意到原生的晶體雖然典型來說都具有尖銳的角邊，在這邊卻顯示出了一個不同的樹枝狀外型或安排。

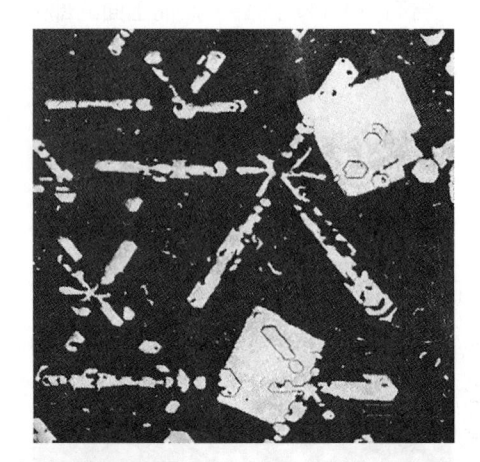

顯微照片 **5.6** 堅硬的巴壁德合金，含有 **84%** 的錫，**7%** 的銅還有 **9%** 的銻；放大倍率 **50** 倍。這個過共晶三元（三種成分）合金顯示出原生的 錫化銅 (一種金屬間化合物)叢集晶體，形狀為一個星形樹枝狀結構的樣子，還有原生 銻化錫 的大矩形晶體化合物等等，在一個具延展性的三元共晶中就包含了這些化合物和一個錫富集的固溶體。錫化銅 的化合物有比 銻化錫 更高的凝凍點，這是因為它似乎存在於較後面的相中，換言之，在凝固時，銻化錫 會在一些已經存在的 錫化銅 上形成。

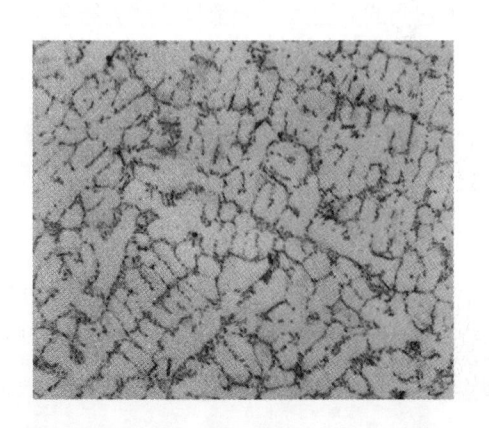

顯微照片 **5.7** 鋁 **+ 6%** 矽，冷凍鑄造；放大倍率 **100** 倍；**0.5%** 的 **HF** 蝕刻。冷凍鑄造會造成小的原生鋁樹模石和非常細密的矽粒子在共晶結構中生成。

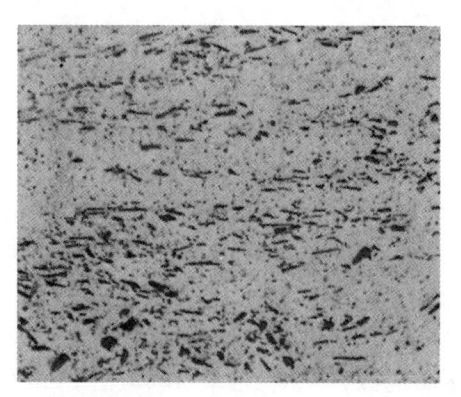

顯微照片 **5.8** 鋁 **+ 6%** 矽，在大約 **500**°C 進行熱鍛造；放大倍率 **100** 倍；**0.5% HF** 蝕刻。鍛造會打斷共晶的結構並且在流動的方向上將矽晶體排成一線。高溫加工的溫度也會引入 **eutectiferous** 晶體的成長。從鍛造溫度開始進行慢速的冷卻會造成矽從固溶體中析出，也因為這樣造成較髒的背景。

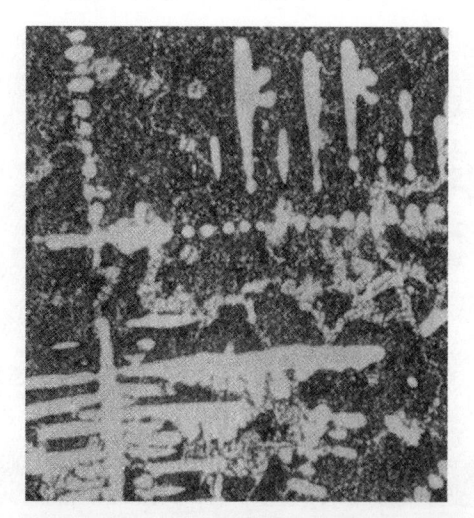

顯微照片 **5.9** 鋁 **+ 13%** 矽 **+** 大約 **0.8%** 銅和鐵來做為雜質；放大倍率 **75** 倍；**0.5% HF** 蝕刻。這是一個亞共晶結構，顯示出一些 α 鋁的原生樹模石位於精細的共晶結構中。因為平衡共晶組成是在 **11.6%** 的矽，所以這個合金正常來說會是過共晶的，不過在鑄造前 **15** 分鐘添加了 **0.25%** 的鈉會同時抑制原生矽晶體的形成與共晶反應。液體會冷卻到達到過共晶液相線的亞穩態延長部分的溫度，然後形成新的原生 α 鋁樹模石，在這之後就開始共晶反應。過冷共晶液體會在大約 **564**°C 形成相當精細的驅散兩相結構而不是在平衡的溫度，**578**°C 下形成。

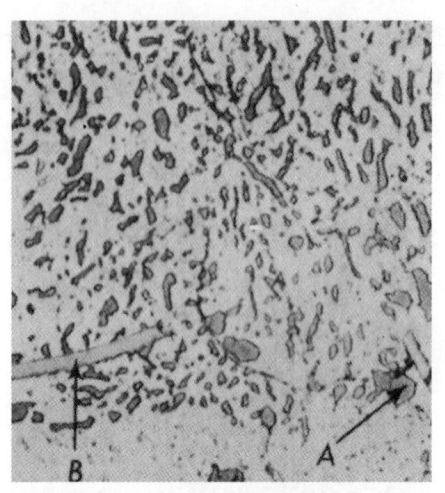

顯微照片 **5.10** 相同的合金（**13%** 的矽），放大倍率 **1000** 倍；**0.5% HF** 蝕刻。暗灰色的粒子像是標示為 **A** 的部分是 **eutectiferous** 矽晶體；淺灰色的針狀結構標示為 **B** 的是鋁-鐵-矽的化合物，這是起源於鐵的雜質。注意到 α 鋁相是連續的，這可以從 α 鋁和矽在共晶中接近的相對比例來預測。

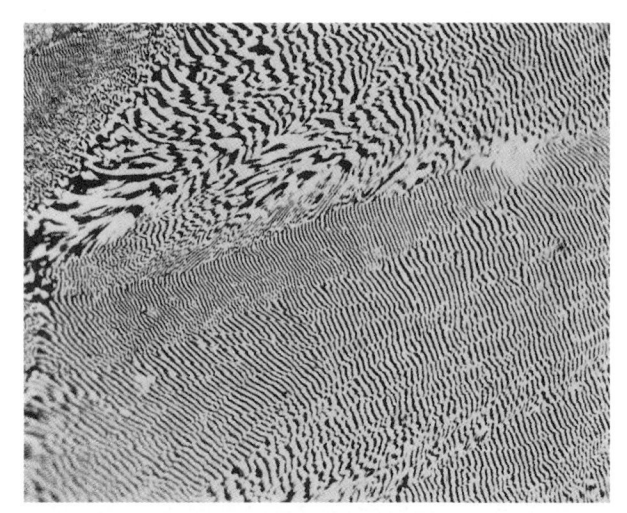

顯微照片 **5.11** 鋁 **+ 33.2%** 銅，放大倍率 **250** 倍，利用 **20%** 的 HNO_3 和 **80%** 的 H_2O 進行蝕刻。白色的相是 α 鋁而暗色的小板是 $CuAl_2$ 的化合物。正常來說這個共晶結構會顯露出隨機分布的薄片殖民地像是在最頂端的第三張照片所顯示的。然而，這是一個方向性凝固柱體的橫向剖面，所以殖民地的區域表現出來會更有規律。

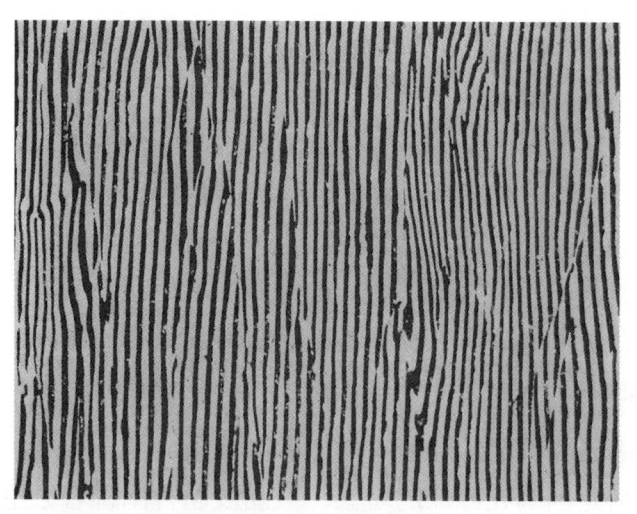

顯微照片 5.12　鋁 + 33.2% 銅，放大倍率 500 倍。利用 20% 的 HNO$_3$ 和 80% 的 H$_2$O 進行蝕刻。準直的微細構造和一些組成成份都與顯微照片 5.11 相同。在成長速率上較小的局部變化會產生具有缺陷的結構而無法產生完美的準直性薄片結構。在這邊剖面是平行於成長的方向的。

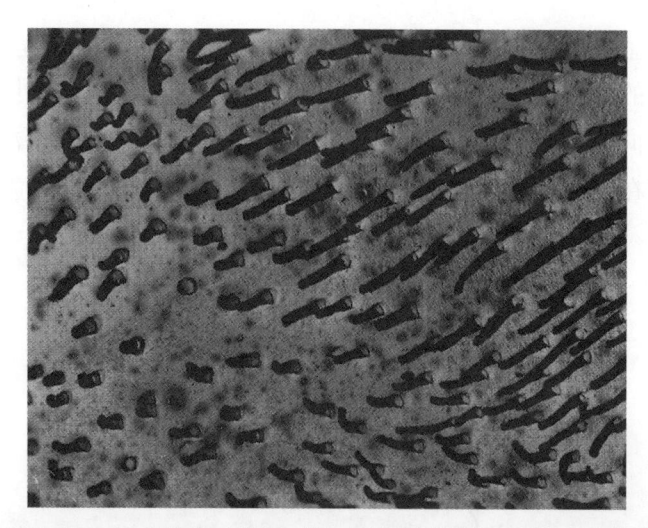

顯微照片 5.13　鉍 + 0.6% 錳，放大倍率 5000 倍。電解液蝕刻是利用飽和的鉀和 2% 的 HCl 溶液，0.2 A/mm^2 進行 20 秒。從方向性凝固的 Bi－BiMn 化合物共晶的塑性複製品中所得到的電子顯微照相。這張顯微照片顯露出過度蝕刻的構造，在其中 Bi 的基底被優先的攻擊侵蝕，這允許 BiMn 的棒狀物突顯出來。注意到幾乎完美的棒狀物準直性橫切過拋光的平面。

5.5　多相材料的廣義性質
Generalized Properties of Multiphase Materials

對於一系列的合金而言，通過共晶水平線的性質在本質上將會是兩個存在的固體相的函數。在鉛一銻合金系統中與在大多數的重要商用 eutectiferous 合金來說，有一個相會是相對比較弱並且具有塑性的，另一個則會比較堅硬並且具有脆性。當銻成份從 3% 增加到

97% 的時候，α 晶體的數量比率也會線性的增加，不過強度並不會以相同的方式來增加，這是因為驅散作用或是 α 固溶體的晶體尺寸端視它們是否為原生或是 eutectiferous 而定。強度上的增加在 3 到 11% 銻的時候將會快速的增加，在 11 到 97% 銻的時候增加的速度將會變慢。在圖 5.6 中所顯露出來的硬度行為就和線性行為比較接近。在亞共晶範圍內，β 銻的良好 eutectiferous 晶體在數量上將會增加；在較後面的範圍中，小粒子的數量（或是共晶的數量）將會減少，這會對應到較大的銻原生晶粒在尺寸與數量上的增加，結果會造成任何機械性質對合金濃度穿過共晶系列的圖上共晶點處的轉折；事實上它不只是一個轉折，同時也是一個最大值，特別是強度（圖 5.7）。

微細構造上的詳細研究顯露出在所有的亞共晶與過共晶合金中，共晶結構如同所預期的，的確是連續的，這是因為在冷凍的時候，共晶液體會圍繞著原生的樹模石。假使在共晶結構中塑性相是連續的，就像在鉛 + 11.1% 銻的合金中，那麼整個合金系列都一定會具有塑性。假使，從另一方面來說，脆性相是連續的話，如同在鋁－鎂合金中一樣，那麼整個合金系列將會是脆性的。

所有的鋁－矽合金都會有一些延展性，這是因為 α 鋁在共晶中是屬於連續相。更改過後的合金會具有優異的延展性這是與 eutectiferous 矽晶體的尺寸與外型都有相關的。在正常的合金中，它們傾向於會有尖角的小板，這個小板的尖銳邊緣就會在結構中被當作內部刻痕，然而這個效應在更改合金（顯微照片 5.10）中具有圓形的矽粒子時，就幾乎不存在了。

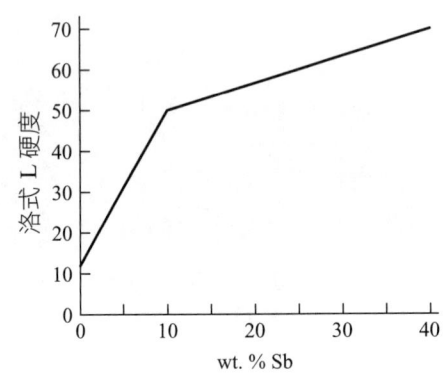

圖 5.6　鑄造鉛－銻合金的洛氏 L 硬度。在曲線上明顯的轉折點表示出了銻的共晶濃度。

鋁－銅系統的共晶組成較接近脆性相 (CuAl$_2$) 而不是塑性的 β 鋁相，因此 α 鋁 +共晶結構在本質上就是屬於脆性的。在鑄造時相當快速的冷卻所造成的效應和相關的亞穩態固相線位置將會造成鑄造合金中一些共晶的發生和少量的 2% Cu 存在。圖 5.7 中顯示出，當鋁中所含有的銅數量一增加的時候，在強度上會有適當的增加。在延展性上會有明顯的減少（如同測試伸長量值所顯示的一樣）。當共晶結構變成連續的時候，強度幾乎會是處於最大值，但是延展性也因此幾乎是零。

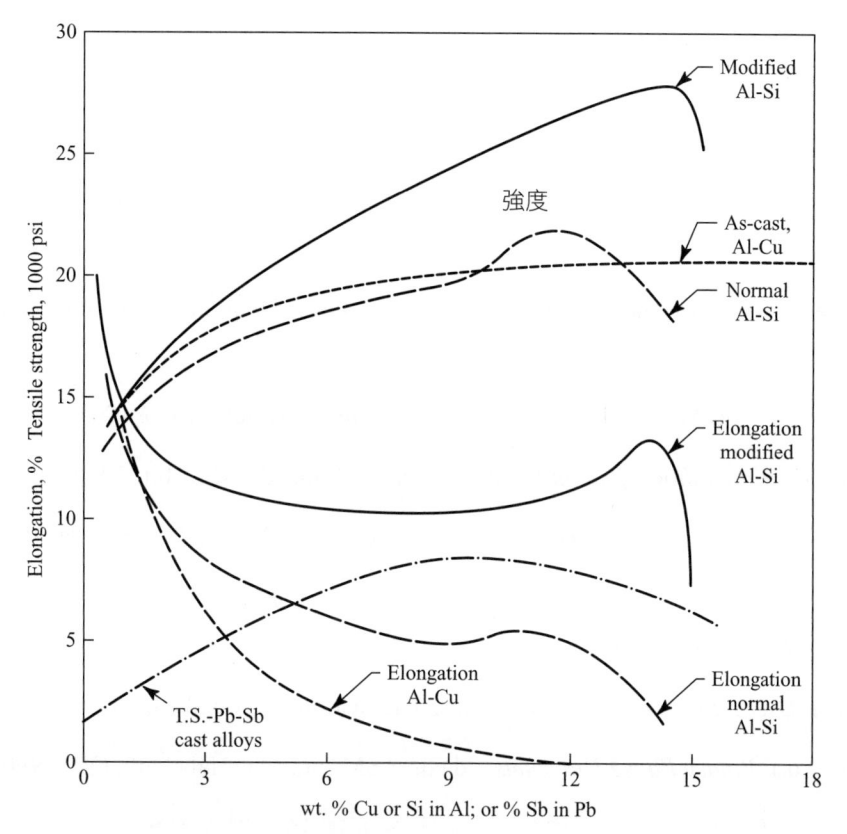

圖 5.7 經過鋁－銅，鋁－矽還有鉛－銻系統亞共晶剖面的強度性質。這張圖也可以顯示出改變之後對於鋁-矽合金強度與伸長量的效應（見顯微照片 5.9）。

問題

1. 畫出鉛與 1，6，11，20 還有 50% 銻合金的冷卻曲線圖。有意義的溫度應該要和相圖互相有關連。假設已經達到平衡的狀態。

2. 計算出問題一中各種合金結構組成的百分比，換言之，原生 β 或是 α 還有共晶的百分比。分別以體積和重量為基準來做這一個計算。

3. 在鉛 +20% 銻合金微細構造的討論中，已經被指出了冷凍鑄造是需要來避免重力分離效應。為何這個說法對於 20% 銻的合金來說是可行的，但是對於 6% 銻來說卻是不可行的呢？

4. 許多焊接的接點是藉由漿狀態下的焊錫來掃除，這可以藉由帶著手套來進行操作。為何鉛 +62% 銻的合金會是特別的適合或是不適用於這種處理呢？

5. 假使鉛－銻合金的微細構造只顯示出良好 eutectiferous 銻晶體在樹枝狀結構驅散下的軌跡，什麼是這一種合金最有可能的組成呢？假使新的 eutectiferous α 粒子是更粗糙的，那麼組成成分會有任何的不同嗎？為什麼？

6. 解釋在鉛 +6% 銻合金中核心的存在與類型。

參考文獻

Wark, K., and D. Richards: *Thermodynamics,* 6th ed., McGraw-Hill, New York, 1999.

Gaskell, D. R.: *Introduction to the Thermodynamics of Materials,* 3d ed., Taylor and Francis, Washington, D.C., 1995.

Okamoto, H.: "Reevaluation of Thermodynamic Models for Phase Diagram Evaluation," *J. Phase Equilibria,* vol. 12 (6), 1991.

Chadwick, G. A.: "Eutectic Alloy Solidification," *Prog. Mater. Sci.,* vol. 12 (2), 1963.

ASM Handbook: vol. 9, *Metallography and Microstructures,* 10th ed., ASM Int., Materials Park, OH, 1995.

ASM Handbook, vol. 3, *Alloy Phase Diagrams,* 10th ed., ASM Int., Materials Park, OH, 1992.

Villars, P., and L. D. Calvert: *Pearson's Handbook of Crystallographic Data for Intermediate Phases,* 3d ed., ASM Int., Materials Park, OH, 1991.

Hayes, F. H. (Ed.): *User Aspects of Phase Diagrams,* The Institute of Metals, London, England, 1991.

Massalski, T. B. (Ed.): *Binary Phase Diagrams,* 2d ed., ASM Int., Materials Park, OH, 1990.

第六章

析出硬化
Precipitation Hardening

大約在 1912 年左右,德國發現含有 4.5% Cu 和 0.5% Mg 的鋁合金可以從共晶溫度附近利用淬火的方法來硬化,也就是從單相組織,固溶體區域,然後在室溫或是稍高的溫度進行時效處理,這種很有用的現象就是知名的時效硬化或稱為析出硬化,現在很多合金系統都有這種現象已為大眾所熟知。

6.1 析出硬化的一般機制
General Mechanism of Precipitation Hardening

在材料中製造障礙物使得差排無法自由移動的話即可將金屬或是合金硬化,所謂的障礙物指的是材料結構中無法運動的東西,如果單單考慮差排的話,就是會對差排產生作用力的東西,作用在差排上的力可以是外力所作用的,也可以是結晶構造中受到扭曲的不均勻地方圍繞著差排的應力場,例如,溶劑原子中有一顆與她們大小不同的溶質原子,這樣會使得晶體結構產生局部的扭曲,對於漸漸接近的差排即會產生一個作用力,且因為受到扭曲變形的晶體結構區差排會彼此環繞,因此差排也會互相作用。

進行加工硬化,材料產生變形過程中會產生阻止差排運動的障礙物,這些所謂的障礙物事實上是被晶粒邊界固定的其他差排,或是差排切過發生滑動的平面所造成一排的局部變形團。至於其他硬化機構,是由溶質原子單個或是聚集成為一小集團或稱為點缺陷造成障礙物,前者可以合金的方式造成,也可能再經熱處理後造成,後者則是在低溫下把金屬進行輻射後造成,像是中子輻射,利用具足夠能量的光粒子照射,來破壞晶格內之原子排列。其他的討論將侷限在特定合金化所造成的硬化效應。

金屬因為合金化的結果所引入的障礙物之效果基於以下兩項因素

1. 所形成的障礙物之強度,亦即,障礙物承受差排經過時能支撐的能力。

2. 障礙物間的距離。

　　第一項的重要性已經相當明顯，因為假如差排可以在障礙物上產生滑移現象，則他們可以強迫通過障礙物繼續他們的運動，至於第二相障礙物距離的重要性，可由下例說明。假想障礙物很小，並且隨意散佈，就像是溶質原子隨意散佈在固溶體中一樣，因此，對每一個障礙物而言，差排線前的距離，即會有另一個相當或是一樣的距離在它的後面，這兩個障礙物作用在差排線上的力量，幾乎相互抵銷，所以讓差排通過這樣一整排障礙物所需的應力，比毫無障礙物存在所需的應力事實上不會大上多少，這種情況可畫圖說明在圖 6.1。圖 6.2 表示出固溶體中含有相同的溶質原子但是溶質原子聚集在一起形成較大的障礙物（較大的第二相組織）的情形，這種情況下，差排會彎曲環繞著障礙物，最後留下一個小小的差排環繞著障礙物，然後繼續前進，同樣的移動差排所需的力量也不大。因此存在某個最適當的障礙物間隙距離可得最佳的硬化效果，示於圖 6.3，此圖同時也表示障礙物粒子的尺寸對金屬降服強度的影響。

　　融入金屬中的溶質原子已經知道的話，粒子間的距離即由粒子尺寸決定，溶質也許會集中在一起形成少數較大的粒子，或是形成許多較小的粒子。固溶體中，溶質原子個自隨意散佈在溶質晶體中，他們的硬化效果相對較小，就一定的溶質原子濃度而言，為了要得到最佳的硬化效果，控制溶質原子在合金中的分佈情形是必要的，很多的合金系可經由熱處理來完成，控制它的析出反應。

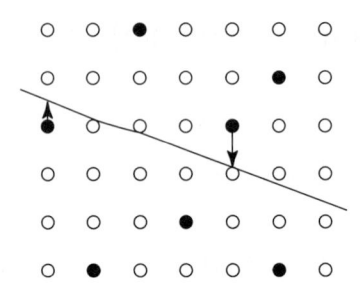

圖 6.1　移動通過結構的差排線包含了非常小且隨機分散的障礙物，舉例來說，固溶體中不同尺寸大小的原子是其中一種。對於大部分的差排來說，作用在其身上的外力都已經被這些障礙物所平衡掉了。

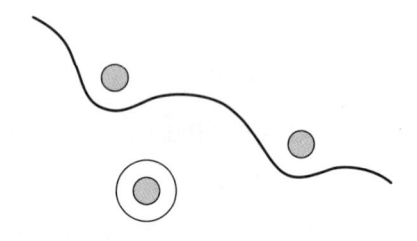

圖 6.2　差排經過距離較遠的大型障礙物。在每一個障礙物處都造成彎曲行為之後，在障礙物的背面留下了差排迴圈線。在這張圖中的尺寸與圖 6.1 是相當不一樣的，這是微觀的尺度而不是原子尺度。

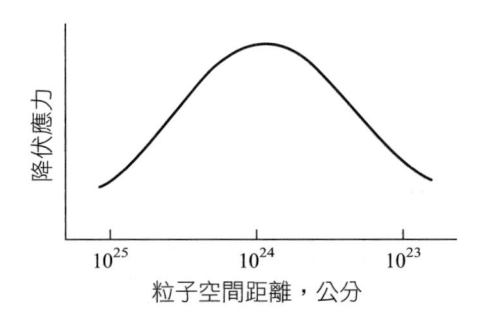

圖 6.3 在像是圖 6.2 的結構中，粒子硬化效應與粒子間距離的關係圖，假設保持合金分佈組成是一個常數。

6.2　固溶體之析出硬化 Precipitation from Solid Solution

假設一合金在單相區（圖 6.4 中點 1 位置）內處於平衡狀態，然後冷卻到合金平衡圖中的雙相區（點 2 的位置），合金開始因為溶質過飽和的關係，開始從溶液中析出，所析出來的析出相和比容通常它會與固溶體的母相不一樣，於均質固溶體內生成析出相將會使得基地（matrix）內產生一些局部的扭曲變形，因而在析出粒子周圍會製造出一些彈性應變能，且此彈性應變能對於決定析出粒子的型態扮演決定性的角色。

飽和固溶體中析出第二相組織所產生的自由能變化量，是由三種變化量所合成的。

1. 每單位體積析出自由能之減少量。
2. 析出物與母相介面表面自由能之增加量。
3. 析出粒子周圍局部的彈性應變自由能增加量。

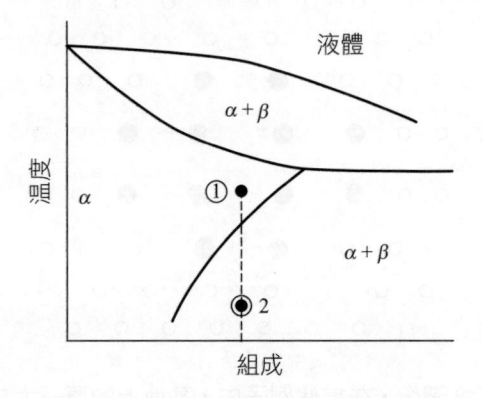

圖 6.4　合金系統在從固溶體中析出之後，可能會發生的部分相圖。

前兩項因素與液體凝固成核時所造成的自由能變化量之情形是相同的。事實上，固態析出正如同凝固過程中的成核和成長一樣，然而，所不同的是，會有額外的彈性應變能出現，也就是此項因素決定析出粒子的型態，他們可能與基地 (matrix) 形成共格結構 (coherent) 或是非共格結構 (incoherent)。

所謂的共格析出是指溶劑結構中局部地區集中出現第二相組織所需的溶質原子濃度，析出粒子與周圍基地交界處並無真正的介面存在，取而代之的是濃度或多或少有劇烈的差異，而且通常晶體結構不同，因為溶質原子通常它的尺寸與溶劑原子不同，所以在析出粒子（圖 6.5）四周結構常有大量的彈性變形，共格析出時彈性應變能在總自由能中所佔的比率比較大，但是因為粒子與基地間沒有真正的介面存在，所以表面能變成零。

至於非共格結構則是真正的第二項粒子，它有自己的晶體結構，且與周圍的基地有一個真明顯的介面分開（圖 6.6），環繞著析出粒子介面的彈性應變能與共格結構比較起來則相對較低。

通常，析出粒子成長過程中之初期階段傾向於形成共格結構，反之，後期則是傾向於出現非共格結構，這是因為小粒子的面積對體積比值較大，所以表面能這項較重要，所以系統會比較傾向於朝減少自由能的形式進行，也就是共格析出粒子，當粒子漸漸成長時，應變能快速的增加，最後當共格結構瓦解點出現時，應變能開始減少，介面生成，總自由能增加是因為介面形成所增加的自由能大於應變能所減少的自由能，無論析出粒子為共格結構或是非共格結構，對材料機械性質影響較大的是是否有析出物存在比較重要，共格析出物特別對阻止差排運動很有力，因為環繞在粒子介面周圍的較大彈性應變會與差排的應力場產生強烈的反應。

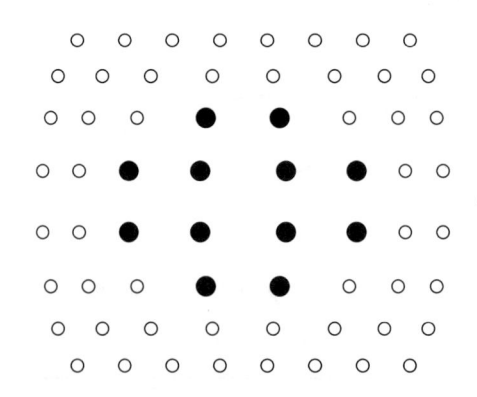

圖 6.5 共格析出形成粒子的二維圖像，在這個例子中，基地上的原子大於其它原子。在這邊並沒有真實的界面可以將基地的粒子分開，至少在這邊所顯示的平面上找不到這樣的真實界面。

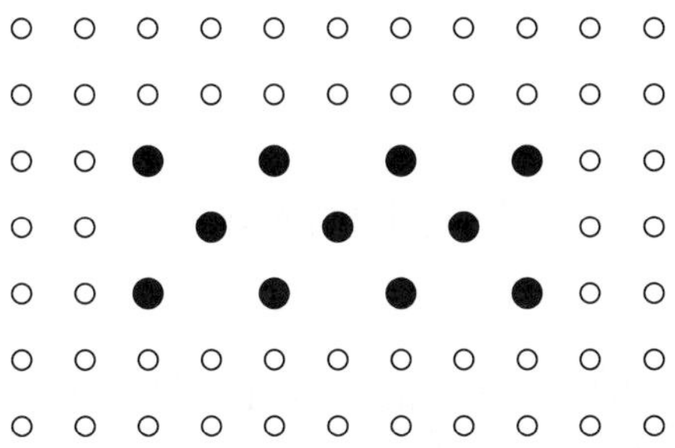

```
○ ○ ○ ○ ○ ○ ○ ○ ○ ○ ○
○ ○ ○ ○ ○ ○ ○ ○ ○ ○ ○
○ ○ ● ○ ● ○ ● ○ ● ○ ○
○ ○ ● ● ● ● ● ● ● ○ ○
○ ○ ○ ● ● ● ● ● ○ ○ ○
○ ○ ● ● ● ● ● ● ● ○ ○
○ ○ ● ○ ● ○ ● ○ ● ○ ○
○ ○ ○ ○ ○ ○ ○ ○ ○ ○ ○
○ ○ ○ ○ ○ ○ ○ ○ ○ ○ ○
```

圖 6.6 非共格析出形成粒子的二維圖像,這個例子中擁有完全不一樣的晶體結構,而且在這邊所顯示圖形的 X,Y 方向上有一個真實的界面將粒子從基地中分隔出來。

6.3 析出硬化的過程 Stages of Precipitation Hardening

進行時效硬化首先必須滿足相圖條件(示於圖 6.4),就是,在高溫區形成固溶體時第二種成份或稱為溶質原子的溶解度比在室溫時的溶解度稍大,以 4% Cu 的合金為例,冷卻下來結果可以從單相變成雙相結構,反過來也可以,只要改變溫度即可,當一個新的相在先前單相結構生成時,因為主導的變數像是成核與成長都是溫度的函數,所以可以用技術性的方法在滿大的範圍內來控制性質,從軟質和塑性,變成硬質且具塑性,或是變成硬質但具脆性,所有中間的狀態也都可以造成。

退火 (Annealing) 我們也許會將合金作成軟質的情況以方便後續的製造,這種情形是將材料加熱在固相線以下,例如,在 410°C,並且保持一段長時間讓粗大的析出物形成,接著合金慢慢冷卻讓析出物更進一步的成長,以減少基地 α 相的銅元素含量,這樣因為一些 θ 相粗大析出物的出現,而不是許多微細相出現,將會急速的降低固溶硬化和減少第二相硬化的效果。

溶解處理 (Solution Treatment) 就是將合金加熱到單相區足夠的時間然後等第二相粒子溶解,然後銅原子即會在固溶體中隨意的分佈,鑄造態的合金,因為含有的是粗大的 θ 相粒子所以需要較長的時間溶解,反之,鍛造和滾軋的合金因為它的 θ 相已經斷裂成好多個小塊,所以需要的時間較短,溫度上必須保持在共晶溫度以下以避免局部共晶溶解的可能性。

淬火 (Quenching) 合金必須急速的冷卻下來以避免冷卻過程中 θ 相生成,將高熱的金屬浸入攪動中的冷水或是冷鹽水中,是大多數為急速冷卻所作的,但卻會導致零件產生變形和較高的殘留應力,進入熱水中冷卻速度變慢,因為淬火的金屬零件很快的被蒸氣套給包圍住,因為這種在蒸氣中緩慢的冷卻,會有一些析出物生成,這種現象首先會出現在晶粒邊界上,因為這裡通常會有一些新的介面已經存在,而且新的表面能生成量較少,晶粒邊界上的析出物會分離擴大銅元素的邊界面積，進而損害材料的強度和抗蝕性，40°C 水中混合乙二醇可得到中等的冷卻速率，結果會比較理想。

時效處理（Aging）　淬火硬化合金是因為從過飽和固溶體中形成析出相 θ，雖然最後的析出相是 θ，但是過程中事實上在平衡相之前會出現幾種過渡相。

在 4.5% Cu 的固溶體中，銅原子隨意的散佈在基地中，但不是均勻的分佈，意思是說，若有一塊含一百萬個原子的試片，則可能該試片中會含有 4.5 wt.% 的 Cu 原子，但若是有一塊只含 1000 個原子的試片，則銅的含量可能會從 1% 到 20 wt.% Cu 不等的原子，析出物的順序如下，首先會出現所謂的 GP [1] 區，亦即，在立方平面基地上出現局部銅原子濃度很高的地方，當作進一步的時效處理時，這些含高濃度的銅原子的地方開始向側向成長，形成銅在立方或是 (100) 平面基地上的的有序結構，這些後來出現的析出物稱為 GP [2] 區。

最後形成具有四角形的結構的 θ 相，它基底的邊長與立方體面上之對角線長 α 長度差在 1% 以內，所以當 θ 相的基底面旋轉與立方體平面 α 平行的時候，這兩種不同晶格的相即可以對齊，當 GP [2] 相帶成長到一定程度，具有四角形結構但基底面因為共格結構的關係而受到扭曲變形，此時的析出物稱為 θ'，相可以成長成一定大小的平板，例如，橫跨幾百個原子。在對齊之前平面彈性應變變形將導致喪失共格結構，成長的方式是板狀的，僅因為共格結構是二維的，且規定必須在相對齊的平面上才會存在，在第三維的方向，與對齊方向垂直的方向不存在共格結構。

於最大強度的階段時，用光學顯微鏡並無法辨識 θ' 相（顯微照片 6.1），過時效（顯微照片 6.2），因為可以容易看到析出物，這裡可以看到因為嚴重的淬火應變導致較喜歡沿著滑動面出現，嚴重的過時效示於顯微照片 6.3。不小心造成過時效是可以解決的，不過必須從新作固溶處理。

所謂的鋁合金燃燒，指的是因過熱而出現部份溶解的現象，顯微照片 6.4 顯示這種現象，並且這種曾經燃燒的合金冷卻時出現共晶凝固的現象。因為這種結構本質上具有脆性，無法利用熱處理的方式修復，只有重新熔煉一途。

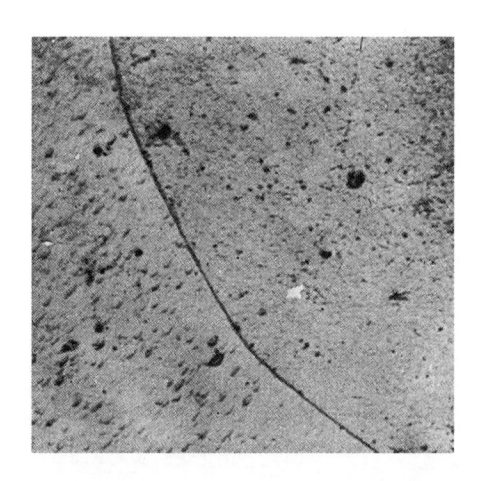

顯微照片 6.1　Al + 5%Cu；純合金材料，含小於 0.05% Fe 與矽 Si 不純物，在 540°C 下淬火，然後在 200 °C 加熱三十分鐘，放大倍率 1000 倍，0.5% HF 作為腐蝕劑，熱處理的結果使得此合金得到最大硬度，(參看表 6.2)，但是並無法發現一些顯而易見的析出物，晶粒邊界受到的腐蝕程度比淬火後組織還深，晶粒中有一些標記物，顯示固溶體中有一些變化，特別的腐蝕可使析出物在類似的組織中產生正面的顯示效果，然而，這張金相顯微照片只是常用的金相處理技術。

顯微照片 6.2　Al + 5%Cu，放大倍率 1000 倍，0.5% HF 腐蝕處理，與顯微照片 6.1 相同的試片，先在 540°C 下經過溶解處理，然後在 250°C 下再加熱一小時，最後在冷水中進行淬火處理，冷水淬火後導致的扭曲現象造成合金基地中出現些微的塑性變形，且在隨後的時效處理造成θ相析出，第一次出現析出物成核現象是在基地晶格中最不穩定的部分，通常是在晶粒邊界上，然而有些情況是與滑動面上之塑性變形出現或是同時出現，須注意的是，析出物在所有的晶粒上並非呈現均勻的情況，在有些變形的情形下，並非所有晶體的塑性變形是均勻的，θ 相析出物非常的細小，在此並不容易觀察得到。

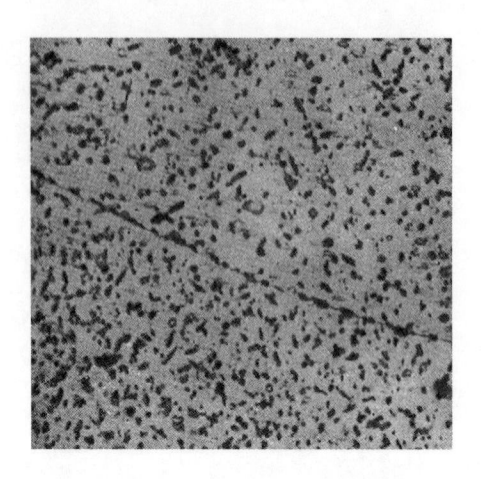

顯微照片 **6.3** Al + 5%Cu，放大倍率 **1000** 倍，**0.5% HF** 腐蝕處理，與顯微照片 **6.1** 相同的試片，先在 **540°C** 下經過溶解處理，然後在 **400°C** 下再加熱一小時，最後在冷水中進行淬火處理，於此高溫下進行時效處理，所得到析出物非常粗大，一方面是因為它的大小，一方面是因為 θ 相溶解，析出物的數目較少，進一步的檢視會發現一些針狀組織，就三度空間而言，這些是當然呈現板狀，這些板狀物顯示自然型態上基地與析出物間的關係，

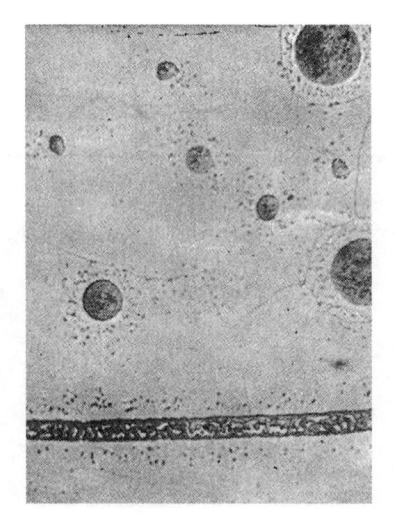

顯微照片 **6.4** 相同的 Al + 5%Cu 合金，放大倍率 **1000** 倍，**0.5% HF** 腐蝕處理，先在 **600°C** 下經過溶解處理，然後在 **400°C** 下再加熱，對此合金而言 **600°C** 遠遠在他的固相線之上，會出現所謂的燒化現象，不只在晶粒邊界上會出現共晶鐵液化，也會在晶粒內出現類似的液化球狀塊，導致在邊界上出現圓環狀的共晶，最後在冷水中進行淬火處理，於此高溫下進行時效處理，所得到析出物非常粗大，一方面是因為它的大小，一方面是因為 θ 相溶解，析出物的數目較少，進一步的檢視會發現一些針狀組織，就三度空間而言，這些是當然呈現板狀，這些板狀物顯示自然型態上基地與析出物間的關係，

時效處理時，材料的硬度和強度都會增加，直到共格析出粒子達到一個最佳的尺寸，然後才會開始降低，通常達到材料之最佳性質時我們會停止時效處理，此時合金已經完全硬化。圖 6.8 示出 Al + 4.5 % Cu 合金保持在時效溫度 130°C 的條件下，硬度隨著時效處理時間變化的情形。該圖同時也顯示出析出粒子的平均直徑。硬度曲線也並非完全是一條平滑曲線，大概需要一天的時間會先出現一初始最大值，Al—Cu 合金析出硬化這樣的行為模式顯示析出硬化的複雜性，也就是說，其中必存在中間性析出物。

圖 6.8 顯示當出現第一個硬度最大值時是伴隨著 GP [1] 區域的形成。當作進一步的時效處理時，銅濃度聚集區視為有序結構命名為 GP [2]，在圖中第二次出現最高硬度的地方，主要是形成析出物 $CuAl_2$，命名為 θ'，最後當合金過時效，在鋁固溶體中形成顯微鏡可看到的非共格結構 θ，隨著繼續時效處理，析出物越來越大也同時數目越來越少，合金硬度也繼續降低。

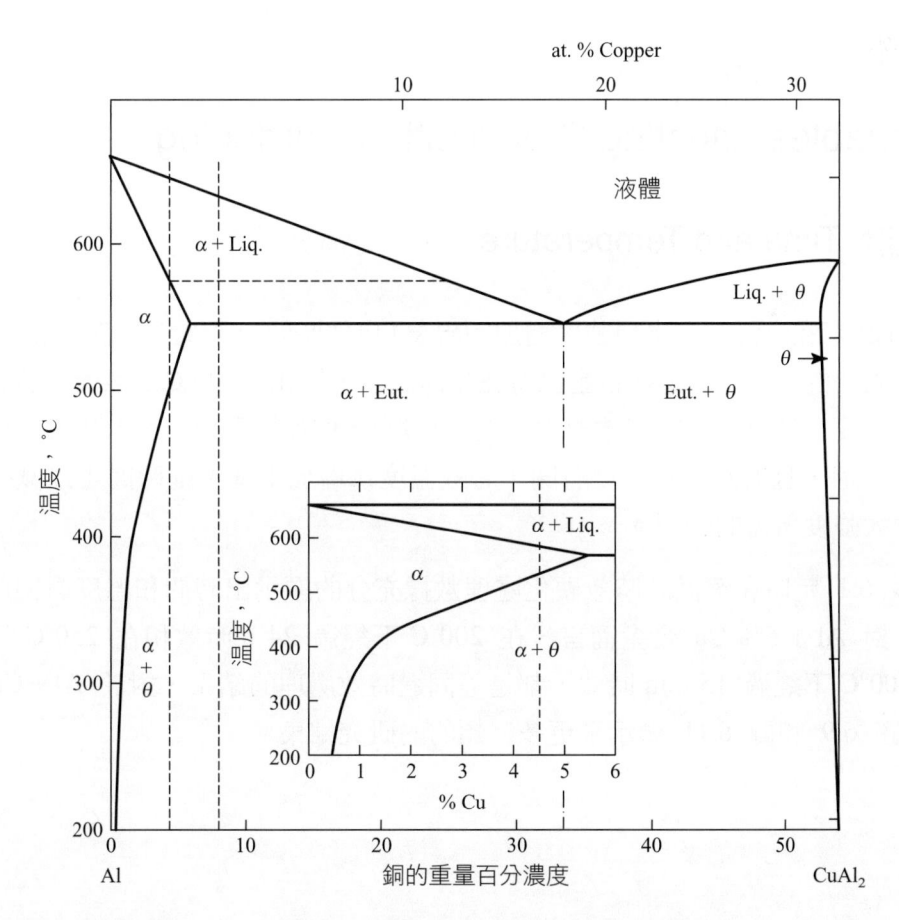

圖 6.7　鋁—銅合金的相圖，包含了重量百分濃度 0% 到 54% 的銅可以表現出 α 與 θ 之間的共晶現象，而且還可以從圖中看到在 α 中當處於共晶以下的時候，銅的溶解度是與溫度的降低成正比的關係。

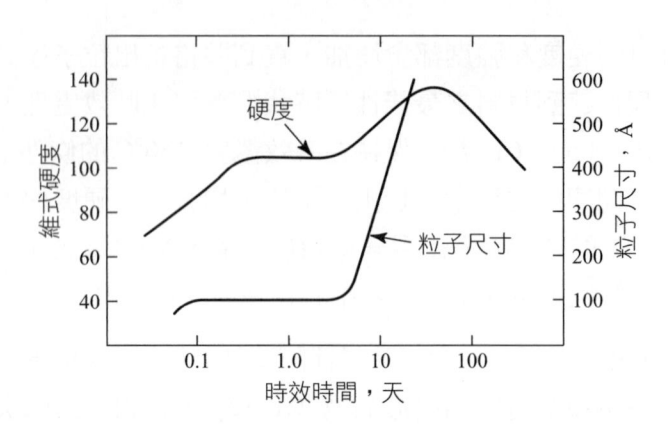

圖 6.8　一個鋁+4.5%銅合金從 500℃之下淬火，然後在 130℃溫度下進行時效處理。這張圖中同時也顯示了析出的粒子藉由 X 光繞射實驗所求得的直徑。

6.4　影響析出硬化之變數
Variables Affecting Precipitation Hardening

時間與溫度　Time and Temperature

　　Al—Cu 合金在室溫時會出現強度增加的現象（自然時效），因此，當必須保存相對較軟、具有塑性淬火後的組織，就是把合金保持在乾冰溫度，例如，−40°C，然而，若要得到最大強度，則必須要在高溫下進行時效硬化（人工時效），例如，75 °C 至 150 °C，第二相析出為一種擴散機構，且與時間和溫度有關，時效溫度每增加十度，則時間可以減少一半，也就是得到最大強度所需的時間。

　　示於表 6.1 定時和恆溫之時效硬化處理數據充分的顯示出時間和溫度對硬度的關係，舉例來說，對 Al + 5% Cu 合金而言，在 200°C 下經過 24 h 時效和在 250°C 下經過 1 h 時效，在 300°C 下經過 15 min 時效，都是等同過時效處理的結果，對於 Al—Cu 和 Cu—Be 合金，圖 6.9 和圖 6.11 顯示了更多這類的的研究結果。

表 6.1　鋁+5%銅合金從 450°C開始進行淬火

溫度，°C	時間	洛氏硬度，F 尺度	溫度，°C	時間	洛氏硬度，F 尺度
25	0	61	200	5 h	87
	2 h	72		24 h	83
	1 day	85	250	1 h	84
	1 week	87	300	¼ h	83
	1 month	88		1 h	73
	1 year	88		5 h	65
150	1 h	80		24 h	43
200	¼ h	78	350	1 h	56
	1 h	90	400	1 h	44

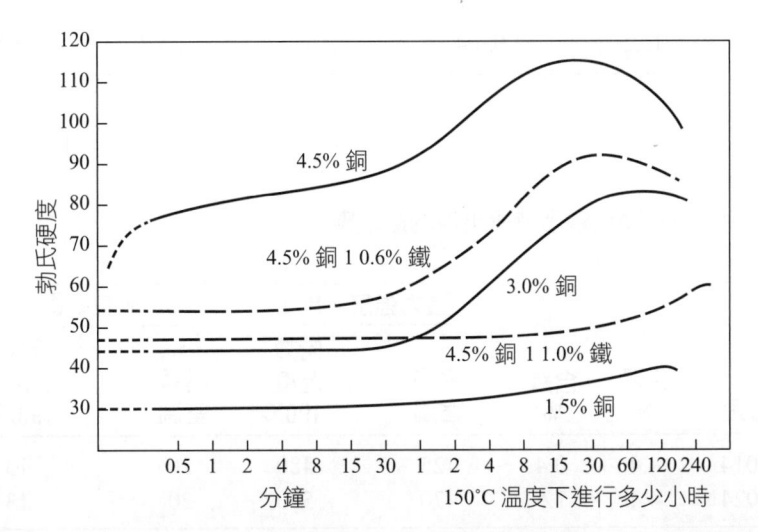

圖 6.9　在鋁+4.5%銅中不純的鐵在溫度處在 150°C時的時效響應影響，緊接著就是容易熱處理與淬火的製程。時效響應指出了 0.6%的鐵可以使得三元的合金進行時效硬化反應，並且讓其時效反應的硬化過程就像二元的 3%銅合金與 1%的鐵一樣，並且減少了 1.5%銅的時效響應。

其他元素和溶質濃度的影響
Concentration of Solute and Presence of O5ther Elements

　　於 Al—Cu 合金中較高的銅元素濃度，最大的溶解率可達 5.6%將會增加析出物 θ' 的尺寸，因此很自然的會增加材料的最大硬度，比較圖 6.9 中不同銅元素濃度的合金 1.5、3.0、4.5% Cu 即可得到證實。實際上，最大之銅濃度可至 4.5%，因為超過這個濃度後，含銅元素較高溶解熱處理的溫度區間會變的比較窄。

Al—Cu 合金中的不純物鐵元素，會把銅元素綁住，形成 Al_x—Cu_y—Fe_z 的不溶性化合物，因此在含 4.5% Cu 的合金中添加 1% Fe 會降低時效的效果，它的結果與只含 1.5% Cu 合金一樣（參看圖 6.9），即使所出現的 Al—Cu—Fe 化合物會有多相硬化的效果，不純物 Fe 元素具有很不良的影響（表 6.2）。

表 **6.2** 在從固溶體領域淬火的鋁—銅合金中，含有鐵的雜質所帶來的效應

%的銅	%的鐵	鋁的晶格參數	溶液中有多少的銅，%	化合物中有多少的銅，%	最大的勃氏硬度
4.48	0.01	4.0310	4.48	—	114
4.44	0.18	4.0321	4.08	0.36	109
4.35	0.32	4.0330	3.67	0.68	104
4.47	0.47	4.0335	3.45	1.02	101
4.46	0.61	4.0343	3.08	1.38	92
4.40	0.74	4.0351	2.73	1.67	75
4.43	0.90	4.0358	2.41	2.02	65
4.43	1.05	4.0364	2.16	2.27	60

表 **6.3** 在鋁—銅合金的時效硬化響應時所出現的鎂效應

合金	含銅 %	含鎂 %	張力強度，Mpa		50mm伸長量，%	
			平均室溫	時效溫度 190°C	時效室溫	時效溫度 190°C
2014	4.4	0.4	425	480	20	13
2024	4.4	1.5	470	500	20	13

相反的，在 Al—Cu 時效硬化合金中添加鎂元素則是可以增進它的硬化效果，尤其是在室溫時效方面，如表 6.3 所示。顯微照片 6.5 和 6.6 顯示 2024 合金在 190°C 時效處理後所得的顯微組織型態，從圖 6.6 中可以看到有一些並未溶解掉的 θ [Al（Mg）Cu_2] 相，和一些未溶解的不純物化合物，這些顯微照片來自於滾軋片間中是呈現圓盤蛋糕狀，溶解熱處理時不純物阻礙了 α 相在與滾軋面垂直方向的成長。

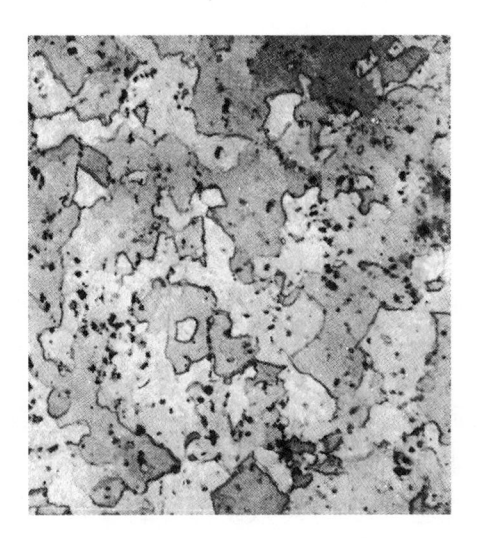

顯微照片 6.5　Al + 4.4% Cu；1.5% Mg, 0.6% Mn，和大約 0.5% Fe 與矽 Si 不純物（合金 2024 T6），為板狀合金在 550°C 淬火室溫下進行時效處理，放大倍率 75 倍，水中加入 HCl、HNO_3 與 HF 作為腐蝕劑，稱為 Keller's 腐蝕，此時所使用的腐蝕條件特別是針對固溶體基地 α_{Al}，以顯示結構中不規則的晶粒型態，試片剖面與滾軋方向平行，不可溶之 Al－Cu－Fe－Mn 介金屬化合物於熱作時會在流動方向再度延伸，僅可觀察到少量的銅或是鎂化合物，因為他們幾乎在熱處理時會完全的溶解，此時，於相當細小之析出物卻都無法看到，形成時效處理過後合金的特性。

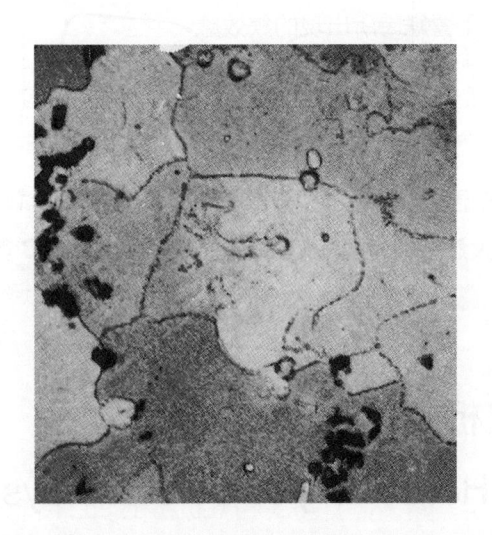

顯微照片 6.6　與顯微照片 6.5 相同，放大倍率較高，殘留的 $CuAl_2$ 白色粒子，以及黑色暗灰的 Al－Mn 與 Fe－Si 化合物清晰可見，除此之外，沿著晶粒邊界一連串小小的黑色粒子現在已經完全溶解掉了，他們有可能是在進行固溶處理時，因為溶解速率慢，在合金冷卻時所衍生出來的，例如在熱水中淬火。熱水淬火可以減少變形和淬火應力，但是晶粒邊界析出（θ 相 $CuAl_2$）現象則導致合金對粒間腐蝕相當敏感，只要在合金表面鍍上一層純 Al，即可避免合金受到腐蝕攻擊（Alclad 2024 T6）。

至於時效時間對 2024 合金機械性質的影響示於圖 6.10，材料的韌性在溫度 180 到 220°C 附近會出現明顯的下降，此時抗拉強度變化很少，主要原因是受到大量且幾乎連續在晶粒邊界上析出 θ 相，鄰接在無析出物的軟質基地上。接著再加熱至 500°C 會明顯的回復到原先一開始的性質，圖 6.10 的數據顯示此析出硬化合金他的抗拉強度並未回到我們原先所預期的，譬如說，在 150°C 進行熱處理時會降低降服強度，但並未影響抗拉強度和他的延展性。因此這樣的時效硬化處理可以獲得較佳的製造性質，比在其他的時效溫度都要好。

冷作（低溫加工） 對於經過時效硬化後的合金接著再進行低溫加工處理可以獲得最大強度，經過溶解淬火且室溫時效處理後，再進行低溫滾軋，或是為了得到最佳效果，則進行高溫時效處理。例如，經過 150°C 時效硬化後的 2024 合金接著再進行低溫加工處理可以使得強度從 480 增加至 525 MPa，但是同時拉伸延展性也從 13%降至 6%。

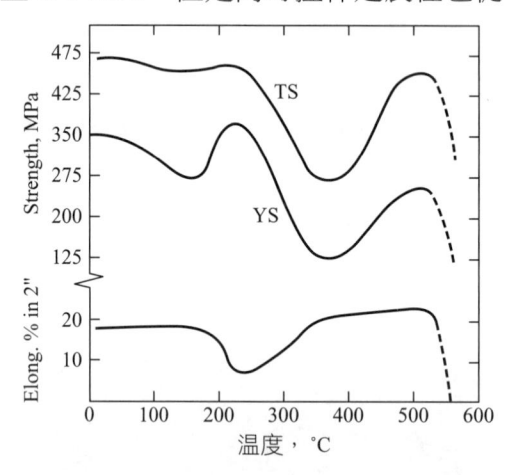

圖 6.10 2024 鋁合金片材隨著溫度變化之抗拉強度、降服強度、拉伸試驗與延展性。它們都被加熱到各個不同的溫度一小時，經過淬火然後在室溫下時效處理。加熱到 **500 °C** 與左端原始數據差別的地方是

6.5 銅─鈹合金之析出硬化
Precipitation Hardening of Cu-Be Alloys

對於「銅硬化消失的藝術」來說，存在著許多常見的例子。人們所不知道的，就是這種藝術如何來使得銅產生硬化，不過另一方面人們也不知道到底硬化達到怎樣的程度。無論如何，近代科技已經發展出可以時效硬化的 Cu─Be 合金，經過熱處理之後。他的硬度和強度可以媲美大多數經過熱處理的鋼材，硬度大約在 C40 左右，雖然大多數為人所熟知的是鈹銅合金，他是銅金屬裡面加入約 2% 的鈹元素和一些微量的鎳與鈷元素。

這種合金的部分相圖示於圖 6.11，顯示典型的時效硬化處理方法，像是從溫度 800°C 至 500°C 鈹元素的溶解率會快速的減少下來，在 605°C 的水平線表示三相共存反應 $\beta \rightleftharpoons \alpha + \beta'$，但這對於時效處理並不重要，他只發生在緩速冷卻的合金身上，這張圖中的 β' 相大約含有各為 50 at.% 的銅和鈹元素，也就是中間性金屬化合物 鈹化銅。

圖 6.11 中在含 1.9 wt.% Be 的垂直虛線表示一種已經商業化的合金，因為這兩種元素的原子百分比相差滿多的，1.9 wt.% Be 相當於 12 at.% Be 所以該合金中每八顆原子中即有一顆鈹原子。

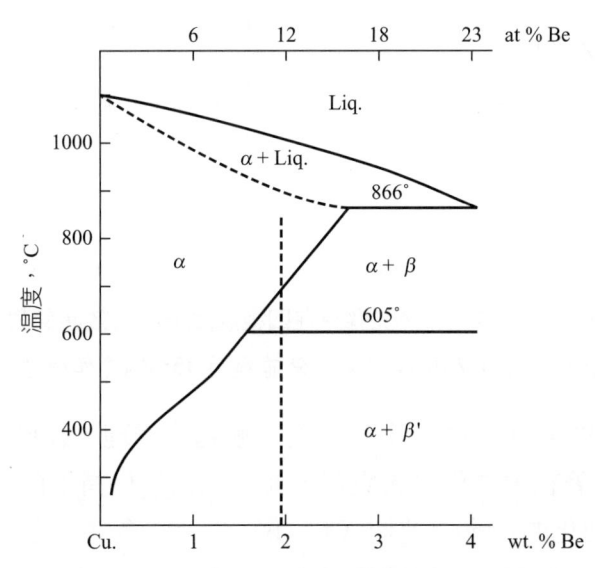

圖 6.11 銅和銅－鈹相圖顯示時效硬化的範圍。於 **1.9 wt. % Be** 含量之垂直虛線所在位置代表高強度商業化 **Be－Cu** 合金。

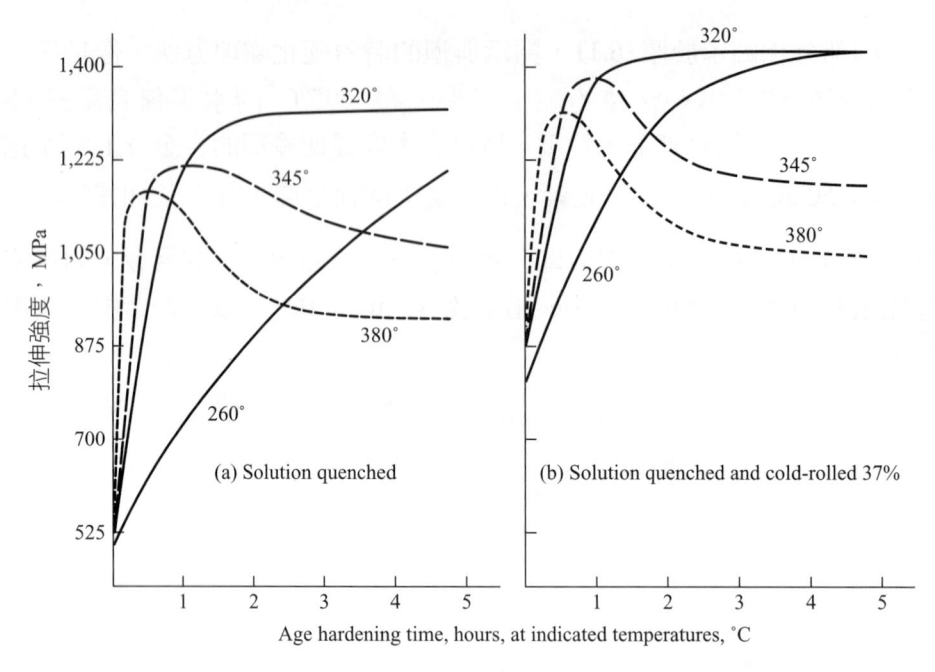

圖 6.12 Cu + 1.9 wt. % Be 合金之時效硬化曲線。在四種溫度下的時效時間對拉伸強度的關係曲線。**(a)** 合金從 **790°C** 淬火下來，**(b)** 合金從 **790°C** 淬火下來並經過 **35%** 的冷作處理。

將該合金加熱至 790°C 在惰性氣氛中進行溶解退火處理，經過足夠的時間後即可將原先形成的 α 相溶解，接著在水中作淬火處理，並在室溫下保持他的過飽和固溶體狀態，相對於 Al—Cu 可時效硬化的合金，這個 Cu—Be 合金將會在室溫下無限期的保持軟質狀態，且是這種合金最軟的狀態。經過溶解退火後，它可以利用差拉會是滾軋的方式進行冷作，當然此時是固溶強化加上加工硬化。

將合金再加熱到 α + α' 相區，可以讓 α' 相在 α 相中析出，使得強度大幅提升。兩種代表性的時效硬化曲線，溶解退火和退火加上冷作處理，如圖 6.12。於時效處理溫度 320°C 經過 3 h 溶解退火，或是只處理 2 小時的退火外加冷作處理後即可獲得最大強度。延展性，以 2 in 的伸長百分比來表示的話，經過溶解退火後是 50%，經過完全退火後則變成 15%，相當於冷作過後的金屬從 5% 降至 2%。至於導電性方面，則相當於減少 α 相中的溶質含量，對退火和時效硬化過後的合金而言相當於導電度從純銅的 15%增加到 24%，對冷作和時效硬化的合金而言導電度則相當於從純銅的 10%上升至 22%。

經過時效硬化的 Cu + 1% Be + 1% Co 合金可以用來作電阻銲電極，雖然它無法得到像圖 6.12 中合金一樣的硬度，但是它可以經由熱處理到相當的硬度值 C30，且同時也有純銅的 50% 的導電度。

習題

1. 描述金屬析出硬化的處理步驟，繪圖或是扼要說明每一步驟在顯微組織發生的變化。

2. 利用典型的合金平衡圖之一部份來說明析出過程。

3. 描繪含 19 wt.% Be 的 Cu—Be 合金當它從 α 相 800°C 冷卻至室溫時的典型顯微組織為何？

4. Ni—Be 合金中，在共晶點 1157°C 時 Ni—Be 化合物 α_{Ni} 中含有 27 wt% 的 Be，鈹在鎳中的溶解渡會從共晶溫度 1157°C 的 2.7% 逐漸降至 400°C 時的 0.2%，指出合金的組成和如何進行時效應化處理。

5. 比較與對照 Al—Cu 合金退火和時效硬化時的機構，利用機械性質和和顯微組織來支持您的解釋。

6. 描述析出共格 (coherency) 對非鐵合金之抗拉性質的影響。

7. 時效過程中，從原子的觀點解釋 GP 帶的形成和他們是如何發展成為析出物的。

參考文獻

Porter, D. A., and K. E. Easterling: *Phase Transformations in Metals and Alloys,* Van Nostrand Reinhold, Berkshire, England, 1983.

Reed-Hill, R. E., and R. Abbaschian: *Physical Metallurgy Principles,* 3d ed., PWS Publishing, Boston, MA, 1994.

Brooks, C. R.: *Heat Treatment, Structure and Properties of Nonferrous Alloys,* ASM Int., Materials Park, OH, 1990.

Martin, J. W.: *Precipitation Hardening,* Pergamon, New York, 1968.

Embury, J. D., and R. B. Nicholson: "The Nucleation of Precipitates: The System Al-Zn-Mg," *Acta Metallurgica,* vol. 13, pp. 403–417, 1965.

Hatch, J. E. (Ed.): *Aluminum Properties and Physical Metallurgy,* ASM Int., Materials Park, OH, 1984.

第七章

麻田散鐵變態
Martensitic Transformation

在這個部分所討論的冶金現象,均是起源於成核生長機制。包括了純金屬的固化,固體融化以及共熔物;也包括冷加工金屬的再結晶和時效硬化時的二次相析出。在這些例子中,為了產生反應,必須有一些原子的擴散作用,因此時間和溫度也要被考慮在內。每當自由能的改變為負值時,反應就會在等溫的狀況下發生。

最後將討論主要的強化機制:麻田散鐵變態。這牽涉了結晶結構的改變,結構改變並非來自擴散,而是由於原子的剪裂運動。這樣的反應通常發生在溫度下降的時候。麻田散鐵的反應被發現在許多合金系統中,不過其中最主要也最重要的系統就是 Fe-C 的合金或是鋼。不過在開始分析麻田散鐵反應前,必須解釋一下共析反應,這是一種鋼的替代性多相強化反應。

7.1 Fe−Fe$_3$C 相圖 The Fe−Fe$_3$C Phase Diagram

圖 7.1 的相圖中利用碳含量的比例大小來將鋼分類為幾個種類,包括含碳量 0% 到 1.4% 的商用鋼,含碳量 2% 到 4% 的鑄鐵,在鑄鐵中碳的精確含量為多少就已經不重要了。區分鋼和鑄鐵的基本差異可以在相圖中發現,並且可就兩方面來說明;首先從實用的觀點來說,鋼有如此高的熔點(超過 1440°C),因此必須有特殊且昂貴的設備才能來熔解鋼,然而鑄鐵在 1350°C 或是更低一些的溫度就會熔化,使用較不昂貴的設備就可以立即達到熔解的目的。

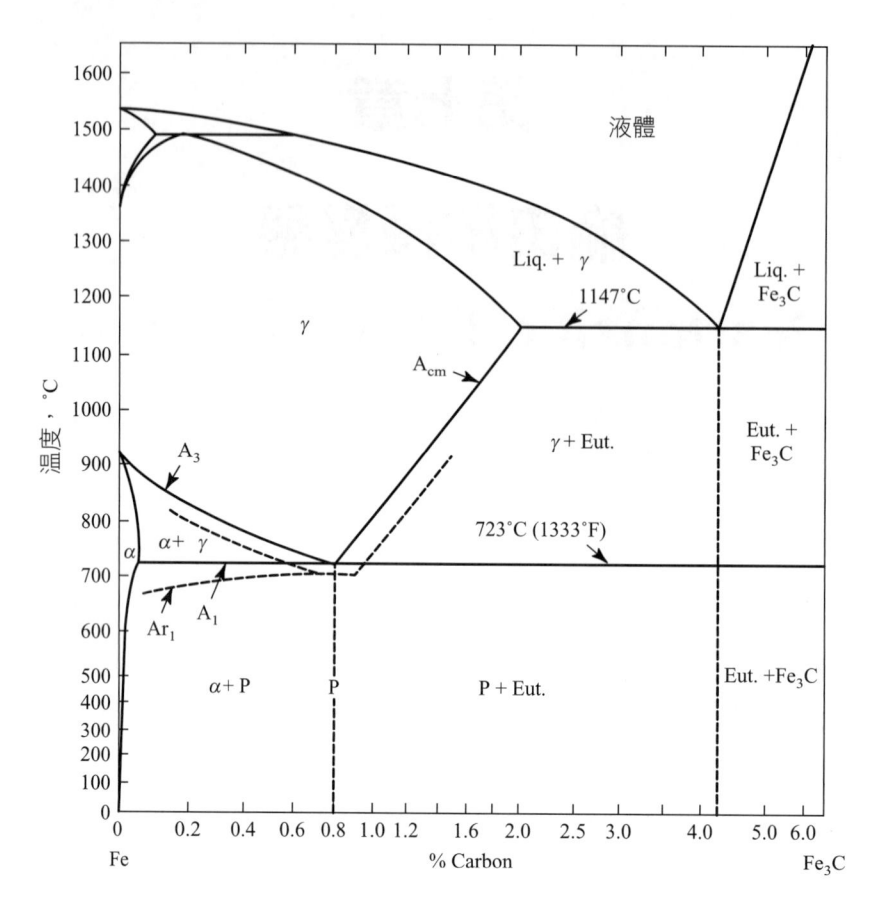

圖 7.1　Fe-Fe₃C（亞穩態）合金系統的相圖。其中 γ 是 **FCC** 鐵，α 是 **BCC** 鐵，**P** 則是指波來鐵，這是一種兩相的 α + **Fe3C** 的結構。

　　但是既然隨著碳含量的增加，熔點（或是液相溫度）持續的由 1525°C 降低到 1147°C，這意味著，雖然實用有其重要性，但是在鋼與鑄鐵之間並無明確的區別限制，第二個區分這兩種材料的方法是看其結構與性質，碳含量約在 2.06% 的鐵可以被加熱到某個溫度，此時鐵只有表現出一種相，也就是面心立方的 γ 相；當合金中含有比 2.06% 更高的碳在加熱後，通常會存在 γ 相和 Fe₃C 共晶組織的情形。根據重量（更多用體積）來估算，共晶中有 50% 的脆性 Fe₃C，合金如果含有超過 2.0% 的碳，則會在各種溫度都存有共晶現象，而且會有稍微的脆性。碳含量少於 2.06% 合金的共晶是肇因於過冷，可以在 γ 相中被溶解，變成面心立方，擁有可塑性。鋼可以被熱軋處理但是白鑄鐵不行的區別，並不是一定的；然而，慶幸的是這個區分可以藉由相圖來分辨。舉例來說，含碳量大約 2.25% 的鑄鐵（白色）在約 1000°C 時只含有 20% 的共晶相，其餘 80% 是 γ 相，假使在熱軋前的初始高溫熔煉能夠有效的破壞共晶中的碳化物（藉由聚結作用），而且初始的破壞可以適度的傳遞開來，這樣的話，白鑄鐵也是可以進行熱軋處理。含碳量在 1.5 到 2.0% 的合金是碳和白鑄鐵的中間產物。

相圖中表示了三條水平線，每一條都代表在常溫下發生的三相反應，這些反應可以被表示為：

在 1492°C：

$$\delta(0.08\% \text{ C}) + \text{liquid}(0.55\% \text{ C}) \rightleftharpoons \gamma(0.18\% \text{ C}) \tag{1}$$

在 1147°C：

$$\text{Liquid}(4.2\% \text{ C}) \rightleftharpoons (2.06\% \text{ C}) + \text{Fe}_3\text{C}(6.7\% \text{ C}) \tag{2}$$

在 723°C：

$$\gamma(0.08\% \text{ C}) \rightleftharpoons \alpha(0.025\% \text{ C}) + \text{Fe}_3\text{C}(6.7\% \text{ C}) \tag{3}$$

固化的過程經由包晶範圍（碳含量 0.1 到 0.5%），固溶體範圍（碳含量 0.5 到 2.06%碳）或是亞共晶範圍（碳含量 2.062 到 4.2%）繼續進行到當固化在任何合金系統中均表現出可比較性的特徵。舉例來說，含碳量 1.2% 的鐵合金由液相開始冷卻到 723°C 會表現的像是鋁加上 4% 銅的合金；鐵合金以 γ 固溶體的形式固化，當進行固化時冷卻經過 Acm 這條線，Fe_3C 的溶解度降低造成了碳化物由 γ 固溶體中析出，這變成相當的碳涸竭。碳化物的析出主要發生在 γ 晶界，雖然假設有大量的 Fe_3C 必須被分離，但還是可以在晶粒中形成威德曼板。當 γ 相在 723°C 到達碳含量 0.8%（在平衡狀況之下），則反應 (3) 就會發生。儘管反應 (3) 也無法由鋁－銅圖中找到，但假如以 γ 相範圍代表液體合金的話，這一個相圖的意義是完全相同的。因為反應 (3) 和共晶 (2) 的基本相似性，反應 (3) 被稱做所熟知的共析。鑑於共晶代表了兩個新的固相的物理擴散，從液體來看（反應 (2)）是 γ 和 Fe_3C，從 γ 固體來看（反應 (3)）是 α 和 Fe_3C。在這兩個例子中，二相的擴散結構和其他相比較起來有一個特殊的現象就是二相擴散結構可能會以其他的方式形成。

亞共析 (hypoeutectoid) 這個名稱和**亞共晶 (hypoeutectic)** 是一樣重要的。在冷卻碳含量 0.4% 的碳鋼經過類似於共晶時的液相線，這裡稱為 A_3 線，α 的結晶開始在 γ 晶界形成，並且會持續產生直到 723°C，這代表了

$$\frac{0.80 - 0.40}{0.775} = 52\%$$

的結構（在平衡狀況之下）經過這一作用，進行了共析反應，而剩餘的 γ 相現在擁有 0.80% 的碳含量。

過共析合金的行為也是相似的方式，不同的是在 γ 晶界所分離出的相是 Fe_3C。

各種相的微細構造都可以在已經鑲嵌並且拋光為金屬化隔物的試件上看到。鋼的拋光是相當簡單的，只有一項重要的認證。表面流動通常被認為可讓層狀波來鐵發生畸變，假

使這一個變化夠好的話，如同在標準的鋼中一樣，流動將會完全的遮蔽層狀特徵。藉由在拋光時減輕壓力，將會使表面流動降低，但是表面流動並不會因此消失掉。然而，太過減輕壓力將會增加所需要的拋光時間，這樣會大大的增加了金屬表面凹陷的發生。這樣的問題可以藉由第一次拋光後進行蝕刻來解決，然後在最新的疊痕上再進行拋光，接著再蝕刻。這樣可以將發生畸變的表面層移除掉。可能需要兩次的再拋光才可以將結構清楚的展現出來。比較常見的蝕刻試劑是苦酸浸蝕液，這通常是在酒精中加入4%的苦酸溶液；另一種則是硝酸浸蝕液，成分是酒精中加入2-10%濃縮的硝酸。苦酸浸蝕液在顯現碳化物有比較好的效果，而且是最好利用來了解到碳化物結構的。硝酸浸蝕液也可以顯現波來結構，雖然不是很好用，不過因為苦酸浸蝕液會染污手指或是雙手，所以硝酸浸蝕液更常被拿來使用。更高量的濃縮硝酸浸蝕液則被使用在低碳鋼或是淬火組織。

7.2 鐵與碳的合金 Alloys of Iron and Carbon

鐵碳合金系統中，α相和γ相都是插入型固熔體，α相變為體心立方而γ相變為面心立方。在面心立方的γ鐵的間隙洞位於立方體邊緣的中點（包括立方體中心的等值點），在體心立方的α鐵的間隙洞位於立方體邊緣和面中心的中點。在這兩種例子中，鐵原子間所打開的間隙大小遠小於未溶解的碳原子，在每個碳原子附近的結構都會看到相當多的局部畸變。在γ鐵中的間隙洞要比α鐵中的大上很多，這或許可以用來解釋為何在面心立方鐵結構中的碳溶解度要比體心立方中的大上許多。（圖7.2）

一個重要的間隙溶質特性是相當高的速度，由於高速，間隙溶質可以移動來經過主要結構。這可以藉由比較D_0和活性化能 (Q) 來表示

$$D = D_0 e^{-Q/RT}$$

這個表示式用在鐵的擴散和在α鐵中的碳（表7.1）。在表7.1中也表示了對於溫度600℃經由D_0和Q的值所計算出來的D值，平均穿透深度x'是由於在600℃下經過一天的擴散才能得到。碳原子的移動率比起鐵的自我擴散率來講是相當高的，也可以在表中看的很清楚。其他間隙溶質在α鐵，硼，氮還有氧中的移動率也表現的相當的高。

在α鐵中未溶解的碳原子造成其附近的結構畸變使得一個高靈敏度可用來觀察間隙溶質原子移動率的實驗方法變的可行。

圖7.2表示了兩種體心立方結構的填隙位置，一個稱之為A，最接近A的鄰近原子位於垂直的位置，一個稱之為B，最接近B的鄰近原子位於水平的位置。既然碳原子因為太大而不能順利的填入體心立方結構的間隙洞，間隙洞週遭的原子必然會被往外移開，在A位置就會是垂直的移動，在B位置則為水平的移動。假設現在有個張應力在垂直的方向被施

加到金屬上，這個張應力將會幫助在 A 位置鄰近的原子在碳原子佔領了此填隙位置時往外移動，但是也會同時妨礙在 B 位置原子的向外運動，碳原子會因此而選擇佔領 A 位置。當施加這一個張應力時，會有部分在 B 位置的原子遷移到 A 位置來，這樣的行為在垂直方向造成一個附加的應變，並且會超出彈性應變，這就是為人所熟知的擬彈性應變，擬彈性應變所帶來的速度是在溶液中碳原子移動率估計的考量。對於擬彈性效應的實驗研究可以提供在 α 鐵中溶解的碳原子行為的定量資訊。

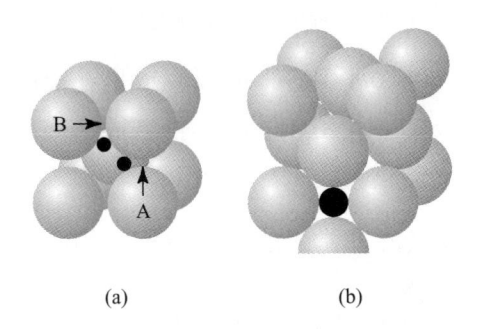

圖 7.2　**(a)** 體心立方晶格間隙 **(b)** 面心立方晶格間隙可以進入體心立方晶格結構的最大直徑異質球體（黑）以黑色原子來表示，在一個面上的四個可能位置中有兩個在這邊所顯現出來，如同被填補一般。面心立方晶格結構有比較少的間隙，一個面上只有一個，不過如同黑色球體所顯現的，間隙洞明顯的要大得多了。**(a)** 體心立方晶格間隙：間隙洞位於 $\frac{1}{2}$，**0**，$\frac{1}{4}$；$\frac{1}{4}$，**0**，$\frac{1}{2}$ 等等，α 鐵的原子半徑是 **1.23** 埃索，立方體的邊緣是 **2.86** 埃索，間隙洞的半徑是 **0.36** 埃。**(b)** 面心立方晶格間隙：間隙洞位於 $\frac{1}{2}$，**0**，**0**；**0**，**0**，$\frac{1}{2}$ 等等，γ 鐵的原子半徑是 **1.26** 埃索，立方體的邊緣是 **3.56** 埃，間隙洞的半徑是 **0.52** 埃。在垂直方向張應力的應用造成了體心立方晶格結構中在 **0**，**0**，$\frac{1}{2}$ 的 A 位置對溶解的碳原子來說是個很有利的位置。

表 7.1　**Data for diffusion in α iron**

Solute	D_O	Q, Kcal/mol	D at 600°C	x' (1 day at 600°C), cm
Fe	5.8	59.7	6×10^{-16}	7×10^{-6}
C	2×10^{-2}	19.8	2×10^{-7}	0.1

專門用語　Terminology

Fe-Fe$_3$C 是第一個被研究的金屬系統，這個事實有利於鋼在所有合金中成為佔優勢的商業產品，導致了對於各種相或是結構專有名稱的運用，除此之外還有基本的希臘字母命名，最常見的有以下所列幾項：

沃斯田鐵 (Austenite) = γ相，屬於面心立方結構，在 1147°C 時最多可以溶解 2.06% 的碳

肥粒鐵 (Ferrite) = α 相體心立方鐵，在 723°C 時最多可以溶解 0.025% 的碳

雪明碳鐵 (Cementite) = Fe_3C = 碳化鐵或是碳化物

共晶 (Eutectic) = 在 1147°C 時液態的 γ + Fe3C 或是液態的成份參與反應，也就是 4.3%碳含量的共晶合金，或是由於冷卻時反應所產生的結構，如同所熟知的粗滴班鐵

共析 (Eutectoid) = γ = α + Fe3C 的反應或是在反應中的合金有沃斯田鐵成份，含碳量在 0.8% 的共析鋼或是由於冷卻時反應所產生的層狀結構波來鐵

波來鐵 (Pearlite) = 由於在非常慢的冷卻過程下的共析反應所產生的特殊兩相層狀結構

A_{cm} = 表示沃斯田鐵（冷卻過程中）析出碳化物時所造成溫度抑制的線

A_3 = 表示沃斯田鐵冷卻時形成肥粒鐵時所造成溫度抑制的線

A_2 = 表示在大約 768°C 時肥粒鐵磁性變化的線，並非是相的變化而且沒有表示在圖 7.1 的相圖中

A_1 = 代表共析反應的水平線

在熱處理的領域中，其他的專門術語有：

正常化處理 = 對沃斯田鐵進行加熱後緊接著藉由空氣來冷卻

退火（完全）= 對亞共析鋼加熱到 Ac_3 線之上或是對過共析合金加熱到 Ac_1 線之上，保持適當時間後進行爐冷

退火（軟化）= 加熱到僅僅低於 A_1 線（不造成任何相變化，不過將會軟化加工硬化的肥粒鐵並且球化層狀的 Fe_3C）一點的溫度

球化 = 延長保持在低於 A_1 的溫度來產生球狀化或是球狀形式的碳化物

硬化 = 對亞共析鋼加熱到 Ac_3 線以上或是對過共析鋼加熱到 Ac_1 線以上之後在進行淬火，也就是說有足夠快的冷卻來防止正常的共析反應發生，因此可以在相當低的溫度以麻散鐵變態來取代沃斯田鐵變態

平衡與非平衡 Equilibrium and Nonequilibrium

表示 Fe-Fe$_3$C 合金的相圖並不能被稱為平衡圖,平衡是指隨時間變化沒有任何相的改變,因為即使是純度非常高的的 Fe-Fe$_3$C 合金都會改變,例如碳含量 0.08%並且只含有低量矽的低碳鋼保持在 650 到 700℃(油蒸餾系統中)持續好幾年後發現有肥粒鐵和石墨的析出,而非原來從相圖中顯示讓讀者預期是肥粒鐵和碳化物。既然升高溫度很長一段時間如同所熟知的可以有助於平衡的建立,可以對此下一個結論說碳化鐵總是處在過渡相或是亞穩態相。然而要將碳化物分解為石墨和肥粒鐵[註1]都需要特別的溫度和時間條件(或是相當高的矽含量)。

$$Fe_3C \rightleftharpoons 3Fe\,(\alpha) + C\,(graphite)$$

雖然 Fe-Fe$_3$C 圖如同所熟知的用來表示亞穩態的狀況,由好幾條線所表示的相變化溫度組成限制在慢速的加熱或是冷卻的狀況下都可以被視為達到平衡狀態。液相線和固態線將如同在真實的平衡圖中以相同的方式,藉由過冷來抑制。既然在固態中產生變質需要的是在固態中擴散的速度比液體中要慢一些(舉例來說,既然在液體中原子的擴散要比在固體中快上許多,因此在固相溶液中亞穩態的固相線通常不會伴隨著亞穩態液相線),圖中的線明確地描繪出了共晶變化容易受過熱或是過冷的位移所影響。相圖中 A_3 和 A_1 線的位移導致了在專門術語中所指出的在平常的加熱循環中 Ac(C = 碳爐 = 加熱)和冷卻循環中 Ar(r = refroidissement 法文意思 = 冷卻)這兩個名稱的使用。在本章後面的章節將會對這些效應作更完整的討論。不過在這邊可以一提的是 A_3 和 A_{cm} 兩條線由於沃斯田鐵中所產生的肥粒鐵或是雪明碳鐵的磁阻所造成的位移比 A_1 線由於沃斯田鐵中所產生的波來鐵磁阻造成的位移來得大。這三條重要的線的位置依據圖 7.1 中一般大小區域的氣冷而定。過冷卻的結果可以馬上明顯的在共析體的組成中看到,碳含量已經不再固定在 0.80%,而是在 0.7% 到 0.9% 的範圍內。

先前的書本在這個主題所寫的共析體碳含量和本書所給定的 0.8%並不相同,過去之所以會混淆的原因和過冷卻有關。0.8%這個數值是藉由碳含量在 0.7 和 0.9%的合金做加熱和冷卻試驗,在這些試驗中溫度的改變只有 ⅛℃/每分鐘。在這個共析體中過冷卻效應對於碳含量以及溫度的影響應該要和過冷卻效應對於矽含量以及溫度的影響對 Al-Si 共晶的影響來相比較,雖然在後者這一個例子中只有矽的形成會受到過冷卻的抑制,共晶濃度只有在一個方向被取代。

[註1] 假設溫度在 A_1 線之上,合金處於 A_{cm} 線的右手邊時碳化物將會變為石墨。石墨鑄鐵系統的共晶組成是 0.69% 的碳,共晶溫度是在 738℃。

在 Fe-Fe$_3$C 的示圖（圖 7.1）中所表現的虛線 Ar$_1$ 和吉伯相規則相衝突。在現在的三個相 γ、α 和 Fe$_3$C 中系統的溫度和相的組成應該要是固定的，可是沃斯田鐵卻表現了組成的範圍。造成這個明顯的不一致現象的原因是相規則只能應用在平衡狀況下，但是 Ar$_1$, Ar$_3$ 和 A$_{cm}$ 線代表著不平衡的狀況。

當應用槓桿法則到亞共析結構或過共析結構時，共析體中的碳含量是相當重要的，換言之，在預測何時某特定的合金會有過量的肥粒鐵或是碳化物還有估算在這些相中的碳含量。槓桿法則在這些方面都可以使用，不過在可應用的數量上只有當這些結構都是在接近平衡的狀況下得到，換言之，在非常慢的爐冷狀況或是當非平衡狀況是已知的並且可以相當精確的訂定。

7.3　非硬化鋼的微細構造 Microstructure of Nonhardened Steel

在室溫下，碳含量 0.007 和 6.7%之間的全部兩相結構是由肥粒鐵和碳化物所組成，不同合金所顯露出來的結構會隨著肥粒鐵和碳化物的聚集體狀態變化，接下來在慢速冷卻合金的差異可以分為幾個範圍，主要是以五種碳化物分佈的型態來區分：

1. 碳含量 0.007 到 0.025%；有很良好的碳化物析出的肥粒鐵，通常在一般的光學放大倍率下都還無法看到

2. 碳含量 0.025 到 0.8%；肥粒鐵 + 波來鐵

3. 碳含量 0.8 到 2.06% ；波來鐵 + 從沃斯田鐵中析出的碳化物

4. 碳含量 2.06 到 6.7%含量的碳；樹狀結構的波來鐵（主要來自沃斯田鐵的亞共晶體）+ 從沃斯田鐵析出的碳化物（通常和共晶碳化物沒有很明顯的區分）+粗滴班鐵（沃斯田鐵及雪明碳鐵一起共晶，如同在 Ar$_1$ 線之下冷卻分解為肥粒鐵和雪明碳鐵的組成）

5. 碳含量 4.2 到 6.7%；主要是碳化物晶體 + 粗粒滴班鐵

這五種結構的第一種並沒有在本書中探討，第二種和第三種可以在顯微照片 7.1 到 7.8 中看到，第四種放在 12 章，第五種由於在這個範圍中沒有商用的合金所以也不做探討。

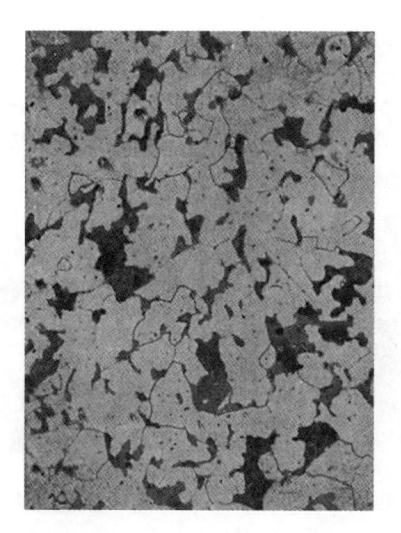

顯微照片 **7.1** **0.2%** 的碳 **+ 0.42%** 的錳鋼，從 **1000**°C 慢速退火，**100** 倍放大，硝酸浸蝕液蝕刻，在低放大倍率下就可以看到肥粒鐵和波來鐵明顯的分佈還有肥粒鐵的晶粒大小。

顯微照片 **7.2** 和顯微照片 **7.1** 一樣，但是放大一千倍，在高放大倍率之下，較粗的波來鐵層狀碳化物可以被看到，黑色的斑塊是內含的氧化物。

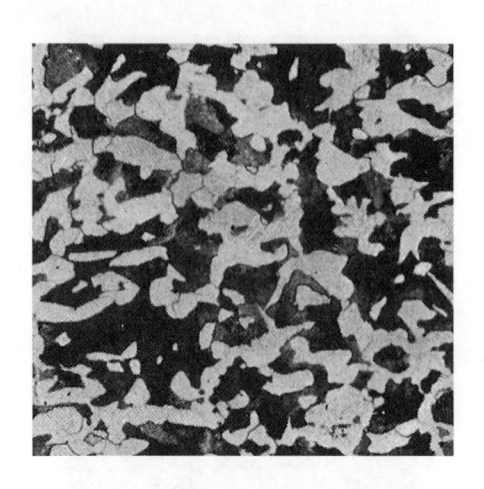

顯微照片 **7.3** 碳含量 **0.40%** 的標準鋼，放大倍率 **100** 倍，硝酸浸蝕液蝕刻，這個結構是由白色的肥粒鐵晶體和黑色區域的波來鐵所組成（將這說為波來鐵的晶粒是不對的，因為事實上它是由兩種不同型態的晶體 α 和 **Fe₃C** 以良好的層狀分佈所組成的），肥粒鐵在整個結構所佔的部分來說明顯的少於 **50%**，因為在試件的正常氣冷處理之下，亞共析肥粒鐵並不完全，而且波來鐵的碳含量因此減少了。

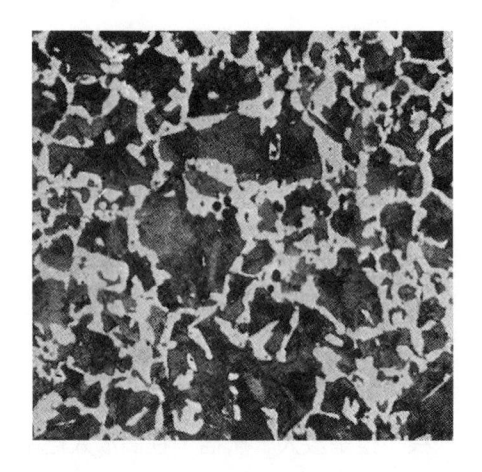

顯微照片 **7.4** 碳含量 **0.60%** 的標準鋼，放大倍率 **100** 倍，硝酸浸蝕液蝕刻，對這個試件適當的快速氣冷造成了少於預期的 **25%** 肥粒鐵，一開始當肥粒鐵在沃斯田鐵的邊界形成時，沃斯田鐵的晶粒中心稍後變態為波來鐵，肥粒鐵晶體將原先的沃斯田鐵晶體邊界包圍，這個試件可以看出沃斯田鐵晶體明顯的大小變化，有一些相當小，其他的則比較大，肥粒鐵的形成並不只侷限於沃斯田鐵晶界上，有一些白色的晶體可以在波來鐵的區域裡看到，從非常高的溫度慢慢冷卻，如同鑄造亞共析鋼一樣，有時候會在波來鐵的基地下形成威德曼樣式的肥粒鐵板，波來鐵的顏色變化與波來鐵-碳化物的晶片和磨光的表面角度位置有關。

顯微照片 **7.5** **0.8%** 的碳 **+ 0.65%** 的錳鋼,從 **810**℃ 慢速退火,**100** 倍放大,苦味酸劑蝕刻,除了波來鐵外的結構成分缺乏會在低放大倍率造成一個黑色外觀,細微的變化和碳化物晶片及磨光蝕刻表面之間的角度有關。

顯微照片 **7.6** 和顯微照片 **7.5** 一樣,但是放大了 **1000** 倍,層狀波來鐵的細部可以看到肥粒鐵、基地是一個連續的相,這表示 **(6.7-0.8) /6.7** 或是從重量來看有 **88%**的結構,當碳化物晶片是正向於表面(接近右上方的角落),表面的間隔比平行方向的要小的多,真實的層狀結構間距必定會位在平面上所量到最小值的部分。

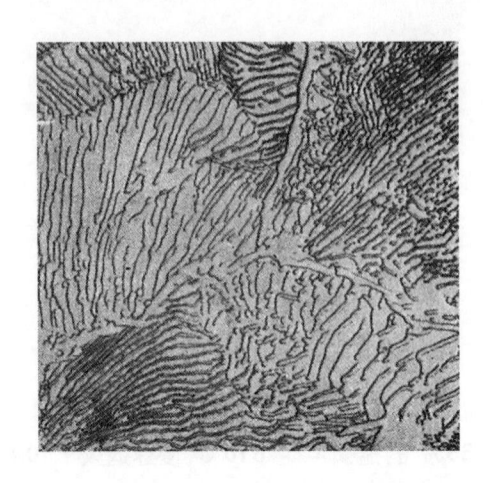

顯微照片 **7.7** 碳含量 **1.0%** 的退火鋼，放大倍率 **1500** 倍，苦味酸劑蝕刻，由於前面所討論的幾個原因，假使只有相當小部分被氣冷的話，輕微過共析鋼將只會看到一點點或是沒有過剩的雪明碳鐵，當由沃斯田鐵區進行爐冷經過 A_{cm} 線，鐵－碳化物將會在沃斯田鐵的晶界形成，這張顯微照片中可以看出三個原先的沃斯田鐵晶界上現在有很薄且連續的雪明碳鐵包圍，並且相交。這個結構的其他部分和純粹共析體鋼相似。特別要注意的是雖然肥粒鐵和層狀碳化物在某些部分接近平行，在原先的沃斯田鐵晶粒中的其他區域肥粒鐵和層狀碳化物就不是平行的樣子了，這證明了在標準鋼材或是退火鋼材中，波來鐵區域的定位不會暴露沃斯田鐵晶粒的大小，這需要某些過剩的碳化物（或是肥粒鐵）。

顯微照片 **7.8** 碳含量 **1.3%** 的退火鋼材，放大倍率 **100** 倍，硝酸浸蝕液蝕刻，當有大量的過剩碳化物存在時，不需要高倍率的顯微照片就可以看到鋼材的結構，白色的碳化物將原先的沃斯田鐵晶界輪廓繪出，並且顯露出存在高溫下的晶粒大小，溫度大約在 **ASTM 2** 附近，隨著過剩的碳化物增加，有些 Fe_3C 的大板子就會在原先的 γ 晶粒中形成，而且會在它們必然會形成的特定晶格平面外邊形成輪廓，黑色基地的結構部分是波來鐵。

7.4 共析鋼的熱處理 Heat Treatment of Eutectoid Steel

沃斯田鐵的形成 Formation of Austenite

鋼材的熱處理是指經過正常化處理或是退火處理，可用來做為機械材料或是構造物。熱處理過後的鋼材結構包括了波來鐵和肥粒鐵或是雪明碳鐵的混合物，熱處理的第一個步驟是要沃斯田化鋼材，換言之，將鋼材加熱到鋼材全部或是部分被沃斯田鐵所包覆的溫度，這個溫度可以從相圖中得到；亞共析鋼通常要加熱到 A_3 線以上的溫度，過共析鋼要加熱到 A_1 與 A_{cm} 之間的溫度。沃斯田鐵藉由成核過程形成，因此均質的沃斯田鐵結構不會當鋼材一到達沃斯田化溫度就馬上產生。即使在結構都已經完全變態為沃斯田鐵之後，也可能是非均質的變態，原先是肥粒鐵的區域可能會含碳量低一些，而原來是碳化物的區域可能會有比較高的碳濃度。這種不均質所帶來的含碳量濃度梯度只能透過擴散的方式來消除，假使需要均質性的沃斯田鐵，就必須有足夠的擴散時間。所需求的時間端視所到達的最大溫度和原先的肥粒鐵-碳化物母體的結構特性而定，相關的資料可以從圖 7.3 中得到。

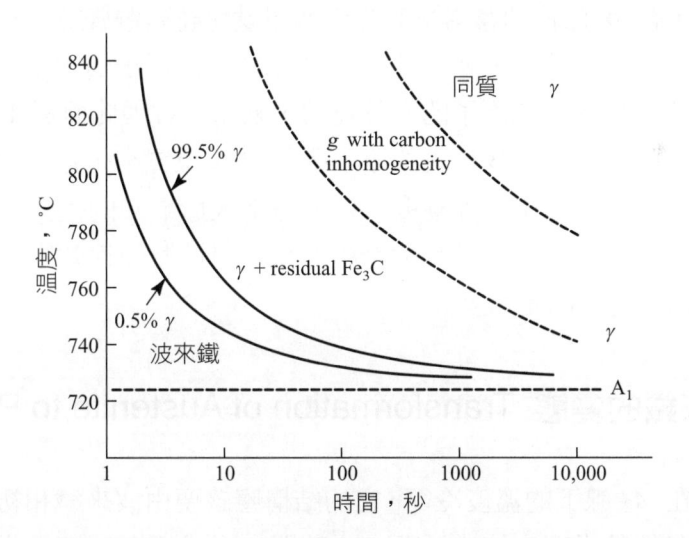

圖 7.3 圖表中表示了由於沃斯田化溫度的關係使得純碳共析鋼沃斯田化所需的時間，曲線從 **875°C** 進行正常化處理所得到的波來鐵結構開始。第一條曲線（**0.5%** γ）代表最先可清楚看到沃斯田鐵，第二條曲線（**99.5%** γ）代表波來鐵的消失，雖然有某些殘餘的碳化物還是沒有溶解。第三條線以虛線表示，代表著接近溶解所有殘留碳化物的時間-溫度限制，最後一條虛線的曲線代表在這裡最可能在沃斯田鐵中獲得均質性。

一個極好的球化碳化物結構（尖頭狀的碳化物）沃斯田化最快速，接下來是細波來鐵結構，然後最慢的是粗波來鐵結構或是球化波來鐵結構。

另一個可以影響沃斯田化所需要時間的因素為鋼的成分。某種鋼材中如果含有大量的合金元素本性與碳相接近，那這種鋼材的碳化物結構就不會只是簡單的 Fe_3C 結構，而會是複雜的碳化物，可能會包含有鉻、鉬、釩或是鎢。和 Fe_3C 比較起來複雜的碳化物溶解的相當慢，因為實在溶解太慢，所以在高合金鋼中想要讓碳化物都全部溶解是不太可行的。

在選擇沃斯田化溫度的時候有好幾個因素都應該要被考量，假使溫度太低的話，可能會有不完全溶解的碳化物產生，在這種情況下，淬火後的鋼材將會沒辦法提供完全的硬度。假使溫度太高的話，有許多新出現的困難將會發生。在高溫時沃斯田鐵的晶粒尺寸將會變大，在鋼的熱處理中這個情況常常被認為是造成易脆性的原因。較高的沃斯田化溫度也意味著淬火應變將會相當大，這可能會造成熱處理時的裂解。最後，當使用太高的沃斯田化溫度時，在高合金鋼中產生的部分熔解是很危險的。既然沃斯田化必須經過一段合理的時間，最佳溫度的選擇總是一個妥協方案，必須依照經驗來做選擇。鋼材製造商通常都會出版對於他們的各種產品做最佳的熱處理狀況的建議。

圖 7.2 表示了兩種體心立方結構的填隙位置，一個稱之為 A，最接近 A 的鄰近原子位於垂直的位置，一個稱之為 B，最接近 B 的鄰近原子位於水平的位置。既然碳原子因為太大而不能順利的填入體心立方結構的間隙洞，間隙洞週遭的原子必然會被往外移開，在 A 位置就會是垂直的移動，在 B 位置則為水平的移動。假設現在有個張應力在垂直的方向被施加到金屬上，這個張應力將會幫助在 A 位置鄰近的原子在碳原子佔領了此填隙位置時往外移動，但是也會同時妨礙在 B 位置原子的向外運動，碳原子會因此而選擇佔領 A 位置。當施加這一個張應力時，會有部分在 B 位置的原子遷移到 A 位置來，這樣的行為在垂直方向造成一個附加的應變，並且會超出彈性應變，這就是為人所熟知的擬彈性應變，擬彈性應變所帶來的速度是在溶液中碳原子移動率估計的考量。對於擬彈性效應的實驗研究可以提供在 α 鐵中溶解的碳原子行為的定量資訊。

沃斯田鐵到波來鐵的變態 Transformation of Austenite to Pearlite

當沃斯田化鋼在 A_2 線下的溫度冷卻，它的結構應該要由波來鐵和初析肥粒鐵或是雪明碳鐵所組成。在鋼材的熱處理中知道需要多少時間來形成平衡結構是非常重要的，要估量這個時間可利用恆溫變態實驗。這些實驗的原理可以藉由共析組成的鋼材的例子來做最簡單的說明。其他組成的鋼材的變態將會在稍後的部分做討論。要執行一個恆溫變態實驗，共析鋼的樣本要先經過沃斯田化，然後在一個固定溫度的液體中淬火，通常是熔化的鉛或是鹽水，溫度維持在 723°C 以下。在一段連續的時間區間之內樣本被孤立在定溫液體之內，進行淬火並且利用顯微鏡來仔細的察看有什麼樣的變態產生。可以發現到對任何給定的變態溫度來說，在任何波來鐵形成之前一定會經過某個時間 t_s，而且只有在時間 t_f 之後才會完全變態，在樣本中的所有沃斯田鐵都會轉換為波來鐵。

假如恆溫變態實驗在 723℃ 以下的一系列範圍溫度都實施過，t_s 和 t_f 就可以判定為溫度和建構時間—溫度—變態 (time-temperature-transformation，TTT) 圖或是 C 曲線所需資料的函數，對共析鋼而言，t_s 和 t_f 都即將可以知道。這樣的變態曲線可以在圖 7.4 中看到。

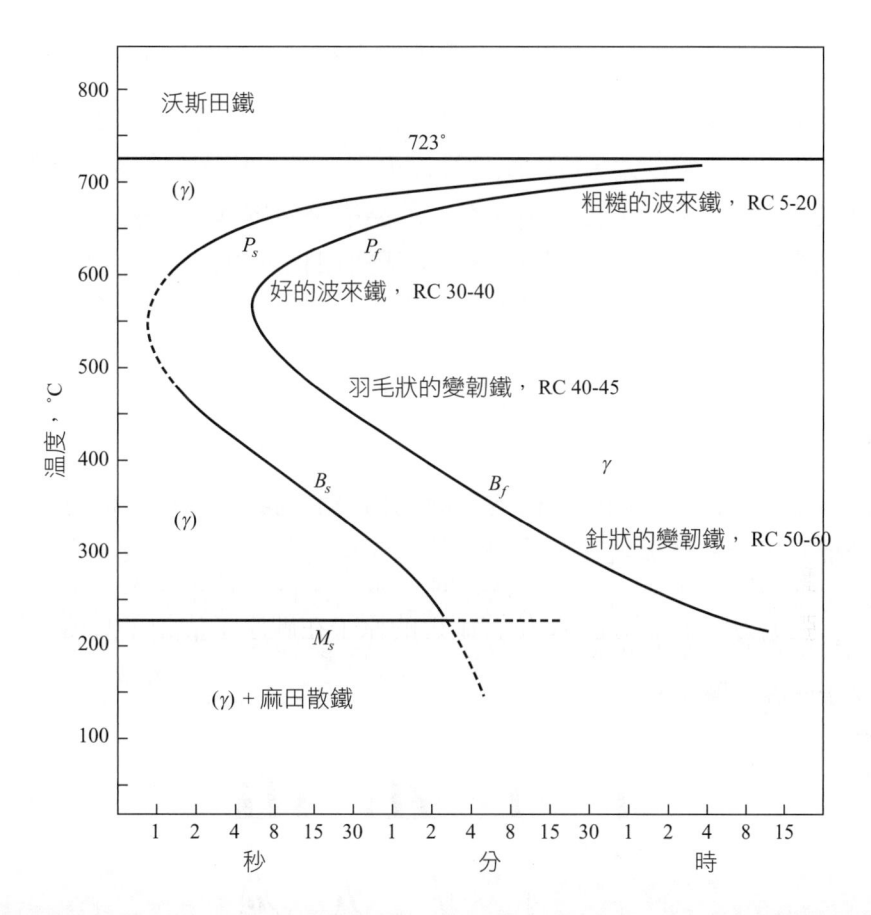

圖 7.4 碳含量 **0.8%** 的鋼材，包括了 **0.76%** 的錳，在 **900**℃ 之下進行沃斯田化的恆溫變態圖，其中沃斯田晶粒大小為 **6** 號

在圖 7.4 中許多的 t_s 點產生了波來鐵變態開始形成的曲線，P_s；而 t_f 點則產生了波來鐵變態結束的曲線。從圖 7.4 中可以讀到對任何溫度來說波來鐵變態開始和結束的時間，在 P_s 曲線的最左端那一點代表完全是沃斯田鐵，在 P_s 和 P_f 曲線之間的就是沃斯田鐵和波來鐵的混合物，在 P_f 曲線的最右端所代表的就是完全的波來鐵結構。

變態圖會有如此外形的原因可以就成核的過程來瞭解，因為從沃斯田鐵要變態為波來鐵必須經過此過程（見第三章凝固），變態溫度低於 723℃ 的就可算是過冷，t_s 即是在過冷的沃斯田鐵中使波來鐵成核所需求的時間。$t_f - t_s$ 的時間間隔就是波來鐵成核到完全變態結構所需的時間。有兩個因素控制著變態的速度：當過度冷卻的情況越嚴重，那麼波來鐵形成的驅使力也會越大（在不穩定的沃斯田鐵和其分解物之間的自由能差）。但是當過冷增加的時候,變態溫度將會降低,而且擴散到波來鐵的雪明碳鐵板碳化物也會減少,因此會使變態減緩。在 723°C 之下一兩度時過冷的情況很小,驅使力相當的弱,t_s 和 t_f 都相當大。

當變態溫度降低時,驅使力的增加是支配的效應,t_s 和 t_f 也都變的很小,當到達大約 550°C 的變態溫度時,碳化物擴散速率的減少開始變的比驅使力的增加更為重要,此時 t_s 和 t_f 的值都開始增加。在這種情況下獨特的 C 形變態曲線就這樣產生了。

沃斯田鐵變態為波來鐵的發生機制並沒有被完全的瞭解,這個部分中,大多數的實驗證據都來自於試件的顯微鏡觀察,這些試件被淬火到室溫,不過變態過程仍然都在進行中。從來沒有人可以確定在此變態溫度之下所存在的結構是精確地維持著。首先,看起來好像波來鐵總是在沃斯田鐵的晶界上或是在不完全沃斯田化鋼材的晶界或是碳化物粒子上形成。在另一方面來說,初析肥粒鐵對於波來鐵變態反應的初始化似乎沒有任何的影響。這個觀察暗示著也許碳化物小片的形成是沃斯田鐵分解的第一步,支持這個觀點的證據是觀察在初析肥粒鐵和沃斯田鐵中的晶體方向關係與波來肥粒鐵和沃斯田鐵中的晶體方向關係有相當不一樣的地方。一旦在不穩定的沃斯田鐵的晶界上形成碳化物小片,此小片會沿著邊生長到沃斯田鐵晶粒裡,在同一時間內,碳化物擴散到其平面中,這會耗盡周遭材料的碳含量,根據推測,肥粒鐵板就在這些缺乏碳的區域內開始集結成核,將碳向外去除。被往外去除的碳可能會幫助來使新的平行碳化物板集結成核。重複這個過程造成了平行的碳化物和肥粒鐵板的群集。群集的成長只有當它侵犯到其他的群集時才會停止,並不會被沃斯田鐵的晶界所妨礙(圖 7.5)。

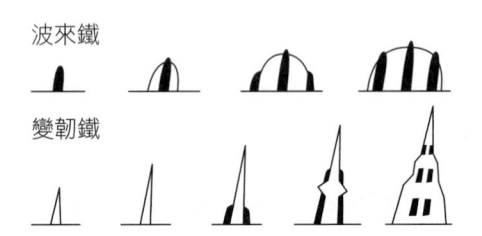

圖 7.5 波來鐵的成長,藉由碳化物晶體的成核作用,變韌鐵的成長則是利用肥粒鐵晶體與毗連去除碳化物的成核作用來達到,當到達一個關鍵性的集中程度時,就變為不連續的小晶體。

很有可能在波來鐵群集形成的時候,原來的碳化物小片就分支來維持圓面或是結節狀樣子的群集。

根據觀察,降低溫度的話,波來鐵較容易形成良好的板間距。根據推測,在較低的溫度時,成核作用會發生得很頻繁,然而對擴散作用來說,會比較難擴散到較遠的距離,這會傾向於形成良好結構。在研究波來鐵的顯微照片時,很重要的一件事要記得,那就是因為小片通常不會正向於試件的表面,所以可能在顯微照片中看到群集中的真實間距會無法正常的顯露出來。真實的間距可以從許多群集所觀察到間距的來作統計分析得到。

變韌鐵組織的形成 Formation of Bainite

假如共析鋼的恆溫變態是在一個足夠低的溫度之下執行，波來鐵變態會被另一種變態所取代，這種變態很明顯的發展出一種完全不同的結構，產生的這種結構和肥粒鐵－雪明碳鐵結構有些許不同，稱之為變韌鐵 (bainite)。在變韌鐵中，和波來鐵組織相反的是變韌鐵在肥粒鐵與根源的沃斯田鐵之間的方向關係是很明確的。很明顯地，在變韌鐵反應中，肥粒鐵首先進行成核作用，接下來就是碳化物的析出（圖 7.5）。因為反應在如此低溫的情況下發生，對反應來說，驅使力必定相當大，成核作用的頻率也相當高，但是成核粒子的成長因為碳原子的低移動性所以很慢。結果是有良好粒子尺寸的結構，通常無法在光學顯微鏡下分辨出。變韌鐵的結構如果不是羽毛狀就是針狀，這主要看變韌鐵是在高溫或是在低溫下形成。

7.5 麻田散鐵變態 The Martensite Transformation

假使共析鋼的樣品被快速的冷卻，此共析鋼的結構完全或部分是沃斯田鐵，到了 230 ℃ 時一個全新且不同形式的變態會產生，沃斯田鐵組織會變態為麻田散鐵組織。麻田散鐵組織是屬於亞穩態結構，它與形成此組織的沃斯田鐵有相同的組成。麻田散鐵組織的碳固溶在鐵之中，它的晶體結構是體心斜方 (body-centered tetragonal, bct) 的。由於麻田散鐵的形成並沒有改變組成成分，因此要發生變態反應並不需要擴散作用。正因如此，麻田散鐵變態可以在相當低的溫度進行。麻田散鐵最值得注意的性質就是它可以達到非常高的硬度。硬度主要看碳含量的多寡而定（見圖 7.6），在共析組成時麻田散鐵的硬度大約是洛氏硬度 C65，這可能和玻璃等級一樣硬。在某部分來說，這樣的硬度是麻田散鐵本身的性質，但是某部分來說，這也是因為伴隨著麻田散鐵形成時的晶格畸變所造成的。這些畸變是因為和麻田散鐵的晶格體積要比形成它的沃斯田鐵晶格體積來得大，這樣的體積改變也使得利用熱膨脹計（能夠精確的量測線性膨脹和收縮）來研究麻田散鐵組織的形成，變成一種很常見的方式。

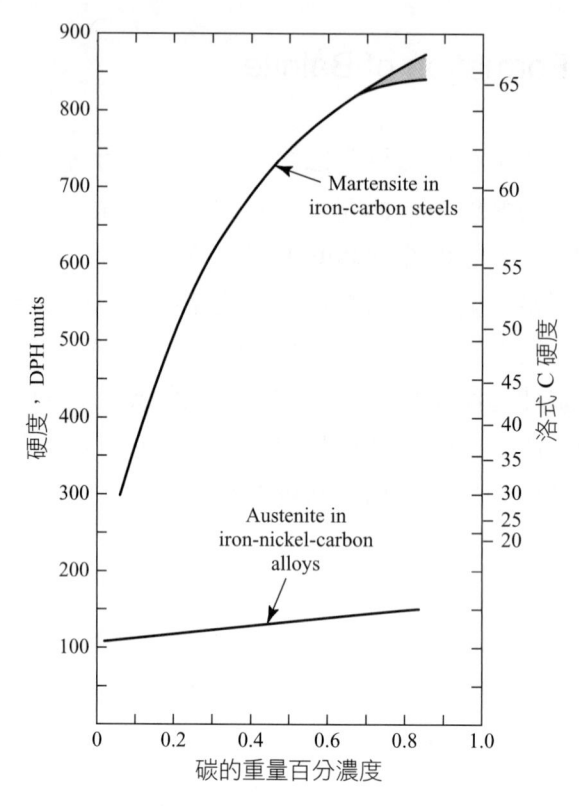

圖 7.6 在沃斯田鐵和麻田散鐵中碳含量對於硬度的影響，在上方曲線色彩較暗的地方代表殘餘沃斯田鐵的影響

　　麻田散鐵組織的形成和波來鐵與變韌鐵反應有很顯著的對比。首先，麻田散鐵並沒有擴散作用的發生，在組成成份上也沒有改變。它並不是經由成核作用而產生的，也無法用淬火來抑制。這意味著給定成份的沃斯田鐵在一個給定的溫度 M_s 之時開始進行變態，當溫度低於 M_s 時麻田散鐵組織開始形成直到達到 M_s 的溫度，麻田散鐵變態就完成了。在 M_s 和 M_f 之間的任何溫度時麻田散鐵特徵會立即產生直到在某溫度下已經不再形成麻田散鐵變態[註2]。M_s 和 M_f 溫度在恆溫變態圖中以水平線來表示，在顯微鏡下，麻田散鐵組織看起來是針狀或是條狀的樣子。每一個針狀物都是由複雜的兩級剪變機制所形成的麻田散鐵晶體，將一個麥克風放置在進行變態的鋼材旁邊，可以得到一連串的喀擦聲音，藉此判斷剪變是以接近音速的速度來進行。

　　麻田散鐵變態，換言之是一種無擴散的剪變變態，在幾個不含鐵的合金中發生，舉例來說在含鋅量 37.5% 的黃銅中也會產生；在這幾個案例中，變態的機制都可以完全的形成並且有良好的結果。在沃斯田鐵中的某些間隙洞存在的碳原子，不管怎樣都使得在鋼中的

[註2] 在一些合金鋼中，有某程度的恆溫麻田散鐵結構會發生。

變態不僅更加複雜而且也更獨特，因此有顯著的重要性。其中一個最早提出的機制是由班 (Bain) 所提出的。在班模型所描述的細節上其實並不正確，不過這個模型是相當簡單的，暗示無擴散變態是可以發生的。班模型可以在圖 7.7 中看到。

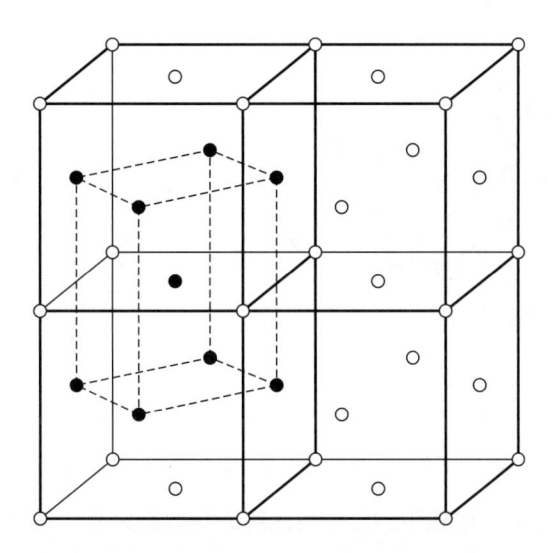

圖 7.7 麻田散鐵變態的班模型圖解，面心立方結構（空心圓圈）可以被視為 *c/a* 比值為 $\sqrt{2}/1$ 的體心四角結構（實心圓圈）

在圖 7.7 中可以看到四個沃斯田鐵的單位晶胞，只有鐵原子的地點才被指出，碳原子則佔居在這些有空隙的地點。虛線的部分表示如何在沃斯田鐵結構中型建構正方單位晶胞。如同圖中所畫的，正方網格的 c/a 比值是 $\sqrt{2}/1$。在變態為麻田散鐵組織時 c/a 值必定會變化到 1.0 到 1.08 之間的值，端視碳含量而定。

在圖 7.8 中，左手邊所畫的，代表面心立方沃斯田鐵結構，假使考慮將鐵原子視為接觸的硬球，洞會在 $00\frac{1}{2}$，$0\frac{1}{2}0$，$\frac{1}{2}00$ 和 $\frac{1}{2}\frac{1}{2}\frac{1}{2}$ 等位置發生，在這幾個位置中有幾處會有碳原子存在。標記為 1 到 6 號的鐵原子表示了在面心立方格子中的八面體排列方式。當變態為麻田散鐵時，有碳原子存在的地方，體心正方處，碳原子被限制在這些洞中，造成了由正常體心立方的肥粒鐵結構變為正方麻田散鐵結構的畸變。在這些結構中相關的原子半徑都顯示在表 7.2 中。

表 7.2 相關原子尺寸

原子	形式	半徑，埃索（Å）
鐵	γ	2.508
	α	2.478
碳	溶解狀態	1.410

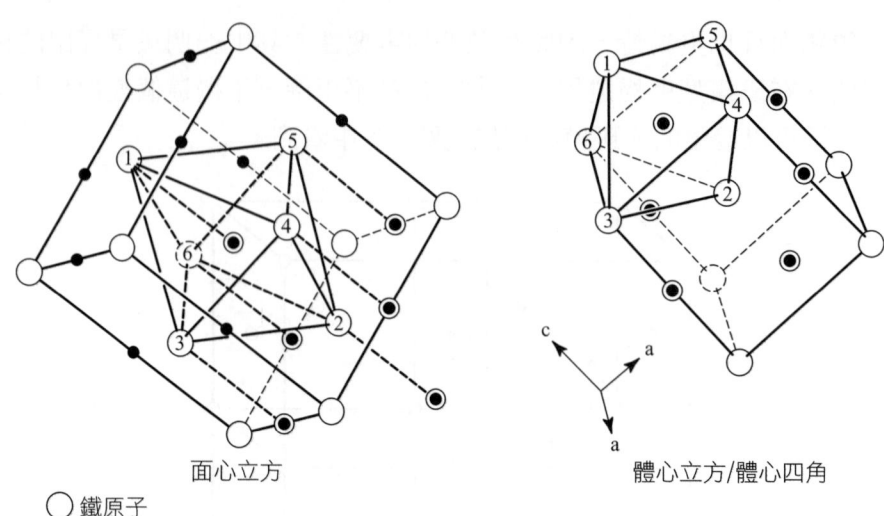

○ 鐵原子
● 面心立方中的八面體空隙
◉ 在面心立方和體心立方/體心四角中相對應的八面體空隙

圖 7.8 面心立方和體心立方／體心四角晶格的相似處,指出當它們存在鋼中的相關方向。注意:在沃斯田鐵中,所有的八面體空隙在麻田散鐵中的三個可允許的集散處只有一個地方可以繼續存在,因此定義了單位晶胞的 *c* 方向和所形成的不規則八面體四重軸的組合。

　　由於缺乏碳原子,從 γ 鐵變為 α 鐵將會造成鐵原子被對稱地推擠開大約 10% 的距離,(面心立方晶格要比體心立方晶格來的擁擠一些)。隨著碳原子的存在,圖 7.8 中的鐵原子 3 和 4 彼此間的距離會縮短 4%,由於碳原子太大了所以不能夠塞到鐵原子 3 和 4 之間,所以鐵原子 1 和 2 的位置會被推開 36% 的距離。這些不對稱的位移將會造成扭曲的正方結構,這在圖 7.9 中可以看的更清楚一些。可翰 (Cohen) 將這些稱之為偶極畸變 (dipole distortions)。

　　正方結構的 *c* 軸不能從單位晶胞之間任意的指定方位,否則的話 X 光繞射就不能清楚的表示出正方結構。因此在一給定的麻田散鐵晶體中是由數以百萬計的原子來構成的;即使相當小,碳原子都被封閉在同一個晶軸或是 *xyz* 方向。

　　在冷卻到 M_s 溫度時,麻田散鐵組織藉由一個獨特界面的剪變形態來進行成核作用,這個界面括去沃斯田鐵組織並將其轉變為麻田散鐵組織。剪變的機制已經被證明為不只會造成可被稱為滑動的遷移,還會造成精細 (112) 的雙晶生成。

　　M_s 溫度會隨著沃斯田化溫度的增加而降低,這是因為 M_s 對沃斯田鐵中的碳含量相當敏感,而較高的沃斯田化溫度一般來說代表著碳化物的更完全溶解。麻田散鐵組織的形成也對應變相當敏感。假如沃斯田鐵被放置在高於 M_s 溫度之下,塑性變形往往會初始化麻田散鐵組織的形成。這個觀察表示 M_s 並非麻田散鐵對沃斯田鐵來說最先變為穩態的溫度,視此溫度為 M_d,總是比 M_s 要來得高一些。在 M_d 和 M_s 溫度之間的差距代表形成麻田散鐵組織的障礙程度。顯然地,形成麻田散鐵針狀物的核在沃斯田鐵組織中就已經存在了。當溫度變的夠低的時候，驅使力變的相當高，麻田散鐵組織單獨的針狀物開始形成。當達到 M_s 溫度時，變態並沒有完全完成，因為每個針狀物都只成長到一個限制的大小，而且在一個固定的溫度下只有一些核可以克服變態所需要的能量障礙。

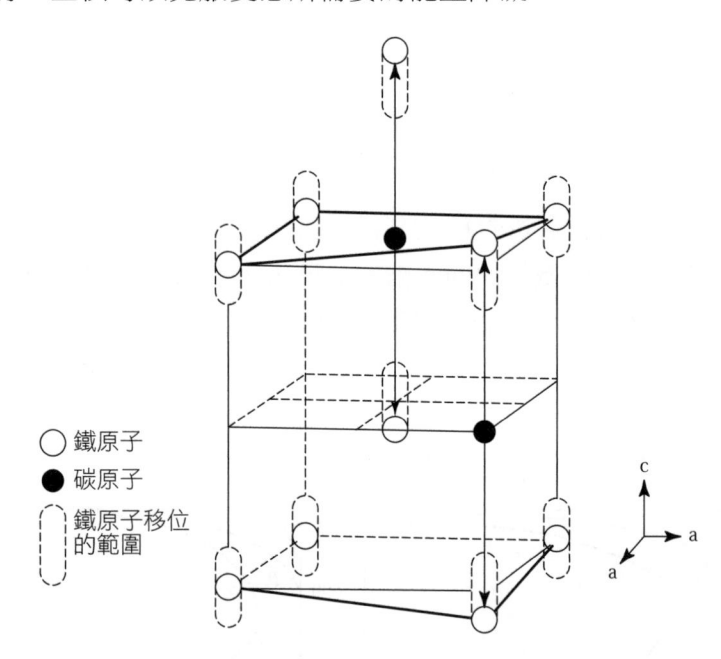

圖 7.9 圖中代表鐵離子因為在體心四角晶體中碳的存在使得鐵原子移位的情形

麻田散鐵反應完全完成的溫度稱之為 M_f，就實際經驗來說，M_f 的值很難去決定。事實上，大多數的鋼材都會包括一些殘留的沃斯田鐵，即使冷卻到了一個非常低的溫度，舉例來說，共析鋼冷卻到了 80 K。稍後會討論殘留的沃斯田鐵將會對熱處理鋼材的性質有很重大的影響。

知道藉由麻田散鐵的形成來硬化鋼材對人類來說是一種福音，在 18 世紀早期法國的數學家和物理學家，芮歐莫 (Reaumur)，稱麻田散鐵的形成是自然界中最奇妙的現象。直到最近的研究顯示才找到幾個麻田散鐵組織硬化效果的基本原因。圖 7.6 表示，碳對沃斯田鐵組織的硬化是沒有效果的，但是對於麻田散鐵的硬化卻是很有用的。

事實上，麻田散鐵的硬度或強度是由於在間隙區中碳的固溶硬化，這些碳原來都是位於體心立方晶格中。鄰近鐵原子的局部非對稱性位移產生如圖 7.9 中所顯示的偶極畸變，這種畸變和差排有很大的關係，因為它可以卡住差排的運動。

7.6 非共析鋼的熱處理 Heat Treatment of Noneutectoid Steels

在圖 7.10 中看到的是對亞共析鋼及過共析鋼的恆溫變態圖。這些圖從品質上來說和共析鋼不同的地方只在於多了好幾條的線。因此上臨界溫度 A_3 是以 A_1 之上的水平線來表示。F_s 和 C_s 的線分別代表初析肥粒鐵和初析雪明碳鐵形成的始點，相對應的完成線，因為要看的比較清楚的緣故已經被刪掉了。

比較這兩個圖可以看到碳含量對於波來鐵反應來說只是比較不重要的因素。然而在低溫時，溶解的碳有穩定沃斯田鐵的傾向。溶解的碳大大的阻礙了變韌鐵的初始化與完成，因此將這個部分的碳以 200°C 來取代，然而即使在室溫，高碳鋼仍然保有相當大量的沃斯田鐵組織。

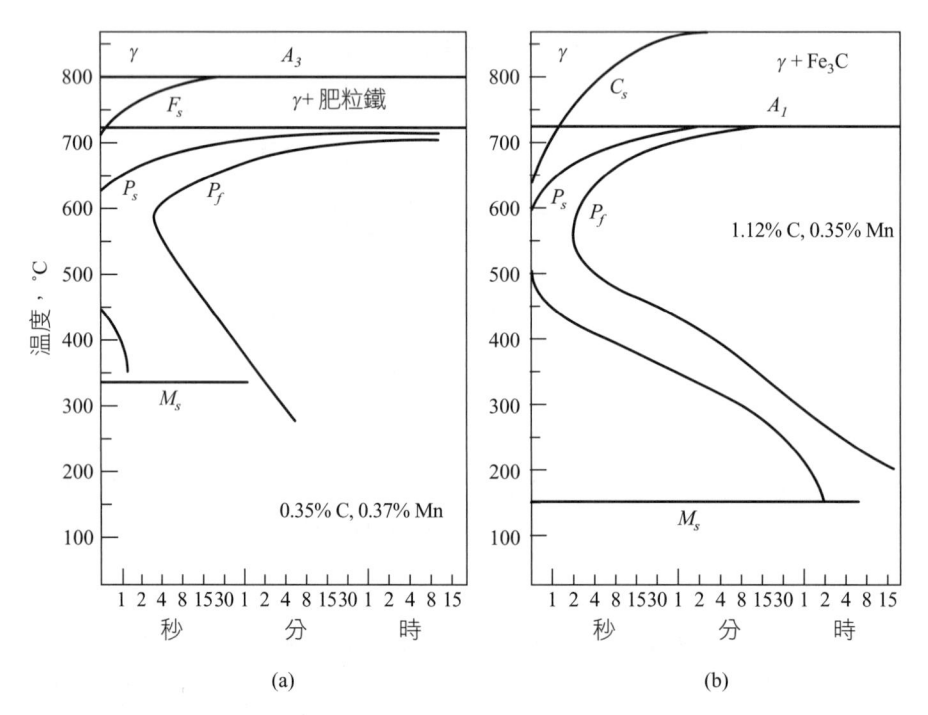

圖 7.10 恆溫變態圖 (a) 亞共析鋼 (b) 過共析鋼

既然恆溫變態圖（圖 7.4 和 7.10）是時間—溫度的曲線圖，應該可以將冷卻曲線疊加上去以估量是否所給定的冷卻率可以形成波來鐵組織，麻田散鐵組織或是這兩者的混合物。由於從 A_1 線開始，沒有任何一條連續冷卻曲線可以從亞穩態的沃斯田鐵區通過 B_s 線，所以很明顯地，變韌鐵組織不能在純碳鋼的連續冷卻過程中形成。然而，要直接在恆溫圖中疊加上一條冷卻曲線並不是不可能的。假使共析鋼在 650°C 的恆溫時間 P_s 是 5 秒，從 A_1 線冷卻到 650°C 並不會造成立即形成波來鐵組織。恆溫圖假設在這個例子中 650°C 的潛伏期是 5 秒。藉由某些假設，從一條等溫線要建構一個連續冷卻變態圖變得可行。

參照圖 7.11，假設如下：

1. 在時間—溫度圖中，在 X 點的變態範圍沒有比淬火到此點大，換句話說，對可測量的變態來說需要更多的時間。

2. 由限制的溫度範圍 T_X 冷卻到 T_O 時，變態的量等於在恆溫相圖中冷卻時間區間（$t_O - t_X$）的平均溫度 $\frac{1}{2}(T_X + T_O)$ 時的變態量。

使用這些假設，從圖 7.11 可以看到在連續冷卻到 O 點時的條件與等溫的到達位於 P_s 線上的 * 點是相同的，因此波來鐵組織將會開始形成。

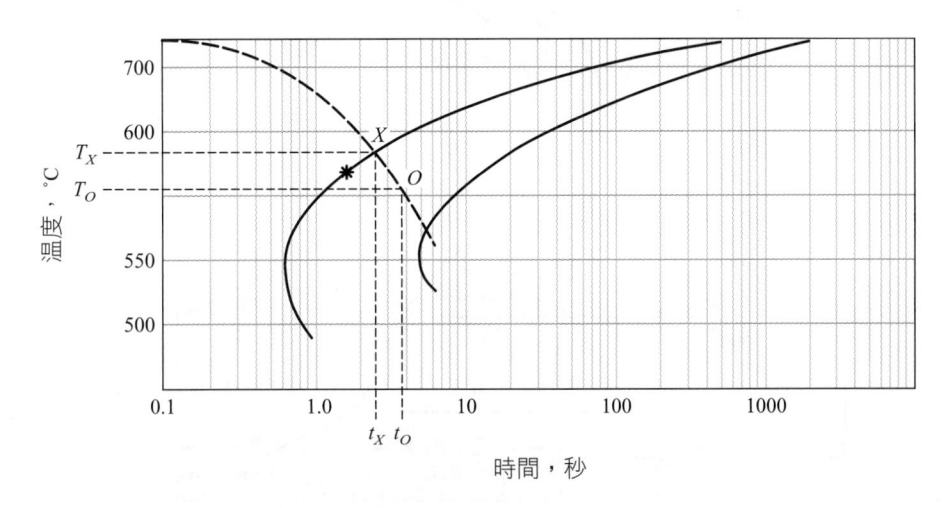

圖 7.11 在連續冷卻時從恆溫圖中估算波來鐵反應開始的時間。以虛線狀冷卻曲線的冷卻速率來進行反應的時候，假設直到到達 X 點才開始有反應。要冷卻到 O 點需要的時間是 $t_O - t_X$ 等於 **1.4** 秒，而且假設在這段其中之內平均溫度是在 T_X 和 T_O 兩者間的一半，也就是 **620**℃。既然在 **620**℃ 時間 **1.4** 秒是在等溫 P_s 線上的星號位置，O 點就是連續冷卻時的 P_s 線。

O 點將會藉由試誤法來選擇以得到在 P_s 線上的星號點，稍後將會任意的選擇一個時間來找到這個冷卻率之下的 P_f 點。其它的冷卻率可以被選擇來找出連續冷卻的 P_s 和 P_f 線。然後就可以畫出一個由此衍生的圖，就像圖 7.12 一樣，此圖可以應用在純碳共析鋼中。

經由實驗的方式來得到連續冷卻圖也是可行的方式之一。這樣的工作產生了一個令人驚喜的結果就是變韌鐵組織可以在某些臨界冷卻率時於純碳共析鋼中形成。恆溫變態與連續冷卻變態的差異可以在圖 7.12 與圖 7.13 中看到，前者代表共析鋼，後者代表典型的中碳鋼。

連續冷卻變態圖一般而言要比恆溫變態圖有用的多，因為它們比較接近典型的商業應用。舉例來說，假設一條細共析鋼將要被正常化處理，如果它冷卻的速率比 35℃／秒要快的多，圖 7.12 中指出將會遭遇一些麻田散鐵組織，因此放慢冷卻速率將會是必要的。在另一方面來說，要正常化處理一捲 1 公尺厚而且有好幾公噸重的鑄件可能需要由淬火來獲得 5 到 20℃／秒的快速冷卻速率。

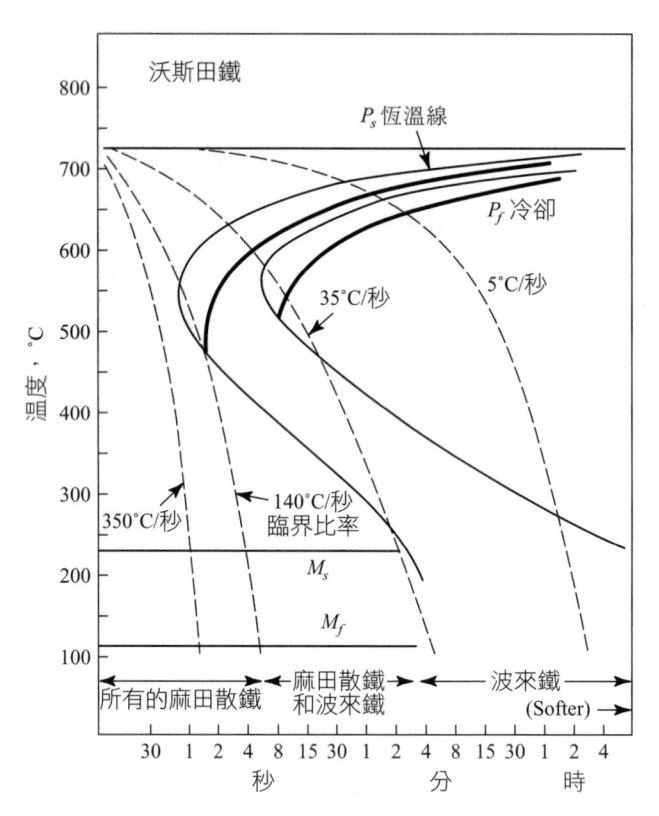

圖 7.12 共析鋼的連續冷卻（較粗的 P_s 和 P_f 線）變態圖與恆溫變態線的對照圖。有四條不同冷卻速率的曲線被疊加在同一張圖上，所得到的結構則標示在底部。

這張圖中所顯示的臨界冷卻速度是 140℃／秒。假使想要得到完全的麻田散鐵組織，冷卻率必須達到這個臨界冷卻速度或是超過才可以避免在結構中的波來鐵組織。中等的冷卻速度，舉例來說，100℃／秒將會得到一個波來鐵－麻田散鐵的混合組織。從先前的討論，必須記得波來鐵組織將會以沿著原先沃斯田鐵晶界的方式成核。

假使只有一小部分的波來鐵組織存在，舉例來說 15 到 20%，在白色麻田散鐵組織中的黑色蝕刻成核將會良好的顯現出原先沃斯田鐵晶體的大小。這是一種估量沃斯田鐵晶體大小的方法而且特別適合共析鋼，因為它沒有自由肥粒鐵或是碳化物可以形成來表現出高溫的晶體大小。根據實驗，有效數量的波來鐵組織可以藉由梯度淬火方式來得到。鋼棒可以被沃斯田化並且從一端進行淬火。在淬火端和氣冷端之間的某處將會存在一個冷卻速率，這會造成只有右邊部分有波來鐵組織成核和麻田散鐵組織（見顯微照片 7.16）。

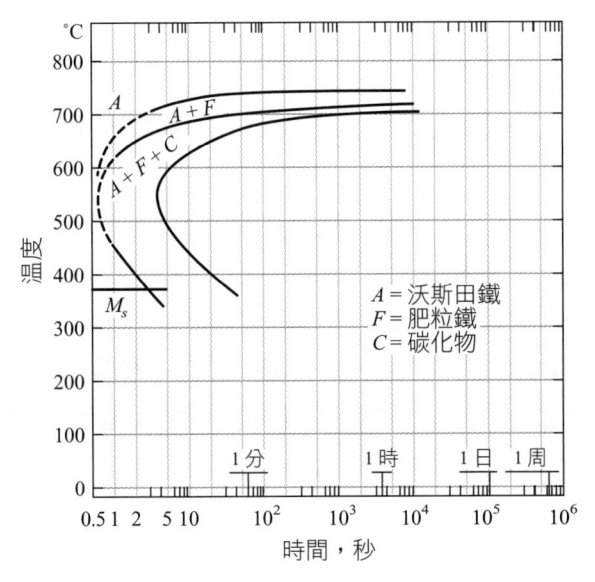

(a) I-T 圖或稱為恆溫圖

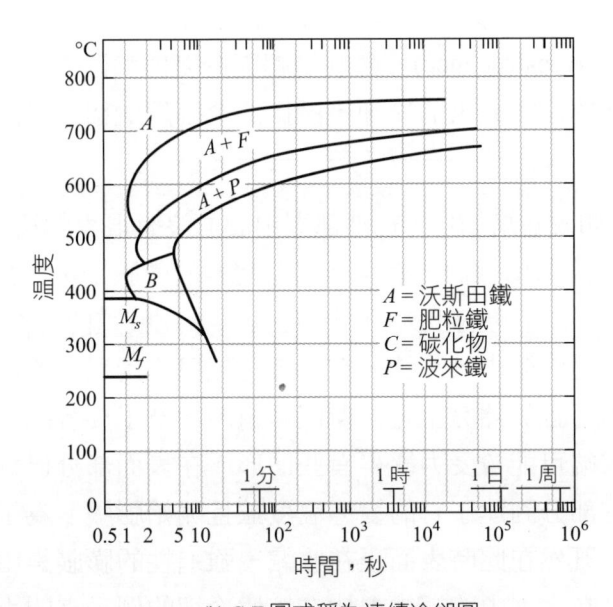

(b) C-T 圖或稱為連續冷卻圖

圖 7.13 中碳鋼 AISI 1040（0.40% 碳，0.5% 錳，0.2% 矽）的變態圖 **(a)** I-T 圖或稱為恆溫圖 **(b)** C-T 圖或稱為連續冷卻圖

7.7 麻田散鐵組織形成時的物理性質改變
Physical Property Changes During Martensite Formation

　　從沃斯田鐵組織變態為波來鐵組織或是麻田散鐵組織會伴隨著鋼材的膨脹還有熱能的釋放。臨界溫度可以藉由估量隨著溫度改變的尺寸大小變化而得到（利用熱膨脹計），或是藉由冷卻或加熱曲線（熱分析）來得到。透過一個簡單的證明可說明尺寸和溫度的變化，將近乎於共析鋼材質做的鋼琴線，拉在兩個有電接點支撐的點上（一條 3 公尺長，0.86 毫米粗的金屬線，可以被直接用到 120 伏特的電源供應器）。電流通過金屬線來讓它的溫度上升到 A_1 線以上，然後電流被關掉以允許金屬線可以在空氣中冷卻。當加熱時金屬線出現下垂的狀態，不過既然在金屬線上的加熱速率很不均勻，在 A_1 溫度變態為沃斯田鐵組織無法立即察覺。當金屬線冷卻時，因為沃斯田鐵組織隨著溫度的下降而收縮，所以下垂的金屬線平穩的上升起來。由於在空氣中稀薄部分的快速冷卻，鋼材沒有改變，直到它達到黑紅的顏色，相當於 550 到 600°C。當鋼材轉變為細波來鐵組織，金屬線可以看出變得紅熱，這樣的效應一般稱為再熾 (recalescence)。膨脹是起因於變態和溫度的上升，造成了金屬線的馬上下垂。然後當變態的結構繼續的冷卻，懸掛的金屬線繼續緩慢的收縮並且上升到原來的位置。

　　在慢速的冷卻，比如說在熔爐中，在外部與中心並沒有很大的溫度差異或是梯度存在，所有的變態都發生在高溫（Ar_1 線），而且伴隨著變態的膨脹是可以被塑性金屬的變形所容納的。在這樣的情況之下，不會有很大的殘留應力。當比較重的塊件，比如說一個 25 公分厚的鑄軋鋼在空氣中或是液體中被冷卻，在外部可能已經到達變態溫度而且也膨脹起來，但是中心部位是更熱的而且仍然完全是沃斯田鐵組織。為了要容納面膨脹，在中間區域的金屬要被拉向表面而末端可能會受力變得有些凹形。在表面部分已經良好的變態並且繼續它的正常收縮，中間的部分到達了它的變態溫度並且開始膨脹。為了要適應內部的膨脹，結構層也必須要膨脹。既然在此時表面正在收縮，強迫性的膨脹經由塑性流動而發生，不過在比較低的溫度而且在金屬中的塑性會比在熔爐冷卻的例子來的小一些。假使軋鋼被淬火處理，這個階段的冷卻循環可能會發現表面是在一個脆麻田散鐵狀態，不能夠塑性地變形，表面的部分將會剝落，有時候還會伴隨爆炸性的破壞。假設表面的塑性變形是遵照膨脹核心，最後時期的冷卻將會發現中心部位在比較高的溫度下變態，所以會熱一些，收縮的比表面更多會造成往內拉的力量。這個中心的拉力可以藉由表面的壓塑強度來平衡掉，因此，當金屬都在室溫時在中心部分會有殘留的拉伸應力，在表面會有殘留的壓擠應力。然而假使表面無法像淬火的高硬化能合金鋼一樣塑性變形的話，這種狀態將會是顛倒的。

　　殘留應力並沒有被侷限在厚度 25 公分的鋼塊，它們可能會在許多厚度尺寸小於 25 公分的許多金屬中發現，假使從高溫冷卻的速度夠快的話，就可以在表面和中心部分之間產生一個顯著的溫度差。高淬火溫度通常會造成較大的溫度梯度因此會產生較大的應力，這個應力的增加也會增加畸變或是斷裂的危險。在上面所描述的應力作用在圓柱狀試件周圍的方向，不過這也伴隨著縱向（表面的長度方向）和徑向（從表面到中心）的應力。這些應力會造成正常原子間距的位移，假使晶體格子沒有太大的畸變，應力可以藉由 X 光量測方式來察覺。應力也可以藉由機械的方式來得到，也就是切削掉表面層（或是切管）的方式來進行，當部分在平衡的塑性應力中的金屬已經被移除，其他不平衡的應力就會造成一些變形或是畸變。這是在機械加工廠中最常考慮到的問題。

加熱到足夠高的溫度可以造成塑性變形使其減低殘留應力。大多數金屬的塑性限制在溫度上升時都會快速的下降，既然應力都被塑性平衡了，它就會藉由內部流動而消失。應力也可以藉由一個外部的或是大量的變形來減低，拉伸一根桿件造成先前在拉伸應力之下的部分更多的流動，可能最後會翻轉原來受到壓擠力的部分的應力，因為外力的釋放可能會造成一個均化效應。

麻田散鐵組織，在相當冷的沃斯田鐵組織中形成，可能可以承受更大量的應力（既然塑性極限更高），不過是在極小的尺度上。最先的麻田散鐵組織板在塑性沃斯田鐵組織中形成的麻田散鐵組織板也許會很順利的膨脹，但是當緊鄰的沃斯田鐵組織稍後也變態為麻田散鐵組織時，伴隨著的膨脹會因為碰觸到之前所形成的麻田散鐵組織而遭受反抗。因此最先形成的麻田散鐵針狀物承受了高度的局部塑性張應力，有時候會顯示出橫向的微裂縫，隨著這些微裂縫的出現，壓擠力才能被平衡。

7.8 麻田散鐵組織的回火 Tempering of Martensite

鋼材的結構在新形成麻田散鐵組織的地方硬度會相當高，但是也相當脆。脆性的產生在某部分上是因為麻田散鐵組織本身的性質，某部分是因為伴隨著麻田散鐵組織形成的內部應力。藉由將淬火的鋼材回火，換言之，將鋼材再加熱到低於 723°C 以下的某個溫度，鋼材的延展性可以獲得增加，通常這會帶來一些硬度的下降。麻田散鐵組織在和 M_D 以下溫度的沃斯田鐵組織相比較是穩定的，但是與肥粒鐵組織和雪明碳鐵組織相較之下就顯的不穩定。即使是在室溫，麻田散鐵組織有傾向於分解成為這些成份，回火加熱可以用來加速這樣的分解。回火加熱的過程可以經由金相學，X 光分析還有熱膨脹計的研究來變的更有效率。這些技術顯露出了在不同溫度區間之下，一連串定義明確的狀況所發生的加熱回火過程：

1. 100°C 到 200°C 當準備要進行金相檢查時，新生成麻田散鐵組織蝕刻為白色，但當加熱到此溫度範圍時，麻田散鐵組織蝕刻為暗黑色。在這個組織中沒有單一的粒子可以被溶解，這就是所熟知的回火麻田散鐵組織。在這個範圍中 X 光散射的圖形表現出結構上顯著的改變，雖然因為尺度太過細密而無法在這個顯微鏡下解析這個結構，但是不論如何，這個改變確實發生了。這改變可以藉由圖 7.14 中的資料來說明。麻田散鐵組織中的 c/a 比例是指在溶液中碳的數量，從圖中的資料可以很清楚的看到當到達 200°C（400°F）時，麻田散鐵組織已經完全的分解了。在繞射圖形中沒有出現雪明碳鐵的特徵線，不過 X 光的資料表示在這個溫度範圍裡，75%的碳會以某些過渡碳化物結構的形式從固溶液中析出。這些形成的過渡碳化物稱為 ε 碳化物，隨著它的出現會提升一些硬度。

2. 200°C 到 260°C 在這個區域的鋼材開始變軟，不過在結構中並沒有顯著的改變發生。假使這個鋼材包含了殘餘沃斯田鐵組織，在冷卻時這個相可能會開始分解。

3. 260°C 到 360°C 在這個溫度範圍內經過退火處理鋼材的 X 光繞射圖形顯示出雪明碳鐵組織結構的特徵繞射線。因此過渡碳化物獲得額外的碳並且變態為細雪明碳鐵粒子，這些粒子無法在顯微鏡下解析，此結構仍然稱為回火麻田散鐵組織。然而，在此溫度範圍內有很顯著的硬度降低現象。

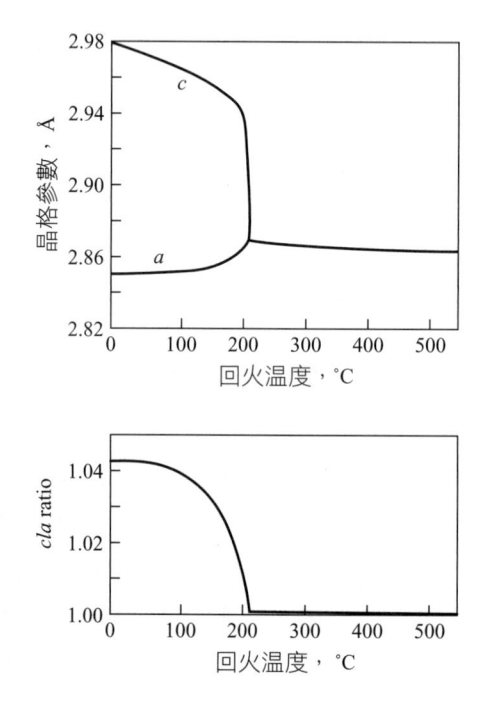

圖 7.14 晶格參數 *a* 和 *c* 還有麻田散鐵組織的軸向比例 *c/a* 均為回火溫度的函數。當 *c/a* 值等於 1.0 的時候，麻田散鐵組織分解為肥粒鐵和碳化物相。

4. 360°C 到 723°C 在這個溫度範圍內，溫度越高，雪明碳鐵組織粒子就越粗。在 650°C 或是更高的溫度回火之後，粒子就可以很容易的在光學顯微鏡下解析，在這個狀況之下，這樣的結構就是所熟知的球狀雪明碳鐵。接近這個範圍的高溫末端時，鋼材變的完全軟化。

麻田散鐵組織的回火包括了均質的固體溶液中雪明碳鐵粒子的擴散作用。因此回火的量端視溫度和在那個溫度所花費的時間而定。回火機制的活化能對溫度來說是足夠高的，所以溫度變成比時間更重要的因素，換言之，在溫度上一點點的增加就等同於時間上很大量的增加。由於這個理由，回火處理的講授通常都用溫度來給定，這樣的話就可以理解，在某溫度的時間將會是一個小時或是幾個小時的量級，確切的時間通常變的沒有那麼重要了。當想要表示一些性能像是硬度隨著溫度和時間的改變的話，這些性能資料可以對

$$T(c + \log t)$$

來畫出，在這其中 T 是絕對溫度，t 是時間，c 是一個常數，端視鋼材的性質而定。這個參數使得在不同溫度和時間下，在一條單一的曲線上畫出回火數據變的可行，就如同圖 7.15 中所畫的一樣。要注意的是雖然回火發生在一系列不同的狀態下，但回火曲線在硬度方面表現出平順的減小。

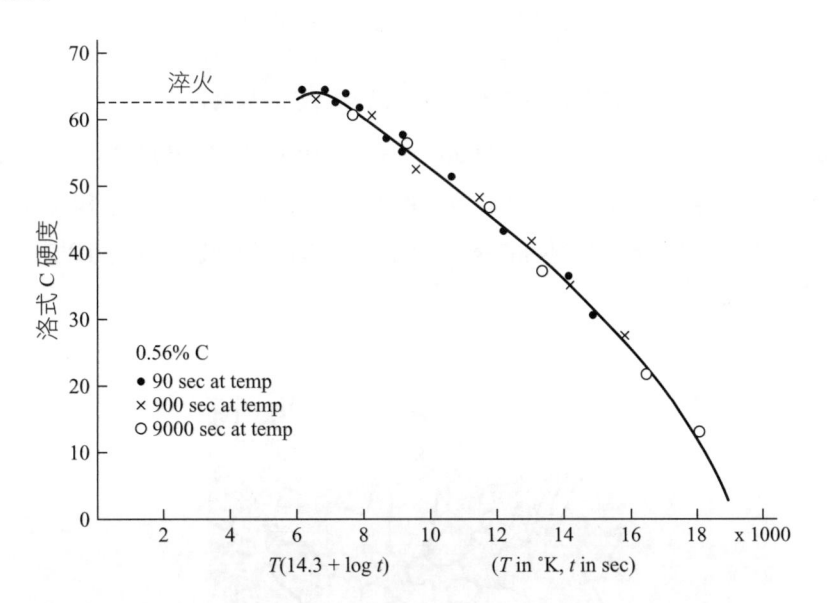

圖 7.15　0.56% 碳鐵的回火數據，淬火到麻田散鐵組織，然後在某些溫度範圍內進行回火 90 秒，900 秒還有 9000 秒。參數 $T(14.3 + \log t)$ 可以允許所有的時間－溫度數據被畫為個別的軟化曲線。

7.9　恆溫變態鋼材的顯微組織

Microstructure of Isothermally Transformed Steel

使用適當的設備，恆溫變態圖可以簡易的只藉由高溫沃斯田化液態鹽浴，或適度的低溫變態鹽浴和冷水槽來進行實驗性地估量。硬度測試和顯微鏡可以被使用來估量沃斯田鐵組織變態的開始和完成時間。就本身而論，沃斯田鐵組織不會在任何純碳鋼的微細構造中顯露出很大的範圍。任何存在的沃斯田鐵組織從變態浴槽中淬火到室溫時將會大部分變態

為麻田散鐵組織。麻田散鐵組織的蝕刻特性會隨著形成它的沃斯田鐵組織的碳含量而有些許的變化（顯微照片 7.9 到 7.12）在顯微照片中波來鐵組織如同先前所描述的一樣方式顯露，在接近變態圖的鼻部所形成的細波來鐵比較難去解析，除了當層紋薄片很接近平行拋光表面時。要拋光或是確認初析肥粒鐵和碳化物都沒有任何的困難。（顯微圖片 7.9 到 7.20）

顯微圖片 7.9　0.4% 碳鋼 + 0.71% 錳，在 1000℃ 沃斯田化，淬火到 684℃，保持 10 秒後再進行淬火；洛氏硬度 C 50；放大倍率 1000 倍，硝酸浸蝕液蝕刻，在次臨界溫度經過 10 秒之後，肥粒鐵開始在沃斯田鐵的晶界間形成。從 684℃ 開始的淬火對肥粒鐵沒有任何影響，但是可以讓沃斯田鐵變為粗針狀的麻田散鐵組織。

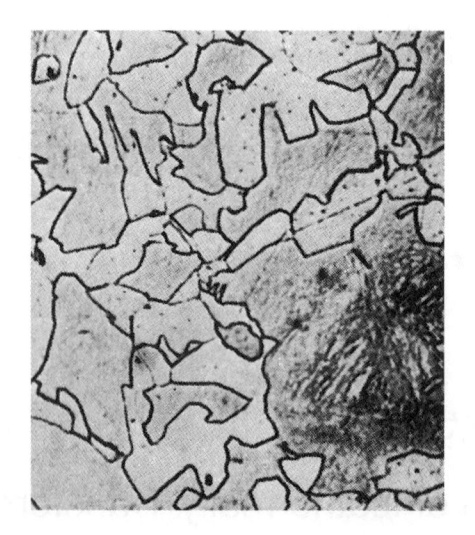

顯微圖片 7.10　如同在顯微圖片 7.9 中一樣，但是在 684℃ 時保持 36 秒；洛氏硬度 C48。在從 10 秒到 36 秒的區間內，更多的肥粒鐵晶粒出現在沃斯田鐵的晶界上，並且尺寸也變大了。緊接著肥粒鐵區域，那些仍然是沃斯田鐵組織的地方出現碳的富集。從顯微照片的右手邊可以看到在這裡所形成的高碳麻田散鐵組織其淬火蝕刻要比低碳麻田散鐵組織慢很多。

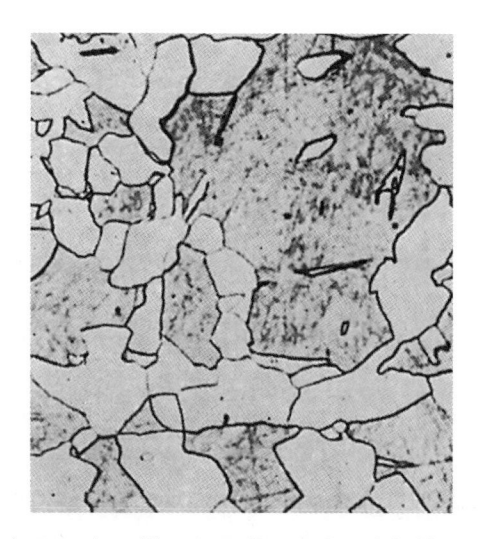

顯微照片 **7.11** 如同在顯微圖片 **7.9** 中一樣，但是在 **684**℃ 時保持 **100** 秒；洛氏硬度 **C34**。從沃斯田鐵中肥粒鐵的分離被加速了，從硬度的改變和微細構造就可以發現到這一點。當肥粒鐵開始分離時，其餘的沃斯田鐵組織也出現碳的富集，再一次的這些組織在淬火中變態為麻田散鐵組織，不過這些高碳麻田散鐵組織 (和在顯微圖片 **7.9** 中的相比較) 表現出較少的針狀結構，而且也被蝕刻到比較淡的顏色。

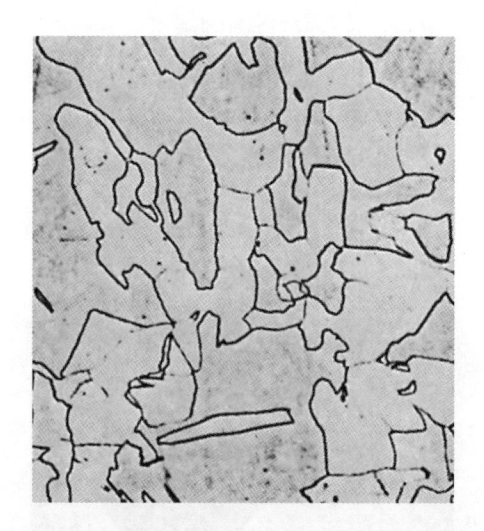

顯微照片 **7.12** 如同在顯微圖片 **7.9** 中一樣，但是在 **684**℃時保持 **360** 秒；洛氏硬度 **C31**。在此狀況下肥粒鐵的分離接近完成，不過還沒看到剩餘的沃斯田鐵組織變態微波來鐵組織的徵象。事實上，在經過 **3600** 秒之後這個特殊鋼在硬度上還有結構上都已經擁有洛氏硬度 **C29** 的程度。在這邊，沃斯田鐵組織的碳含量對於麻田散鐵組織的蝕刻特性的效應要比顯微圖片 **7.11** 中的更加明顯。事實上想要分辨出軟肥粒鐵組織和硬麻田散鐵組織是相當困難的。

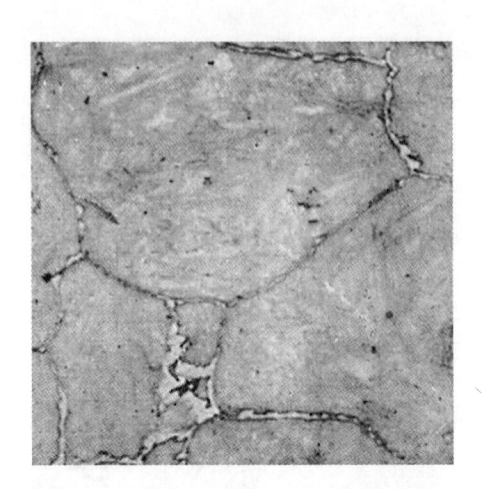

顯微圖片 **7.13** **1.2%** 刮鬍刀片碳鋼，在 **1000**℃（**1830**℉）時沃斯田化，在 **710**℃時保持 **50** 秒，然後放到水中淬火。放大倍率 **1000** 倍，苦味酸劑蝕刻，洛氏硬度 **C65**。這個試件保持的夠久來通過了恆溫變態圖（圖 **7.10**）中的 **Cs** 線，但是還沒到達波來鐵組織開始形成的的線。碳化物包覆了原先沃斯田鐵組織晶粒，將其輪廓描繪出來，這些沃斯田鐵晶粒在水中淬火時變態為白色的麻田散鐵組織。注意到沃斯田鐵組織晶粒是比較大的。

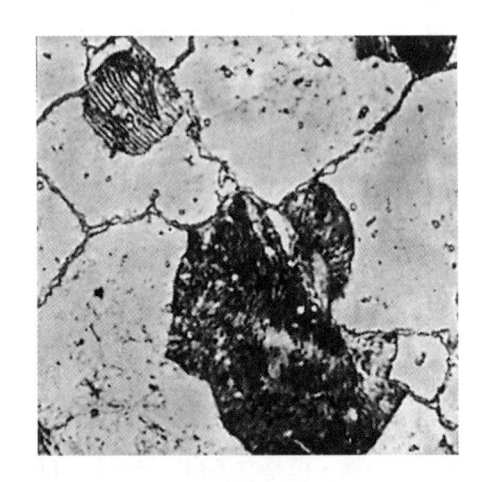

顯微圖片 **7.14** **1.2%**碳鋼，在 **1000**℃時進行沃斯田化，在 **710**℃保持 **100** 秒，然後進行淬火。放大倍率 **1000** 倍，苦味酸劑蝕刻，洛氏硬度 **C40**。沃斯田鐵組織變態為粗波來鐵組織大約完成了三分之一。注意到左上方的角落波來鐵組織已經在兩個方向，層紋薄片的旁邊和末端都成長到沃斯田鐵組織中。初析碳化物（過剩的）可以在沃斯田鐵的邊界上看到。

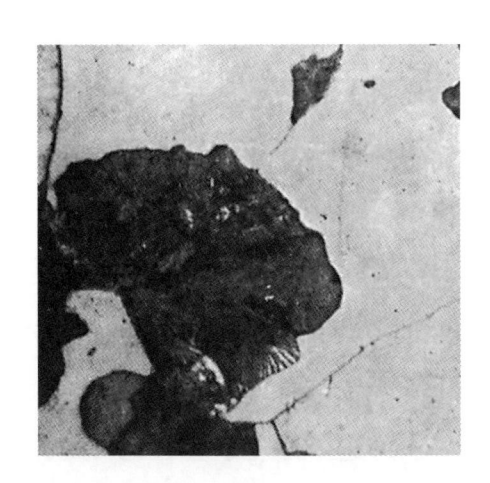

顯微圖片 **7.15** **1.2%** 的碳鋼，在 **1000**°C 時進行沃斯田化，在 **680**°C 保持 **20** 秒，然後進行淬火。放大倍率 **1000** 倍，苦味酸劑蝕刻，硬度為 **C46**。在這個較低溫度下的反應，產生了細波來鐵組織，有大約三分之一的部分在很短的時間內就已經完成了。在此溫度下，波來鐵組織成核的前端表現出成長主要是在波來鐵層紋薄片的末端。成長主要是從原先沃斯田鐵組織邊界的地方到緊接著的晶粒。在這個溫度下，只有一些些初析碳化物可以在 γ 相的晶界中形成。

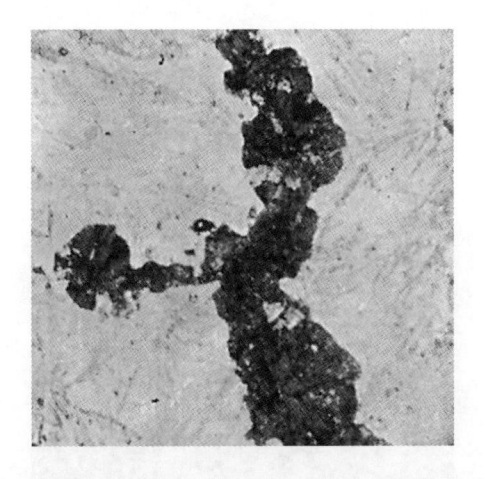

顯微圖片 **7.16** **1.2%** 碳鋼，在 **1000**°C 時進行沃斯田化，在 **610**°C 保持 **5** 秒，然後進行淬火。放大倍率 **1000** 倍，苦味酸劑蝕刻，硬度為 **C55**。變態大約有 **15%** 完成，在比較接近 S 曲線鼻部的溫度下變態開始的比較快一些，波來鐵組織結構會比較緻密，因為過於緻密所以無法在這一個有些過蝕刻的結構中分解。原先屬於沃斯田鐵組織的部分在淬火後形成為麻田散鐵針狀物，在這邊因為過蝕刻的關係，這些針狀物是更顯而易見的。注意到細波來鐵組織的成核外觀與它的特性放射轉入到邊界旁的兩個沃斯田鐵晶粒。這樣的結構是典型的以略低於臨界冷卻速率來淬火的鋼材。在 **600**°C 的時間由於過短所以無法允許過剩的碳化物在沃斯田鐵晶界上形成，不過在邊界上的細波來鐵成核可以顯露出沃斯田鐵晶粒的大小。

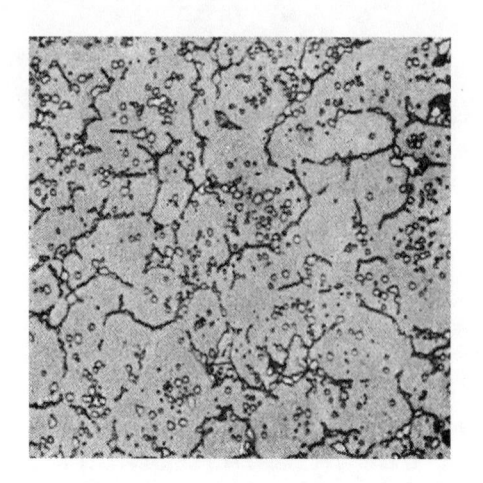

顯微照片 **7.17** **1.2%**碳鋼，在 **850**℃時進行沃斯田化，在 **710**℃保持 **5** 秒，然後進行淬火。放大倍率 **1000** 倍，苦味酸劑蝕刻，硬度為 **C65**。在這一個和緊接下來的結構中，一樣的鋼材在低於 A_{cm} 線的溫度來進行淬火，在商用的硬化溫度範圍內球狀的碳化物無法完全的溶解。這種情形下的雪明碳鐵在沃斯田鐵組織晶界的形成要較比較性的試件（顯微照片 **7.13**）快很多，此比較性的試件是以較高的溫度進行沃斯田化。注意到在較低溫度下進行沃斯田化的試件中，沃斯田鐵的晶粒是比較細緻的。

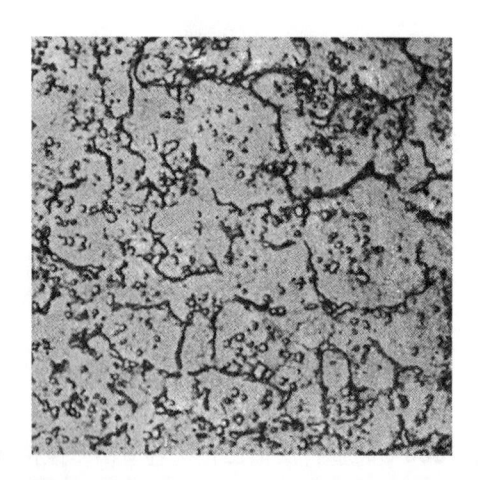

顯微照片 **7.18** **1.2%**碳鋼，在 **850**℃時進行沃斯田化，在 **710**℃保持 **10** 秒，然後進行淬火。放大倍率 **1000** 倍，苦味酸劑蝕刻，硬度為 **C65**。在經過比較長的保溫時間後，在晶界上的雪明碳鐵和殘餘的粒子都變密了一些，不過波來鐵反應則尚未開始。

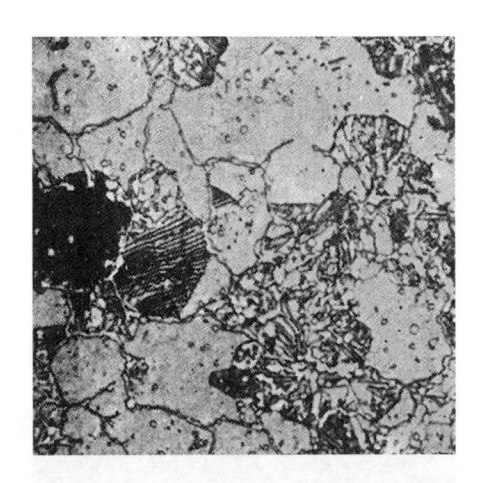

顯微圖片 7.19 1.2%碳鋼，在 850℃時進行沃斯田化，在 710℃保持 30 秒，然後進行淬火。放大倍率 1000 倍，苦味酸劑蝕刻，硬度為 C41。此刻波來鐵反應大約完成到 40%的程度。注意到粗波來鐵組織的成長從晶界轉入到僅僅一個沃斯田鐵晶粒。將這個結構和顯微照片 7.14 相比較，可以看出雖然細密晶粒的沃斯田鐵組織變態會快一些，但是所產生的波來鐵組織間距卻是差不多的。

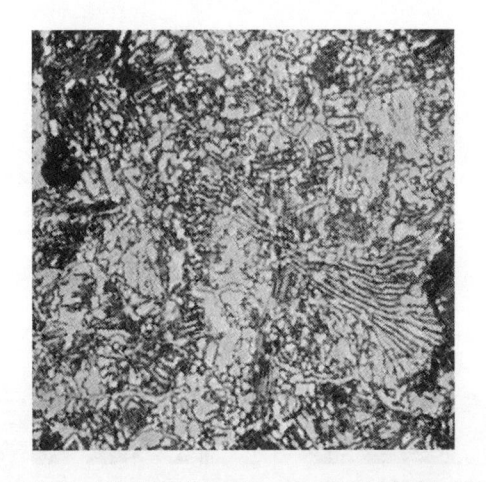

顯微照片 7.20 1.2%碳鋼，在 850℃時進行沃斯田化，在 710℃保持 100 秒，然後進行淬火。放大倍率 1000 倍，苦味酸劑蝕刻，硬度為 C41。變態已經完成，不過不純粹變為波來鐵組織。然而一些晶粒會顯現出這個層紋薄片結構，其他的則緊緊表現出粗糙的球狀碳化物。雖然很常看到這樣的結構，不過這也算是某種形式的異常。在異常結構中，碳化物持續的在已經存在的碳化物上形成，在這裡是以球狀形成，因此變態結構中包含了大量的球狀碳化物以及肥粒鐵。有時候過剩的晶界碳化物會變非常濃密，在它們旁邊也會伴隨著相對應的濃密肥粒鐵殼層，也可能在原先是沃斯田鐵晶粒的中心會有一些波來鐵組織的存在。

在大約 400℃時所形成的變韌鐵顯露出羽毛狀組織。平行的鰭狀物從類似波來鐵結構的莖幹分歧出來，但是相當筆直而且比原先的波來鐵結構更加緻密。在 250℃到 300℃時，擁有針狀結構的變韌鐵組織會很像退火的麻田散鐵組織。在部分變態為變韌鐵組織的試件上，淬火的組織所顯露出麻田散鐵組織的針狀物是白色的，然而變韌鐵組織的針狀物卻是黑色（顯微圖片 7.21 和 7.22）。

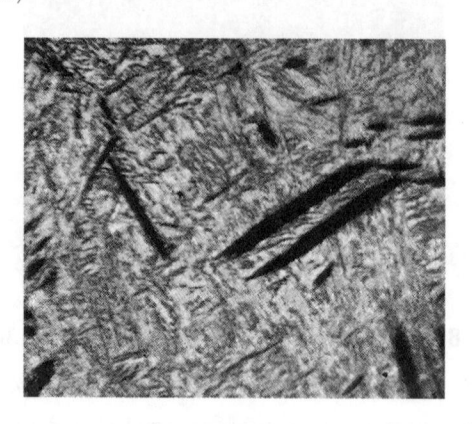

顯微照片 **7.21**　**0.6%**碳鋼的薄切片，在 **1000**℃時進行沃斯田化，然後淬火到 **350**℃，保持 **30** 秒然後再放到水中淬火。放大倍率 **1000** 倍，硝酸浸蝕液蝕刻。從沃斯田鐵組織變態到變韌鐵組織是由此結構開始產生，表現出了在麻田散鐵組織中大約存在有 **2%**的散射黑色針狀物。

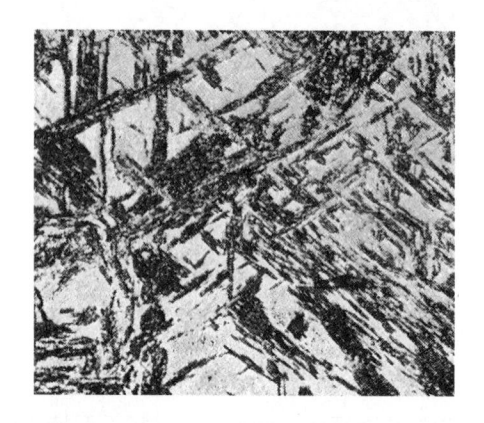

顯微照片 **7.22**　與顯微照片 **7.21** 相同的碳鋼以及相同的處理方式，但是在 **350**℃中保持 **100** 秒然後再淬火，放大倍率 **1000** 倍，硝酸浸蝕液蝕刻。變韌鐵反應隨著時間繼續進行，在此處約有 **60%**已完成。

　　麻田散鐵組織蝕刻是白色，但低溫的變韌鐵組織蝕刻卻是黑色的，其原因與碳的分佈有關。麻田散鐵組織是由非擴散性變態來形成，和原先的沃斯田鐵組織是一樣的成分並且是一種固體溶液，然而變韌鐵包含的碳化物粒子是在一個高度被驅散的形式。這些變韌鐵組織中的碳化物粒子還有回火的麻田散鐵組織都是造成黑色蝕刻成分的原因。變韌鐵組織和麻田散鐵組織和波來鐵組織相比較之下都是相當容易拋光的，它們較大的硬度幾乎可以消除由於表面流動的困難。然而鑑於對波來鐵組織來說，較喜歡用苦味酸劑來當蝕刻劑；對變韌鐵組織和麻田散鐵組織來說，則較喜歡使用硝酸浸蝕液來當蝕刻劑。硝酸浸蝕液在早前的部分已經詳細說明，因其比較能夠畫出肥粒鐵組織的輪廓，所以使用它來當作變韌鐵組織和麻田散鐵組織的蝕刻劑是合理的。在這個部分的顯微圖片並沒有企圖要將全部變態圖的發展都表現出來。介入從亞共析鋼中沃斯田鐵組織的肥粒鐵組織分離都在顯微圖片 7.9 到 7.12 中顯現。這些系列的照片另外顯露出在亞共析鋼沃斯田鐵組織中的肥粒鐵分離和晶界群一樣剛好在 A_1 線以下，完美地顯露了對於麻田散鐵組織的蝕刻特性上，變化的碳含量所帶來的效應。當肥粒鐵分離時，剩下的沃斯田鐵出現碳的富集，而且在淬火蝕刻中形成麻田散鐵組織的速度也變的更慢了。

在沃斯田化過共析鋼中，相類似的部分變態結構顯露在顯微照片 7.13 到 7.16 中，對一樣的鋼材來說，在 A_{cm} 線和 A_1 線之間沃斯田化的現象顯露在顯微圖片 7.17 到 7.20 之間。

回火的麻田散鐵組織結構（顯微照片 7.23 到 7.28）根據碳化物粒子的大小或是在它們之間的肥粒鐵平均自由徑在蝕刻特性上呈現變化。在回火系列中，想要在同一時間將所有的試件都進行蝕刻以獲得回火麻田散鐵組織黑色密度的特殊比較性估量。

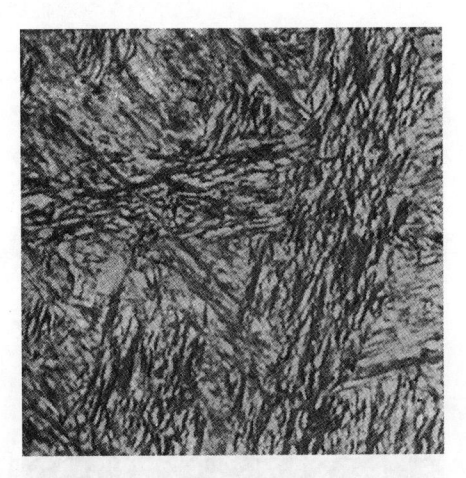

顯微圖片 **7.23**　**0.70%**鍛鋼（**SAE 1070**），從 **925**℃開始在冷水中淬火，然後在 **100**℃時回火 **1** 小時，放大倍率 **1000** 倍，在 **4%**濃度的苦味酸劑蝕刻 **2** 分鐘，硬度為 **C64**。在經過這樣非常低溫的回火處理後的結構仍然是白色的麻田散鐵組織。針狀物只有存在三個方向，麻田散鐵板在這張顯微圖片中相當明顯，由此看出這整個區域只是一個沃斯田鐵晶體的一部份。這個試件淬火的溫度大概比一般商用淬火溫度高出 **140**℃。較高的溫度造成了較粗糙的結構，這樣很適合用來表示麻田散鐵組織的性質，不過對最常見的應用來說卻顯得太脆了。

顯微照片 **7.24** **0.70%**鍛鋼（**SAE 1070**），從 **925**°C開始在冷水中淬火，然後在 **200**°C時回火 **1** 小時，放大倍率 **1000** 倍，在 **4%**濃度的苦味酸劑蝕刻 **40** 秒，硬度為 **C60**。較高的回火溫度造成了麻田散鐵組織更快速的形成並且顏色也更深一些。這樣的結構稱之為回火麻田散鐵組織，在右邊中心部分的水平條斑代表了一個小氧化內含物。

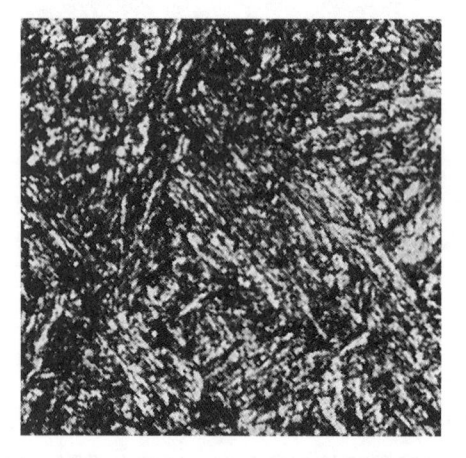

顯微照片 **7.25** **0.70%**鍛鋼（**SAE 1070**），從 **925**°C開始在冷水中淬火，然後在 **350**°C時回火 **1** 小時，放大倍率 **1000** 倍，在 **4%**濃度的苦味酸劑蝕刻 **25** 秒，硬度為 **C50**。在可溶解大小之下的細緻碳化物析出使得試件在麻田散鐵板的方向還十分明顯時出現黑色的聚集區，這樣的結構有時候會被稱之為吐粒散鐵。

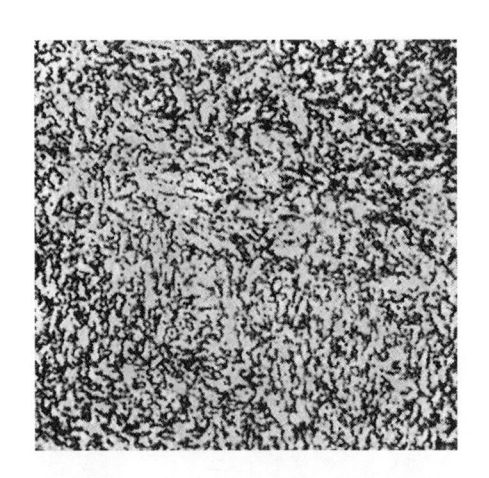

顯微照片 **7.26** **0.70%**鍛鋼（**SAE 1070**），從 **925**°C開始在冷水中淬火，然後在 **600**°C時回火 **1** 小時，放大倍率 **1000** 倍，在 **4%**濃度的苦味酸劑蝕刻 **25** 秒，硬度為 **C30**。碳化物成長到大約在這樣的放大倍率下可以解析的大小，肥粒鐵組織的基地現在可以看得相當清楚，這樣的結構有時候被稱之為糙斑鐵。

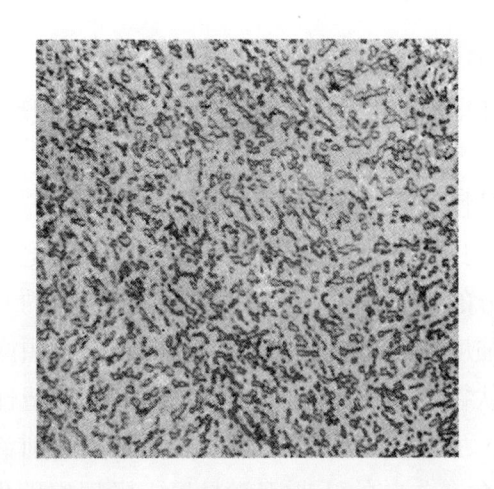

顯微照片 **7.27** **0.70%**鍛鋼（**SAE 1070**），從 **925**°C開始在冷水中淬火，然後在 **720**°C時回火 **4** 小時，放大倍率 **1000** 倍，在 **4%**濃度的苦味酸劑蝕刻 **25** 秒，硬度為 **C8**。碳化物的繼續成長使得它們可以被清楚的解析，所以這個結構的顏色比前一張更白也更看的清楚。注意到碳化物粒子的線向仍然可以顯露出之前麻田散鐵組織針狀物的位置。

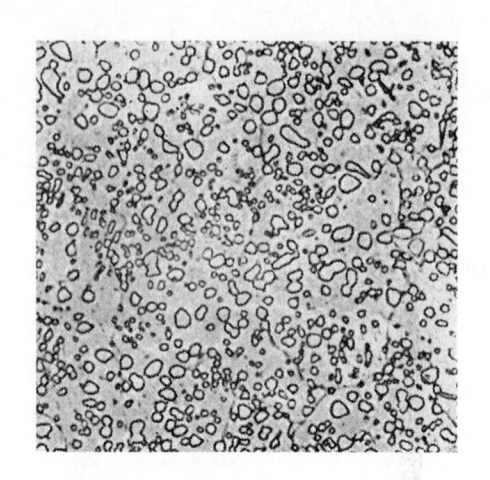

顯微照片 **7.28** 一種商用鋼（**SAE 52100**），它帶來加工上的困難。放大倍率 **1000** 倍，硝酸浸蝕液蝕刻。這個結構在肥粒鐵組織的基地中有相當粗糙的碳化物粒子廣闊的間隔開來，只有在相當長的次臨界球狀退火處理下才會發生。

7.10　熱處理鋼材的一般性質
Generalized Properties of Heat-Treated Steels

正常化處理和退火鋼　Normalized and Annealed Steels

正常化處理鋼材的機械性質可以由目前的相和它們的分佈來做判定。肥粒鐵，相當純正的體心立方鐵，有著適度良好的可塑性以及強度，然而碳化物就相當的硬且脆。在聚集體或是波來鐵組織結構成分的地方，肥粒鐵組織是接近連續的。因此共析結構會有一些可塑性是與適度高的硬度與強度相結合在一起。亞共析合金可顯露出連續的肥粒鐵晶粒結構中包括了波來鐵結構的島狀物，因此這些鋼材會顯現出好的塑性與強度；當碳含量在肥粒鐵中減少，波來鐵中增加，那麼鋼材的塑性就會減少，強度則會增加。當過共析鋼合金慢速的經由 A_{cm} 線來冷卻，會在先前的沃斯田鐵晶界上顯現出碳化物的包絡線，由於這個連續脆相，在顯微圖片 7.7 和 7.8 中的結構在本性上就會是比較脆的。基於這個理由，在實際上商用的鋼材中，過共析鋼必須在 A_{cm} 線下的溫度進行退火。兩個顯現出的結構在工業合金上都是比較不願意看到的。

既然更快速的正常化處理氣冷可以壓制過共析碳化物包絡線的形成，正常化處理可以而且也被在 A_{cm} 線以上的溫度來實施。在表 7.3 中表示出了這些效應的量化數據。對亞共析鋼來說，特性上的改變是相當接近線性的，所以這些改變可以藉由簡單的方程式來表示，並且具有合理的準確性，在方程式中特定的特性和肥粒鐵、波來鐵的碳含量以及在結構中現存所有成分所佔的比例都有一定關連。

表 7.3　正常化處理鋼材與退火處理鋼材的機械性質

碳含量（%）	降伏點 (MPa)	抗拉強度 (MPa)	50毫米伸長量 (%)	減少面積 (%)	BHN
熱軋處理鋼材					
0.01	180	310	45	71	90
0.20	310	440	35	60	120
0.40	350	585	27	43	165
0.60	415	750	19	28	220
0.80	480	925	13	18	260
1.00	690	1050	7	11	295
1.20	690	1055	3	6	315
1.40	660	1020	1	3	300
退火處理					
0.01	125	285	47	71	90
0.20	250	410	37	64	115
0.40	303	517	30	48	145
0.60	340	660	23	33	190
0.80	360	800	15	22	220
1.00	360	745	22	26	195
1.20	350	700	24	39	200
1.40	345	685	19	25	215

表 7.4　沃斯田鐵變態產物*的拉伸性質

反應溫度 (°C)	硬度 (HRC)	降伏強度 (0.2%偏移量) (MPa)	拉伸強度	50毫米伸長量 (%)	面積縮減率, %	波來鐵組織間隔 (Å)
700	19	345	830	13	20	6300
650	30	655	1070	16	35	2500
600	40	930	1310	14	40	1000
550⁺	38	910	1275	12	30	
500	36	900	1240	16	46	
450	40	1035	1310	18	54	
400	44	1170	1450	16	52	
350	48	1310	1585	13	44	

* 資料是由共析活塞鑄造（0.8%探鋼，0.74%錳，0.24矽）所獲得，在變態過程中為了再熾而訂正。

⁺ 在這個溫度範圍內資料是可以改變的。

因此退火共析鋼材（使用表 7.3 的數據和槓桿規則）的抗拉強度 (MPa) 和碳含量的關係可以表示為

$$\text{抗拉強度} = \frac{285\,(\%\text{肥粒鐵}) + 115{,}000\,(\%\text{波來鐵})}{100}$$
$$= 285\,(1\%\text{C}/0.8) + 115{,}000\,(\%\text{C}/0.8)$$

在波來鐵結構中雖然肥粒鐵組織是連續且佔領了結構體積的 90%，介入肥粒鐵組織連續性的薄晶片狀碳化物要比變韌鐵組織碳化物小很多。因此，雖然波來鐵結構在強度上可能會和高溫的變韌鐵組織相近，但波來鐵組織的延展性比較差。表 7.4 中的恆溫變態共析鋼的數據表示在 700 到 550°C時經過波來鐵區域和 550 到 350°C時經過變韌鐵區域的強度與延展性特性變化。在早先，圖 7.6 中，在麻田散鐵組織硬度中碳含量的強力效應已經被展現了。理論上來說，伸張和降伏強度的曲線本質上將會平行硬度曲線，然而在實際上，在碳含量超過 0.2%的淬火麻田散鐵組織中的微應力是如此的高，預期的破裂在任何的缺陷處都可能發生。舉例來說，0.10%的低碳鋼表現出好的抗拉強度，大約在 1300 MPa 左右，延展性也在可接受的範圍內，不過這些結果並不是商業上可行的。這樣的低碳鋼有著高 A_3 溫度而且需要非常快速的臨界冷卻速率，這樣的話才會只有薄區被淬火為麻田散鐵組織。這樣進行淬火的零件會表現出嚴重的畸變，因此一般來說比較有作用的高強度最好的就是經由淬火來得到完全麻田散鐵化組織，經過回火可以得到想要的強度和延展性組成（表 7.5）。因此，一樣的強度可以經由一個碳含量的範圍，舉例來說，從碳含量 0.30% 到 0.60%。碳含量的選擇和熱處理將會在稍後的章節中討論。

表 7.5　中碳鋼的性質（**0.39** 的碳，**0.71** 的錳），**25** 毫米的鋼棒，淬火和回火的時間都是一小時

溫度（°C）	拉伸強度（MPa）	降伏強度（MPa）	50 毫米伸長量（%）	BHN
油中淬火，850°C				
200	780	590	19.5	262
300	780	595	19.8	255
400	765	570	20.0	244
500	740	520	23.5	229
600	685	460	28.0	196
700	610	425	33.5	183
水中淬火，850°C				
200	900	670	16.5	514
300	890	660	17.5	464
400	860	640	20.0	376
500	810	610	22.0	285
800	730	545	25.5	232
700	595	430	33.0	187

問題

1. 為何在 0.8%碳鋼中的球狀結構可能會轉變成為 (*a*) 細波來鐵 (*b*) 粗波來鐵或是 (*c*) 比原來更細密的球狀物？

2. 為何對汽車的連接桿而言，經過回火處理的麻田散鐵組織比相同硬度（洛氏硬度 C30）的波來鐵組織更好呢？

3. 對於 710℃時的粗沃斯田鐵變態和細沃斯田鐵加上殘留碳化物（見本章的顯微圖片）的變態過程而言，所需求時間有何不同？

4. 在問題三中的兩個沃斯田鐵結構，哪一個在淬火中會顯現出 (*a*) 比較大的淬火硬度 (*b*) 比較快的臨界冷卻率？

5. 說明兩種化學分析以外的方法可以用來檢查亞共析鋼的碳含量。

6. 為何退火過的 0.40%碳鋼經熱處理後會顯現出 (*a*) 大區域的自由肥粒鐵加上在肥粒鐵中的緻密球狀碳化物區域 (*b*) 均勻分佈地緻密球狀碳化物。

7. 假設一個淬火過但是沒有回火的（麻田散鐵組織）0.8%碳鋼，有某部分放置在 800℃的熔爐中，在 800℃ 的沃斯田化時，這個結構會發生何種效應？假如某部分在隨後的淬火時斷裂了，解釋一下可能發生的原因。

8. 假使 1.2%碳鋼不從慣用的 790℃硬化，而改由從 950℃開始，為什麼它得回火兩次而非慣用的一次呢？（假設使用 190℃ 的回火）

9. 詳細的描述一個實驗方法，這個方法可以利用金相技術來判定鋼材的 M_s 溫度。

參考文獻

Olson, G. B., and W. S. Owen (Eds.): *Martensite: A Tribute to Morris Cohen,* ASM Int., Materials Park, OH, 1992.

Kaufman, L., and M. Cohen: "Thermodynamics and Kinetics of Martensite Transformations," *Prog. in Metal Physics,* vol. 7, p. 165 (1958).

Bain, E. C., and A. W. Paxtow: *Alloy Elements in Steel,* 2d ed., ASM, Materials Park, OH, 1961.

Krauss, G.: *Steels*: *Heat Treatment and Processing Principles,* ASM Int., Materials Park, OH, 1989.

Krauss, G.: "Tempering and Structural Change in Ferrous Martensites," in *Phase Transformations in Ferrous Alloys,* A. R. Marder and J. I. Goldstein (Eds.), The Metallurgical Society, Warrendale, PA, 1984.

Christianson, J. W.: *The Theory of Transformations in Metals and Alloys,* Pergamon, New York, 1965.

Pickering, F. B.: *Physical Metallurgy and the Design of Steels,* Applied Science Publishers, London, UK, 1978.

Honeycombe, R. W. K., and H. K. D. H. Bhadeshia: *Steels—Microstructure and Properties,* 2d ed., Wiley, New York, 1996.

Shewmon, P. G., *Transformations in Metals,* McGraw-Hill, New York, 1969. VanderVoort, G. F., (Ed.): *Atlas of Time-Temperature Diagrams for Irons and Steels,* ASM Int., Materials Park, OH, 1991.

ASM Handbook, vol. 1, *Properties and Selection: Irons, Steels, and High- Performance Alloys,* 10th ed., ASM Int., Materials Park, OH, 1990.

第三部份

金屬材料工程

Metallic Materials Engineering

第八章

低碳鋼

Low-Carbon Steels

鋼材在所有的工程材料中是應用最廣泛的,一般說來也是最有用的。本書中接下來的四個章節將會講述有關碳鋼和合金鋼。不過本章的主題低碳鋼,是大宗使用的鋼材,通常都以噸來計。低碳鋼的產品包括了用在建築物、橋樑、輸油管、艦板還有在許多在運輸帶上的薄板,食品加工業還有營建業。

商用的鋼材絕不會是鑄鐵和碳的合金,因為存在於鋼材中的一些錳、矽、硫還有磷會在任何的精鍊製程中產生。普通碳鋼是基本上是以氧氣轉化爐製造,通常用完了 25%的小塊合金或是在平爐的熔爐中用完從 25%到 50%的小塊合金,這種鋼材可能會包括一些為數不多的殘留元素像是銅、鎳、鉻還有錫,含量上大約是 0.1%。所有這些元素都會影響某些鋼的性質,不過一般來說這些影響都不大。$Fe-Fe_3C$ 相圖沒有因為任何這些殘餘的不純物或是謹慎的添加物而有顯著的改變,例如在碳鋼中常常可以找到的錳或是矽。鋼的性質或是鋼材有其他大量的元素添加物經過熱處理的反應所造成相圖的改變將會在稍後的章節中討論。

8.1 煉鋼製程相關名詞
Terms Related to Steelmaking Processes

今日大多數的鋼材都是藉由基本的氧氣煉鋼製程生產的,有 25%的液相生鐵和小塊狀金屬要被放入水壺狀的轉化爐中,然後大量的氧氣要被吹向液態金屬的表面。真實的煉鋼過程包括了氧化作用。矽、碳還有磷都由熔解槽中氧化,讓它們減少在生鐵中的含量,到一般常見的含量以達到所需製造鋼材的要求。構成爐渣的材料通常富含石灰,然後進一步的和氧化的不純物相結合,然後再將它們從熔解盆中移除。BOP 製程需要在一個小時內生產 100 到 300 噸的鋼。

另一個常見的煉鋼製程是電熔爐煉鋼，通常最常用於製造合金鋼，特別是假如合金的元素有容易氧化的傾向。在此熔爐中的充電器 (charge) 是藉由鋼材和大的碳電極之間的電弧來加熱的淺槽，碳電極可能是液態的生鐵或是任何比例的金屬廢料(scrap)。在生產高合金鋼時，通常會選擇控制成份的高品質金屬廢料來做為充電器。一種或有時候兩種的爐渣會被使用，這種方式所生產的鋼材和其它的方法相比較將會有比較少的氧化物或硫化物。

高品質飛機、飛彈還有核能零件對最大的強度與韌度的需求導致了許多特別技術的發展，藉由這些技術可以在主要的製程之後得到更精鍊的鋼。這些方法包括真空熔化與加熱，真空弧再熔化以及電渣再精鍊。既然這些製程常常應用到中碳鋼或是高碳鋼，將會在稍後做更詳細的討論。在這段討論的文章上下文中應該要被注意的是這樣的製程技術可以減少碳中的非金屬不純物含量，並且也應用在越來越多的鋼鐵上。

來自氧氣轉化爐或是電熔爐的液態鋼被倒入杓子然後注入鑄錠或是最近常用的一種方式，改將液態鋼液體注入到連續厚板中。在長杓和鑄模中所實施的去氧化作用將會把鋼材分類為下面幾種分類中的一種。

1. **淨緣鋼 (Rimmed steel)**　在液態鋼中只加入一分鐘的還原劑，近乎純的鐵開始在鑄模的表面凝固。在薄的表皮或是邊緣凝固之後，在表面液體介面液體中碳和氧的濃度開始上升，直到反應 C（溶解在鋼中）+ O（溶解在鋼中） → Fe + CO（氣相）開始。所形成的一氧化碳(CO)會造成液體表面的沸騰。產生的氣泡出現於表面之下還有接近鑄塊中心的地方。

2. **帶帽鋼 (Capped steel)**　當鑄模充滿了在化學上和淨緣鋼相近的液態鋼之後，一個蓋帽就被放置到鑄模之上。這可以允許壓力增大，這樣可以部分的壓制 C-O 反應而且造成一個更均質的鑄塊。淨緣鋼和帶帽鋼一般來說含碳量都在 0.15% 以下。

3. **半靜鋼 (Semikilled steel)**　假使去氧化作用減低了 C-O 反應到達了沒有沸騰發生的時候，只有延遲在固化過程中足夠的釋放氣體來發展氣泡。這些氣泡有足夠大的體積來補償在固化時體積的改變或是收縮，因此鑄塊實質上會有平坦的上頂。典型的半靜鋼碳含量在 0.15 到 0.25%的範圍。

4. **全靜鋼 (Killed steels)**　在這些等級中，對鋼中所有氧化物添加足夠的金屬還原劑，讓所有氧化物轉化為穩態的氧化物，一般來說是氧化矽 (SiO_2) 或是氧化鋁 (Al_2O_3)。鋁典型來說是單獨的使用在片狀產品中，然而矽或是矽加鋁被用於其他的產品。在液態鋼中的碳和氧氣之間沒有任何的反應，因此沒有氣體的生成。固化是靜態的過程，在這期間正常的收縮會發生，造成了最後產品產量的損失，在截斷或是抵制鑄塊上部份的地方表現出了一個打開的收縮洞穴。

電熔爐鋼，高碳鋼還有高合金鋼通常都屬於全靜鋼。平爐鋼或是中碳或低碳含量的轉化器鋼或是低合金含量鋼可以被生產為全靜鋼，只是比較高品質和高花費的全靜鋼方法必須來採用。

8.2 鋼材的晶粒尺寸 Grain Size of Steel

在本書中晶粒定義為相同相之下的毗鄰晶體。在 Fe-Fe$_3$C 系統中，可能會有肥粒鐵晶粒或是沃斯田鐵晶粒，不過不可能有碳化物晶粒，因為碳化物微晶並不是連續的，除非是相當微小的程度，有其他的碳化物微晶。同樣的，不可能會有波來鐵晶粒，因為肥粒鐵晶體是和碳化物晶體相接觸的，反之亦然（見 152 頁）。

從顯微照片 7.3 到 7.4 的掃視，可以很清楚的看到在正常化處理或是退火鋼中，肥粒鐵晶粒的大小只有在碳含量小於 0.4%的鋼中才有意義，超過 0.4%，自由肥粒鐵的數量變得很小，在這時最多的就是過量或是初析的肥粒鐵晶體和波來鐵組織的區域相接觸。

既然沃斯田鐵在 Ar$_1$ 線溫度會消失，所以在此處所考慮的普通碳鋼其沃斯田鐵晶粒尺寸從沒有被直接的注意到。顯微照片 7.4 和 7.8 顯露出存在於 γ 相的沃斯田鐵的晶粒大小，證據就是在相當緩慢的冷卻時在沃斯田鐵晶粒上分離的小量的自由肥粒鐵或是碳化物。還有其他的方法可以用來在室溫下估量原先存在於高溫時的沃斯田鐵晶粒的尺寸[註1]。

如同早先所討論過的，肥粒鐵的晶粒尺寸是用和 α－黃銅晶粒尺寸一樣的方式來控制。在加熱到 600℃時所得到的晶粒尺寸可能會藉由加熱到更高的溫度而增加。然而，在這邊會有一個限制就是溫度要低於熔點；在加熱到 723℃以上，任何現存的波來鐵組織將會在持續加熱的過程中變態為沃斯田鐵晶粒，這些晶粒將會在肥粒鐵的消耗中成長，即使沃斯田鐵是在彼此的消耗中成長。當所有的肥粒鐵都消失時，這個過程在 Ac$_3$ 的溫度時就會完全達成。

和肥粒鐵晶粒尺寸相關的，有另一個變數被考量附加到之前的討論是和黃銅有關，那就是冷加工度，退火溫度和時間，肥粒鐵純淨度等等。新的變數就是一組給定的肥粒鐵晶體可以藉由除了再結晶之外的方法在固態中開始存在。

肥粒鐵晶體是從純鐵或是低碳鋼由沃斯田鐵狀態冷卻的 γ-α 變態形成的。這樣的關係無法藉由數學上來陳述，不過既然肥粒鐵晶粒是成核生長的，它們的大小將會視時間和溫度或是特別地視冷卻率而定。低碳沃斯田鐵的慢素冷卻將會比快速冷卻時給予一個比較粗糙的肥粒鐵晶粒尺寸。因為對一個給定的冷卻率來說，一個粗晶粒的沃斯田鐵所產生的肥

[註1] 對於在碳中估量晶粒尺寸的方法，可以參考 American Society for Testing and Material Standard E112-96, Estimating the Average Grain Size of Metals.

粒鐵晶粒要比細晶粒的沃斯田鐵所產生的來的粗，所以沃斯田鐵晶粒尺寸本身就是一個變數。像是細微地分散不溶相這樣的因素是非常重要的，這樣的散播物將會有助於細晶粒的沃斯田鐵和肥粒鐵的生成。

對於晶粒尺寸慣用的規則不僅應用到沃斯田鐵上，同時也用到肥粒鐵上。雖然要冷加工一個普通碳鋼不可能的，包括再結晶和晶粒成長到某程度的熱加工都要視熱加工的溫度而定。假使沃斯田鐵晶粒並不以這樣的方式來形成，就會在加熱包含沃斯田鐵晶粒的波來鐵組織中形成。既然它們是共析地形成，肥粒鐵組織和碳化物都必須在晶核過程 (nucleation) 的位置上存在，不過很明顯地，這個限制在波來鐵組織區域上並不存在，在這個區域中 α 相和 Fe_3C 無論何處都是相接觸的。這造成了一個事實，穿過 Ac_1 線溫度的加熱率僅僅輕微的影響了初始沃斯田鐵晶粒尺寸的結果。波來鐵層狀薄片組織的粗糙也只會有一點點的影響。新生成的沃斯田鐵晶粒，只在 Ac_1 線上一些的地方是最小的尺寸，這個尺寸會隨著時間輕微的上升一些，但是會隨著溫度有顯著的上升。沃斯田鐵的晶粒成長曲線是受到現存的散播物相當大的影響。相對地，不易溶解或是慢速的可溶解過量碳化物還有被驅散的氧化物像是氧化鋁將會在高於 Ac_1 或是 Ac_3 線的一般熱處理溫度範圍溫度妨礙晶粒成長。典型的成長曲線表示在圖 8.1 中。很明顯的可以看到晶粒尺寸在 Ac_1 線上一點點的溫度或是在很高的溫度時並沒有很大的差異。

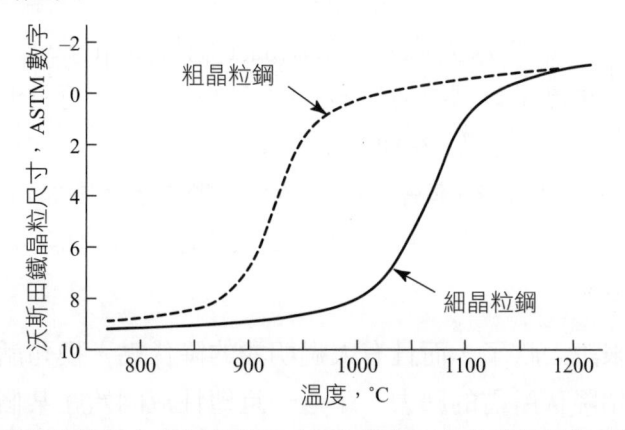

圖 8.1 粗晶粒鋼（沒有用鋁來還原）和細晶粒鋼（用鋁來還原）的典型沃斯田鐵晶粒成長曲線。不同的鋼材在實質上沃斯田鐵晶粒尺寸的不同只在平常的固滲碳範圍，舉例來說，在 950℃，非硬化溫度（800 到 850℃）或是在鍛造溫度（1150 到 1200℃）。

8.3 無法硬化之低碳鋼 Nonhardenable Low-Carbon Steels

工業文明所生產和使用的鋼中最大宗數以噸計的是有相當低碳含量的鋼，而且這種低碳鋼從不會被熱處理來達到麻田散鐵組織。這當然不是指嚴密的冶金控制將不會被採用，而只是說熱處理的花費對於可獲得特性的增加或是處理部分太大的工件來說是相當昂貴的。這些低碳鋼的晶粒尺寸可以藉由組成成分或是使用細晶粒來控制。對高溫加工鋼來説，晶粒尺寸也被高溫加工的溫度所控制，特別是最後完成的溫度。最後冷卻率是被控制的，在熱軋平條的例子中，就是藉由控制當鋼被捲成圈的溫度。2.5 毫米厚的熱軋條在打開的時候冷卻的相當快速，但是捲成圈時就冷卻的很慢。這些變數在實質上的影響可以在對於第七章基礎的瞭解後被推論出來。

許多數以噸計的建築用鋼材和鋼片、鋼板都是由普通碳鋼，半靜 (semikilled) OH 或是 BOP 鋼所生產，這些鋼材都是用在高溫加工狀態。除了偶而的總量和立即可見到的缺陷之外，這些鋼材的性質都藉由高溫加工的量來估量，也就是高溫加工完成的溫度和隨後的冷卻率。高溫加工的量控制了消除粗糙結構的程度和鑄鐵的分離特性。較低的完成溫度，最低到 732°C 會造成相當低的再晶溫度因此會造成較細的晶粒。快速冷卻率會造成更多細紋薄片的波來鐵組織殖民地，因此造成較硬且較強壯的鋼材。然而這是可以被更動的，舉例來説當 723°C 時將 3 毫米的鋼材捲成圈，冷卻率可以被大大的減緩。

連續高速五段冷軋鋼機的出現大大地減低了冷軋鋼的花費，而且允許機器的改善控制和改進的表面平滑度，造成了在使用冷軋鋼上極大的成長，從 0.75 毫米降低為 0.15 毫米。一般來説淨緣鋼或是帶帽鋼都是碳含量少於 0.25%。這樣的鋼材很少使用在冷軋鋼狀態，不過使用在特殊加工退火，也就是説在縮減的大氣中低於 A_1 線的臨界溫度，不是一圈的樣子就是像條狀的連續物。程序退火造成了常溫加工肥粒鐵和 Fe_3C 的球狀物的正常再晶 (recrystallization)，假使再晶是以層紋薄片形式的話就會居先進行常溫加工，再晶實際上會因為在冷軋中的大規模變形而分離。在連續條的程序退火中有一個相當重要的要素是從 675 或是 700°C 的冷卻率。太快的冷卻率會在再結晶肥粒體的溶液中保留太多的碳（還有氮），使得退火鋼容易受時效淬火的影響，也就是説略高於室溫，舉例來説 150 到 230°C 時的加熱，碳化物和氮化物的析出。

程序退火鋼一般來説太軟了，而且有太過明顯的降伏點，換句話説在差排上的碳和氮原子大大地增加了初始降伏所需的應力，不過一旦塑性流開始在某個現場，所需要造成此現場連續的應力就突然下降，造成了在某個位置的連續流動。這個效應不止在科學上是令人關注的，而且在商業上也非常令人討厭，因為它造成了局部的表面粗糙，稱為伸張應力或是螺旋狀外表 (worms)。因為柔軟度和降伏點延長這兩個考量，大部分的程序退火冷軋鋼，冷軋時施加的變形量不大，大約是 ½ 到 1½%，這稱為回火傳遞或是表皮傳遞。這不只會輕微的增強鋼材，也會消除降伏點，也就是説導致了從彈性變形到塑性變形的平滑過渡而不是一旦塑性流開始時的突然應力下降。

回火碾軋，淨緣或是蓋帽鋼的降伏點在室溫進行時效作用時將會回復（圖 8.2），回復的速率會有些取決於先前退火的冷卻率。假使碾軋過的鋼條使用前是被小半徑的滾輪水平碾軋的話，這樣的效應可以再次的被消除。假使低碳鋼是一種鋁靜等級，氮氣在結構上不能挪作鋁的氮化物用，因此是不能夠來在適當的地方封鎖差排，以消除降伏點。

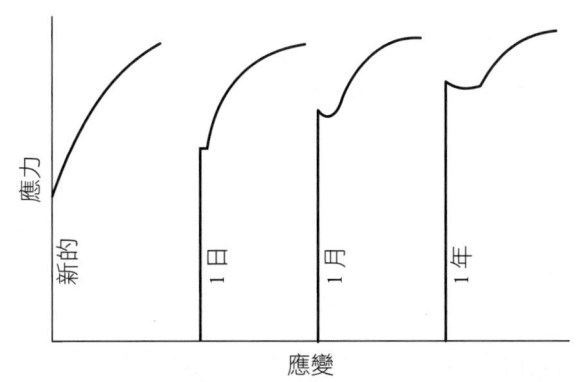

圖 8.2 在經過常溫加工後各種時間的低碳鋼應力－應變曲線圖。當應變時效發生時，一個尖銳的降伏點和降伏流動在鋼中開始發展。

瓷琺瑯製品 Porcelain Enameled Ware

製造人們在家庭或是建築物中所熟悉的披覆瓷的鋼外型或是嵌板，鋼片要先形成所希望的外型，然後再塗層矽酸的膠體，接著加熱到所需要熔化熔塊到達光澤狀態的溫度，通常大約是 815℃。必須使用兩層的塗層，底色層和完成層，一層無機的顏料附加到完成層上以獲得想要的顏色。低碳和低氫含量的鋼被要求來避免一氧化碳氣體的生成或是在熔接陶瓷塗層和金屬溫度為 815℃ 的表面之間的氫。一個從上釉藥的鋼中移除碳的新技術就是所謂的敞開捲圈退火過程，建立在一個之前只用於實驗室的技術之上。一卷冷軋探鋼被捲繞而在相繼的轉彎之間會有一個間隔或是空間。隨著打開捲圈的垂直軸，材料被加熱到所需的溫度約 675 到 700℃，有一個強力的風扇將經過此材料的阿摩尼亞 ($N_2 + H_2$) 和水蒸氣吹離。假使 P_{H_2}/P_{H_2O} 在 700℃ 時是在 2 到 10 之間，產生的反應 $C + H_2O \rightarrow H_2 + CO$ 將會不經由氧化鐵而移除碳和氮。在相當薄的細長片中，氫將會在慢速冷卻之後擴散出去，特別是在 100 到 25℃ 的範圍內。

車體原料 Automobile-Body Stock

在這個例子中，關鍵性的考量是經由最少的操作，冷成形為想要的外型和經過成形後的表面狀態。鋼的冷成形仍然大部分是一門藝術，不過某些品質上的陳述可以拿來瞭解所需要的鋼材性質（成形鋼模的設計，潤滑劑等等，被忽略的部分）：

1. 低降伏點和高抗拉強度是所想要的
2. 在第一項以外的是相當大程度均勻拉伸（張力測試時在降伏和最大負載之間的塑性伸展）的要求。高度加工硬化率造成了破裂前局部頸縮的延遲。

3. 高的歐森杯測試值 (high Olsen-cup test) 或是能力可以在破裂前製造一個深度的半球狀（半徑 20 毫米）縮格 (hemispherical indention)，藉以指出二軸的延展性。這需要最小包括尺寸大小和數字，正向於表面[註2]的強度要比片上水平面的高一些，在這片上水平面上也會有一些的定向性質。

4. 適當的細晶粒尺寸；假使細晶粒尺寸比 9 號好，成形就會受損，假使比 7 號差，橘皮的表面或是較大的粗糙度會在成形時發生。

5. 所希望的是比較低的降伏點伸長，這可以藉由回火滾軋大約 1%的削減或是藉由滾輪收縮或是破壞晶粒來達成，舉例來說，伸長每一個表面局部的超過降伏點。一個較高的降伏點伸長並不會減低可形成性，不過會因為螺旋狀外表導致表面變粗糙或是局部伸長的陸德斯條紋。

錫板 Tin Plate

錫板是第二大宗的鋼製品，這代表在美國境內一年 1000 萬噸鋼的消耗量。它是一種低碳鋼，一般來說是經熱軋或冷軋到成品，再經程序退火，回火碾軋和錫電鍍，一般來說錫電鍍約 20 毫米的厚度，隨後會進行熔接來使表面的塗層明亮。隨著大多數特定的冶金學細項被忽略，當前兩個例子出現時，在西元 1962 到 1963 年之間注意力又被拉回技術性的改革。在這個時期之前，鋼必須至少有 10%的張力延展性以做為金屬容器體末端的凸緣，如此才可以在末端處接合或是捲曲。當鋁和塑性容器開始奪去某些部分的錫板容器市場，必須要有比較薄的厚度和較低花費（每單位面積）的錫板。可以藉由退火讓厚度變厚 50%到 75%，然後再利用冷軋將錫板碾軋至最後所需的厚度。因此材料就可以被被碾軋薄到 0.13 毫米厚度而且在冷軋狀態下是夠強壯，能被正規的高速度拉經錫電鍍線。經濟學上來看是有些模糊的，但是基本上來說適時的關鍵是每噸的鋼可以多生產 50%的錫板面積，而容器是就錫板的單位面積來製造而非是看其重量。商用錫板的相對特性可以在表 8.1 中看到。最值得注意的技術是雙重冷降錫板可以不經猛擊就作為凸緣，這意味著 8%的張力強度，即使平常的破裂張力測試伸長量被記錄為 1%。當然，記錄的 1%伸長量是對 50 毫米口徑長度，假使某人量測到剛好在破裂之前，0.25 毫米口徑長度附近的局部變形應變，那麼伸長量將會被發現從 40% 變為 50%（必須記得的是張力測試伸長量有兩個部分，一個是均勻伸長

[註2] 鋼片在正向於表面和水平於表面的相對強度是由 R 值來判定，是由標準的片試件拉伸測試中所估算出來的。R 值是一個比例，是指試件在破裂時寬度的減少比上在頸縮時厚度的減少。比較高的 R 值代表金屬在正向於表面抗拒變細的能力大於金屬在測試方向的拉伸和相對變窄的能力。鋁靜鋼，低碳鋼片是典型的比淨緣鋼或是帶帽鋼有比較高的 R 值。

量,另一個是在局部破裂前變細的伸長量,後者最常使得口徑長度變為伸長量數據百分比中關鍵的因素)

表 8.1　車體和錫板用低碳鋼*的性質

等級	降伏強度 (MPa)	張力強度 (MPa)	50 毫米伸長量, (%)
淨緣鋼,退火及熱軋處理	240	305	35
全靜鋼,退火及熱軋處理	170	285	41
MR+錫板,盒退火及熱軋	325	365	28
連續的退火和熱軋	400	435	20
盒退火和碾軋 40%	550	560	1.0
橫切的	610	615	0.8
連續的退火和碾軋 35%	690	700	0.8
橫切的	770	780	

* 典型來說從 0.05%到 0.08 碳含量

+ 組成物:最多 0.12%碳,0.2 到 0.6%錳,最多 0.01%矽,最多 0.05%硫,最多 0.02%磷,最多 0.2%銅

　　第二個在凸緣與張力測試伸長量伸展能耐之間差異的巧妙之處是伸展必須在碾軋的方向上,也就是說錫板罐必須有鋼周圍的碾軋方向。即使冷軋席板的橫向張力測試伸長量幾乎和縱向的一樣,但假使伸長凸緣是在橫向方向的話,斷裂通常就會發生。斷裂是由於包括成核或是切緣邊損壞所造成。

船與坦克用重鋼板　Heavy Steel Plates for Ships and Tanks

　　美國最近所生產的鋼大約有 20%是薄板的形式而且拿來做為建築的應用。這種未經熱處理的建築用鋼鐵板最常以美國材料測試協會 (ASTM) 所載明的某一規範來製造,例如 A36、A285、A441、A516 和 A662。表 8.2 中列出了這些等級的化學組成和機械性質要求。

表 8.2　建築用鋼的典型機械性質與應用

ASTM 等級*	用途	降伏強度 (MPa)	張力強度 (MPa)	50 毫米伸長量, %
A36	橋樑與建築物	310	450	28
A285 等級 C	壓力容器	275	450	31
A441	橋樑與建築物	380	520	26
A515 等級 70	壓力容器，鍋爐	310	520	26
A516 等級 70	壓力容器，低溫	310	520	26
A662 等級 A	壓力容器，低溫	345	450	27

*：鋼材的群集有 0.18 到 0.31%的碳，0.60 到 1.25%的錳，0.035%的磷，0.040%的硫，0.15 到 0.35%的矽。每一個等級都是限制在這個範圍內。A662 會有比上面所指出的限制低的碳含量及高錳含量。

大多數這些鋼材都是熱軋後沒有再做熱處理的，因此由於組成成份和晶粒尺寸（經過實行去氧化）的控制來發展它們的機械性質。在某些例子中，舉例來說，在 A515 和 A516 中，比 50 毫米厚的板子是正常化的。雖然只有中等的降伏和張力強度，這些種類的鋼有適當強度，延展性，堅硬度及可焊度的結合，可以在建築上的應用表現出令人滿意的效果。因為強度的理由所以碳含量很少超過 0.25%（如果增加碳含量超過這個程度就會減低堅硬度和可焊度）而且很少低於 0.15%。最重要的合金元素除了碳之外就是錳了，它可以用來增加降伏和張力強度而不會減低延展性。銅則常常被加入來改善抗腐蝕性。

低溫作業用鋼材　Steels for Low-Temperature Service

過去五十年間在冷天氣時期船艦或是坦克的偶爾故障喚起了低碳鋼易脆而破裂性質的注意，更一般來說，除了有面心立方結構之外的材料都有這樣的性質。脆性破裂的領域會在第二章中討論的更加詳細，不過在這邊還是要說冶金的因素可被用來控制降低脆延伸過渡溫度（第一章）或是增加破裂堅硬度，如此一來脆破裂將不會在常態的冬天溫度下發生。基本的控制是藉由使用鋁靜鋼，實施大規模的高溫加工，控制完成溫度（恰好在 A_1 線上一些的溫度）還有正常化處理這樣的流程來確保細沃斯田鐵（和因此而生的肥粒鐵）晶粒尺寸。附加在正常層上的錳也可以改善堅硬度。一個這種材料的例子就是 ASTM A516（可以和 A515 相對照）。這種材料詳細指明擁有細沃斯田鐵晶粒尺寸（比 ASTM 5 好），而且正常化處理後可以改進刻痕堅硬度。這種鋼材預期的應用是拿來在焊接壓力容器中使用，在焊接壓力容器中刻痕堅硬度的改善是相當重要的[註3]。這種鋼材的微細構造是典型的群集，可以在顯微照片 8.1 中看到。下一個改善刻痕堅硬度的方法在 ASTM A662 中有詳細的闡

[註3] ASTM 規範 A516-96，壓力容器板，碳鋼，適當和較低的溫度 作業, 1999

明，這個方法中有比較低的碳含量和比較高的錳含量，對於在 – 25 和 25℃之間的衝擊堅硬度也被詳細指明。

在過去的幾年內，特別是在歐洲，有一個增加的趨勢是發展和利用建築用的鋼材，這種鋼材有相當低的碳含量，通常是 0.15%的碳或是更低，有時候低到 0.06%，不過有高含量的錳，釩，鈦或是鈮來當合金元素。這些鋼材依賴在碾軋時生成碳化物或是熱處理或是和上述的各種合金或是和鋁的氮化物的析出硬化效應。這些鋼材有令人注意的高降伏和張力強度而且和一般碾軋或是正常化處理的碳鋼相比，保持良好的可焊性和堅硬度。這些鋼材在生產和熱處理時需要比一般碳鋼更加小心，也因此更加昂貴。

艦板鋼和表 8.2 中所列出的低碳鋼相當的類似，不過要依照美國運輸事務處的規範來製造。這些鋼板通常也會碾軋過，不過會因高堅硬度被需求時做正常化處理。

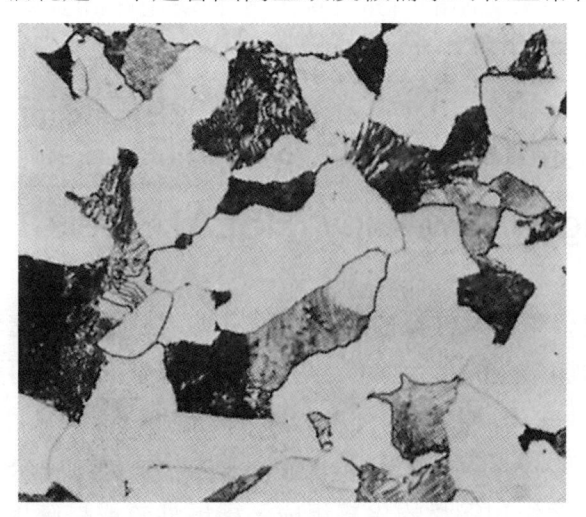

顯微照片 **8.1** **A516** 等級 **70**，從 **900**℃ 正常化處理，放大倍率 **500** 倍，硝酸浸蝕液蝕刻，這張顯微照片包含了肥粒鐵組織和細波來鐵組織

建築用外型及輸送管 Structural Shapes and Pipe

有很多種類的建築用外型也從低碳鋼中生產來建造橋樑和建築物。這包括了像 I 形樑，管樑，角樑還有粗凸緣樑。剖面的厚度正常來說都大約是 12 毫米，不過也包括大型的 H 樑，這種樑的厚度在全部的截剖面上會厚上從好幾英吋到好幾英呎。較大的建築用外型像是在建構橋樑中所使用的匣型大樑和板型大樑，通常都是藉由板片的焊接或是部分從碾軋外型和已焊接過或是拴上連接來製造的。這些外型中有許多遵守相同的 ASTM 對於板片產品的規範，像是 A36。

導管鋼材也和板片還有之前部分所討論的建築用等級相當類似,一般來說使用在碾軋過的情況之下。既然大直徑(100公分或是更大)的導管通常都是在當它們加工到達所需長度或範圍時就進行焊接,良好的可焊性是一個必須的特性。導管的製造中,剖面厚度很少超過 20 毫米,可以由高速碾軋(及焊接)的過程來完成,因此相當緻密,接近被控制的微型結構可以被達到,產生比相同成分的板或外型要高的降伏和張力強度。大多數這些導管的製造都是依照美國石油協會 (API) 的規範。與這些板外型鋼材相比,對於導管鋼材有一個漸增的關注是鋼材要有較低的碳含量但是包括鈮,釩還有鈦的添加物。由於種種的因素,在經濟上比板片更加可行的是以導管的形式,在導管中厚度通常要大一些,而且它們的良好可焊性以及高降伏強度會使得它們比傳統的鋼管更有吸引力。因此這些導管鋼材在美國已經找到了正在擴大的市場,這個市場的範圍要比板片鋼材來的大。這些鋼材有時候會被稱為微合金鋼,因為所使用的合金元素數量和使用在許多傳統鋼材中的相比少了很多,正常來說比 0.1%還少。

8.4 高強度低合金 (HSLA) 鋼
High-Strength, Low-Alloy (HSLA) Steels

建築用的、船板還有導管鋼材都很常使用到碾軋或是正常化處理的情況,並且包含除了錳之外也另外微量添加一些的合金,低合金高強度鋼可以包含可觀的合金成分,最多到 10%,常經由淬火和回火來得到較高的強度和衝擊堅硬度。表 8.3 和 8.4 列出了一些常使用的低合金高強度鋼的典型化學分析和機械性質。這些鋼材通常以 ASTM 所載明的號碼來標出。ASTM 給定編號的系統和鋼材的化學組成,機械性質或是應用範圍都沒有相關,但是和鋼材的發展和被 ASTM 系統所認可的時間先後有關係。因此兩種號碼緊鄰的鋼材可能在特性上會完全不一樣。號碼最高的合金就是最近才被發展出來的。

在表 8.3 中的合金可以作為在發展這些類型鋼材時冶金方法演進的例子。某些等級像是 A517 F 類型和 A543 第一級,是擁有高降伏和張力強度的結合體,也有著良好的堅硬度。在這些例子中合金元素的選擇基礎在於促進在某個範圍中有良好堅硬度的剖面厚度上淬火時所形成的麻田散鐵組織或是變韌鐵組織,這個良好的堅硬度是在相當高的溫度(600 到 650°C)回火所得到。這些類型的材料被使用在金屬板、模具、船艦還有焊接起來的建構物,從橋樑到商用的核子壓力容器。其它的鋼材,像是 A542,被淬火和回火來得到高強度,不過也被以鉻和鉬合金得到高溫潛變和抗腐蝕效果。相同的組成成分但以正常化的情況來處理就會是不一樣的 ASTM 規範號碼。另一個可能的選擇是鋼材的選擇,像 A203 等級 D 和 A553 類型 I,這些都是和鎳來合金以得到出色的低溫堅硬度。A203 等級 D 的撞擊過渡溫度低於 -60°C,這被應用於許多的低溫需求的領域。A553 類型 1 的撞擊過渡溫度低於 -200

℃，因此適合使用於液化天然氣（–170℃）的傳輸。除了上面所列出的例子之外還有許多其它的低合金高強度鋼可以提供特別的性質來適用於各式各樣的需求領域。

表 8.3　高強度低合金鋼的典型化學成分

元素	A533 等級 B	A517 等級 F	A543 第一級	A542 第一級	A203 等級 D	A553 類型一
C	0.22	0.15	0.15	0.12	0.12	0.10
Mn	1.25	0.80	0.35	0.45	0.45	0.65
P	0.015	0.015	0.010	0.020	0.015	0.010
S	0.015	0.015	0.010	0.020	0.015	0.010
Si	0.20	0.20	0.25	0.25	0.25	0.25
Ni	0.50	0.85	3.25		3.50	9.00
Cr		0.50	1.75	2.25		
Mo	0.50	0.50	0.50	1.00		
V			0.02			
Zr		0.10				
B		0.002				
Cu		0.30				

表 8.4　高強度低合金鋼的典型機械性質和應用領域

ASTM 等級	用途	降伏強度	張力強度	50 毫米伸長量, %
A533 等級 B	核子容器，蒸汽產生器第一級設備	415	620	25
A517 等級 F	橋樑，建築物其他重型建物	760	860	21
A543 第一級	壓力容器、板、船艦（類似的成分）	655	760	23
A542 第一級	化學和精鍊壓力容器	655	760	22
A203 等級 D	低溫設備	285	520	
A553 第一類	致冷槽及設備	655	760	25

　　因為鋼材的高合金含量，像是正常碳含量的板鋼就不能輕易的被焊接。但是鋼材還是得被廣泛的應用在各種領域，包括要焊接的部分。事實上許多含碳量較低的鋼材在這方面是相當有幫助的。雖然這種鋼材比起非合金的低碳鋼是比較昂貴的，但是優越的強度和堅

硬度使得它們在許多實際應用中是受到注意的，在這些實例中其他的材料在提供相同裝載量的情況下重量卻沈重的多。

　典型的低合金高強度碳鋼顯微照片可以在顯微照片 8.2 到 8.4 中看到。A515 鋼材（顯微照片 8.1）的微細構造反映出一個事實就是這種材料的碳含量或是合金成分太低，在剖面厚度大約 1.3 公分時的退火產生了除了肥粒鐵組織和波來鐵組織之外的變態產物。相對來說，A533 等級 B 的鋼材有充分的應度來產生包括肥粒鐵組織和碳化物的混合微細構造，而且在薄剖面產生麻田散鐵組織。如同在顯微圖片 8.2 中所顯示沈重部分的微細構造，這種鋼包含了肥粒鐵組織和回火的變韌鐵組織。高合金材料，像是 A517F 中所說的，可以被淬火到麻田散鐵的微細構造，隨後再經由回火來得到堅硬度。如同在顯微圖片 8.4 中所看到的，它的微細構造是佔主導地位的回火麻田散鐵組織。

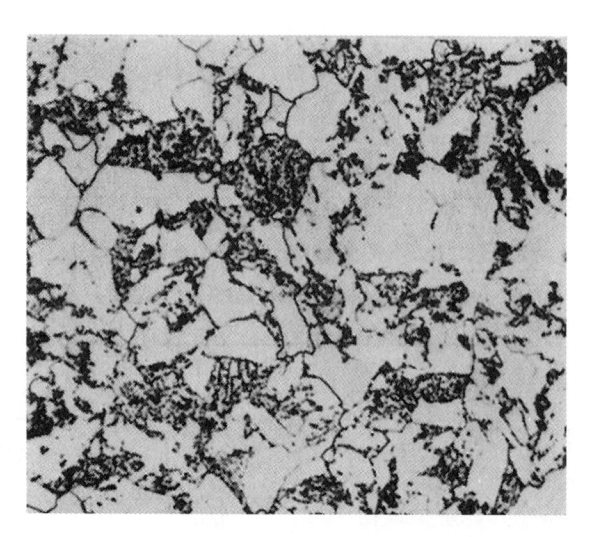

顯微圖片 **8.2**　**A533** 等級 **B**，從 **900**°C 開始淬火然後在 **620**°C 回火，放大倍率 **500** 倍，硝酸浸蝕液蝕刻。這是一個沈重部分板，微細構造中包含了肥粒鐵組織和回火的變韌鐵組織。

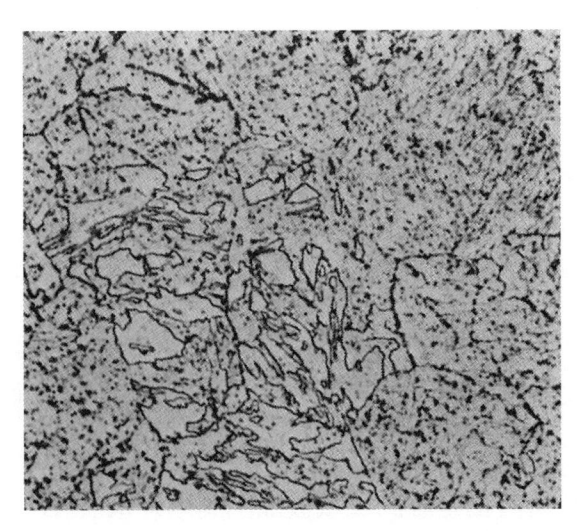

顯微圖片 **8.3** **A543** 第一級,從 **850**°C開始淬火然後在 **650**°C回火,放大倍率 **500** 倍,硝酸浸蝕液蝕刻。在這個樣本中的微細構造是回火的變韌鐵組織和麻田散鐵組織。

顯微照片 **8.4** **A517** 等級 **F**,從 **925**°C開始淬火然後在 **650**°C回火,放大倍率 **500** 倍,硝酸浸蝕液蝕刻。微細組織是回火的麻田散鐵相。

8.5 低碳鋼的焊接 Welding of Low-Carbon Steel

　　冶金學中熔化焊接簡單而言就是熔化與鑄造的過程,在這裡鑄造焊接的金屬變成是不可或缺鑄型的,而固體的金屬被連成整體。必然地,將會存在一個溫度的梯度,這個梯度是從室溫的金屬到液態的金屬。在焊接輕鋼時,有一些冶金學上的考量在這裡說明:

1. 焊接的金屬應該要是低氣體含量和低氧化物或是低碳以避免在液態金屬凝固時過多的氣體會釋放出來。

2. 焊接的金屬將會快速地凝固，因此會有相當細密的晶粒。

3. 毗鄰液體的金屬將會被加熱到沃斯田鐵狀態而且通常會藉由鄰近的冷金屬快速的冷卻。

4. 在沃斯田化金屬上產生的淬火效應將會造成易脆的麻田散鐵組織，除非碳含量相當的低（如此麻田散鐵組織就不會是脆性的）或是硬度相當的低（少量的合金元素是鉻和鉬）。

5. 將會有個鄰近於沃斯田化金屬的區域被加熱到剛好低於 A_1 線的溫度。對一個初始冷軋鋼來說，這將會是個退火而且局部軟化的區域，主要是受到時效硬變和回火（如果這個鋼材是被硬化的）作用。

很多種類在今日所可以使用的低碳鋼，幾乎所有的都要有足夠的可焊性來允許藉由現行的焊接製程來做一些簡單和經濟的製造。相似的材料間的可焊性變化可以經由適當選擇的焊接步驟來考慮到。所使用的焊接製程和所採用的程序將會視所焊接的材料、接頭的幾何形狀還有焊接時的狀態而定。越來越多地，所需要的焊接品質（實際上是焊接檢視的技術）也將會影響這些選擇。高敏感度的非破壞性測試在近年來的使用已經漸漸增加，這種方法對於對高品質焊接的檢視相當有用。

一般來說，高品質的焊接是指它的製程、程序或是裝填的金屬可以提供 (1) 在製造時接合點的缺陷在某個很小的尺寸或是更好 (2) 接合點在使用上要達到可接受的機械性質。第一個要求有時候稱為製造可焊性，通常被解釋為接合點要是相當乾淨，不包含殘渣、氣孔、裂縫突出物和其他在焊接尺寸或是輪廓上的缺陷都要能夠達到法規或是所需規範的要求。第二個要求有時候被稱為作業可焊性，通常被解釋為焊接金屬和熱影響區要能夠和基部金屬是可共處的。這意味著兩個目標對不同材料達到的要求不一樣，所以有時候必須找一個折衷辦法來同時滿足兩個要求。

在第二個要求，作業可焊性通常不難達到。以鋼材中張力強度大約是 860MPa 的等級來看，適當的焊接合金金屬的使用以及正確控制的焊接製程將會使焊接金屬沈積並且產生和基部金屬接合點可共處的熱影響區。這並不是一定指焊接金屬的化學成分會和基部金屬相配或是說性質將會是一致的，不過可是說它們是可共處的。不幸地，要在鋼材中傾向於產生增加強度的條件通常會造成製造可焊性及作業可焊性的降低，除了高強度合金之外，然而最重要的可焊性要求通常是製造可焊性。

製造可焊性常常被焊接金屬的產生或是基板的熱縮裂縫還有基本的冷熱影響區裂縫所限制。熱裂縫是指在焊接金屬（還有較少的部分是在熱影響區）中接近熔化溫度時所產生的裂縫。通常由於太高的硫或是碳含量或是不適當的合金含量程度所造成的。裂縫也將會被焊接的尺寸以及幾何外型來加重。冷裂縫在鋼材中大約是發生在 300℃ 的時候，只有在 (1) 氫氣、(2) 抑制、(3) 堅硬的麻田散鐵組織微細構造存在時才會發生。強度和鋼材中的合金（或是碳）含量越高，就越有可能在焊接時產生冷裂縫。顯微圖片 8.5 就顯示了在低合金高強度鋼中的冷裂縫。如同典型的情形，圖中顯示冷裂縫存在在熔化線旁邊的焊接熱影響區中。因為這個原因所以裂縫也常被稱為焊裂，換言之，在焊接氣泡下方的裂縫。除了這些現象之外，產生像是多孔狀缺陷的傾向，熔化或是滲透的缺乏還有入陷渣的產生都有隨著碳鋼強度增加的傾向，這是因為投入高強度鋼材的焊接能量必須要維持在比較低的程度以維持作業可焊性。

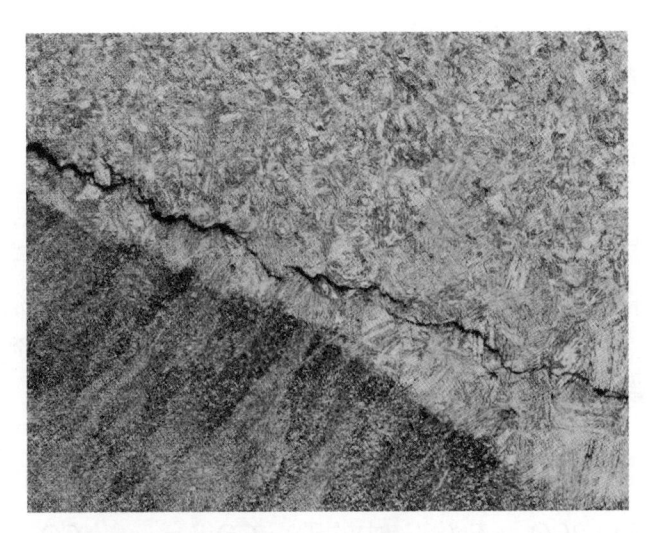

顯微圖片 **8.5**　在低合金高強度鋼的冷焊裂裂縫，放大倍率 **50** 倍，硝酸浸蝕液蝕刻。這個氫氣誘發的焊接裂縫是在低於 300℃時的低合金鋼的熱影響區中所產生的。典型地有非常細密的晶粒，圓柱的凝固焊接金屬可以在顯微照片較低的部分觀察到。

許多焊接製程都可用於建築用導管和壓力容器的製造；然而真正使用在商業用途的大約只有 6 種。

現在所應用的焊接製程有一些一般的參數可以被用來描述這些製程的特徵。可能是最常用的一個參數，雖然不一定是全球都一致的，就是焊接的熱輸入，

$$\text{熱輸入 } H = \frac{(\text{焊接電流 } I \times \text{電弧電壓 } V \times 60)}{\text{移動速度 } S}$$

在這其中 I 的單位是安培，V 的單位是伏特，S 的單位是英吋每分鐘。熱輸入的單位是焦耳／每單位焊接英吋。這個參數是相當有用的，因為它可以被用來定義：(1) 製程中可能的

最小和最大的操作條件。(2) 遇到製程中要求製造可焊性的要求時最佳的焊接條件範圍。(3) 遇到某些材料所要求的作業可焊性時最佳的焊接條件範圍。很不幸地，熱輸出並不是僅有的一個影響鋼材或是製程的參數：像是預先加熱，氣體保護盾或是助熔劑的成分，接合點的幾何形狀和厚度，抑制和電極尺寸也都是很重要的。然而進行第一次近似的估量時，熱輸出對於描繪出焊接的特性仍然是最有用的參數。

一般說來，鋼材焊接金屬都是低碳高合金，特別是錳，比起基部金屬來說，錳可以帶來較佳的強度和堅硬度。像是保護氣體這樣的消耗品也可能會影響焊接金屬的化學組成，尤其是和氧氣氮氣和氫氣有關。因此這些保護氣體變成一個合金的附加物而且必須被控制。某些焊接過程像是電阻焊接並不需要使用外部的填充料金屬。這些焊接端視基部金屬的組成成分來產生令人滿意的焊接金屬。

8.6 低碳鋼的表面硬化
Surface Hardening of Low-Carbon Steel

假使需要硬的鋼材表面，可以使用高碳鋼或是比較便宜的低碳鋼也可以拿來使用，不過低碳鋼必須在含碳的大氣中被加熱來增加表面層的碳含量。後面的這個製程稱為使滲碳[註4]，可以藉由加熱被包裝在碳和像是 $BaCO_3$ 這種催化劑的混和物來得到。在提高的溫度，例如 900°C 中，緊接的幾個反應將會發生：

$$C + O_2 (初始空氣在炭中) \rightarrow CO_2 \qquad CO_2 + C \rightarrow 2CO \qquad (1)$$

$$Fe + 2CO \rightarrow Fe(溶液中的碳) + CO_2 \qquad CO_2 + C \rightarrow 2CO \qquad (2)$$

$$BaCO_3 \rightarrow BaO + CO_2 \qquad CO_2 + C \rightarrow 2CO \qquad (3)$$

很明顯的，經由氣體 CO 將炭的固體片狀物中的碳原子傳送出來是需要一些氧原子。在這邊的催化劑 $BaCO_3$ 的功能是增加碳原子提供率或是活化劑 (active agent) CO 的數量。

大量的使滲碳作用可以較便宜的得到，方法是藉由加熱包含了碳氫化合物的空氣像是天然氣或是甲烷的封閉熔爐。反應是：

$$Fe + CH_4 \rightarrow Fe(C) + 2H_2 \quad CH_4 \rightarrow C + 2H_2$$

氣體必須流過整個產品來移除氫氣，否則反應將會趨向平衡然後停止。流動太快將會造成氣體在鐵表面的分解，而這個分解的速度將會比碳溶解的速度還快，在這種例子中自由的碳原子將會沈積為煤灰。這個效應可以藉由控制過剩的氫氣來消除。

[註4] 這邊並不是指碳化，這是一種製程，可以將碳氫化合物從瀝青煤中帶走，因此可以將瀝青煤轉化為相當純的碳。

在改變得溫度下反應 (2) 和 (4) 的平衡被顯示在圖 8.3 到 8.5 中。

比較這些圖時所顯露的最有意義的事實是有關在反應 (2) 和 (4) 中溫度相對的效應。當溫度增加時，反應 (2) 的平衡常數減少了，也就是說，在鐵中的碳濃度在某個特定的 CO_2/CO 比例時將會減低。換句話說，要維持在鐵中相同的碳含量的話，在氣體中 CO 的比例必須增加。在甲烷中滲碳化作用時溫度的效應剛好相反。圖 8.5 中顯示對某個特定的 CH_4/H_2 比例來說，滲碳化的動力或是鐵中的碳濃度都隨著溫度而增加。

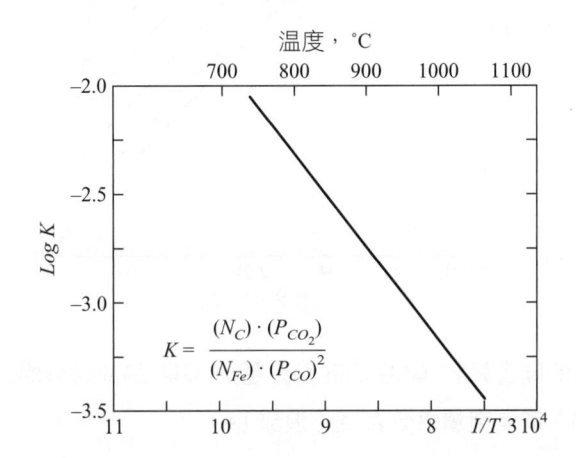

$$K = \frac{(N_C) \cdot (P_{CO_2})}{(N_{Fe}) \cdot (P_{CO})^2}$$

圖 8.3　$2CO + Fe \rightarrow C\,(in\,Fe) + CO_2$ 的溫度 **T** 和平衡常數 **K** 之間的關係。隨著溫度的增加 **K** 就減少意味著對一個固定的 **CO_2/CO** 比例，在鐵中碳的濃度在平衡時將會減少。

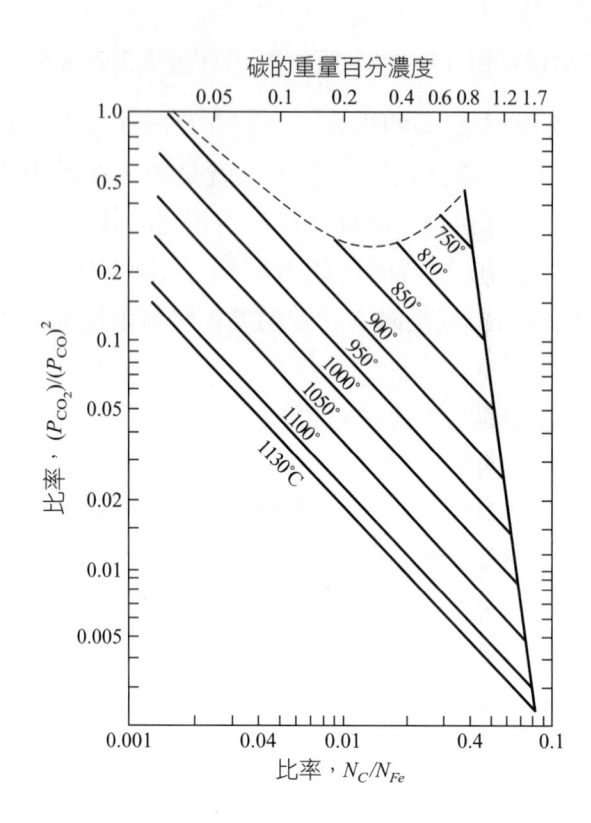

圖 8.4 在沃斯田鐵溫度鐵的碳含量和 CO_2 的部份分壓與 CO 的部份分壓二次方比值的平衡。鐵的碳含量表示為莫耳濃度（底部）或是重量百分濃度（頂部）。

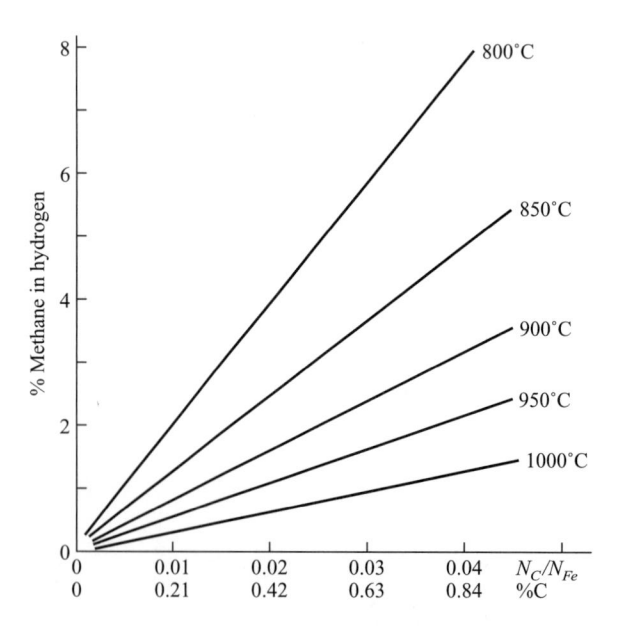

圖 8.5 在 H 中的 CH_4 濃度和在不同沃斯田鐵溫度下鐵中的碳之間的平衡關係。在一個特定的甲烷含量時，鐵的碳含量將會隨著溫度（當 CO 是滲碳化媒介時，相對於溫度效應；見圖 8.3）增加。

假使鋼材幾乎全部都是肥粒鐵組織,換言之,是純鐵或是低於 Ac_1 線溫度的低碳鋼,肥粒鐵可以吸收最多 0.025% 的碳,外部供給到表面的碳只會形成一層非常薄的 Fe_3C 層。假使碳是在 Ac_1 線溫度之上但是在 Ac_3 線溫度之下,表面的碳化物會和任何毗鄰的肥粒鐵有共析的反應,形成沃斯田鐵組織,不過這個中間的反應會減緩碳的吸收,滲碳化作用在這個溫度範圍會造成一個淺薄且有相當高表面碳含量(在外面的 0.1 毫米層有將近 3.0%的碳含量)的表層。然而假使碳初始狀態是在沃斯田鐵的情況,在表面的碳會溶解超過 0.80%,而且很容易擴散到鋼材中。所達到的溫度越高碳的穿透能力就越深,相同地,既然碳擴散進入鋼材的比率比起供給到表面的碳的比率要高,表面的碳濃度會越來越低。

在大多數的商業用滲碳化作用中,表面可能會包含大約 0.80 到 1.0%的碳,隨著濃度逐漸變少,藉由時間,溫度和其他實施滲碳化的變數所估量的某個深度(通常是 0.25 到 1.0 毫米)達到時, 這個碳的含量就是原始低碳鋼的碳含量。

《ASM 手冊 (ASM handbook)》,第四冊,熱處理(見參考文獻),包括了專注於滲碳化作用和其他表面處理的文章。然而,在這邊應該要強調的是這些表面處理的限制許多是可透過恰當的相圖來解釋的,尤其是固溶體,既然擴散在缺乏固體可溶性的狀況下是不可能的。因此緊接在被處理的鋼材表面的濃度限制是由相可溶性的限制來設定。在滲碳化處理鋼的熱處理之後所得到的結構和性質遵守著在第七章中對適當範圍碳含量的鋼材所提及的歸納。

一個很重要的滲碳觀點是由於添加碳原子後表面層的成長。即使碳會在空隙中溶解,但是碳原子對間隙來說依然太大了所以會有些撐開鐵的結構。岩芯必須的尺寸調整被沃斯田鐵輕易的達成,岩芯在滲碳化溫度時是塑性的。在相當慢速的冷卻時,有較高碳含量的表面層會在變態為波來鐵結構時膨脹的比岩芯更厲害,岩芯大部分變態為肥粒鐵然後再變態為波來鐵。因此表面層會留下殘餘的壓縮應力,這是一種滲碳作用所希望的特徵。實際上,滲碳部分在事實上總是淬火的部分,一樣類型的殘留壓縮應力也會被獲得。

鋼材的表面可能會失去碳到它的周遭大氣中,也會得到碳。反應 (2) 是可逆的,而且假使鋼材是被在 CO_2 中加熱,反應可能會繼續往左,將碳從表面層移除掉。不管這個除碳化反應或是滲碳化發生都是視 CO_2/CO 的比例或是它們的分壓而定,如下所示:

對化學反應 $2CO + Fe \rightleftharpoons Fe(C) + CO_2$ 來說,質量作用定理的陳述是在溫度 T 時,達到一個平衡的狀態的話,平衡常數表示如下:

$$K_T = \frac{[C(\text{in Fe})] \times [CO2]}{[Fe] \times [CO]^2}$$

假設固態的濃度是常數而且氣體 CO 和 CO_2 的動態濃度是和它們的分壓成比例的話,臨界比例變為

$$\frac{P_{CO_2}}{P^2_{CO}}$$

某些其他可能的去碳化反應是

$$Fe(C) + H_2O \rightarrow Fe + CO + H_2 \tag{5}$$

$$Fe(C) + O_2 \rightarrow Fe + CO_2 \tag{6}$$

去碳化作用主要是高碳鋼中的問題，鋼材在被製造成為最後的外型之後就被熱處理。在這個時候可以說假使表面是低碳成分的，那麼它就會有低碳鋼的性質。

問題

1. 計算在慢速冷卻鋼材中微細構造成分的百分比 (a) 碳含量 0.08% (b) 碳含量 0.15% (c) 碳含量 0.30% (d) 碳含量 0.70% (e) 碳含量 1.3%

2. 為何低碳鋼板被喜好拿來做為汽車的防護板？在何種條件下會想要這種鋼材是全靜類型的？

3. 為何 0.20% 碳含量的鋼材在 875℃ 時滲碳化會比鐵錠來的快？

4. 在 0.20% 碳鋼的結構中會有何不同之處，假使它是 (a) 從 A_{cm} 線上的溫度爐冷 (b) 從高於 A_{cm} 線上的溫度正常化處理，然後在恰好高於 A_{cm} 線的溫度再熱，接著再進行爐冷？

5. 假使顯微圖片 8.1 中的亞共析鋼被以鋁來還原，然後從 A_{cm} 線之上的溫度非常慢速的冷卻，所產生的微細構造將會是不正常的，會在先前沃斯田鐵晶界的地方顯示出大量的碳化物包絡線，然後形成一個在碳化物包絡線與波來鐵組織區域之間的自由肥粒鐵區域。對這樣一個不正常結構的發展機制給予一個可能的解釋。

6. 在沃斯田鐵溫度時，一個除碳化 0.8%碳鋼的碳含量 (% C) 對距離的曲線會有平順的梯度，從最接近的表面 0.0% 到某個深度時 0.8%碳，舉例來說深度 250 毫米。試就 Fe-C 圖的 A_3 線來描述在非常慢速的冷卻時碳的再分配，這造成了自由的圓柱肥粒鐵帶可能達到 100 毫米，而且突然地一個包含了幾乎 0.8%的碳波來鐵結構差不多被完成。

參考文獻

ASM Handbook: vol. 1, Properties and Selection: Irons, Steels, and High Performance Alloys, 10th ed., ASM Int., Materials Park, OH, 1993.

ASM Handbook: vol. 4, Heat Treating, 10th ed., ASM Int., Materials Park, OH, 1995.

1999 Annual Book of ASTM Standards: vol. 01.04, Steel—Structural, Reinforcing, Pressure, Railway, ASTM, West Conshohocken, PA, 1999.

Dieter, G. E.: Mechanical Metallurgy, 3d ed., McGraw-Hill, New York, 1986.

Bain, E. C., and H. W. Paxton: Alloying Elements in Steel, 2d ed., ASM, Metals Park, OH, 1966.

第九章

中碳鋼

Medium-Carbon Steels

一般而言說鐵大約的抗強度可能是 275MPa，不過加入部分比率的合金，像是藉由熱處理將碳引入可以增加十倍的強度。不同的熱處理可以在這些限制中產生不同強度和延展性的結合。當合金和熱處理可能會被施加到各種碳含量的鋼材，但是其中最常應用的就是中碳鋼和高碳鋼，藉由這樣產生高強度和韌性的合金鋼和工具鋼。工具鋼將會在下一個章節中來討論。本章節將致力於低碳鋼合金，它被廣泛的運用到機械的元件和高強度的建築用零件。這些鋼材常被稱之為工程合金鋼。

除了要改變鋼材的強度和延展性之外，鋼材也可能會為了其它的目的來做熱處理。因為熱處理的原則在前幾章已經被討論了，在這個章節中主要的是有關於對鋼材的強度有很顯著改善的熱處理方法。這樣的熱處理一般來說會包含三個不同的操作：(1) 加熱鋼材到一個相當高的溫度以便將它轉化為沃斯田鐵。(2) 將熱鋼材淬火（快速冷卻）來形成麻田散鐵組織。(3) 將麻田散鐵組織鋼材回火加熱到一個相當低的溫度以便獲得想要的韌性減少和延展性增加。如果是其它的硬化機制，通常無法「魚與熊掌兼得」——在這個例子中，高強度和高延展性同時存在於熱處理的鋼材。適當的強度與延展性的結合對工程合金鋼的效益是相當重要的。熱處理中碳鋼的強度和延展性的平衡可以被緊密的控制，而且是工程合金中最令人滿意的部份之一。

9.1 中碳鋼的分類 Classification of Medium-Carbon Steels

建築用低碳鋼和合金鋼通常（雖然不是獨佔性的）都會參照 ASTM 的命名系統，不過中碳鋼幾乎普遍性地參照美國鋼鐵協會 (AISI) 或是相同的美國工程師協會 (SAE) 來命名。這個系統含括了廣泛範圍的鋼材，從非常低碳含量（最高 0.06%）和只有一點點錳的合金元素到高碳含量（最多 1.1%）包含超過 4%合金元素的鋼材。

表 9.1　AISI-SAE 標準碳鋼

編號	組成，%		
	碳	錳	硫
易切鋼 (resulfurized)			
1110	0.08－0.13	0.30－0.60	0.08－0.13
1118	0.14－0.20	1.30－1.60	0.08－0.13
1119	0.14－0.20	1.00－1.30	0.24－0.33
1144	0.40－0.48	1.35－1.65	0.24－0.33
易切鋼 (resulfurized and rephosphorized)			
1211*	0.13 max	0.60－0.90	0.10－0.15
12L14[†]	0.15 max	0.85－1.15	0.26－0.35
Nonresulfurized 等級[‡]			
1010	0.08－013	0.30－0.60	
1015	0.13－0.18	0.30－0.60	
1020	0.18－0.23	0.30－0.60	
1025	0.22－0.28	0.30－0.60	
1030	0.28－0.34	0.60－0.90	
1035	0.32－0.38	0.60－0.90	
1040	0.37－0.44	0.60－0.90	
1045	0.43－0.50	0.60－0.90	
1050	0.48－0.55	0.60－0.90	
1055	0.50－0.60	0.60－0.90	
1060	0.55－0.65	0.60－0.90	
1070	0.65－0.75	0.60－0.90	
1080	0.75－0.88	0.60－0.90	
1090	0.85－0.98	0.60－0.90	

* 0.07 to 0.12 P; = all others, P = 0.040 max

[†] 0.15 to 0.35% Pb

[‡] P = 0.040 max. and S = 0.050 max.

表 9.2　AISI-SAE 標準合金鋼

編號	組成，%*				
	碳	錳	鎳	鉻	其他
1330	0.28–0.33	1.60–1.90			
1340	0.38–0.43	1.60–1.90			
4023	0.20–0.25	0.70–0.90			0.20–0.30 Mo
4032	0.30–0.35	0.70–0.90			0.20–0.30 Mo
4130	0.28–0.33	0.40–0.60		0.80–1.10	0.15–0.25 Mo
4140	0.38–0.43	0.75–1.00		0.80–1.10	0.15–0.25 Mo
4320	0.17–0.22	0.45–0.65	1.65–2.00	0.40–0.60	0.20–0.30 Mo
4340	0.38–0.43	0.60–0.80	0.65–2.00	0.70–0.90	0.20–0.30 Mo
4422	0.20–0.25	0.70–0.90			0.35–0.45 Mo
4620	0.17–0.22	0.45–0.65	1.65–2.00		0.20–0.30 Mo
4720	0.17–0.22	0.50–0.70	0.90–1.20	0.35–0.55	0.15–0.25 Mo
4820	0.18–0.23	0.50–0.70	3.25–3.75		0.20–0.30 Mo
5120	0.17–0.22	0.70–0.90		0.70–0.90	
5140	0.38–0.43	0.70–0.90		0.70–0.90	
5150	0.48–0.53	0.70–0.90		0.70–0.90	
6150	0.48–0.53	0.70–0.90		0.80–1.10	0.15 V
8620	0.18–0.23	0.70–0.90	0.40–0.70	0.40–0.60	0.15–0.25 Mo
8630	0.28–0.33	0.70–0.90	0.40–0.60		0.15–0.25 Mo
8640	0.38–0.43	0.75–1.00	0.40–0.70	0.40–0.60	0.15–0.25 Mo
8650	0.48–0.53	0.75–1.00	0.40–0.70	0.40–0.60	0.15–0.25 Mo
9255	0.51–0.59	0.70–0.95			

*少量的某些現存元素是沒有被詳細指明或是需要的。這被視為附加的雜量元素，所以可以接受的最大量是 0.35 的銅，0.25 的鎳，0.20 的鉻還有 0.06 的鉬。所有的碳鋼最多含 0.035% 的磷和 0.040% 的硫還有 0.20 到 0.35% 的矽。

　　這套系統所命名的低碳鋼和中碳鋼被列在表 9.1 和 9.2 中。在這兩個例子中系統利用了四個數字來命名鋼材的碳和合金含量。前兩個數字是指合金的含量，後兩個數字指的是碳的含量。初始數字為 10 的鋼材，如同鋼材 1040 常被稱為普通碳鋼，它以碳和錳為主要的合金元素，普通碳鋼也包含了少量的其他元素像是矽和磷與硫等雜質，不過這些元素和雜質的量不是在相當低的程度就是和精細的精煉鋼製程所產生的差不多。

　　合金鋼是指那些初始數字不是 10 的，舉例來說，5140。在這個例子中的數字是打算要來命名鉻合金的鋼材。最後兩個數字指的是碳的含量，在 5140 的例子中指的就是 0.40% 的碳。

　　單一的或是複合的合金鋼都可以使用這套系統來命名。實際上所使用的合金混合看起來似乎是任意的，不過它們都是根據經驗還有一些關於合金的實用方法來建立的。舉例來說，在過去對最佳淬火和回火性質來說，理想的鎳與鉻的平衡是 2.5 比 1。因此某些合成物的鎳─鉻合金比例傾向於遵守這項公式，舉例來說 43xx 和 47xx。

其它的元素通常可以在某些鋼材中找到，這些元素並沒有按慣例進行典型的化學分析進而分級。這種合金的例子像是銅、錫、砷還有銻。然而它們實際上可能存在的量會跟謹慎地添加的合金一樣或是更多，例如銅，它被加入到鋼條中而且在煉鋼時並沒有被移除，它們不被認為是合金而被認為是雜質。如同稍後將要描述的，這些鋼材的一些應用需要將雜質維持在相當低的程度。

9.2 可硬化碳鋼 Hardenable Carbon Steels

含大約 0.15%的碳，但是不含合金的低碳鋼，通常不被考慮從沃斯田鐵狀態淬火來達到硬化的效果。然而 0.15%的普通碳鋼片，在水中從 900℃淬火將會有 1030MPa 的張力強度和 5%的張力伸長量，反之，在退火和 50%冷軋狀態下，碳鋼片將會只有 700MPa 的張力強度和少於 1%的伸長量。因次藉著經由熱處理的結構的控制，金屬可以同時變得更堅固和更具延展性。鋼材的硬化能是由三個因素來估量的：晶粒尺寸、均質性還有沃斯田鐵組織的成分。

1. **沃斯田鐵晶粒尺寸** 既然波來鐵組織是在沃斯田鐵晶界成核，細晶粒的沃斯田鐵組織變態為波來鐵的速度比起粗晶粒的要快很多。細晶粒的沃斯田鐵組織鋼材比起粗晶粒的來說傾向於有較低的硬化能。

2. **沃斯田鐵組織均質性** 既然波來鐵反應是藉由碳化物形成來成核，殘留的碳化物或是局部化的沃斯田鐵組織碳富集區域都會造成波來鐵很快地開始反應，因此促使硬化效果不大。比較高的沃斯田化溫度會傾向於產生粗晶粒，均質性的沃斯田鐵，因此會比低沃斯田化溫度更能給予鋼材較高的硬化性。

3. **沃斯田鐵組織成分** 添加到碳的合金元素一定會在波來鐵反應時進行擴散，在大多數的例子中會減緩波來鐵組織的形成，因此會增加硬化能。如同在圖 7.12 闡明的普通碳鋼所示，C 曲線的鼻部離左邊很遠，只有相當小一部份經過水淬火的可以防止波來鐵組織的形成。因為這個原因，鋼材被聲稱為水硬化。附加百分之幾的錳，鉻或是鎳會減緩波來鐵的反應以及將 P_s 曲線向右邊移動。這個位移對於在油中淬火得到足夠快的冷卻率藉以形成全部的麻田散鐵組織結構來說是相當足夠的。這樣所產生的結果就是油淬火鋼。添加更多這類的合金元素像是釩或是鉬可以減低鋼材變為風硬鋼時的波來鐵反應，換言之，即使空氣冷卻會導致結構中大量的麻田散鐵組織形成。對於使用合金鋼材的一個主要原因是要獲得所想要的硬化能。

碳含量超過 0.25%的碳鋼幾乎全部可以藉由淬火來硬化，換言之，它們可以被視為處在既硬且堅固的麻田散鐵狀態。碳含量從 0.25 到 0.55%的鋼材通常被用在淬火和回火狀態。

它可以達到一個寬闊範圍的特性介於硬度 HRC 48 或是大約 1585MPa 的張力強度與硬度 HRC 20 或是張力強度 760MPa 之間。在這個範圍中，一個熱處理的普通碳鋼將會被選擇來進行熱處理，假使：

1. 作業溫度是接近周遭的，也就是說不超過 260℃。
2. 剖面要夠薄，能夠經過淬火後處處都變態為麻田散鐵組織，換句話說要比 12 毫米的厚度薄。
3. 水淬火是可允許的，換句話說，淬火畸變或是急遽的剖面厚度改變並非要素。

第二項暗示地提到硬化能，這是對晶粒尺寸與化學組成相當敏感的，也就是說當錳、矽還有其它殘留的元素像是鉻或是鉬留在沃斯田鐵的溶液中。當這些元素全都在平常偏高的範圍，在薄剖面的普通碳鋼將會在油淬火中有令人滿意的硬化或是在水淬火時於厚剖面硬化。

有時候鋼材表面會要求具有麻田散鐵組織，以對抗磨損，而心部則需要有堅韌的細肥粒鐵－波來鐵心組織。這當然可以藉由厚剖面的水淬火來得到，舉例來說，一個直徑 25 毫米的鋼條經過加熱，全部的結構到達適當的溫度恰好在 Ac_3 線溫度之上。另一個選擇是可以使用高頻率誘導或是劇烈的火焰來加熱僅僅是厚剖面的表面層到這個溫度來獲得。

不只表面可以被加熱來硬化，也可以只加熱配件的某一部份，換言之，只加熱某個曲軸的軸心部分。另一個選擇是可以只水淬火剖面的某部分，舉例來說，板手或是鉗子等等，經一段時間後再進行油淬火整個配件，再一次的獲得麻田散鐵部分和細波來鐵部分。

在所有的例子中，最大的麻田散鐵硬度是由鋼材的碳含量來估算，這是在假設沃斯田鐵處理帶來了在本質上，所有 Fe_3C 都溶解到了沃斯田鐵組織中。為了要確保這個假設，許多結構在硬化熱處理之前都要正常化來得到較佳的初始碳化物結構。

經過淬火的碳鋼，結構必須被回火，碳的含量假設超過 0.20%（低碳麻田散鐵組織是相當有延展性的，因此對大部分的工程作業來說不需要回火）。硬度和張力強度的減少，到 650℃ 為止都接近是溫度的線性函數。張力伸長量和破裂時面積的削減都指出一個相對應延展性的線性增加。當數以千計的試驗進行後所觀察到的性質，一般將會是和臨界的硬化能相關結構變化性的一個指示。少量的波來鐵組織總是不利的。

即使經淬火和回火的鋼材可能會有與細晶粒正常化處理的鋼材有相同張力強度和硬度，淬火和回火過的結構對某些需求韌性的應用來說是較好的，換言之就是吸收大量的能量後不會易碎破裂的能力。回火麻田散鐵組織上所發展細密的球狀碳化物粒子並不會初始化內部的爆裂，反而一樣碳含量波來鐵組織中的層狀的 Fe_3C 晶體會有較大的表面積而且變得易碎，這將會開始爆裂。因此對某些作業來說，硬化及回火的支出是被批准的。

9.3 可硬化合金鋼 Hardenable Alloy Steels

中碳（含有 0.25 到 0.55%碳）合金鋼材的機械性質在室溫時和那些有相同肥粒鐵組織和碳化物粒子尺寸，數量與分佈的普通碳鋼是沒有什麼區分的。大多數合金被使用的主要的原因是最令人滿意且最堅韌的微細構造，回火的麻田散鐵組織，這能在碳鋼的薄剖面中得到。為了要在大量的剖面獲得這樣的結構，鋼材的硬化能必須被增加，要增加硬化能到一個顯著的程度的唯一實施方法就是加入合金元素。

雖然碳鋼被認為是由 Fe 和 C 兩者合金而成，事實上碳鋼是要更複雜一些的，因為可能會存在超過 1%的錳和 0.30%的矽。這些會改變共晶的反應，從不變的變為雙變的，也就是說反應性的組成或是溫度都有可能會從所顯示的 Fe-C 圖中改變。雖然這是真實的，不過對碳鋼來說改變是相當小。然而對合金鋼來說，這個改變通常相當大，圖 9.1 中顯示了對於錳、矽、鎳、鉻和鉬等合金鋼的改變。在這邊將會觀察到所有這些元素都降低了共析沃斯田鐵的碳含量。鎳和錳降低了共析溫度，不過其他幾種則升高共析溫度。所有的這些元素都會改變共析溫度，從一個單獨的值（在平衡狀態）到某個範圍的溫度。

所有的這些元素將會存在於 Fe + C 圖中至少兩個或是三個相裡，那就是沃斯田鐵組織、肥粒鐵組織和碳化物。低於 A_1 線的溫度鎳和矽將會僅僅在肥粒鐵組織中存在，將會造成其它的效應，一些固溶液的增強。錳，鉻和鉬會形成碳化物，而且在平衡狀況之下將會被肥粒鐵和碳化物相之間分隔開來。然而在表 9.2 中所載明的對於這些合金在標準合金鋼中數量的限制中，合金元素沒有改變晶體結構或是基本的碳化物 Fe_3C 的常規：這些合金元素的原子僅僅取代了少量的鐵原子。

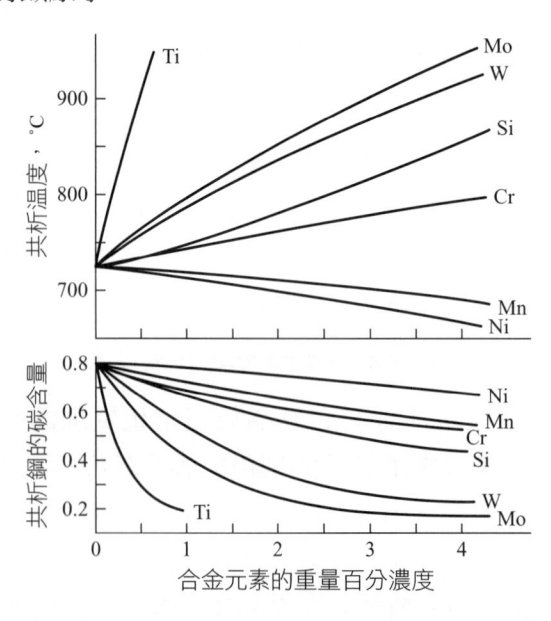

圖 9.1 Fe-C 系統合金在共析溫度和共析碳成分中的一些普遍性的合金元素的效應

因為合金元素的原子是在均質的沃斯田鐵固溶液中隨機地分佈，必須要提共某些擴散時間來重新分佈和允許肥粒鐵與波來鐵形成，所有的這些元素會造成在合金鋼變態圖中重要的改變，而且也會增加硬化能。典型的效應可以在幾個合金中見到，例如在 3½% 的鎳合金（以前的 AISI 2340）（圖 9.2），5140 或是鉻鋼（圖 9.3），還有 4340 或是鉻－鎳－鉬鋼（圖 9.4）。

從圖中可以觀察到鎳並沒有改變變態圖的外觀，不過僅改變了 A_3 和 A_1 的溫度，也輕微地妨礙了波來鐵反應的開始，並且減緩了反應的速度，也就是說在任何時間下都需要更多的時間來達成反應。

對鉻或是 5140 鋼材來說，變態圖在一般外觀下已經被改變了。取代了單一的 C 曲線，在改變的變態圖中出現了兩條 C 曲線，一條是波來鐵反應的曲線，在比較高的溫度；第二條則是變韌鐵反應的曲線，溫度在 600 到 300°C。對於有這種類型變態圖的鋼材，有可能會在直接冷卻沃斯田鐵而不是使用恆溫熱處理時形成一些變韌鐵組織。然而，因為變韌鐵組織的斜率在圖 9.5 中是起於 B_s 線而終於 B_f 線，假使想要得到一個完整的變韌鐵結構，那麼將會需要恆溫處理。

在鋼材變態圖（圖 9.4）中顯示了鉻－鎳－鉬合金鋼材或是 4340 鋼材的特徵和圖 9.3 所顯示是相似的，不過波來鐵反應延遲的情形更嚴重，因此獲得在連續，適當慢速冷卻下的變韌鐵組織的數量是增加的。

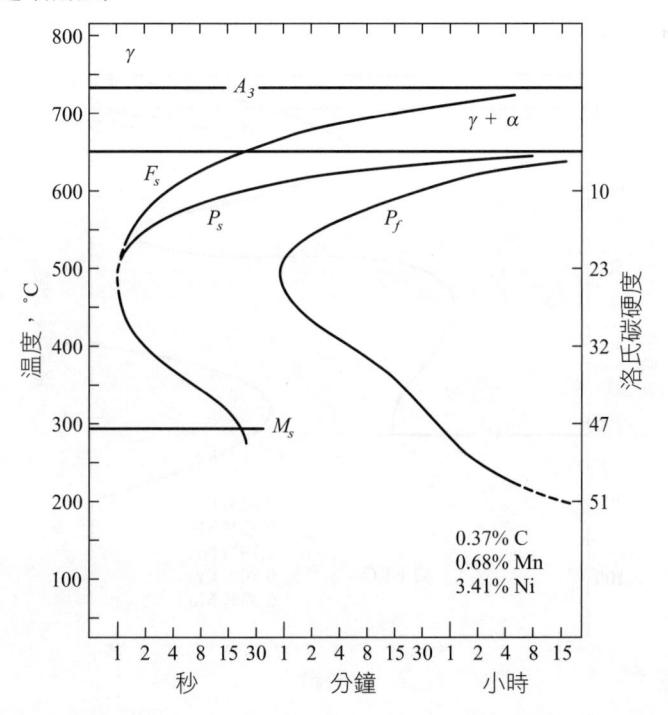

圖 9.2 3.5% 鎳鋼（之前的 AISI 2340）的恆溫變態圖，在 790°C 沃斯田化；晶粒尺 7 到 8 之間，完全變態結構的洛氏硬度可從圖上看到。

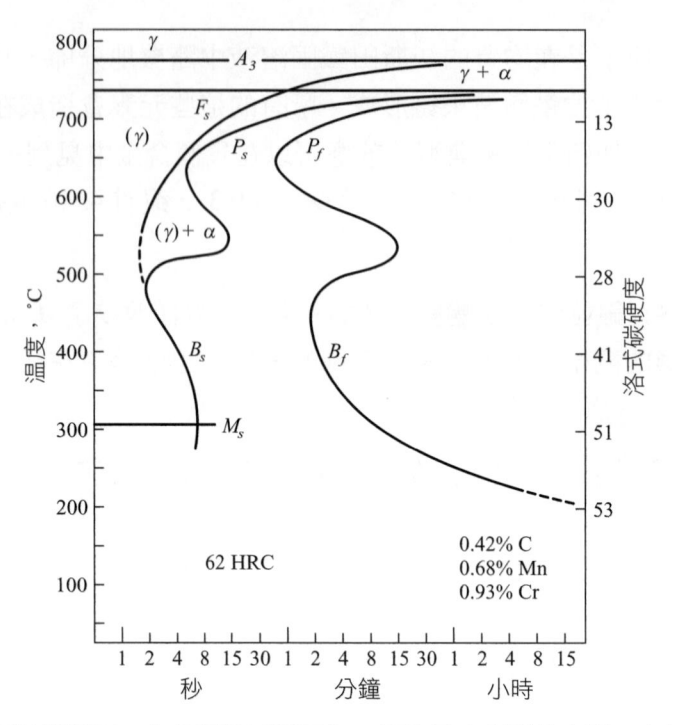

圖 9.3 AISI 5140 的恆溫變態圖，在 845℃沃斯田化；晶粒尺寸 6 到 7 之間，完全變態結構的洛氏硬度可從圖上看到。

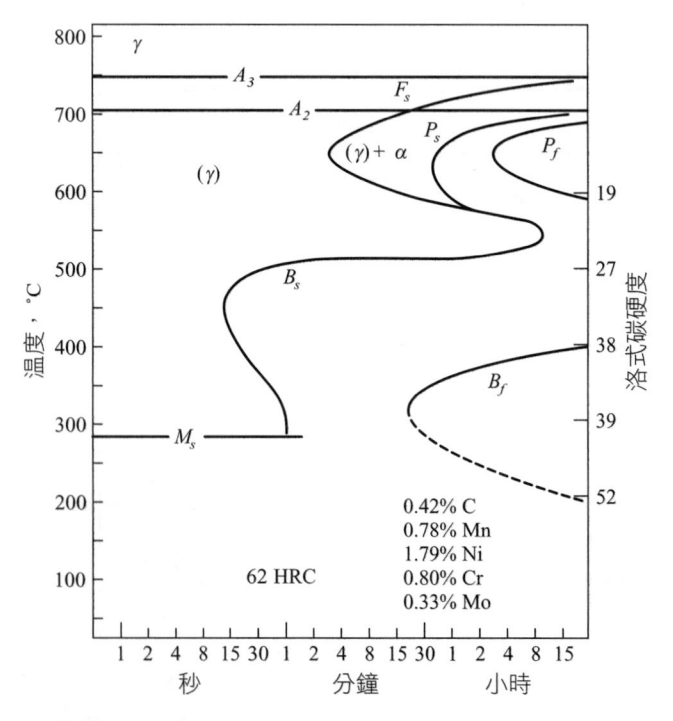

圖 9.4 AISI 4340 的恆溫變態圖，在 845℃沃斯田化；晶粒尺寸 7 到 8 之間，完全變態結構的洛氏碳硬度可從圖上看到。

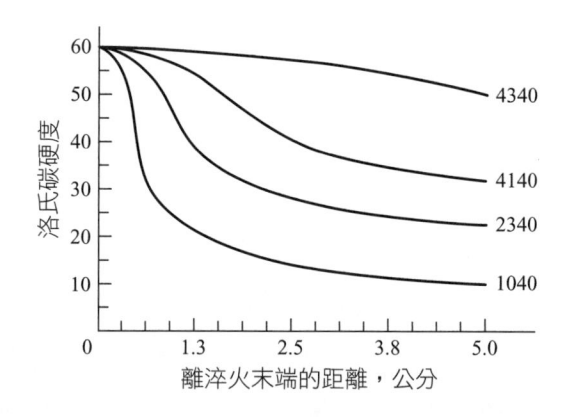

圖 9.5　四種中碳鋼從初始正常的條件下在 845℃ 時沃斯田化的典型硬化能曲線。

對幾種鋼材的典型末端淬火曲線和普通碳鋼 1040 相比可以在圖 9.5 中看到。注意到麻田散鐵末端硬度在所有鋼中都是一樣的。不過離淬火末端的地方就可以看到明顯的不同，離這個末端 5 公分的結構在 1040 和鎳鋼材中將會是肥粒鐵組織和波來鐵組織，在 4140 碳鋼中會是肥粒鐵組織，波來鐵組織還有變韌鐵組織，在 4340 鋼材中將會是麻田散鐵組織加上變韌鐵組織。

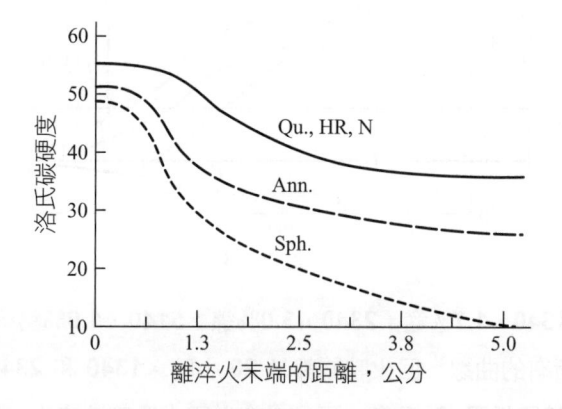

圖 9.6　在 AISI 4140 鋼材（0.40%碳、0.90%鉻還有 0.20%鉬）中先前結構對約料尼硬化能的效應。先前的結構是：(Qu) 從 945℃ 淬火；(HR) 在沃斯田狀態下熱軋到 25 毫米的鋼棒然後再進行氣冷；(N) 藉由從 845℃ 的氣冷來做正常化處理；(Ann) 藉由從 845℃ 開始的爐冷來退火；(Sph) 藉由正常化還有在 700℃ 再熱 24 小時來球狀化。所有的鋼棒將會在 845℃ 加熱十分鐘和末端淬火（當鋼棒已經在 845℃ 加熱了 4 小時，它們的硬化能將會是一樣的而且會相當於最頂端的曲線）。

如同圖 9.6 中所顯示的，鉻－鉬和鉻－鎳－鉬合金鋼比起其它碳鋼更容易受到不完整沃斯田化的影響。假使包含鉻和鉬的碳化物初始時是在一個粗糙類型的球狀鋼或是在波來鐵化程度較低的退火鋼狀態，如果抑制的時間太短或是處在太低的沃斯田化溫度的話，可能就無法完全溶解。假如碳化物並沒有完全溶解，就無法獲得完全的麻田散鐵硬度，也沒有辦法達到正常的硬化能，因為在沃斯田鐵組織中的碳與合金含量太低了。

在普通碳鋼的麻田散鐵例子中，合金鋼的麻田散鐵組織必定會被回火來產生微應力和增加延展性到達可作業的程度。對許多碳含量在 0.45%的合金鋼的典型回火曲線可以在圖 9.7 中看到。在肥粒鐵組織中溶解的元素在麻田散鐵軟化曲線中會有一些些的影響，因為溶解的鎳，矽還有錳所造成的肥粒鐵固溶液強化相關的小影響也都可以在圖 9.7 中看到。

鉻、鉬還有釩的原子在另一方面是傾向於擴散到碳化物相，當溫度上升某個程度，替代的原子就可以一個可察覺到的速率進行擴散，大約是在 300 或 400℃附近。在低溫時軟化率並沒有和碳鋼有太大的不同，碳擴散允許一些 Fe_3C 粒子成長，其它的可能會溶解或是消失掉。然而當碳化物是 $(Fe, Cr, Mo)_3C$ 時，鉻和鉬原子必定會由於碳化物成長而擴散。替代溶解物較慢的擴散速率造成了軟化速率的減緩。因此，對一個在 40 HRC 以下特殊回火硬度，合金鋼材需要較高的回火溫度或是較長的回火時間。這意味著合金鋼材將會表現出更完整的微應力釋放和比回火到一樣硬度的淬火鋼材更大的堅韌度。

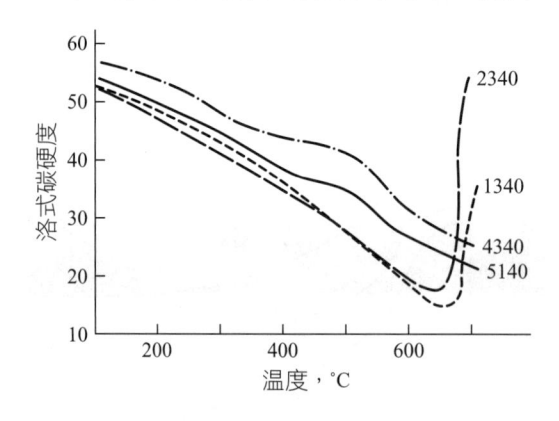

圖 9.7　四種中碳合金鋼（1340，1.7%錳；2340，3.0%鎳；5140，1.0%鉻；4340，1.7%鎳，0.8%鉻，0.3%錳）的回火曲線。對所有的曲線，回火時間都是 20 小時。1340 和 2340 鋼材的硬度急遽上升都在 660℃以上，這是因為錳和鎳降低了 A_c 溫度，而且合金從回火溫度被淬火，由不管是不是沃斯田鐵組織所形成新的麻田散鐵組織是存在於 660℃以上。

除了考慮硬化能之外，特殊鋼會因為各種類型的需求被選擇，這是基於特殊鋼的個別合金元素對於在某些特殊情況下鋼材必須要達到的效能來做的選擇。在大多數的實例中，除了鋼的強度之外，這些特殊需求考量是次要的，不過還是很重要。舉例來說，在肥粒鐵或是沃斯田鐵溶液中的鉻可以改善抗腐蝕性。雖然在工程合金鋼材中使用的鉻其程度比不鏽鋼所使用還要低，不過鉻的存在會造成腐蝕率的減少，這可作為為何選擇含鉻的工程合金鋼材的理由。相似地，鎳也因為它可以改善淬火鋼和回火鋼的韌性，所以也常被使用。鉬被使用則是因為它可以改善在高硬度時的切削性，抗潛變性還有減緩回火脆化的發展。

最後一個現象有相當的重要性，因為回火製程是想要改善麻田散鐵鋼材中的延展性還有韌性。然而，在回火過程中一些鋼材開始顯示出隨著時間的增加，其碰撞過渡溫度也開始上升，換言之，造成了韌性的喪失，特別是在 425 到 525℃ 的範圍。當慢速的冷卻已經回火（在高溫下）的鋼材經過 425 到 525℃ 這個範圍時，將會顯現出韌性喪失的效應。無法藉由張力性質或是硬度的改變來察覺這樣的效應。脆化機制已經被研究超過 75 年了，不過並沒有最終的單一機制被確定。會發生脆化已知是因為主要合金元素像是鉻、錳、鎳和雜質像是磷、砷、錫還有銻之間的交互作用，這些雜質都是在煉鋼時隨著金屬廢料進入到鋼材中的。脆性是可逆的，而且可以藉由在 535℃ 以上加熱脆化的鋼材來消除。在 500℃ 進行再回火將會恢復脆性。周圍溫度的任性可以被減少到低一點的值，因此鉬對於減緩脆化過程的效應會使得鉬在臨界範圍裡對回火鋼材來說是一種很有用的添加物。回火脆性鋼材的破裂表面在它的過渡溫度之下所做的測試表示出了幾近完全地晶粒間破裂而不是劈開的。一個脆性鋼材的破裂表面可以在顯微圖片 9.1 中見到。

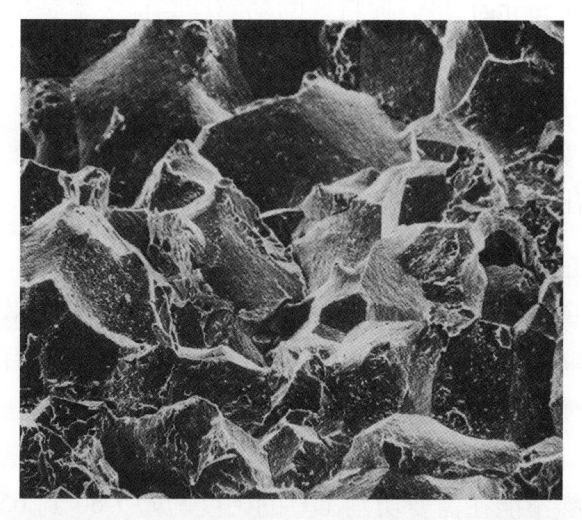

顯微圖片 **9.1** 回火脆性低合金鋼的衝擊損壞試件的破裂表面照片，掃瞄式電子顯微鏡在 **500** 倍放大倍率下的照片，沒有經過蝕刻。破裂的發生是在這個淬火與回火鋼材上沿著原先的沃斯田鐵晶界的地方。

概括來說，中碳鋼合金是在工業上來說最重要的，並不是因為它們在淬火和回火的狀態下比普通碳鋼要強硬，而是因為：

1. 中碳鋼可以被更慢速地冷卻，也就是說當在油中淬火而不是在水中時，將與巨大的溫度梯度相關的畸變和破裂的傾向最小化，而且也將冷卻時的體積收縮比和沃斯田鐵到麻田散鐵變態時的體積膨脹之比降到最小。

2. 中碳鋼可以在相當厚的剖面中心完全的麻田散鐵化（或是有較高的麻田散鐵含量，舉例來說，到達 90%），因此在這樣的剖面中可以得到回火麻田散鐵結構的韌性優勢。

3. 那些包括鉻、鉬還有 V 等級的中碳鋼是更能夠抵抗回火的,這意味著它們將不會在某個作業溫度下變得更軟化,這樣的作業溫度通常會軟化碳鋼。這樣的性質也意味著一樣回火硬度大約在 30 HRC 到 45 HRC 的合金鋼將會是更完全地應力放鬆的,因此會比較有韌性。

4. 上面所列暗示有著低碳含量的合金鋼和一般碳鋼來比較,將可以被使用來得到一樣的淬火和回火硬度,而且因為能夠減緩在回火中的軟化,所以仍然可以允許足夠的回火。

9.4 沃斯田回火法和麻淬火法
Austempering and Marquenching

沃斯田回火 (Austempering) 是一種特殊的熱處理製程,這是指在細波來鐵與麻田散鐵形成範圍之間的某個溫度下的恆溫變態的沃斯田化。在這個範圍內所發展出來的結構叫做變韌鐵。變態圖中顯示出了變韌鐵結構的硬度範圍。在溫度範圍較低的部分,變韌鐵的硬度和回火的麻田散鐵硬度相當。既然這種結構是直接從比麻田散鐵更高溫時的沃斯田鐵形成,在變韌鐵中所發展出來的微應力將會低很多。

變韌鐵結構假使有超過 50 HRC 的硬度,將會有相當高的塑性。舉例來說,一個 0.5 公分的剖面的變韌鐵可能會有 35% 的面積收縮 (RA) 和 48 焦耳的吸收撞擊能,在另一方面來說,有相同硬度的回火麻田散鐵可能只會有 1% 的面積收縮和 4 焦耳的吸收撞擊能。然而,只有在這個硬度的範圍變韌鐵顯示出較優越的性質,而且這也僅止於碳鋼的例子。在 40 到 45 HRC 的硬度範圍時,回火的麻田散鐵因為一些它本身比細波來鐵好的理由,所以性質上優於變韌鐵。變韌鐵組織不能在需要切割工具的硬度範圍,60 到 65 HRC 中獲得。其它的製程限制包括了尺寸的要求。剖面必須要夠薄才能經過 C 曲線的鼻部來冷卻,而且要夠快來避免細波來鐵的形成。同時需要更多昂貴的設備,如此才可以在 250 到 400℃ 的槽中淬火並且維持在一個給定的溫度。同樣地,在不同鋼材加熱的改變會造成變化的變態狀況。

麻淬火法 Marquenching

回火麻田散鐵的延展性和韌性優於硬度範圍在 25 到 45 HRC 直接變態的結構。硬化能也變成一個重要的問題,因為硬化能是所想要的性質,能夠將一個厚剖面藉由淬火直接變態到麻田散鐵。這個效應增加了畸變、殘留應力和裂痕相關的問題出現的頻率,這些問題都是起源於快速冷卻所需的溫度梯度。

仔細觀察圖 9.2 可以顯示出一個減低溫度梯度和相關問題的方法。緊接在 M_s 線上面,沃斯田鐵對於某段時間來說是處於亞穩態狀態,因此,替代了淬火到室溫,可以採用在 M_s 溫度上的液體中淬火，直到這個工件在溫度上已經穩定。然後鋼材可以從熱液體中移除接著慢速的冷卻到低於 M_s 線的溫度。並沒有溫度的宏觀應力被疊加到沃斯田鐵到麻田散鐵變態中所產生的微應力之上。畸變、殘留應力和裂痕幾乎都被消除了。這一個製程就稱之為**麻淬火法 (marquenching)**，雖然它曾經一度被稱為麻回火。

麻回火這個字是由這個製程的原創者所選擇的，具推測是因為這個製程和回火的麻田散鐵相比造成了較低的應力。然而這個名詞是會使人誤解的，因為在結構上它與回火的麻田散鐵是不一樣的。在麻淬火法中沒有析出的碳化物，而且當宏觀應力被消除時，還是有顯著的微應力必須藉著常用的回火操作來降低。

9.5 超高強度鋼材 Ultra-High-Strength Steels

在這個部分注意力將直接放到在適當的溫度範圍內從鋼材中得到最大的強度的冶金方法，舉例來說，從 −110 到 +180°C，也就是除了時速 3220 到 4830 公里重返大氣層的太空梭或是航空器高溫需求之外的範圍。在上文中更多受限制的溫度範圍的結構上要求是現今合金鋼所遭遇的，如再安全的使用下有 1725 到 2415 MPa 的強度和足夠的延展性。

AISI 4340 是所熟知的被使用了許多年的鋼材，這是因為它從標準油中淬火和回火的處理所產生的高強度性質。AISI 4330V 本質上來說是和 AISI 4340 是一樣的鋼材，只是加入釩來做一點修改，這可以提高粗化溫度，因此熱處理的鋼材傾向於擁有較細的晶粒尺寸。

AISI H11 是一種熱加工的鋼模（工具）鋼材，它的碳含量相當的低，但是有可接受的延展性，現在它被用於火箭推進器的容器還有其它建築用途來使用。它包括了足夠的鉻和鉬來被風硬，而且在回火時可以表現出間接硬化（第十章）。這類鋼材的焊接需要預熱和後熱操作使隨麻田散鐵形成和熱應力所帶來的裂縫減到最小。

18Ni (300) 是一種新發展的馬釘鋼，基本上是一種低碳高鐵鎳麻田散鐵組織，藉由常溫加工和時效期間的析出來做進一步的硬化。有 18%的鎳時，鋼材不需要從 820°C 的沃斯田鐵狀態淬火，不過可能會被慢速冷卻，在室溫下造成混合的麻田散鐵—沃斯田鐵結構。作為一個非常低碳含量的麻田散鐵組織，這樣的結構可以被冷軋到 80 或 90%而不會有裂縫。接下來在 475°C 的時效會造成 Co-Ti 組成結構相的析出。既然最後的結構可以藉由相當低溫的處理來得到，這是免於除碳化的，所以顯露出良好的可焊性，對缺口感覺遲鈍，有高破裂韌性，特別適合使用在高強度的壓力容器元件或是其它結構。

HP9-4-30 是一種像 H11 一樣淬火與回火的鋼材，不過有比較高的硬化能和韌性。在這個例子中鈷的作用是調整 M_s 和 M_f 的溫度到和回火結構中固溶體加強效應一樣的周遭溫度以上。17-7PH 在本質上是一種不鏽鋼，由於它的強度和抗腐蝕性的結合效應，使用上已經漸漸增加。它藉由鎳—鋁複合物的形成來析出硬化，而且需要三步驟的熱處理。17-4PH

也是一種高強度析出硬化的不鏽鋼材,這種鋼材因為它的強度和抗腐蝕性而受到歡迎。這兩種合金都會在第十一章討論的更加詳細。

熱彈性製程 (Thermomechanical Processing)　一種相當高強度的鋼材,由於中度合金鋼在低於 A_1 但是高於較低的變韌鐵反應溫度時的變形非穩態沃斯田鐵所形成的。這項技術可應用於許多種鋼材,不過大部分都用到鉻─鉬鋼材像是 H11 熱模鋼(在表 9.3 中所列出的)。沃斯成形是沃斯田鐵在存在於波來鐵和變韌鐵反應(舉例來說,圖 9.4)之間的間隔的塑性變形過程,藉由冷卻到室溫來達到這樣的過程。比起其它方法處理的鋼材,沃斯成形給予了較高的強度。

表 9.3　某些超高強度鋼材的組成和性質

鋼材	組成,%						
	碳	錳	矽	鎳	鉻	鉬	其它
4330V	0.30	0.90	0.30	1.8	0.80	0.40	0.07 V
4340	0.40	0.85	0.20	1.80	0.75	0.25	
300M	0.40	0.75	1.60	1.85	0.85	0.40	0.08 V
H11	0.40	0.35	1.0		5.00	1.40	0.45 V
18 Ni	0.03	0.10	0.11	18.5		4.50	7.0 Co, 0.22 Ti, 0.003 B
9-4-30	0.31	0.25	0.10	7.50	1.00	1.00	0.11 V, 4.5 Co
17-7PH	0.09	1.00	1.00	7.10	17.0		1.0 Al
17-4PH	0.07	1.00	1.00	4.00	16.5		4.0 Cu, 0.30 Ti + Nb

AISI	性質				
	降伏強度 Mpa	張力強度 Mpa	伸長量,%	25°C時夏比衝擊試驗,J	耐久性 10^6 次循環 Mpa
4330V	1415	1620	12	34	
4340	1860	1980	11	145	
300M	1670	1995	10	30	
H11	1660	2035	6.6	20	900
D6AC	1725	1960	7.5	14	760
18Ni	1850	1900	11	31	
17-7PH	1415	1655	9	8	795
17-4PH	1275	1380	13	26	620

鋼材	熱處理		
	沃斯田化,°C	回火,°C	時效,°C
4330V	870, oil quench	315	
4340	845, oil quench	205	
300M	870, oil quench	315	
H11	925, oil quench	315	
D6A	900, oil quench	315	

18 Ni	815, air cool		480
17-7PH	1065, air cool	760 air cool	565 air cool
17-4PH	1035, oil quench		480

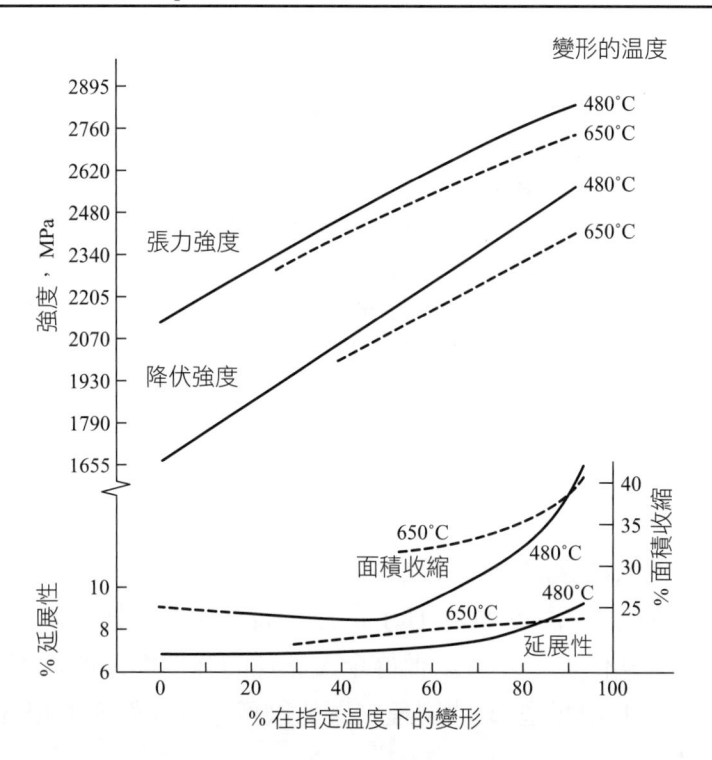

圖 9.8 H11 鉻－鉬模鋼的變形沃斯田鐵降伏強度與張力強度效應，於 **1040**℃進行沃斯田化，冷卻到所指定的溫度，變形 **50**、**75** 或是 **90%**，冷卻到室溫然後在 **510**℃回火兩次。

    圖 9.8 中表示出對於 H11 鋼材來說，在鋼片形式下張力強度可能可以從 2070MPa 增加到 2760MPa 附近，並且能維持一個平常等級的延展性，在 475℃附近可以有 94%的變形。其它的數據支持在圖中所指出精確的變形溫度並不是最重要的，鋼材的分析主要是研究亞穩態沃斯田鐵區域的 TTT 圖，這個圖在波來鐵或是變韌鐵反應開始之前會有大量的時間延遲。同樣地，可以發現到沃斯田化溫度和沃斯田晶粒尺寸在這個沃斯成形的製程中並不是最重要的變數。另一方面來說，碳含量在 0.20 到 0.60%的範圍扮演著和傳統鋼材中一樣的重要角色，增加碳含量會線性的增加強度和回火後的延展性。沃斯成形鋼材的回火並沒有和傳統鋼材的硬化有很大的不同，除了某些可預料的先前回火的殘留沃斯田鐵減少帶來的效應。

    高硬化能鋼材的沃斯成形在事實上是一個一般製程和熱處理方法，像是熱彈性製程的特殊例子。熱彈性處理的類型對含鐵材料的使用在表 9.4 中列出。傳統的處理是等級 I 中的 a 類型 (Ia)。

表 **9.4** 熱彈性處理的分類

等級 I 沃斯田鐵變態之前的變形
    (*a*) 正常高溫加工製程
    (*b*) 麻田散鐵變態之前的變形
    (*c*) 肥粒鐵－碳化物聚合體變態之前的變形
等級 II 沃斯田鐵變態時的變形
    (*a*) 麻田散鐵變態時的變形
    (*b*) 肥粒鐵-碳化物聚合體變態時的變形
等級 III 沃斯田鐵變態後的變形
    (*a*) 回火後麻田散鐵的變形
    (*b*) 時效後回火麻田散鐵的變形
    (*c*) 恆溫變態產物的變形

上面所描述的沃斯成形處理是屬於等級 I 中 b 類型的程序 (Ib)，是在眾多熱彈性處理來提升機械性質中很引人注意的一種。改善很明顯地源自碳原子和沃斯田鐵與麻田散鐵晶格缺陷的交互作用。等級 I 中 c 類型 (Ic) 的處理會產生細沃斯田鐵晶粒尺寸，因此只有在小心的控制高溫加工條件下，才可以獲得令人滿意的強度與延展性兩者的平衡。一些板和導管材料是利用等級 I 中類型 c 的製程來碾軋以獲得刻痕韌性的提升，特別是在歐洲。

等級 II 中 a 類型 (IIa) 是最常應用到沃斯田不鏽鋼的。強度的增強來自於麻田散鐵變態和沃斯田鐵與麻田散鐵的應變硬化。等級 II 的 b 類型 (IIb) 經由微細構造的精鍊和可能是一些強度的傳播來造成強度的改善。等級 II 中 a 與 b 類型處理的製程藉由緊接在析出現象之後的麻田散鐵加工硬化產生強度提升。等級 III 的 c 類型 (IIIc) 的強度提升主要是因為強度的傳播而發生。

有一些熱彈性處理的方法已經被使用很多年了，像是 parenting of wire，這是屬於等級 III 中 c 類型的方法，其它像是沃斯成形是到了最近才較多使用。在先進技術應用中所需求的高強度鋼材將可能在未來推動熱彈性製程使用的增加。

9.6 鋼材的特殊製程 Special Processing of Steel

在平常的溫度下加工的鋼材包含了添加的正常合金金屬或是雜質，以微小氧化物存在的氧氣，溶液間隙中的氮還有非常細微的氮化物以及溶液間隙中的氫。粗糙的氧化物被高溫加工拉伸之後，在本質上是既弱且脆的，會形成內部的阻絕，這樣會削弱鋼材的結構。這個特性在鋼材長軸的正向方向更是確切。在循環的壓力或是震動下，這些阻絕物會開始裂痕的傳播，一直到材料因為疲勞失效才停止。因此，雖然氧化物並沒有顯著的減弱正常的縱向張力強度和延展性，不過它們會影響疲勞強度，橫向的延展性還有特別是破裂的韌性。相當粗糙的氧化物不能藉由任何實施的製程從固態鋼材中移除。假使材料是在低溫過飽和的狀態,那麼氫氣就會擴散出去。為了避免在室溫時氫氣使金屬變脆的效應,應在 150 到 300°C 附近將氫氣移除,在這時可溶性是相當低的。不幸地,擴散速率也相當的低,因此氫氣只可以在合理的時間內(一天或是兩天)從薄剖面中移除。

消除氣體效應最好的方法是利用當鋼材在液態時的真空製程。在真空中,在液態鋼中的氧化物將會和碳反應來形成一氧化碳氣體。只要反應的氣體產物被連續的排氣來移除,反應就會持續的完成。幾乎所有的氧化物都會被移除而且固體鋼材中將會沒有包含任何氧化物。很明顯地,除了不切實際的高度真空和長時間排氣之外無法達到這樣程度的移除效果,特別是當像是鋁這樣的金屬元素存在時,因為鋁對氧來說有很高的親和力。然而還是有幾個較實際的真空製程鋼材。

空氣熔化的鋼材可以被灌注到排空的熔桶,有效的濺散出有大表面一體積比值的小球。當真空低於 1 torr 壓力時,材料將會有效地除氣。這樣的製程可以被用在大量加熱(100 到 200 噸)的液態鋼材。另一個方法是從利用惰性氣體將盛桶通過氣壓向上移動到耐火的空腔體,然後再反轉。這個有效率的杜曼—候德 (D-H) 製程會被重複好幾次,在連續的循環中連續地讓新表面暴露並且進行除氣。類似的 R-H 真空除氣造成了在盛桶中的液態鋼連續地流動經過耐熱管到達真空腔體,然後後退穿過耐熱管到達盛桶。藉由這個製程,在 300 噸重的熱氧化物可以在 20 分鐘內從 400ppm 降到 50ppm。

其它的製程可能會導致更完全的除氣,不過得花費更多錢而且限制在更小的生產量。它們包括了在真空下的熱誘發坩堝中熔解鋼材,這是藉由熟知的真空誘發熔化 (VIM),或是藉由另一個技術,真空電弧再熔化 (VAR)。在後者中電弧在 VIM 電極和水冷銅坩堝的底部之間產生,可以允許電極材料掉入坩鍋之中。在熔化材料凝固之前,內含物和氧化物將會藉由漂浮,化學或是物理製程來移除。這樣製程所得到的 VIM-VAR 鋼材有較佳的潔淨度和細微構造的均質性。但是有一個缺點是有高蒸發壓力的金屬元素像是鉻和錳可能會在高真空時經由蒸發而消失。

有一些建築用鋼材的橫向延展性和韌性會因為在鋼材中硫化物的存在而減少。當硫化物可以在碾軋過程中被碾平,如同在鋼板中時,這樣的效應將會變得更顯著。為了要降低這個效應,煉鋼的製程經過改善,在改善過的製程中磷化物和硫化物的程度都低於 0.010%。更甚者,也可能藉由在加工來再熔解鋼材到水冷銅坩鍋中,類似於 VAR 的製程。不同的是這個製程是在爐渣下於空氣中進行。能量使用電能,鋼材藉由爐渣利用鋼錠的抗熱來熔化,銅坩鍋來當作電極。這樣的製程稱為電渣再熔法 (ESR),可以應用到相當大的溫度,造成高品質的鋼厚片。

另一個再熔的方法是利用少量添加的稀土元素來限制硫化物在較無害的狀態。這些添加物強化硫化物相,因此不會在碾軋時被碾平。因此存在的硫化物不會像拉伸的細脈一樣是有害的。

問題

1. 證明使用熱處理 4340 鋼材來當作噴射客機起落架的元件比起其它的強化鍛造合金是更適合的。使用強度一重量比例和在撞擊載荷之下的彈性撓曲來作為判斷的標準。

2. 在熱軋合金鋼圓棒和一樣的熱軋合金平板兩種外型的內含物有何不同？對平板來說最小延展性的方向為何：碾軋方向、碾軋面的橫向方向或是碾軋面的正向方向？

3. 作為液態氧火箭容器的標準熱處理 4340 鋼材，真空熔化熱處理 4340 鋼材還有在表 9.3 中 18%鎳的馬釘鋼，以上這三者相關的電弧焊接問題為何？

4. 為何 2.5 公分的正常化 4340 鋼材圓棒對機器加工來說是困難的？對這樣的鋼棒來說，哪一種最低花費的製程可以給予較佳的加工性呢？

參考文獻

SAE Handbook, vol. 1, *Materials,* Society of Automotive Engineers, 1989.

Steel Products Manual, "Alloy, Carbon and High Strength Low Alloy Steels: Semifinished for Forging, Hot Rolled Bars and Cold Finished Bars, Hot Rolled Deformed and Plain Concrete Reinforcing Bars," AISI, March 1986.

ASM Handbook, vol. 1, *Properties and Selection: Irons, Steels, and High- Performance Alloys,* ASM Int., aterials Park, OH, 1990.

ASM Handbook, vol. 3, *Heat Treating,* ASM Int., Materials Park, OH, 1991.

The Metals Black Book, 3d ed., CASTI Publishing, distributed by Society of Automotive Engineers, Washington, DC, 1998.

第十章
高碳鋼
High-Carbon Steels

在工業上與經濟上所需要的各項工具,每項產品幾乎都有無限的變化,包括切割用的工具,成形或是對多種材料進行塑形用的鋼模;還有必須提供的測量儀器可用來確定幾何公差是否滿足。對工具特殊的需求是隨著它們的作業要求而改變,不過一般來說這些要求都會包含高硬度來防止變形,抗磨損性來達到經濟性的工具壽命,尺寸的穩定性等等。

基本的工具材料是高碳鋼或是工具鋼,在這其中如果依據組成成份的種類來分類的話,至少可以分為 20 種。然而每年所生產的工具鋼的總噸數是相當小的,工具鋼每磅的價值可能會是高噸位鋼材的 50 倍或是更多倍,它的價值是不可估量的。除了使用來做工具的鋼材之外,其它的材料,特別是燒結碳化物也因為特殊的作業需求而被發展。燒結碳化物的結構與性質對於以它當作材料的相關工具來說也相當重要。

10.1 高碳鋼的分類 Classification of High-Carbon Steels

工具所使用的鋼材一般來說至少碳含量在 0.60%,如此才能確保獲得至少硬度 60 HRC 的麻田散鐵組織。超過這個最小值 (0.60%) 的碳只被利用來當作麻田散鐵組織中的未溶解碳化物以求增加抗磨損性。合金元素可能會因為要求特別的結構或是性質的效應而被添加。

表 10.1 列出了主要幾種類型的工具鋼材的組成。水硬化普通碳鋼等級有相當低的硬化能,剖面厚度比 1.3 毫米厚的只有表面層經過淬火後可以獲得麻田散鐵組織,因此內部有比較軟但是相當有韌性的細波來鐵組織。抗衝撞等級的鋼材中有少量的鉻或是鉬,這會稍微增加硬化能,所以它們可以在油中淬火。這種鋼材中有較低的碳含量,如此才可以增加撞擊強度。在表中的所有其它鋼材都有足夠的合金元素來使得它們有夠大的硬化能以允許在油中或是空氣中(或是在不能氧化的大氣中)進行淬火並且仍然發展出麻田散鐵結構。冶金學上來說,各種合金媒介如下所述:

鉻 (chromium) 是相當廉價的元素,它可以增加硬化能,而且和過量析出的碳形成鉻富集碳化物,$Cr_{23}C_6$,這有抗磨損的效用。

鉬 (Molybdenum) 和鎢 (tungsten) 一般來說當它們是以大比例存在時有類似的效應，和碳形成堅硬的碳化物 $(Mo-W)_6C$，它在對一個淬火過的合金沃斯田鐵進行回火時會析出如同在麻田散鐵組織中的細粒子，並且在低溫時抵抗成長。這是高速鋼材的赤熱硬度或者是二次硬化的基礎。鉬比鎢便宜，而且每單位重量的體積也比鎢大，因此 M 類型的工具鋼比 T 類型工具便宜。

釩 (Vanadium) 形成 V_4C_3 型非常堅硬的碳化物，它在沃斯田鐵中會抵抗溶解，因此一般來說經過熱處理循環後殘餘物都還會在微細構造中，不會受到改變。它是所有碳化物中硬度最高的，因此當在 M15 鋼材中有足夠的碳和釩的話，可以帶來最大的抗磨損性。因為釩是一種昂貴的元素，所以高釩鋼就更加貴重了。

表 **10.1** 高碳鋼的分類

AISI-SAE 的稱呼	組成，%							典型的使用
	碳	錳	鉻	釩	鎢	鉬	鈷	
水硬化等級								
W1	0.6-1.4							冷硬化模，木材加工工具等等
W2	0.6-1.4			0.25				
抗衝撞工具鋼								
S1	0.5		1.5		2.5			鑿子 鐵鎚 卯釘組等等
S5	0.5	0.8				0.4 (2.0 Si)		
油硬化常溫加工工具鋼								
O1	0.9	1.0	0.5		0.5			短運轉冷成形模，切削工具
O2	0.9	1.6						
氣硬中合金常溫加工工具鋼								
A2	1.0		5.0			1.0		滾螺紋與切割模，精細模型
A5	1.0	3.0	1.0			1.0		
高碳高鉻常溫加工鋼								
D2	1.5		12.0			1.0		在 480℃ 之下使用，儀器長運轉成形與下料衝模
D3	2.25		12.0			1.0		
D4	2.25		12.0			1.0		
鉻高溫加工鋼								
H12	0.35		5.0	0.4	1.5	1.5		鋁或鎂擠壓模，壓鑄法鑄模導心桿，熱剪切 鍛造模
H13	0.35		5.0	1.0		1.5		
H16	0.55		7.0		7.0			
鎢高溫加工鋼								
H21	0.35		3.5		9.5			黃銅，鎳還有鋼的熱壓擠

H23	0.30	12.0		12.0		模熱鍛造模
鎢高速鋼						
T	0.70	4.0	1.0	18.0		原始的高速切削鋼，最能抗磨損的等級
T15	1.50	4.0	5.0	12.0	5.0	
鉬高速鋼						
M1	0.80	4.0	1.0	1.5	8.5	在美國有 85% 的切削工具都來自這個等級
M2	0.85	4.0	2.0	6.25	5.0	
M3	1.0	4.0	2.4	6.0	5.0	
M10	0.85	4.0	2.0		8.0	
M15	1.50	4.0	5.0	6.5	3.5	5.0	最能抗磨損的等級

10.2 高碳鋼的熱處理 Heat Treatment of High-Carbon Steels

變態圖 Transformation Diagrams

在圖 10.1 和 10.3 中顯示了兩種最常使用的工具鋼的變態圖。既然這些是為了要瞭解正常的熱處理而顯示的圖，圖中畫出了在工業的熱處理上所使用的沃斯田化狀態，不過也包括了一些有關過熱或是加熱不足的效應的討論，也就是說在太高或是太低的溫度進行沃斯田化。圖 10.1 的上層部份指出普通碳鋼必須要快速冷卻經過 500°C 來避免細波來鐵的形成。這是一個實質上水硬化鋼，雖然稍微較高的錳含量，舉例來說，0.5%而不是 0.25%，可能會允許薄剖面像是鋸狀葉片被由淬火來硬化。高沃斯田化溫度在麻田散鐵反應上的效應可以在表 10.2 中看到。這些數據表示高淬火溫度會帶來較粗的晶粒結構，較少的殘留碳化物來抵抗磨損並且在冷卻到室溫時有更多的殘留沃斯田鐵。這些變態圖的價值可以藉由考量一塊 15 公分的碳工具鋼的硬化來闡明。假設這塊工具鋼藉著高壓噴霧來淬火，將會在表面層快速的冷卻到將近 65°C，可以允許表層完全變態到麻田散鐵組織。塊鋼的中心將會冷卻的很慢並且在大約 550°C 變態為細波來鐵。在中心與表面層之間的某處將會有一個區域，在某個特別的時間時將會錯過波來鐵反應，不過在這邊將不會被冷卻低於 M_s 線。在這塊區域內，麻田散鐵將會有某段時間仍保持未變態。假使塊鋼在表面仍然是溫暖時（建議的步驟）被搬移到回火熔爐，然後在 200°C 回火一個小時，一些沃斯田鐵將會在這個次表面區殘留，最後會在整個塊鋼冷卻到室溫時變態。

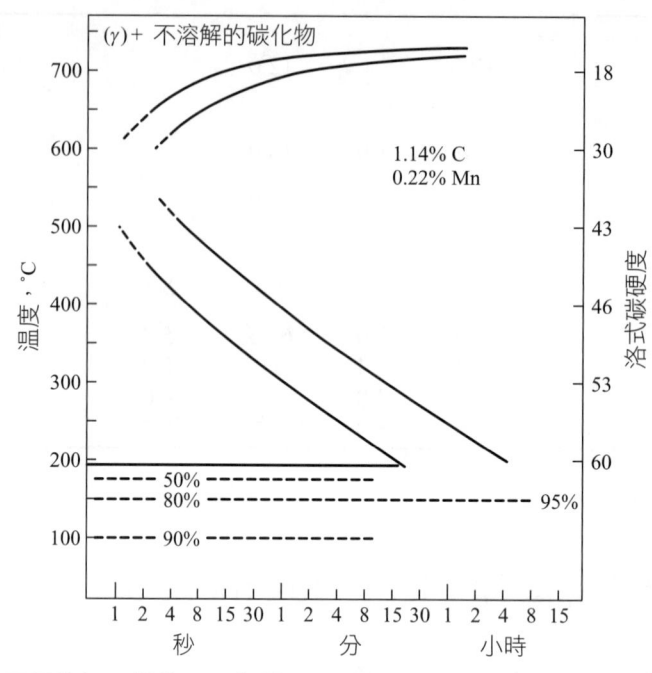

圖 10.1　水硬化普通碳工具鋼的恆溫變態圖，根據一般的硬化處理在 **790**°C進行沃斯田化，因此從在結構中有未溶解碳化物的 γ + **Fe₃C** 區域開始。圖中顯示出了變態結構的洛氏硬度。從沃斯田鐵到田散鐵的變態程度藉由虛線來表示，在很大的部分都會隨著冷卻的速率（或是冷卻應力）來改變。在 **80%**的水平線（**150**°C）右邊末端的 **95%**變態意味著 **80%**的麻田散鐵加上 **15%**的變韌鐵。

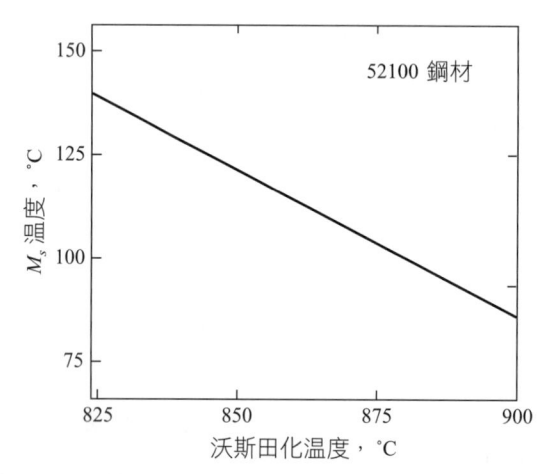

圖 10.2　**52100** 鋼材（**1%**碳，**11.4%**鉻）的 M_s 溫度是斯田化溫度的函數，增加碳溶解度會降低 M_s 溫度。

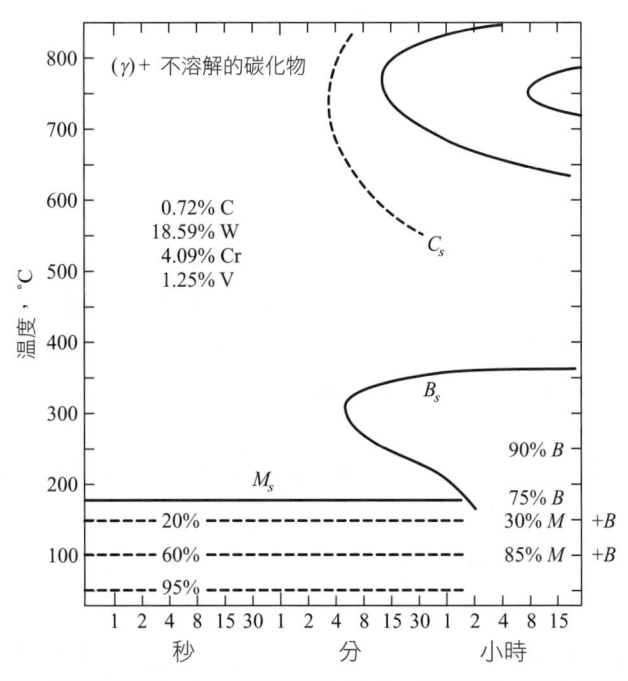

圖 10.3　18-4-1 高速鋼的恆溫變態圖，在一般的硬化溫度，**1290°C** 從退火結構進行沃斯田化。在麻田散鐵變態的範圍，長時間的保溫允許變韌鐵的形成，這可以由在長時間（**15** 小時）時增加的變態比例看到。虛線的 C_s 線大概的指出從先前是共析反應的過飽和沃斯田鐵組織中析出碳化物的開端。

表 **10.2**　在碳含量 **1.2%** 普通碳工具鋼的麻田散鐵反應上的沃斯田化處理效應

	沃斯田化處理		
	790°C，1 小時	830°C，0.5 小時	870°C，0.5 小時
γ 晶粒尺寸	No.9	No.8	No.6
未溶解的碳化物	非常多	多	一些
在 150°C 麻田散鐵的比例（%）	80	40	5
在 100°C	90	80	60
在 30°C	100	95	85

　　假使變態發生在從回火狀態冷卻時，會伴隨著體積的膨脹，這將會造成表面的高拉伸巨觀應力。這也會造成塊鋼的角落碎裂剝落，有時候也會發生在從回火爐做最後冷卻後的許多小時後。

　　這個困難是可以被避免的，假使熱量的梯度在原始的麻田散鐵形成時就被消除或是假使塊鋼被允許能在回火之前完全變態。然而這樣大塊的碳工具鋼的麻淬火（麻回火）因為所要求的經過 550°C 的快速冷卻而無法被完成。假使淬火的鋼材被容許在室溫中維持太長的時間以允許在回火前完全的變態，表面將會變得太冷而可能因為淬火應力加上變態應力的作用而破碎或是產生裂痕。一個成功的妥協方法是如同以往一樣淬火到大約 65°C，假使包含了比較大的體積的話，在溫暖的油浴槽中保持這個溫度直到溫度已經均勻。

對油硬化鋼材來說，較慢的冷卻意味著較小的熱量梯度和更均勻的變態。由淬火的 52100 鋼材嚴格來說並不是一種工具鋼材，這是被發展來作為球狀軸承用。假使在正常的溫度下進行沃斯田化，它大約有 95% 在到達 95°C 的淬火溫度時變態為麻田散鐵。較高的沃斯田化溫度在 52100 球狀軸承鋼材的麻田散鐵反應的效應可以在圖 10.2 中看到。如同在普通碳工具鋼中的例子一樣，較高的沃斯田化溫度會造成更完全的過共析碳化物的溶解，沃斯田晶體的成長還有相關的 M_s 和 M_f 溫度的下降。

氣硬工具鋼的變態圖可以在圖 10.3 中看到。值得注意的是反應的膝部，相當於在碳鋼中的細波來鐵形成，和溫度 550°C 與少於 1 秒的時間相較，曲線往右上方移動，到達大約 780°C 和 600 秒。除此之外，在某個溫度區間大約是 600°C 到 350°C 之間，亞穩態的沃斯田鐵表示出即使保溫一個星期也沒有變態的發生。然而析出的碳化物可能會發生在這些溫度下保持的沃斯田鐵狀態（見圖 10.3 中的 C_s 線），這將會改變 M_s 和 M_f 溫度還有影響工具的性質。

變態圖（圖 10.3）沒有特別的指出存在於退火高速工具鋼材中的碳化物。它們總共有三種型態：富鉻碳化物，$M_{23}C_6$，一種較硬的富鎢—鉬碳化物，M_6C，還有非常硬的富釩碳化物，M_4C_3。如同圖 10.4 的數據所顯示的，這些碳化物並不會都在相同的溫度或是速率溶解。很明顯的可以看出雖然在較高的沃斯田化溫度可以溶解更多的碳化物，M_6C 和 M_4C_3 類型的碳化物其殘留的未溶解物將會是較硬的而且更能抗磨損。

像圖 10.3 一樣的變態圖允許淬火製程等同於麻淬火，儘管這是很久以前的用法，如同所熟知的熱淬火。在沃斯田化之後，鋼材在大約 550 到 500°C 的液態鹽浴槽中淬火，保持狀態直到溫度已經均勻，然後再到油中淬火。這種和氣冷相反的處理最主要的益處就是比較經濟。在變態圖中很明顯地可以看到中等尺寸的鋼材在氣冷時將會相當成功的硬化。然而假使一個熱處理工廠是以同樣的方式處理大量的鋼材，那麼一個正常尺寸的房間將會充滿了熱鋼材，所以無法進行其它的製程，也就是說直到零件大約在室溫的溫度時才可以進行回火。在另一方面來說，直接從高沃斯田化溫度進行油淬火會給予更多的畸變而且導致嚴重的熱量梯度，伴隨著巨觀應力和可能的裂縫。熱淬火是一個在經濟與冶金學上困難之間的成功妥協。

在麻田散鐵形成時增加沃斯田化溫度在高碳高鉻鋼材的效應可以從表 10.3 中的數據顯示。

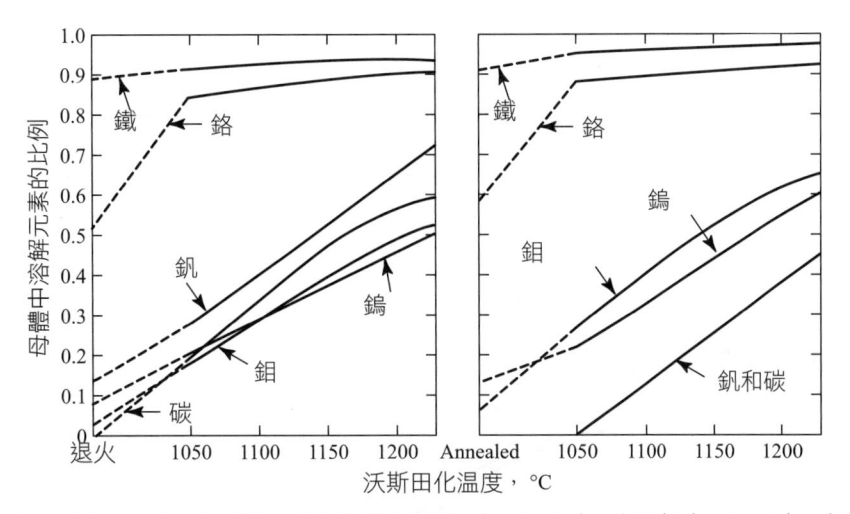

圖 10.4 在高速鋼中母體與碳化物之間的元素劃分，左邊是 M1 類型，右邊是 M4 類型。大多數的鉻碳化物會在 1050°C 溶解，釩、鉬還有鎢的碳化物會的溶解慢很多。

表 10.3 在氣硬高碳高鉻鋼材麻田散鐵反應的沃斯田化處理效應

	沃斯田化處理			
	1010°C，1 小時	1070°C，½ 小時	1110°C，¼ 小時	1150°C，5 分鐘
γ 晶粒尺寸，ASTM	No.11	No.10	No.9 ⅑	No.9
在 95°C 的麻田散鐵比例	95	20	微量	0
在 30°C	100	85	30	微量
氣冷時的洛氏硬度	C65	C59	C47	C36

在過硬化時 M_s 和 M_f 溫度有明顯下降的是典型的高鉻含量鋼材。在冷卻到室溫時保持的沃斯田鐵數量的大量增加就是淬火硬度減少的明顯因素。假使緊接著淬火之後這樣的鋼材被冷卻到低於室溫的溫度，舉例來說，−80°C，那麼冷卻到室溫時所殘留的沃斯田鐵都會完全變態為麻田散鐵。當回到室溫時，鋼材將會比零下處理之前的還要硬，假使進行仔細的尺寸量測的話，將會發現鋼材有成長或是體積上有增加。這些效應在從沃斯田鐵到麻田散鐵的變態時是被預期的，假使鋼材是在只有相當少量的碳化物溶解在沃斯田鐵中因此硬化不足的情況下，就無法觀察到這樣的效應。

假使這些高合金鋼材在熱處理時加工彎曲或是畸變，就必須弄直，這個彈性變形應該要在鋼材相當柔軟時進行，也就是説，在部分沃斯田鐵時進行。變態圖表示出當鋼材仍然是暖和時緊接著淬火處理，正常的硬化高速鋼材將會包含了 30 或 40% 的沃斯田鐵。這時就是最佳的時刻來進行較輕微的變形以便將加工彎曲或畸變的鋼材弄直。

回火 Tempering

普通碳工具鋼材和 52100 球狀軸承鋼材的回火曲線可以從圖 10.5 中看到，一開始是處在麻田散鐵狀態。在這邊普通碳工具鋼的連續結構改變已經被描述，也就是說在麻田散鐵中碳化物的析出和從體心四方到體心立方母體晶格的改變，緊接著就是在殘留的沃斯田鐵中碳化物的析出和這些沃斯田鐵轉變到麻田散鐵組織（在冷卻時），從 ε 碳化物中勻稱的 Fe_3C 的形成，還有最後在肥粒鐵組織中的 Fe_3C 碳化物的成長或是變粗，這也伴隨著碳化物數目的相對應減少與空間的增加以及明顯的軟化。

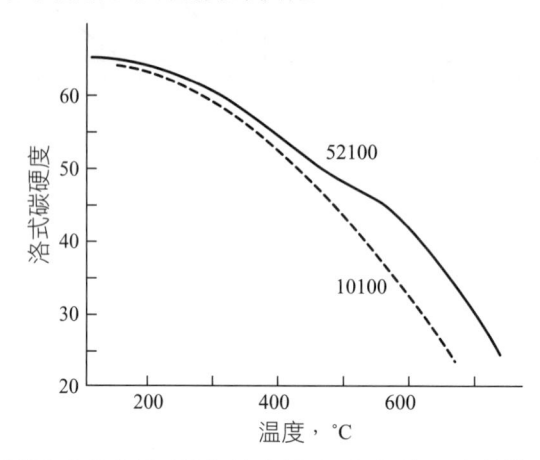

圖 10.5 普通碳工具鋼與 **52100**（碳含量 **1%** 與鉻含量 **1.2%**）的回火數據，前者從 **790**°C 進行水淬火；後者是已經在油中從 **845**°C 被淬火。兩條曲線的回火時間都是一小時。

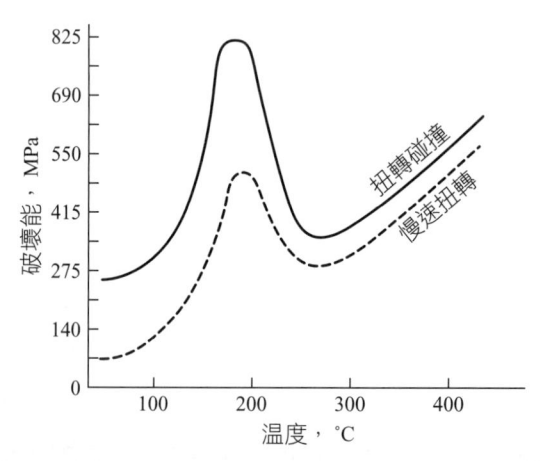

圖 10.6 破壞回火麻田散鐵組織所需的能量與回火溫度的關係圖。碳含量 **1.1%** 的工具鋼在濃鹽水中從 **790**°C 被淬火，然後在所指定的溫度回火一個小時。對試件給予一個緩慢的扭轉的破壞能可以藉由每一個測試試件的扭應力對扭應變曲線下的面積積分來得到。在大約 **190**°C 時的尖峰據推測可能與麻田散鐵的應力釋放有關，在大約 **260**°C 的低破壞能是來自於在從回火操作冷卻時殘留沃斯田鐵變態為麻田散鐵所產生的應力。

如同圖 10.6 中的數據所顯示的,與殘留沃斯田鐵變態有關的微應力和相關的區域化膨脹造成了普通碳工具鋼在大約 230°C 時扭轉碰撞強度的減少。在恰當硬化的碳鋼或是 52100 鋼材中,並沒有足夠的殘留沃斯田鐵可以造成在硬度—回火曲線中重大的彎曲。52100 鋼材(圖 10.5)在 500°C 時的微小彎曲和隨後減緩的軟化都與

穩態的碳化物,$(FeCr)_3C$ 的形成有關,因為它的形成和成長會使得鉻和間隙上的碳在實質上開始擴散。

在圖 10.7 中顯示出了三條高速鋼的回火曲線。三條曲線中虛線代表著硬化不足的鋼材,換言之,在 1150°C 進行沃斯田化。它的硬度在一開始是最高的,這是因為假設鋼材在硬化之後全部都被冷卻到恰好室溫的溫度,這個鋼材在沃斯田鐵組織中將會有最少的碳溶解物和合金,因此在回火前在結構中會有最少量的柔軟殘留沃斯田鐵。相反地,過度硬化的試件,由點線所代表是在 1250°C 進行沃斯田化,將會有最多的殘留沃斯田鐵,在淬火後會變得最軟。這個鋼材假如被冷卻到室溫前就經過回火處理,那麼在一開始甚至會是比較軟的。舉例來說,假使它只被冷卻到 100°C,幾乎只有一半的結構會變成沃斯田鐵,然後硬度大概會在洛氏硬度 C50 到 C60 的範圍。

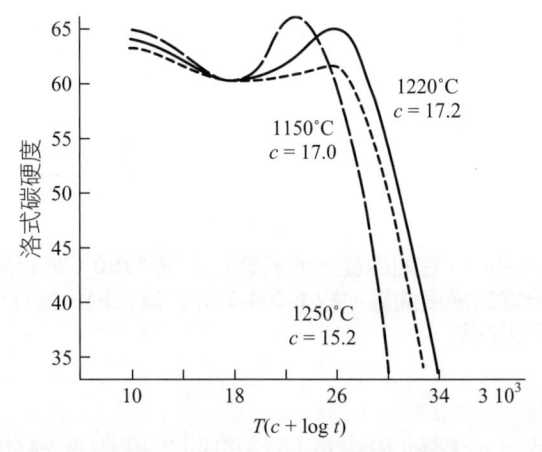

圖 10.7 6-5-4-2 高速鋼在三個不同溫度下進行沃斯田化的回火曲線。回火硬度被拿來對 $T(c + \log t)$ 這個參數作圖,在這邊 **T** 代表回火溫度,**t** 代表回火時間,**c** 是對於特殊鋼和沃斯田鐵處理的一個常數。

在回火之前,這些鋼材都包含了高合金麻田散鐵,高合金殘留沃斯田鐵和未溶解的碳化物 $(MoW)_6C$ 和 V_4C_3。再回火時的改變可以藉由下面的概要圖來做最好的說明:

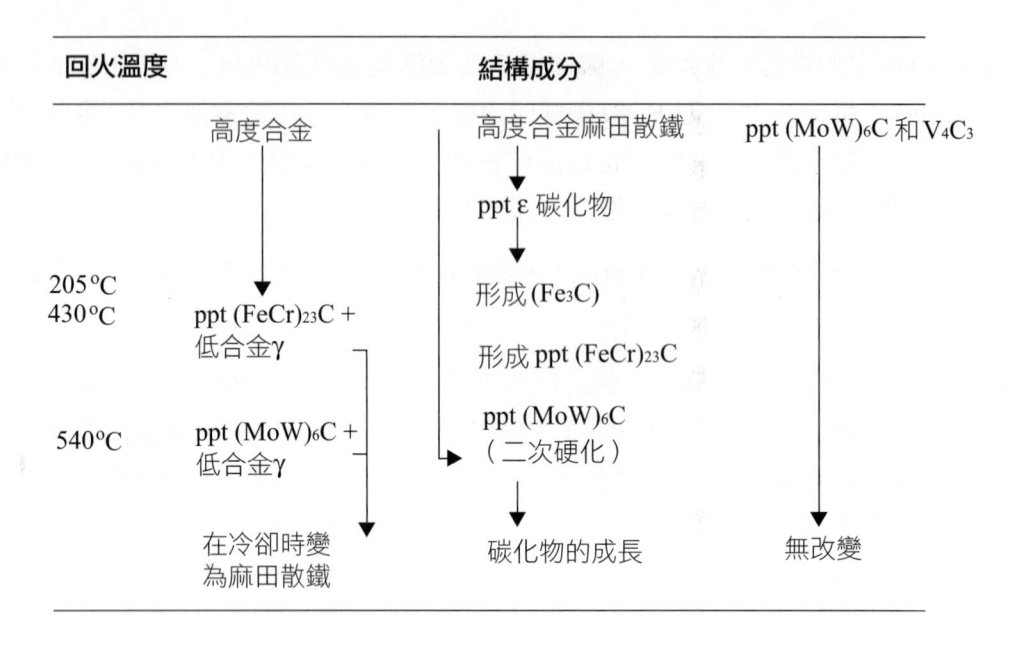

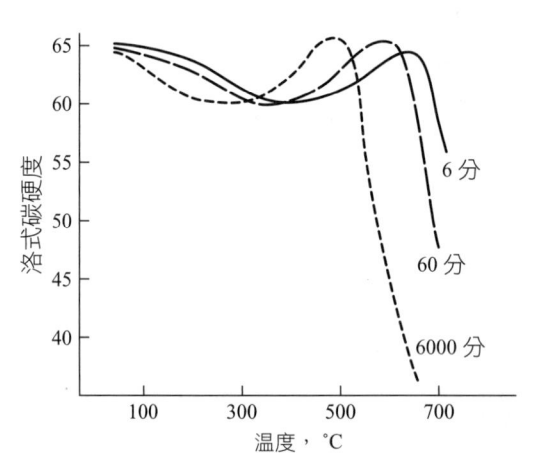

回火溫度	結構成分		
	高度合金 →	高度合金麻田散鐵	ppt $(MoW)_6C$ 和 V_4C_3
		↓	
		ppt ε 碳化物	
		↓	
205°C		形成 (Fe_3C)	
430°C	ppt $(FeCr)_{23}C$ + 低合金γ	形成 ppt $(FeCr)_{23}C$	
540°C	ppt $(MoW)_6C$ + 低合金γ	ppt $(MoW)_6C$（二次硬化）	
	↓	↓	↓
	在冷卻時變為麻田散鐵	碳化物的成長	無改變

圖 10.8　18-4-1 高速鋼的回火曲線，在油中從一般的硬化溫度 **1290**°C進行淬火，圖中顯示出了回火之後 **6** 分鐘，**60** 分鐘還有 **6000** 分鐘的硬度曲線。對 **6-5-4-2** 高速鋼來說，當從一般的硬化溫度 **1220**°C進行油淬火，幾乎會得到一樣的回火曲線。

在回火操作的冷卻時，於堅硬和中度脆性的回火麻田散鐵中形成了新的麻田散鐵組織，這造成了高微應力。假使鋼材從回火操作淬火或是巨觀應力的存在是起源於其它的地方，舉例來說，尖銳的角落，在剖面尺寸的急遽改變或是太猛烈的淬火，那麼鋼材可能會從第一次回火後的冷卻中產生裂痕。在這個時候產生裂痕是比在硬化淬火時更有可能的，因為在這時沒有殘留沃斯田鐵可以當作軟墊來變形和減少應力。因為這些理由，大多數的工廠都會採取兩個回火處理。第二個加熱是將從第一次回火時所形成的麻田散鐵組織進行回火，更重要的是要減少在工具中的微應力和巨觀應力還有在作業時可能會有的脆性破裂。

在回火溫度時的時間效應並沒有被討論，不過很明顯地它也是一個有意義的變數，因為擴散對碳化物的析出和成長是主要的必要條件。圖 10.8 中的曲線顯示出 18-4-1 高速鋼材的回火時間的效應。很清楚的可以看到回火曲線的特徵沒有被改變，只有第二條硬度尖峰的溫度因為較長的回火時間而被降低或是移動到左邊。如同在中碳鋼的例子一樣，一個單獨的參數被找到來表示兩個變數，回火時間和溫度的效應。這個參數的形式是

$$T(c+\log t)$$

在這邊 T = 溫度

t = 時間

c = 某個常數，它的值視沃斯田鐵的成分而定

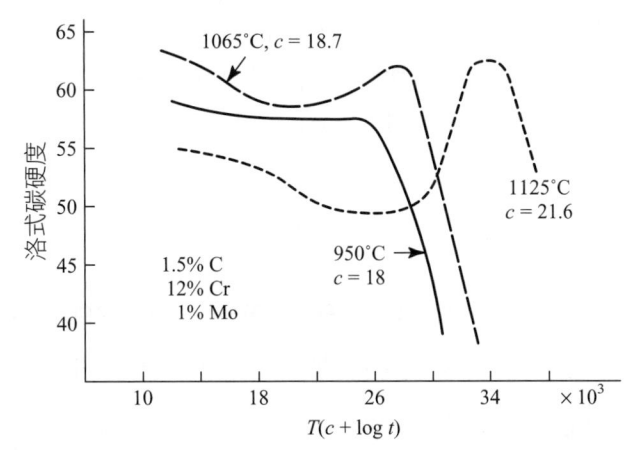

圖 10.9 氣硬模鐵在三個不同的溫度下進行沃斯田化的回火曲線。回火硬度被拿來對 $T(c+\log t)$ 這個參數作圖，在這邊 T 代表回火溫度，t 代表回火時間，c 是一個常數，對每條曲線而言，它的值視沃斯田鐵化的溫度而定。從最低溫度開始的硬化不會造成二次硬化，但是從最高溫度開始的硬化會因為殘留沃斯田鐵和相關的明顯二次硬化而造成較低的初始硬度。

此參數被使用在圖 10.9 中回火曲線的橫座標。這張圖的曲線特別顯示出沃斯田化溫度的效應。950℃的處理給予了淬火硬度 C64，雖然在這時會遭遇到一些殘留的沃斯田鐵，但如同在回火時的二度硬化所顯示的，由於有更多的碳化物溶解了，麻田散鐵組織會變得更硬。1125℃的沃斯田化給予了只有 C55 的低淬火硬度，這是因為太多的碳化物被溶解了，造成了非常大量的殘留沃斯田鐵。在回火時會有一個明顯的尖峰是起因於殘留沃斯田鐵在回火後冷卻時的變態。這個尖峰位移到右邊會有一些使人誤會這條曲線，因為最大的二次硬化溫度沒有明顯的增加；高沃斯田化溫度會改變了在繪圖座標橫軸上所使用的值。

橫軸上所使用的參數就是這個值。假設所想要得到的硬度顯示出 $7(c+\log t)$ 的值是 30000，那麼一個合宜的時間就可以被選擇，假設常數 c 的值也知道的話，那麼相對應所需要的溫度也可以立即被計算出來。因此這類的數據可以讓熱處理者選擇合宜的時間是一整晚或是其它的時間，並且可以計算出所需要來達到想要的硬度的精確時間。

硬化時的表面效應 Surface Effects upon Hardening

工具的工作部分大部分是邊緣或表面。相當有可能在進行熱處理時對不小心讓這部分發生滲碳作用或是脫碳作用。退火過的原料通常會在高溫加工和在鋼鐵廠的退火處理時有表面脫碳作用的發生。這在大多數的案例中並不會令人討厭的，因為工具的加工將會暴露出一個未經加工的代表性表面。在硬化熱處理時的脫碳化將會需要磨碾表面來移除柔軟的低碳鋼表層。硬化工具的磨碾需要在硬化前預留足夠的原料來允許加工後達到特定的尺寸。此外，磨碾是相當昂貴的，而且在某些案例中，例如，鋼鋸的刀片來做磨碾是不切實際的。最後，麻田散鐵結構的磨碾假使沒有小心的實行的話，可能會造成裂痕的形成。這是因為緊接在收縮之後的局部過熱和局部膨脹全都發生在堅硬且脆性的結構中，因此造成裂痕。無論何時裂痕都可以在工具上與磨碾方向呈直角的方向上觀察到，所以可以相當確定的是這些裂痕是起源於磨碾而非是在熱處理中發生的。在幾乎都是氣相的大氣環境中於一般的沃斯田化溫度下加熱 18-4-1 鋼材一小段時間將會顯示出表面的滲碳化作用，在較長的時間之後就緊接著脫碳作用。這是真實的反應，不論是否大氣是氧化的，換言之，在燃燒混合的過剩空氣中所包含的氧氣，是中性的（氣體完全燃燒生成 CO_2 和 H_2O 而沒有 O_2 或是 CO 形成）或是還原的（包含一些 CO 和 H_2）。事實上，在 1290°C 的反應 $C + CO_2 \rightarrow 2CO$ 中平衡時是大量往右的，也就是說 CO_2 將會燃燒碳並且使鐵氧化。那在氧化或是中性的大氣中滲碳化作用又是如何發生的呢？

據推測，存在氣體中的 CO_2、H_2O 或是 O_2 在 1290°C 會非常快速的使鐵氧化。當氧原子經過薄氧化物鏽皮可以擴散的比碳原子更快一些時，碳化物就較少快速的氧化。金屬表面的快速氧化增加了局部的溫度並且允許在鏽皮中的碳化物於沃斯田鐵組織中溶解。因此雖然鋼材只包含 0.7% 的碳，但緊接著鏽皮可能會短暫的包含超過 1.0% 的碳。

經過鏽皮的氧氣擴散對於連續鏽皮生成是必須的，隨著鏽皮的厚度會非常快速的減少。然而，碳化物可以進行間隙的擴散，而且它的速率很少被鏽皮厚度來影響。因此增加時間和較厚的鏽皮可以允許碳擴散到表面並且以比鐵的鏽皮更快的速度進行氧化。這個結果就是脫碳作用。

脫碳作用在硬化鋼材上產生了一個柔軟的表面層，通常最好是在回火之後經由銼刀測試而發現。在高溫時的滲碳化作用可能也會造成表面變成銼刀軟化，因為在表面上可以發現大量的殘留沃斯田鐵。

高速鋼通常在 700 到 850°C 預熱，然後保溫來獲得均勻的溫度，由此來減低暴露到高溫下的時間。在預熱時的表面氧化作用或是鏽化可能會造成輕微的脫碳作用，不過嚴重的脫碳只能發生在高溫時。雖然沒有數據被發表來顯示在大約 550°C 時進行回火操作的脫碳作用，但是顯然在這個相當低的溫度下還是可以發生脫碳作用。

於高硬化溫度時,最需要的是對表面化學變化的保護。我們可以藉著將在鋼材中的鑄鐵部分包裝起來而輕易達到,不過因為這樣很難去估量何時鋼材會到達了適當的溫度,所以會減緩加熱和妨礙在高溫時對時間的準確控制。保護也可以藉由使用一個碳塊來夾住鋼材來達到。在超過 1000°C 時,在碳塊中的大氣是接近 66%的氮氣和 34%的一氧化碳,假使在預熱時沒有氧化物鏽皮形成的話那麼起鏽皮和脫碳作用就不會發生。

合適的液體浴處理可以適當的防止在金屬表面的組成成份改變,也就是假使液體浴處理可以使得金屬表面免受氧氣作用。在高溫時,這可以藉由矽的覆蓋物或是在液體浴表面的適當調節劑來達成。

相當硬的尖端可以藉由硝酸處理在氨水中或是在液態氰化物浴中的硬化高速鋼來達成。這些處理的基礎在先前都已經討論過了。

尺寸改變 Dimensional Changes

沃斯田鐵、麻田散鐵和肥粒鐵 + 碳化物的比容都有一些不同(見表 10.4)。合金肥粒鐵和碳化物的退火結構會在沃斯田化時收縮,這是因為面心立方晶格有較大的原子充填密度。當沃斯田鐵在冷卻時改變為麻田散鐵的時候會有一個膨脹現象發生,不過即使這個變態是完全的,膨脹並不會和先前在沃斯田鐵形成與加熱時所造成的收縮一致。在麻田散鐵組織中的碳原子分散以及或許是微應力的存在會造成比原來的肥粒鐵和碳化物更大的體積。因此,麻田散鐵的回火會伴隨著輕微的收縮。對一個 18-4-1 高速鋼經過 M_s 溫度來進行冷卻的尺寸上改變可以在圖 10.10 中看到。這張圖也顯示出在進行零下冷卻處理來穩定殘留的沃斯田鐵與降低接下來的冷卻效應之前保持在室溫下的情況。

表 10.4 在碳工具鋼*中所存在相的比容

相或是混合相	碳的範圍,%	在 26°C 所計算得到的比容,cm³/g
沃斯田鐵	0－2	0.1212 + 0.0033 (% C)
麻田散鐵	0－2	0.1271 + 0.0025 (% C)
肥粒鐵	0－0.02	0.1271
雪明碳鐵	6.7 ± 0.2	0.130 ± 0.001
ϵ 碳化物	8.5 ± 0.7	0.140 ± 0.002
石墨	100	0.451
肥粒鐵加雪明碳鐵	0－2	0.1271 + 0.0005 (% C)
低碳麻田散鐵加 ϵ 碳化物	0－2	0.1271 + 0.0015 (% C－0.25)
肥粒鐵加 ϵ 碳化物	0－2	0.1271 + 0.0015 (% C)

* B.S. Lement, "Distortion in Tool Steels," American Society for Metals, 1959.

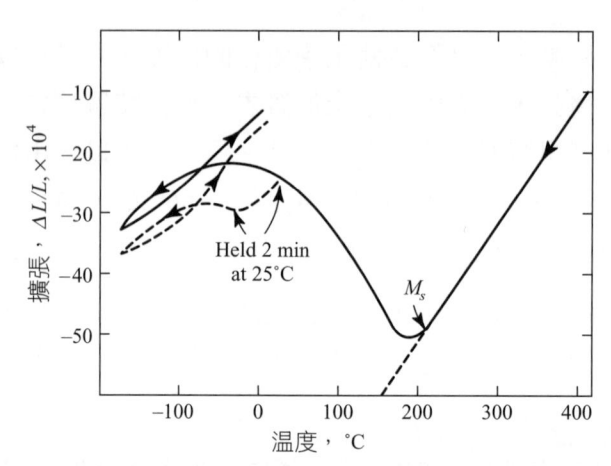

圖 10.10　18-4-1 高速鋼從 1290°C 開始冷卻的長度改變所造成的體積改變。實線顯示出在從 1290 到 −190°C 連續冷卻時的長度改變。在 207°C 的 M_s 點開始膨脹，直到大約 75°C，所有的沃斯田鐵都變態為麻田散鐵。點線代表冷卻過程被利用把試件保溫在室溫兩分鐘打斷的情形。這很明顯地穩定了仍然存在的沃斯田鐵，因此沃斯田鐵－麻田散鐵的變態並沒有再一次的開始，直到試件冷卻到了大約 −75°C 的溫度。在後者這個例子中，再加熱到室溫時的尺寸顯示出並非所有的沃斯田鐵都變態為麻田散鐵，即使已經冷卻到了 −190°C。

表 10.5　從 930°C 淬火到 30°C 的圓柱鋼所計算得到在中心與表面之間的最大溫度差值

圓柱直徑，cm	溫度差，°C		
	水	油	空氣
10	846	567	55
5	801	414	30
2.5	734	277	16
0.1	617	171	9

表 10.6　在硬化時合金工具鋼的體積增加

類型	組成，%						熱處理溫度，°C	增加的體積，%
	碳(C)	錳(Mn)	鉻(Cr)	鉬(Mo)	鎢(W)	釩(V)		
O1	0.9	1.1	0.5	...	0.5	...	780 to 水	0.69
	1.0	0.2	1.3	...	...	...	800 to 水	0.52
A2	1.0	0.6	5.2	1.0	...	0.2	945 to gas*	0.30
D2	1.5	0.2	11.5	0.8	...	0.2	1010 to 氣體	0.11

* 在分離的氨水中淬火來維持明亮無鏽皮的表面

　　假使，一個特殊工具上的尺寸變化是由於熱量梯度的關係，發生的時間都不一樣的話，那麼不只巨觀應力，連較大的體積也會改變結果。最大的熱量梯度是在許多種直徑的鋼棒在水冷，油冷和氣冷時遭遇到，這是由史考特所計算出來的，並且顯示在表 10.5 中。很明顯地，油淬火和氣冷之間的差異遠大於油淬火與水淬火之間的差異。表 10.6 顯示出體積的增加將會在硬化四種一般的工具鋼或是鋼模中發現。將可以預期到在這些鋼材中的畸變和應力會是最大的，這是因為在這些鋼材中體積的改變也是最大的。

收縮發生在風硬鉻鋼模回火時，完全穩定的尺寸無法獲得，直到所有的麻田散鐵都已經回火到了穩態碳化物析出的點，在這邊穩態碳化物指的是$(CrFe)_7C_3$ 和 $(FeCr)_3C$。在低於600°C所形成的過渡碳化物可能會造成一些收縮，不過沒有到原始退火部分的尺寸。

10.3　燒結碳化物　Cemented Carbides

越堅硬的材料越容易將其它材料刻成鋸齒狀，而且也更能夠抗磨損。然而當非常大的硬度伴隨著脆性時，這樣的材料就不能拿來當作工具使用。對於這個問題的技術上解決途徑就是在堅硬、抗磨損的材料上圍繞粒子上去，並且加上柔軟與彈性物質的連續薄膜，一種膠結材料。幾種相當硬的材料的相對諾普硬度顯示在表 10.7 中。

燒結鎢碳化物可以藉由取得鎢化碳粒子來產生，通常大小的範圍是在 1 到 3 微米，將這些粒子和柔軟的鈷粉末混合在一起，這樣的話每一個鎢化碳晶粒都會被上塗料，將這個混合物緊壓來形成低強度的緊緻物，然後在高於鈷熔點的溫度下於氫氣中進行燒結。液態的鈷浸濕鎢化碳晶粒而且溶解少量的鎢化碳粒子。燒結的材料會明顯地收縮，留下少量的殘留多孔性。在冷卻時，鈷開始凝固而且溶解的鎢化碳粒子開始在已經存在的晶粒上析出，留下了鎢化碳粒子與鈷薄膜燒結在一起的最後結構。表 10.8 中的數據顯示出增加鈷含量在硬度、彈性模數還有壓縮強度上的效應。隨著鈷含量的增加這些性質（硬度，彈性模數還有壓縮強度）會減少，抗衝擊性會增加。

表 **10.7**

材料	諾普硬度
Fe-C　麻田散鐵（C-65）	700
Fe_3C	1100
燒結碳化物	1400
$Cr_{23}C_6$（在高速鋼中）	1800
鎢化碳（WC）、鈦化碳（TiC）、鉭化碳(TaC)	2100－2400
藍寶石	2800
鑽石	8000

表 10.8　燒結碳化物*的分類與性質

碳化物群	組成		洛氏 A 硬度	彈性模數（Gpa）	壓縮強度（Gpa）
	鈷比例(%)	碳化物類型			
1	3	鎢化碳	92.7	645	4.7
2	6	鎢化碳	91.5	615	4.3
2	9	鎢化碳	90	590	3.6
3	13	鎢化碳	89	550	2.7
4	5	鎢化碳／鈦化碳	93		
5	8	鎢化碳／鈦化碳	91		
7	6	鎢化碳／鈦化碳	92		
8	9	鎢化碳／鈦化碳	91		

* 等級 1 到 3 是使用在機器加工鑄鐵和大部分的非鐵金屬。最高鈷含量的碳化物是用來增加所需要的抗衝擊性。等級 4、5、7 和 8 是使用來機器加工肥粒鐵鋼材，因為和鎢化碳並存的鈦化碳或是鉭化碳可以增加形成孔的抵抗性。

問題

1. 現在要求要測試有下列幾種結構含碳量 1.0%的粗糙球狀碳鋼的切削性：(a) 粗波來鐵+一些球狀碳化物；(b) 全部是細波來鐵；(c) 全部是細球狀碳化物；(d) 中度的粗波來鐵 + 肥粒鐵；(e) 部分地球狀中度細波來鐵。就溫度和冷卻率而論，描述所需求產生這些結構（假使可以獲得的話）的熱處理條件。

2. 何種淬火媒介物被使用來將鋼從沃斯田化的範圍冷卻？（按冷卻速率的減少來安排）

3. 在濃鹽水中淬火一個 1.3 公分的碳鋼剖面，然後當它的外部已經被冷卻到低於 540℃，就將這個剖面移到油浴槽中，這樣的作法可以獲得什麼樣的好處呢？在從濃鹽水中移除之後，在空氣中保溫幾分鐘，然後在放置到濃鹽水中，最後的結構會是什麼呢？

4. 假使一個外部的熱源只能被使用一次，用來在柄的地方發展細波來鐵和在尖端的地方發展回火麻田散鐵結構，對於一支大的螺絲起子該如何來處理呢？

5. 使用來切削螺紋的鋼模其硬化會有什麼相關的困難呢？讀者會建議如何加熱一個大的高速鋼楔形物來使大量的剖面到達適當的硬化溫度而不用燃燒薄邊緣呢？

6. 既然在 565℃時回火不會增加高速鋼切削工具的硬度也不會增加其韌性，那為何它要被給予這樣的處理呢？

7. 站在變態圖 10.3 的基礎上，詳細說明硬化高速鋼材的熱處理，設計如何對於再加工實現最大的柔軟度。

8. 為何 52100 鋼材在經過球狀化退火後，有時候會在緊接的表面上顯現出圓柱狀的肥粒鐵晶粒，然後形成一個在純肥粒鐵和球狀碳化物結構之間的波來鐵區域？解釋為何肥粒鐵在結構中是圓柱狀的，還有為何中間的區域是波來鐵而不是球狀雪明碳鐵。

參考文獻

Cahn, R. W., P. Haasen, and E. J. Kramer (Eds.): Materials Science and Technology: A Comprehensive Treatment, vol. 7, Constitution and Properties of Steels, Wiley, New York, 1992.

Smith, W. F.: Structure and Properties of Engineering Alloys, 2d ed., WCB/McGraw-Hill, New York, 1993.

ASM Handbook, vol 1, Properties and Selection: Irons, Steels, and High- Performance Alloys, 10th ed., ASM Int., Materials Park, OH, 1990.

Metals and Alloys in the Unified Numbering System, 5th ed., SAE/ASTM, Warrendale, PA, 1989.

第十一章

不鏽鋼
Stainless Steels

　　不鏽鋼 (stainless steel) 是含鐵合金家族的一個分支，設計的目的主要是要高抗腐蝕的。要達到這個抗腐蝕效應，原先是藉由加入鉻的合金來達成，不過也可以藉著像是加入鉬和鎳等合金來達成。此外，這些合金元素可能會大大的改變了鋼材中各相之間的關係，並且可能產生大幅度的微細構造。

　　微細構造的範圍可以提供不鏽鋼在腐蝕性之外其他種類作業要求的資格。沃斯田合金很適合拿來在低溫作業要求時使用，因為它們的韌性足夠，也適合高溫作業需求使用，因為它們的抗潛變能力也相當強。有一些麻田散鐵不鏽鋼在強度以及硬度上都相當足夠，所以可以拿來當作工具鋼以及鋼模材料或是當作高強度的航空器零件。因此，可以在許多應用領域中見到不鏽鋼的存在，這些領域應用了所有不鏽鋼材的性質，而不只是它們抗腐蝕的能力。不過，在本章中所提及的不鏽鋼是以它們腐蝕的特性來作為幾種群集的基礎。

11.1　不鏽鋼的相圖 Phase Diagrams of Stainless Steels

　　不鏽鋼中包含了鉻或是鉻和鎳或是錳。現存的不鏽鋼可能也包含了一些碳和其他元素，這些是故意添加上去或是不可避免的雜質。圖 11.1 中的鐵－鉻圖顯示體心立方的鉻有變為穩態的體心立方 α 一鐵的傾向，它的高溫相似 δ 會合併起來形成所謂的封閉 γ 圈。因此，高過 16%的鉻含量之後，在二元合金 (binary alloys) 中無法找到沃斯田鐵，因為這個原因，二元合金會類似大部分的非鐵固溶合金。在淬火下它們並沒有表現出變態硬化，而在熱處理之下也沒有晶粒的精鍊現象出現。因此二元無碳鐵－鉻合金並不適合叫做鋼，而應該叫做不鏽鐵。藉由將鐵和鉻的原子在高鉻含量的合金中適當的排序，就可以得到鐵鉻結構，在這種結構中可以發現到二元系統 σ 相的存在，在某些不鏽鋼材中這是相當重要的。

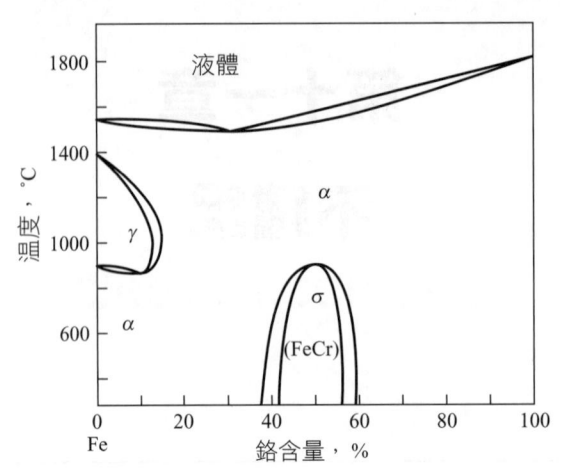

圖 11.1 二元鐵－鉻相圖，圖中顯示出當體心鉻和體心鐵形成肥粒鐵固溶液時的封閉 γ 圈。在 **50/50** 成分中心的 σ 相是一種 **CsCl** 類型的整齊結構。

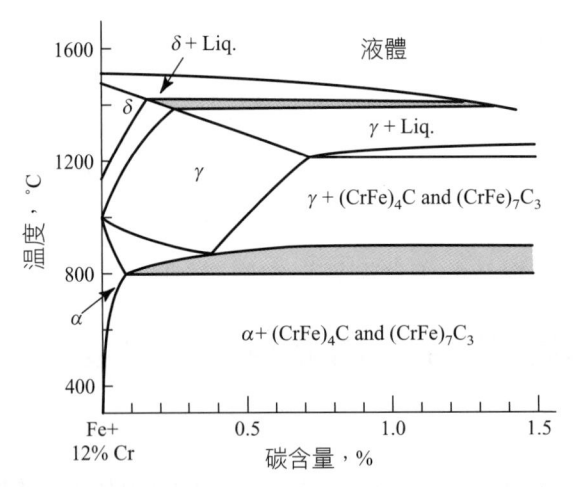

圖 11.2 鐵加上 **12%**鉻還有變化碳含量的準二元相圖。在兩相區域之間的線並沒有表現出兩個相的成分或是相對的比例。線相交的陰影處是三或四個相的區域。

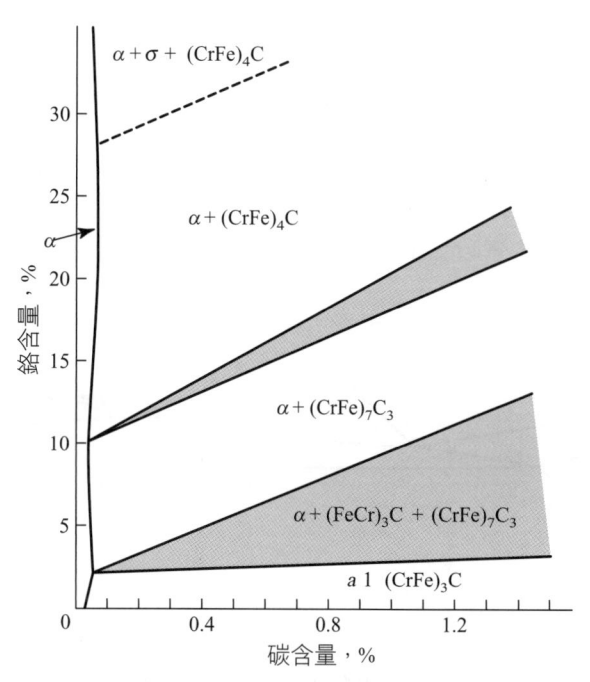

圖 11.3 在慢速冷卻的鐵－鉻－碳合金中，相的分佈以及鉻和碳含量的關係圖。鉻可以進入 **Fe₃C** 的量可以到 **15%**，鉻並不會改變它的結構，這個碳化物被稱之為 **(FeCr)₃C**。下一個碳化物是 **(CrFe)₇C₃**，它包含了最少 **36%** 的鉻。**(CrFe)₄C** 是在不鏽鋼中最常發現到的碳化物，它包含了超過 **70%** 的鉻。

在二元鐵－鉻圖中並沒有顯示出在沃斯田鐵中碳的效應，它可以在沃斯田鐵中溶解並且增加在 γ 圈中鉻的界限。對於討論一硬化的鉻鋼，舉例來說，所謂的不鏽刀是有等級的，(Fe + 12% Cr)-C 的假二元圖（圖 11.2）是相當有用的。鉻壓縮了鐵－碳圖的 γ 領域，也減少了大約 3.5% 共析碳，在沃斯田鐵中碳的最大可溶性也被降到 0.7%。共析溫度被認為是相當地高，共析反應也不再由線來代表，而是由一個區域（虛線）來代表，這是因為對這個三種組成的系統的吉柏相定律 (Gibbs's phase rule) 來說，對於 γ → α + 碳化物反應只能允許一個變數，也就是說，$F = 3 - 3 + 1 = 3$。

完全退火鋼材中的鉻在肥粒鐵和碳化物相中都是存在的。就碳化物相分佈的特性而論，在圖 11.3 中顯示其分佈是隨鉻以及碳的含量而變化的。在第九章中所討論的中碳合金鋼包含了正常斜方 Fe₃C 和重量上鉻取代鐵的量到達將近 15% 的碳化物，(FeCr)₃C。在第十章中所討論的高碳高鉻工具鋼中，碳化物相是 (CrFe)₇C₃，它包含了至少 36% 的鉻。有 12% 的鉻不鏽鋼材可能會包含這種碳化物，不過大多數不鏽等級的鋼材會有 (CrFe)₄C 這樣的碳化物相，這在重量上包含了最少 70% 的鉻。

當面心立方的鎳被加入到鐵中，如同在第八章中所提到的，它傾向於壓低 A_3 線的溫度，而且會穩定面心立方的沃斯田鐵組織。當含有 30% 的鎳或是更多的時候，二元的鐵－鎳合金會在所有的溫度都沃斯田化。在圖 11.4 和 11.5 中顯示了於鐵－鉻合金中增加鎳含量的效應。就像圖 11.3 一樣，會分別有 (Fe + 18% Cr + 4% Ni)-C 和 (Fe + 18% Cr + 8% Ni)-C

的假二元圖。這些圖中顯示了如果有 4%含量的鎳，那麼含碳量少於 0.4%的不鏽鋼會變為肥粒鐵和碳化物的混合物，不過這只有在接近室溫時才成立。如果存在了 8%的鎳，那麼三相區域會被推到更低溫度和碳含量的地方。當肥粒鐵的形成更進一步的受到限制時，同樣高溫的 δ 相也會受到類似的限制。更高鎳含量的圖並沒有被給予，不過這些圖很清楚的指出在 Fe + 18% Cr 基礎下，低鎳含量將會有益於麻田散鐵形成時的硬化，然而高鎳含量將會傾向於帶來更穩定的沃斯田鐵。

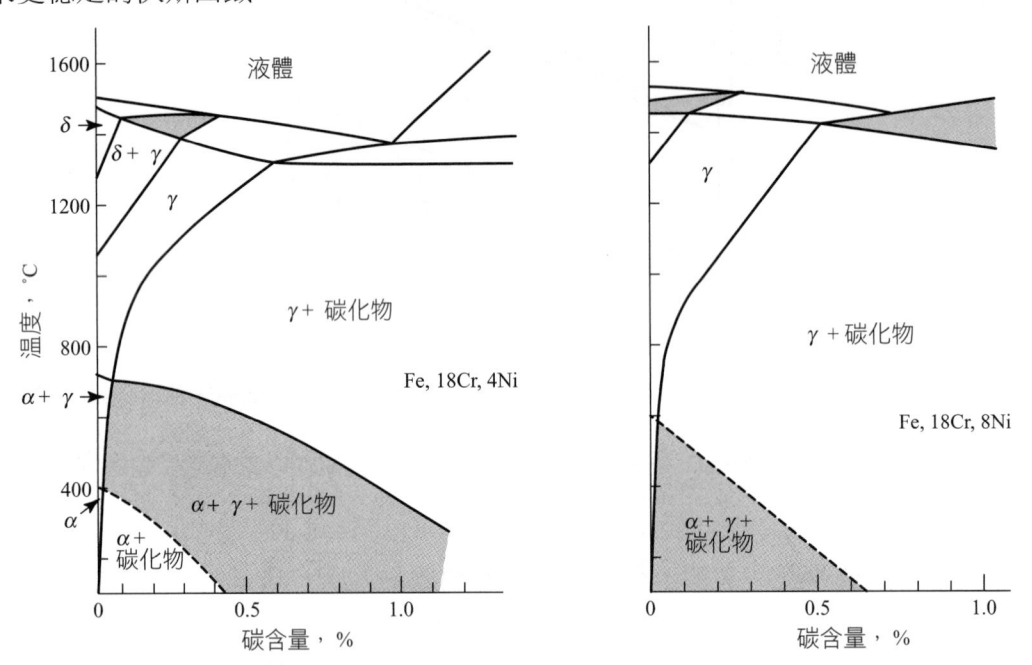

圖 11.4 與 11.5　圖 11.4：準二元 **Fe + 18% Cr + 4% Ni** 相圖，描述溫度對碳含量變化的關係圖。圖 11.5：準二元 **Fe + 18% Cr + 8% Ni** 相圖，描述溫度對碳含量變化的關係圖在兩個例子中的碳化物都是 **(CrFe)$_4$C**，碳含量至少 **0.5%**。注意增加鎳含量會如何穩定化沃斯田鐵，並且限制高溫的 δ 相和室溫的 α 相。線相交之陰影處是三相區域。相的成分和相對的比例無法從這些圖中二或三個相區域的關係線獲得。

　　在圖 11.5 中的碳化物溶解度線等同於在鐵－碳圖中的 A_{cm} 線，對於 18-8 類型的不鏽鋼熱處理與性質來說是相當重要的。不幸地，假二元圖並不能指出各種相的成分，不過圖 11.3 顯示出在一個鉻含量 18%，碳含量 0.10%的鋼材中，穩定的碳化物是 (CrFe)$_4$C。既然鎳並非是碳化物形成的元素，可能可以在 18-8 不鏽鋼中做為碳化物。如果在碳化物相中最少有 70% 的鉻，而且在 A_{cm} 溫度上的沃斯田鐵中只有 18% 的鉻，那麼碳化物的析出就會不可避免的造成殘留沃斯田鐵鉻含量的消耗。在幾乎尚未研究過的例子中，從固溶液中析出的新相會優先的出現在固溶體晶界上。這個現象通常出現於當 18-8 鋼材在高於 A_{cm} 線上的溫度，經過快速的冷卻之後，繼續於 500 到 800°C 的溫度範圍中進行加熱的情況下。一個例外是當結構已經被常溫加工了，所以析出物在滑動面以及晶界上的析出速度會一樣快。碳化物晶界析出的重要性和沃斯田鐵的局部鉻含量消耗會在第 11-11 頁中討論。

11.2 不鏽鋼合金的命名 Stainless-Steel Alloy Designations

大多數常用的不鏽鋼種類以結構作分類在表 11.1 中列出。300 系列是全沃斯田鉻—鎳合金，它的沃斯田結構是因為鎳的添加物而得到的。由於鉻碳化物晶界析出所造成的問題在 304L 等級中被最小化，這是利用保持碳含量在至少 0.03%；或是在 321 和 347 等級中個別添加原先是鈦或是鈮和鉭的強健碳化物來最小化此問題。

表 11.1 加工的不鏽鋼

AISI 類型	組成成分，%				
	碳	錳	鉻	鎳	其它
沃斯田鐵等級					
201	0.15 max	7.5	16–18	3.5–5.5	0.25% N max
202	0.15 max	10.0	17–19	4.0–6.0	0.25% N max
301	0.15 max	2.0	16–18	6–8	
302	0.15 max	2.0	17–19	8–10	
304	0.08 max	2.0	18–20	8–12	
304L	0.03 max	2.0	18–20	8–12	
309	0.20 max	2.0	22–24	12–15	
310	0.25 max	2.0	24–26	19–22	
316	0.08 max	2.0	16–18	10–14	2–3% Mo
316L	0.03 max	2.0	16–18	10–14	2–3% Mo
321	0.08 max	2.0	17–19	9–12	$(5 \times \%C)$ Ti min
347	0.08 max	2.0	17–19	9–13	$(10 \times \%C)$Nb-Ta min
麻田散鐵等級					
403	0.15 max	1.0	11.5–13		
410	0.15 max	1.0	11.5–13		
416	0.15 max	1.2	12–14		0.15% S min
420	0.15 min	1.0	12–14		
431	0.20 max	1.0	15–17	1.2–2.5	
440A	0.60–0.75	1.0	16–18		0.75% Mo max
440B	0.75–0.95	1.0	16–18		0.75% Mo max
440C	0.95–1.20	1.0	16–18		0.75% Mo max
肥粒鐵等級					
405	0.08 max	1.0	11.5–14.5		0.1–0.3Al
430	0.15 max	1.0	14–18		
446	0.20 max	1.5	23–27		
可硬化析出物等級					
17-4PH	0.07	1.0	15.5–17.5	3–5	0.15–0.45% Nb 3–5%Cu
633*	0.07–0.11	0.5–1.2	16–17	4–5	0.07–0.13%N

*和 AISI 命名的相似，但不是其系統

200 系列的不鏽鋼也是沃斯田鐵等級的，不過會用錳和氮來代替一部份的鎳，藉此以降低合金的成本。

麻田散鐵類型的不鏽鋼基本上包含鉻，不過它們的鉻含量夠低，所以在高溫時將會形成沃斯田鐵且變態，在快速冷卻時會接近室溫時麻田散鐵化。這個等級被拿來使用在不鏽鋼餐具上。

肥粒鐵等級的範圍從低成本且越來越受到歡迎的 405 類型到高鉻等級像是 446 類型的都有。405 類型有低碳含量和鋁添加物，這可以預防硬化為麻田散鐵，儘管鉻的含量並不高。

有一種肥粒鐵等級的 430 類型不鏽鋼，它有足夠的鉻含量，大約 17%用來防止在任何溫度下沃斯田鐵的形成。這種合金只可以藉由常溫加工來硬化。鑄造不鏽鋼也被廣泛地使用在類似表 11.1 中加工合金的合金成分中，雖然它們通常都是被合金鑄造協會 (ACI) 系統來鑑定。(美國鋼鐵創立協會的高合金產品團體已經取代了 ACI 系統)

11.3 不鏽鋼的熱處理 Heat Treatment of Stainless Steels

沃斯田鐵鋼材和碳鋼的退火是不一樣的：在沃斯田鐵鋼材中絕不會從退火溫度進行慢速冷卻。$(FeCr)_4C$ 相必需要在加熱到 1035°C附近時被溶解，如此才可以防止在冷卻時於沃斯田晶界上所析出的碳化物，不鏽鋼是可在空氣中或是水中進行淬火的。另一個所使用的熱處理方法是在 345 到 455°C時進行消除應力退火，藉此來改善常溫加工不鏽鋼的彈性性質或是在 870 到 900°C穩定，在等級 321 或是 347 中形成穩態的鈦或是鈮碳化物並且防止隨後的 $(FeCr)_4C$ 析出。在 485 到 815°C的溫度範圍中間不只會「敏感化」，沃斯田鐵不鏽鋼使其腐蝕並會減低它的撞擊或是刻痕強度，也就是說會使鋼材變脆。

麻田散鐵等級會從大約 760 到 815°C藉由慢速冷卻來退火或是藉由從大約 1000°C油淬火來硬化。在 315°C的消除應力加熱會造成一點點的合金麻田散鐵軟化。既然這些合金在 400 到 500°C加熱時顯示出回火脆化作用，假使需要軟化時回火就必須在 535 到 600°C時被實施。

一些不鏽鋼容易受到在提高溫度的延伸作業時晶界上所形成的脆性 σ 相（見圖 11.1）所支配。這種傾向只有在沃斯田鐵等級的 316 類型鋼材發現，這指出鉬會促進 δ 的形成。高鉻含量的肥粒鐵等級 446 在提高溫度的作業下也可能會含有 δ。在這兩種例子中，使金屬變脆的性質只能夠藉由高溫溶液退火來移除。

可析出硬化物的不鏽鋼材 Precipitation-Hardenable Stainless Steels

析出硬化物鋼材它們結合了高強度與抗腐蝕性。17-4PH 合金在從沃斯田鐵冷卻時變態為低碳麻田散鐵，隨後再藉由析出來硬化。17-7PH，被稱之為半沃斯田鐵合金，需要更複雜的熱處理來產生析出物硬化的麻田散鐵組織。這些鋼材的重要特性是減少了鎳含量，因此沃斯田鐵的穩定性也被降低，像是鋁或鈦等元素被添加進來，它們導致了整合型合金析出物形成的可能性。17-7PH 的組成成份是 0.07%的碳、17% 的鉻、7%的鎳還有 1%的鋁。當它在 1065℃進行溶液退火並且快速冷卻，這種鋼材在其結構中將會包含大約 5 到 20%的 δ 肥粒鐵，這絕大多數是因為鋁的存在，而這些鋁先前則是以肥粒鐵的狀態存在。在這個退火的狀態，合金是相當柔軟並且容易塑形的。像 301 類型，它可以在常溫加工下快速的硬化，因為它有相當低的鎳含量。17-7PH 獨一無二的特性是它可以單獨的藉由熱處理達到相當大程度的硬化。

11.4　不鏽鋼的機械性質
Mechanical Properties of Stainless Steels

不鏽鋼不僅是因為它們的強度或是延展性而被選擇使用。然而，假使需要不鏽類型鋼材的抗腐蝕性時，機械性質就可能變得很重要，因為這樣可以減輕製造物或是作業的需求。

不鏽鋼需要 12%的鉻溶解在結構中，這可能是沃斯田鐵、麻田散鐵或是肥粒鐵級。這個碳含量包括了固溶體加強的效應。假使鋼材因為至少 7%鎳的存在而沃斯田化，那麼合金將會比肥粒鐵合金鋼更加有延展性，舉例來說，比較退火 302 和 410 合金（表 11.2）的延展性。

回想起假二元圖（圖 11.4 和 11.5），300 類形的沃斯田鐵在室溫時並不是完全的穩態。在這個基礎之下，可以預期 300 類形的沃斯田鐵合金鋼材會變態為較硬的結構，或許是在室溫變形時的麻田散鐵，因此會比肥粒鐵合金加工硬化的程度高上許多。這可以在表 9.4 中對於 25 和 45% 冷軋 301 合金的數據看到。這些合金在加工硬化的同時也變得有強烈的磁性。

既然鎳會穩定沃斯田鐵，那麼可以預期高鎳含量將會減低 300 系列不鏽鋼的加工硬化程度。這可以藉由比較表 11.2 中 301 和 302 不鏽鋼的加工硬化數據來瞭解。純（不可硬化的）肥粒鐵不鏽鋼 405、430 還有 446 和肥粒鐵低碳鋼材類似，因為它們的硬化能力很低。在常溫加工時，降伏強度逼近最終張力強度，而且伸長量接近於零。因此，外形必須藉由冷成形來產生，這在沃斯田鐵等級要比在肥粒鐵等級來的容易很多。

表 11.2 典型的加工不鏽鋼材機械性質

等級	狀況	張力強度, Mpa	降伏強度, Mpa	50 毫米伸長量, %	洛氏硬度
沃斯田鐵等級					
301	退火	817	230	68	B85
	25%冷軋	1150	890 min	24 (min)	C38
	45%冷軋	1970	1400 min	7 (min)	C46
302	退火	660	250	61	B80
	20% 冷軋	970	845	22	C29
	50% 冷軋	1240	1055	6	C38
304L	退火	560	210	55	B76
316	退火	595	245	55	B80
321	退火	610	245	55	B80
347	退火	645	245	50	B84
肥粒鐵或麻田散鐵等級					
405	退火	490	280	30	B80
410	退火	525	280	30	B82
	985°C,淬火, 315°C	1260	980	15	C39
420	退火	665	350	25	B92
	1035°C,淬火, 315°C	1610	1365	8	C54
440B	退火	750	430	18	B96
	1035°C,淬火, 315°C	1955	1835	3	C55
析出物硬化等級					
17-4PH	溶液退火	1050	7700	C33	
	Hardened 485°C	1400	825	C44	

當 400 系列的合金在退火狀態時都是肥粒鐵,那些鉻含量低於 14%的,可能會藉由 980 到 1035°C 的加熱來硬化,然後淬火來形成沃斯田鐵。由於在退火時 $(FeCr)_4C$ 的形成造成基地上鉻的消耗,合金為了完全地抗腐蝕性會變態為麻田散鐵狀態。當鋼材被硬化,碳化物會溶解而且鉻的殘留物會在麻田散鐵結構中做原子的散佈。在這些合金中所觀察到的 475°C 回火脆性會造成在刻痕撞擊強度上的明顯下降。這有害的影響隨著鉻含量快速的增加,在 446 類型中達到最大值。

析出物硬化類型像是 17-4PH 和常溫加工 300 系列相比較之下並沒有較佳機械性質。它們唯一的優勢是當在柔軟的溶液退火狀態時可以被輕易的塑形,而且接下來可以藉由簡單的熱處理來硬化而不會造成任何畸變。

表 11.3　在各種熱處理狀態下 17-7PH 不鏽鋼材的典型性質

狀況	處理	降伏強度，Mpa	張力強度，Mpa	50 毫米伸長量，%
A	研磨退火，1065℃	280	910	35
TH (1)	條件，760℃，90 分鐘 冷卻到 15℃	690	1010	9
(2)	565℃時效處理，90 分鐘	1360	1445	9
RH (1)	條件， 955℃，10 分鐘 室溫	295	930	19
(2)	1 小時內冷卻到-75℃，8 小時	805	1220	9
(3)	510℃時效處理，1 小時	1460	1570	6
LH (1)	條件，635℃，2 小時			
(2)	1 小時內冷卻到-75℃，8 小時			
(3)	510℃時效處理，1 小時	1460	1570	6
CH	冷軋 60%然後在 510℃時效處理 1 小時	1820	1850	2

　　所謂的回火硬化流程可以給予較低的強度但是會比其它的處理有較佳的延展性，這需要在 760℃進行初始處理 90 分鐘，這會在高能量的地方像是晶界和活躍的滑動面（冷成形外型的）上形成析出物。這些析出物藉由減少沃斯田鐵中的碳與鉻含量使得它們可以在接下來的冷卻中較容易產生變態作用。變化規定的溫度和時間可以稍微影響所得到的性質，不過不會改變現象。在冷卻時麻田散鐵開始在 95℃的 M_s 溫度形成，冷卻必須要持續進行到至少 15℃以獲得所需求強度級別的麻田散鐵數量。

　　在強度上一個較大的增量可以藉由下一步的處理來得到，換言之，在 565℃進行老化 90 分鐘。這個溫度和時間的結合會給予最佳的強度和延展性的組合性質。低溫度，舉例來說，485℃會給予較高的強度但是會有較差的延展性，不過在 595℃進行老化將會顛倒這個效應。

　　這些性質的效應和其它熱處理流程的結果都可以在表 11.3 中看到。在 995℃高溫度狀態下的 RH^1 流程會造成沃斯田鐵溶液中更多的碳，為了要形成麻田散鐵，必須有較低的 M_s 溫度還有冷卻到 －75℃。LH 流程使用的作用條件是 635℃，這可使處理時的畸變和鱗化降到最低。CH 處理可以排除任何作用條件，但是要使用常溫加工和老化來發展較高的降伏強度。冷軋鋼條當然不會有許多元件所需的可塑性。

　　到目前為止所討論的機械性質數據都是對周遭溫度而言。事實上，沃斯田鐵不鏽鋼在極低溫或是高溫時，即接近低赤熱或是 650℃時，都會有異常好的強度與延展性。

低溫性質在太空計畫已經變得相當重要了。—185℃的液態氧氣 (LOX) 已經被廣泛的使用為液態燃料火箭上的氧化劑了，這意味著火箭上大的，隔絕的儲存容器必須被鑄造以容納這種液態氧氣。沃斯田鐵不鏽鋼，舉例來說 304 系列被證明是可以用在這項作業的。它不會在低溫時被脆化，然而肥粒鐵型態的鋼材在低溫度時會失去所有的延展性它比可焊接的鋁合金更加強壯或是有更加的強度—重量比例，而且它也有較低的導熱係數。

11.5 不鏽鋼的抗腐蝕性
Corrosion Resistance of Stainless Steels

不鏽鋼的命名是基於它們的特性，在工程上不鏽鋼因為可以造成鈍化現象而被運用，這是一種特殊的保護層，不管金屬的化學傾向是否會和它的周遭環境來反應都可以忽略腐蝕的作用。不管鋁對氧氣的親和力如何，它的良好抗腐蝕性是一種快速形成氧化層的結果，這是黏附在鋁表面上而且幾近於不可穿透過任何氧原子。同樣地，不鏽鋼的鈍化層總是可以在氧化狀況下發現，而且氧化層抗腐蝕性的理論在這裡再一次的應用上。與不鏽鋼相關的方面，可以歸納為下列幾項：

1. 抗腐蝕性端視鈍化層而定。
2. 鉻是獲得鈍化層的基本元素。
3. 抗腐蝕性一般來說會隨著基地相中鉻元素的增加而上升。
4. 強力的還原狀態，換言之，氧化狀態不存在時會容易受到腐蝕性侵蝕。
5. 強力的氧化狀態造成了異常的抗腐蝕。
6. 氨的離子對鉻鋼材來說是有破壞性的。
7. 鎳不只改善了工程上的性質，也增加了在中性的氨溶液與低氧化能力的酸中的抗腐蝕能力。
8. 鉬可以展開鈍化層的範圍，並且改善在熱硫化物，亞硫酸，中性的氨水還有海水中的抗腐蝕性。
9. 沃斯田鐵類型的內粒子攻擊是這些鋼材最先的特性之一。這可以藉由降低碳含量，適當的熱處理或是利用加入鈮或是鈦加上鉭的合金來避免。

為了詳述這些歸納中的幾個項目，在基地中鉻的必要條件可以藉由改善在麻田散鐵狀態下的 410 和 420 純鉻合金的抗腐蝕性來作為例子。晶粒的成長可能發生在完全地肥粒鐵 446（28%的鉻）合金，這並不會影響它的抗腐蝕性，這個抗腐蝕性是與沃斯田鐵鋼材來比較。然而晶粒的生長，舉例來說，在焊接時會使得純鉻合金在機械性質的立場上來看是較不好的。

在與暴露於空氣下的鹽溶液相接觸時，不鏽鋼的表面氧化產生了鈍化層和殷實的腐蝕免疫力。然而，不鏽鋼並不建議作為儲存槽或是其它與停滯溶液相接觸的應用。在溶液中最初的氧氣可能會被快速地用光，假使它的氧化能力沒有被維持，舉例來説，藉由通氣，那麼可能會發生點蝕。當小的活化（陽極的）區和較大的鈍化（陰極的）區在陽極上會造成破壞性的點蝕。像是 316 系列這種存在高含量鎳與鉬的不鏽鋼，是有助於在中性的氯化物裡分別地將一般的腐蝕與點蝕降低到最少。然而，這種鋼材並不能仰賴來使用在所有的作業情況。舉例來説，在最小的氧化酸中，HF 和 HCl 在幾乎各種濃度與溫度下會攻擊所有的不鏽鋼。

對於一些沃斯田鐵系不鏽鋼使用效率的限制是來自於它們對應力腐蝕破裂的敏感性。這個現象是發生在當沃斯田鐵和一些肥粒鐵合金處在一個特殊的腐蝕環境的應力（殘留的或是施加的）之下。這些環境對於不同種類的鋼材來說可能就會不同。這種類型的腐蝕效應是會破裂而不是一般的重量損失或是點蝕，而且這可能會導致於不鏽鋼材在非常短的時間內就損壞。破裂通常會有高度分支的晶體顯現，雖然在一些情況下也會有晶粒間裂痕發生。這種類型的攻擊通常都是由於組成成份的改變來控制的。

18-8 鋼材所遭遇到的最主要作業困難就是它的晶粒間腐蝕，這是由於在沃斯田晶界上 (CrFe)$_4$C 的析出而造成的。這種情況的基礎可以在圖 11.6 中解釋。鉻從緊接著晶界的地方開始擴散，在這些位置上形成了碳化物相。所造成基地消耗使得鉻含量降到低於抗腐蝕所需要的 12%。低鉻含量晶界金屬對其它的晶粒來說是屬於陽極的，在腐蝕性介質中的攻擊會局部的位於晶界中。假使一個鋼條是敏感的，也就是説經過處理來獲得晶界碳化物析出，然後在司托勞測試溶液（47 毫升的硫酸，13 克的無水硫酸銅在 1 公升的溶液中）中煮沸 72 小時，在腐蝕區的個別沃斯田晶粒幾乎都完全的被打斷了。假使鋼條被彎曲，那麼表面的晶粒將會像一塊單獨的晶體一樣掉落下來。

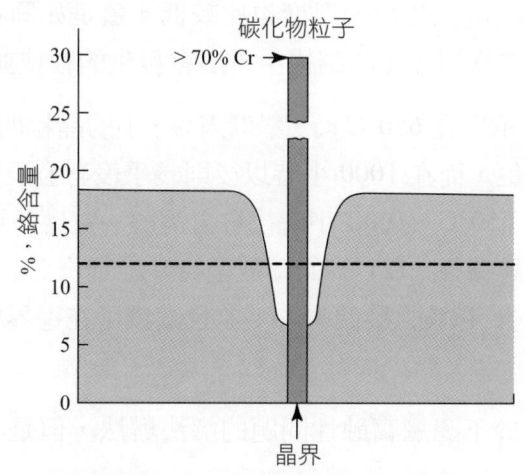

圖 11.6　18-8 不鏽鋼的兩個沃斯田晶粒邊界之間的概要剖面圖，碳化物粒子，(CrFe)$_4$C 在邊界上析出。這張圖中經過剖面的鉻含量顯示出緊接在碳化物粒子上的沃斯田鐵鉻含量的消耗。在邊界上溶液所遺留下來的鉻含量已經低於抗腐蝕性所需要的 12% 鉻含量了。

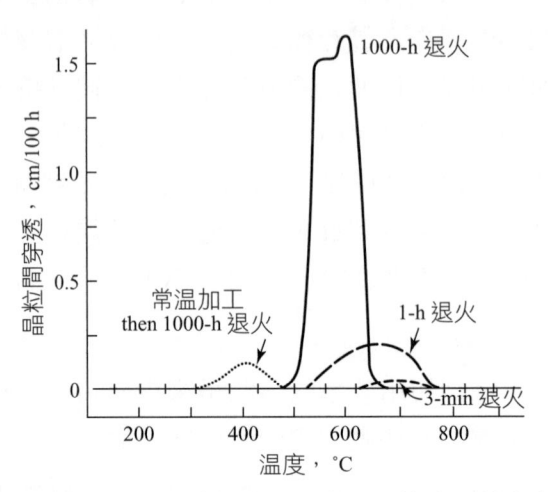

圖 11.7 在碳化物析出的溫度範圍下變化不鏽鋼的退火或是再熱時間所造成的效應，如同在修改過的司托勞溶液（**47 毫升的硫酸**，**13 克的無水硫酸銅**加水稀釋到 **1000 克**）所顯示的晶粒間攻擊一樣。實線代表退火原料，虛線則代表再熱前冷軋 **40%**的金屬。晶粒間攻擊在長加熱時間的低溫下會發生並且達到最大程度。在加熱前的常溫加工會在低溫時導致析出物產生，並且會使整個結構更加的均勻，減少了相關的晶粒間穿透。

溫度和時間所造成的效應可以在圖 11.7 中看到。一個含碳量 0.08%的 18-8 鋼材在 1050°C 進行固溶處理，然後淬火。不同的試件分別被從 200 到 800°C 再熱 3 分鐘，1 小時還有 1000 小時。在司托勞溶液中沸騰 100 小時後的晶粒間穿透可以藉由導電性的減少來量測到，這是一種精準的量測方法，因為穿透後的區域會變的沒有導電性。

對於長時間的加熱在低溫時惡化將會發生並且變的更嚴重。在同一張圖裡，有對退火以及冷軋金屬在 1000 小時的析出處理時的敏感度做出比較。冷軋金屬和退火金屬比較之下，只有輕微的受到影響，敏化作用的溫度也比較低。這是如同在常溫加工的鋁－銅合金鋼討論中所預期的結果。在常溫加工的結構中析出會發生的較快並且會更一般。

圖 11.7 中的曲線也顯示出在 650°C 時，舉例來說，小的晶粒間穿透在 3 分鐘之後發生，較大的量是在 1 小時候發生，而在 1000 小時以後則幾乎沒有發現到任何的晶粒間穿透。這並不意味著碳化物析出在 650°C，1000 小時後會再溶解。這應該要被解釋成 (1) 碳化物粒子成長增加了邊界基地的連續性，(2) 鉻的擴散是從基地到貧乏的邊界區（圖 11.6），這增加了邊界區的鉻含量到至少 12%的最低需求，並且縮減了在邊界與基地之間的陽極－陰極差異。

儘管現今已經有了對於不鏽鋼腐蝕性問題的解決辦法，但是在某些領域上仍然遭遇到失敗。一些例子如下所列：

1. 儘管利用了鈮將碳繫住為鈮碳化物來避免碳化物的敏化作用，在製造 18-8 不鏽系 347 時還是可能會在表面上發生使滲碳作用，在使用完所有的鈮之後會形成鉻的碳化物，因此會消耗鉻的表面到達腐蝕可以發生的程度，這可以在使用漸減火焰的高溫螺旋和塗了動物油脂的旋轉工具中見到。

2. 包含氨水的去油污劑將會慢慢的釋放出鹽酸，這將會攻擊不鏽鋼上的鈍化層，造成點蝕或是生鏽。有許多其它的材料像是加氯消毒的潤滑劑和塑膠也可能會造成類似的困擾。

3. 最常見初始化腐蝕不鏽鋼的機制是集氧元的形成，它會在材料上造成罅隙腐蝕或是接觸腐蝕，這可以在標準的抗腐蝕試驗中見到。假使不鏽鋼表面是被水氣層所覆蓋，而且存在沙子或是其它固體材料的粒子，那麼一般的表面還是鈍化的，這是因為水氣層和氧氣一起飽和。然而，在黏著材料（或是在裂縫）的粒子底下的水氣層並沒有和空氣相接觸，因此會變成缺乏氧氣。在海邊或是相同的地方，局部的腐蝕攻擊可以藉由破壞這些缺氧區域的鈍化層來開始，這會造成腐蝕的產物，通常是含鐵的氯化物。這個小區域變成一個活躍的陽極，它所接觸到的相當大的陰極區域將會很快的遭受腐蝕攻擊。一個點蝕的形成會導致在大厚度的鋼片或是鋼管中的腐蝕洞。

4. 鋼或是鐵在不鏽鋼表面上所沈積的微粒比起沙子的粒子更能夠有效的製造一個活躍的陽極。這樣的污染在工業環境是很常見到的。在較鈍的切削工具或是碾磨，滾翻或是拋光等各種作業之下，都可能會造成相似的效應。對於這些問題的最好解決方案就是電解拋光，它可以移除污染物並給予一個光滑拋光的表面，這樣就不容易在表面沈積污染物。

問題

1. 解釋在不鏽鋼中由於碳化物過剩造成 σ 相的形成，並解釋為何在焊接結構中它是有害的。
2. 描述不鏽鋼是如何被硬化的，並且和鋁－銅合金的硬化方法來做比較。
3. 為何高碳高鉻合金工具鋼（第十章）有足夠的鉻含量卻不能經由熱處理來做為不鏽鋼？
4. 碳和鐵、錳、鉻、鉬、鈦還有鈮形成碳化物。根據哪種準則可以判斷碳對於上列每一種元素的親和力呢？這可以決定碳在結構中的分佈。或是如何從文獻來源來計算？
5. 一個已經被敏感化的不鏽鋼可以回到未敏感化的狀態嗎？如果可以的話，怎麼做呢？
6. 描述至少一種穩定不鏽鋼使得它預防敏化作用的方法。
7. 畫出一條曲線可以表現出在提高溫度時鋼材的抗氧化性是如何被各種不同的鉻含量所影響。

參考文獻

Davis, J. R.: *ASM Specialty Handbook: Stainless Steels,* ASM Int., Materials Park, OH, 1994.

Sedricks, A. J.: *Corrosion of Stainless Steels,* Wiley, New York, 1979.

Lula, R. A.: *Stainless Steel,* ASM Int., Materials Park, OH, 1986.

Potts, D. L., and J. D. Gensure: *International Metallic Materials Cross- Reference,* Genium Publishing, Amsterdam, NY, 1989.

Krauss, G.: *Stainless Steels, Steels: Heat Treatment and Processing Principles,* ASM Int., Materials Park, OH, 1990.

VanderVoort, G. F.: "The Metallography of Stainless Steels," *Journal of Metals,* vol. 41 (3), pp. 6–11, March 1989.

Schaeffler, A. L.: "Constitution Diagram for Stainless Steel Weld Metal," *Met. Prog.,* vol. 56 (11), pp. 680–680B, 1949.

Blair, M.: Cast Stainless Steels, *Properties and Selection: Irons, Steels, and High-Performance Alloys,* vol. 1, *ASM Handbook,* ASM Int., Materials Park, OH, 1990.

Davison, R. M., T. DeBold, and M. J. Johnson: Corrosion of Stainless Steels, *Corrosion,* vol. 13, *ASM Handbook,* ASM Int., Materials Park, OH, 1987.

第十二章

鑄鐵
Cast Irons

在一個問答秀中,一位見多識廣的提問者問了一個問題,以下的幾項,哪些是合金,哪些又是金屬呢:銅、黃銅、青銅、鑄鐵還有鋁。參賽者回答說,黃銅,青銅和鑄鐵是合金,結果提問者告知這是錯誤的答案,鑄鐵是金屬!工程師都知道鑄鐵是一種便宜的結構性材料;材料科學家考量後將鑄鐵歸類為共晶鐵合金家族中的一員,主要是由鐵、碳(典型來說比 2%要多)還有矽組成。然而,隨著冶金學的控制,一種合金可以被產生,並且擁有高強度和其它無法從其它合金處輕易獲得的機械性質。

12.1 鑄鐵(鐵-碳-矽)的相圖
Cast Iron (Fe-C-Si) Phase Diagram

液態鑄鐵的化學組成和它的成核潛能是兩個可以估量合金形成穩態或是亞穩態共晶能力的因素。假設這個所謂的石墨化潛能是相當高的,那麼碳富集的第二相將會是石墨。假使這個潛能是比較低的話,將會形成一個亞穩態沃斯田鐵碳化物 (Fe$_3$C) 共晶體,並且伴隨著相當不同的機械性質。當檢閱鑄鐵的分類時,可以很明顯的發現,控制共晶體的結構是鑄鐵工程中的要素。很明顯的可以發現到矽和碳都是重要的合金媒介。並非像目前複雜的三相圖中所看到,在圖 12.1 中顯示了在矽含量 2%時的一個垂直剖面圖。如同在先前的章節中所顯示的,一個三相的組成會改變共晶和共析從在單一溫度下不變的反應到一個在某個溫度範圍內不變的反應,即使是在平衡的狀況之下。共晶和共析時沃斯田鐵的碳含量會被矽所減少,分別從 0.8 和 1.7%降到 0.6 和 1.5%。共晶的碳含量也從 4.25 減少到 3.65%。既然這個在共晶中碳含量的減少是和這邊感興趣的範圍中的矽含量成線性的關係,那麼就可以表示為

$$\text{共晶的碳含量 \%} = 4.25 - 0.30\,(\%\text{ 矽})$$

這個關係式一般來說可以做為在灰色鑄鐵[註1]中估量共晶組成成分來使用。

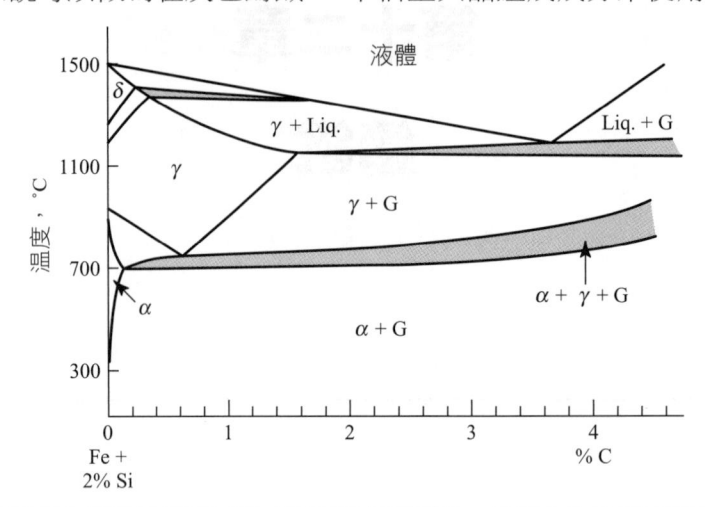

圖 12.1 鐵－碳－矽系統在常數矽濃度 **2%** 時的垂直剖面圖。線相交的陰影處就是三相的區域。

12.2 灰鑄鐵的凝固 Gary Cast Iron Solidification

　　當鑄鐵被熔解，接著就會湧流出來，這被允許凝固到一個鋼模中，然後再打破鋼模，破裂的表面可能會是灰色、白色或者是這兩者的混合。顯露出煙煤狀灰色是代表結構物中在金屬聚集地的地方包含了石墨的小薄片。石墨變的虛弱，然後一片一片的破裂開來，最終破裂面上大多數都會是石墨。假使破裂是白色的，那麼結構霧中就僅含有碳化物和肥粒鐵，破裂會沿著或是經過脆性的共晶鐵 Fe_3C 發生。如果是參雜的顏色就意味著在某些地方是存在著石墨的薄片，其它的地方則是共晶鐵碳化物的存在。因此，從歷史的觀點來看，鑄鐵的命名是以它所顯露出的破裂表面為基準的。今日，以微細構造的特徵為基準的分類，是更常被使用的，像是緊密的石墨或是變韌（沃斯田回火）的鑄鐵。

　　既然穩定的鐵－碳系統包括鐵和石墨以及碳，那麼慢速的凝固會有助於穩定鐵－石墨系統是很合理的，快速的凝固會有助於亞穩態系統，鐵和鐵的碳化物的形成。鑄鐵廠的人員是所熟悉的是使用金屬的冷板來當作某部分的沙鑄模。這些板子在它們所在的點上產生了快速凝固的效果，這會造成了堅硬且抗磨的 $Fe-Fe_3C$ 共晶結構。在其他部分緩慢的冷卻將會造成較軟的鐵－石墨結構。

　　在鑄鐵中最重要的元素就是碳以及矽，其中一種的高含量或是兩者的高含量都會有助於取決於穩定系統的鐵的凝固，也就是說，取決於石墨碳化物。圖 12.2 和 12.3 中顯示出這兩種元素任何一種的含量增加，另一種保持常數，這樣會減少在常數表面驟冷（有些類似

[註1] J. Rehder （*Trans. AFA*, 1947）推斷出，如果讀者假想一個矽原子可以繫住三個鐵原子，就像 Fe_3Si 一樣，那麼當一個特定的矽濃度所留在殘留自由鐵中的共晶碳含量是在 4.25% 的時候，就必須從 Fe_3Si 中移除適當量的鐵。Fe_3Si 並不是一個分離的相，它是處於溶解狀態。當溶液中存在著分子化合物的時候，Rehder 所引用的其它數據是支持上面對於 Fe_3Si 所做的推測的。

鋼材硬化中的佐麥利末端淬火）狀態下白色或是碳化物鐵的深度。其它還有幾種可以促進石墨化的元素，譬如說存在鑄鐵中的是鎳、鋁、鈦、鋯還有銅。

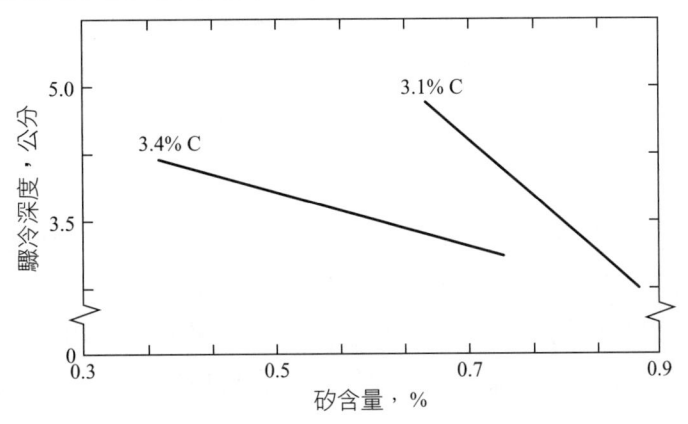

圖 12.2 在兩種常數碳含量的情況下鑄鐵的驟冷深度（白鑄鐵和驟冷表面之間的深度）隨著矽含量的增加而減少。

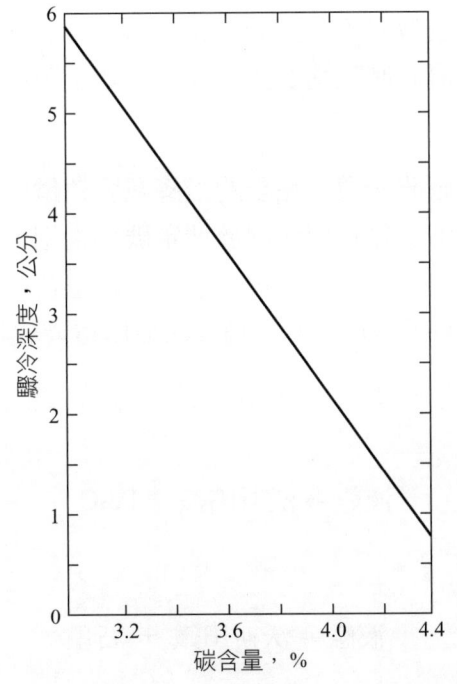

圖 12.3 鑄鐵在凝固時的驟冷深度隨著碳含量的增加而減少，大概的常數硫含量約是 **0.81** 到 **0.89%**。

　　錳就本身而言即是一個適當強度形成碳化物元素，它在鑄鐵中的存在會傾向於穩定碳化物或是避免石墨化。舉例來說，假如在一個特殊控制的情況下給予剛好足夠的矽來形成完整的石墨結構，錳的輕微增加可能會使得鐵變得斑駁（部分的碳化物會跑到共晶體中）。錳的大幅度增加也會造成鐵在亞穩態或是碳化物狀態下完全的凝固。這個影響端視硫的缺少情況而定。

硫在化學會作用來穩定鐵碳化物,雖然它並沒有參與碳化物的形成。它有相當強大的影響:一般認為每 0.01%的硫就足以中和掉 0.15%矽所帶來的石墨化影響。然而,硫對錳有強大的活性來形成錳硫化物的化合物,這在碳化物或是石墨的形成上也有一些些的影響。因此,第一次添加到鐵中的硫化物和適當高量的錳可以藉由移除穩定碳化物錳來達到非間接的石墨化傾向。在另一方面來說,第一個添加到適當高硫含量鐵中的錳移除了一些硫,讓它從活性態變為非活性態,因此可以促進石墨化。

磷在化學上扮演著促進碳化物形成的角色。物理上來說,它在低於鐵和碳熔點之下的溫度會形成磷化物共晶體。這會造成 $\gamma + Fe_3C$ 共晶體在某個溫度範圍內凝固,這增加了矽促進石墨化所可以利用的臨界時間。有著適度低含量的磷,物理上的反應就可以佔主導地位,石墨化作用就會受到鼓舞,不過大量的磷會造成它化學上的作用,做為碳化物的穩定者。

氣態的元素,尤其是氫和氧,可能會在熔解時進入鑄鐵之中,並且影響鑄鐵的結構。氫氣似乎會穩定碳化物,而且當和水氣狀態或是蒸汽狀態的氧氣相結合時會相當活躍的在凝固時阻止石墨化作用,不過似乎不會對固態鐵的石墨化有任何的作用。氧氣,如同鑄鐵的氧化物一般,似乎是會在凝固時促進石墨化作用,並且阻礙固體合金的加工製程(在展延的時候)。

在合金的元素中,鎳就像矽一樣,完全的溶解在肥粒鐵中,也會產生石墨化的作用,然而碳化物形成的元素,特別是鉻和鉬傾向於穩定碳化物相。因此藉由增加適量的這些元素,原來未合金鑄鐵的石墨化特性將不會被改變。所希望藉由添加這些合金元素來得到的性質將會與它們在凝固後的石墨破片尺寸,現存沃斯田鐵變態特性以及石墨的效應有關。

石墨化作用到目前為止都被使用在與共晶凝固相關的範圍,也就是選擇在下列兩種共晶反應中的任一個:

$$\text{液態} \rightarrow \text{沃斯田鐵} + Fe_3C \qquad [1]$$

或是

$$\text{液態} \rightarrow \text{沃斯田鐵} + \text{石墨} \qquad [2]$$

第三個可能性是根據亞穩態系統的反應,也就是說達到 $\gamma + Fe_3C$,然後再緊接著立即的 Fe_3C 分解,這可以表示為

$$\text{液態} \rightarrow \gamma + Fe_3C \qquad \text{然後} \qquad Fe_3C \rightarrow \gamma + \text{石墨} \qquad [3]$$

石墨的成核面可能會存在於液態的鑄鐵中,假使是存在於凝固的時候,那麼就會如同石墨一樣直接促進凝固的發生。過熱或是過渡的冷卻不足都會破壞這些石墨的成核面。既然 $\gamma - Fe_3C$ 的共晶溫度比 $\gamma -$ 石墨的共晶溫度要低,冷卻不足的液體凝固就得要參照亞穩態系

統。然而高含量的矽和碳會導致緊接著發生的石墨化作用。過熱鐵的接種可以允許達到正常或是更好的石墨結構，圖 12.4 中的 A 類型。

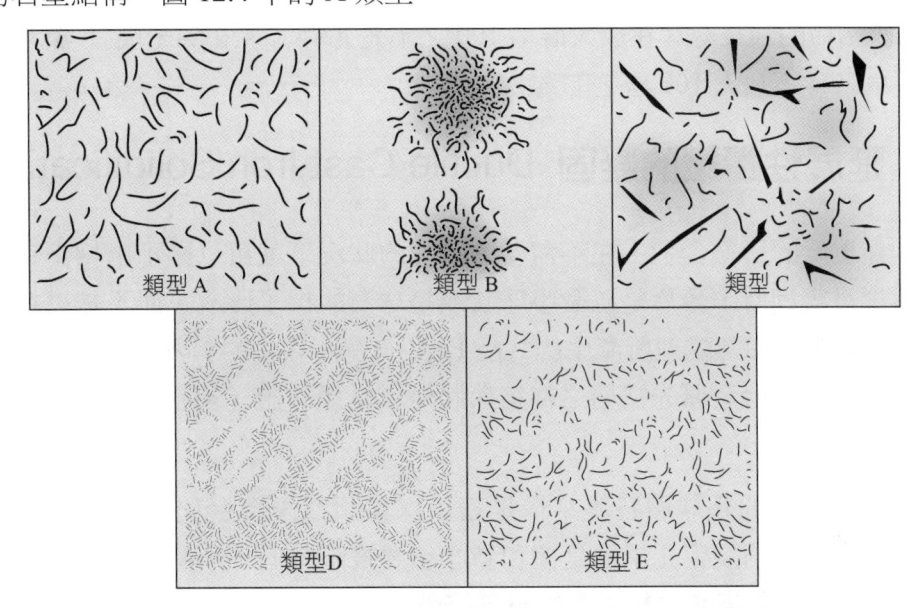

圖 12.4　灰色鑄鐵中根據 AFS-ASTM 標準所訂定的石墨薄片類型：類型 A，均勻的分佈，隨機的方向；類型 B，玫瑰花形的群集，隨機的方向；類型 C，重疊上去的不同薄片尺寸，隨機的方向；類型 D，樹枝狀的薄片，隨機的方向；類型 E，樹枝狀的薄片，安排更佳的方向。

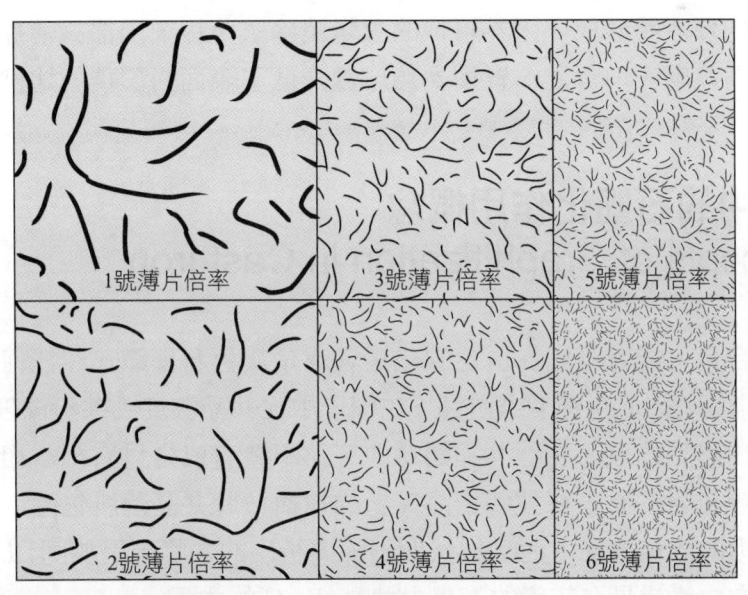

圖 12.5　灰色鑄鐵中根據 AFS-ASTM 標準（在複製時減少了 50%）所訂定的石墨薄片尺寸：1 號，最長的薄片放大倍率 100 倍時大於 100 毫米；2 號，最長的薄片放大倍率 100 倍時介於 50 到 100 毫米之間；3 號，最長的薄片放大倍率 100 倍時介於 25 到 50 毫米之間；4 號，最長的薄片放大倍率 100 倍時介於 12 到 25 毫米之間；5 號，最長的薄片放大倍率 100 倍時介於 6 到 12 毫米之間；6 號，最長的薄片放大倍率 100 倍時介於 3 到 6 毫米之間；7 號（並無顯示出來），最長的薄片放大倍率 100 倍時介於 1.5 到 3 毫米之間；8 號（並無顯示出來），最長的薄片放大倍率 100 倍時小於 1.5 毫米。

快速的凝固一般來說會造成較佳的晶粒尺寸和較佳的共晶結構，鑄鐵也不例外。圖 12.5 中顯示出 AFS-ASTM 的石墨薄片尺寸圖。最佳的薄片，8 號尺寸並沒有在這邊顯示，不過 6 號所代表結構的最長薄片在放大倍率 100 之下是 ⅛ 到 ¼。在另一端 1 號尺寸所代表的結構其最長的薄片再放大 100 倍之下為 2 到 4。

12.3 延展性鑄鐵的凝固 Ductile Cast Iron Solidification

有一種重要的鑄鐵合金，在不需要熱處理的狀況下就可以顯示出相當良好的拉伸延展性。在這種鐵凝固時，薄片是以微小球狀或是球石的樣子形成，而不是以在灰鐵中或是在緊密的石墨鐵中經由熱處理所產生的共晶 Fe_3C 分解所產生的緊密聚集方式來形成。由於它的形態學，這樣的合金原先被稱之為結節狀鐵或是類球體 (SG) 石墨鑄鐵。今日，它被稱之為延性鑄鐵。

這個獨一無二的類球體石墨結構是藉由採集類似未合金灰鑄鐵組成的液態鐵而獲得的。然而，不想要的殘留元素像是硫和磷必須要被限制低於一個指定的限制。鎂、鈰還有其它元素都要被控制來產生類球體的石墨結構。

不管如何，當結節狀的類球體石墨 (SG) 或是延性鑄鐵被適當的產生時，將會有不超過 0.01% 的硫並且保持加入的添加物，鎂的含量在 0.03 到 0.08%，鎳的含量在 1.0 到 1.5%。鎂的存在改變了薄片在鐵—碳共晶體凝固時所形成的石墨成核與生長，將它由薄片的形成改變為幾近乎完美的類球體形成。因為這樣的改變消除了薄片，內部與薄片相關的刻痕還有石墨大表面的減弱效應，換言之，置換為類球體降低了表面對體積的比例，造成了鑄鐵變為富延展性的。

12.4 鑄鐵中的石墨化作用概念
Concepts of Graphitization in Cast Iron

一個鐵—碳合金可能會凝固為白色碳化鑄鐵或是灰色石墨鐵。在任何一個例子中結構的主要部分是沃斯田鐵，原生還有共晶鐵。在模子中從共晶溫度到共析溫度的慢速冷卻時，沃斯田鐵將會吐出過量的碳。在亞共晶鑄鐵中，並不會有或是只有相當相當少的沃斯田鐵晶界，因為結構中包含的原生樹枝狀結晶完全的被樹枝狀共晶體所包圍。然而，共晶碳施加了一個強而有力的成核效應，而且從沃斯田鐵中析出的過量碳是如同 A_{cm} 線的斜率所要求的，這造成了在白鐵或是在灰鐵的石墨中共晶 Fe_3C 的成長。

在空氣或是模子中冷卻到共析或是 A_1 溫度時，沃斯田鐵將會變態，如同在共晶體的例子一樣，兩個二者擇一的反應是可能的：

$$\gamma \rightarrow \alpha + Fe_3C \qquad [1]$$

$$\gamma \to \alpha + 石墨 \qquad [2]$$

正常的波來鐵反應 [1] 一般而言將會發生在白鑄鐵中（顯微照片 12.1 和 12.2），雖然在共晶鐵沃斯田鐵中沒有波來鐵會出現。再一次的，厚實的共晶 Fe_3C 會施加一個成核效應，共析的 Fe_3C 可能會在厚實的碳化物上形成，留下一個肥粒鐵結構和共晶碳化物。

在灰鑄鐵中，共析反應的形式將會視碳和硫的含量及在沃斯田鐵中可能存在的其它合金元素還有冷卻率而定。一個給予的組成成份將會造成完全地石墨共晶結構還有規則的波來鐵碳化物共析結構。因此假設全部有 3.5%的碳，那麼有 2.7%將會是以石墨的形式存在，另外 0.8%是以波來鐵系的 Fe_3C 存在。

一個相當強健的石墨組成，舉例來說，包含更多的矽含量，較慢的冷卻速率將會造成共析體形成肥粒鐵和石墨。這只可能會發生在緊接在石墨薄片的較佳成核面上，共析的石墨會變為薄片的一部份而且肥粒鐵會沿著薄片將它框起來。在別處的波來鐵結構假設一樣全部有碳含量 3.5%，可能會有 3.10%是以石墨薄片方式存在，只有 0.4%是波來鐵系的 Fe_3C。這個結構在本質上將會比完全地波來鐵—石墨結構要軟一些。最大的柔軟度的獲得有三個因素，一是可以造成共析碳化物和共晶碳化物完全石墨化，二是造成肥粒鐵（在固溶液中包含矽）結構，三是石墨薄片，利用可以達到這三點的組成成分和冷卻率就可以獲得最大的柔軟度。

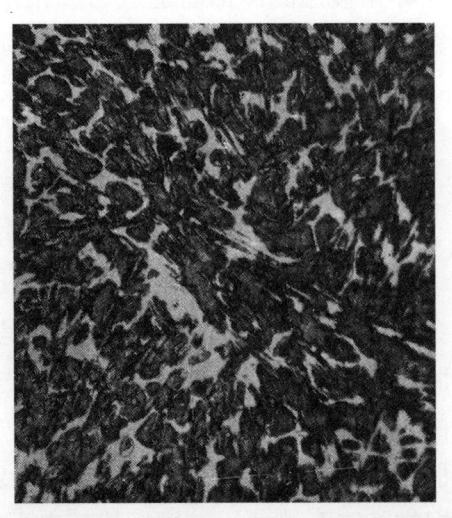

顯微照片 12.1 商用的白鑄鐵（含碳量大約 **2.50%**）；放大 **50** 倍，苦味酸劑蝕刻。這個試件表現出一個亞共晶結構，在其中灰色的基地主要是原生沃斯田鐵，在更進一步地冷卻後會變態為波來鐵。白色的部分是鐵碳化物。γ 和 Fe_3C 的共晶結構並不明顯，因為共晶體的沃斯田鐵部分在它上面形成，無法和原生的沃斯田鐵分辨出來。雖然白色鐵原來被認為是脆性、堅硬和不可加工的，這個結構對波來鐵來說有足夠低的碳化物，所以可以看成是連續的。這個白鑄鐵在張力測試時表現出輕微的延展性，因此可以被加工。

顯微照片 **12.2** 和顯微照片 **12.1** 一樣的白鐵；放大倍率 **1500** 倍；苦味酸劑蝕刻。在高放大倍率之下，波來鐵背景和粗大的碳化物的細節都可以很輕易的被看到。雖然在這個亞共晶結構中應該要有三個不同形式的碳化物存在，明確的說就是共晶 **Fe₃C**，從沿著 **A_{cm}** 線的 γ 中離析出來的 **Fe₃C** 還有共析碳化物，只有第一種和最後一種是可以辨認出來的。根據推測，沿著 **A_{cm}** 線的 γ 中離析出來的 **Fe₃C** 是在已經存在的厚重共晶 **Fe₃C** 上形成的，而不是在沃斯田鐵邊界上。這種較佳型式的成核或是在實際上已經存在的大量成核的成長在所有的合金中都是相當常遭遇到的，在這些合金中都存在著可比較的條件。在這邊共析反應是正常的，所以全部的共析碳很明顯地都可以形成波來鐵碳化物。

到目前為止的討論都是與從原來的凝固進行連續冷卻時的石墨化作用有關。當然也有可能會有一個組成成份將會在非常慢速的冷卻時造成石墨化作用，不過這在正常冷卻時將會形成完全碳化物或是白鑄鐵，如同沙模鑄造一樣。在這個例子中，鑄造時的再熱和保持在高溫中將會造成鐵碳化物的分解。舉例來說，一個碳含量 2.25%，硫含量 1.0%的原料熔化可能會凝固為白鐵。在加熱鑄鐵到 900℃時，結構將會是沃斯田鐵，這其中大約有 1.1% 的碳在溶液中加上共晶 Fe₃C。這將會隨著時間進行石墨化作用，如同以下所示

$$Fe_3C \rightarrow 3Fe（沃斯田鐵，1.1\%碳含量）+ 石墨$$

先前沒有石墨的固態合金所產生的石墨結構和凝固鐵或是已經包含薄片的鐵裡所產生的有相當大的不同。薄片是脆性的，並且會打斷塑性肥粒鐵的連續性，它們的邊緣會構成尖銳的內部刻痕。藉由上述的反應所形成的石墨沒有往所有方向生長的薄片，因此形成了緊密的聚集。這些較少打斷肥粒鐵組織並且會減少內部的刻痕效應。因此，有緊密聚集石墨的合金是富延展性的，和相當脆的石墨薄片結構相比較之下也可以顯示出一些延展性。

從石墨化溫度大約 900℃冷卻再次的允許碳從沃斯田鐵分離出來並且在已經存在的聚集上形成。在 A_1 溫度，非常慢速的冷卻或是強力的石墨化成分將會造成石墨共析反應，共析石墨會在已經存在的聚集上形成。較快的冷卻或是較少的石墨化反應可以給予一個波來

鐵共析體和一個最終的波來鐵石墨聚集物結構。影響白鑄鐵石墨化作用速率的因素有下列幾個：

1. 組成成份，特別是碳和矽。
2. 原始的鑄造在凝固時的冷卻率。較佳的晶粒尺寸和更快速凝固鐵的共晶結構給予更多的面際表面來初始石墨化作用。(圖 12.6)
3. 加熱到退火或是石墨化溫度的速率。
4. 退火的溫度。(圖 12.6)
5. 在退火熔爐中的大氣環境。
6. 從原始的生鐵或是熔化過程中的遺傳效應。

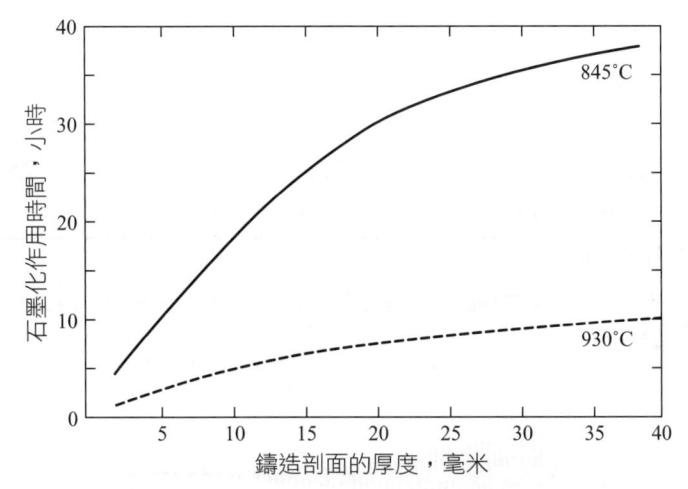

圖 **12.6** 退火溫度和先前凝固速率的效應，換言之，在兩個退火溫度之下，鑄造剖面厚度與石墨化作用時間的關係圖。

這包括了原先沒有量測到的成份效應，換言之，就是氧和氫的含量等等。一些生產鑄造廠會添加 0.25% 的石墨到溶解料中，很明顯地，這造成熔化時在白鑄鐵上一些石墨成核面的殘留，並且會在回火時加速延展。

12.5　鑄鐵的性質 Properties of Cast Irons

在結構上來說，灰鑄鐵的基地類似包含不同比例肥粒鐵和波來鐵的鋼材一樣。肥粒鐵因為它所溶解的矽，所以可能會比其他大部分碳鋼要強壯一些，不過結構上部分的波來鐵可能會由於比較粗糙，所以會柔軟一些。這幾個因素之間的失去平衡會造成材料的虛弱和易脆性，這是因為有許多的（重量上 3% 對應到體積上為 12%）的柔軟、脆性石墨薄片形成，並且打斷了塑性基地的連續性。薄片的邊緣很可能是相當尖銳的，在變形時每一個邊緣都像是內部刻痕，會在塑性基地上開始產生裂痕。因為這個原因，灰鑄鐵破裂會產生煙煤覆蓋的脆性碎片，大約是在應力 140 到 420MPa（表 12.1）就會發生。一些鑄造廠會灌注鐵好幾年卻都沒有在 420 MPa 測試一下鑄鐵棒是否會破裂。這樣高的強度可以藉由兩種方式來達成，第一個是大大地精鍊石墨薄片尺寸，第二個是獲得一個良好且完全波來鐵的基地。要成功的達到這個結構條件端視精準地控制鐵的化學成分以及灌注時的溫度而定。

表 12.1 以強度和剖面厚度為基礎的典型灰鑄鐵組成

類型*	碳含量%	矽含量%	磷含量%	硫含量%	錳含量%	碳等同度†	金屬剖面	勃氏硬度	張力模數 Gpa	張力強度 MPa
Class 20 (L)	3.65	2.50	0.50	0.10	0.60	4.56	0.25	180	84	170
Class 20 (M)	3.50	2.40	0.40	0.10	0.60	4.34	1.00	170	84	150
Class 30 (L)	3.30	2.20	0.22	0.10	0.65	4.03	0.50	200	105	225
Class 30 (H)	3.05	1.90	0.20	0.10	0.60	3.68	1.00	217	105	225
Class 40 (L)	3.10	2.05	0.17	0.10	0.55	3.77	0.25	230	120	310
Class 40 (M)	3.05	1.85	0.15	0.08	0.60	3.65	1.00	225	120	300
Class 60 (L)	2.85	2.05	0.15	0.09	0.60	3.51	…	250	135	435
Class 60 (M)	2.65	2.00	0.10	0.07	0.85	3.37	…	270	135	435

* (L)輕剖面；(M)中剖面；(H)重剖面。

+ 碳含量 % + 0.3（% 矽 +% 硫），這些鑄鐵並沒有遵守虎克定律，所以模數是以應力等同於 1/4 張力強度時的應力－應變曲線斜率來表示。

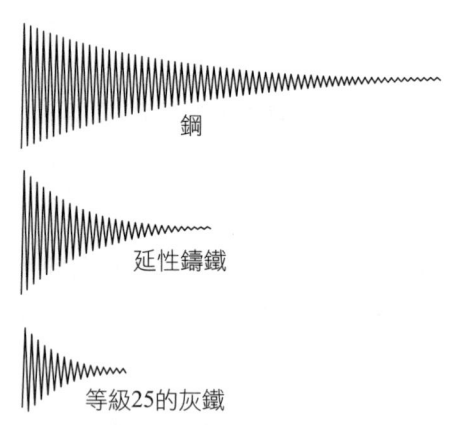

圖 12.7 鋼，延性鑄鐵還有等級 25 的灰鐵的相對阻尼。縱座標是震動的幅度，隨著橫座標的時間往右走而減少。

除了強度的性質之外，灰鑄鐵有一些其他的特徵使得它們可以更適合的應用在其它的領域。其相當低的熔點和鑄性使得它們的價錢相當便宜，雖然，成本自然地將會隨著因要求強度而加入合金和實驗室的控制而增加。更多重要的應用是因為其內在的不連續性可以造成局部震動能的消散。這可以說成灰鑄鐵有相當高的內部摩擦力或是阻尼能力（圖 12.7）。

使用灰鑄鐵來做為機器或是任何其它會遭受震動的設備，可以允許機器或是設備所造成的震動在內部被吸收掉。機器的骨幹，鋼琴的框架都可以藉由鋼的焊接聚合在一起而製造，不過這些聚合處無法很輕易的吸收外部的震動。當頻率接近結構體本身的自然頻率時，震動的振幅可能會大大的增加到某一個程度使得結構體因為疲勞應力而損壞。這個鑄鐵特徵的重要性已經被認知並且廣泛的應用了。

圖 12.8 中的數據顯示關於鑄鐵的張力強度和壓力強度之間的關係。平均來看，鑄鐵的張力強度如果是 140 MPa 的話，將會有大約 560 MPa 的壓力強度。因此，很明顯地石墨薄片的刻痕效應會被張力載荷所限制。在壓縮時，鐵的性質基本上來說都是利用基地的結構來估量。

其它鑄鐵的性質使得它比其它鋼材更適合被使用，這包括了加工性、抗腐蝕性還有耐磨損性。因為石墨所提供的不連續性和石墨本身的潤滑性，灰鑄鐵比鋼材更能夠被輕易的加工。舉例來說，這就是為何灰鑄鐵被廣泛的拿來做為玻璃模的主要原因，因為玻璃模的加工成本相當高。由於高矽含量和或許是其它因素，灰鑄鐵比起軟鋼更能夠抵抗空氣中和其它類型的腐蝕。最後，灰鑄鐵對刻痕是相當不敏感的，換句話說，尖銳表面刻痕的存在並不會很明顯地減少灰鑄鐵的強度。這個理由理所當然的是因為在石墨薄片邊緣尚有許多的內部刻痕，因此外部的刻痕相對起來就比較無害了。

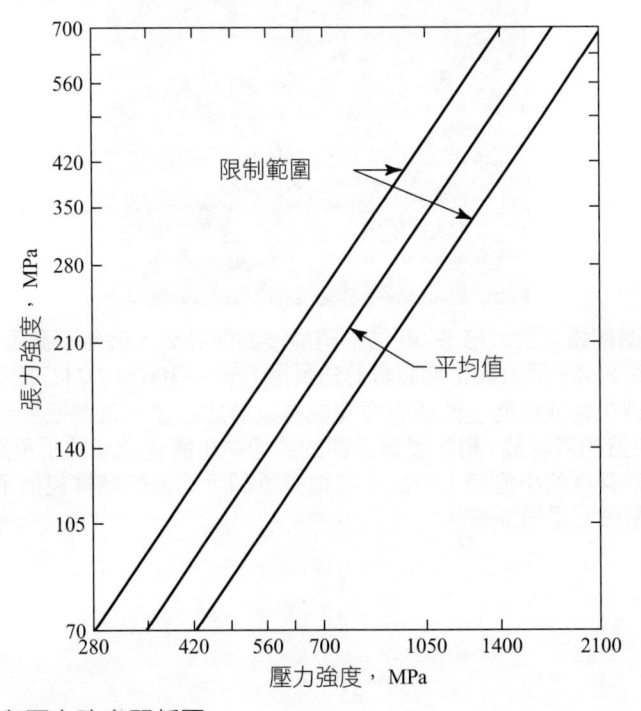

圖 12.8 灰鑄鐵的張力與壓力強度關係圖

緊密石墨鑄鐵的成本和性質是居於鋼材和灰鑄鐵之間。石墨或是回火碳所形成的緊密聚集並不會打斷肥粒鐵基地的連續性（顯微照片 12.3 和 12.4），結合後的結構強度可能大約在 385 MPa 附近，伸長量的數值大約在 12 到 18% 附近。精確的控制組成成份和灌注溫度（有時候會使用特殊的熔解熔爐來達成）可以得到一個金屬，它在鑄造外形上固定是白色的，並且再熱時不會很快的石墨化。

延性鑄鐵先前被稱之為結節狀鐵(或是類球體石墨鑄鐵，在毛胚鑄件狀態的基地中包含了變化比例的肥粒鐵和波來鐵，這端視組成成份，接芽粒子還有冷卻速率而定。分佈在基地上的石墨球石有其直徑或是尺寸上的範圍，最先形成的會是最大的，因此大部分都可以在微細構造（顯微照片 12.5）中觀察到。這些球石影響鐵的性質的程度比薄片要少一些，結節狀鐵的性質因此會更加緊跟隨著基地的變化。要得到最軟的鐵（表 12.1），換言之，即一個擁有完全肥粒鐵組織的基地（顯微照片 12.5），毛胚鑄件結構必須藉由加熱到 900℃ 然後進行退火，並且在 800 到 650°C 時的冷卻率要維持在 20°C／小時。這樣會允許在沃斯田組織中溶液的碳擴散到石墨球石而不是會在波來鐵中形成 Fe_3C。

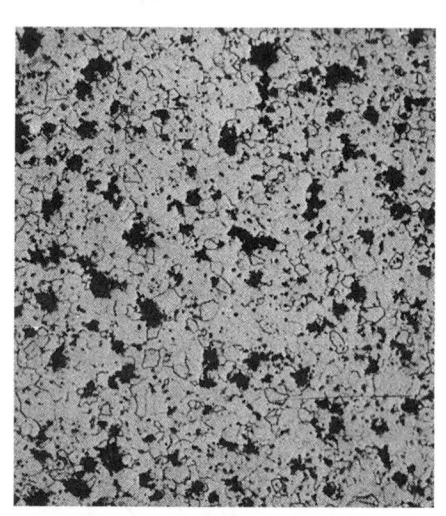

顯微照片 **12.3** 緊密石墨鑄鐵；放大倍率 **50** 倍；硝酸浸蝕液蝕刻。假使顯微照片 **12.1** 中的白鑄鐵可以在低於共晶溫度以下加熱夠久，那麼碳化物將會藉由反應 $Fe_3C \rightarrow 3Fe(\gamma) + C$ (石墨)分解成為石墨。在固態結構中所形成的石墨會在碳化物成核面上的所有方向成長以形成石墨的緊密聚集或是沃斯田鐵組織中的回火碳粒子。假使存在足夠量的溶解矽，相當慢速冷卻的經過共析將會造成共析反應是 $\gamma \rightarrow \alpha +$ 碳(石墨)，這個附加的石墨會在已經存在的小瘤節上形成。在這邊所顯示的最後結構包括了連續的中度顆粒不規則肥粒鐵還有隨機散佈的緊密石墨聚集物。

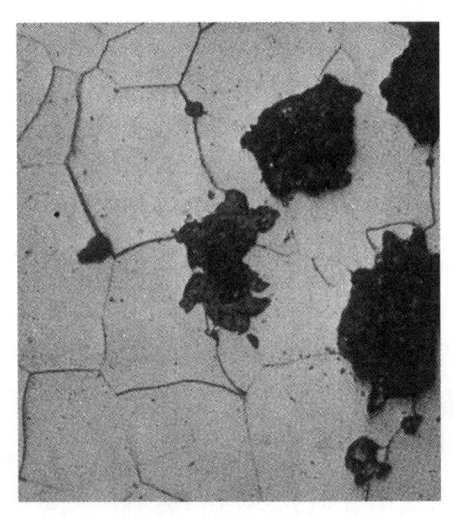

顯微照片 **12.4** 緊密石墨鑄鐵；放大倍率 **300** 倍；硝酸浸蝕液蝕刻。在較高的放大倍率之下，肥粒鐵的基地和石墨的緊密聚集物或是碳化物粒子都可以看的更清楚。

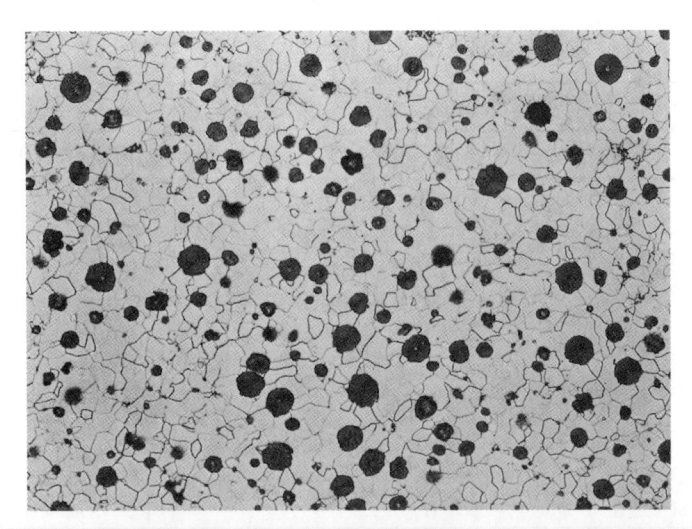

顯微照片 **12.5** 延性鑄鐵；放大倍率 **100** 倍；硝酸浸蝕液蝕刻。這是一個商用鑄鐵的結構，它經由加熱到 **900°C** 且以 **20°C**／小時的冷卻速率從 **800°C** 冷卻到 **650°C** 進行肥粒鐵退火，然後再進行正常的爐冷。類球體石墨在一個完全肥粒體基地上散佈。

任何的鑄鐵，即灰鑄鐵、緊密石墨鑄鐵或是延性鑄鐵都可以被加熱到 A_1 溫度以上並且形成碳含量接近 1.0%的沃斯田鐵，而且不會改變原先是石墨薄片的結構。當然，在原先的鑄鐵結構中存在比較多的是波來鐵而不是肥粒鐵，更容易與更快速得到的則是共析沃斯田鐵所形成的。零下冷卻──在熔爐中（退火），在空氣中（正常化處理）或是在油中或水中（淬火）──將會有一些在先前的章節（限制是在慢速的冷卻之下，現存的石墨將會提供成核面，這會改變一般的共析結構）就已經討論過的一般效應。因此，可以產生一個範圍的基地結構，從柔軟到非常堅硬。然而，在淬火或是麻田散鐵系鑄鐵中，雖然基地可能會有洛氏硬度 C65 的程度，但是基地和石墨的聚集物或複合物可能只會顯示出洛氏硬度 C50，因為石墨是相當柔軟的。麻田散鐵系鑄鐵的回火和應用到硬化碳鋼的法則都是一樣的，性質與基地的改變是相關的。

緊密石墨鑄鐵和延性鑄鐵在本質上都有一些灰鑄鐵的良好性質，像是加工性，抗腐蝕性和比軟鋼優越的抗磨損性。任何一種類型的鑄鐵都可以在許多應用範圍上代替鋼材，不過，在緊密石墨鑄鐵和延性鑄鐵兩者之間的選擇並不容易，因為它們的機械和其它性質都太相似了（表 12.2）。這兩種鑄鐵都有合理的延展性和抗震能力。缺乏內部石墨薄片的刻痕，所以兩者都比灰鑄鐵更容易受到外部或是表面的刻痕影響而變得脆性。兩者都無法被輕易的焊接，不過兩者都可以被硬焊聚集在一起。最後用來選擇到底要使用哪一個材料的準則就是成本了，因為不需長延展性的退火處理，延性鑄鐵顯得成本比較低廉。作業的需求和經濟上考量的因素決定了在特殊的作業要求時對灰鑄鐵，緊密石墨鑄鐵和延性鑄鐵之間選擇的考量。灰鑄鐵在成本上是最低廉並且也是最容易鑄造和得到本質上非多孔性的結構。延性鑄鐵基本上是相似的，不過會容易在凝固時遭受收縮的作用而需要更大的升管。

表 **12.2** 緊密石墨鑄鐵和延性鑄鐵的組成成份和性質

	緊密石墨鑄鐵		延性鑄鐵	
	肥粒鐵	波來鐵	肥粒鐵 65-40-10[*]	波來鐵 80-60-3[+]
碳含量 %	2.25	2.25	3.50	3.40
矽含量 %	1.15	1.30	2.40	2.15
錳含量 %	0.40	0.75	0.50	0.50
硫含量 %	0.10	0.10	0.01	0.01
鎳含量 %	—	—	1.00	1.00
鎂含量 %	—	—	0.06	0.06
張力模數 GPa	175	195	160	160
張力強度 MPa	390	560	455	665
降伏強度 MPa	260	350	335	455
50 毫米伸長量 %	20	6	12	5

[*] 在 900°C 退火並且爐冷
[+] 毛胚鑄件

問題

1. 比較鋼和鑄鐵相類似的地方還有對照它們不同之處。

2. 描述石墨的外型與分佈對鑄鐵性質的影響。

3. 除了碳之外，解釋在鑄鐵中元素添加物像是矽和錳的效應。

4. 為何延性鑄鐵的焊接會比緊密石墨鑄鐵的焊接來得容易實施？解釋在焊接之前為何想要預熱延性鑄鐵的鑄造液到 260°C。為何在焊接之後必須要完全的回火以在焊接接點上得到延展性？

5. 添加 0.5 到 1.0%的鉻可以增加尺寸上的穩定性或是最小化承受作業溫度 450 到 550°C 灰鑄鐵的成長，試就微細構造而論，說明其理由。

參考文獻

Bates, C. E.: "Alloy Element Effects on Gray Iron Properties," Part II, *Trans. AFS,* 1986, p. 889.

C. F. Walton and T. F. Opar (Eds.): *Iron Castings Handbook,* Iron Castings Society, Des Plaines, IL, 1981.

Gundlach, R. B., and J. F. Janowak: "A Review of Austempered Ductile Iron Metallurgy," in *Proceedings of the First International Conference on Austempered Ductile Iron: Your Means to Improved Performance, Productivity and Cost,* ASM, Materials Park, OH, 1984.

ASM Handbook, vol. 1, *Properties and Selection: Irons, Steels, and High Performance Alloys,* Materials Park, OH, 1990.

Foundryman's Handbook, Facts, Figures, and Formulae, 9th ed., Elsevier Science, New York, 1988.

Courtney, T. H.: *Mechanical Behavior of Materials,* 2d ed., McGraw-Hill, New York, 2000.

第十三章

鋁合金
Aluminum Alloys

在過去五十年間,鋁已經變成數以噸計的一種金屬,在金屬工業上的重要性僅次於鋼。這樣的成長主要是因為鋁的重量輕、不生鏽性質以及相當好的強度和延展性、容易製造、近代冶金技術對於控制結構和性質的改善,還有受人稱許的經濟因素的特性。

在鋁中所使用的主要合金元素是矽,鎂還有銅。鋁—矽相圖(圖5.2)是一個簡單的共晶鐵系統,在鋁之間包含了最多1.65%的矽於固溶體中還有接近純的矽。過渡冷卻,有部分是利用冷激鑄金來達成,更完整地是藉由金屬鈉的小添加物來達到,它可以抑制矽晶體的成核作用,降低共晶溫度從577°C到550°C再到560°C,並且可以增加共晶中的矽從11.6%到13%再到14%(見顯微照片13.13)。

檢視鋁—矽相圖可以得到幾個有用的定性結論。既然鋁固溶體可以組成85到90%的共晶,這個相在微細構造中應該要是連續的,因此共晶構造會顯示出一些延展性。然而,既然矽是較硬且脆的,過共晶合金中包含大的矽晶體並不像共晶或是亞共晶合金中是被期待而有用處的。

鋁—鎂系統(圖5.3)的鋁末端表示在450°C的共晶,這是在固溶體中包含15.35%鎂的鋁還有一個在組成上接近Al_3Mg_2比例的β相之間所形成的。這個金屬間的相是相當堅硬且脆的。藉由使用槓桿法則就可以看到共晶包含如此多的β相,可以預期的是共晶結構將會是非常脆的。因此有用的合金必須要包含少於固溶體中的最大可溶解度的鎂,也就是比15.35%少。

鋁—銅相圖(圖6.7)的鋁末端在顯示包含5.6%銅的固溶體與金屬間化合物之間的共晶部分有一些和上面所述的相似,在這邊稱為T,它接近$CuAl_2$的化學計量比例。再一次的,槓桿法則指出T相是較硬且脆的,這在共晶結構也是可支配的,所以共晶結構也是脆性的。因此,大部分有用的加工合金都會包含少於固體鋁最大可溶解度5.6%的銅。

加工的鋁合金,換言之,那些使用在碾軋片或是形狀,鍛造或是擠壓的,有標準的合金成分和回火命名系統。一個鋁協會所發展的四位數字系統被傳統地使用來識別組成成份,這在工業上仍然是相當通行的語言。國際聯合編號系統對於鋁是採用五位數字的命名,然後在數字前加上一個 A 的字母。在本章節中的許多表中都可以見到這些例子。使用四位數字的基本理由可以在下面所述中見到。

1XXX　純鋁:99.00%的鋁或是更好的含量。主要的合金是 1100。AA1060 是 99.60% 的鋁。

2XXX　時效硬化的合金,包含大約 4.5%的銅。AA2014 除了銅之外還包含 0.8%的矽、0.8%的錳以及 1.5%的鎂,主要是用在鍛造方面。

3XXX　常溫加工硬化錳合金,AA3003 包含了 1.2%的錳;較強壯的 3004 合金包含了添加的 1.0%鎂。

4XXX　矽合金。只有一種較常拿來使用,AA4032,鋁 + 12%的矽,還有各 1%的鎂、銅還有鎳。這是一種時效硬化鍛造的合金,使用在較高的作業溫度,舉例來說,做為汽車的活塞。在這個例子中時效硬化來自 Mg_2Si 相的溫度所減少的溶解度。

5XXX　加工硬化的鎂合金。這包括:
　　　　　5052:2.5% 鎂 + 0.5% 鉻
　　　　　5056:5.2% 鎂 + 0.5% 鉻 + 0.1% 錳
　　　　　5186:4.5% 鎂 + 0.5% 鉻 + 0.8% 錳

在這些例子中,鉻是以晶粒精鍊劑的角色存在,錳僅僅是用來提高冷軋合金的強度。當鎂的含量低於 5%時,這些合金顯示出良好的可焊性。

6XXX　可熱處理鎂—矽合金。AA6061 被廣泛的使用於熱擠壓,舉例來說,窗戶或是門的框架。

7XXX　可熱處理鋅合金。做為飛機結構上材料的 7075 包含 5.5%的鋅、2.5%的鎂、1.5%的銅還有 0.4%的鉻。

對加工產品來說基礎的回火命名是:

F　鑄造狀態

O　退火

H　加工硬化

H1X　只有應變硬化。X 是指硬化的程度;H12 是 1/4 硬,H18 是全硬,H19 是特別硬(通常來自於 80 + %的冷還原)

H2X　應變硬化然後再回復退火。經過了輕微的退火軟化之後,強度將會和 H1X 一樣高,但是延展性會更好。

H3X 和 H2X 相似，除了這被要求要是穩定的並且只應用到鎂 (5XXX) 合金，在室溫下使用其它的方式來逐漸的軟化。

T 使用在時效硬化合金，這通常是溶液處理的，並且時效到一個穩態的狀況。T 之後的數字代表的時效如下所示：

T1 在室溫下自然時效處理，緊接著進行提高溫度的操作，例如，熱擠壓。

T4 還有自然時效。

T6 溶液處理，淬火然後在較高的溫度下時效處理。

T8 和 T6 一樣，除了合金在時效處理之前是常溫加工的。

13.1 加工硬化鋁合金
Work-Hardenable Wrought Aluminum Alloys

在這個類別的主要合金還有它們在三種回火下的性質都列在表 13.1 中。可以很明顯的看到在常溫加工回火中，舉例來說，H18 的張力強度從 275 到 415 MPa 都可以被獲得並且有相當良好的延展性，這消除了所需的熱處理和它們的花費。同時，特別是對於冷軋片和冷軋條來說，成本被保持在較低的程度。因此這些產品變成了鑄造廠中設定要大量生產的項目。

表 13.1 在三種一般的回火處理下 1.6 毫米加工硬化鋁合金片的性質

合金	組成，%	回火	張力強度，Mpa	降伏強度，Mpa	50 毫米伸長量，%
1100	99.00Al	H14	125	120	9
		H18	170	155	5
		O	110	40	30
3003	12 Mn	H14	150	55	16
		H18	200	190	4
3004	1.2 Mn, 1.0 Mg	O	180	70	20
		H14	245	200	9
		H18	290	250	5
5052	2.5 Mg, 0.2 Cr	O	195	90	30
		H34	265	220	14
		H38	295	260	8
5056	5.2 Mg, 0.1 Mn, .0.1 Cr	O	295	155	35
		H18	440	410	10
		H38	420	350	15

13.2 可熱處理鋁合金 Heat-Treatable Aluminum Alloys

這些合金在成本上明顯的比加工硬化類型的要來得高，然而它們卻是航空工業的支柱。在這裡重量的節省是相當重要的，因為所帶來的高強度遠重要於在廠內產生更多金屬廢料或是熱處理的花費。

這種類型中主要的合金使用為薄片被列在表 13.2 中，這其中包含了組成成份和強度性質。

在鍛造合金中，6061 在高溫時是如此的柔軟，相當精細的鍛造可以藉此產生；雖然藉由熱處理可以得到中度的強度，但是和其它合金相比強度是比較低的。合金 2014 代表另一個極端。他發展出非常良好的強度，不過並不適合有複雜的外型，因為它有相當高的剛性，即使是在鍛造溫度下，仍然是如此。這邊所提及的其它合金都處在中間的地位。

表 13.2 時效硬化的 $1/16$ 英吋鋁合金薄片在幾種回火狀態下的性質

合金	組成成份	回火	張力強度 Mpa	降伏強度 Mpa	50 毫米伸長量%
2014	4.4Cu, 0.8 Si, 0.8 Mn, 0.4 Mg	O	190	100	22
		T4	440	280	18
		T6	490	420	10
2024	4.5 Cu, 0.6 Mn, 1.5 Mg	O	190	80	20
		T4	475	330	20
		T6	480	400	10
		T86	525	495	6
6061	1.0 Mg, 0.6 Si, 0.2 Cr	O	125	55	25
		T4	245	150	25
		T6	315	280	12
		T91	410	400	6
7075	5.5 Zn, 2.5 Mg, 1.5 Cu, 0.3 Cr	O	230	105	17
		T6	580	510	11

表 13.3 鋁鍛造合金的典型機械性質

合金	張力強度 Mpa	降伏強度 Mpa	50 毫米伸長量 %	勃氏硬度	疲勞限度 MPa
4032-T6	385	320	9	120	110
2014-O	190	100	18	45	90
2014-T4	435	310	20	105	125
2014-T6	490	420	13	135	125

表 13.2 中的數據可以找到幾個有趣的特點。合金 6061 是相當低成本的，是容易成形的並且有高抗腐蝕性。合金 2024 也可以用在擠壓成形或是其它方面，提供了五倍或是六倍於退火商用純鋁的張力強度，並且在一般的張力測試下表現出相當良好的延展性。它有較差的局部塑性，並且對於刻痕是相當敏感的，因此薄片測試試件很常會在刻痕處斷裂。除了在冷水中淬火或是常溫加工和時效處理之外的合金，也都會對從第二相的晶界析出的晶粒間腐蝕敏感。在晶界區域的母體相，在析出之後，會耗盡溶解的原子並且在腐蝕性的容易中表現為陽極。其餘的晶粒則作為陰極，當電流通過時，晶界區域會有選擇性的溶解。在這些狀況下，小部分的腐蝕（和全部金屬腐蝕相比）將會伴隨著強度與延展性上的大幅度降低。延展性特別會因為晶界攻擊的刻痕效應而降低。

為了在腐蝕性的環境中使用，一個純的鋁表面層，必須藉由熱軋和壓力焊接來貼附，以保護 2024 鋁合金。變形會破壞鋁的氧化層，這出現在許多鋁合金中，並且允許原子的結構連續性在界面上被發展。雖然輕微的降低了強度和耐疲勞性質，特別是彎曲疲勞，純鋁對合金來說是陽極並且可以防止晶粒間腐蝕，即使是在切邊緣上。再者，高度塑性的鋁表面層消除了刻痕敏感性，因此較小的抓痕就不再是脆性疲勞的來源了。

橫越鋁一合金界面的原子連續性允許發生擴散，假使銅擴散到這個結構中，大部分鍍層所形成的優點都會失去。擴散可能可以藉由限制最短的熱處理有效時間（見表 13.4）來達到。假使在熱處理溫度時鋁中的銅擴散率是已知的，並且一些關於鋁的初始狀態的假設已經被制訂，那麼有可能可以計算出包覆合金在溶液熱處理時可以保持的最大時間。實際上，習慣會拿披覆退火薄片的試件到液體的鹽浴中測試，每次增加時間的增加量，舉例來說，2、5、10 還有 20 分鐘，並且估量所需求來發展本質上標準機械性質的時間。有許多種化學和冶金的方法可以來估量是否這個時間可以允許銅擴散到護面材料到達一個較不利的範圍。

表 13.4 說明了 7075 合金比 2024 表現出較高的強度。它的降伏強度常會比 2024 的張力強度高。不過這種合金並不像 2024 一樣容易形成，而且它對於張力和腐蝕性環境相結合效應下產生的裂痕是更敏感的。後者的這種傾向可以藉由表面錘擊來最小化或是消除，通常是利用鋼珠擊來達到。這個處理會產生殘留的壓縮應力，如同 13-17 頁中所顯示的一樣。因此，它會降低起因於所給予彎曲力所帶來的實際表面拉伸應力。

表 13.4 對加工鋁合金所建議的熱處理方法

合金	退火溫度 溫度 °C	退火溫度 時間 h	退火溫度 回火	溶液處理 溫度°C	溶液處理 時間 h	溶液處理 回火	析出處理 溫度°C	析出處理 時間 h	析出處理 回火
1100	340	*	O						
3003	410	*	O						
3004	400	*	O						
5052	340	*	O						
2014	410	3*	O	505	‡	T4	170	10	T6
2017	410	3†	O	505	‡		190	9	T84
2024	410	3†	O	490	‡	T4	190	12	T81
7075	410	3*	O	465	‡		120	24	T6
2025	410	3*	O	515	‡	T4	170	10	T6
4032	410	3*	O	510	‡	T4	170	10	T6
6061	410	3*	O	520	‡	T4	160 or 175	18 8	T6 T6

* 在熔爐中所需要的時間只要夠長來使所有的部分都能夠到達退火溫度；冷卻率必不重要。

† 要獲得完全的軟化，冷卻應該要不快於 30°C/h 降低到 260°C；隨後的冷卻率就不重要了。

‡ 時間可能會是變化的，從鹽浴中薄片的 10 分鐘，空氣中平板的 60 分鐘到空氣中平均鍛造的至少 4 小時。護面產物的時間應該要被最小化以防止合金元素從合金擴散到表面。從熔爐到冷水淬火的快速轉移是建議的，除了在做大型鍛造之外，因為這可能會是在熱水中的淬火。

13.3 鑄造用鋁合金 Cast Aluminum Alloys

鋁合金可以在沙模中，在重力鐵模（永久金屬模）中或是在鋼模中鑄造。當合金在金屬模中凝固的速度會快一些。因此，在永久金屬模中鑄造時，合金的晶粒將會更緻密並且更強壯（表 13.5）。

表 13.5 凝固率對於三種最常見鑄造鋁合金所造成的影響，其中沙鑄的速率最慢，壓力鑄造則是最快的。

合金	組成成分 %	沙模 拉伸強度, MPa	沙模 50 毫米伸長量, %	永久模具鑄造 拉伸強度, MPa	永久模具鑄造 50 毫米伸長量, %	壓力鑄造 拉伸強度 MPa	壓力鑄造 50 毫米伸長量, %
43F	5 Si	135	8	160	10	230	9
214F	4 Mg, 1.8 Zn	175	9	190	7	280	10
356T61	7 Si, 0.3 Mg	230	4	265	5		

合金通常以粗塊的形式被獲得並且組成為適當的成分，不過初生鋁可以和母合金（舉例來說，鋁 +33%銅）一起合金來獲得特別的組成成份。除此之外，通常有 25 到 75%的二次金屬或是鋁條會被用盡。在習慣上熔化會在鐵罐內實施，這其中鐵會受到石灰或是類似的陶瓷披覆來保護以避免液體金屬的噴濺。鐵在鑄造 10%矽合金時的有害效應可以從表 13.6

中的數據得到。在強度以及延展性兩者的削減是由於粗鋁－鐵－矽晶體取代細共晶鐵矽的量大幅度的增加所導致的。表 6.2 中的數據指出，鐵的雜質與銅還有鋁相結合將會形成不可溶的鋁－銅－鐵化合物。這會降低了可以溶解在鋁中的銅的數量，因此在熱處理鋁 4.5%銅合金的性質上會造成有害的效應。顯微圖片 13.1 到 13.4 說明了幾種鑄合金微細構造的詳情。

在溶化的鋁合金中，必須要避免過度加熱，這是由於兩個理由：(1) 如同在第三章中所討論的，過度加熱的金屬當澆鑄到模子中時凝結的速度會慢很多，這是因為多餘的熱要被移除，因此將會得到較差的晶粒和較弱的結構。(2) 在高溫的鋁會容易地和水蒸氣形成鋁氧化物和氫氣。液體金屬在這個氣體中會侵略性的溶解。當溫度減低時，氫氣會變得較不可溶，在凝固時可溶性下降的非常快。在同一時間，會有一些物理性的因素像是樹枝狀結晶來促使氫氣泡形成，不幸地，在這同時也會限制住氣泡的逃逸。因此，鋁合金在潮濕的天氣中熔化或是在燒煤氣（在燃燒時會產生相當多的水蒸氣）的熔爐中熔化常常會比在乾燥的日子或是電熔爐中熔化所生產的有較多的孔洞。

表 13.6　鐵雜質在冷激鑄造鋁－10%矽合金性質上的效應

%矽	%鐵	張力強度 Mpa	50 毫米伸長量 %	面積收縮率 %	勃氏硬度
10.8	0.29	217	14.0	15.3	62
10.8	0.79	216	9.8	11.6	65
10.3	0.90	210	6.0	6.2	65
10.1	1.13	171	2.5	2.2	66
10.4	1.60	126	1.5	1.0	68
10.2	2.08	78	1.0	0.2	70

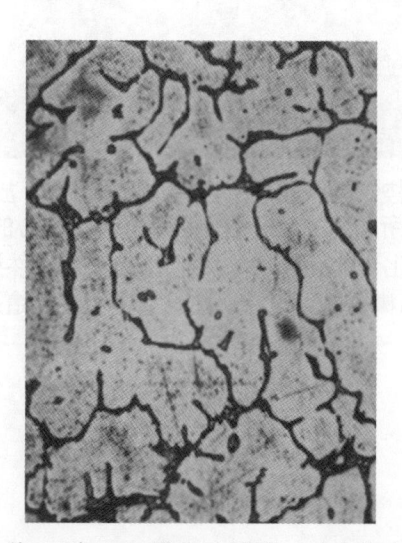

顯微照片 13.1　鋁 + 8% 銅 + 大約 1 到 1.5%鐵和矽雜質；放大倍率 50 倍；先用 0.5%HF，然後 20% 的熱 H_2SO_4 蝕刻。這是一個亞共晶結構，包括了核心中的原生 α_{Al} 的樹狀結晶物（樹狀的特性並沒有很明顯）被 α_{Al} 和 θ (或是 $CuAl_2$) 的共晶所包圍。

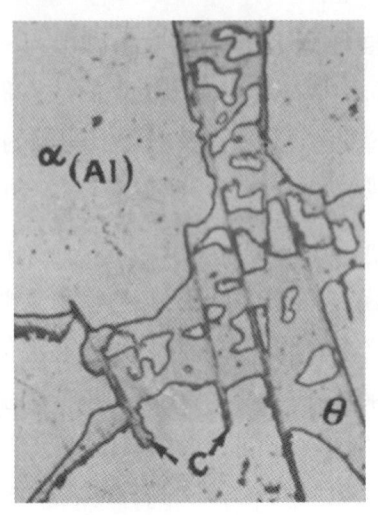

顯微照片 13.2　一樣的合金（8% 的銅）；放大倍率 1000 倍；先用 0.5%HF，然後 20%熱的 H_2SO_4 蝕刻。在這個 α_{Al} 和 θ_{CuAl_2} 共晶放到相當大的視野中可以看到脆性的 θ 相是連續的，或許是因為這個共晶結構包含了 58%的 θ 和 42%的 α_{Al}（比例計算以重量為基準）。針狀的地方（標註為 **C**）伸展包括了整個共晶結構，這是一種鋁－銅－鐵的化合物，原始是來自於鐵的雜質所生成。

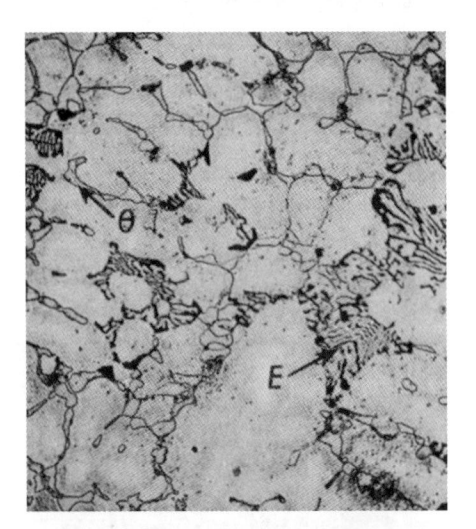

顯微照片 13.3　鋁 + 4% 銅還有控制的鐵與矽（合金 195）雜質；放大倍率 75 倍；先用 0.5%HF，然後 20%的熱 H_2SO_4 蝕刻。在這邊所顯露的毛胚鑄件結構顯示出核心的 α_{Al} 樹狀結晶被 $\alpha_{Al} + \theta$ 的共晶結構和 α_{Al} 與起源於雜質的鋁－鐵－矽化合物 (**E**) 共晶結構所包圍。雖然這個合金中的銅含量處於 $\alpha_{Al} + \theta$ 共晶結構的水平左手邊，一些共晶結構還是可以在鑄造結構中發現，這是因為在鑄造的快速冷卻時固相線的亞穩態位置所致。

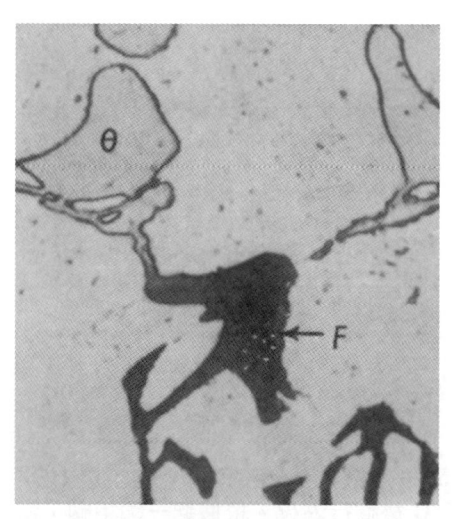

顯微照片 **13.4** 一樣的合金（**4.5%**的銅）；放大倍率 **1000** 倍；先用 **0.5%HF**，然後 20% 的熱 H_2SO_4 蝕刻。再一次的，現存的 **q** 並沒有出現為共晶結構的一部份，因為共晶結構的 α_{Al} 是在 **q** 的外部而不是內部，和原生 α_{Al} 接觸在一起並且很難辨別。θ 和鋁－鐵－矽化合物看起來是相同晶形的，因為從一個結構到另一個是有其連續性存在的，這是隨著顏色上的逐漸變化或是蝕刻劑的侵蝕程度。

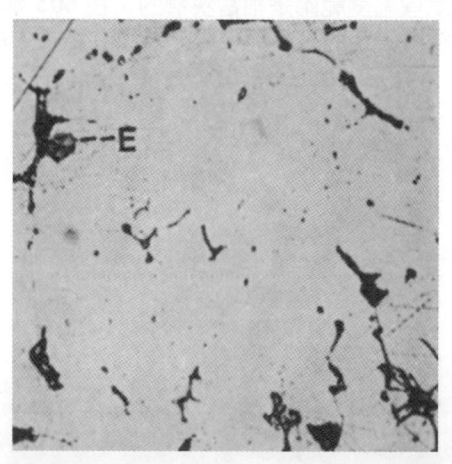

顯微照片 **13.5** 一樣的合金（**4.5%**的銅）；放大倍率 **75** 倍；先用 **0.5%HF**，然後 20% 的熱 H_2SO_4 蝕刻。在熱處理之後的結構如下所示：在 **510°C** 處理 **15** 小時，然後緊接著水淬火；在高壓的蒸汽下再熱 **15** 分鐘。這個結構應該要被和顯微照片 **13.3** 中的相比較。很明顯的可以看到在 **510°C** 熱處理造成了 **$CuAl_2$** 溶解在 α_{Al} 的母體中（因此高溫的熱處理被稱為溶液退火或是溶液熱處理）。高溫中浸泡之後於水中淬火可以防止在冷卻合金到達相圖中兩相共存的溫度時溶解的 θ 的析出。再加熱亞穩態或是過度飽和的固溶體不會造成 **$CuAl_2$** 的粒子形成這樣放大倍率下可以見到的大小尺寸。鋁－鐵－矽化合物 (**E**) 的粒子仍然是存在的，因為這個相在 α_{Al} 中並沒有亞穩態溶解性，而且在熱處理的過程中也不會改變這樣的本質。

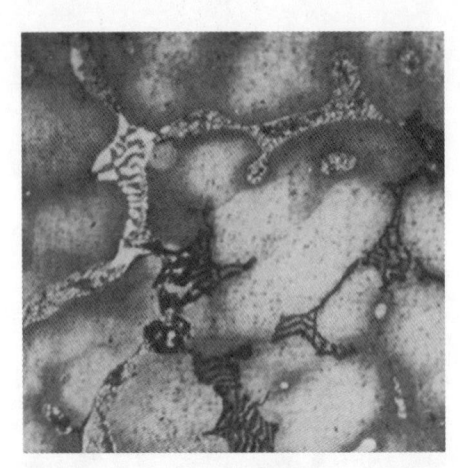

顯微照片 13.6　一樣的合金（4.5%的銅）；放大倍率 500 倍；以 HCl，HNO$_3$ 還有 HF 加水做為蝕刻劑（卡勒蝕劑）；結構在加熱到 575°C 後進行淬火。根據鋁－銅相圖，當這個合金被加熱超過 565°C 時，它會處於兩相區域，α_{Al} + 液體，並且在液體中有幾乎都是銅的共晶濃度。這個液相是在 α_{Al} 的晶界間形成，並且在淬火時一定會凝固，大部分都是共晶結構，它在這個系統中是脆性的。由於一個幾乎連續的脆性結構包圍了每一個晶粒，所有的結構現在都是易脆且虛弱的。這張顯微圖片所使用的蝕刻劑使得在鋁母體中的合金被清楚的顯現，換言之，溶解的銅變化的數量。雖然二元的鋁－銅圖顯示出安全的溶液退火溫度範圍是在 510 到 565°C，鐵和矽的雜質的存在意味著第三個或是第四個共晶結構的存在，熔點約莫是在 525°C，因此安全的熱處理溫度範圍是相當狹窄的，在 505 到 520°C。較低的限制是因為要得到最佳的性質所以得溶解所有的銅所設定的，然而上限是為了在結構中所有共晶結構的熔點所設定。

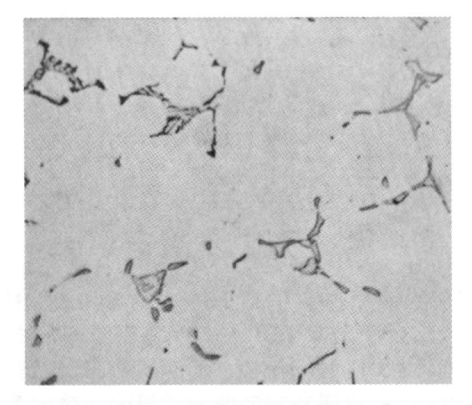

顯微照片 13.7　一樣的 195 合金（4.5%的銅；鐵和矽的雜質）；在 510°C 只加熱 6 小時然後淬火；放大倍率 100 倍；先用 0.5% HF，然後以 20% 的熱 H$_2$SO$_4$ 做蝕刻劑。在這裡的 θ 化合物是清楚的淺灰色，還沒有完全的溶解，因為溶液處理的時間太短了。現存的數量是減少的而且樹狀結晶的連續性被打斷了。然而藉由這一個結構可以顯示出比最佳性質差。

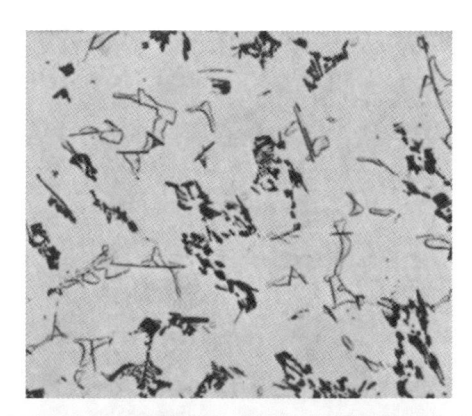

顯微圖片 **13.8** 合金 **122**（**10%**的銅，**0.2%**的鎂；鐵和矽的雜質）；冷激鑄造，在 **510°C** 加熱 **8** 小時然後淬火；放大倍率 **100** 倍；先用 **0.5%HF**，然後以 **20%**的熱 H_2SO_4 做蝕刻劑。這個合金的溶液處理並不能溶解所有的 θ 相，不過當共晶鐵 θ 的連續性破裂時，合金變得更堅韌一些。再者，藉由隨後的析出處理，合金的硬度是增加的而且可以得到尺寸穩定性。

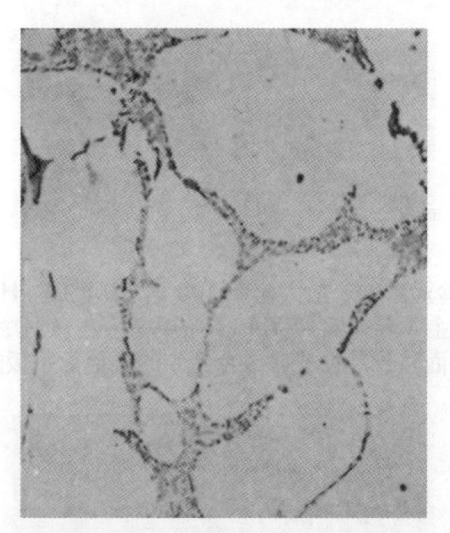

顯微照片 **13.9** 鋁 **+ 3%**矽 **+ 0.3%**鎂；鈉修改沙模鑄造，毛胚鑄件；放大倍率 **100** 倍；**20%**的 H_2SO_4 蝕刻。這個低矽的亞共晶合金顯示出原生鋁和非常緻密的樹狀共晶網路包含了矽微晶還有 Mg_2Si（黑色）。

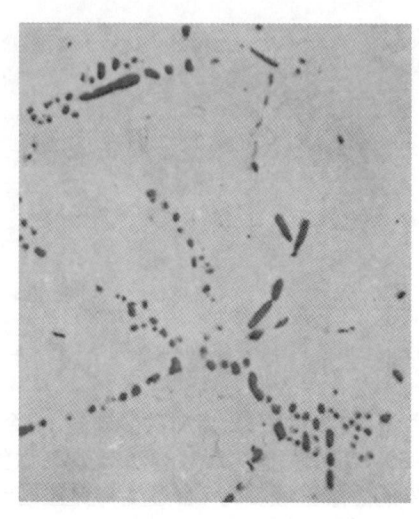

顯微照片 13.10　顯微照片 13.9 的合金在 540°C 熱處理 20 小時；0.5‰的 HF 蝕刻。長時間的溶液處理會溶解一些矽微晶還有 Mg$_2$Si。它的最明顯的效應就是凝結無法溶解的矽微晶。在 α 相已經飽和之後，剩下的矽微粒繼續的以類球體的方式來成長。這會藉由較小粒子的消溶和從新的過度飽和 α 中所析出的等同數量矽到成長中的矽微粒上來達成。

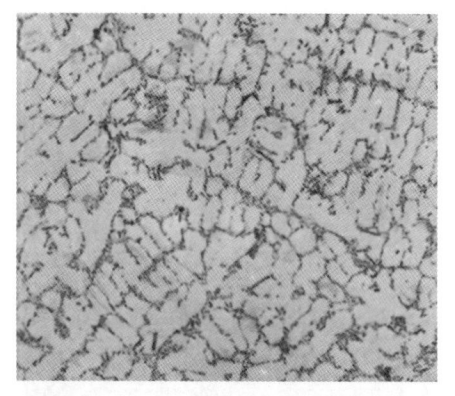

顯微照片 13.11　鋁 + 6%矽，冷激鑄造。放大倍率 100 倍；0.5‰的 HF 蝕刻。在這個冷激鑄造中，共晶結構的數量比起在 3‰的矽合金（顯微照片 7.13）中更多。注意到冷激鑄造給予了一個細共晶鐵矽粒子，不過它們並不是這樣的緻密而且比起那些修改合金中的要更像平板的樣子。

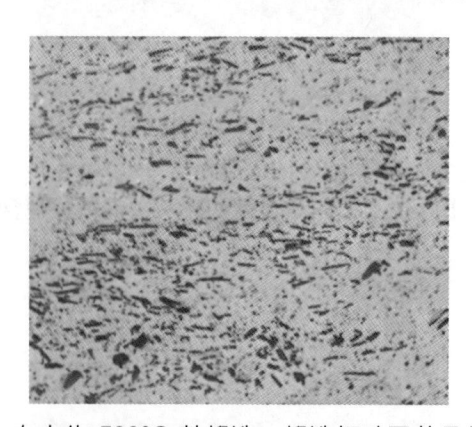

顯微照片 13.12　鋁 + 6%矽，在大約 500°C 熱鍛造。鍛造打破了共晶結構和在流動方向排成一行的矽微晶高溫加工的溫度會促成共晶鐵微晶的成長。從鍛造溫度進行慢速的冷卻會造成從固溶體中矽的析出，這會形成一個較髒的基地。

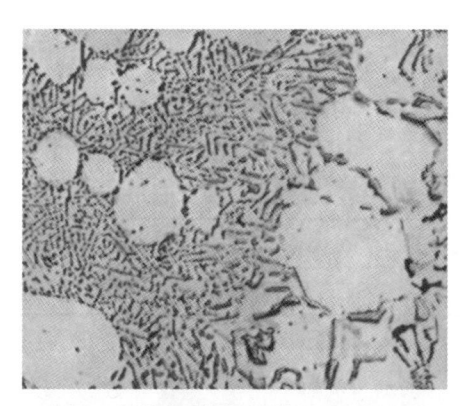

顯微照片 **13.13** 鋁 **+ 11%**矽 **+ 0.3%**鎂，冷激鑄造。放大倍率 **100** 倍；**0.5%**的 **HF** 蝕刻。現在有比較少的原生 α，並且共晶鐵矽在某些地方比起其它地方來說是比較緻密的，這是因為共晶凝結所釋放出來的熱造成了最後液體的慢速冷卻。

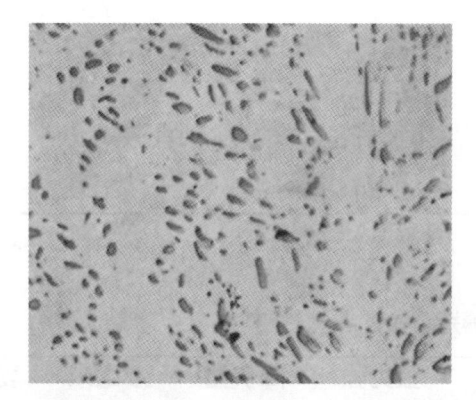

顯微照片 **13.14** 和顯微照片 **13.13** 相同的試件，在 **540°C** 加熱 **20** 小時然後淬火放大倍率 **100** 倍；**0.5%** 的 **HF** 蝕刻。如同在顯微照片 **13.10**，溶液熱處理會造成不能溶解的矽微晶的明確結塊還有相關的微粒數目的減少。

在裝有空調設備的鑄造廠中熔化所需的電力是相當昂貴的，因此氫氣的收集物必須藉由避免過度加熱來最小化和移除氫氣的收集物，假使需要的話，可以利用中性氣體來沖洗。在灌注澆鑄液之前使用乾氮氣氣泡來通過液體可以藉由物理方法來移除氫氣。氯氣的價格更是昂貴，不過當氯氣氣泡通過液體時不止可以移除氫氣，在化學上也是可以藉此來移除氧化物或是在熔化時所捕捉到的浮渣薄膜。

鋁的鑄造是遵照著正常的施行過程。雖然過度加熱是不想出現的，液體在凝固之前必須要是足夠熱的才能填充到模子中以避免冷斷或是缺澆。會有因為來自不同方向的流動所產生的不連續性使得物理性的接觸並沒有完全熔化，這是因為較重的氧化層和缺乏流動性。

純鋁的鑄造特性可以藉由合金來改善，即使是機械的性質。在表 13.7 中所列出的高矽含量的合金在液體狀態都顯示出了相當良好的流動性，而且不會是加熱變脆或是易受熱裂痕所影響的，對於收縮孔穴也比較不敏感。既然這些孔穴傾向於變為樹枝狀結晶並且結構上是相連結的，這意味著鋁—矽合金像是 43、108、319 還有 356 全都是相當適合做為壓力繃緊的元件。在它們之間的選擇可能端視所需要的機械性質與成本而定,這些通常是成正比例的。相對的性質可以從表 13.8 中的數據看到。

表 13.7 一些常見的鋁鑄造合金的組成成份

合金	組成,% 銅	矽	鎂	其它	可熱處理的	特性
112	7.0			1.7 Zn	*	一般目的的鑄造
212	8.0	1.2		1.0 Fe	*	比 112 更好的鑄造性
195	4.5	0.8			Yes	高強度
43		5.0			No	極佳的鑄造性
108	4.0	3.0			*	強度和鑄造性
319	3.5	6.3			Yes	強度和鑄造性
356		7.0	0.3		Yes	強度和鑄造性
220			10.0		Yes	最高的強度
142	4.0		1.5	2.0 Ni	Yes	良好的熱強度
A132	1.0	12.0	1.2	0.8 Fe, 2.5 Ni	Yes	熱強度;低溫膨脹

*合金通常並不被熱處理,雖然一些性質上的改善是可能的。

表 13.8 一些常見沙鑄形式鋁鑄造合金的典型性質

合金	狀況	張力強度 Mpa	降伏強度 Mpa	50 毫米伸長量%	勃氏硬度	疲勞限度 Mpa	熱膨脹 30-100°C
112-F	毛胚鑄件	170	105	1.5	70	65	12.2
212-F	毛胚鑄件	160	100	2.0	65	55	12.2
195-T4	12 h, 515°C, 淬火	225	110	8.5	60	40	12.2
195-T6	12 h, 515°C4h,155°C	250	170	5.0	75	45	12.2
195-T62	12 h, 515°C 14 h, 155°C	280	210	2.0	95	50	
43-F	毛胚鑄件	135	65	6.0	40	45	12.2
108-F	毛胚鑄件	150	100	2.5	55	55	12.2
319-F	毛胚鑄件	190	125	2.0	70	70	
319-T6	12 h, 515°C	250	170	2.0	80	70	
319-T6*	4 h, 155°C	280	190	3.0	95		
356-T51	8 h, 228°C	175	140	2.0	60	50	11.9
356-T6	12 h, 540°C 4 h, 155°C	230	240	4.0	70	55	11.9
356-T7	12 h, 540°C 4 h, 155°C	240	210	2.0	75		
356-T71	12 h, 540°C 3 h, 245°C	195	150	4.5	60		
356-T7*	12 h, 540°C	280	190	5.0	90		

	4 h, 155°C						
220-T4	溶液處理與淬火	320	175	14.0	75	50	13.6
142-T21	3 h, 345°C	190	125	1.0	70	50	12.5
142-T77	6 h, 520°C	105	195	0.5	85	55	
	2 h, 345°C	190					
132-T551*	16 h, 170°C	265	195	0.5	105		10.5
132-T65*	8 h, 515°C 14 h, 170°C	330	300	0.5	125		

*在永久金屬模子中鑄造的鋁

高銅含量的合金，舉例來說，表 13.7 中的 112 和 212，都是具有良好鑄造的特性並且比矽合金有較佳的加工性。然而，對於密閉不透氣的鑄造或是在同一個鑄造點上同時有厚剖面和薄剖面存在時，它們並不是如此的適合。這些合金都不是熱處理的，雖然它們有良好的反應並且可以從相圖中被預先考慮過。顯微圖片 13.8 中的討論將會讓人猜想，雖然無法完全的消除 α CuAl$_2$ 的脆性樹枝狀結晶共晶網路，CuAl$_2$ 相的連續性會被類球體效應所打斷，並且改善延展性。

4.5%的銅合金，195 更難去鑄造，不過當熱處理時，將會在任何一般沙鑄合金中擁有最好的機械性質。如同表 13.8 中所說明的，它的機械性質比 10%鎂合金，220 來得差。除此之外，後者這一種合金是比較輕的，並且更能夠抗腐蝕，也比較容易加工。不幸地，220 像鎂基底的合金在沙中需要特殊的抗化劑以防止深表面缺陷和一般會顯露出的較差的可鑄性。這些困難加上高成本讓 10%鎂合金無法廣泛的被使用。

回歸到雜質所帶來的效應，表 13.9 和表 13.8 中的數據相比，可以顯現出從高純度鋁所製造的 4.5%銅合金其相當明顯的優良性質。然而，既然高純度基底金屬的成本每磅約是一般平常鋁的兩倍，在工業上較少會使用高純度合金。

在三種不同含量的矽，356 合金型態中，鎂變化的程度所帶來的效應可以在圖 13.1 中看到。很明顯的可以發現鎂的影響要比矽來的大。在這些合金中，熱處理的反應都與化合物 Mg$_2$Si 的溶液還有它在時效熱處理時的析出相關。

表 13.9　高純度（99.93%）製成的沙鑄鋁 4.5%銅合金的熱處理對性質之影響

合金的情況	張力強度 Mpa	降伏強度 Mpa	50 毫米伸長量%	勃氏硬度
毛胚鑄件，在室溫進行時效	140	60	7.5	45
1 h at 540°C，淬火，在室溫進行時效 2 天	225	160	5.5	76
8 h at 540°C，淬火，在室溫進行時效 2 天	280	160	14.6	74
40 h at 540°C，淬火，在室溫進行時效 2 天	295	170	19.0	83
40h at 540°C，淬火，立即測試	250	120	20.7	62

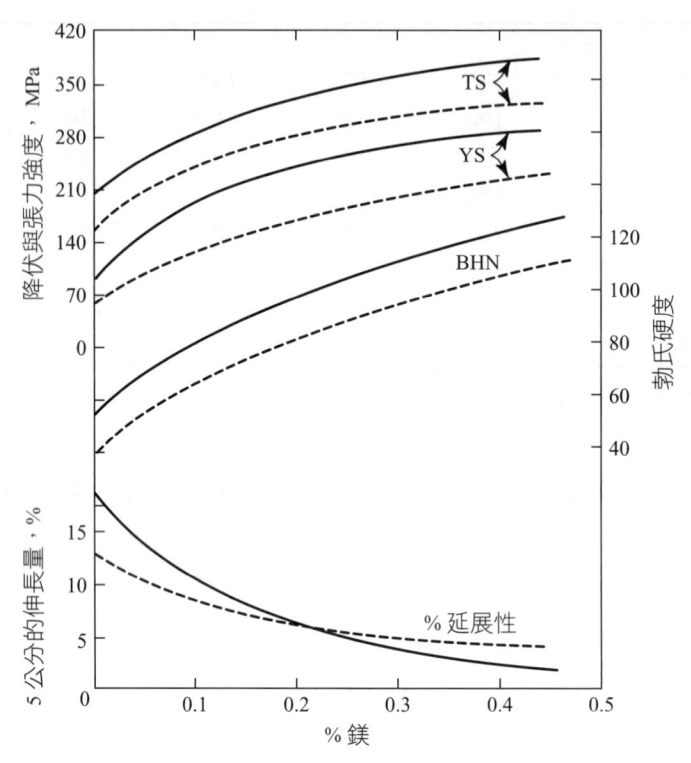

圖 13.1　鎂含量變化對於鋁 + 5%矽合金（虛線）和鋁 + 13%矽（實線）的機械性質的效應。這些數據都是根據冷激鑄造測試的試驗所產生，在 550°C 進行溶液處理 2 小時，在 155°C 進行淬火和時效 20 小時。在這邊的合金都是屬於合金類型 356（7% 矽，0.5% 鎂）。

13.4　鋁合金的殘留應力 Residual Stresses in Aluminum Alloys

　　鋁合金就像其它種類的材料和合金一樣，當在冷水中進行淬火時，由於在冷卻過程中發展的溫度梯度的作用，都會遭受到畸變和殘留應力。冷卻時收縮速度較快的表面會往內部壓縮，外表面會塑性變形以符合收縮的內部。當中心部位冷卻到和表面一樣的溫度時會企圖進行收縮，不過在這時候表面的金屬是冷的並且不是非常具有塑性。因此，表面金屬是處於一個塑性的壓縮應力之下，既然表面的硬度會妨礙內部獲得穩態的尺寸，在中心的區域將會有一個平衡的張應力存在。由淬火時的溫度梯度所產生塑性變形而發展出的殘留或是巨觀應力可以在圖 13.2 中的圓柱外型中看到。在一般合金中可能會發展的應力強度數據可以從表 13.10 中看到。這些數據都是從加工的淬火圓柱上所量測到當應力系統不平衡時的變形，然後藉由薩赫斯 (Sachs) 方程式計算出與此變形相關的應力所得到。

　　殘留應力可能是來自於成形的操作過程，在這其中包括了微小塑性變形，舉例來說，像是彎曲之類的。圖 13.3 中所畫出的圖形表示出了受到擠壓變形的表面在彎曲時會有殘留的張應力，反之亦然。

第三種殘留應力的來源是因為表面軋延或是錘擊所帶來的微小塑性變形,這會使得表面擁有像是圖 13.4 所畫的張力。這已經在先前的部分中被考量,用來防止在某些易受影響的合金像是 7075 中造成拉伸應力侵蝕裂痕。藉由這種方法所造成的壓縮應力在高度應力鋼材和合金中也相當普遍的被實施。

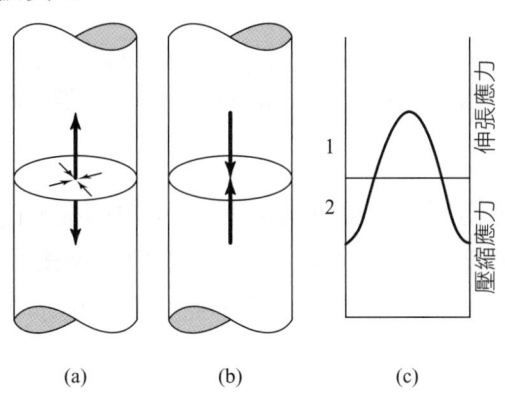

圖 13.2　在淬火時殘留應力的由來。(a) 緊接著沈浸在淬火液體的圓柱;表面收縮並且變得比中心部分冷且堅硬,擠壓這個剖面沿著軸會是塑性地。(b) 淬火的較晚階段,中心部分已經冷卻並且收縮,藉由新的冷卻和相對堅硬的表面來抵抗運動。(c) 縱向的殘留應力分佈對圓柱來説是放射狀的;在表面的壓縮應力向中心的伸張應力來做改變。

表 13.10　在鑽孔時長度的改變和在 480°C 溶液中淬火的 122 鋁合金圓柱(直徑 6.4 公分長度 25 公分)的殘留應力

冷卻狀況	全長的收縮,微米	表面應力,Mpa	中心應力,Mpa
退火合金	10	−4.1	4.1
淬火,沸騰水	25	−15.9	9.0
淬火,冰水	30	−134.5	111.0
在 225°C 淬火	17	−39.3	58.6

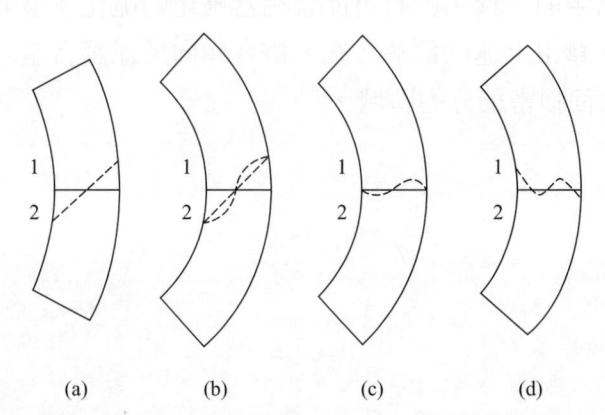

圖 13.3　冷彎曲時殘留應力的由來。(a) 細長片彎曲以致於表面應力(虛線)在表面上只到達了金屬的彈性極限;(b) 連續的彎曲造成了在表面的塑性流,在內部區域將應力提升到接近彈性極限;(c) 釋放彎曲的力造成了彈性反彈,在這邊的表現是表面的應力為零但是因為應力的分佈會使得這個位置不穩定;(d) 更多的反彈來平衡在中性軸上其它部分所產生的殘留應力,反之亦然。

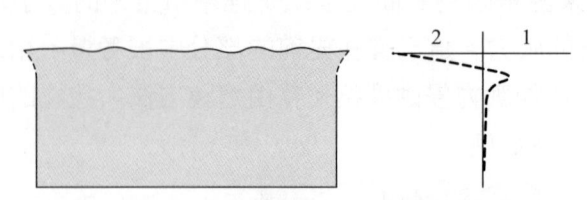

圖 13.4　緊接著區塊頂端表面部分（左方）的錘擊傾向於延展。底部金屬的堅硬性防止了彎曲或是延展，因此表面處於壓縮的狀態（右手邊的所畫出的應力圖），下層的平衡層是處在伸張的狀態。

　　殘留應力，不論其來源為何，都可以藉由第 4 章中所提及的輕微再加熱來減低或是消除，這個再加熱處理可以降低彈性極限並且允許彈性應力被微小的塑性流所減低。圖 13.5 的數據顯示出了一個典型的應力釋放或是鬆弛，曲線顯示出了在常溫下時間對殘留應力，勃氏硬度還有鋁合金 122 成長的效應。

　　為了要最小化猛烈的淬火所帶來的畸變和殘留應力，許多合金都在熱水中被淬火，這使得金屬冷卻的速度更慢而藉此最小化會造成殘留應力的溫度梯度。較慢的冷卻速率仍然夠快來保持溶劑在一個過度飽和的基材溶液，除了在晶界之外。

　　在冷卻（或是時效）時晶界的析出可能不會對合金所獲得的機械性質有不利地影響，不過可能會對其抗腐蝕性有嚴重的影響。在表面上單一的化學組成一般來說會保證一定速率的腐蝕性，這在鋁合金中是相當低的。銅含量 4 到 5%的鋁合金在冷水中淬火本質上就會有這樣的狀況：假使析出發生了，在表面上會產生淬火時的塑性運動面，因此表面上會有單一的腐蝕性。當這些合金是在熱水中淬火來避免畸變和應力時，隨後發生的析出會集中在晶界的地方，因此銅的含量梯度就會從邊界的區域分佈到其它晶粒的區域。當腐蝕發生時，純鋁的邊界面積（既然銅的析出是更完整的）在電解液中扮演著陽極的地位，晶粒的大面積則扮演陰極的地位。因此腐蝕的攻擊主要都會是在晶界的地方，假使合金是相當薄的薄片，像是飛機結構中的一樣，就有可能會相當嚴重的脆化。這個困難可以藉由將合金鍍上一層純鋁來克服。藉由上述的電解效應，這會傾向於保護合金，即使是在薄片的邊緣或是在裂縫還是其它表面損害部分的區域。

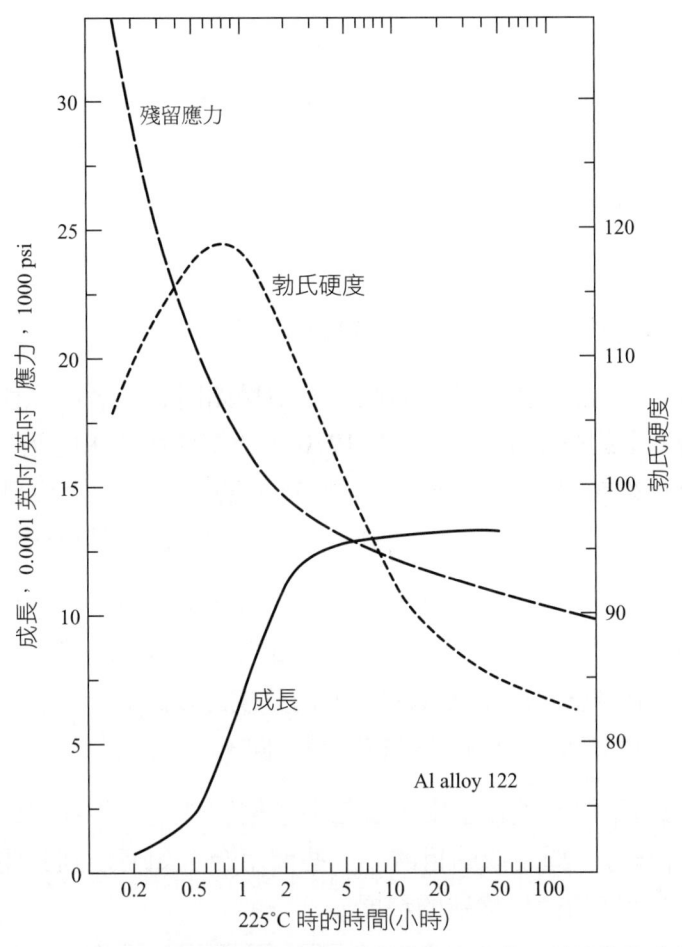

圖 13.5 在 225°C 時鋁合金 122 在溶液處理中淬火的應力釋放速率。所伴隨產生的析出硬化和稍後的過度時效或是軟化都可以在圖中見到，尺寸的成長也伴隨著析出。

13.5 鋁－鋰合金 Aluminum-Lithium Alloys

　　鋁和合金的研究大約是在 1920 年代時開始在德國展開。第一個商業尚可用的鋁－鋰合金，X2020 是在 1957 年被使用在海軍實驗飛機上的機翼及水平安定面。它包括了大約 1.1% 的鋰。在 1969 年，這種合金被從生產線上移除，這是因為分開的效應，低堅韌性和延展性，還有在鑄造時因為鋰的高活性所造成的問題。在生產鋁－鋰合金的刺激是因為纖維加強複合材料的出現可能可以替代飛機上所使用傳統的鋁。

　　除了鈹之外，鋰是唯一可以減低鋁的密度和增加鋁的彈性模數的合金元素，但是鈹會生成有劇烈毒性的氧化物。在鋁中鈹的溶解度相當低，小於 0.03%，然而在凝固時會導致重大的富鈹相分離和較差的機械性質。

每 1%鋰的添加,密度大約減少 3%,當添加了 4%的鋰則楊氏模數增加約 5%。不過無法繼續在生產時添加鋰含量到 3%,因為在堅韌性和延展性所觀察到的有害效應。一些原來使用在工業和軍事上目的的鋁—鋰合金的研究包括:

1. 代替破裂韌性 2024 - T3x 的合金
2. 代替高強度 7075 - T6x 的合金
3. 代替中等強度,抗腐蝕應力 7075 - T73x 的合金

商業上可用的鋁—鋰合金在密鍍上的減低並不是如同研究者原先所預期的。現在的合金比起 7075 合金密度上約少了 7 到 9%。在 1970 年代初期所要求的鋁—鋰合金要提供減少約 10%的密度在現在來說已經被遺忘了。一些新發展的鋁—鋰合金已經被生產並且比起 7075 合金要擁有較佳的間韌性和抗腐蝕裂縫應力 (SCC),但是其機械性質是相同的。

對鋁—鋰合金的開發問題其實可以找到相當多的鋰由。在鑄造時因為其分離性和多孔性很難不產生裂痕,這是很難控制的。而且增加鋰的含量會降低堅韌性和抗腐蝕裂縫應力。鋁-鋰通常會在破裂時沿著正向於短橫 (S-T) 方向分成許多細層。當堅韌性藉由時效來增加之後,抗腐蝕裂縫應力就會減少,尤其是在短橫方向。

被選擇來測試的商用鋁—鋰合金中主要包括了銅和鋯添加到鋰裡面。接下來的物理冶金部分的複習可以解釋每一種組成的目的,一些商用合金如何達到其要求的性質的基礎還有介紹在鑄造鋁-鋰合金時的微系構造的發展。

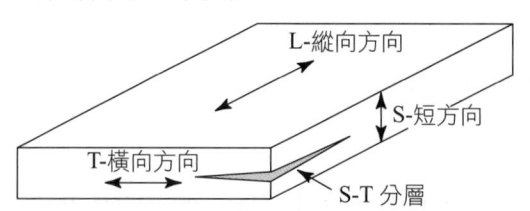

圖 13.6 短橫 (S-T) 方向的定義

鋁—鋰合金的物理冶金 Physical Metallurgy of Al-Li Alloys

析出硬化的鋁—鋰合金從大量亞穩態,有規則的並且一致的 δ' (Al$_3$Li) 相的形成來獲得其強度,在此相中擁有 L1$_2$ 形式的超晶格構造。L1$_2$ 晶格構造包括了八個共用的角落點,這是被鋰所佔據而且有六個共用面被鋁所佔據,和 Cu$_3$Au 的構造相似。在鋁—銅—鋰合金中,額外的強度藉由不受 δ' 析出所支配的銅富集相共析來獲得。舉例來說,在高鋰低銅合金(>2%鋰,<2%銅)中過度飽和固溶體 (α_{ss}) 的分解會藉由反應

$$\alpha_{ss} \begin{cases} \to \delta' \text{ (Al}_3\text{Li)} \to \gamma \text{ (AlLi), cubic B32 (NaTl)} \\ \to T_1 \text{ (Al}_2\text{CuLi), hexagonal} \end{cases}$$

來發生。

小於鋁—鋰型態合金的最佳變形和破裂行為可以被歸類為以下的幾個原因：

1. 起源於可修剪析出的平面薄片滑動所造成的局部應變
2. 在凝固時所產生的較粗金屬互化物
3. 高程度的限滯氫氣
4. 混入元素像是鈉，鉀還有硫的晶界分離

和鋰不同的是，這些混入元素在實際上在鋁中並沒有固體可溶性，可能會導致晶界的分離。在鋁—鋰合金的塑性變形中，整合的 δ' 析出物是被差排來共享的。和 δ' 剪切相關的平面滑動會導致嚴重的局部差排在晶界地方累積，在這邊會在晶界上產生應力集中。

鋁—鋰合金，根據報告，比起在高強度不含鋰的鋁合金中所發現的氫氣含量要超過 10 倍。這已經被歸因為在鋰合金基材中氫溶解度的大量增加，並且也是因為凝固時氫富集相形成。研究者建議，鋁—鋰合金的較差延展性可能是因為其它鋰的穩態氫化物像是 LiH 的形成或是鋁和鋰所形成的 Li_3AlH。

一些改善鋁—鋰—X合金堅韌性的方法包括了：

1. 促進在合金中跨越滑動或是析出旁通的差排，藉由改變晶格參數來增加在 Al-Al$_3$Li 系統中的錯位
2. 引入二次析出系統
3. 使用分散硬化系統到析出系統中

其它的方法還包括了藉由添加錳，鋯，鉻或是鈷來使晶粒再精鍊並且最小化混入元素（鈉、鉀還有硫）。

鋯已經被發現是最有效的元素可以禁止在鋁—鋰合金中的再結晶。添加大約 0.2%的鋯就足夠來完全的防止再結晶。這樣做的好處是不會再結晶的合金比起其它部分或是完全再結晶的合金來說有比較高的強度。在鋁—鋰合金中析出和基材之間晶格參數的緊密配合會造成小的不適應變並且導致整合球狀 δ' 析出的均相分佈。這個特別的析出機制可以類比於 δ-δ' (Ni-Ni$_3$Al)系統，這會給予一個鎳—基底超合金的高溫延展性。

不論鋰是存在於固溶體中或是在 δ' 析出物中，合金中彈性模數和密度的改善都會發生。然而，強度上的改善伴隨著 δ' 的成核生長，效應的強度會隨著 δ' 體積大小尺寸而增加。銅會被添加來增加強度和幫助使變形均勻，這是因為它可以共析形成 T_1 和 δ'。表 13.11 顯示了隨著合金狀況不同在強度上還有延展性方面的改變。在表中所列出的最後一個合金相似於在現在的實驗中所使用的商用合金。

表 13.11　合金狀況在鋁-鋰合金機械性質的效應

合金，%	彈性模數，Mpa	降伏強度，Mpa	張力強度，Mpa	伸長量，%
PureAl	68.0	12	47	60
Al-1.5Li	76.5	46	94	30
Al-2.3Li	80.5	195	278	7
Al-2.5Li-2.5Cu-0.1Zr	79.4	455	504	4

問題

1. 為何所有鋁—銅合金，毛胚鑄件或是熱處理的鋁材其抗腐蝕性都比純鋁或是鋁—矽合金要差？

2. 矽一般會加到鋼中以使得鋼材更具有加工性，但為何鋁銅合金會比鋁—矽合金的加工性好呢？

3. 假使要從合金 2024 在室溫之下形成一個複雜的外型，並且最後的外型需要很高的強度，那麼合金需要哪一種的回火，假使 (a) 外型必須是可熱處理的 (b) 在成形後無法熱處理（室溫之上）。

4. 假使合金在熱處理時是燒焦的，為何一些裂痕總是可以在哪些高溫時是液態的區域中發現呢？

5. 假設合金 1100-O 薄片在冷拉為深長方形盒子，會在角落的地方顯露出裂痕。要如何改變盒子的設計或是合金的狀況來避免裂痕呢？

6. 合金 2024 可以更容易被成形，假使變形是在 200 到 230℃ 時操作而且在這個溫度的時間夠短來避免過度時效。為何在這個溫度下成形會比較容易呢？這樣的變形會被考量為高溫加工或是常溫加工嗎？

7. 為何鑄造的溶液熱處理時間比等同的加工合金要長呢？而且在加工合金中鍛造的時間又比切薄片的時間要來得長？

8. 哪一種元素可以用來做為鋁的晶粒精鍊試劑？這樣的作法在哪一種應用領域會是有益的呢？

參考文獻

Hatch, J. E.: *Aluminum: Properties and Physical Metallurgy,* ASM Int., Materials Park, OH, 1984.

Brooks, C. R.: *Heat Treatment, Structure and Properties of Nonferrous Alloys,* ASM Int., Materials Park, OH, 1990.

ASM Handbook, vol. 2, *Properties and Selection: Nonferrous Alloys and Special Purpose Materials,* ASM Int., Materials Park, OH, 1990.

VanderVoort, G. F. (Ed.): *Atlas of Time-Temperature Diagrams for Nonferrous Alloys,* ASM Int., Materials Park, OH, 1991.

Reed-Hill, R. E., and R. Abbaschian: *Physical Metallurgy Principles,* 3d ed., PWS Publishing Co., Boston, MA, 1994.

Christian, J. W.: *The Theory of Transformations in Metals and Alloys,* Pergamon Press, Oxford, England, 1965.

Porter, D. A., and K. E. Easterling: *Phase Transformations in Metals and Alloys,* Van Nostrand Reinhold, Workingham, Berkshire, England, 1983.

第十四章
銅與銅合金
Copper and Copper Alloys

銅是已知最古老金屬的其中之一，且對今日的工業上與科技經濟上而言是極具價值的金屬。它有許多有用的合金，其中有一些已經在先前的章節中介紹過，一些可作為需特殊加強機械裝置的合金，包括有：

固溶體硬化型在第 3 章中的銅—鎳合金

加工硬化型在第 4 章中的銅—鋅固溶體或是黃銅合金

析出硬化型在第 6 章中第二個例子的銅—鈹合金

14.1　銅合金的命名 Copper Alloy Designations

銅發展協會 (CDA) 所掌管的銅命名系統，在美國是最常用的。統一命名系統 (UNS) 的分類一樣是由 5 個阿拉伯數字所組成的。在字首的 C 是指銅合金，C10100 到 C79900 代表著鍛軋型的合金，C80000 到 C99900 則是鑄造合金所專用。一些主要的合金系統分類如下：

鍛軋合金：

C10000 到 C19900　　銅 (＞99.3%)，高銅合金 (＞96%)

C20000 到 C29900　　一般黃銅（銅—鋅合金）

C30000 到 C39900　　鉛黃銅（銅—鋅—鉛合金）

C40000 到 C49900　　錫黃銅（銅—鋅—錫合金）

C50000 到 C59900　　錫青銅（銅—錫合金）

C60000 到 C69900　　鋁青銅，矽青銅，錳青銅

C70000 到 C79900　　銅-鎳，鎳—銀（銅—鎳—鋅合金）

鑄造合金：

C80000 到 C89900　　鑄造銅、鑄造高銅合金、鑄造鉛黃銅、鑄造錫黃銅、鑄造錳青銅、鑄造銅—鋅—矽合金

C90000 到 C99900　　鑄造錫青銅、鑄造鉛錫青銅、鑄造銅鎳、鑄造鋁青銅、鑄造矽—鋁青銅

14.2　非合金銅 Unalloyed Coppers

使用非合金銅的主要目地大部分是在利用它的高導電性。既然混入銅的固溶體中的元素會對導電性產生不利的影響，所以金屬的純淨性變成主要的考量。銅礦一般來說主要包含了鋅、鉛的硫化物，及其它少量元素存在的硫化物。因此冶煉會產生非常不純的金屬元素，需經過電解精煉來達到高純度。然而，必須熔化電解精煉的金屬，就商業上的實施例來說，這個熔化的過程會從與液體金屬相接觸的氣體中吸收到氧氣。氧原子因為太小而無法充填來取代固溶體，對於間隙的尺度來說，氧原子又嫌太大，所以無法溶解進而進入間隙中。因此，它會在凝固的銅中以 Cu_2O 存在，這是一種一價銅的氧化物。幾種不同程度的非合金銅之間的差異性，在於所存在的氧氣的數量或是殘留還原元素的數量。非合金銅的等級如下：

電解堅韌瀝青 (ETP) 銅：99.95%含量的銅和 0.04%的氧氣，導電率 101%IACS。這是標準的電線等級材料，在 CDA 中的認證編號是 110。氧氣是以 Cu_2O 的型態存在，這會和銅（顯微照片 14.1 和 14.2）形成共晶。熱軋延會破壞共晶結構以使得 Cu_2O 分離成為圓形的微粒（顯微照片 14.3 和 14.4）。ETP 銅無法承受高溫，舉例來說，超過 500°C，包含氫氣的還原氣體存在時。氫原子很容易擴散到固態金屬中且和 Cu_2O 反應形成水。從蒸汽所產生的足夠局部壓力會形成內部的孔洞，這會導致於重大的易脆性（顯微照片 14.5）。

無氧，高傳導性 (OFHC) 銅：99.95%的銅含量，95%的 IACS 導電率，CDA 編號 102。藉由在一氧化氮和一氧化碳的大氣環境下進行熔化，並且灌注電解精煉的銅，在銅中所存在的氧氣可以被消除掉。然而，氧氣有助於移除一些會影響導電率的不純物，所以這種銅的導電率雖然也不錯，但仍比 ETP 銅的導電率差一些。一般正常來說，這種銅可以避免氫氣所導致的易脆性，不過氧氣在較高的溫度時可以被擴散到固態的 OFHC 銅中，於是這種銅合金就會變成容易受脆性影響（顯微照片 14.5）。

還原低磷 (DLP) 銅：99.92%的銅含量 + 0.009%的磷，最高到 100%IACS 導電率。氧氣可以從自然磷和液態的銅中移除，使用基本的爐渣來移除還原產物，P_2O_5。這個反應的化學性質並不容易控制，少量殘留的磷，對於導電率的品質來說是相當有害的。

還原高磷 (DHP) 銅：99.9%的銅含量 + 0.02%的磷，85%的 IACS 導電率。

含銀銅：99.9%的銅含量 + 0.03%銀。這是一種「深紅色」的銅，並非電解精煉的。銀在銅中是完全可溶解的，至少會有超過 7+%的溶解度，當存在有氧氣的時候，也不會發生

任何反應。銀是一種對導電率沒有不良影響的元素。它反而有益於提升銅的軟化溫度或是潛變強度，即一種固溶體強化效應。

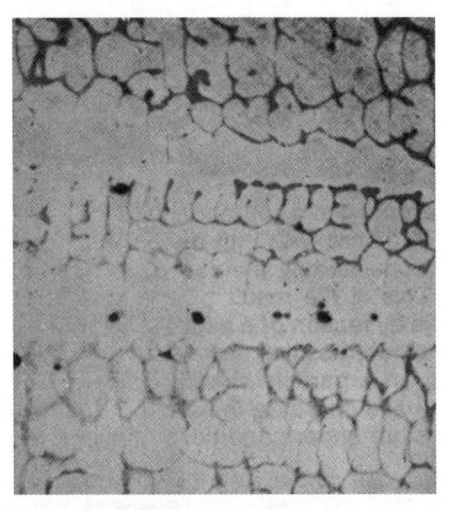

顯微照片 **14.1** 鑄造電解堅韌瀝青銅（**99.85%**銅，**0.03%**氧氣）；放大倍率 **50** 倍，**NH$_4$OH-H$_2$O$_2$** 蝕刻。所有的金屬都是從液態開始藉由晶體成長而漸漸凝固的，因為晶體會偏好在某些方向成長，所以會形成像是開放的樹狀結構，稱之為樹枝狀結晶（見第 **3** 章）。在成長的後段，當不同的樹枝狀結晶互相接觸時，在它們之間的開放空間就會充滿更多的晶體元素。假使存在雜質的時候，它們將會是較低熔點或是將會形成較低熔點的結構，這意味著它們將會集中在這個部分最後才冷卻，換言之，在樹枝狀結晶之間的開放空間。這些鑄造線棒的結構顯示出幾近於純銅以基層組織的形式形成，事實上，樹枝狀結晶的交界面提供了表面拋光。氧氣的雜質以 **Cu$_2$O**（一價銅的氧化物）微粒型態存在，和銅一起形成較低熔點的暗色結構，畫出了樹枝狀結晶單元的輪廓。黑色的點是在鑄造金屬中的氣孔或是孔洞。

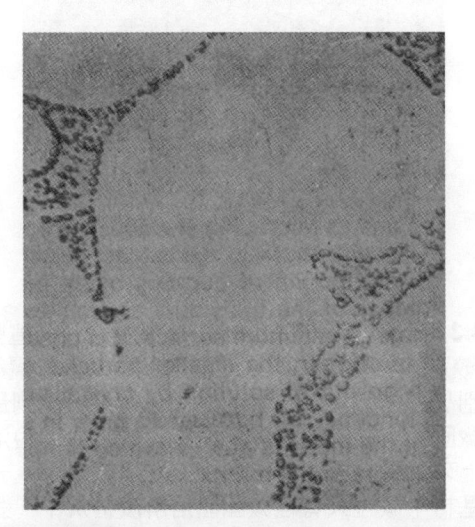

顯微照片 **14.2** 和顯微照片 **14.1** 一樣的圖片，放大倍率 **500** 倍。這照片顯示描繪出銅的樹枝狀結晶外型輪廓的暗色結構的詳細情形。一價銅的氧化物微粒或是晶體似乎變為在銅的基地中擴散的球狀體。注意到在這邊銅是呈現連續分佈的，而易脆的氧化物會形成一個網路狀的組織，這個組織在實際上也包括了分離的結晶狀微粒（這個合金是亞共晶的，見第 **5** 章）。

顯微照片 **14.3** 和顯微照片 **14.1** 中的一樣，經過了熱軋延之後放大倍率 **50** 倍；**NH₄OH-H₂O₂** 蝕刻。顯微照片 **14.1** 中很可能只顯示出僅僅兩個分開的晶體（或是樹枝狀結晶）的方向，這已經被熱變形所消滅掉。現在的試件顯示出數以百計相當微小的個別晶體。在金屬已經變形並且退火完成，或是發生等同於高溫變形的現象之後，就會開始顯露出一些直線，它們延伸跨越了許多經過兩次退火的晶體，並且勾勒出其輪廓。除此之外還改變了銅的晶粒尺寸，熱軋延已經摧毀了一價銅氧化物微粒的樹枝狀結晶網絡並且造成了氧化物排成順著熱加工方向的縱列。

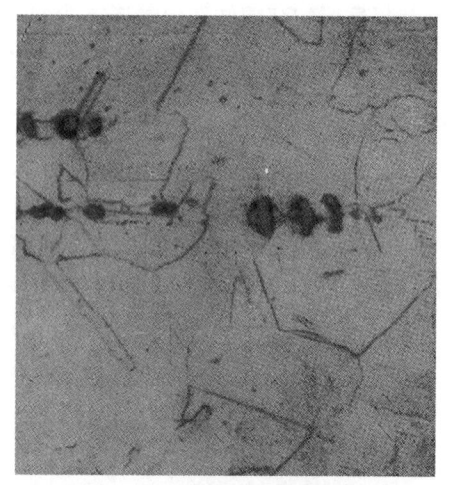

顯微照片 **14.4** 和顯微照片 **14.3** 一樣，放大倍率 **500** 倍。很明顯的在這些氧化物微粒的大小尺寸和毛胚鑄件（顯微照片 **14.2**）中相比較之下，可以看到熱軋延不只會改變一價銅氧化物的分佈，同時也會大大的改變尺寸大小，並且減低個別晶體的數目。這是因為氧化物要去達到最小化表面所造成的效應。這可以藉由銅中一價銅氧化物的輕微固體可溶性來達成，氧化物的較小微粒溶解然後一個相對應的數量必須要藉由結晶在已經存在的微粒上來達到外出的目的。因此對晶粒來說，一般會有尺寸大小增加與數目減少的趨勢產生，不過這只有當基材中微粒只有輕微固體溶解度情況下，金屬處於一個較高的溫度才有可能達到。

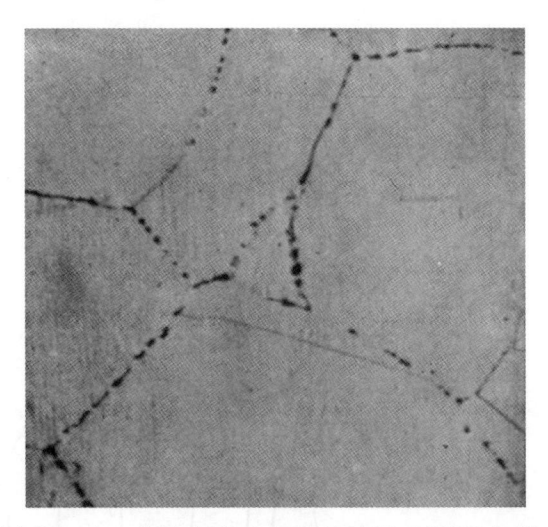

顯微照片 **14.5** 無氧高導電率銅，在一個含氧的大氣環境下於 **900°C** 加熱 **2** 小時；在氫氣中於 **900°C** 再加熱 **2** 小時，放大倍率 **200** 倍；重鉻酸鉀蝕刻。雖然原始的銅是無氧氣的，一些在第一次熱處理時進入金屬的氧氣會到達 **0.008%** 的程度。在氫氣中的再加熱時，氫原子也會擴散到銅之中。它們會和一價銅的氧化物在晶界上反應形成高壓高溫下的蒸汽$(H_2+Cu_2O \rightarrow 2Cu+H_2O)$，並且此蒸汽將會沿著晶界產生細緻的孔洞。(注意到雙晶條中並沒有包含任何氣孔。這是原子晶格在雙晶條上連續性和在晶界上不連續性更進一步的證據。) 在這個狀況下的銅可能只會顯示出 **35MPa** 的強度還有零伸長量，而正常來説應該要有 **220MPa** 的強度和 **40%** 的伸長量。

14.3 黃銅：銅－鋅合金 BRASS(ES)：Cu-Zn Alloys

銅－鋅合金相圖 The Cu-Zu Phase Diagram

銅－鋅（黃銅）相圖（圖 14.1）是相當有趣的，因為它顯示出了包晶反應和中間相。β 相是一種銅裡面的面心立方鋅固溶體；α 相則是擁有體心立方結構，而且如同前面所指出的，會在大約 460℃ 時變態為 β' 相，一種規則的固溶體。γ 和 δ 相有複雜的晶體結構而且是非常的脆，因此合金中包含它們並沒有任何化學上的重要性。

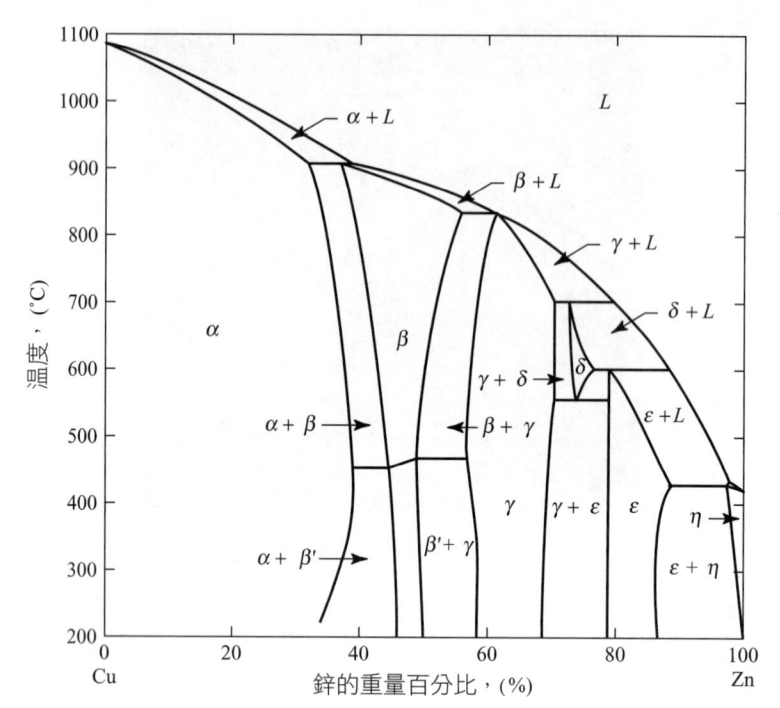

圖 14.1 銅－鋅相圖，一系列的包晶反應加上共析，在這邊 δ 相會在冷卻時變態為 γ 相加上 ϵ 相。同時也會有規律的反應從 β 相變態為 β' 相。

在液體合金中包含了 32.5 到 38.5% 的鋅，在 905°C 所產生的擁有 37% 鋅含量的 β 相是起源於 α（32.5%鋅）和液相（38.5%鋅）之間的反應，這可以寫為 $\alpha + 液態 \rightleftharpoons \beta$ 的形式。此稱之為包晶反應 (peritectic)，希臘文的意思是「環繞 (around)」，這是因為在這個反應中，α 的晶體將會被反應的生成物 β 相所包圍，而 β 則是被液相所包圍。這是非常不尋常的，雖然包晶結構可以在微細構造中被看到。因為結構上的考量，包晶反應並沒有和共晶一起列在工業上的重要地位。

一個合金中含有 65% 的銅還有 35% 的鋅，在平衡條件下會包含均質的 α 晶粒直到約 780°C。在超過這個溫度的加熱時，合金會進入兩相的區域 $\alpha + \beta$，這意味著有較高鋅含量（約 39%的鋅）的 β 晶體形成，並且會伴隨著 α 晶體中鋅含量的減少。在加熱到更高的溫度時，α 的數量減少而 β 的數量增加，這可能可以藉由槓桿法則來做量化的計算。在同時，兩種相中的鋅含量會隨著相邊界限制的斜率來改變。在 905°C 時，一些剩餘的 α 可以寫為

$$\%\alpha = \frac{37-35}{37-32.5}(100) = 44\%\alpha + 56\%\beta$$

接著繼續提供熱源，β 的包晶分解形成更多的 α 和一些液相

$$\%\beta = \frac{38.5-35}{38.5-32.5}(100) = 58\%\alpha + 42\%液態$$

這些所有的改變在利用慢速的冷卻所達到的平衡條件之下都是可逆的。

60%銅—40%鋅合金在所有的溫度下包含了一些 β（或是 β'）；在室溫下，這個量達到 26%，不過在加熱超過 453℃時 β 的比例就會上升，而 α 的比例就下降了，在兩種相之中的鋅含量也都會下降。在大約 780℃合金進入了單獨的 β 相區域，且將維持一完全的 β 結構直到到達固相線的溫度，開始熔化。再一次的，這些改變在冷卻的平衡狀態下或是接近此一幾乎無法達到的狀態時，都是可逆的。在冷卻的循環中是無法達到的，這是因為相圖需要平衡下的條件，而在此狀況下 α 和 β 的相對數量和它們的組成（或是鋅的組成）都會改變。這個需求意味著鋅和銅原子必須要連續的在晶格（以相反的方向）傳導，不僅僅是在兩相的邊界上，也要經過整個大的微晶體以保持相的均勻性。在簡單固溶體圖中，所遭遇到的固相線亞穩態位置已經被描述為在單相中的兩個元素間原子的互換或是不完全擴散的來源。以相同的方法，$\alpha + \beta$ 相的邊界很容易在正常的冷卻狀況下往左邊移動。因此 40-60 合金在空氣中冷卻到室溫之後，可能會顯露出比所計算得到的 26%更多的 β 相。

既然，即使是在正常的冷卻速率下都會有助於造成相圖中相區域邊界的亞穩態位置，非常快速的冷卻速率並且防止擴散的產生，這樣可能會大大的改變了傾斜的邊界，使它們變得垂直，換言之，對高溫而言的平衡結構條件可能會至少有部分經由在室溫之下的淬火被保存。

含 62.5%銅—37.5%鋅的合金特別的令人感興趣是因為它在平衡條件下如果在 500℃會有完全地 β 結構，低於 500℃則會有單一的 α 結構。在從 900℃ 進行非常慢速的冷卻過程中，在經過 $\alpha + \beta$ 相區域上將會逐漸的變態為 α 相，這個變態將是屬於擴散型的，換言之，會伴隨著 α 相與 β 相中鋅濃度的連續改變。在更快速冷卻到室溫的情況下，將會在亞穩態狀況下有一些殘留的 β（或是 β'），而 β 的數量將會隨著冷卻率的增加而增加。然而，一個從 900℃開始非常猛烈的淬火到一個冰凍的鹽水溶液中會造成完全不一樣的結構。在溫度範圍 900 到 500℃的區間內並沒有 α 形成的長時間擴散型態的可能，不過在低溫時 β 相的不穩定性會造成它在大約 –14℃變態為近似於 α 的面心結構，不過不一樣的地方是在立方體的某一邊緣會比其它兩端來得長。這被稱之為面心四方 (fct) 結構。高溫的 β 和室溫的 α 是一樣的組成，從體心立方 β 改變為面心力方 α 只需要晶格在兩個方向上的輕微收縮以及在第三個方向上的膨脹（圖 14.2）。假使尺寸大小的重新調整不完整（因為在低溫時晶格的堅硬度），就會在中間的地方發現到不穩定的四角形晶格。

62.5-37.5 黃銅的無擴散變態並沒有化學上的重要性，因為所需求的熱量造成的熔點會給予相當粗糙的晶粒，所需要的猛烈的淬火只能夠在相當薄的金屬剖面上獲得，而且很可能所獲得的性質並不是所希望得到的。然而，結構和它的起源都和鋼的麻田散鐵結構相當類似，這在工業上是具有相當的重要性。

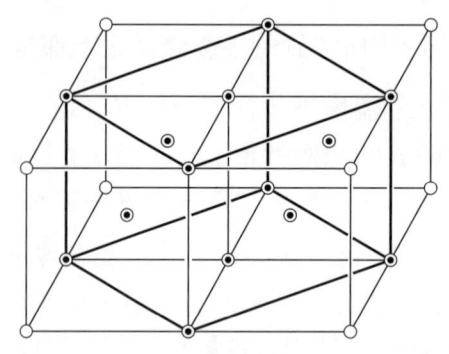

圖 14.2 體心立方結構 β 的四個單元格;特定的原子用黑色中心的圓圈來表示,指出這個結構應該要被認為是面心四方。

兩相黃銅的微細構造 Microstructures of Two-Phase Brasses

先前所描述的可藉由熱處理方式來得到的一些變化 $\alpha-\beta$ 的結構可以在顯微照片 14.6 到 14.11 中見到。雖然沒有在這邊顯示出來,但是大部分的銅合金鑄造在結構上都至少會有兩個相,更甚者會包含鉛。鉛很常被加到銅裡面來改善它們的機械加工性。雖然要超過 1083°C 鉛才可以溶解在液相的銅中,但是在固態銅中鉛是不可溶的。銅的晶體在大約 1083°C 開始逼走銅—鉛液體合金中的鉛,並且持續形成含鉛的液體,直到達到 954°C 的溫度。這剩餘的液體將開始進行一個無變度的偏晶反應:

$$液體(36\%\,Pb) \rightarrow Cu(0\%\,Pb) + 液體(87\%\,Pb)$$

在 326°C 時差不多純鉛都已經進行最後的凝固,鉛會呈樹枝狀的如同小球一般分佈在銅中,這個分佈也就是我們一般常見的兩相結構,以上都可以利用理論來預測,並且獲得相當高程度的準確度。此外,對這裏的銅所採用的推論,也可同樣的應用到黃銅和其它擁有複雜微細構造的銅合金中。

通常只有一種類型的基材平面和一種類型的新的相的平面在某個特定的方向上互相比較會有相似的原子型態。舉例來說,圖 14.2 中顯示出當四角形的基部是在體心立方體的立方體對角面方向上時,面心四方(立方體平面當它轉移到面心立方 α)的基部平面會匹配到體心立方 β 的立方體平面。這個順從性造成了新的 α 相只有在 β 相的某些平面方向排成一直線。有時候這些平面會被新的相清楚的描繪出來,而這些結構可能就會被稱為顯現出溫德曼司頓圖樣,就如同在這邊可以看到很明顯的範圍。很頻繁地,新相成長的後段可能會形成各方等在的外型,這會使得它和基地之間的晶體間關係變得模糊。

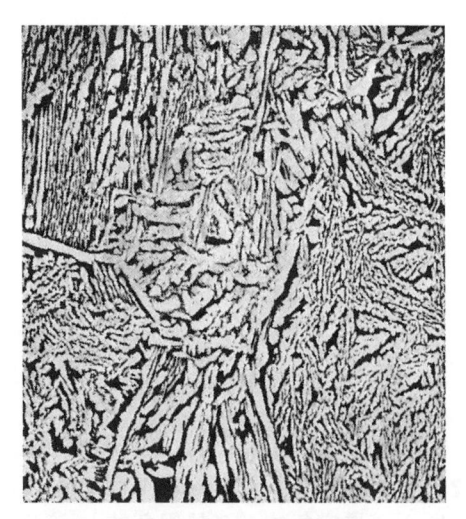

顯微照片 14.6　擠壓和空氣冷卻的 60%銅－40%鋅合金（孟滋合金 (Muntz metal)）剖面；放大倍率 50 倍；FeCl$_3$ 蝕刻（黑色部分的相是 β'）。在擠壓的溫度下，60%銅－40%鋅合金完全都是 β 相。在變形和冷卻時，會在 β 結構中開始生成 α（白色）相，一開始是在 β 晶界的地方然後進入到 β 晶粒內部。在 β 晶界上所形成的 α 指出，在高溫時 5 個晶粒的大小尺寸；有一部份大約 6 個先前是 β 晶粒是可以看到的。α 晶體在 β 結構中的初始形成時，一定要讓它們的原子順從 β 晶體的原子。這是任何在不同晶體構造（和 α Al 在時效硬化時所析出的 θ CuAl$_2$ 相比較，第 132 頁）的固體基材上生成新的固相物質所必須遵守的鐵則。

顯微照片 14.7　一樣的孟滋合金於 825°C 的溫度在水中從進行淬火處理（在一個 0.9 毫米後的剖面）；放大倍率 50 倍；NH$_4$OH-H$_2$O$_2$ 蝕刻，α 是黑色的部分而 β' 是淺色的部分（和上一個試件顏色相反）。在高溫時這個結構是完全地 β 相（見相圖）。淬火保存了大多數的 β 相，不過並不能夠完全地抑制 α 相的生成，特別是在 β 晶界的地方。注意到 α 形成的方向特性是從邊界延伸到 β' 晶粒（溫德曼司頓圖樣）的平板。這個關係也藉由一些在 β' 晶粒中非常小的獨立 α 小板來顯露。β 晶粒尺寸大小相當的粗糙，這是由於在單相範圍，780 到 825°C 時晶粒的成長所造成的。在這張顯微照片中很難找到一個部分可以顯露出三種以上的晶粒。

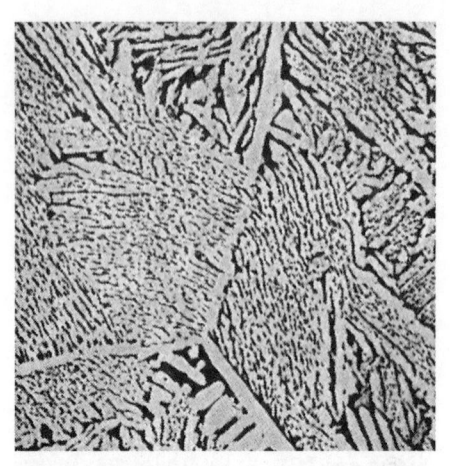

顯微照片 14.8　和顯微照片 14.7（從 825°C 淬火）的一樣，在 450°C 再加熱 1 小時；放大倍率 50 倍；FeCl$_3$ 蝕刻（顏色再一次的相反，所以 α 是淺色的，β' 是黑色的）。淬火合金中不穩定的 β' 相會在低溫範圍的加熱時改變為 α 相，造成兩個相中達到近似平衡的比例。在晶界上 α 的初始小板會成長深入原先是 β 晶粒的區域，它們的外型就像平板一樣，仍然明顯地以在 α 平板之間的殘留 β 晶體樣子存在。在顯微照片 14.7 中可以看到的相當小的平板，或是針狀物，也是以類似的方式來成長，所以淬火和退火的結構會類似擠出的樹枝（顯微照片 14.6）。

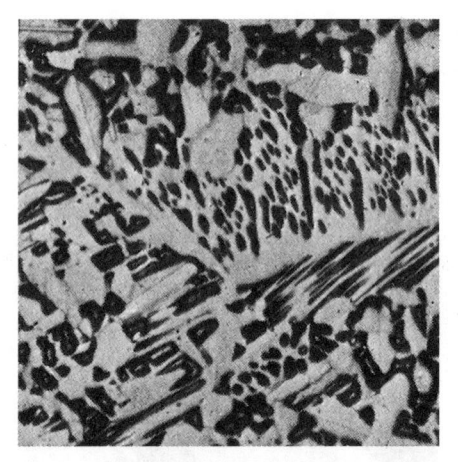

顯微照片 14.9　一個不同的 60%銅－40%鋅合金從 825°C 淬火並且在 500°C 時進行再加熱；放大倍率 200 倍；FeCl$_3$ 蝕刻。這個結構和顯微照片 14.8 中的不一樣地方是 α 晶體一開始是以針狀物結構的形式從 β 的晶界地方開始成長，在後段時 α 以更多或是更少的各方等在外型形成，殘留的 β' 相晶體並沒有顯露出任何晶體的圖樣或是起源的關係。這是很常見的，雖然並不是放諸四海皆準：在平衡冷卻狀況下的高溫度所形成的新相將會顯露出晶體圖樣，但是那些經由將淬火過的亞穩態結構進行退火卻會是各方等在的外型（比較各種鋼的熱處理所得到的碳化物構造，第 8 章）。然而，要去分辨在高溫或是低溫下所形成的構造是相當容易的。注意到在這個構造中的 α 晶體的雙晶邊是模糊可視的，這是由於伴隨著變態所形成的應變所形成的。

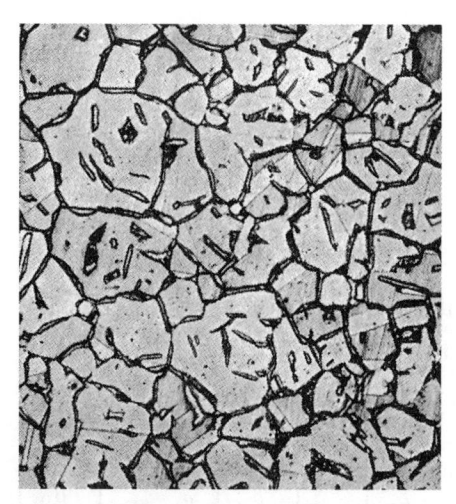

顯微照片 14.10 加工和退火的 **65%銅－35%**鋅合金（一般的高黃銅），從 **825°C** 開始淬火；放大倍率 **50** 倍；高硫酸銨蝕刻。如同平常的加工和退火，這個黃銅將會擁有單一的 α 結構，顯示出退火的雙晶和特殊軋延的晶粒大小尺寸特色還有退火排程。然而，當加熱到 **825°C** 時，它會進入 $\alpha + \beta$ 的區域（見相圖）。在 α 相晶界的地方，新的 β 相會明顯的形成，並且會形成到某些 α 晶粒中較少的區域。在晶粒裡面所形成出的明顯晶體的方式是需要在 α 中形成 β 相；β 是在特殊的 α 晶體平面上的透鏡形式平板。從高溫度的淬火將會保持大多數的 β 為 β'。

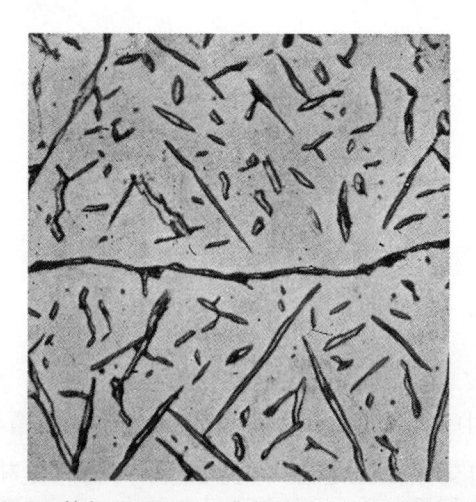

顯微照片 14.11 一個鑄造的 **65-35** 黃銅從 **825°C** 進行淬火；放大倍率 **50** 倍；過氧化氫氨水蝕刻後。相當粗糙的晶粒鑄造結構顯示出沒有雙晶，但是 β' 小板在兩個 α 晶粒中的溫德曼司頓圖樣很漂亮的被顯示出來。

兩相微細構造的理論　Theory of Two-Phase Microstructures

當已經達到了平衡的狀況，也就是材料在高溫下作熱處理並且慢速的冷卻，存在內部與表面之間各種相的能量就可以用來估量組織。舉例來說，考量一個在 β 相中的粒子，完全地被 β 相的晶粒所包圍。在 $\alpha - \beta$ 界面會有一些單位面積的能量，$\gamma_{\alpha\beta}$ 的存在，當 β 粒子成球狀的時候，全部的內部能量將會達到最少，這是因為對任何的固體外型來說圓球在每單位體積中擁有最小的表面積。

在多晶 α 相的基材中會形成一些 β 相，它最可能出現在 α 相的晶界或是三個 α 晶界交叉的點上。會發生這種情形的理由是因為在任何情況下，β 相都會被一個界面所包圍，但是藉由佔領一個 α 的晶界，有某部分的 α 晶界界面將會被消除並且系統的總能量也會被降低（圖 14.3）。為了要找到 β 相的微粒所取得的外型，考慮下面這一個情況：一個相的兩個晶粒和一個 β 相相遇，如同圖 14.4 中所示。

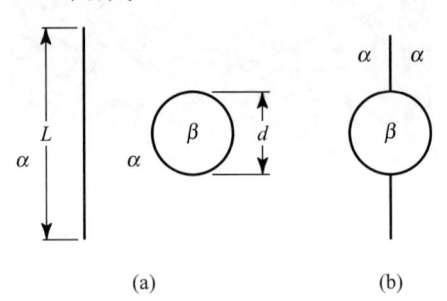

圖 14.3 減少的表面能量會支持在 α 相的邊界上 β 相析出的形成。在**(a)**中所畫出平面的全部表面能量是 $L\gamma_{\alpha\alpha} + \pi d \gamma_{\alpha\beta}$ 然而在 **(b)**中則僅為 $(L-d)\gamma_{\alpha\alpha} + \pi d \gamma_{\alpha\beta}$

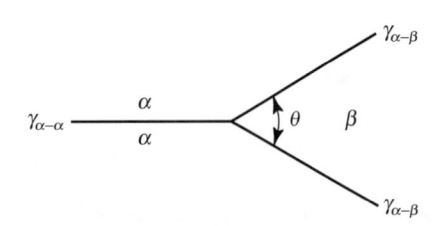

圖 14.4 平面角 θ 是指在兩個 $\alpha - \beta$ 界面之間的夾角

在回想起（第 1 章）中每單位面積的表面能量是等於每單位長度的力，可以看到的是力的三角形可以在三個相的交接點上建立，而且這些力將會是相等的，假使下式成立

$$\gamma_{\alpha\alpha} = 2\gamma_{\alpha\beta}\cos(\theta/2)$$

其中角度 θ 就被稱之為 β 和 α 晶界之間的平面角。假使 $\gamma_{\alpha\beta} > \frac{1}{2}\gamma_{\alpha\alpha}$，則 θ 將會是有限的角度；假使 $\gamma_{\alpha\beta} = \gamma_{\alpha\alpha}$，則 $\theta = 120°$；假使 $\gamma_{\alpha\beta} > \gamma_{\alpha\alpha}$，則 $\theta > 120°$。然而，假使 $\gamma_{\alpha\beta} > 2\gamma_{\alpha\alpha}$，那麼上式就無法滿足而且將不會存在任何平衡。取而代之的，β 相將會穿過 α 晶界或是沿著 α 晶界伸展形成一個薄膜。在這個例子中，假使 β 相是脆性的或是有較低的熔點，換言之，低於預期中的作業溫度的話，合金的機械性質將會嚴重的受損，即使 α 的基材是既具延展性也擁有一定的強度。

真實量出的平面角可從圖 14.4 中看到，在複雜難懂的微細構造下可以看到量測到的試件表面的平面並不一定會垂直於晶界。這端視試件的表面是如何的切過平角，表面的平面角仍然由 0 到 180°，並且對任何的 θ 值都可以被觀察到。這可以顯示出任意地切過許多相同的平面角，最有可能發生的就是實角。因此，在微細構造中最常被觀察到的平面角可以被拿來當作近似於 θ 角的值。

　　當第二相 β 同樣位於三個 α 晶界的交叉線連接處（在顯微照片中的點）時，β 相例子的外型能夠再一次的藉由平面角 θ 所指出的界面能量來估量得到，但是更複雜的方法，則是圖 14.5 中所說明的。圖 14.6 中顯示出了對於兩種不同的平面角會有兩種不同型態的 β 相分佈。在一個合金的樣本中，第二相粒子的真實外型必定是相當複雜且充滿變數的，如同在圖 14.6 的右手邊圖片所顯示的；不過平面角的部分則還是跟這邊所說明的一樣。

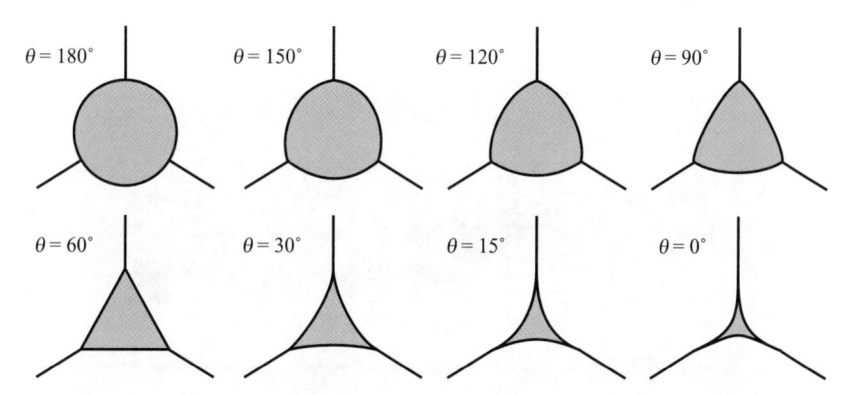

圖 14.5　當平面角改變時，藉由位於三個基材晶粒交界線上的第二相所假設的外型將會隨著所顯示改變的角度而變。

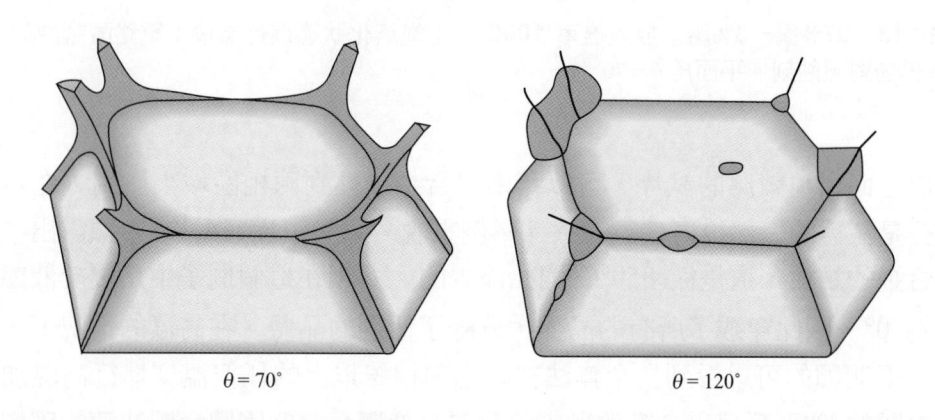

圖 14.6　在基地相的晶界中的第二相分佈。左邊是 $\theta = 70°$ 的例子，右邊是 $\theta = 120°$ 的例子。

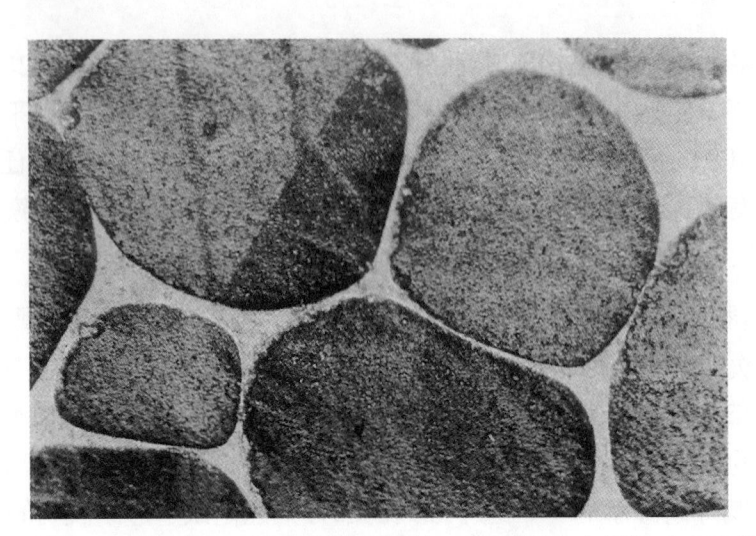

顯微圖片 **14.12** 85%銅－15%銀合金；放大倍率 **500** 倍；在 **850°C** 中保溫 **1** 小時然後在水中淬火；重鉻酸鹽蝕刻，緊接著進行含鐵的氯化物對照蝕刻。這是一個簡單的共晶系統，共晶溫度是在 **779°C**。在 **850°C** 時，結構大約是 **15%**的液體和 **80%**的銅富集固體。在固體晶粒之間的完全液體穿透相當的明顯。在這個例子中平面角的角度是 **0** 度。

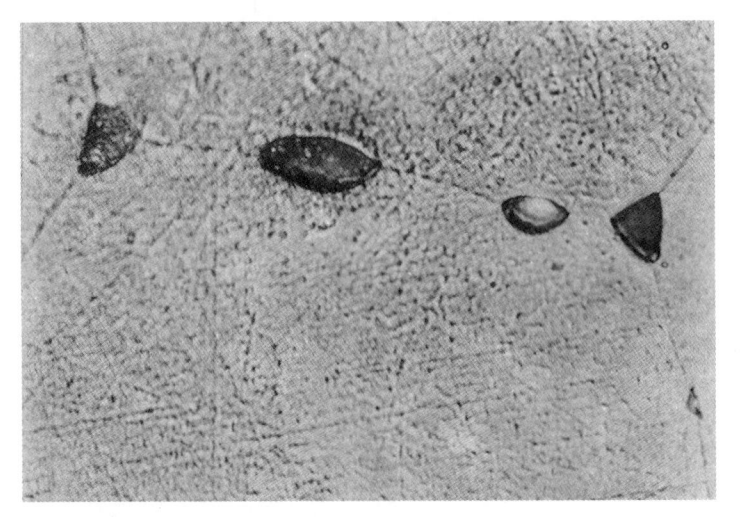

顯微照片 **14.13** 97%銅－3%鉛；放大倍率 **1000** 倍；從熔化狀態進行氣冷；重鉻酸鹽蝕刻，緊接著進行含鐵的氯化物對照蝕刻。平面角 $\theta = 70°$。

　　顯示出上面所述效應的試片，可以藉由將合金加熱到兩相區域來達到，在這個區域內合金有部分是液態的，然後再進行淬火。舉例來說，顯微照片 **14.12** 中顯露出了部分熔化的銀－銅合金的結構，這是從 **850°C** 開始淬火的。β 相在這個例子中是屬於液態的，平面角的角度為 **0°**，因此穿透了所有的晶界，分離了個別的晶體。在高溫的情況下，合金將會失去強度，很明顯的可以看到合金無法在超過固相線以上的任何溫度進行高溫加工。在固體和液體之間的 **0°**平面角也會導致過去曾經包含液體金屬的固體金屬快速的破壞。假使容器金屬在液體中有些微的可溶性，將會在晶界的地方開始固體的溶解，因為這是相當高能量的區域。假使 $\theta > 0°$，邊界上的溶解一旦達到平衡的平面角時就會馬上停止，因此只會破壞一些些金屬的表面。假使 $\theta < 0°$，液體將會持續的穿透晶界直到金屬破裂。水銀在黃銅表面上的侵蝕攻擊，就是和這個現象相當類似的例子。張應力在固體金屬的穿透會加速這樣的效應，導致於嚴重的破裂。

在那些 θ 角度夠大的情形中，液態相的出現不會對固體有特殊的傷害。在銅和黃銅中，鉛的出現在這個關係上是相當有趣的。在銅中，鉛會形成 $\theta = 70°$ 的平面角（顯微照片 14.13），鉛會有某種傾向來造成在熱軋時晶界上銅的破裂。增加鋅的含量會增加造成 θ 相直到達到 $\alpha + \beta$ 黃銅雙相區，對於熔化鉛來說的 θ 值為 $110°$，而且高溫時在晶界上並不會有造成任何破裂的傾向。添加到 β 黃銅中的少量鉛可以改善它的加工性。鉛粒子會幫助分離因為切削工具所形成的碎片，造成較佳的表面拋光。

鍛軋黃銅 Wrought Brasses

合金中含有 35%鋅已經很明顯的知道是一種固溶體，40%鋅的合金，也就是孟滋合金則有 $\alpha + \beta$ 的結構。α 合金的差異主要是藉由顏色、強度、延展性、抗腐蝕性還有成本的漸次改變來界定。在表 14.1 中顯示出改變鋅的含量所帶來張力強度相關數據的資料。值得注意的是超過 35%的鋅含量以上，增加鋅的含量會同時增加強度和延展性。在 α 黃銅中的特殊合金為：

1. 5%鋅的合金，如同所熟知的鍍金金屬，擁有金色的顏色外觀，用來做為廉價的珠寶或是鍍金的目的。

2. 10%鋅的合金如同所熟知的商用青銅，擁有青銅色的外觀，比錫青銅還要廉價。

3. 15%鋅的合金，擁有紅色的外觀，有一點像是銅，被稱之為紅銅。和銅還有先前的合金一樣，在彈性應力和腐蝕性試劑像是阿摩尼亞溶液或是蒸汽還有水銀鹽類的聯合作用下具有抗裂痕的能力可以抵抗裂痕。

4. 30%鋅的合金，比起其它任何的合金有較高的強度和延展性，這兩種性質的結合使得 70-30 的固溶體特別的適合當作冷成形加工的材料。最常見的操作狀況就是冷拉為深杯子的外型。例如，彈藥匣的製造，可以很輕易的藉由冷拉製造形成這樣的外型再加上常溫加工的強度和一般的抗腐蝕性，使得這種合金廣泛的使用在彈藥匣中。

表 14.1　1 毫米厚細長片黃銅合金的張力性質

鋅含量%	CDA 合金 No,*	編碼結構	退火到 0.05 毫米晶粒大小的性質		冷軋到半硬回火的性質	
			張力強度 Mpa%	50 毫米伸長量	張力強度 Mpa%	50 毫米伸長量
0	110	α	225	45	295	14
10	220	α	260	45	365	11
20	240	α	310	50	425	18
30	260	α	330	62	435	23
40	280	$\alpha + \beta$	380	45	490	15

*銅發展協會編碼

14.4　錫青銅：銅－錫合金　TIN BRONZ(ES)：Cu-Sn Alloys

　　青銅是最古老的合金之一。許多商業用的鍛軋青銅都是單相的合金，在青銅固溶體中包含了大約 5%的錫。圖 14.7 中針對相圖的研究可以看出即使是這些鍛軋 5%錫的青銅也會在一般溫度之下顯示出兩個相，α 加上析出的 ε 或是 Cu_3Sn。根據推測，對於 5%合金來說，在 α 變成不穩定和傾向於析出 Cu_3Sn 的溫度大約是 300°C，這個溫度是如此的低以致於析出並不會形成，至少可以看到的尺寸大小無法形成。變形可能會加速在亞穩態狀況下過度飽和 α 基材的析出。

　　大多的鑄造兩相錫青銅包括了近似於 10%的錫。根據相圖，一個 90%銅－10%錫合金會凝固為單相合金並且在 360°C 以下的溫度仍然不會改變，再次地，過度飽和狀況將會發展，析出 Cu_3Sn 的傾向會被這些溫度下的擴散速率所限制或是抑制。這個結構在理論上來說，在 10%錫的合金中的所有 α 相幾乎永遠不會被觀察到，這是因為合金在平衡條件之下幾乎不會凝固。在 α 的樹枝狀結晶凝固的核心會造成亞穩態的固相被放置到左邊並且在平衡固相之下。因此，在 798°C 下一些樹枝狀結晶液體會殘留，而且這個與 α 一起的包晶反應將會形成樹枝狀結晶的 β，那就是 $\alpha +$ 液體 $\to \beta$。

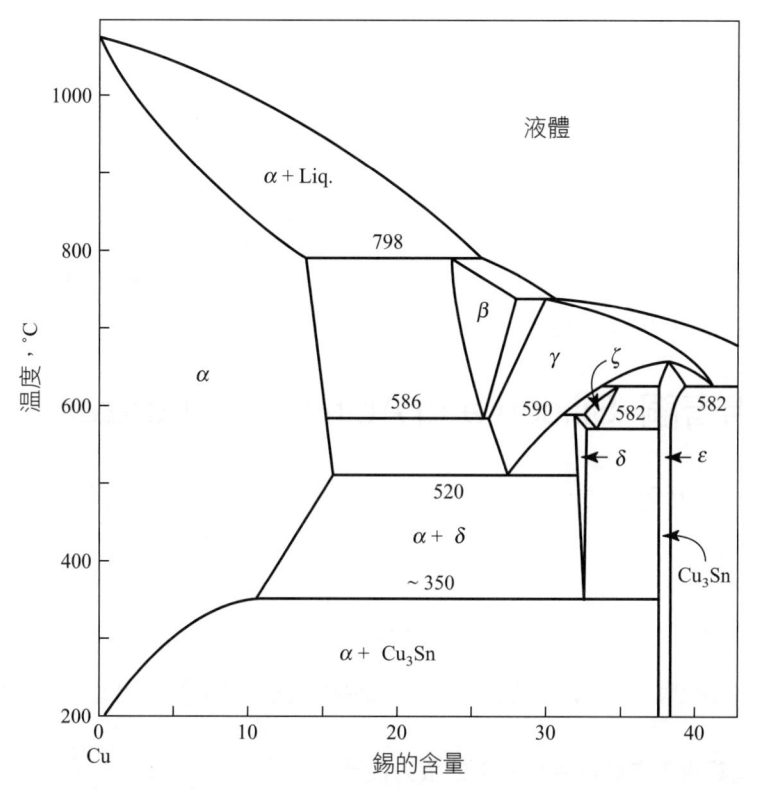

圖 14.7 銅－錫系統的相圖，錫含量最高到 40%。ε 相也被稱之為 Cu_3Sn，電原子的比例是 7：4。

高錫含量 15 到 37 S_n%合金的相圖，是非常複雜的，不過要瞭解在 798°C 以下冷卻時在 β 相中發生了什麼事，還是得對這個部分的相圖做一些簡短的討論。當從 798°C 冷卻到 520°C 時，所發生的變化情形和那些高黃銅相類似：β 的量減少了，部分變成了 α；同時在錫中 β 變得富集化。這些改變都可以藉由分離 $\alpha-$，$(\alpha+\beta)$ 一還有 β 一等相區域的線的斜率來預測。因此改變和之前同一鋅系統所描述得相當類似。

在 586°C 時，β 相完全地消失，經歷了 $\beta \rightarrow \alpha+\gamma$ 的反應。兩條斜率線從上面收斂到在錫含量 26.38%的水平線上。這個構造和共晶的一樣，唯一的不同之處是在水平線之上是固相而不是液相。這種類型的變態稱之為共析，在第 5 章中對鋼的共析有詳細的討論。在這個時候，討論將會被限制為指出從 520°C 冷卻會造成 γ 的消失並且伴隨著一開始假定存在 10%錫合金中的 α 的增加，還會出現一種新的高錫含量的相稱之為 δ，這是一種脆性的化合物。這種化合物在物理上仍然是以樹枝狀結晶的樣子來分佈，在其中 β 是原先就藉由共晶所形成的。

當合金從 520°C 冷卻到 360°C 時，α 在組成上會改變成較低的錫含量，然而 δ 相則是會變成在錫中富集。這些藉由 $\alpha+\delta$ 區域邊界的斜率來預測到的改變，原先並不會被瞭解，這是因為需要很緩慢的擴散來調整這些組成。

δ 相的邊界在 360°C 時會在水平線上收斂。相圖的建構以及在這個溫度下的反應和哪些剛剛所討論的幾乎一樣；在這邊冷卻時的共析反應是

$$\delta \to \alpha + \varepsilon_{Cu_3Sn}$$

因為在這個相當低溫的狀況下的低原子移動能力以及包括了較大的成分改變，所以 γ 共析反應是很難抑制的，δ 共析反應是遲鈍並且很難完全達到。新的 ε 相是 hcp，脆性並且組成成分和化合物 Cu_3Sn 的組成是一樣的。

14.5 矽與鋁青銅 Silicon and Aluminum Bronzes

3000 多年以前，中國人就已經製造出錫青銅，由於這些錫青銅器的特性，賦予青銅這個字有更深一層的意思，用來指一種較佳的材料。在這個世紀中，當金屬的矽和鋁被第一次使用之後，合金就稱之為矽青銅或是鋁青銅，當與銅相結合，它們的顏色就會和錫青銅相接近。在這其中有包晶反應和共析反應還有幾種可相比較的相，依次為 α、β、γ、δ 還有 ε。然而商業用的鍛軋合金基本上來說是 α 結構。在表 14.2 中可以看到典型的強度性質。

表 14.2 錫，矽還有鋁青銅在軋延片形式下的張力性質

青銅形式	CDA 合金編碼 No,*	退火到 0.035 毫米晶粒大小的性質		冷軋到半硬回火	
		張力強度 Mpa	50 毫米伸長量%	張力強度 Mpa	50 毫米伸長量%
Tin					
5% Sn	510	340	57	575	8
10% Sn	521	435	68	690	16
Silicon:					
1.5% 420	651	280	30	455	10
3.0% Si	655	420	60	660	8
Aluminum:					
5% Al	608	420	65	700	8

*銅發展協會編碼

14.6 鑄造銅基材合金 Cast Copper-Base Alloys

鑄造所使用的銅合金在某些方面和正常的鍛軋合金有一些不一樣。鑄造合金在組成上更具彈性，這是因為在這裡並不會考慮到高溫或是常溫的可加工性。它們可以是更複雜的結構以達到在各種考量之下所協調出來最佳的組成，這些考量包括了強度，凝固收縮性還有其它可鑄性的因素，晶粒控制，加工性等等。表 14.3 中顯示出許多合金是添加了三個或四個元素到銅的基材中。這些所列出來的並不完整不過是許多可以選擇的典型。

表 14.3　一些銅鑄造合金的組成和強度性質

一般名稱	CDA NO.	ASTM 合金	合金組成，%					張力強度 Mpa	50 毫米伸長量%
			錫	鉛	鋅	鐵	其它		
含鉛紅銅	836	B62	5	5	5	…	…	245	32
錫青銅	905	B143-1A	10	…	…	…	…	315	33
高鉛錫青銅	937	B144-3A	10	10	10	…	1.25Al, 0.25Mn	270	30
高強度錳青銅		B147-8C	…	…	39	1	4Ni, 11Al	495	40
鋁青銅，毛胚鑄件	955	B148-9D	…	…	…	4		665	7-20
鎳一錫青銅，毛胚鑄件		B292-A	5	…	2	…	Ni	315	25

問題

1. 在下列的微細構造之中，其差異為何：
   (a) 80%銅–20%鋅，從 850°C 進行淬火；(b) 80%銅–20%鋅，從 850°C 慢速的冷卻；(c) 60%銅–40%鋅，從 850°C 進行淬火；(d) 60%銅–40%鋅，從 850°C 慢速的冷卻？

2. 假使一種合金具有兩個相而且第二個相會形成接下來的兩面角：$\theta = 30°$，$\theta = 70°$ 還有 $\theta = 120°$，那麼此合金在機械性質上可能被預期會有什麼效應？主要相和第二相的性質也會影響讀者的答案嗎？

3. 一個鑄造的 EPT 銅合金被發現具有低張力延展性。冶金學上的研究顯示初期結構包含有微裂隙。指出三種可能造成在這個合金中形成裂隙的原因。讀者又如何來分辨這些原因呢？

4. 顯微照片 14.7 顯示出一個銅一銀合金加熱到兩相，$\alpha + L$ 的區域並且淬火。指出如何從這張顯微圖片講述這個構造是一個再加熱合金而不是一種毛胚鑄件合金。

5. 顯微照片 14.2 中顯示出了孟滋合金的結構，它接近完全地 β 相，不過有相當粗糙的 β 晶粒尺寸。要如何做才可以讓這個合金產生幾近於完全地 β 相，卻又有較佳的晶粒尺寸呢？

參考文獻

ASM Handbook, vol. 2, Properties and Selection: Nonferrous Alloys and Special Purpose Materials, ASM Int., Materials Park, OH, 1990.

Brooks, C. R.: Heat Treatment, Structure and Properties of Nonferrous Alloys, ASM Int., Materials Park, OH, 1990.

Smith, W. F.: Principles of Materials Science and Engineering, McGraw-Hill, New York, 1986.

2000 Annual Book of ASTM Standards, vol. 02.01, Copper and Copper Alloys, ASTM, West Conshohocken, PA, 2000.

第十五章
鎂合金
Magnesium Alloys

　　有一種重要的鎂礦是立即可用的，換言之，在海堤中可以找到的輕量金屬，它優越的加工性和高強度的合金性質確保其會繼續被廣泛的運用。但是使用它一般會出現兩個不利的條件，一個是相當高的成本，另一個則是化學的反應性，不過這可以分別藉由增加生產和學術研究的方式來克服。在二次世界大戰期間，對於此種金屬的巨量需求是由於主要生產工具的大量膨脹和藉由鑄造、焊接、成形等的方式來製作鎂合金的知識與方法被大量的傳播出去。現在鎂已經不被視為危險的或是不可靠的金屬，而是種一般的工程材料，以合金的形式存在，可以和鋁合金、銅合金還有含鐵合金等等在許多應用的領域中競爭。

15.1　鎂合金的命名　Magnesium Alloy designations

相關的相圖　Pertinent Phase Diagrams

　　含鋁的鎂是鎂最重要的合金。因此，在圖 15.1 中可以看到一個鋁—鎂二元相圖的鎂末端。在這個相圖中的鋁富集末端可以在圖 5.3 中看到。

　　在相圖的每一個末端，在脆的化合物和最終的固溶體之間都會有一個共晶反應。在每一個案例中的化合物都有相當低的穩定性和相當低的熔點，因此，共晶熔點必定也會在比較低的溫度。共晶的結構如同槓桿法則所顯示的，包含了比 α 固溶體更多的化合物，而且既然化合物是脆性的，藉由共晶網路形成的合金也是脆性的。在每一個案例中，固溶體在共晶溫度有相當高的溶解含量，隨著溫度的降低也會降低其溶解度。因此，時效硬化的可能性是存在的。

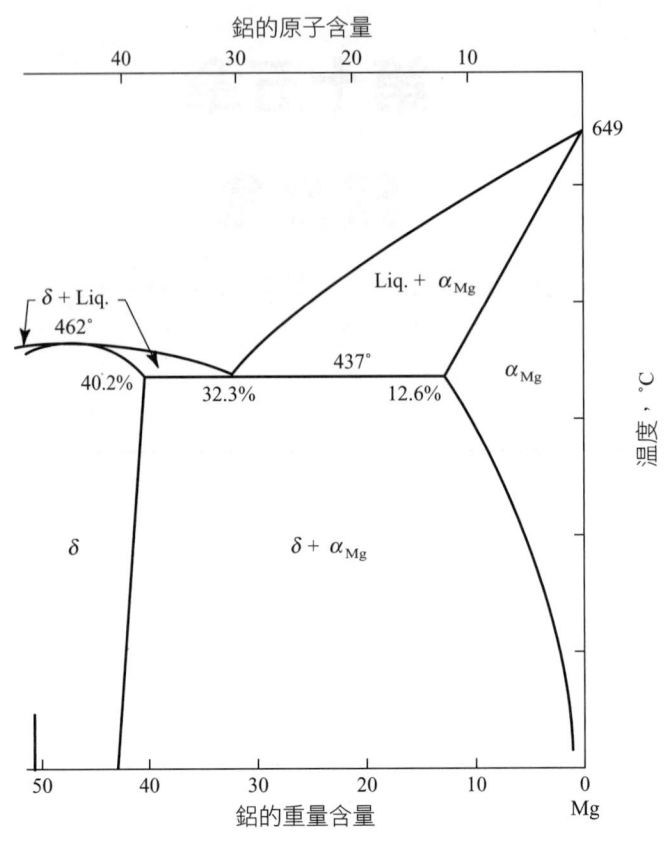

圖 15.1 鋁－鎂相圖的鎂末端。δ 相就是所熟知的 $Mg_{17}Al_{12}$，因為 Mg_3Al_{12} 是比較簡單並且是在 δ 相的同質區域中，所以命名的基礎是在於結晶學上的證據而非化合物。

　　鋅和錳也是常常和鎂形成合金的金屬。在二元鎂錳相圖中，在最終的固溶體和脆性相的鎂－鋅相之間發現存在著共晶反應。不管是鎂鋅系統還是鎂－錳系統都表現出固溶體的溶解度會隨著溫度的降低而減少。

　　既然商業上有用的合金包含相當可觀的鋁和鋅含量，就需要一個第三相圖來表示出這種複雜合金的相狀況。在單一張圖上並沒有辦法看到鎂－鋁－鋅系統的鎂富集合金的所有數據，但是固體溶解度隨著溫度的改變以及在鑄造合金中第二相的特性，討論熱處理和結構的重要數據都可以在圖 15.2 中看到，在其中連同兩個商用沙鑄合金的化合物都可以看到。合金 AZ92 表現出只有二元化合物 $Mg_{17}Al_{12}$，但是合金 AZ63 表現出除了這個化合物之外，還有三元化合物 $Mg_3Zn_2Al_3$。三元化合物的組成是在 $Mg_{17}Al_{12}$ 中的 5 個鎂原子被 8 個鋅原子所取代。

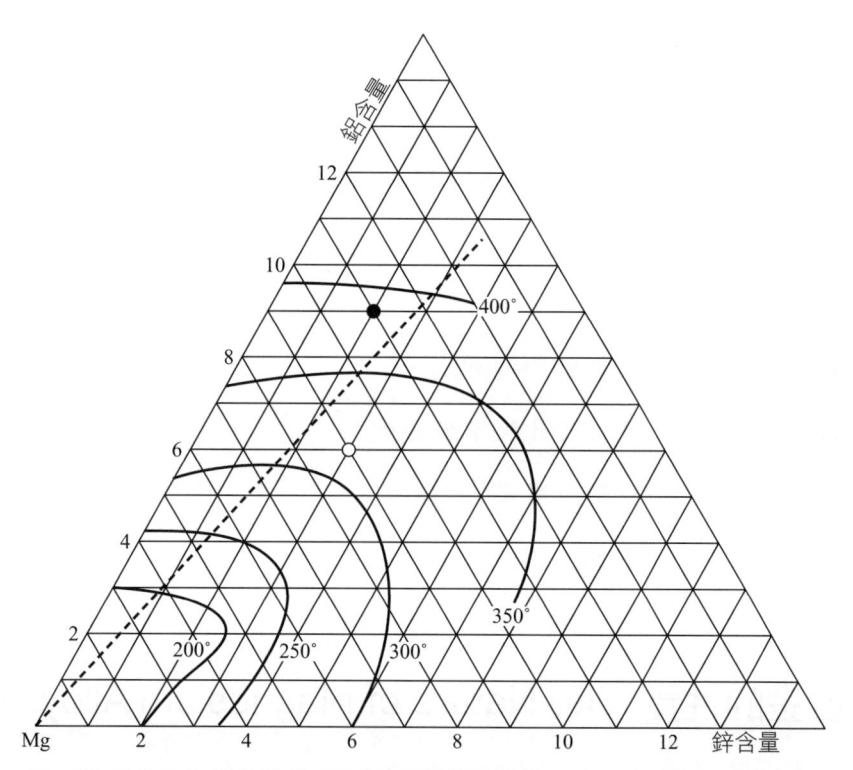

圖 **15.2** 在鎂－鋁－鋅系統中在鎂角落的三元部分其等溫線顯示出，在所指溫度下的固體溶解度極限。虛線分隔開了在毛胚鑄造合金中的結構區域。往左邊走，結構包括了固溶體和大量的 $Mg_{17}Al_{12}$；這個面積包括了在實線黑圈上的合金 **AZ92**。往虛線的右邊走，毛胚鑄造結構包括了固溶體，大量的 $Mg_{17}Al_{12}$ 還有三元化合物 $Mg_3Zn_2Al_3$，舉例來說，在打開的圓圈組成的合金 **AZ63**。

鎂合金的識別 Magnesium Alloy Identification

對於定義鎂合金有一套標準的四階系統，像是剛剛所提及的 AZ63。

1. 大寫的字母指出兩個主要的合金元素，依含量漸次排序，高者在前。所使用的字母是：

A	鋁	H	釷	Q	銀
B	鉍	K	鋯	R	鉻
C	銅	L	鈹	S	矽
D	鎘	M	錳	T	錫
E	稀土元素	N	鎳	Z	鋅
F	鐵	P	鉛		

2. 兩位的數字指出兩個主要元素的截尾百分比，排序如同大寫字母一樣。AZ63 包含了主要是鎂加上 6%鋁加上 3%鋅。

3. 利用一個大寫字母來區分相同的主要組成元素和不同的次要元素。字母代表著依時間前後排列的發展順序。

4. 一個字母和數字代表合金的狀況和性質，這些包括：

F	製造組裝用
O	退火
H10，H11	輕微的應變硬化
H23，H24，H26	應變硬化和部分退火
T4	溶液熱處理
T5	只有人工時效
T6	熱處理和人工時效

15.2　鎂合金的性質 The Nature of Magnesium Alloying

結晶學 (Crystallography)　鎂擁有六角密排結構，並且可以被預期和有相似結構且幾乎一樣的原子大小和電化學特性的金屬，形成完整的固溶體。事實上，在其它的六角密排結構金屬中，鋅和鈹並不會達到彼此的要求，因此並不會和鎂形成連續的固溶體。鎘可以達到所要求的性質，並且在鎂中顯示出無限制的固體溶解度。

相對原子尺寸 (Relative Atomic Sizes)　在早先的時候被指出合金元素必須要有溶劑金屬 15%以內的原子尺寸以形成大量的固溶體。大約一半的鎂金屬合金元素是在所想要的15%限制內；大約有十分之一是在邊緣的地方，其它的都在這個限制之外。因此，尺寸的因素最初會限制固溶體的可能性。它在電化學和原子價效應都是常數下的固體溶解度的影響可以在圖 15.3 中看到。

原子價效應 (Valency Factor)　已經被指出的如果溶劑和溶質的原子價變得更不一樣，那麼溶解度就更會被限制住[註1]。這可以在圖 15.4 中看到，這是擁有週期表中長週期 VB 元素的鎂富集合金的相圖。所有的元素都是在所希望的原子尺寸範圍內。這張圖也表現出了相對原子價的效應，換言之，有較高原子價的元素在金屬中的溶解度比低原子價的元素要高的多。因此，雖然在鎂鋁和鎂－銦系統中的原子價差是相同的，單價的銀在二價的鎂中的溶解度比在三價銦中要低。

[註1] W. Hume-Rothery, R. E. Smallman, and C. W. Haworth, *The Structure of Metals and Alloys*, Institute of Metals and Institution of Metallurgists, London, 1969.

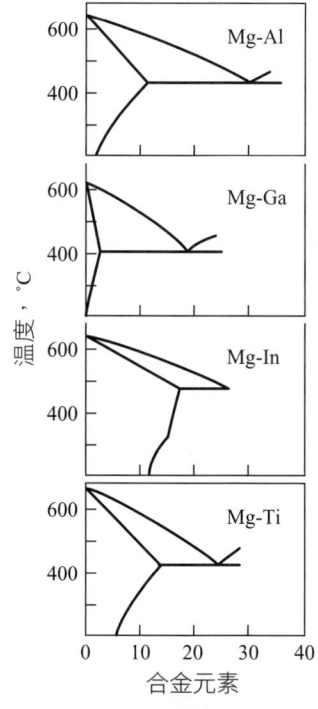

群集	晶格	原子價	尺寸因素，%
銀	IB	面心立方	1	10
鎘	IIB	六角密排結構	2	7
銦	IIIB	面心四方	3	6
錫	IVB	體心四方	4	12
銻	VB	面心斜方	5	10

圖 15.3 尺寸因子對於週期表中 IIIB 族元素在鎂中的固體溶解率影響，在此藉由二元相圖來表示。

電化學因素 (Electrochemical Factor)　鎂是一種強力的陽電性元素，當它與陰電性元素一起進行合金時，幾乎是必定會形成化合物，儘管有時偶爾會有可能出現形成固溶體的情形。這些化合物幾乎多半是離子形式，氯化鈉形式或是雷芙斯形式的結構，其化學組成也都遵循著正常化學價法則的規定[註2]。

當金屬是與較弱的陽電性或是陰電性元素合金時，也會形成化合物。這些化合物的組成並不會根據正常的原子價：它們較不穩定且熔點較低。不過所包含在其中的元素是更重要的合金媒介。在冶金的重要相圖中所顯示的化合物影響力和熔點之間有相當良好的關係。既然大多數的鎂合金系在化合物與鎂富集固溶體之間，會表現出共晶反應，以上所討論的效應可以被摘要紀錄為下列幾項：

1. 化合物的熔點越高，它在鎂中的溶解度就越低
2. 化合物的熔點越高，它的共晶反應的熔點就越高
3. 共晶熔點的溫度越高，共晶中所溶解元素的含量就越低（或者接近相圖中鎂末端的共晶組成）

[註2] 應該要被注意的是在金屬間化合物中，根據元素的正常原子價的公式是稍微罕見的，和群集 IVB，VB，VIB 還有 VIIB 的元素以及強力陽電性金屬所形成的化合物是例外。

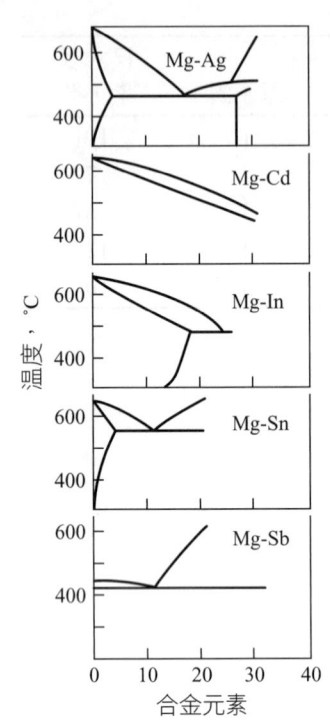

	週期	晶格	原子價	尺寸因素，%
鋁	3	面心立方	3	10
鎵	4	標準面心斜方	3	13
銦	5	面心四方	3	6
鉈	6	六角密排結構	3	10

圖 **15.4** 價電子在鎂中長週期 V 族元素的固體溶解度的影響，藉由二元相圖來表示。

15.3 鑄造鎂合金 Cast Magnesium Alloys

　　鎂是一種在某些狀況之下高度反應的金屬；不過它可以安全的在鐵或是石墨坩鍋中熔化。隨著矽形成 Mg_2Si 為 $4Mg + SiO_2 \rightarrow 2MgO + Mg_2Si$，$SiO_2$ 的存在降低了，所以黏土是不符合要求的。通常主要的生產者以鑄塊的形式來銷售合金並且硬化程度要接近化學的要求，雖然主要的合金元素可以很方便地根據所需要的量添加到鑄造中。因為鎂和它的合金可以容易的和空氣在熔化的狀態下反應，所以在所有的程序之下它需要保護助熔劑直到開始灌注程序。

　　所使用的助熔劑通常都是許多種比例的 $MgCl_2$、KCl、CaF_2、MgO 還有 $BaCl_2$ 的混和。特殊的助熔劑組成端視其為坩鍋助熔劑或是開罐的助熔劑以及合金的過程而定。這些助熔劑粗略來說當熔解為液體合金時有相同的密度。當處於 760 到 790°C 或是過熱時，一開始放置在熔點然後變乾為鱗片狀的外皮坩鍋助熔劑會熔解而形成液體遮蓋物。開罐的助熔劑可以熔解為液體金屬並且在它的使用期間內都還會是液體。這種助熔劑使用來做為在預先熔解單元的金屬保護和在開罐的過程中的保護與清潔。

　　金屬在灌注之前是藉由混和的粗糙硫以及細緻的硼酸來保護，或是任何其它的專屬金屬來保護。

金屬的反應性促使在金屬和濕沙模中水之間的反應或是與乾沙模中的氧氣的反應。這些反應會造成鑄造表面變黑且到達相當可觀的多孔性深度和灰色氧化物粉末效應，此效應稱之為燃燒。為了要避免這些效應，因為這樣會明顯地減少強度的性質，沙子與添加的媒介相混和，例如硫，硼酸，KBF_4 還有銨矽，特別是所熟知的抗化劑。舉例來說，在乾沙模核心中加入 0.5%的硼酸和同等量的硫可以使得鑄造更潔淨，而在表面以及表面正上方的破裂剖面都會變得明亮。顯微照片 15.1 到 15.7 中顯示出在鑄造和鍛軋鎂合金中最一般的結構特徵。名詞上的組成和典型的性質都可以在表 15.1 中看到，在其中也可以看到一般使用來獲得這些性質的熱處理方式。更常見且更久遠的合金就是那些鎂一鋁一鋅系統的合金像是 AZ63 和 AZ92A。其它的系統像是鎂一鋅一鋯，鎂一稀土元素一鋯還有鎂一釷一鋯的系統也都在商業上被使用。從這些系統中出來的合金都是可熱處理的。對合金 AZ63A 輕微降低的溶液處理和藉由增加鋅含量產生的 AZ92 相比，會降低共晶的熔化溫度。

在鎂合金熱處理時的燃燒可能有時候會發生。這很顯然的是以下列三個方式發生：(1) 表面的滲出 (2) 在表面的灰一黑粉末 (3) 在表面上和在內部中的裂縫。

燃燒的起因可能是太高的溶液處理溫度，可以和鋁合金的燃燒相比較的效應。這也可能是由於加熱的速度太快所造成：微偏析典型的鑄造結構必須為此負責。第三個可能的燃燒理由是在周遭的大氣環境下水蒸氣的存在和缺乏二氧化硫。即使是 1%的 SO_2 也可以在 H_2O-Mg 或是 H_2O-$Mg_3Al_2Zn_3$ 的反應（在合金 AZ63）中形成禁止的效應。由於這個理由，二氧化硫習慣上在進行鎂合金的溶液熱處理時就會被添加到熔爐的大氣中。

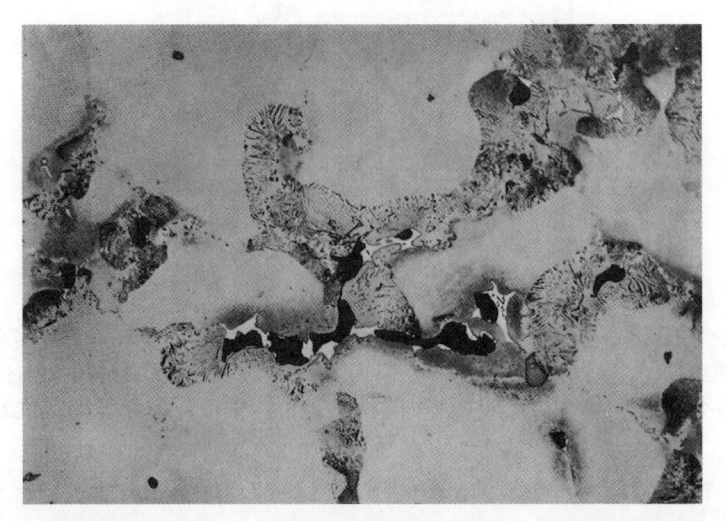

顯微照片 **15.1** 合金 **AZ63A-T6(6%鋁、3%鋅、0.2%錳)**在溶液處理和時效狀況下；以乙二醇試劑來蝕刻；放大倍率 **500** 倍。在溶液熱處理之後結構會由多邊形的過飽和鎂固溶體晶粒所構成，並且在其中會有少量圓形的錳化合物微粒（灰色）存在。時效會產生兩種型態的析出：一般的連續微粒析出，在這邊沒有辦法被清楚的解析；另一種則是層狀或是波來狀的 **$Mg_{17}Al_{12}$** 不連續析出，這是在溶劑的晶界上開始形成並且只有前進一小段距離而已。

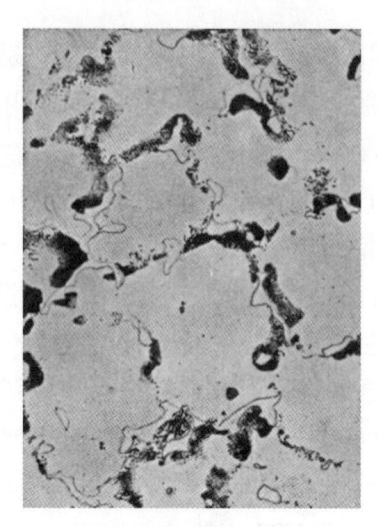

顯微照片 **15.2** 合金 **AZ92A-F(9%鋁、2%鋅、0.1%錳)** 在毛胚鑄造的狀況下，以乙二醇試劑來蝕刻；放大倍率 **250** 倍。結構顯示出了厚重的共晶鐵 $Mg_{17}Al_{12}$ 組織，如同清楚描繪出的輪廓外型，多少有些連續的網路狀。共晶反應有分離現象，換言之，共晶中的 α 鎂相是和一個難以辨別的主要是 α 鎂的樹枝狀結構有相關連，離開了厚重的化合物。在凝固後慢速的冷卻允許細緻的 $Mg_{17}Al_{12}$ 以層狀形式從接近化合物的鋁富集核心 α 鎂開始析出。要注意的是 $Mg_3Al_2Zn_3$ 的缺乏。

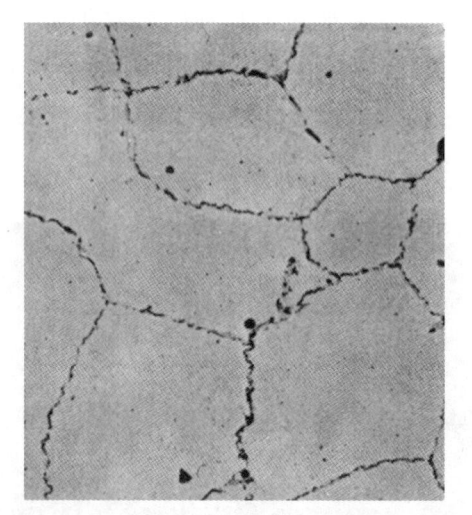

顯微照片 **15.3** 合金 **AZ92A-T4 (9%鋁、2%鋅、0.1%錳)**，鑄造和溶液熱處理；乙二醇酸蝕刻；放大倍率 **250** 倍。這是一種典型的溶液處理結構在溶液中的鑄造結構中有所有的 $Mg_{17}Al_{12}$。鑄造是從溶液溫度進行氣冷，波浪狀的不規則晶界是這種冷卻速率的特性。可能會在冷卻時有局部性的析出發生。

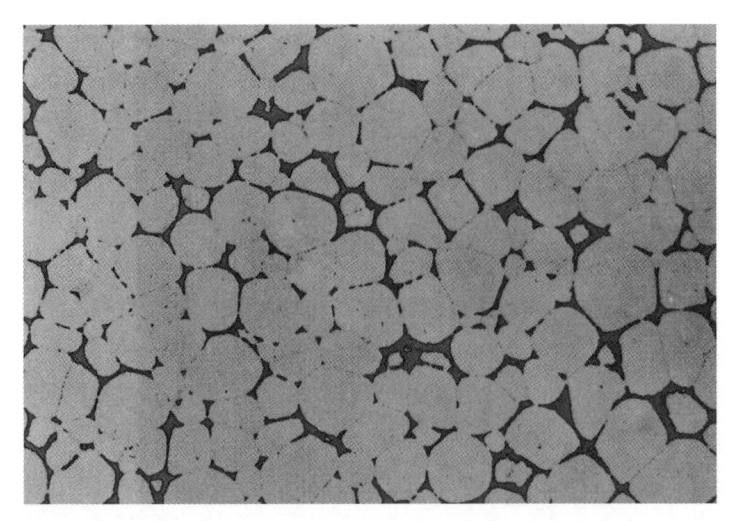

顯微照片 **15.4** 合金 **EZ33A-T5(3.2%**料許合金，稀土元素合金包含了鈰和主要的組成，**2.8%**鋅還有 **0.6%**鋯**)**在鑄造和時效狀況，以乙二醇試劑來蝕刻；放大倍率 **250** 倍。厚實的化合物在晶粒之間的局部範圍通常是短而粗硬且厚的。機械性質在當化合物粒子聯合為較短的粒子並且基材晶粒的連續性相當高的時候會有改善。

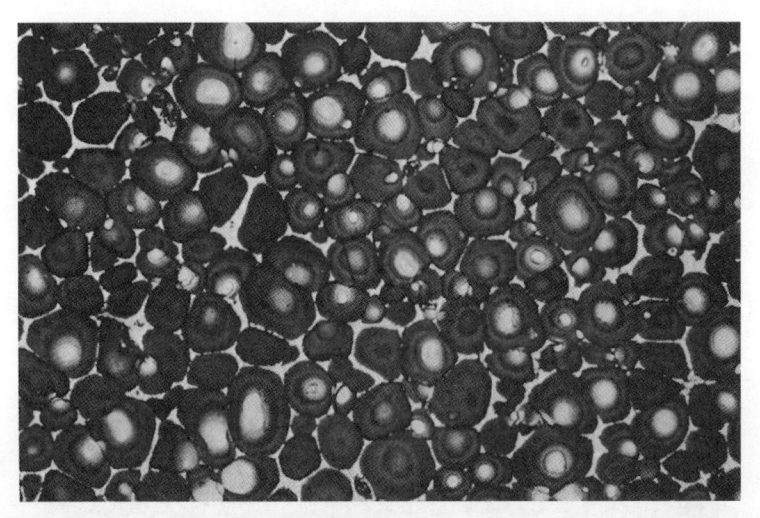

顯微照片 **15.5** 在顯微照片 **15.4** 的結構中，當更進一步的蝕刻是利用乙二醇和含磷的蝕刻劑，基材的晶粒會顯示出隨著鋯的核心效應所出現的對稱性的污點圖樣。

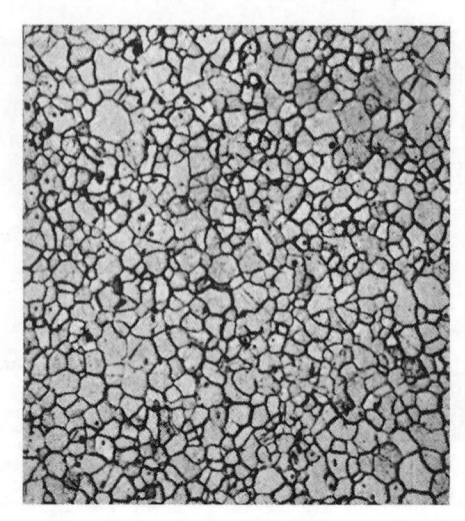

顯微照片 15.6　合金 AZ31B 的退火薄片，以 5%的苦哧酸劑（100 毫升），水（10 毫升）還有冰狀的醋酸（5 毫升）來蝕刻；放大倍率 250 倍。在相同的固溶體的晶粒間的輕微顏色對比是因為方向的差異所造成的。機械雙晶的缺乏是典型的退火後鍛軋六角密排結構合金。

顯微照片 15.7　從合金（P）ZK60B 顆粒狀物（6.2%鋅、0.6%鋯）擠壓成形而成的棒材結構；以醋酸的苦哧酸劑 [6%苦哧酸劑（70 毫升），水（10 毫升）；10 毫升的醋酸]來進行蝕刻；放大倍率 250 倍。藉由擠壓成形 ZK60B 顆粒狀物所產生的棒材擁有細緻和一致的晶粒尺寸，這在實質上是與剖面的尺寸大小無關的。機械性質在當晶粒的尺寸可以被維持在 8 微米附近時就可以獲得改善。顆粒狀物有能力來發展為較細緻的晶粒，這是因為每一個顆粒狀物在本質上都是有細緻晶粒的鑄造塊。合金的微偏析在細微的尺寸下是相當尖銳的，晶粒的成長也會被合金梯度所提供的阻礙所限制。

表 15.1　鑄造合金的組成與性質

	合金（ASTM）			
	AZ63A	AZ92A	ZE41 A-T5	ZK51 AT5
鋁，%	5.3–6.7	8.3–9.7		
鋅，%	2.5–3.5	1.6–2.4	3.5–5.0	3.6–5.5
錳，%	0.15 min	0.10 min		
鋯，%			0.4–1.0	0.55–1.0
稀土元素，%			0.75–1.75	
張力模數 Gpa	45	45	45	45
毛胚鑄件張力強度 Mpa	205	170		
溶液處理	280	280	210	280
降伏強度，MPa：				
毛胚鑄件	100	100		
溶液處理	90	100	140	170
50 毫米伸長量%：				
毛胚鑄件	6	2		
溶液處理	12	9	3.5	8
溶液處理溫度，℃	390	410		

　　從相圖和之前的微細構造，可以很明顯的看出這些合金在毛胚鑄件結構中都是易碎的、擁有樹枝狀結晶且有共晶鐵組織網路，這些都可以藉由溶液處理來降低或者是消除。因此溶液處理合金比起毛胚鑄件合金來說會有較佳的延展性，同時張力強度也會被大幅的增加。時效處理對張力強度並沒有效用，不過會顯著的提高降伏強度，這在早先的部分就已經談論到了，在工程設計上來說，這是一種更重要的性質。在時效處理時延展性的降低和大量的析出有關，不過這個處理會讓鑄造產物產生足夠的延展性來符合多種的使用需求。

　　比較合金 AZ92A 和 AZ63A 可以顯示出前者有較佳的降伏強度和較差的延展性。然而，相對的鑄造特性在這兩種合金的選擇上也是重要的。因為合金 AZ92A 是較不會受到微多孔性（非常細微的孔洞相當規律的分佈在結構的表面）的影響並且有較佳的可鑄性，所以是更常被使用的合金。

　　藉由溶液熱處理所獲得的固溶體通常都會被經由氣冷處理來避免畸變或是裂痕。然而，這也被發現到在鋁合金 2024 的例子中，更快速的冷卻速率可以消除晶界析出的傾向，這會在一些氣冷的狀況範圍內發生。隨後進行的時效會造成更均勻的析出，較少的沈澱物邊界集中效應還有相當良好的強度和延展性。這些效應都可以在表 15.2 中的數據中看到。

　　假使鑄造鎂合金經過熱-短範圍 (hot-short range) 內的水淬火處理，也就是說，從太高的溫度開始淬火或是使用太冷的水，那麼就可能會造成裂痕的產生。這樣子的水淬火處理所造成的熱梯度會造導致高冷卻應力。圖 15.5 中顯示出金屬和水溫在是否會發生裂縫的可能性的限制關係。在這些限制之下淬火合金將會顯露出殘留應力，不過接下來的時效處理將會減少這些巨觀應力到一個可以忽略的值。在如同表 15.2 中所顯示的退火之後強度和延展性都比那些一般氣冷和退火處理所得到的要好上至少 10%。

表 **15.2**　溶液處理的冷卻速率對於隨後的時效沙鑄鎂合金性質的效應

在 410-190°C的冷卻時間秒	合金 AZ92A			合金 AZ63A		
	張力強度，MPa	降伏強度，MPa	50 毫米伸長量，%	張力強度，MPa	降伏強度，MPa	50 毫米伸長量，%
190 (air cool)	280	170	2.0	280	135	5.0
65 (oil quench)	295	175	1.8	280	165	3.4
5.5 (water 90°C)	320	210	2.2	300	150	5.7
0.5 (cold-water spray)	340	210	3.5	315	150	7.3

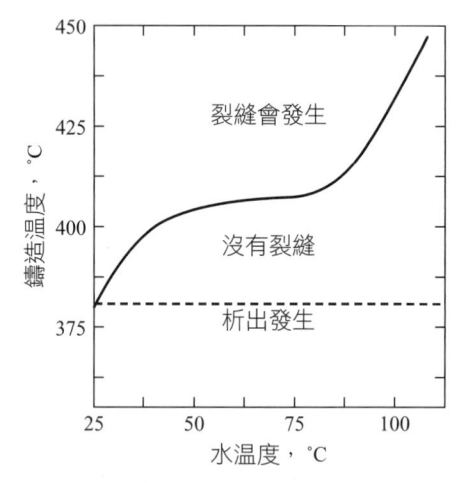

圖 **15.5**　鑄造合金 **AZ92A** 在從溶液熱處理中進行水淬火時鑄造和淬火水的溫度與造成裂縫的傾向之間的關係

在鎂－鋅－鋯系統中的合金發展出高降伏強度和合理的良好延展性。然而，這些合金和鎂－鋁－鋅系統合金相較之下，成本是比較高的，因為收縮，微多孔性所造成的影響，裂縫還有可鑄性的問題等等都會影響它們的應用。再者，這些合金並不能被輕易的修補與焊接。一般來說它們被建議來做為簡單，承受高度應力的均勻橫剖面部分，雖然根據經驗，隨著合金的增加可以被預期的是可以生產更複雜的元件。添加了稀土元素的合金和釷在這個系統中會造成一些在室溫下強度性質的降低，不過也會改善一些可鑄性和可焊性的問題。

應該被注意的是對於提升鎂在室溫下強度和延展性的合金元素來說，鋁和鋅是最有效的。不過在對於高溫的性質來說，必須的元素則是釷。鎂－稀土元素－鋯的合金系統被發現端視操作的狀況不同，是有其可利用的地方，以溫度來看，最高溫度到達 320°C 仍是其可應用的範圍。這些合金幾乎沒有微多孔性，不過比起鎂－鋁－鋅的合金系統，它們更容易具有表面收縮的傾向，而且也有包含浮渣的可能性，這兩項缺點。EZ33A 這種合金有非常低的微多孔性傾向，而且在需要耐高壓的應用範圍中是相當管用的。

鎂—釷—鋯合金主要適用於在 200°C 或是以上的較高溫度範圍，也就是當使用需求是比鎂—稀土元素—鋯合金系統更高一級的情況下，就需要使用鎂—釷—鋯合金。這些合金比起鎂—稀土元素—鋯合金來說，可鑄性是比較小的，這可以歸因於包含其中的澆注氧化物雜質與缺陷相當難控制。在鎂—釷—鋯合金中所觀察到的雜質，在薄壁部分特別明顯，這表示需要更快的灌注速率。這些合金經過剖析，發現到有足夠的可鑄性來生產較複雜元件的，都是擁有中等到較大壁面厚度的剖面。

鑄造合金的晶粒尺寸控制 Grain-Size Control of Cast Alloys

鎂合金包含了大量的鋁並且在習慣上會再鑄造之前，在液態過度加熱以獲得非常良好的毛胚鑄件晶粒尺寸。這和第 3 章中所歸納的有直接的矛盾，第 3 章中說在鑄造之前過度加熱液體金屬將會造成較粗的晶粒，這是因為在液體中所有可能的核都會被溶解（假設隨後冷卻到一樣的灌注溫度）。在第 13 章中，鋁合金的過度加熱顯示出更不想要的結果，這是因為液體吸收氫氣的過程和所造成的鑄造氣體多孔性。然而鎂-鋁鑄造合金在被加熱到超過其熔點 100 或是 200°C 並且冷卻到它們適當的灌注溫度，會比那些僅僅熔化並且鑄造的合金顯示出較細緻的毛胚鑄件晶粒尺寸[註3]。

慣用的流程是熔化合金然後在大約 730°C 的地方藉由助熔劑攪拌到金屬中並且移除氧化物浮渣層的處理來進行精鍊。然後一個覆蓋的助熔劑就被添加，然後溫度上升到 870 和 930°C 之間。在這個溫度並不需要任何保溫時間，只要保持一樣的溫度即可。液態的金屬在熔爐中被冷卻到適當的灌注溫度約 730°C，再一次的只保溫到相同的溫度，然後金屬就被灌注到模子中。過度加熱的過程很明顯的是相當昂貴的，這是因為燃料的成本，需要長久的無生產力時間來加熱和冷卻並且減少了熔爐耐火磚和熔化爐的使用壽命。

許多研究者對增加和更快速生產需求的反應顯現出達成鎂合金鑄造的晶粒精鍊的其它方法也是有同等的效應地。這些方法中的幾個如下所列：

1. 在 760°C（只能應用到小型的熔化）強力的攪拌
2. 電石氣氣泡，甲烷，丙烷或是四氯化碳在大約 760°C 來通過液體
3. 攪拌到熔化物中大約 1%的粉末狀石墨碳，燈黑或是鋁的碳化物 Al_4C_3
4. 藉由過度加熱的金屬精鍊在在熔化的時候會損失大多數它的精鍊晶粒特性，不過當藉由碳添加物來進行精鍊時，在鑄造的再熔化小塊部分會保持部分良好的效應。事實上藉

[註3] 純鎂與只包含錳的合金屬於例外的狀況，它們不會顯現出過熱處理的晶粒精細化情形。

由碳添加物的晶粒精鍊只有在鋁軸承合金像是 AZ92A 或是 AZ63A 中才有可能使得 Al_4C_3 在存在碳的熱中是承擔責任的核成長媒介。

壓力壓模鑄法的鎂合金 Pressure Die-Cast Magnesium Alloys

到目前為止所考慮的鎂合金鑄造都是在特殊處理的沙模中所產生。然而，這些合金相當低的熔點以及它們和鐵或是鋼的不反應性質使得鎂合金的壓力壓模鑄法變得可能。一個例子是壓模鑄法的汽車車輪，最常使用在跑車和賽車上面。最常用到的鎂壓模鑄法合金被列在表 15.3 中，在其中包括了它們的組成和性質還有和相同的沙鑄合金相比較。

表 **15.3** 組成成分和三種鎂壓模鑄法合金的室溫性質還有一個相同的沙鑄且熱處理過的合金

合金	組成成分，%				張力強度 Mpa	降伏強度 Mpa	50 毫米伸長量%	典型的用途
	鋁	錳	矽	鋅				
壓模鑄造：								
AM60A	6	0.2	...	...	210	120	65	壓模鑄造汽車車輪
AS41A	4	0.3	1.0	...	225	155	4	氣冷汽車引擎曲柄
AZ91B	9	0.2	...	0.8	240	160	4	最常用的壓模鑄造合金
沙磨鑄造：								
AZ92-T6	9	...	...	2.0	280	150	2	

*選擇來改善潛變強度

15.4 鎂合金的特性 Properties of Magnesium Alloys

五種鎂的合金都是以鍛軋的形式來產生可以在表 15.4 中看到。最後四種合金的典型的機械性質，擠壓成形為棒材的形式可以在表 15.5 中看到。其它的合金只有 AZ80A 是有最高的鋁含量，ZK60A 表現出一種在熱處理的時效硬化反應。既然擠壓成形過程是在近似於溶液熱處理的溫度下進行，而擠壓出來的外型在空氣中冷卻相當的快，只需要在擠壓成形之後對合金進行時效的處理。在鍛造和其它鍛軋形式的處理中相同的方式也是可行的，雖然假使高溫加工在太低的溫度下被執行的話，正規的溶液熱處理可能會在時效處理之前採用。時效處理並不會對表 15.5 中所列出的性質有很顯著的效應，不過他對於在較高的溫度之下增強合金的潛變強度是有其效應存在的。在鎂的鍛軋合金的討論之中，金屬的六角密排結構變得相當重要。在高溫加工時各自的晶體或是晶粒變形主要是因為基本的滑動。因此，基本片會旋轉所以它們傾向於變成平行於鍛軋材料的工作平面。鎂的晶體 (c/a =1.624) 當

沿著 a 軸擠壓的時候，藉由機械雙晶來變形：在鍛軋的鎂合金來中，因此晶粒會以它們在擠壓測試時的雙晶方向為方向，也就是因為這個理由所以壓縮的降伏應力一般來說會比伸張降伏應力來的低一些。

鎂合金的常溫加工只在限制的範圍內是可行的。在較高的溫度之下，除了基本平面之外的滑動平面變得比較有活性，而且薄片合金可以輕易的被拉抽為複雜或是較深的形狀，假使金屬是在 200°C 以上變形的話。鍛造是在比較高的溫度下被執行大約是 300 到 400°C；這是藉由水力的壓力而非錘子。

在表 15.5 中包括的是較新的鎂合金的數據，其中不含鋁而是含有大約 5%的鋅還有 0.7%的鋯。這個合金可能可以取代 AZ80A 來做為高強度的合金，因為它擁有較高的降伏強度加上較大的抗刻痕脆性強度，還有等同於那些低強度合金的堅韌性。這種新合金的優越性質伴隨著較高的成本，這有時候會限制這種合金的應用。

鈰合金 EM62（6%的鈰+2%的錳）也可以隨著減低鈰的含量以鍛軋的方式來產生。再一次的，好處就是在高溫下的強度。這種類型合金的潛變率是一種新的量級。舉例來說，正規的高強度合金 AZ80A 在 1000 小時時間內，150°C 的溫度和 30 Mpa 的應力條件下是 0.7%，然而鍛造的合金 EM22（2%鈰+2%錳）在 140 Mpa 的應力之下 1000 小時的潛變率只有 0.3%——比起前者增加 5 倍的應力條件之下潛變率只有一半不到。

表 15.4　主要的鍛軋鎂合金的組成

合金	分析，%			可能的形式
	鋁	鋅	錳	
AZ31B	3.0	1.0	0.3	擠壓成形，板，薄片
AZ61A	6.5	1.0	0.2	擠壓成形，鍛造，薄片
M1A	…	1.5	…	擠壓成形，鍛造
AZ80A	8.5	0.5	0.2	擠壓成形，鍛造
ZK60A	…	5.5	(0.7Zr)	擠壓成形，鍛造

表 15.5　鎂的鍛軋合金的組成與性質

	ASTM			
	M 1A-F	AZ61A-F	AZ80A-T5	ZK60A-T5
鋁，%		5.8–7.2	7.8–9.2	
鋅，%		0.4–1.5	0–0.2	4.8–6.2
錳，%	1.2min	0.15min	0.15min	
鋯，%				0.45min
密度，g/cm3	1.77	1.80	1.80	1.83
熔化範圍，℃	648–649	510–615	480–600	520–635
張力模數，Gpa	45	45	45	45
張力強度，Mpa	250	300	350	340
伸張降伏強度，Mpa	160	180	240	265
壓縮降伏強度，Mpa	70	120	195	195
50 毫米伸長量，%	5–12	14–17	6–8	11–14

抗腐蝕性 (Corrosion Resistance)　使用金屬鎂最重要的地方是在煙火製造的領域上還有化學試劑，像是格林納試劑，這是使用在有機化合物的綜合體。這些應用利用了精巧地分割的金屬化學活性。隨著所引入的合金有較適合的重量比炸力比值，與材料的化學穩定性相關的問題就開始出現。從對一般戶外環境的抗腐蝕觀點來說，早先合金的改善都是利用高純度鎂和修改鑄造的方法來進行，特別是助熔劑的處理。雖然商用的合金在島國的環境下是合理的穩定，還是會想要在金屬的外面塗上油漆，除非這個金屬是確定的知道其暴露條件並不是不適合的。海岸的所在地包括了和鹽類產物的直接接觸，這對鎂合金金屬來說很明確地會有腐蝕的效應。

形成性 (Formability)　限制鎂的冷成形的晶體結構允許再輕微升高的溫度之下達到良好的塑性。有一些外型是以暖和的鎂合金薄片經過一次抽拉而成，但是如果這個薄片是鋼或是鋁的話，就需要兩次的抽拉才可以成形。

刻痕敏感性 (Notch Sensitiviy)　鎂合金的強度性質，包括鍛軋和鑄造型式的，都會被刻痕或者是尖銳的不連續性所傷害，這會造成應力的增加。鎂合金顯著的刻痕敏感性需要在承受應力的原件設計上被特別的考量以避免在橫截面的改變和提供大量的平順曲率圓角。承受應力的鎂元件可能也會因為錯誤的加工操作而導致刻痕效應而變得危險。

彈性模數 (Modulus of Elasticity)　鎂的彈性模數是 45 GPa，對比於鋁合金的 70 GPa 還有鋼的 200 GPa。因此，對於相同的尺寸來說，一個承受彈性應力的鎂合金比起鋼材將會偏轉超過四倍，比起鋁合金也會偏轉超過 50%。因為相對的密度是 1.8、2.8 還有 7.9，相同重量的三種材料將會顯現出鎂是最堅硬的，然而鋼材會顯示出最大的偏轉。金屬極端的輕度因此更可以來補償它的低模數。許多鎂的結構，假使其重量是和拿來做比較的鋁合金一樣的話，體積可能會比較龐大或是厚度會比較厚，這樣的話就可以消減一些所需要用來支撐使結構變硬的肋板或是其它構件，可以因此而簡化設計並且降低製造或是組裝的成本。

加工性 (Machinability) 低可塑性，特別是哪些在室溫下金屬的局部地方，使得這個金屬最具加工性。這種金屬可以在高速的狀態被切割並且有漂亮的拋光切割面，只伴隨著一點點的工具加熱或是磨損。鋁鑄造的加工成本大約比鎂鑄造多出 25%，青銅鑄造則是多出 35%，鐵鑄造則多出了 50%。鎂碎屑的可燃燒性所構成的危險可以藉由適當的安全預防來消除：不停地洗出較細緻的切割面，收集並且去除掉碎屑等等。

可焊性 (Weldability) 鎂合金是在商業用途上，最常被氣體防護盾焊接製程所利用的金屬。氣體鎢電弧製程利用一個鎢電極，鎂合金的裝填棒還有一個惰性氣體像是氬氣或是氦氣來作為電弧保護盾。在氣體金屬電弧製程中，一個連續不斷注入的鎂合金金屬絲將會當作一個電極來維持電弧，而一個氬氣保護盾避免了焊接攪鍊的氧化。並不需要任何的助熔劑而且焊接的操作是和在鋼或是鋁中所操作的相類似。隨著氣體保護盾弧製程的出現，鎂合金的氣體焊接因為使用助熔劑相關的腐蝕問題的關係開始減少。現在氣體焊接主要是使用在緊急狀況的範圍的修補，直到一個更永久的修補可以被實施或是獲得一個可取代的元件。氣體焊接包括了使用氣體氣炬，鎂合金填充棒以及一個氯化物基底的助熔劑。焊接被限制為接縫的設計，這個地方可以藉由之後的助熔劑加入來徹底的清潔。常見的殘留應力焊接問題和某些合金傾向於裂痕敏感的問題可以藉由小心的處理，預先加熱還有後加熱進行應力消除的動作來解決。氣炬銅鋅合金焊接，熔爐銅鋅合金焊接還有助熔劑浸泡銅鋅合金焊接的方法也被應用到鎂合金之中。現在助熔劑浸泡黃銅是最常被使用的，這是因為它較快的速度和比起熔爐或是氣炬銅鋅合金焊接可以應用到更多較複雜的接縫點。鎂合金也很容易藉由抵抗焊接的方法像是斑塊，接縫還有閃光焊接的方式來處理，這都是利用在鋁的焊接時最常使用的設備來達成。

成本 (Cost) 生產鎂合金每一磅所需要的成本比起它的主要工業上競爭者如鋼，鋁還有銅都還要高一些。它能夠和這些金屬競爭是當它最重要的一個或是多個特徵可以被採用並且得到相當的好處，在這樣的狀況下，鎂合金才會比競爭金屬來得便宜。更具體的說：

1. 它在作為照相製版的材料上是比銅要便宜的

2. 它在陰極保護的使用上要比鋅便宜，在這個例子中，主要的競爭對手會產生電流

3. 在複雜的沙模鑄造形式之下鎂合金是比其它的任何金屬都還要便宜的。這是因為鋼並不能能夠拿來進行沙模鑄造，而且加工也非常昂貴；另一方面，鋁擁有比鎂還要高的熱含量，所以不能夠快速的被鑄造。

問題

1. 計算一個鎂合金 AZ92A-T4 的圓形測試棒的最大的張力和降伏載荷,它的橫截面積和每單位長度的重量都與相比較的鑄造鋁合金 220-T4 一樣。哪一種合金棒是比較強壯的?

2. 對下列幾種最強壯的鍛軋合金 (a) 鋁,7075T-6 (b) 鎂,ZK60A-T5 來做與問題一中相同的計算。

3. 為何鍛軋的鎂合金,尤其是薄片狀的都是從高純度的鎂中產生的,然而鑄造合金卻是由一般的電解金屬所組成?

參考文獻

Avedesian, M., and H. Baker (Eds.): *ASM Specialty Handbook: Magnesium and Magnesium Alloys*, ASM Int., Materials Park, OH, 1998.

Heat Treater's Guide: Practices and Procedures for Nonferrous Alloys, ASM Int., Materials Park, OH, 1996.

Fatigue Databook: Light Structural Alloys, ASM Int., Materials Park, OH, 1995.

ASM Handbook, vol. 2, *Properties and Selection: Nonferrous Alloys and Special Purpose Alloys*, ASM Int., Materials Park, OH, 1991.

Brooks, C. R.: *Heat Treatment, Structure and Properties of Nonferrous Alloys,* ASM Int., Materials Park, OH, 1990.

第十六章
鈦合金
Titanium Alloys

鈦和鋯都有獨特的性質，這使得它們可以適用於一些重要的應用領域。它們的化學和物理特性相當的接近。鈦礦是相當充足的。鈦的特性是具有高強度／重量比例，高熔點以及優秀的抗腐蝕能力。這些性質顯露出鈦在高速飛行器製造材料上的重要性，因為在這個領域鈦金屬的特性是相當有用處地，在 1950 年時期有許多的金錢被指定來從事鈦金屬生產能力的研發與發展。因此，這個金屬從實驗室的研究課題轉到了商業上使用的領域。鋯的含量不如鈦豐富，發現在核能科技上有相當重要的應用是由於它對熱中子的低吸收性。要得到這兩種金屬獨特的特性都必須付出昂貴的代價。在這一章中，只會討論到鈦金屬的技術，但是幾乎所有的技術都可以應用到鋯金屬上。

16.1 非合金鈦 Unalloyed Titanium

在低於 882°C的溫度，鈦金屬的晶體結構是六面密排結構，c/a 值大約比理想值 1.633 少了 2%，這可以在表 16.1 中看到。六面密排結構 α 鈦的塑性變形是藉由滑動和雙晶來產生。滑動發生在 $[1\ 1\ \bar{2}\ 0]$ 的方向，如同在其它的六面密排結構結構金屬一樣，這是指密排的方向。然而，對於鋅和鎘來說這正好相反，它們只有在基本平面上才是滑動面，在鈦金屬的滑動則是發生在 $(1\ 0\ \bar{1}\ 0)$ 和 $(1\ 0\ \bar{1}\ 1)$ 以及基本面上。當然 $(1\ 0\ \bar{1}\ 0)$ 面是在主要掌控的地位，其它的只有在特殊的方向才可以作用。這與法則上說的一致，法則上說，滑動通常發生在哪些最寬廣的平面和密排的方向。在鋅和鎘中，c/a 比例比理想值要大一點，因此基本平面之間會有較廣闊的空間。在鎂來說，滑動仍然主要發生在基本平面上，$(1\ 0\ \bar{1}\ 1)$ 平面只有在較高的溫度時才會有滑動發生。在鈦來說因為 c/a 比例比理想值要小一些，所以基本平面之間的空間較小，不容易來發生滑動。

鈦也很容亦藉由雙晶來變形；在室溫下 $(1\ 0\ \bar{1}\ 2)$、$(1\ 1\ \bar{2}\ 1)$、$(1\ 1\ \bar{2}\ 2)$、$(1\ 1\ \bar{2}\ 4)$ 還有 $(1\ 1\ \bar{2}\ 3)$ 可以被稱之為雙晶面。在低溫時 (-196°C) 滑動只會發生在 $(1\ 0\ \bar{1}\ 0)$ 平面，雙晶是屬於主要模態。以鋁來當作合金元素傾向於減少 $(1\ 0\ \bar{1}\ 2)$ 的滑動，不過並不能消除它。在高溫時，滑動是佔支配地位的，雖然 $(1\ 0\ \bar{1}\ 2)$ 雙晶可能可以持續到 700°C。在鈦中可容許的大量的滑動和雙晶系統意味著這個金屬可以比鋅或是鎂更能夠接受常溫加工。和鎂的冷軋加工之間的對比特別被列出來：在軋延時所發展的應力不管是在鈦或是鎂都會在 $(1\ 0\ \bar{1}\ 2)$ 上發生雙晶：不過在鈦中，其它雙晶平面的作用會允許更廣泛的冷變形。

鈦對於氣相元素氫、碳、氮還有氧有非常大的活性，這些都可以形成樹枝狀結構的固溶體。即使是最純的金屬也不能避免這些元素，含有這些元素的量在商業上的等級也有相當重要的意義。它們都傾向於增加強度和堅硬度。因為氧氣常常是以最大的數量存在，氧、氮和碳的全體效應都是以氧氣當量的百分比來表示，在圖 16.1 中可以看到這個比例和硬度，強度還有延展性（在拉伸測試中的面積縮減）的關係。

表 **16.1** 六角形金屬的軸比例

金屬	c/a	金屬	c/a
鎘	1.886	鋯	1.589
鋅	1.856	鈦	1.587
鎂	1.624	鈹	1.568

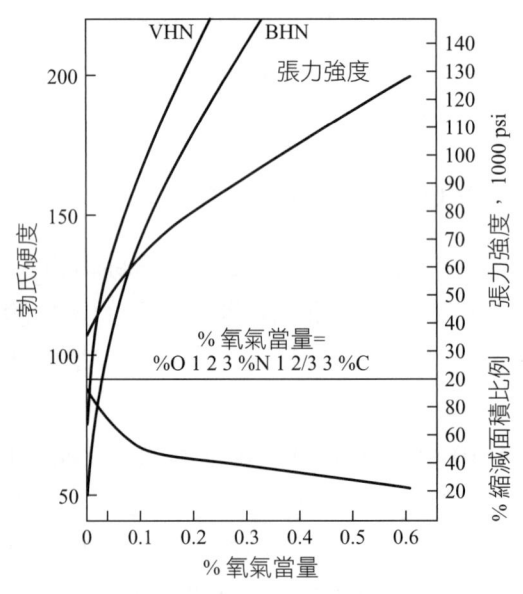

圖 **16.1** 鈦的硬度與張力性質和氧氣當量之間的關係，換言之，在鈦中的氧氣、氮氣還有碳雜質相對效應的總和

表 16.2

等級	降伏強度，MPa
A40	280－420 (40－60)
A55	385－560 (55－80)
A70	490－665 (70－95)

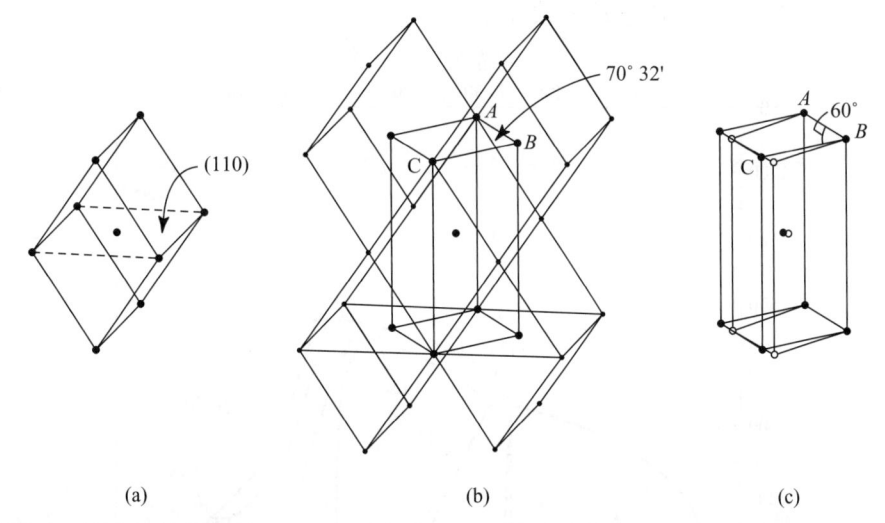

圖 16.2　α 鈦到 β 鈦的無擴散變態。**(a)** β 鈦的體心立方單元格 **(b)** 在 **(a)** 中所顯示晶格的陣列，有一個潛在的六角形密排格子的輪廓 **(c)** 在 **(b)** 中的晶格剪切為六角形密排 α 鈦晶格。

既然對少量的樹枝狀結構雜質的化學分析是相當困難的，商用純鈦的純度就利用其在 0.2%偏置位置的降伏強度來描述，如同在表 16.2 中所示。最低的強度等級（最高的純度）是在需求最大的延展性和形成性時所使用的；其它的則提供了適當的強度和傑出的抗腐蝕性的組合。

同素形成 (Allotropic Forms)　鈦和鋯都會在加熱到高溫（對鈦而言是 885.2°C，對鋯來說是 865°C）時變態為體心立方結構（β），而這也就是相信對這兩種金屬而言變態的機制是完全一樣的理由。假使在冷卻的時候，體心立方的形成物被保溫在恰好低於變態溫度之下，那麼六角密集 α 將會慢慢的從 β 中形成。在低溫時，變態的速度會更快一些。不論淬火的速度有多快，都不可能藉由突然的冷卻來保持 β 相。如果假設變態的機制並不需要擴散的話，那麼這個觀察就可以很清楚的來被解釋。從研究變態的材料與基材在大規模的鋯晶粒之間的關係中，W. G. Burgers 推論出如圖 16.2 中所顯示出的變態機制。實際上的變態機制可能不會完全的遵照圖 16.2 中的流程，不過很清楚的可以看到從體心立方到六角密集變態可以在沒有擴散控制原子的幫助下發生。它是滿足在實驗上的觀察也就是 β 相的 {110} 平面都是平行於 α 相的 (0001) 平面。

16.2 鈦合金的相圖 Phase Diagrams of Titanium Alloys

二元合金的相圖包含了鈦，表現出了複雜相關係的豐富變化性。這些相圖的特性對於工業上重要的合金來說是有重大的意義的，可以很簡單的來分類。最重要的問題就是是否給予的合金元素會穩定 α 相或是 β 相。穩定 α 相意味著溶質被添加，α-β 相變態溫度被升高：β 穩定則是顯示相反的狀況。鋁是一種 α 的穩定劑，這可以從鋁－鈦相圖（圖 16.3）中看到。其它的重要 α 穩定劑是氧、碳還有氮。

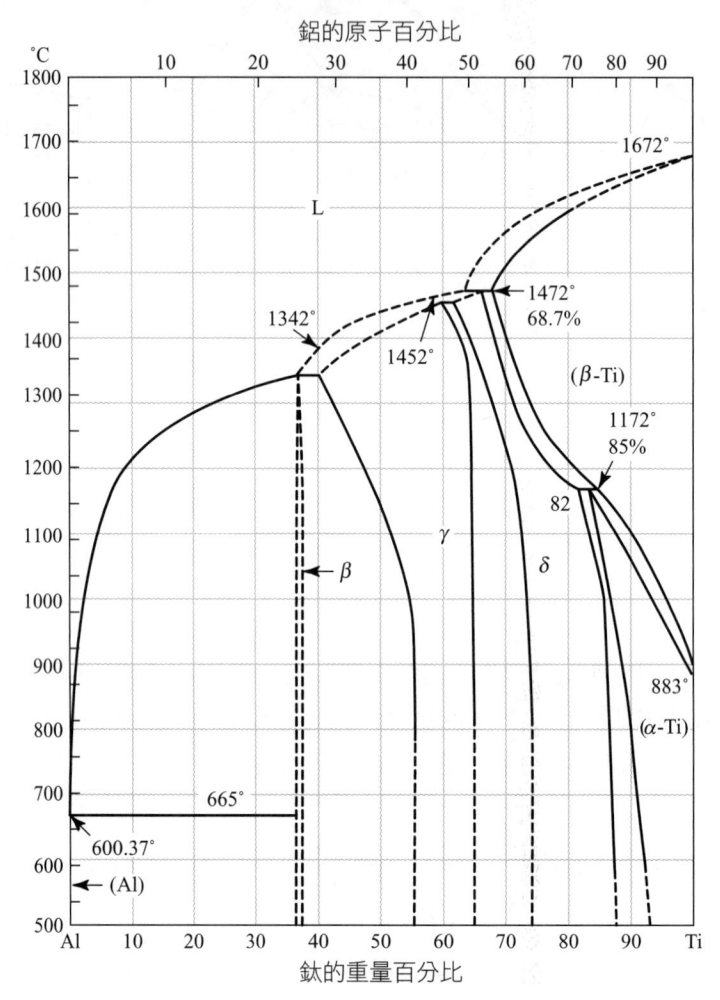

圖 **16.3** 鋁－鈦相圖。注意到除了在右手邊的高溫 β-鈦相之外，在鋁基材的合金中還有樹枝狀結構化合物 **Al₃Ti**（這也被稱之為 β）的存在。

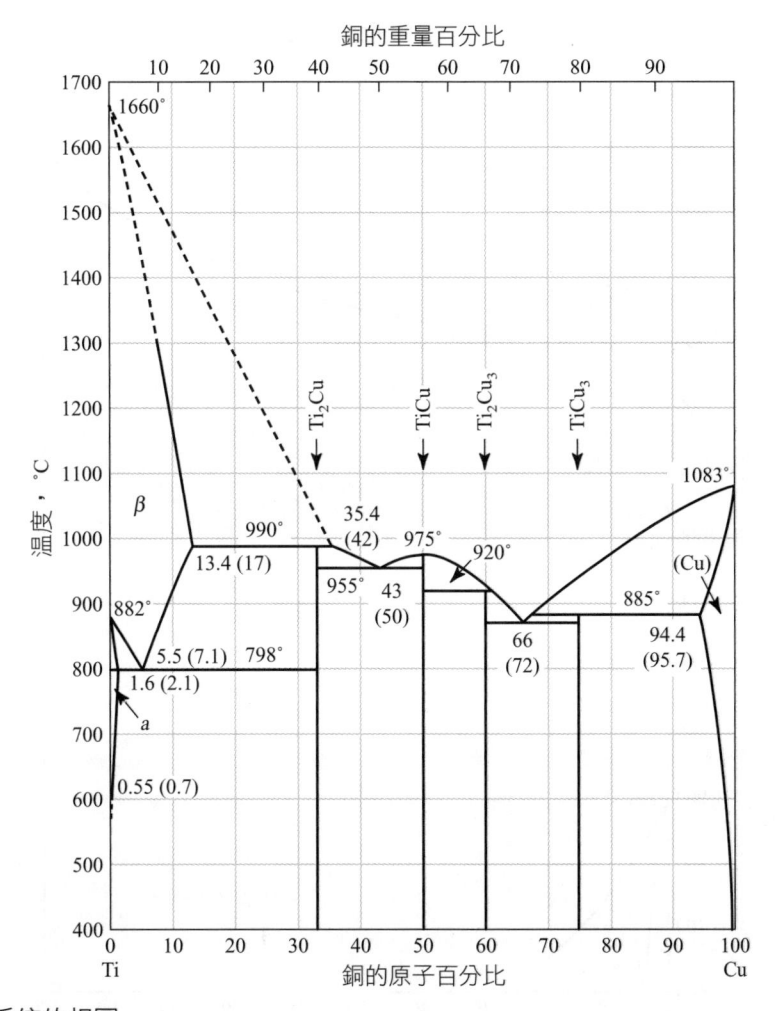

圖 16.4 鈦－銅系統的相圖

　　除了銅之外，重要的 β 穩定劑都是過度元素（鉬、釩、錳、鉻還有鐵）。鈦－銅相圖（圖 16.4）顯示出強力的銅如何來抑制 α 相還有這種型態合金的大量樹枝狀化合物特徵的發生。

　　鈦合金的特徵相圖可以被分為三個部分：β 異質同形、共析還有包析三種類型。前兩種類型包括了 β 安定劑，最後一種是 α 安定劑。典型的 β-異質同形圖就像是鈦－釩系統（圖 16.5），在這種系統中會有一個 β 固溶體的連續區域從純鈦延伸到純釩。圖 16.4 中的鈦－銅圖顯示出共析型態的系統。在這種共析系統中，常常會產生金屬間化合物，這是和 β－異質同形系統相反的。鋁－鈦相圖（圖 16.3）是屬於包析類型。

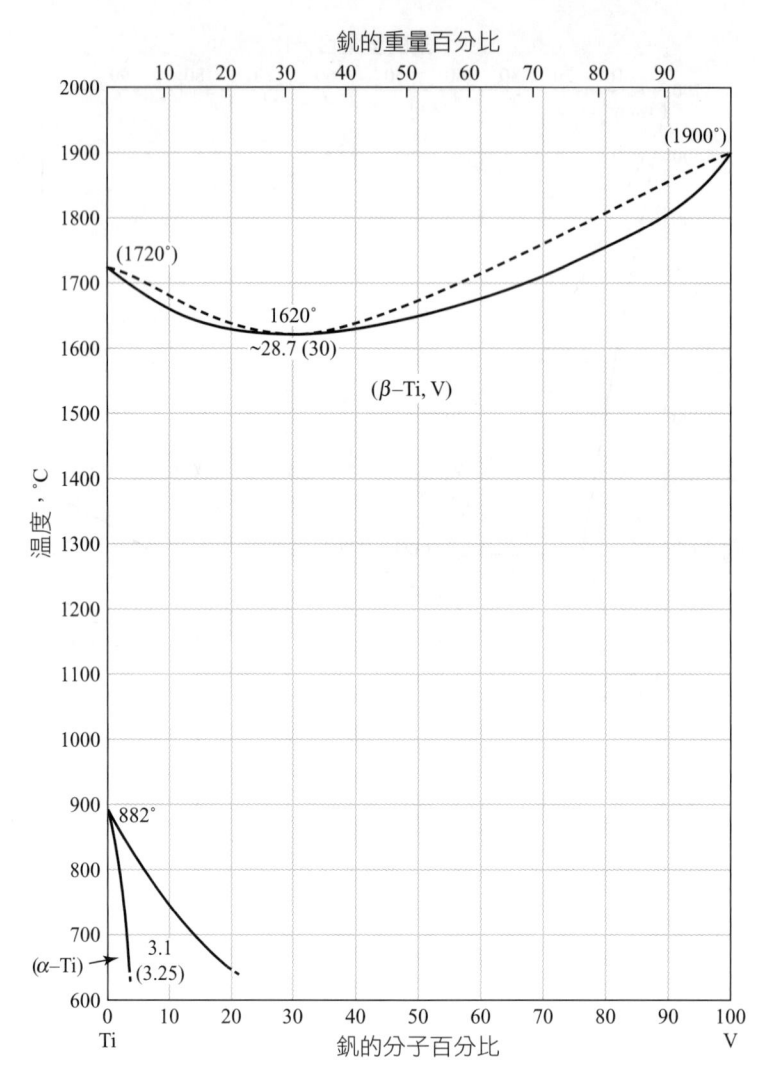

圖 16.5 鈦－釩系統的相圖

　　因為重量和其它的考量，在鈦中最常使用的合金元素就是鋁。檢視圖 16.3 中可以發現到鈦－17 合金的鋁重量百分比將會通過從 β 區域冷卻時平衡的相區域：$\beta \to \beta + \delta\,(Ti_3Al) \to \alpha + \delta \to \delta\,(Ti_3Al)$。$Ti_3Al$ 相假使以足夠量的數目存在時將會使得 α 鈦變得易脆，這是屬於一種規則的 α 結構，這有時候會被稱之為 α_2。它可以被認為在空間中包含了四種 α 單元格所以 c_0 參數是和 α 的長度一樣但是 a_0 的參數則是 α 的兩倍。對 Ti_3Al 來做化學計量的組成就可以發現到它們是存在於 δ 相的固溶體區域。

　　假設有足夠的穩定合金元素像是鉬、釩、錳或是鉻存在的時候，在鈦合金中的 β 相可以在從所有都是 β 相的區域或是 $\alpha + \beta$ 相的區域被淬火的時候保持住。無論任何特殊的作業所需要的是完全 α，完全 β 或是混和的 $\alpha + \beta$ 結構，都必須要做下判斷。

　　一些鈦合金系統的重要特性都可以在表 16.3 中看到。

表 16.3　二元鈦相圖的特徵

β 異質同形系統

元素	最大延伸 α 相區域，重量百分比，%
鉬	0.8
釩	3.5
鉭	12.0
鈳	4.0

共析系統

元素	形成的化合物	共析組成，重量百分比，%	共析溫度，°C	最大延伸 β 相區域重量百分比，%
錳	TiMn, TiMn$_2$	20	550	33
鐵	TiFe, TiFe$_2$	15	595	25
鉻	TiCr$_2$	15	670	100
銅	TiCu$_2$. TiCu, etc.	7.1	789	17
鎳	Ti$_2$Ni, TiNi, TiNi$_3$	5.5	770	13

包析系統

元素	固溶體類型	最大延伸 α 相區域重量百分比，%	α 相區域最大溫度，°C	最大延伸 β 相區域重量百分比，%
鋁	代替型	17.5	1172	35
碳	間隙型	0.48	920	0.75
硼	間隙型	…	885	
氧	間隙型	15.5	1900	1.8
氮	間隙型	7.0	2350	1.9

全 α 合金發展出良好的強度和堅韌性，並且在較高的溫度時有優越的抗氧氣溫染能力，不過有相對較差的成形特性。全 β 合金有體心立方結構表現出比較好的成形性質在溫度高或低的時候都有良好的強度，不過比較容易受到環境大氣的污染。它們也有高密度（因為 β 安定劑是一種過度元素），因此對於一個給定的強度它們有較低的強度／重量比例。α+β 合金代表著這幾種特性之間的妥協：它們有良好的成形性質和冷強度，不過在高溫時比較脆弱。許多鈦合金可以藉由熱處理像是固溶體硬化和常溫加工的方式來增強其強度。

最簡單型態的鈦合金就是全 α 類型的，這是藉由添加了 α 安定劑而形成的，通常會是鋁。鋁在鈦中有強力的固溶體硬化效應，如同圖 16.6 中所顯示的。添加了錫更能夠來強化 α 相而不會喪失大量的延展性：因此最常被選擇來做為有良好的強度性質的比例是鈦+5%鋁+2.5%錫。

擁有少量 β 安定劑的 α+β 合金像是鈦 +6%鋁 +4%釩或是 α+β 合金中有6%大量合金以及含有鉬的 α，像是鈦 +6%鋁 +2%錫 +4%鋯 +6%鉬這種合金也在較高的溫度下被使用。這些合金的強度/重量比例性質是溫度的函數,它們和鋁還有鋼的比較可以在圖 16.7 中看到。三種鈦合金之中,全 α 合金,鈦 + 5%鋁 + 2.5%錫並不只擁有最低的強度／密度比例同時也擁有最低的強度,這是因為它不能夠被熱處理。要能夠被熱處理(如同不久前討論過的),一個合金必須要有足夠量的 β 相存在。鈦 + 6%鋁 + 2%錫 + 4%鋯 + 6%鉬還有數量最多的 α,這種合金是最能夠利用熱處理來增強強度的。在強化處理之後,一個合金應該要被放置在低於最低的熱處理溫度之內。在較高的作業溫度時,從強化處理所殘留的 β 數量將會傾向於減少,這是因為相圖的需要。在使用的壽命之內,在機械性質上還有微細構造上只能夠接受一些較不重要的改變。鈦 + 6%鋁 + 2%錫 + 4%鋯 + 6%鉬的相對穩定度表示出它隨著溫度的增加在強度上的衰退性質也就越低。

在圖 16.7 中的三種鈦合金都以鍛造,棒材還有環形物的形式來使用,這被發現到在噴射引擎上有很廣泛的應用。鈦 + 6%鋁 + 4%釩還有鈦 + 5%鋁 + 2.5%錫這兩種合金都是以平板薄片還有細長條的形式來生產。

大多數在商業上使用的鈦合金包含了 $\alpha+\beta$ 的結構,最常使用的合金比例是鈦+ 6%鋁 + 4%釩。然而,有一些全 β 合金也被發展來使用,這是因為體心立方結構在本質上就比六角形密排結構來的優越,對於彎曲和冷成形的操作處理上也比較良好。在柔軟的狀況下成形之後,合金會被進行熱處理來得到較高強度的層級。因此,它們特別可以適合一些特殊的應用範圍,像是需要最大強度／重量比例的壓力容器,蜂巢狀平板還有飛彈外罩。現存的三種 β 合金是鈦 + 13%釩 + 11%鉻 + 3%鋁,鈦+ 11.5%鉬 + 6%鋯 + 4.5%錫還有鈦 + 8%鉬 + 8%釩 + 2%鐵 + 3%鋁。

全 β 合金和一些 $\alpha+\beta$ 合金的組成並沒在這邊說明,這些合金包含了許多種的元素添加,這是為了要使得每一相的固溶體強化或是放大在時效時 β 的強化潛能。通常合金元素是以協同作用原則來添加,這是說,添加進來的各種元素一起發生的強化效用比起單獨的作用要來得強。低 β 含量的 $\alpha+\beta$ 合金有時候會有少量的矽添加物。矽會形成無法溶解的矽化物,這會增加高溫的抗潛變性質。

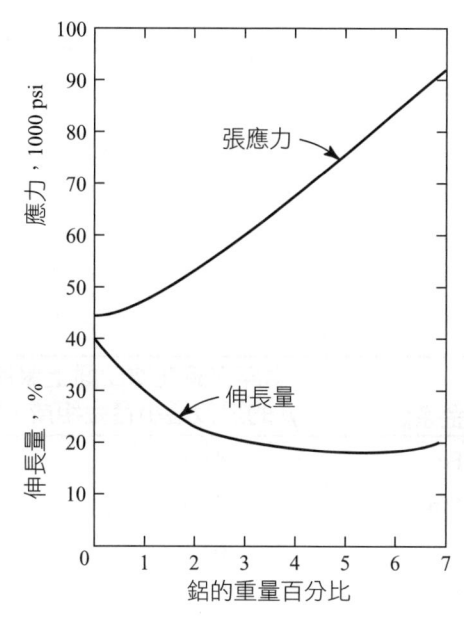

圖 16.6　在鈦的固溶體中加入鋁的硬化效果

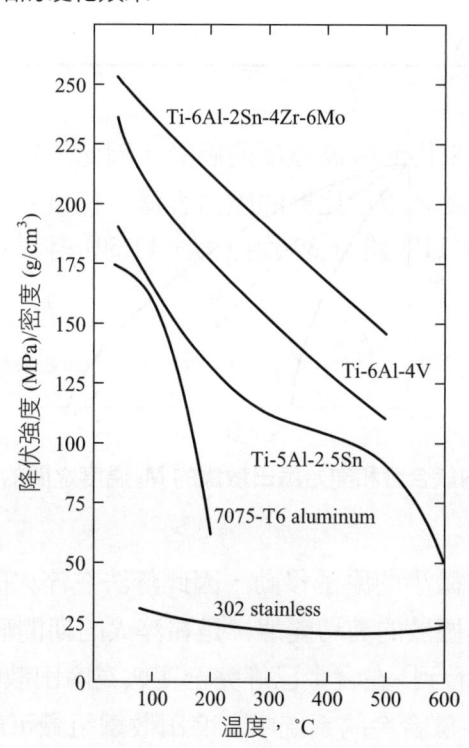

圖 16.7　對於三種商用的鈦合金和高強度的鋁合金以及 302 不鏽鋼在降伏強度－密度比值的比較

16.3　鈦合金的熱處理　Heat Treatment of Titanium Alloys

　　如同前面所指出的，包含了 β 安定劑添加物的鈦合金可以在適當的冷卻速度之下，不管是從 β 相還是 $\alpha+\beta$ 相都保持著 β 的存在，假使 β 中包含了足夠數量的安定劑。能夠保持

β 的能力對每一種合金元素來說都不一樣,這可以在表 16.4 中看到。假使在冷卻來保持 β 的過程中,存在的安定劑量不夠,β 將會被某些機制所分解。隨著合金組成成分的不同,有一些非熱 ϖ 它們的結構並非完全的被瞭解,或是麻田散鐵組織可能會在其中形成。這些合金的組成成分常會有許多是重複存在的。在低合金組成中只有麻田散鐵組織會形成,在高 β 安定劑含量中只有一些非熱 ϖ 會被發現。

表 16.4

合金系統	水淬火時在薄剖面上保持 β 的近似最小合金組成,%
Ti–Fe	4－6
Ti–Mn	4－6.5
Ti–Cr	6－7
Ti–Mo	11
Ti–Cu	13
Ti–V	16

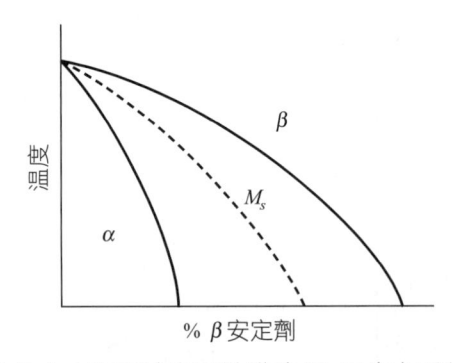

圖 16.8　顯示出 β 安定劑型態的鈦合金和開始麻田散鐵的 M_s 溫度之間的關係

非熱 ϖ 相是起源於非常微小的原子移動,因此無法在淬火的期間被抑制。麻田散鐵組織(第 7 章)這個詞是指無擴散的剪切變態,是在淬火的期間形成,M_s 溫度端視合金的含量而定,這可以在圖 16.8 中看到。在合金已經完全變態為麻田散鐵的溫度,稱之為 M_f 溫度,並沒有被清楚的定義。在鐵-碳合金的系統中,麻田散鐵組織可能會以厚實的結構或是針狀的結構來形成。當合金的成分含量增加的時候,後者的外型也變得更明顯。

兩種類型的麻田散鐵組織,α',α'' 已經被發現是可以形成的。α' 是六角形密排結構,然而 α'' 卻是斜方結構。麻田散鐵的分解相對於 β 來說是過飽和的情形,這是強化鈦＋6%鋁＋4%釩合金的基材。麻田散鐵根據瞭解可以藉由 α 或是 β 小粒子的析出來分解。一般來說在鈦合金中伴隨著強化的析出會比在鋼鐵中的析出少一些。在鈦＋6%鋁＋2%錫＋4%鋯＋6%鉬的合金的例子中,良好的 β 析出顯著地強化了合金並且大大的減低了延展性,這是無法被回復的，即使有長時間的過時效時間也不行。因此，在這種合金中，當合金含量是足夠來讓 M_s 溫度低於室溫的時候，會藉由在 $\alpha+\beta$ 區域較低的熱處理溫度來躲開麻田散鐵組織的形成。這種合金的強化如同所討論的，會藉由 α 的析出而產生。

保持的 β 可能會在時效的時候分解來形成複雜的六角形析出，如同所熟知的 ϖ，在低於大約 550℃的溫度，或是 β'，這是一種面心立方的固溶體結構，在 β 安定劑的含量上比原先的合金含量少一些。雖然 ϖ 析出會強化 β，不過假使量夠多的話也會降低延展性，嚴重一些會達到幾乎為零的延展性。在某些例子中合金被發現到會產生滑動，切開 ϖ 粒子，使得它們分解進而造成局部的軟化。這個軟化會允許更進一步的變形，最後導致結構的破壞。在足夠高溫的時效處理之下，ϖ 和 β 都會分解而形成 α。在仍然較高溫度的 α 將會直接從 β 中形成而不用任何的居中結構。

α 形式在密度上比起 β 形式的要低一些，當它析出的時候會藉由 β 基材來變形接著再造成 α 的變形。高度變形的 α 會因為這個變形而被足夠的強化，藉此可以拿來當作在 β 中的差排運動的障礙物。在 β 中所增加的差排密度是因為 α 析出而發展形成的。就是這樣的一個過程強化了鈦 + 6%鋁 + 2%錫 + 4%鋯 + 6%鉬的合金。藉由時效作用來對 $\alpha+\beta$ 合金的熱處理是一種二步驟方法。第一步就是所熟知的溶液處理，這是在 $\alpha+\beta$ 區域中實施的處理，提供了足夠的 β 來產生所想要的強化作用並且固定 α 的型態。在這個熱處理中所形成的 α 就是所熟知的原生 α。在從溶液處理淬火之後合金就被再加熱到大約低於 650℃的溫度以進行時效處理。

16.4　鈦合金的性質 Properties of Titanium Alloys

α 型態的效應　Effect of α Morphology

型態學，換言之，在一個 $\alpha+\beta$ 合金中的 α 型態在估量張力，延展性，原先就有裂痕的狀況下抵抗破裂的能力還有破裂裂痕的發展等等都佔有非常重要的地位。顯微照片 16.1 到 16.7 中顯示了非合金鈦還有一些鈦合金的微細構造。主要的 α 存在於兩種形式，威德曼平板加上晶界 α（顯微照片 11.3）或是等角 α 結構（顯微照片 11.4）。第一種結構是在不論從 β 到 $\alpha+\beta$ 區域冷卻或是從 $\alpha+\beta$ 的高溫區域到一些較低溫度的兩相區域之間所形成的。在威德曼 α 平板之間存在著方向性的關係，威德曼 α 平板在 α 的晶界之間形成，並且兩個晶粒之中的一個會共享邊界。這個方向性的關係在 $\alpha+\beta$ 結構的塑性變形中有特別重要的地位。

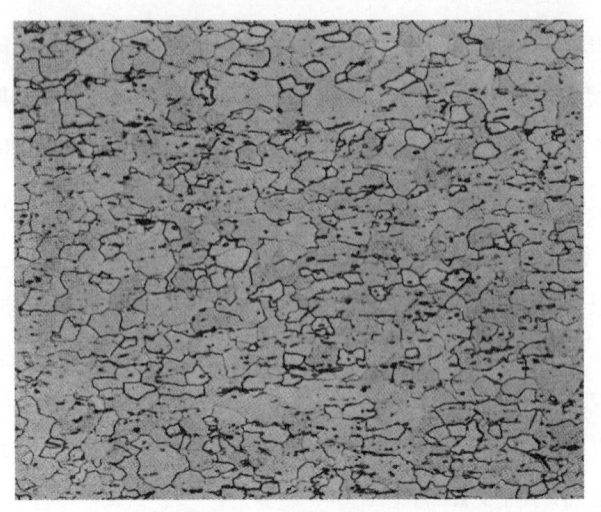

顯微照片 **16.1** 商用的未合金鈦，等級 **A70**；**HF+2HNO₃** 蝕刻；放大倍率 **300** 倍。這個試件被從一個退火的薄片中取出並且表現出典型的 α 結構。暗色的粒子是保持的 β，這是起源於少量的殘留鐵雜質。

顯微照片 **16.2** 鈦+6％鋁+4％釩，從 β 區域進行淬火，利用苯氯化物+**HF** 來蝕刻；放大倍率 **500** 倍。淬火產生麻田散鐵組織。中央的晶粒指出淬火的速度並不夠快，因此無法避免一些 α 的形成物出現在 β 的晶界之間。

顯微照片 **16.3** 鈦+6％鋁+4％釩，從 β 區域進行爐冷到 $\alpha + \beta$ 區域，溫度 **930**℃，保溫 **46** 小時來粗化結構，接著進行水淬火，再加熱到 **770**℃，然後再進行一次水淬火；利用苯氯化物+**HF** 來蝕刻；放大倍率 **500** 倍。這個結構顯示出 α 首先是在原來的 β 晶界和原先是 β 晶粒所在處的威德曼 α 平板上形成。保持的 β 在 **930**℃的保溫之後在淬火時變態為麻田散鐵組織。這種麻田散鐵組織雖然會在大約 **770**℃時分解，仍然會顯露出麻田散鐵的特徵。

顯微照片 16.4　鈦+6％鋁+4％釩，在 930℃下保溫 72 小時並且進行水淬火，在 740℃時再加熱 2 小時然後進行淬火；利用苯氯化物+HF 來蝕刻；放大倍率 500 倍。等角的 α（深色地方）於 930℃的時候在分解的 β 麻田散鐵區域形成。這張顯微照片和照片 16.2 以及照片 16.3 都可以顯示出假使 β 是在適當的位置的話，那麼無論 α 是否存在，β 在淬火的時候將會變態為麻田散鐵。

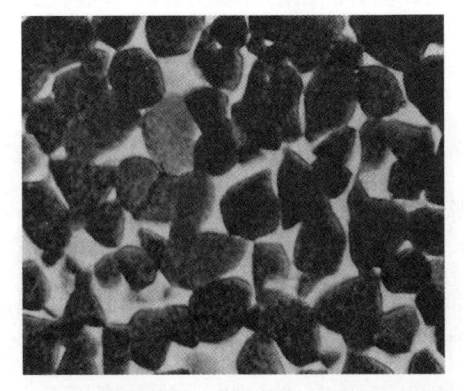

顯微照片 16.5　鈦+6％鋁+4％釩，在 910℃保溫 20 小時，爐冷至 790℃，保溫 1 小時然後進行淬火，利用苯氯化物+HF 來蝕刻；放大倍率 1000 倍。這個結構中包含了等角的 α（深色）以及殘留的 β（淺色）。

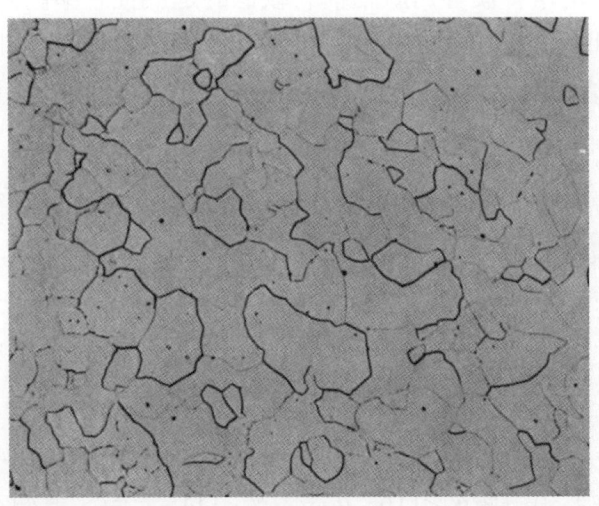

顯微照片 16.6　鈦+13％釩+11％鉻+3％鋁；HF+2HNO3 淬火；放大倍率 300 倍。這是從一個在 820℃進行溶液處理並且水淬火的薄片上取得的試件，此結構為完全的 β 相。

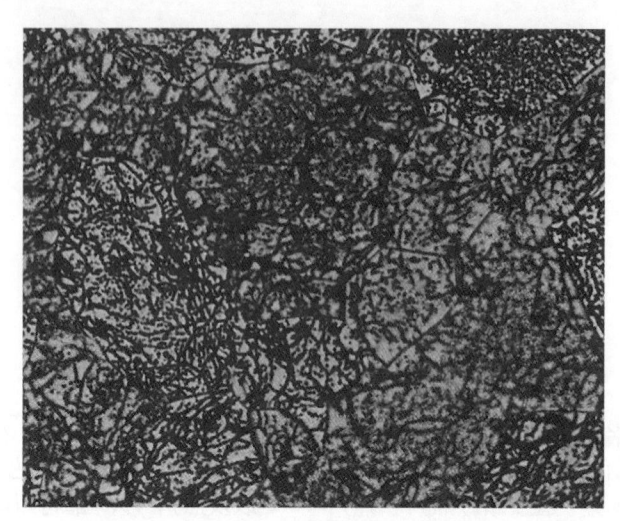

顯微照片 16.7 和照片 16.6 一樣的試件，但是在 485°C 的溫度經過了 24 小時的時效處理。結構中包括了 β 加上深色的蝕刻 α 網路。原先 α 晶界的軌跡可以被看到，同時也可以看到在不同的 β 晶粒上所顯露出來的 α。

等角的 α 將會藉由在 $\alpha+\beta$ 區域中的板狀的型態來發展，緊接著會在同樣的兩相區域中開始再結晶，不過不需要使用和高溫加工一樣的溫度。所得到的 α 是起源於這個過程的存在，在一個 β 基材的合金中，不是在三個 β 晶粒所共享的邊緣上就是在沿著兩個 β 晶粒所共享的面上。在進行張力測試或是存在的裂痕區之前的張力裂痕時，兩個結構的 $\alpha+\beta$ 的交界面都會被當作是空隙形成物。威德曼平板和晶界上的 α 粒子都有和 β 一起的相當長的界面，這提供了一個相當良好的路徑來生成空隙。在小平板上的空隙比起等角結構上的空隙來說在較低的應變之下就到達了臨界的破裂尺寸，在這其中 α 粒子也被用來當作裂痕停止器。因此小板狀的結構常常會被等角狀結構有較低的延展性。舉例來說，鈦 + 5%鋁 + 5%釩 + 1%鐵 + 0.5%銅的合金可以藉由熱處理來產生 163,000 lb/in^2 的降伏應力，在等角狀結構上顯示出 59% 的面積縮減率，不過在相同降伏強度的小板狀結構上就只有 29% 的面積縮減率。

對小板狀結構來說，方向性關係就是之前所提到的博格方向關係，可以在圖 16.2 中看到。結晶學上的關係被命名為：

$$(0001)\alpha \| (110)\beta$$

$$<11\bar{2}0>\alpha \| <111>\beta$$

這意味著不只是 α 的 (0001) 平面是平行於 β 的 (110) 平面，連在基本 α 平面上的 $<11\bar{2}0>$ 方向也是平行於相對應的 $<110>\beta$ 面上的 $<111>$ 方向。這個方向之間的關係也意味著在 α 中的一個滑動系統，也就是說，$(0001) <11\bar{2}0>$ 是平行於 β 中的滑動系統，此滑動

系統指的就是 (110)<111>。因此在 α 中的滑動可以被傳送到 β 中。疲勞裂痕需要一些輕微的塑性變形來形成，因此在小板狀的型態時可以比等角的 α

因此可以下一個結論就是假使對於特定的應用來說，一種破壞的模態比任何其它的模態都要具掌控性，那麼一個特定的型態可能會被選擇來提供這種破壞模態的最大抵抗力。在工業上實施發展如何來生產特殊需求的微細構造並且要求生產者提供購買者所預先選擇的微細構造的材料是很常見的。表 16.5 中給予了三種主要型態的鈦合金結構在退火或是熱處理型態下的典型性質。

表 **16.5** 典型結構的鈦合金性質

類型	組成，%	退火			熱處理		
		張力強度，Mpa	降伏強度，Mpa	面積縮減百分比，%	張力強度，Mpa	降伏強度，Mpa	面積縮減百分比，%
All β	Ti-5Al-2.5Sn	800	770	25			
α + β	Ti-6Al-4V*	910	840	25	1085	1010	15
	Ti-6Al-2Sn-4Zn-6Mo†	1120	1050	20	1190	1120	20
All β	Ti-13V-11Cr-3Al	875	840	25	1190	1120	10

* 退火處理：從 700 到 870°C 加熱 1 到 8 小時，緊接著氣冷；硬化熱處理 1 小時，溫度 940°C，水淬火處理，485°C 進行時效處理 8 小時，氣冷處理。

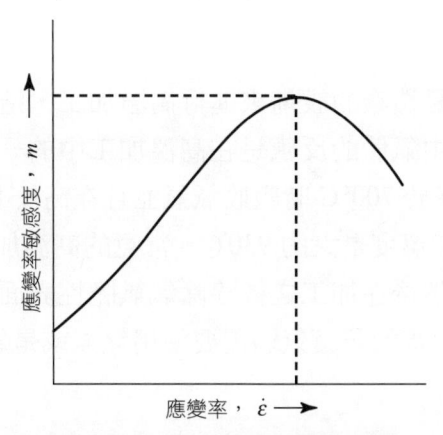

† 退火處理：840°C 進行 1 小時，氣冷加上 650°C 1 到 8 小時；870°C 進行硬化熱處理 1 小時，水淬火，600°C 進行時效處理 8 小時，氣冷處理。

圖 **16.9** 短期商用純鈦的降伏強度與潛變強度和測試溫度的關係圖

鈦的潛變性質 (Creep Properties of Titanium) 鈦所表現出的稍微不尋常的潛變行為和一些它的合金都可以在圖 16.9 中看到。在潛變的狀況之下正常型鈦的應變—時間曲線是可以獲得的。圖 16.9 顯示出在一個溫度範圍內潛變測試的結果，圖中所需要來維持應變率

10^{-4}%/h 的應力被用來對測試溫度作圖。降伏強度對溫度的關係也被顯示出來做為比較。然而降伏強度的穩定性隨著溫度的增加而下降,所需要來維持常數潛變率的應力在從 100 到 200℃的範圍內會增加。這個抗潛變增加的起源並不是完全的被瞭解。這很有可能是因為在鈦中的空隙間雜質與類似於在鋼中(第 8 章)所發生的應變－時效現象的交互作用所產生。在低於大約 300℃時,空隙間的溶質原子就會強力的被吸引到邊緣的差排上。這是因為一個空隙間溶質會造成相當可觀的鄰近間空間擴張;它的應變能是降低的,因此它是在差排的額外半平面擴張範圍之外。這意味著在差排和鄰近間隙溶質原子之間有一個吸引力的存在。為了要移動,差排也必須要從溶質來拉開,這些溶質是相當接近差排的,或是說溶質在潛變實驗的期間必須慢慢的沿著它的滑動平面藉由擴散來跟隨著差排移動。這個額外的拉力,只要溶質原子的移動性比較低的時候就會存在,這也是一個可能造成在不純的鈦或是鈦合金中發現增大的抗潛變性的原因。常溫加工改善了在室溫時的抗潛變性質,在常溫加工之後於 200℃退火幾個小時更能夠改善在室溫時的潛變強度。

16.5 鈦合金的應用 Applications of Titanium Alloys

鈦是從金紅石,TiO_2 中藉由凱洛製程所生產的,這是以它的發明者來命名的。首先將氧化物覆蓋到 $TiCl_4$ 上面。因為鎂對於氯的活性比鈦來得大,所以用來減低氯的含量以達到較高純度的鈦。以這種方法所生產的金屬有海綿狀的外表。為了要將海綿轉化為鑄錠的形式,海綿會被壓縮為粉金壓製品,並且視需要加入或是不加入合金的元素。很多粉金壓製品會被焊接在一起並且形成在真空電弧熔爐中的正電極,這是必須被使用來避免從空氣中所得到有害的氧氣和氮氣。在熔解時,在水冷的銅坩鍋和鈦陽極之間會有一個電弧被建立,當金屬熔化時,熔化金屬液會滴到坩鍋裡面:直徑 86 公分,7 頓重的鑄錠就是以這樣的方式來生產的。

鈦可以藉由標準的鋼鐵鑄造廠的設備來進行高溫加工,這也使得鈦工業的發展變得相當的快速。然而,鈦和大氣中氣體的反應是在高溫加工中的一個很重要因素。鈦會在高於 150°C 的溫度吸收氫氣,在高於 700°C 時吸收氧氣並且在高於 815℃時吸收氮氣,這會造成使金屬變脆。最好的高溫加工溫度是大約 930℃。常見的高溫加工流程是利用一個氧化的大氣環境(避免氫氣的污染)然後在加工之後移除氧氣脆性表面層。空隙間溶質的吸收在焊接鈦的時候也是很重要的;焊接的防護氣體需要使用氦氣或是氬氣。隨著這個保護,全 α 合金就可以很容易的進行焊接了。

鈦的最大宗使用顯然是拿來做為航太航空引擎以及結構使用,特別是在軍事上和商業上的噴射飛機。近乎有 75%的鈦產出被用在飛機引擎和機身上。工業上鈦的應用範圍都是以熱交換器的管件,電解銅生產的陽極,泵,閥件還有配管為主。工業上鈦的應用代表著鈦使用的快速成長,這也會使得鈦的高成本效益的增加得以持續下去。

問題

1. 既然銅是一種強力的 β 相安定劑，為何沒有在全 β 合金中被廣泛的使用呢？

2. 描述在鈦合金中使用下列每一種合金元素的主要理由：鋁，錫還有鉬

3. 在鈦的結構單元格中描繪在這種金屬中於室溫下的可能滑動系統

4. 列出下列幾種合金在鈦合金應用中的相對益處：（1）全 α 合金（2）全 β 合金（3）α-β 合金

5. 鎘是一種 c/a 值等於 1.886 的六角形金屬，然而鈹是一種 c/a 值等於 1.568 的六角形金屬。這兩種金屬相對於 c/a 值等於 1.587 的鈦來說，讀者預期在變形的特性上會是怎樣的情形呢？

參考文獻

Eylon, D. (Ed.): *Titanium for Energy and Industrial Applications,* The Metallurgical Society of AIME, 1981.

Coolings, E. W.: *Applied Superconductivity, Metallurgy and Physics of Titanium Alloys,* vol. 1, Plenum Press, New York, 1986.

Jaffee, R. I.: "The Physical Metallurgy of Titanium Alloys," *Prog. Met. Phys.,* vol. 7, pp. 65–163, 1958.

Boyer, R., G. Welsch, and E. W. Collings (Eds.): *Materials Properties Handbook: Titanium Alloys,* ASM Int., Materials Park, OH, 1994.

Jaffee, R. I., and H. M. Burte (Eds.): *Titanium Science and Technology* (Proc. Second Int. Conf. on Titanium, Boston), Plenum Press, New York, 1973.

ASM Specialty Handbook: Heat-Resistant Materials, ASM Int., Materials Park, OH, 1997.

Donachie, M. J.: *Titanium, A Technical Guide,* ASM Int., Materials, Park, OH, 1988.

Bloyce, A., P.H. Morton, and T. Bell: "Surface Engineering of Titanium and Titanium Alloys," *Surface ngineering,* vol. 5, pp. 835–851, *ASM Handbook,* ASM Int., Materials Park, OH, 1995.

第十七章
高溫作業需求的金屬
Metals for High-Temperature Service

當熱機的操作溫度越高,那麼從熱能轉變為機械能或是其他形式能量的效率就會更高。這個陳述不只應用到蒸氣渦輪機、氣體燃燒渦輪機、噴射引擎上,在液體或是固體燃料飛彈的引擎或是核子動力裝置都是適用的。限制使用溫度的因素其實是引擎所使用材料的熱強度。金屬被採用常常是因為其高度的強度和容易加工的性質以及在機械或是熱的應力作用抗拒破裂與損壞的能力。

結構上適合作為高溫下使用的金屬之基本準則是:

1. 高熔點或是高熔點範圍(金屬必須是固體來保持其形狀)
2. 在作業溫度時可以有合理的強度,在某些狀況下必須有重量輕或是高剛性
3. 可以加工製造為所想要的外型
4. 在室溫時有足夠的延展性,並且在高操作溫度之下可以抵抗脆性的損毀
5. 抗氧化的能力,包括固有的性質或是外加的材料被覆來達成

鐵和碳鋼有相當不錯的高熔點溫度,不過在接近 A1 變態溫度的時候會快速的喪失其強度。沃斯田不鏽鋼比起碳鋼在 500 到 650°C 有較佳的強度,不過即使經過組成的更改,還是不適合用在 800°C 或是更高溫的環境。在高度合金不鏽鋼的成功發展造成了許多超合金的產生,其中一種是鐵—鎳基材的形式,另一種則為鎳基材的形式,第三種是鈷基材的;對於 750 到 1000°C 的作業溫度之下,上面這幾種被不鏽鋼所採用的都有不錯的表現,這在第 11 章中都有討論。

鈦對於商用的金屬來說是相當新的一種,不過它擁有高熔點的特性,被分類為反應性的金屬而不是耐火性的。然而,鈦的合金在直到 480°C 的溫度範圍內都是可用的。因為相當輕的重量,鈦合金結構有相當高的強度／重量比值,並且在飛機的材料和其它作業溫度不超過 500°C 的長時間使用領域中特別好用。這些合金會在第 16 章中討論。

現今的發展大多數是在學術研究的範圍內，多半與非常高熔點的金屬元素有關，它們分類為耐火性的金屬並且定義熔點要超過 1875°C，像是釩、鈮、鉻、鉭、鉬還有鎢或是以這些金屬為基材的合金。到目前為止，這些金屬在航空或是太空的運載工具上還沒有可預見的應用，但是對於高速飛行的飛行器，換言之，10 馬赫等級的速度，固體燃料的馬達噴嘴和飛彈彈道控制應用、先進動力系統還有其它相似的應用範圍且作業溫度超過 1100°C的應用領域來說，這些金屬是相當重要的。

17.1 耐火金屬的高溫性能
High-temperature Performance of Refractory Metals

機械性質 Mechanical Properties

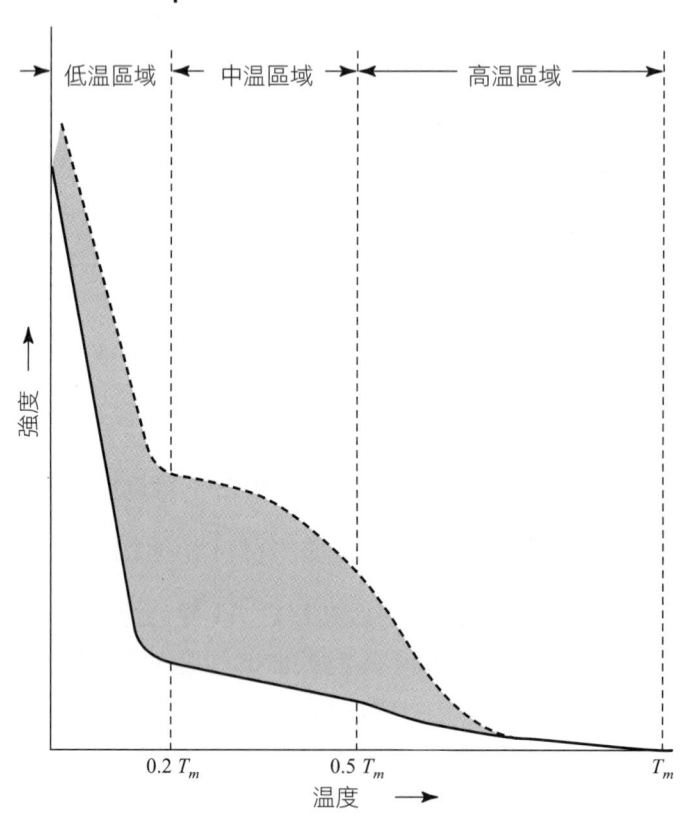

圖 **17.1** 溫度對於體心立方耐火性金屬(T_m = 熔點的溫度)強度的效應圖，陰影的區域代表強度是端視金屬純度、晶粒尺寸還有其測試應變率的區域。
橫軸 溫度 縱軸 強度 由左至右 低溫區域 中溫區域 高溫區域

圖 17.1 顯示出溫度在耐火性金屬強度的效應，給定了三個溫度的範圍，每個溫度範圍都是熔點溫度 T 的片段部分，溫度單位是凱氏溫度。圖 17.1 將會在討論金屬於較高溫度下的性質時被使用到。

0 到 0.2 T_m　這是一個低溫度的範圍，在這其中面心立方金屬的強度隨著溫度的減少快速的增加。這顯露出一個面心立方金屬在它們最純態時的基本特性，即使內部間隙藉由鎖定差排增加了一些降服強度。在低溫時的這個範圍內，開始出現並且增加裂痕比開始出現塑性變形要容易的多；因此將會遭遇到脆性的行為。在高熔點的元素中，從延展性轉變為脆性破裂發生的溫度一般來說都會高於室溫（除了鎢之外，它在凱氏溫度 4 度都還具延展性的）。因此，結構成份的脆性破壞可能會在室溫的一開始階段或甚至是更低的溫度。

在延一脆轉變溫度範圍之上，差排之間的運動只有發生滑動。但是在這個轉變範圍內，這樣的運動將會初始化滑動或是微裂痕或是兩者都發生。個別的微裂痕並不會災難性的繁殖，除非某些微裂痕連結到一起並且達到了一個可以視為葛利芬斯裂痕的尺寸。在這個溫度範圍內，一些塑性行為總是會發生在脆性破裂之前。在低於轉變溫度的無延展性區域，差排累積會引起微裂痕，這會被繁殖來產生所有的破壞。

在面心立方金屬中，機械性質的溫度相關性並不是相當的大。因此，在低溫時一些性質的增加，在這邊並沒有尖銳的增加並且更重要的是，在這裡沒有延展性—脆性的轉變。因此這些金屬可以在比較低溫時被使用而不用過度的考慮脆性破壞的因素。

0.2 到 0.5 T_m　這是一個強度改變只輕微的與溫度有關，但是延展性、強度均和雜質、晶粒尺寸還有其他冶金的變數有較大的效應的區域。較純的金屬有較低的強度和較佳的延展性；有雜質的試件在強度還有延展性對溫度的圖中都表現出了曲線的波峰與波谷。

在這個中間的溫度範圍內，在差排上的雜質分離，換言之，在柯屈爾環境下會增加面心立方金屬中的強度，不過在溫度相關的方式中，長距離的擴散影響就相當複雜了。除了這個效應之外，一個外加的應力場將會造成間隙溶質原子的局部排序到某一個相對於體心立方金屬四角形三個方向來說是有較低能量的位置。擴散並沒有包括在這個過程內，強化作用端視間隙雜質的含量而非溫度。

第二個主要在中間的溫度範圍內影響強度的因素是應變硬化所伴隨的變形程度，對同時間所發生的熱回復程度的比。溫度範圍之上限定義，為兩個過程以同樣的速率發生時的溫度。既然熱回復過程與時間具有相當有關係，在這個範圍金屬的強度是對應變率相當敏感的。因此，短時間的張力測試將會給予非常高的強度值，這個值會比潛變或是 10 到 100 小時的應力破壞測試來的更高。

高於 0.5 T_m　這是一個高溫的範圍，在其中潛變過程成為主要的考量。潛變是一種熱量的活性化過程，在這個溫度範圍內潛變或是應力破壞的活化能被發現到與自我擴散的一樣。圖 17.2 顯示出這些活化能和絕對熔解溫度在許多不一樣的金屬中的相互關係。

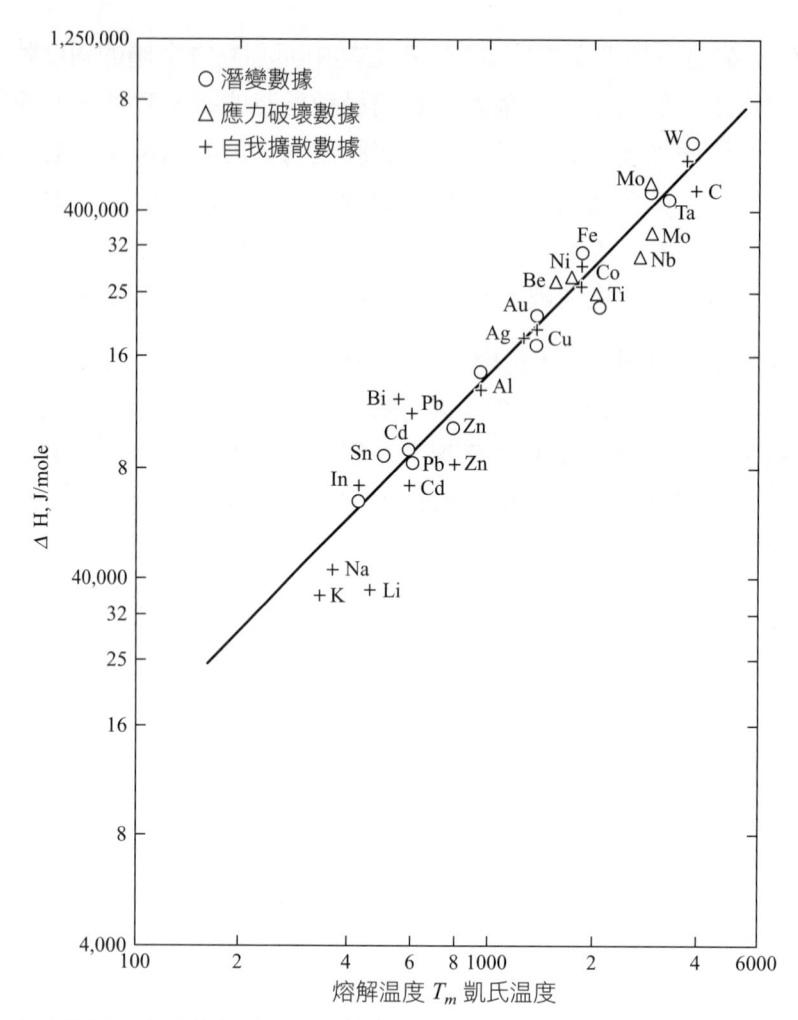

圖 17.2　潛變，應力破壞以及自我擴散的活化能與熔解溫度之間的關係

氧化行為　Oxidation Behavior

　　金屬使用在高溫時，在高溫時的金屬使用中，最重要的化學性質就是它的抗氧化能力，因為作業的狀況幾乎都是包含了暴露到氧氣方面的氣體環境中。表面的氧化常常會減少承受負載表層金屬的有效厚度，假使氧化的速率相當高的話，單是這個效應就可以造成嚴重的強度削弱。合金元素的次表面氧化會形成非常穩定的氧化物，這有時候會藉由在金屬的基材中生成細緻的氧化物顆粒來強化金屬，假使生成的氧化物是以薄膜狀沿著經界生長，那麼可能會導致金屬變為脆性。

　　表面的氧化會在氧氣─金屬的反應在界面上達到控制速率時以一個線性的速率來發生。當氧化物是多孔性或是裂痕還是碎片狀的時候，以上的敘述就會發生。在高溫時的線性速率通常會導致過度的氧化作用。

當氧化物的數量是和暴露時間的平方根成比例的時候,氧化作用—時間的曲線將會是拋物線狀的。在這個例子中,控制速率的因素並不是在界面上的反應,而是氧氣或金屬離子在氧化膜上的擴散作用。在這例子中,即使是很小量的合金元素都會影響氧化物中晶格空間的濃度,這可以在氧化的速率上產生主要的影響。

慣用的 Arrhenius 方程式雖然可以應用到形成單一型態氧化物並且成長的速率是擴散控制的情形,卻不能應用到一個簡單的耐火性金屬氧化物形成,這是因為在這個例子中發現兩個或是更多的氧化物層。在 M_xO_y 中,金屬離子的擴散可能會是速率控制的因素,但是在 $M_{2x}O_y$ 中,氧離子的擴散速率將會控制一切。一般來說,完全地拋物線氧化作用並不會在超過 1000℃ 的耐火性金屬中被發現,這個事實是一個耐火性金屬在高溫時使用的重要限制之一。隨著時間增加的氧化作用不均勻的行為可能是起因於:

1. 非多孔性氧化物的破裂;從拋物線速率變化到線性速率
2. 非多孔性氧化物的時效,移除了過度的空間;從拋物線速率變化變化到立方速率
3. 多孔性氧化物的燒結;從線性速率變化到拋物線速率

17.2　鎳和鐵基材的超合金　Nickel-And Iron-Base Superalloys

英國發展了第一系列的時效可硬化鎳基材超合金,這是拿來做為噴射客機的合金材料。這些合金稱之為鎳鉻立克 (Nimonic),是一種耐熱合金(見表 17.1),這是一種研究發展之下的自然結果,添加了特別數量的鈦到所熟知的含有 80% 鎳和 20% 鉻的抗導電加熱合金中,這造成了內部形成了金屬化合物,它的擴散和相關的合金性質可以藉由固溶和析出熱處理兩者來控制。

表 **17.1**　典型鎳基材超合金的組成

名字	組成,重量百分比,%							
	碳	鉻	鋁	鈦	鉬	鈷	硼	Remainder
Nimonic 80	0.08	20	1.5	2.4	…	…	…	Ni
Nimonic 100	0.20	11	5.0	1.3	5.0	20	…	Ni
Inconel X	0.06	16	0.6	2.5	…	…	…	Ni, 1.5 Cb, 7.0 Fe
Inconel 700	0.10	17	3.3	2.2	3.0	30	0.008	Ni, 0.04 Zr
Astroloy	0.10	15	4.2	4.0	5.0	15.5	…	0.03 N
Rene 41	0.09	19	1.5	3.1	10.0	11.0	0.005	
Waspalloy	0.07	19	1.4	3.0	4.3	13.5	0.006	
Rene 85	0.27	9	5.3	3.2	3.2	15	0.015	
IN100	0.18	10	5.5	3.0	3.0	15	0.014	

晚期在英國、美國還有蘇聯的冶金學發展導致了性質上的改善，這可以藉由添加了控制數量的其它元素像是鈷、鋁、鉬還有鎢和少量的硼和鋯來達成。

在所有這些合金的純鎳之上的強度起初主要是看固溶體的強化作用而定。局部溶質原子的離析會造成群集；大氣或是短期的排序和更進一步的強化作用。這些變形的區域中，不同尺寸的原子聚集在一起，妨礙了通過基材晶體的差排線的移動。

在這些鎳基材合金中的主要固溶元素就是鉻，但是當鉬和鎢存在的時候，它們也會給固溶體強化作用。圖 17.3 中的鉻－鎳相圖顯示出了在鎳中的鉻的固體可溶性。在這些合金中做為其他的功能的鋁，鈮還有鈦也會在固溶體強化作用中貢獻出功效。

析出硬化對於這些合金來說也是一種主要的強度性質貢獻者。至少有部分會黏著在基材與析出相之間，或是相同地，局部的溶質原子集中稱之為前析出狀態的紀尼埃－普雷斯頓區（GP 區域），造成了局部的晶格應變，這強力的阻礙了差排的運動。在鎳基材的超合金中，主要的溶液析出相是 $Ni_3(Ti, Al)$。雖然基材和這個相都稱之為 γ'，屬於面心立方結構，但是它們在創造黏著析出應變和相關析出硬化的晶格參數上是不相同的。

當硼和鋯都存在的時候，它們的原子與基材的原子相比分別是較小和較大的尺寸。將兩者都添加一點會貢獻一些高溫強度。據宣稱這樣的效果是因為原子裝填到空間內部和在接近晶界處的晶格瑕疵所致。這將會是有益的，因為晶界是差排移動必須空間的良好來源，這允許差排圍繞著障礙物來移動，這對於高溫度時的塑性變形來說是有其必要性的。

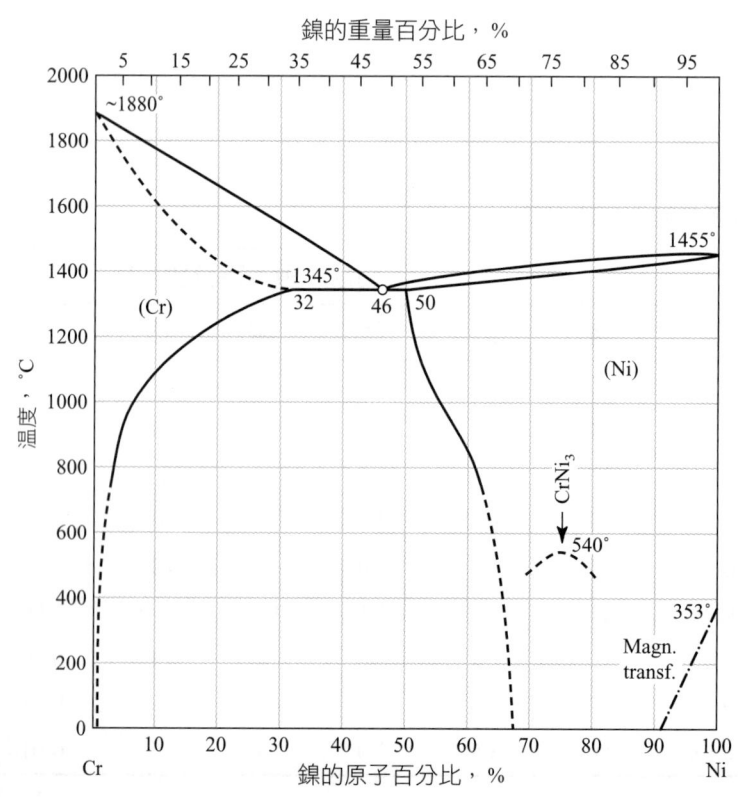

圖 17.3 鉻－鎳合金的相圖

其它可以影響這些合金性質的冶金結構因素是碳化物相，$M_{23}C_6$ 或是 M_6C 的分佈，這其中 M 可以是鉻，鉬或是鎢。對鎳基材的超合金來說，$Ni_3(Ti, Al)$析出物和 MC，$M_{23}C_6$ 還有 M_6C 的相對數量是時效溫度和時間的函數，這可以在圖 17.4 中看到。在這些化合物中，M 可以是鈦、鉭、鈮或是釩。晶界的碳化物必須被控制，因為它們可以增加破裂強度或是延展性，端視它們的型態而定。它們也會藉由固定反應元素來影響到基材的化學穩定度。在圖 17.4 中的 $Ni_3(Ti, Al)$ 是強化合金的主要因素。鐵－鉻的 σ 相可能會存在但是是有害的，必須要藉由成分控制來消除。在 800 到 850°C的溫度下長時間作業之後，穩定的碳化物是 MC 和 $M_{23}C_6$。

使用來最佳化這些合金性質的典型熱處理包括了在1065 到 1150°C進行 4 小時的溶液處理，緊接著是氣冷然後在 675 到 815°C進行析出處理 16 小時。較低的溶液和析出處理溫度傾向於形成較佳的晶粒和析出尺寸，造成最佳的短時間張力性質。較高的溶液與析出處理溫度會形成較粗的晶粒和析出尺寸，這會導致在高溫時有較佳的潛變性質。這些合金的典型性質都可以在表 17.2 中的數據裡看到。

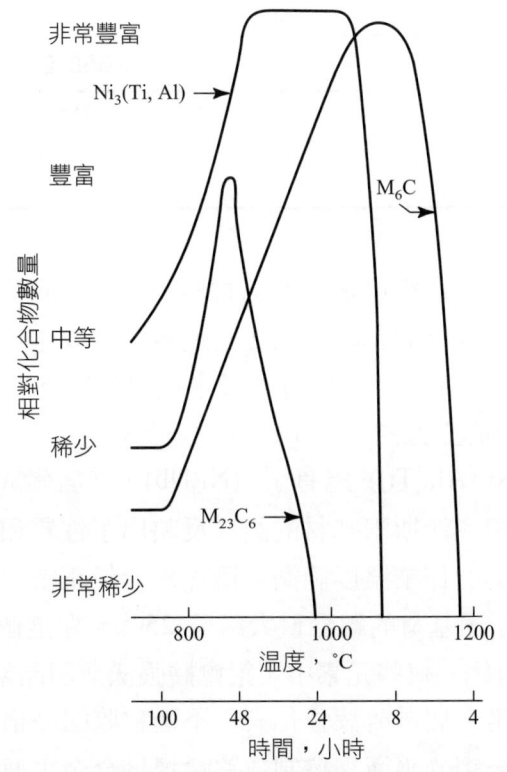

圖 17.4 在兩個鎳基材超合金中的等溫相反應產物（組成見表 17.1）。對例子 A 來說，棒狀的試件是從 1200°C進行水淬火然後再加熱一段時間到達指定的溫度。析出相被淬取出來然後藉由 X 光繞射來分析。例子 B 中，毛胚鑄件合金的試件在淬取與 X 光繞射分析前於指定的溫度下被加熱 5000 小時。

先天上，鎳基超合金擁有先天良好的抗氧化能力，這是經由一般攻擊的觀點並且藉由重量的損失或得到來測量此能力。然而，當作業溫度接近 1800°F 時，晶粒間氧化問題變成了一個嚴重的問題。假使剖面是很薄的,晶粒間氧化到達 0.0014 奈米的深度就顯得很重要了,這可能發生在處於 1800°F 溫度下 1 小時的情況。鋁和鈦在合金中都會改變表面的氧化物,這樣能夠降低在交界面上晶界的氧化還有相關的晶粒間氧化。然而,在這邊錯綜複雜的行為是無法用理論來解釋,只能相當小心,控制實驗就可以得到決定性的改善。

表 17.2　典型的鎳基材超合金張力與破裂強度

名字	張力強度,Mpa			100 小時破裂強度,Mpa		
	700°C	800°C	900°C	700°C	800°C	900°C
Nimonic 80	735	495	240	410	185	
Nimonic 100	1050	735	600	565	300	160
	815°C	870°C	925°C	815°C	870°C	925°C
Inconel X	455	280	175	170	90	55
Inconel 00	755	630	425	310	195	120
Astroloy	…	…	…	365	260	170
René 41	880	630	405	315	195	125
				650°C	815°C	985°C
Waspalloy	…	…	…	755	280	50
René 85	…	…	…		500	140
IN 100	…	…	…	…	510	175

　　一個相關群集的超合金是富鎳但是鐵為基材的,這也被廣泛的使用。這些合金被利用和鎳基材合金相同的機制來進行硬化,然而,它們較低的成本使得它們成為在許多應用領域中較受歡迎的材料。這些群集的材料的鎳含量會在 25 到 60%之間變化(隨著鐵含量從 15 到 60%變化)。它們是面心立方的沃斯田鐵基材並且藉由金屬間或是碳化物析出來硬化。最常見的析出相就是 γ' ($Ni_3(Al, Ti)$) 還有 γ'' (Ni_3Nb),前者變成規則的面心立方結構,後者變為規則的體心四方結構。沃斯田基材的組成反映出了性質和成本的平衡,低鎳含量合金是比較便宜,但是有較低的作業溫度範圍。既然碳含量正常來說是低的,而且肥粒鐵穩定劑也存在,最小維持沃斯田基材的鎳含量大約是 25%。在這個系統中的固溶體強化作用包括了鉻、鉬、鈦、鋁還有鈮。這些元素中,鉬會擴張沃斯田晶格,這是最有效率的元素。假使包含了鈷在其中,它是一個弱溶液強化者,不過會收縮晶格,在沃斯田晶格與 γ' 析出物之間的錯位可以藉由鈷—鉬的平衡來控制。鉻會提供合金主要的抗氧化性。許多的固溶體強化者元素都會進入碳化物,析出相還有基材。應該要注意到的是在這些合金中的 γ' 是屬於鈦富集的,和鎳基材超合金中的鈦富集狀況是不一樣的。其它的合金元素像是硼和鋯也都會添加來改善熱延展性。

　　碳化物在這些合金中是一種添加的重要相,最重要的一種就是 MC,其中 M 最常為鈦。其它進入碳化物相的元素是鉬、釩、鋯還有鉭。第二個重要的碳化物是 $M_{23}C_6$,在這邊 M

主要是鉻。碳化物可能會以球狀的形式或是晶界薄膜的方式來形成,後者可以在製程或是作業的時候避免,這是因為它會造成易脆性。鐵—鎳基材的合金是很容易析出一種或是多種金屬間相,像是 η(六角形密排結構的 Ni_3Ti)和 δ(正菱形的 Ni_3Nb),這通常對性質是有傷害的,必須在製程中避免。

　　控制這些合金的性質通常都是利用適當的溶液處理和預期的作業溫度來做時效處理。析出相的固溶線溫度在一個給定的合金中會是組成的函數,例如,鎳和鈦的情況。在較高程度的這些成分,溶液溫度會增加並且作業溫度也會跟著增加。這些超合金的析出速率比起鎳基材的合金來說會有一些慢,因此會有較佳的可焊性,而且製程的控制會比較容易達成。相當精密的熱與機械處理可能因此會被使用來達到較佳的作業表現。例如,機械加工可能會被用來與熱處理相結合來在主要析出相與第二析出相的型態與數量都被控制的狀況下產生再結晶作用。在表 17.3 和表 17.4 中可以看到一些鐵—鎳基材超合金的組成與性質的例子。

表 **17.3**　典型鐵—鎳基材超合金的正常組成

名字	組成,重量百分比,%									
	碳	鉻	鎳	鈷	鋁	鈦	鉬	鈮	硼	其它
A-286	0.05	15	26	...	0.2	2.2	1.3	...	0.003	Fe, 0.03 V
Discalloy	0.04	13.5	26	...	0.1	1.7	1.7	...	0.01	Fe, 0.02 N
Incoloy 901	0.05	13.5	43	...	0.2	2.5	6.2	...	...	Fe
Incoloy 905	0.05	13.5	38	15	0.7	1.0	...	3.0	...	Fe
Pyromet 860	0.05	13.5	44	4	1.0	3.0	6.0	....	0.01	Fe

表 **17.4**　鐵—鎳基材超合金的典型破裂強度

名字	100 小時破裂強度,Mpa		
	650°C	**735**°C	**815**°C
A-286	425	245	90
Discalloy	365	210	105
Incoloy 901	560	340	135
Incoloy 903	595		
Pyromet 860	665	420	230

17.3 鈷基材超合金 Cobalt-Base Superalloys

　　鈷是一種過渡性金屬，接近先前的鎳，處於週期表的第四週期且熔點和原子尺寸還有其它物理與化學性質都和鎳相當接近。雖然在室溫之下為六角密排結構，於 418°C 以上卻是面心立方結構。在這個相當低溫下同素的轉換是很遲緩的，這是因為活化能相當高而且相關連的自由能改變非常小。因此，在鈷基材合金中存在的部分鎳和碳都會降低變態溫度，這不但足以確定在 760 到 985°C 的作業溫度下面心立方結構存在，也可以保持在室溫下保持這樣一個面心立方結構。後者的事實在考慮抵抗熱衝擊時相當的重要，因為鈷合金被使用在噴射引擎的元件上，在引擎關閉與打開之間，這些元件被重複的冷卻和加熱。

　　在市面上有許多的商用鈷基材超合金，在它們的組成中包含了五種典型的合金，如表 17.5 所示。鉻、鉬、鎢、鈮還有鎳都會進入到面心立方的固溶體基材並且藉由正常的固溶體效應來供應其強化作用。相對的強化效果端視原子尺寸而定；差異越大，溶解度就越小，不過局部的晶格畸變越大的話，相對應的強化效應就越大。在這個基礎之下，表 17.7 中的數據指出鉭和鈮將會是最有效的固溶體硬化元素，而事實也的確是如此。這個效應是合金 SM 302（表 17.5）的基礎。接下來按照效率減少的順序（如同藉由製成表格上的原子尺寸）排列的是鎢和鉬。鉻和鎳對固溶體的強化效應較小。事實上鉻在這些合金中的主要作用是增強其的抗氧化能力。典型的鈷基材超合金特性可以在表 17.6 中見到。

　　碳是一種相當重要的合金元素，因為在這些合金的結構中碳化物的數量與分佈是主要影響它們高溫強度的因素。所發現到的碳化物型態主要端視相對的各種碳化物形成元素比例和鑄造結構所遭受到的熱處理方式而定。所有的碳化物在非常高的溫度時比在作業溫度時的溶解度更高，因此析出硬化並不只是可行的，在這些合金中也有相當的重要性。

表 17.5　鈷基材超合金的正常組成

合金	形式	重量百分組成，%，平衡鈷						
		鎳	鉻	鉬	鎢	鐵	碳	其它
HS-25	鍛軋	10	20	...	15	3	0.1	
HS-21	鑄造	2.5	27	5.5	...	2*	0.25	0.007B
HS-31	鑄造	10.5	25.5	...	7.5	2*	0.5	
HS-151	鑄造	1*	20	...	12.8	2*	0.05	0.15Ti
SM-302	鑄造	...	22	...	10	...	0.859	Ta, 0.2 Zr, 0.005 B

表 17.6　典型的鈷基材超合金張力與破裂強度

合金	張力強度，Mpa			破裂強度，MPa		
	650℃	815℃	990℃	650℃	815℃	990℃
HS-25*	720	350	240	…	155	50
HS-21†	495	440	225	365	135	65
HS-31†	530	440	200	390	190	80
HS-151†	595	450	…	490	265	90
SM302†	…	…	…	…	280	100

*鍛軋薄片時效處理
+包模鑄造

在合金 HS-31 中發現到一個特殊的碳化物析出的例子，它的組成成分是 25%鉻，10%鎳，8%鎢，2%鐵，0.5%碳還有平衡的鈷。在鑄造狀態時，它的微細構造（顯微照片 17.1）中包含了正向的核心，主要是固溶體樹枝狀結構被原來為共析鐵結構的間隙碳化物圍繞。這些碳化物的淬取與分析指出主要是 Cr_7C_3 型態，有少量是 $(CoCrW)_6C$。在 1200℃（顯微照片 17.2）的溶液處理之後，碳化物的總量減少了，隨著這個減少，剩下來的大多是未溶解的 $(CoCrW)_6C$ 加上少量的 Cr_7C_3 和 $Cr_{23}C_6$。當溶液處理合金其後在 815℃（顯微照片 17.3）接受時效處理，$(CoCrW)_6C$ 仍然沒有改變，不過大量的新析出 $Cr_{23}C_6$ 會被觀察到（顯微照片 17.4）。對一個固定數量的碳來說，可以很容易的計算出從起初的亞穩態 Cr_7C_3 到穩態的 $Cr_{23}C_6$ 析出造成了大約 50%的碳化物體積增加。

一個重要的精密鑄造鈷基材超合金的重要成員是 SM 302，它擁有優異的高溫強度，舉例來說，在 985℃可以藉由固溶體硬化和高熔點元素鉭及鎢來加入它的碳化物中。存在的鋯和硼也會對於高溫度下的強度有相當程度的貢獻，據推測這是因為減少了空白空間的比例或是其它位於晶界上的交界面。這種合金可以使用在 815 到 1100℃的範圍而不需要被覆一層保護層來防止氧化。

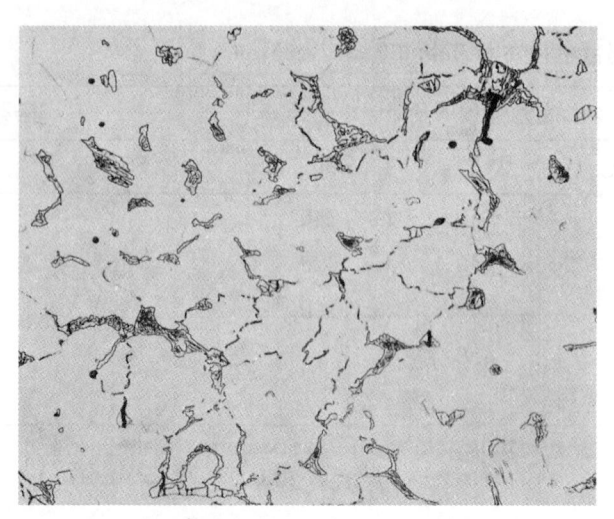

顯微照片 17.1　鈷基材超合金 HS-31；放大倍率 250 倍；2％鉻酸蝕刻。毛胚鑄件結構；在這個蝕刻中核心的樹枝狀結構基底並不明顯。原先為共析鐵的內部樹枝狀碳化物是 Cr_7C_3 還有 $(CoCrW)_6C$。

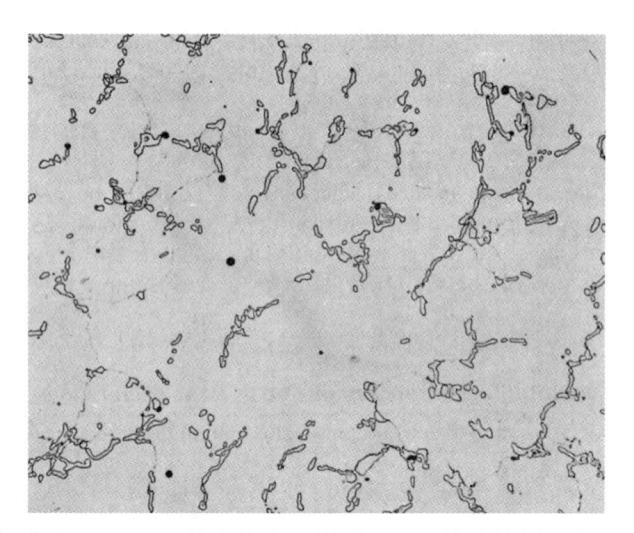

顯微照片 17.2　鈷基材超合金 HS-31；放大倍率 250 倍；2％鉻酸蝕刻。在 1200°C 進行容液處理；大多數的 Cr_7C_6 都是溶解的，只留下 $(CoCrW)_6C$ 在固溶體基地中。

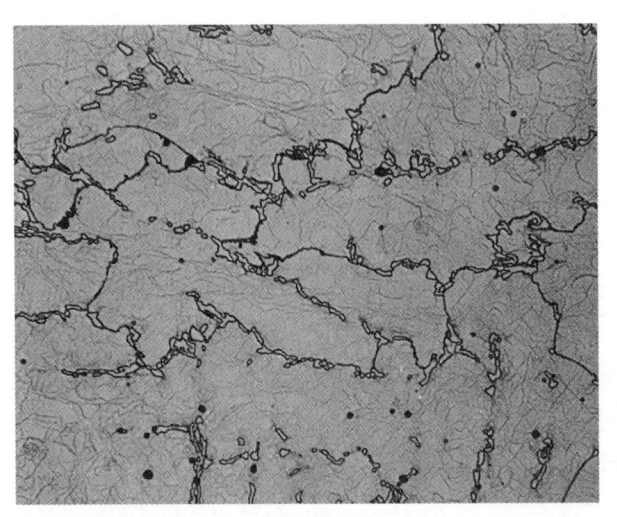

顯微照片 17.3　鈷基材超合金 HS-31；放大倍率 250 倍；2%鉻酸蝕刻。經過溶液處理之後在 815°C 時效處理 1 小時；$Cr_{23}C_6$ 的析出是出現在固溶體基地的次邊界上。

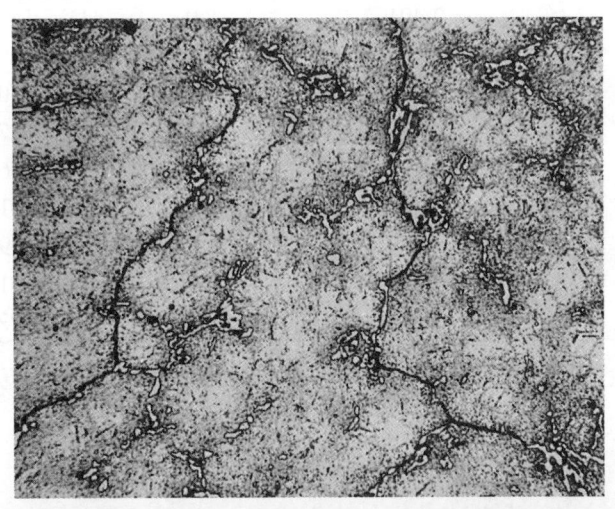

顯微照片 17.4　鈷基材超合金 HS-31；放大倍率 250 倍；2%鉻酸蝕刻。在 815°C 進行時效處理 48 小時；一般的 $Cr_{23}C_6$ 發生在整個基地上。注意到先前的溶液處理並沒有使得和新的樹枝狀結構變得均勻。這個現在可以在視覺上看得很清楚，這是因為在樹枝狀結構中心地區的析出碳化物與接近原先的內部樹枝狀碳化物區域之間有明顯的對比。

17.4　釩、鈮與鉭 Vanadium, Niobium and Tantalum

　　VA 族的耐火性金屬在某一點上和與它們相似的 VIA 族鄰居過渡金屬有很大的不同。釩、鈮與鉭在商用的純態上都展現室溫下良好的延展性，然而鉻、鉬還有鎢就沒有表現出這樣的特性。這個差異的理由並不是在熔點、晶格的構造（表 17.7）或是相對純度之上。理由是在於是否間隙之間不可避免的雜質原子存在到某一個程度──氫氣、碳、氮氣還有氧氣──都是存在於固溶體或是某種形式的析出物。

釩 Vanadium

釩是一種相當稀少且貴重之金屬。它的熔點只有 1400°C，比鐵、鈷還有鎳高一些，釩對於在高溫下作業的需求比起其它的高熔點耐火性金屬較不感興趣。純金屬是相當具有延展性並且不是很容易加工硬化，因此它可以在室溫下被輕易的加工。然而，既然它的氧化在高溫時相當的快速，它在經歷高溫加工時必須被保護。舉例來說，熱軋碾可以藉由在釩鑄錠外罩上一層鋼罩來達成。

目前，主要的釩金屬使用是在金屬薄片的形式，拿來當作是生產鈦鍍層鋼片的中間連接物。然而，因為它對中子的低分裂剖面，它在高溫下的有效強度還有它的低延展性，釩有做為快速核子反應器結構元件的潛力。

表 17.7　耐火性金屬的性質數據

金屬	晶體構造	原子直徑，埃索	密度 g/cm3	熔點，°C	張力強度，Gpa
鎳	面心立方	2.491	8.9	1453	210
鈷	面心立方*	2.497	8.85	1495	210
釩	體心立方	2.632	6.1	1900	135
鉻	體心立方	2.498	7.19	1875	295
鈮	體心立方	2.859	8.57	2468	105
鉬	體心立方	2.725	10.22	2610	330
鉭	體心立方	2.859	16.6	2996	190
鎢	體心立方	2.734	19.3	3410	350
石墨	六方晶體	1.42	2.25	3727†	40

* 當作業溫度超過 417°C

† 極點

鈮（鈳）[註1] Niobium (Columbium)

鈮擁有高熔點，在表 17.5 的群集中只有鉬、鉭還有鎢的熔點超過它。就像其它的 VA 族過渡金屬一樣，純鈮擁有低脆性破裂的過渡溫度，並且在室溫下是有延展性的，允許在製造過程中的正常低溫加工操作。顯微照片 17.5 顯示出鈮金屬的冷軋和冷軋再結晶結構，這些結構和鐵或是鋁相同的微細構造來相比是難以區分的。

[註1] 這種金屬元素首先是於 1801 年在美國被鑑定並取被它的發現者取名為鈳。兩年以後，一位卓越的瑞典化學家分離出一樣的元素，但是他不知道美國這邊的發現所以將元素取名為鈮。過了大約 150 年以後，這種元素在美國被稱之為鈳但是在其它的地方則被稱之為鈮。然而美國化學協會現在已經官方的認可跟隨國際科學委員會來稱這種元素為鈮。

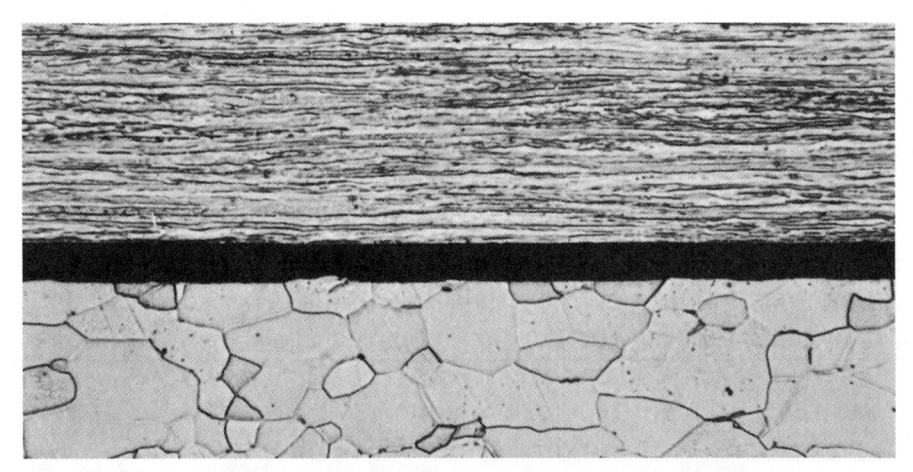

顯微照片 17.5 90％在室溫下碾軋的鈮薄片，厚度由 0.5 毫米碾為 0.05 毫米（最頂尖的薄片），然後在 1150°C 的溫度於真空下（底部薄片）進行退火 1 小時；蝕刻液為 20 毫升的 HF，14 毫升的 H_2SO_4，5 毫升的 HNO_3 還有 50 毫升的 H_2O；放大倍率 500 倍。

　　與一般其它耐火性金屬一樣，鈮和它的合金在較高的溫度之下有在空氣中氧化的趨勢，這對於在這樣的溫度下作業需求來說是一個嚴重的不利條件。一系列複雜的氧化物可能會在暴露在高溫之下時形成，包括了 NbO_x，NbO，NbO_2 還有三種型態的 Nb_2O_5。氧化的速率從線性變化到拋物線變化然後再回到線性變化，這端視在金屬上氧化物的連續層和型態而定，穿過連續層的鈮和氧氣離子必須要擴散。不過雖然這個過程相當的複雜，金屬轉變為氧化物造成了結構上明顯的變薄與相對的變弱。

　　今日，鈮合金是僅有的一種耐火性合金可以利用被覆來作為大尺度的抗氧化應用使用，像是噴射機引擎高溫的部分。最常使用的是 Si-20Cr-20Fe 這種被覆材料，它可以使用在大約 425°C。這是利用懸浮在硝化纖維素中大約 0.08 毫米厚的金屬粉末漿和一個凝膠劑來作用的。反應的結合可以藉由加熱到大約 1300°C 來完成。在矽化物的被覆上有許多的變化，包括了在高再熔溫度下矽化鉿的添加。鈮的其它保護概念包括了使用含鋁成分，鎳－鉻合金、鋅、碳化鉻或是利用火焰濺散與電漿濺散所使用的貴重金屬被覆系統，包裝膠結或是密封。

　　和氧化的過程一樣重要的，就是相當快的速率下氧化物擴散到金屬的過程，這產生了一個硬化但是易脆的「氧化影響」區域。根據研究，只要鈮薄片有 15% 的截面包括了氧化物，那麼就會失去 70% 的延展性，這種程度的現象在 1095°C 的空氣下只要在 1 分鐘內就會發生。

表 17.8　鈮合金的潛變破裂強度

材料	1095°C, MPa	1200°C, MPa
Pure Nb, recrystallized	35	
D31 (10 Mo, 10 Ti)	80	
D41 (20 Mo, 10 Ti)	105	
FS82 (33 Ta, 0.75 Zr)	135	
F50 (15 W, 5 Mo, 5 Ti, 1 Zr)	140	80
F48 (15 W, 5 Mo, 1 Zr)	245	125

利用合金可以大力的改善鈮對氧化物和氧化溶液的抵抗能力，不過沒有單一的元素可以同時改善這兩種效應的抵抗能力。一般來說，鈦、鉬還有鎢會被添加，不過每一種合金元素都有其最佳濃度限制。有一些研究指出最好的合金是合金 D41，其中含有 10%鈮、6%鈦、20%鉬還有鎢。潛變效應可以在表 17.8 中看到。

對於擁有最大的原子尺寸差異或是不適合的溶質來說，固溶體的強化作用是相當強大的，這會和最低擴散性相耦合在一起，換言之，保證熱穩定度的最高熔點溫度。符合上述準則的高熔點元素是鈦、鉭、鉬還有鎢。所有這些元素都會和鈮形成完整的固溶體，所以相圖都是銅－鎳相圖相似，除了鈮－鈦在鈦處於六角密集排列的溫度之下。只要原子百分濃度 6%的鎢就可以使得鈮的潛變強度增加兩倍，雖然鎢的重量接近於鉬的兩倍，它在低濃度的狀況下還是較受喜好的合金媒介。高作業溫度下的兩相強化對於鈮來說也是可行的。更受喜好的是非金屬的分散劑，換言之，低氧化物 ZrO，ThO_2 或是碳化物，包括鋯和鉿。

鉭 Tantalum

鉭在自然界中總是和鈮一起存在於鉭鈮礦 $(FeMn)(TaNb)O_6$ 之中。金屬的熔點是 2996°C，超過了表 17.7 中的耐火性金屬群，不過鎢是例外。雖然結構上是體心立方結構，但是純鉭在溫度低到液態氦的溫度時仍然是具有延展性的，即使是有相當多雜質的金屬在室溫下也是具有延展性的。

熔弧或是電子束熔解的鑄塊很容易就可以拿來常溫加工為薄片狀，接下來可以經過正常的金屬加工過程處理將這些薄片組裝製造為所希望的外型。然而，所有的退火處理都必須要在真空或是惰性氣體環境底下操作。常溫加工金屬在溫度約 990 到 1375°C 時會再結晶，這端視金屬的純度和先前變形的程度而定。

在這個關係上，必須要再一次的回想起有許多的耐火性金屬都可以藉由在高度真空下的集中電子束來進行熔解，這會造成高純度但晶粒較粗的金屬。顯微照片 17.6 顯示出經過電子束熔解的鉭的結構，這是經過常溫加工並且在 2100°C 退火。雖然再結晶完全的取決於其後的 2100°C 退火，但是粗晶粒鑄塊結構會造成在不同金屬層不同程度的儲存應變能，而這些金屬層相關的不同再結晶特徵則端視退火而定。

鉭和鈮相似,有較差的抗氧化能力或是在高溫的空氣中會形成鱗片狀的外觀,也很容易因為低於氧氣金屬界面的金屬吸收氧氣的溶劑而變的易脆。舉例來說,鉭吸收了 1.2%的氧氣會減少該區域的張力從 90%到 20%,隨著相關的室溫增加,強度會從 105 MPa 升到 690 MPa。很不幸地,分解氧氣的強化效應在高溫時並沒有被發現到。

鉭在高溫度作業下的強化作用和鈮的原則上差不多,在原子的尺寸上以及陰電性上幾乎是一樣的。鈮或鎢的固溶體強化作用所帶來的低密度(較輕的重量),碳化物的析出硬化作用還有氧化物的擴散硬化作用這些到目前為止只有限的研究內容被承認,不過看起來都是可行。像是鉭+10%鎢和鉭+30%鈮+5%釩這種合金在溫度範圍 1375 到 1650℃時是非常有用的,還加上室溫下優異的製造性質。然而,在強度—重量的基準下,這些合金比起其它的鈮基材合金在低於 1375℃以下是比較不受歡迎的。

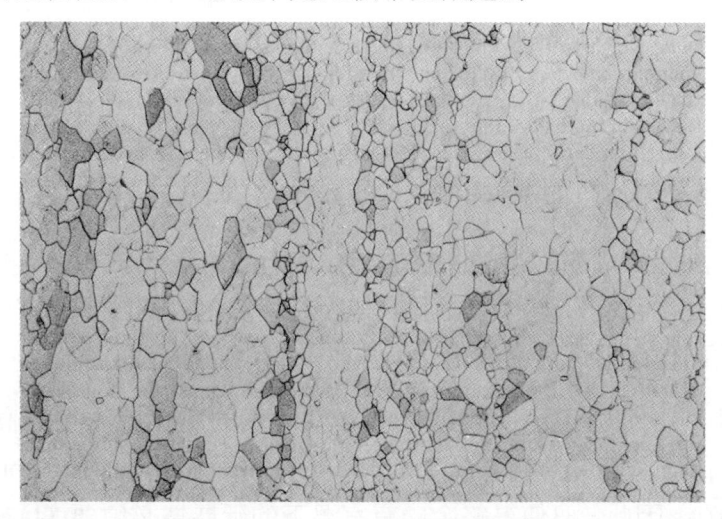

顯微照片 **17.6**　電子束熔解的鉭金屬條,29*9 公分的常溫鍛粗鍛造件,有 **72**%平行於軸,進行軋碾到 **82**%的縮減,然後在真空中於 **2100**℃下退火 **45** 分鐘。在起初非常粗晶粒的晶粒電子束熔解金屬條在原來的晶粒之間的常溫加工儲存能有相當大的差異,因此在退火時再結晶特徵與晶粒成長的特性會有相當的差異,這些就會造成這個不均勻的結構。蝕刻液為 **20** 毫升 **HF**,**14** 毫升 **H$_2$SO$_4$**,**5** 毫升 **HNO$_3$** 和 **50** 毫升 **H$_2$O**,放大倍率 **100** 倍。

17.5　鉻、鉬還有鎢 Chromium, Molybdenum, and Tungsten

比較耐火性金屬在高溫下的強度性質可以畫出如圖 17.5 一樣的圖形,其中這些金屬在溫度 T 下 100 小時的破裂應力對同源溫度 T/T_m 做圖。圖上的點代表對每一種金屬而言,在文獻中所得到最低的值,因此根據推測這代表了這些金屬在可達到的最純狀態的強度。注意到 VIA 族金屬鉻、鉬還有鎢的熔點是相同強度的 VA 族金屬鈮和鉭的二到三倍。這個差異的理由正是重視這些 VIA 族金屬的原因。

鉻 Chromium

它在起初並不如同耐火性金屬一樣具有吸引力,這是因為它相當低的熔點,比在表 17.7 中所有耐火性金屬的熔點都要低。事實上它的沸點也比鐵還要低。它並不能像 VA 族金屬釩、鈮還有鉭一樣進行常溫加工。其它的 VIA 族金屬都具有相當高的熔點,鉬和鎢都已經找到了重要的商業應用。大多數的耐火性金屬都已經在工業應用上有一席之地,新的應用也快速的在發展中。唯一的例外就是鉻。假使不是因為人類生活在一個充滿了氮氣、氧氣還有濕氣的大氣環境中,那麼鉻元素就只剩下一點點未來。然而,人類生存在一個腐蝕性的大氣環境中,建築用的材料必須要在這樣的環境中保持穩定。合金基材為鐵、鎳或是鈷的金屬都已經在發展來滿足在空氣中的高溫度需求,這都是因為它們含有大量的鉻。鉻一年度的消耗量大約是一百萬噸,用途大部分都是做為合金的媒介,有少部分拿來當作表面電鍍的材料,遠超過所有其它耐火性金屬的總消耗量。

考量鉻提供給其它金屬抗氧化能力的效應,可以被預期的是金屬本身將會有良好的抗腐蝕能力。但是這並非實情,即使鉻比其它的耐火性金屬在抗腐蝕這一方面是比較優越的,保護鐵和鎳基材金屬的鉻氧化膜並不能防止金屬鉻在超過 925°C 的連續氧化。

研究中顯示稀土元素例如釔再減少鉻的氧化上有令人驚訝的能力。這個顯著效應的理由還沒有被建立,雖然已經知道氧化物形成是因為鉻氧化物包含了非常少量的釔,藉由鉻離子擴散所產生的氧化作用是經由氧化層到空氣—氧化物的界面上。

在鉻的例子中有一個主要的問題就是它在室溫下的脆性或是它的高脆性破裂過渡溫度。假使只含有 2 ppm 的氮氣,過渡溫度是 65°C,不過一旦增加到 20 ppm 的氮氣,過渡溫度馬上增加到 360°C。因此,要使得鉻金屬有室溫下的延展性必須要 (1) 有常溫加工結構,這會將差排從氮原子中移開 (2) 保持氮氣濃度到小於 1 ppm 的程度或是 (3) 增加鈰的含量,這可以利用不可溶的氮化鈰晶體的形式將氮綁緊。除此之外,對於所有的金屬而言,鉻的表面狀況也是一個估量易脆性的因素。

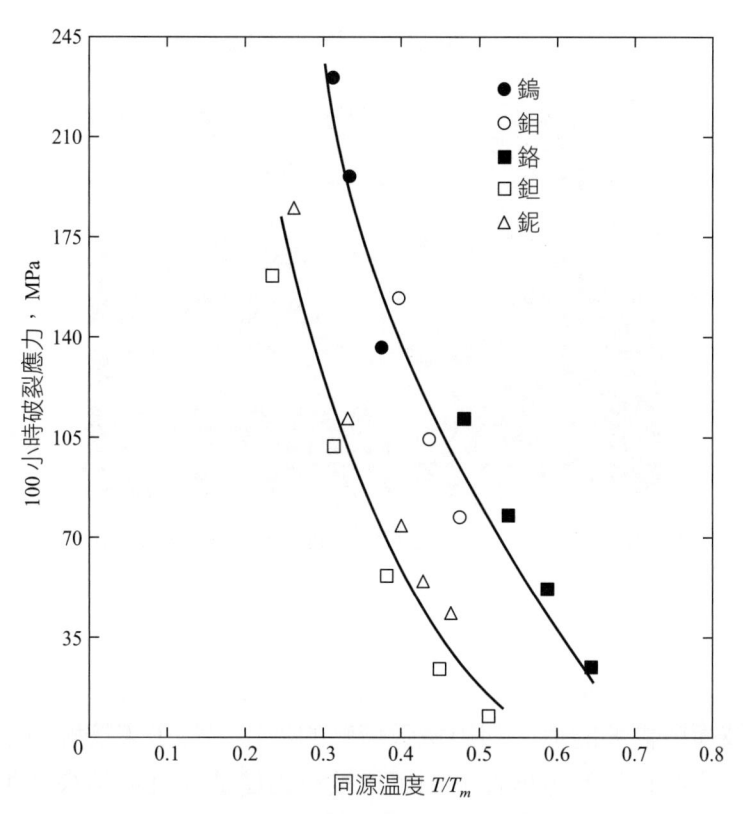

圖 17.5　耐火性金屬在純態下的 100 小時破裂壽命應力對同源溫度圖。

鉬 Molybdenum

　　鉬是最充足的耐火性金屬之一，特別是在美國境內，美國生產的鉬佔了總量的 80%。這個金屬在商業上已經使用在製造外型許多年了，不過在近幾年才發展了鉬的較純金屬和合金，這些被大規模的使用在相當高的溫度之下。鉬不止有相當高的熔點，僅次於在表 17.7 中耐火性金屬的鎢和鉭，也有相當輕的重量或是低密度優點。

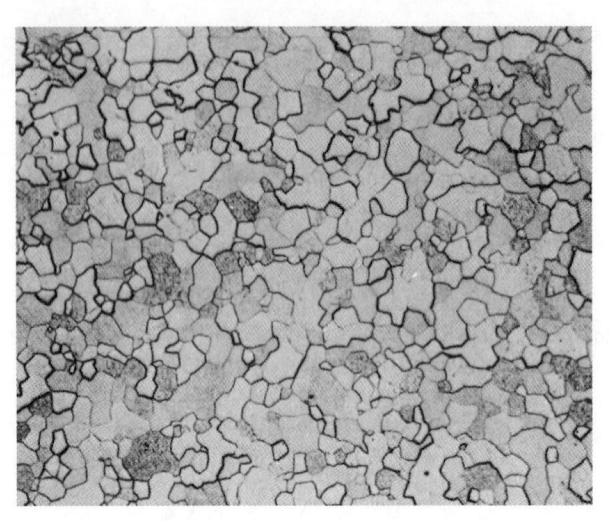

顯微照片 17.7 在滑動鑄造和燒結鉬坩鍋基底上的壁面結構，具有多邊形晶體結構；和顯微照片 17.6 中的相類似；放大倍率 100 倍。

製造鉬所應用的新技術是電子束熔解，這是完全可行的，這並不需要減小脆性過渡溫度許多其它應用技術所需要的值。利用電弧熔解的鉬比起電子束熔解的金屬具有更良好的晶粒以及在室溫下會有較佳的延展性。鉬可以被滑動鑄造並且燒結來產生新形狀（顯微照片 17.7）或是更近期的作法，藉由均勻熱壓力來製造。

在高溫使用鉬的最大問題就是氧化，在這一方面鉬比其它金屬更容易承受氧化的作用（舉例來說，見圖 17.6）。這個問題的程度是藉由最終的產物 MoO_3 來決定，它可以在 795 ℃下熔解並且在 700℃時相當的容易揮發。在流動的空氣處於 1100℃之下，鉬的強度大約是 275 MPa，巨變表面後退速率是 11 公分/天。當氧氣的分壓低到 76 torr 時，也就是在相當良好的真空狀態時，鉬的表面氧化是可以預防的，不過足夠量的氧氣在晶界間會被吸收來造成相當程度的易脆性。

鉬的高溫性質是如此的優異以致於許多的研究都被指向最小化鉬氧化還有減少其脆性過渡溫度的冶金方法。後者的顯著改善可以藉由和錸一起合金來達到，不過需要大約 10 到 30%的含量，而錸是既稀少又昂貴的。在改善氧化行為方面到目前為止並沒有發現到有效的方法，使用保護被覆鍍層的方法是唯一較有效的方式。

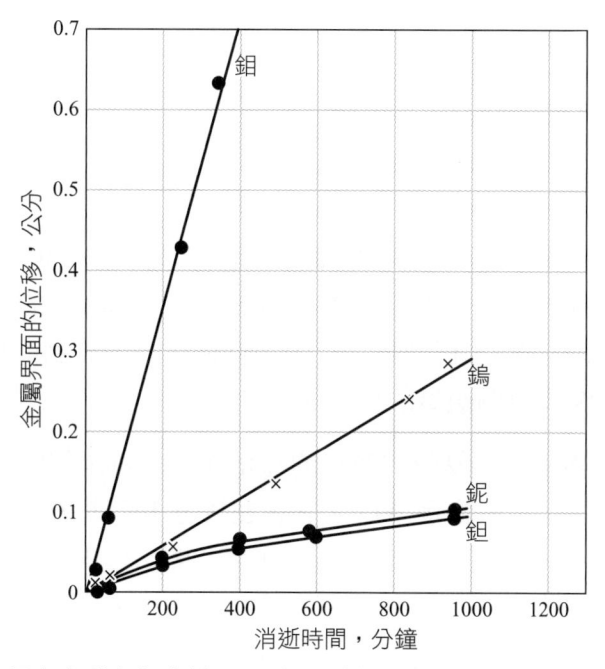

圖 17.6 鉬、鎢、鉭還有鈮在流動空氣中於 **1095**℃下的焊接

　　鉬合金的發展比其它的耐火性金屬進行了更久的時間。有許多的商用合金像是鉬+0.5 %鈦或是 0.5%鈦+0.07%鋯在加工過或是應力釋放碾軋狀態都是可用的,這兩種合金在 1095 ℃之下的破裂應力強度分別是 235 和 360 MPa,這可以拿來和純鉬的 105 MPa 相比較。這個強化作用是來自細微 TiC 粒子的分散。添加鈦合金的主要目的是要增加鉬的再結晶溫度,藉此來保持起因於常溫加工到高作業溫度下的應變硬化。然而,一旦作業溫度超過了使用金屬的再結晶溫度,那麼合金所帶來的優勢就會失去。

　　鎢可以大量的被添加到鉬裡面,這是因為這兩者非常相似的金屬會形成一種連續的固溶體。25%鎢和 0.1%鋯的合金其強度在 1315℃之下約是 500 MPa,已經是到目前為止所發展在高作業溫度下使用最強壯的商用鉬合金。

鎢 Tungsten

　　鎢是所有金屬中熔點最高的,同時也擁有最高的彈性模數和在高溫度下最低的蒸汽壓。然而,鎢是最重的金屬之一,這對於大多數的結構應用來說是一項缺點。鎢在白熱燈泡和電子管的燈絲應用上已經被使用了很長一段時間,也被拿來作為焊接電擊棒還有以碳化物的形式來做為工具使用。高溫結構應用所需要的鎢金屬薄片和更厚重型式鎢金屬的性質是相當不一樣的,這需要新穎且密集的發展工作。

　　鎢一般的製作方式是藉由偏鎢酸銨削減為金屬粉末然後用模子壓製,在 1200℃預先燒結以達到較佳的處理,然後在大約 3000℃進行最後的燒結,藉由通過電流的電阻來達到這樣的高溫。另一方面來說,電子束熔解和電弧熔解的方法都可被使用來產生小的鎢鑄塊。

燒結或是電弧鑄造金屬都可以被鍛造，從 1760°C 開始並且連續的加工到 985-1100°C。在非常高的溫度成形或是延伸成形下，可以觀察到可觀的縮減情形（藉由快速加工，可以最小化熱損失）。

在工廠中可以藉由冷軋毫米尺寸的粉末成為青鎢條，然後再生產為鎢薄片，隨後會在 1485°C 的溫度下再經過燒結和熱軋的製程。當薄片被減少到大約 0.5 毫米的厚度，碾軋就可以在接近室溫的溫度下開始進行。較佳的碾軋鎢薄片方向和其它的耐火性金屬一樣都是一個問題。典型來說，碾軋過的組織會導致在 45° 方向產生容易破裂的性質。在碾軋時的交叉滾論和中間的退火都會減少這個組織的程度。

雖然比起鉬，鎢金屬較不容易受到激烈的氧化作用，可是鎢的氧化速度比鈮和鉭快很多（圖 17.6）。最終的氧化物產物是 WO_3，它會在接近 1475°C 左右熔解而且它在低於這個溫度之下一定會產生揮發。低於 1000°C，氧化作用一開始傾向於拋物線狀，不過當藍色的低氧化物轉變為多孔性的黃色 WO_3，那麼氧化作用的速度就會隨著時間改變為線性。水蒸氣的存在會增加 WO_3 的蒸發速率，相對地，不同來源的氧化速率數據會顯示出相當大的變化或是消散。有一些研究指出鈮添加為合金元素可以在某些溫度下減少鎢的氧化，不過在作業溫度 1650°C 或是更高的狀況下對鎢結構而言被覆鍍層還是需要的。

在相當高的溫度下，一般來說鎢的強度並不能藉由固溶體合金來增加。合金中包含了 10 到 25% 的鉬在中間的溫度下會比鎢輕微的強壯一些，但是在高於 1900°C 時這種合金就比純鎢金屬要弱一些。唯一強化鎢金屬的方法就是擴散強化，特別是氧化釷礦，這是所有氧化物中最穩定的。鎢中含有 1% 的 ThO_2 擴散在結構中可以在 2200°C 下表現出 140 MPa 的強度，這可以和純鎢金屬在同一個溫度下的強度 440 MPa 來做比較（圖 17.7）。ThO_2 的效用端視其粒子的尺寸與分布而定。既然到目前為止所生產的這種材料可以有比最佳化擴散強化作用中所需要粒子尺寸還要更大的能力，想要藉此來增加在高溫度下的強度是必然可行的。

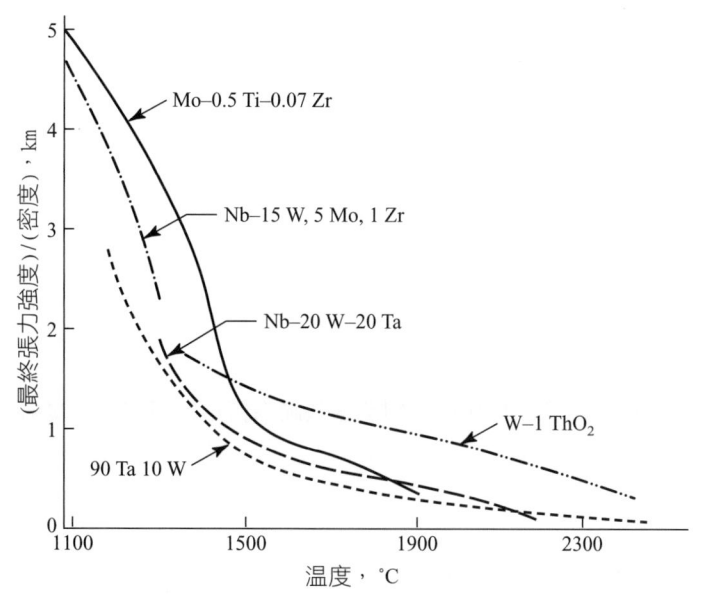

圖 17.7　在（最終張力強度）／（密度）比例對溫度的基準下，對幾種耐火性金屬的比較

17.6　耐火性金屬的被覆 Refractory Metal Coatings

　　耐火性金屬在高溫之下貧乏的抗氧化能力，很少可以藉由添加合金來做適當的改善。因此，除非是在惰性氣體環境下使用，否則假使這些金屬可能會在完全高溫下作業那麼就需要保護被覆。被覆第一個需要就是要保護金屬免於氧化，在許多場合下也要能夠防止氣體擴散到金屬層裡。在化學上被覆必須和金屬是完全的相容，這意味著被覆並不會產生自我有害性物質到金屬層中或是允許擴散與基底金屬之間造成脆性金屬間化合物。被覆也應該要和基底金屬之間在某段溫度範圍之內具有物理相容性，這樣才不會在溫度循環的時候發生破裂。因為被覆通常是脆性的，這意味著被覆應該要比基底金屬有較低的熱膨脹係數這樣在較低的溫度時被覆會處於壓縮的狀態。

　　對於耐火性金屬來說較受歡迎的被覆方法是蒸汽鍍層，它的製程和使用在鋼滲探作用的黏結充填相當的類似。舉例來說，矽化物被覆 0.001 英吋的厚度在鉬或是鎢上是藉由充填包含 10%NaF 的矽化物粉末來作為催化劑，然後加熱到 1035°C 溫度下 8 小時。這個黏結充填的製程也被使用來形成鉻—鈦—矽的被覆。另一種形成純矽化物被覆的方法是將鉬或是鎢部分的金屬沈浸到鋁-矽共晶的浴槽中，然後加熱被覆的部分到某個高溫使得擴散可以形成含鋁層。複雜的金屬與氧化物混和會構成金屬陶瓷被覆，這有時候可以作為電漿濺鍍的應用。

　　被覆與應用到被覆的化學與冶金方法還有維持黏結與非多孔性性質的理論都是相當複雜的技術。耐火性金屬的被覆發展還沒有到達對於任何一種金屬而言都是可以完全信賴的地步。即使被覆的計算是相當多變性的，但是還是端視測試試件的數量，熱循環的次數，

問題

1. 區分析出硬化合金與加工硬化合金。

2. 在超合金中,第二相析出所想要得到的性質為何?非金屬的雜質像是氧化物的粒子在這種合金中是有用的成分嗎?

3. 藉由 T/T_m 比例而非利用絕對溫度來描述性質的理論基礎為何?為何在純金屬處於 $T > 0.5T_m$ 的情況下,潛變現象變的重要呢?

4. 推導氧化物的拋物線率法則。

5. 說明一個例子,在其中金屬形成一個保護的氧化物層,而且此氧化物是多孔性材質。

參考文獻

Davis, J. R. (Ed.): *ASM Specialty Handbook: Heat Resistant Materials,* ASM Int., Materials Park, OH, 1997.

Stoloff, N. S.: "Wrought and P/M Superalloys," *Properties and Selection: Irons, Steels, and High-Performance Alloys,* vol. 1, *ASM Handbook,* ASM Int., Materials Park, OH, 1990, pp. 950–980.

Betteridge, W.: *Cobalt and Its Alloys,* Ellis Horwood, Chichester, UK, 1982.

Ashby, M. F.: *Materials Selection in Mechanical Design,* Pergamon Press, New York, 1992.

Rohrbach, K. P.: "Trends in High-Temperature Alloys," *Adv. Mat. Proc.,* vol. 148 (4) pp. 37–40, October 1995.

Lai., G. Y.: *High-Temperature Corrosion of Engineering Alloys,* ASM Int., Materials Park, OH, 1990.

Cabrera, N, and N. F. Mott: "Theory and Oxidation of Metals," *Rep. Prog. Phys.,* vol. 12, pp. 163–184, 1948–1949.

Yau, T. L., and R. T. Webster: "Corrosion of Niobium and Niobium Alloys," *Corrosion,* vol. 13, *ASM Handbook,* ASM Int., Materials Park, OH, 1987.

Titran, R. H., "Niobium and Its Alloys," *Adv. Mat. Proc.,* vol. 142 (5), pp. 34–41, November 1992.

Cardonne, S. M., P. Kumar, C. A. Michaluk, and H. D. Schwartz: "Tantalum and Its Alloys," *Adv. Mat. Proc.,* vol. 142 (3), pp. 16–20, September 1992.

Smialek, J. L., C. A. Barrett, and J. C. Schaeffer: "Design for Oxidation Resistance," *Materials Selection and Design,* vol. 20, *ASM Handbook,* ASM Int., Materials Park, OH, 1997.

第四部份

非金屬材料與複合材料工程
Nonmetallic Materials
and Composites Engineering

第十八章
工程聚合物
Engineering Polymers

　　一般而言，聚合材料只提供中等的強度、堅韌度以及抵抗溫度的能力。然而，它們也可以在低溫時有良好的抗腐蝕能力、優異的強度還有非常高的堅韌度和性質。除此之外，聚合物也可以提供其它材料所不能提供的種種獨特性質。這些包括了和鐵弗龍還有其它聚合物間相關的表面摩擦力特性、聚異戊二烯（自然橡膠）的彈性特性，還有其它橡膠的聚合物和擁有足夠強度與堅韌度確有輕量特性的增強塑性聚合物。

　　今日所使用的聚合物材料如此之多，在一本主要討論金屬材料書籍的一個章節中實在沒有辦法很詳盡的說明，僅能適合介紹這些聚合物及其應用。另一方面來說，它們的工程重要性已經隨著在工程上的使用以及在許多應用的領域上取代金屬材料的程度變得越來越重要。這一個章節就是打算提供這樣的一個介紹。

　　在聚合物材料的討論中，將會避免塑性這樣的字眼。這一個詞大多數都是用在聚合物身上，不過在機械的行為上也有相當重要的意義，換言之，塑性變形。為了要將材料和行為（並不是所有的塑性材料在行為上都是可塑的）分開來，將會使用聚合物這樣的字眼，這樣會比塑性材料這樣的名稱適合。在這邊所指的聚合物其實指的是長鍊狀的分子，它們都是從短分子上沿著分子脊樑部分開始建立而成，通常會包含有碳原子，但是除此之外還有許多其它的原子。

　　在聚合物的討論中，很少會提到產生這些材料的聚合作用過程。這個部分在本書中將會有較多的討論，而在事實上這也需要一本書來專門討論這樣的領域。在這邊要注意到的是，聚合作用過程可以被分為兩個群集，濃縮聚合作用和添加聚合作用。在濃縮聚合作用中兩種或是更多種不同的有機分子會反應來產生一個分子鍊結，這是由起動分子所組合構成的，主要成分是一種小的分子，通常會是水分子，最後會被消除。在添加聚合作用的例子中，在一個（或是多個）包含了共有的電子鍵的有機分子中，雙鍵結會藉由初始劑的作用來分開。這樣會在起動分子上產生非成對電子，這隨後會和和周遭所添加進來相同型態的分子形成鍵結直到產生長鍊。

要初始化這些反應所需要的條件是相當複雜的，假設它們是可以控制的，但是在控制聚合作用過程上的顯著改變將會影響聚合物的性質。一般來說，過程的影響可以藉由所產生聚合物結構的研究來進行瞭解，所以在本章節中聚合物的結構將會是佔最多篇幅的部分。

18.1 聚合物中的鍵結和結構
Bonding and Structure in Polymers

考量聚合物為一個簡單的鍊結，其中包括了重複的單元，大量的鍊結特性都可以被定義來描述它們的結構。首先必須要記得的是碳在它的最外圍電子殼上有四個電子，因此這會在碳原子（和第 11 頁圖 1.12 中所看到的結構相類似）的周圍選擇四個四角形的鍵結結構。這意味著在事實上原子的鍊結並不是筆直地，而是三維的 Z 字狀結構，如圖 18.1 中所示。在這邊所顯示的結構是一個以乙烯為基礎的簡單聚合物，C_2H_4，這代表著最簡單的聚合物結構。更複雜的聚合物可能會是鍊狀的並且更多的迴旋狀或是在主體之外有其它的旁支。這些變化將會對聚合物的性質有很重要的影響，將會在稍候被討論。

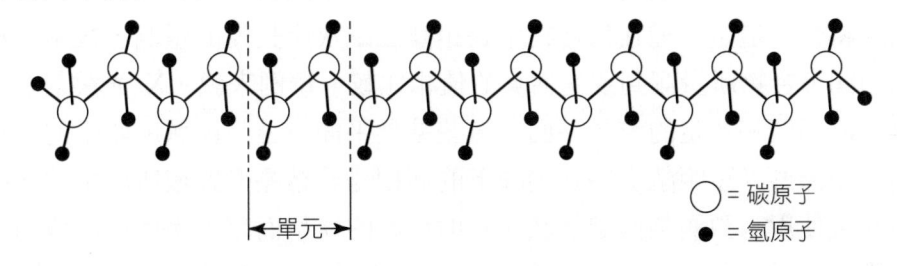

○ = 碳原子
● = 氫原子

圖 **18.1**　線性聚合乙烯的結構模型，在這個鍊結上有 **8** 個單元。

聚合物分子的一個重要特性就是聚合作用的程度 (DP)。這是一個在鍊結上單一結構重複次數的數字。每一個重複單元在化學上都大約等同於一個起動分子或是單體，被稱之為單元。因此，對於圖 18.1 中所顯示的結構而言，單體是乙烯，C_2H_4，然而單元有相同的化學式，卻有兩個未滿足的共價鍵結。在圖 18.1 中所看到的結構中有八個單元，所以這個結構的聚合程度值就是 8。對於以乙烯為基礎的最簡單聚合物來說，包含了 5 到 20 個單元的碳氫化合物在周遭溫度下是氣體和液體。當單元的數目超過 50 的時候，聚合物是一個柔軟的固體，或者說是一種蠟狀物。較高程度的聚合作用譬如說 200 到 20000，都會產生固體聚乙烯，這被使用到許多的工程元件上，同時這在家庭內器材的使用也相當廣泛。

在聚合物中的鍵結特別是最簡單的一種，僅僅是藉由凡得瓦力來連接。然而在碳原子之間有強力的共價鍵結在鍊結上並且在碳與氫（還有其它）原子之間，這樣的鍵結常常都會限制到鍊結上。將鍊結綁在一起的力通常會是暫態的靜電雙極力，這樣的力所造成的結構是相當虛弱的。當受到壓力的時候，最簡單的鍊結傾向於對彼此滑動，損壞是因為內部鍊結的分離而不是因為內部鍊結的鍵結力破壞所造成。如同在隨後會介紹的，增加凡得瓦鍵結可以增強這些內部鍊結的鍵結力。有一些聚合物是交叉連接的：換言之，在鍊結之間會有共價鍵結的存在。當有不飽和的碳鍵結或是碳原子間有雙鍵結存在的時候，通常會發展出交叉連接，這也是可以被破壞的，所以單獨的原子或是分子可以被使用來連接鄰接的鍊結。繁茂的交叉連接可能會發展出一個堅固的共價鍵結架構。這會產生較高強度但也限制了其延展性的材料。即使沒有交叉連接，大多數的聚合物都會在它們的鍊結上有旁支的存在，因此並不是嚴格地線性。旁支也會改變聚合物的性質，通常會藉由形成內部鍊結更難以滑動來增加強度。線性，樹枝狀還有交叉連接結構的比較可以在圖 18.2 中看到。

和金屬不同的是，大多數的聚合物都是很明顯地非結晶或是玻璃狀態。它們沒有像金屬一樣有明顯的熔點。它們會從一個黏性液體或是冷卻時的熔解狀態來通過這一個狀態並且通過所熟知的玻璃過渡溫度，T_g。低於這個溫度範圍，局部的分子運動會終止並且在性質上會有顯著的改變。這些聚合物會變得堅硬，易脆並且透明。在玻璃狀態時，聚合物的結構無機玻璃相當類似。這些分子有短距離的次序，不過並沒有發展出長距離的晶體結構。

有一些聚合物是部分結晶的，它們的結構是藉由結晶作用（通常以百分比來表示）的程度來描繪其特性。這是一種在聚合物中長距離三維次序長度的量測，被拿來和在高度結晶狀態下的相同聚合物所量測到或是估算的值相比較。舉例來說，X 光繞射被使用來比較在繞射尖峰下的面積和特定的結晶平面，這些結晶平面是結晶區域所產生的，在這些區域中，廣闊的非結晶形（短距離次序）尖峰下的面積是非結晶形區域所產生的。結晶作用程度的精確值端視使用來預測整個結晶狀態繞射行為的模型而定，因此可能會隨著所使用的方法和採用的模型而改變。報告中指出對於不同的聚合物這個值的變化範圍從接近 0 到超過 90%。簡單的聚合物中只有最不複雜的鍊結（很少或是沒有旁支，相當的線性）所形成的結晶比起其它的都要簡單很多。繁茂的交叉連接聚合物通常不會是結晶的，當交叉連接發生在足夠高的溫度時就會保證隨後冷卻到低於 T_m 的溫度，也就是結晶的熔點，它們將不會有足夠的移動性來在結晶或是部分結晶的狀態中排成直線。因此，它們將會冷卻到低於 T_g 的溫度，然後進入玻璃狀態並且不產生任何的結晶。雖然 T_m 和 T_g 都被稱做是一個特別的溫度，它們在事實上就是會發生改變的溫度範圍。一個聚合物的 T_m 可以藉由在加熱或是冷卻時的 X 光繞射所觀察到的改變來偵測，或是更常見的，利用微量溫度分析技術來觀察比容的改變。在圖 18.3 中可以看到利用這樣的方法所描繪出來的曲線。在這邊發現到比容隨著溫度從熔解降到了 T_m 的減少而減少。假使可以發生結晶化作用的話，比容就會相當尖銳的減少並且沿著結晶狀態的比容對溫度線前進。這個行為和大多數的金屬相當類似。假使結晶化作用因為結構或是其它的理由而沒有發生，那麼材料會隨著溫度繼續做線性收縮直到達到 T_g 溫度，在這一個溫度下曲線的斜率輕微的改變然後繼續冷卻，這是屬於玻璃狀態下的材料。大多數聚合物的 T_g 和 T_m 都有簡單的關連，兩者都會受到鍊結結構的影響。T_g（凱氏溫標）大約是 T_m（凱氏溫標）的 1/2 或是 2/3 倍。

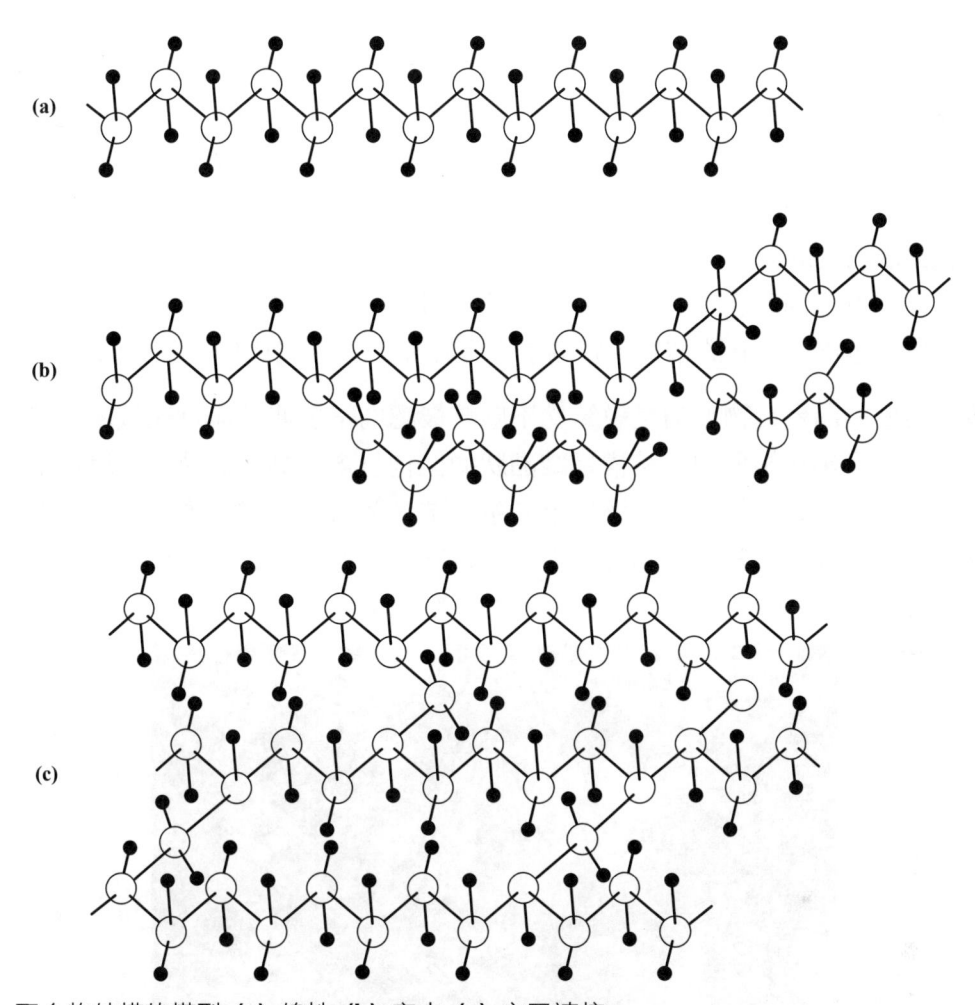

圖 18.2 聚合物結構的模型 (a) 線性 (b) 旁支 (c) 交叉連接

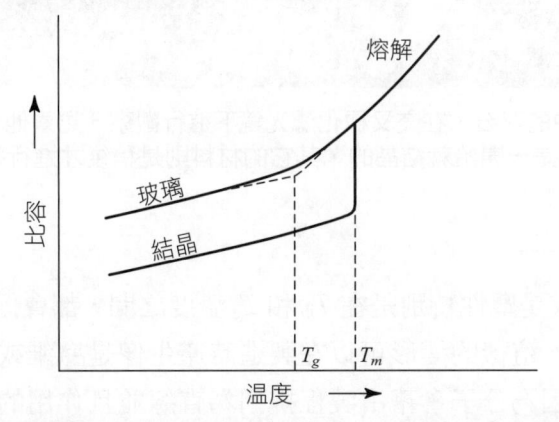

圖 18.3 聚合物的比容對溫度曲線。假使聚合物有足夠的線性結構而且沒有延伸的旁支或是交叉連接，它在冷卻的時候可能會跟隨著結晶結構線。假使不是，它將會通過低於 T_g 溫度並且不會結晶和變成玻璃。許多的聚合物在它們的結構中會同時存在結晶和玻璃區域。

對聚合物來說，不管是結晶結構或是更一般性的部分結晶結構，到目前為止都還沒有發現完美且令人滿意的模型。早期的理論，主要建構在 X 光繞射的實驗基礎上，推想聚合物堆積在幾個小區域中,彼此之間以好幾百個埃索寬度的距離依次序排列,在這些區域中,聚合物的鍊結會被來來回回的折疊或是至少排成一行。鍊結也會延伸到其它的區域中,在這裡它們的排列方向是隨機的。因此,非結晶形的區域會被排列準直的區域所環繞,稱之為微晶,這整個概念被稱做纓狀微胞或是纓狀微晶模型。顯微鏡下的微晶或是部分的微晶聚合物會顯露出它們的顯著結構特性,稱之為球石,如同在顯微照片 18.1 中所見到的。球石很顯然地是和微晶同時發生的,然而周遭的材料不是非微晶就是會在稍後(在較低的溫度)結晶。球石會出現層狀的結構,它的成長會伴隨著一些成核作用生成個別的層狀片。

現今的高度結晶聚合物理論是說結構不應該被認為是被非結晶行區域所環繞的結晶球石而應該要是和金屬更相似的,結構是結晶狀的但是包含了晶體的缺陷。這被稱之為缺陷晶體模型。這些缺陷會在 X 光繞射圖樣上產生非結晶散射。在球石內部的結構可以利用這個模型進行更進一步的瞭解,不過接下來在聚合物結構方面的研究工作,特別是那些低結晶程度的必須要被趕快進行以建立這一方面的一般正確性。

顯微照片 18.1 在聚合物中的球石,在交叉極化濾光鏡下進行觀察。馬爾他十字圖樣顯示出在球石內的結晶方向。大的球石很顯然是一開始就結晶的,其它的材料則是稍後才進行結晶的。這是聚合物的薄剖面,放大倍率 **200** 倍。

機械的變形,彈性或是塑性特別是在 T_m 和 T_g 溫度之間,都會促進結晶的發生並且會造成方向較佳的分子鍊結。這樣的變形可以在製造時產生像是纖維或是薄片的抽拉。這將會造成在強度上的增加,因為分子會藉由製程排列為直線並且作用的應力會被強力的共價鍵結所帶走進而降低纖維的長度。這並不是大量聚合物的情形,在其中分子的方向性是隨機的。

聚合物中交叉連接的長度與型態對於它們的熱行為有很重大的影響。當主要是藉由凡得瓦力連接在一起的聚合物是被加熱的狀態,它們的分子內作用力可以很輕易的被克服,而且它們會很容易的變軟和比較容易變形。在這樣的狀況之下,材料可以很容易的被製造而且它的熔化性質特別是熔化黏性在材料的經濟使用上會是一個重要的特徵。這些材料被稱之為熱塑性塑膠。繁茂的交叉連接聚合物在加熱時並不會很容易的軟化，這是因為所需要來克服共價鍵結力的熱能比凡得瓦鍵結所需要的要大的多。這些聚合物最終將會在加熱時退化（退極化），因此不能夠藉由加熱來製造，它們會依照初始的設定來成形。因此這些材料在製造上是更加受到限制的，通常必須要在極化與交叉連接前或是在這個過程中進行成形。這些聚合物就稱之為熱固性材料，雖然它們比起熱塑性材料來說是相當難以製造的，但是一般來說它們也因為有共價鍵結（交叉連接）的存在所以強度就更強了。

除了在聚合物鍊結之間的鍵結性質之外，在鍵結內結構的變化也會對性質有重大的影響。當我們考量一個聚合物只有碳與氫原子存在的時候，就像圖 18.1 中所顯示的，氫原子的安排是較不重要的，因為它們的尺寸比較小並不會和鄰近的原子互相干擾而且它們的位置會被限制在那些碳原子鍵結需求所指定的地方。在圖 18.1 的例子中，所有可能的碳鍵結都被填滿，這樣的結構是飽和的。假使聚合物再複雜一些，舉例來說，以乙烯基氯化物為基礎的分子，C_2H_5Cl，一種新的條件就此被引入。這樣的結構可以在圖 18.4 中見到。引入到結構中的氯原子和氫原子相比較之下是比較大的，因此它們在晶格中的安排會是比較重要的。氯原子可以在個別的單元中以隨機的方式被取代，不需要考慮到其它的氯原子。這被稱之為一種雜排結構（圖 18.4*a*）。假使氯原子在每一個單元上相同位置的鍊結都被取代，這樣的結構就稱之為同排結構（圖 18.4*b*）。假使氯原子在鍊結上被以規則的方式但是在鍊結的另一邊是另一種位置，也就是說並不是在每一個單元上的相同位置被取代，這樣的結構就稱之為間規構造（圖 18.4*c*）。氯（或是在更複雜分子中的其它原子）所假想的位置對於性質也是有其影響的，這是因為雜排結構和同排或是間規結構相比較之下會減少鍊結的規則性，因此會較不容易形成結晶。再一次的，放置旁支群集（在圖 18.4 中的 R）於同排位置可能會造成鄰近分子（特別是假使分子的尺寸比較大的時候）的阻礙與排斥作用，造成了分子的彎曲程度比起其它的例子所看到的都要嚴重一些。

在聚合物鍊結中的彎曲可能也會藉由在鍊結中碳原子之間的鍵結安排而產生。這可以藉由在圖 18.5 中的二烯鍊結來表示。在這邊分子或是原子 R 都在一個未飽和的碳鍊結上被以順式或是橫式的位置來取代。在順式位置中，未飽和的鍵結是在鍊結的同一端，然而在橫式的位置上未飽和鍵結是位於相對的邊上。這兩種可能性的差異在丁二烯橡膠中是最重要的，在其中順式結構會使得分子傾向於捲成圈狀而不是保持在線性的狀態，這被相信是橡膠具有相當大彈性的原因。

○ = C   ● = H   R = Cl

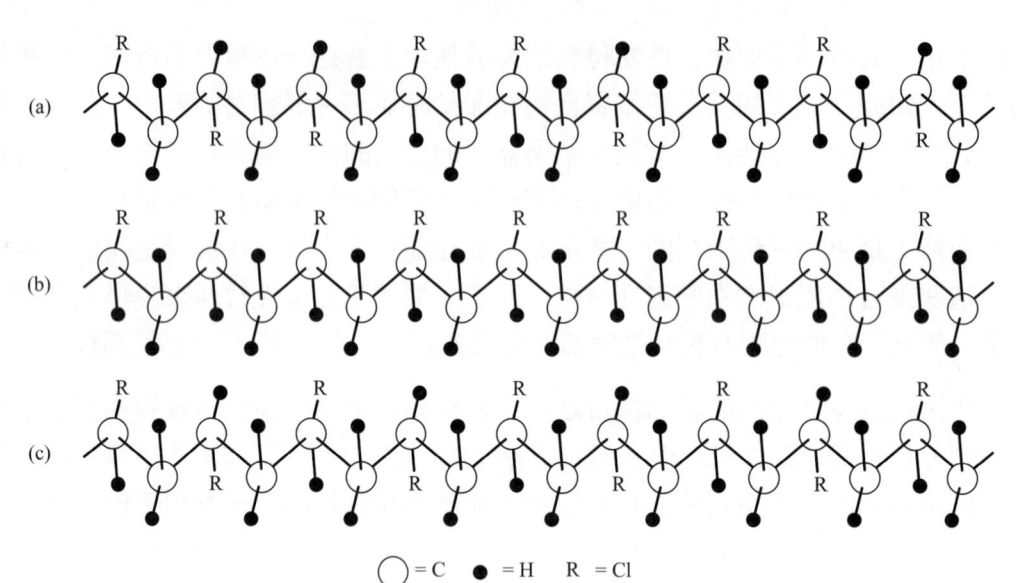

圖 18.4 聚合物結構的幾種模 **(a)**雜排 **(b)**同排 **(c)**間規，圓圈代表著碳原子，點代表氫原子，**R** 在這個例子中則是氯原子。

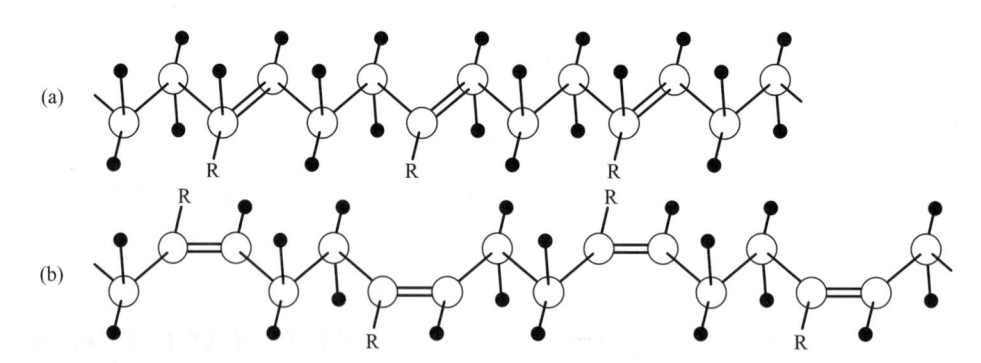

圖 18.5 二烯中的**(a)**順式**(b)**橫式結構模型。圓圈代表著碳原子，點代表氫原子，**R** 在這個例子中代表氯原子或是簡單的有機分子。

18.2 聚合物的一般性質 Generalized Properties of Polymers

聚合物的機械行為是被上述的種種結構參數所影響。然而，有一些影響行為的一般性原則可以被應用到大多數的簡單結構還有許多更複雜的結構上。許多聚合物的強度性質是直接地與分子的重量還有結晶的程度相關。張力相關的性質常常被表示為下列的形式

$$\text{Property} = a - b/\overline{M_n}$$

在其中 $\overline{M_n}$ 是指平均分子重量，a 和 b 則是常數。平均分子重量是聚合物各項混合分子重量的特性描述

$$\overline{M_n} = \sum[(X_i)(\text{MW})_i]/\sum X_i$$

在這邊 X_i 代表每一種尺寸部分的分子數，$(\text{MW})_i$ 代表著每一個尺寸部分的平均分子重。

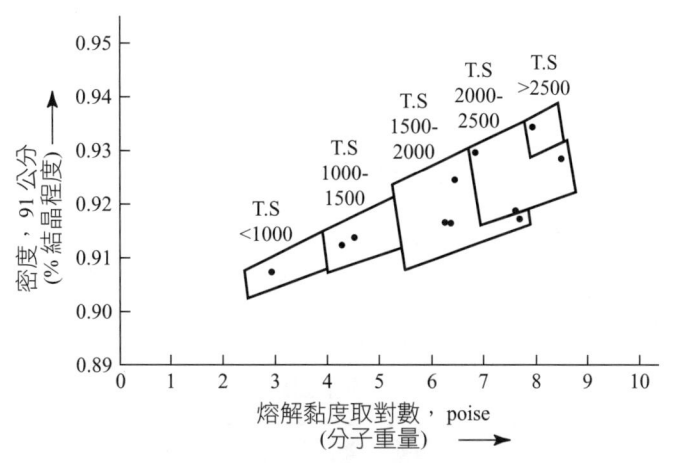

圖 18.6 結晶和分子重量在聚合物張力強度上的影響。結晶在這個例子中是從密度上來估算，分子重量是從熔解黏度來估算。分子重量和結晶都會影響張力強度。

　　結晶也會增加張力強度。對聚乙烯來說這兩者之間的關係可以在圖 18.6 中看到。被結晶所影響的重要聚合物特性包括了剛性還有降伏強度。在聚合物中會有一些結晶，剛性或是彈性的分子存在，這些都有可能會比結晶程度的變化帶來更大的性質改變，如同圖 18.7 中所示。增加降伏點和聚合物的剛性卻不會相對應的增加張力強度，不過這通常會造成易脆性的增加。因此在降伏強度與張力強度之間的平衡對於聚合物來說是需要的，這就如同金屬材料在工程上的應用也必須要提供足夠的張力延展性一般。

　　另一個端視分子重量以及結晶程度而定的機械性質就是曲屈（疲勞）壽命。增加分子重量可以改善曲屈壽命 (flex life)，不過增加結晶程度卻會減少曲屈壽命。這個性質可能是一個複雜的性質，它的結果端視測試的表現如何而定。既然試件的剛性還有降伏點都會隨著結晶程度而改變，在常數試件撓曲狀況下做的試驗結果將會和常數應力施加在試件上的實驗結果有其不同之處。

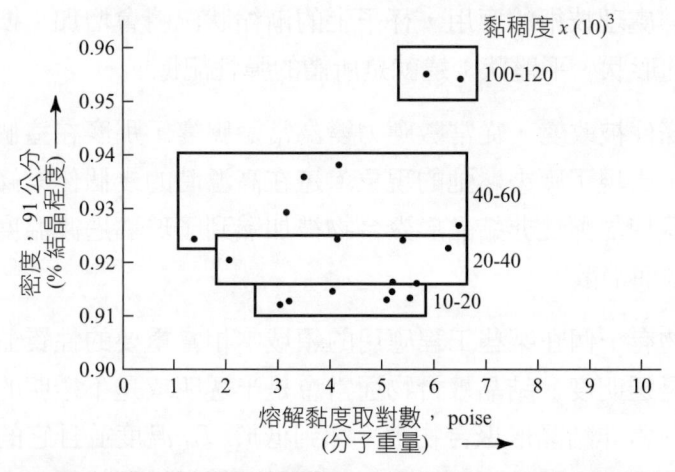

圖 18.7 結晶程度與分子重量在聚乙烯的彈性模數與剛性的影響。結晶程度在這個例子中可以從密度來估算，分子重量則是從熔解黏度來估算。分子重量和結晶程度相比對於剛性只有一點小小的影響。

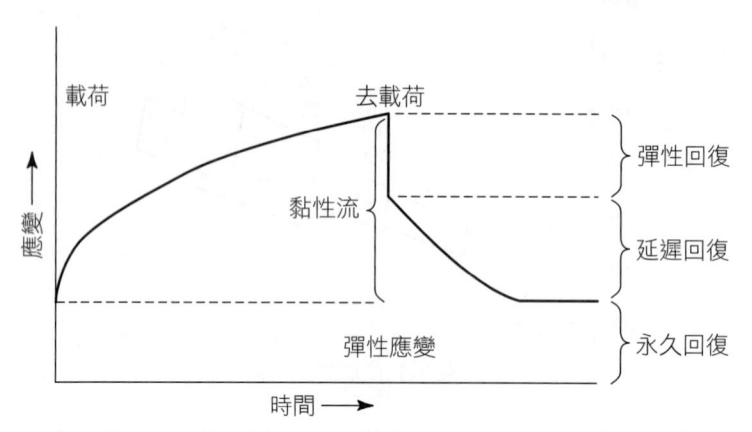

圖 **18.8** 聚合物的黏彈性行為。載荷會產生一個立即的彈性應變，緊接著會產生黏性流。去載荷會產生一個立即的彈性回復，緊接著在一個時間之內就會有一個附加的回復產生。不過這仍然是一種永久的應變。

　　有一個聚合物的行為也必須列入考慮的就是它在時間相關變形時的傾向。事實上，聚合物展現出了彈性的（立即的）和黏性的（時間相關）行為，它們兩者的結合就是所謂的黏彈性。當一個聚合物，特別是非結晶形聚合物被放置在一定的應力之下，就會有一個立即的彈性回應，如同圖 18.8 中所看到的。緊接著這個回應，會有一個時間相關的黏性流產生，這會隨著時間增加而減少直到到達一個穩態狀態（和金屬的第一級與第二級潛變相當類似）。假使材料的載荷並沒有卸掉，圖 18.8 顯示出產生一個瞬間的（彈性）應變回復，緊接著也會有一個時間相關的應變回復出現；然而，仍然會有一個永久的變形存在。

　　時間相關的應變回復通常會被認為是彈性的記憶。舉例來說，許多平盤狀的聚合物可以經由一個有軸心的模具冷拉為一個杯子的形狀。從工具修整開始出現新的外觀時，杯子直的壁面表現出彈性回復並且變為漸縮的壁面，在開口部分的直徑比底端的直徑要更大。隨著時間或是某些熱處理技術的應用，杯子上的漸縮狀況將會增加；換言之，材料將會傾向於回復到它初始的形狀，平盤狀；這就是所謂的彈性記憶。

　　假使張力測試條件被改變，從常數應力變為常數應變，那麼在這個應變等級的應力將會隨著時間而減少，出現了應力鬆弛的現象。這在高溫時的幾個作業條件狀況下是相當重要的。除此之外，假使熱彈性非結晶形聚合物被加熱到了玻璃過渡溫度範圍的溫度，內部的應力將因應力鬆弛而消散。

　　非結晶形聚合物有一個在某些工程應用的領域中相當重要的性質並且常常會在結晶作用產生時失去的就是透明度。結晶聚合物通常會是半透明或是不透明的，然而非結晶形的聚合物卻是透明的。當非結晶形聚合物被冷卻到低於 T_m 溫度並且它的結晶作用增加的時候，結晶區域將會比非結晶區域還要密集。這會對兩個區域間的折射率造成一個差異，並且只要結晶區域在大小尺寸上與光線的波長相比並不是太小，就會導致光線的散射。這將會造成部分結晶聚合物的半透明或是不透明。

兩個或是多個單體的異分子聚合將會改變它們的機械性質，減少結晶作用，因此剛性還有降伏點也都會受到影響。其它的效應特別是在沒有結晶的聚合物上就會更加複雜並且端視所使用單體的性質而定。塑化劑，裝填劑還有其它改性劑的添加也可能會對聚合物的性質有重大的改變。塑化劑通常都是長分子重量的聚合物（或是單體），它會分離聚合物鍊結並且減低結晶作用。這使得聚合物更加的有彈性並且減少了脆性，可以使用在玻璃聚合物中來增加未塑化材料在低於 T_g 溫度時的延展性和堅韌性，換言之，在實際的功效上，是要降低 T_g 溫度。

裝填劑有許多的型態。它們會被添加來帶給聚合物許多樣的特殊性質。裝填劑可以被分為微粒型態和纖維型態兩種。微粒型態的裝填劑通常都是像矽土（沙子、石英）、矽酸鹽（雲母、滑石、石綿）、玻璃（細粒，小薄片還有球狀物）、金屬粉末、無機化合物（石灰、氧化鋁）、纖維素（棉花纖維）、合成纖維（尼龍、聚酯、丙烯酸）、玻璃、碳硼還有氧化鋁的單晶體纖維、碳化矽等等或是其它的材料。一般而言，微粒型的裝填劑可以提供改善壓縮應力、抗磨損能力、抗溫度能力、抗衝擊能力還有尺寸的穩定性。纖維型的裝填劑則是可以改善高張力與抗衝擊能力。

當機械性質的塑性測試是被以和金屬的塑性測試類似的方式進行，且結果也以相同的項目來表示的時候，聚合物常常無法以相同的方式來說明。事實上在永久變形能力的考量上，金屬是更具有塑性的，但是金屬的彈性變形就比較差一些。由於聚合物明顯的黏彈性行為，它們相對完全結晶狀金屬來說，具有相當大的應變率敏感性。另一個行為差異的例子是金屬的應力—應變曲線中塑性部分的斜率代表著加工硬化，強度上的增加與差排移動的障礙物有關。塑性工程師稱聚合物相同部分的應力-應變曲線加工硬化，不過這是完全不一樣的現象。在聚合物中，在流動時分子鍊結是一條直線的形狀，因此所施加的應力會在強壯的碳與碳之間鍵結上或是在聚合物鍊結的脊柱上。

18.3 烯烴、乙烯基還有相關的聚合物
Olefin, Vinyl and Related Polymers

最大宗的聚合物生產與銷售就是所熟知的烯烴聚合物，最常見到的例子就是聚乙烯 (PE)。如同圖 18.1 和圖 18.2 中所指出的，這個材料的結構是相當簡單的且它的強度是比較低的，特別是在分支或者低密度 (LD) 的形式。中間密度的型態有部分是具有結晶的，當分支減少的時候，結晶就會增加。高密度 (HD) 形式是一個結晶線性聚合物，它具改善過的強度、剛性以及良好的化學惰性。低密度聚乙烯被使用來做為玩具、家庭用品、塑性袋或是膠捲、被覆鍍層還有擠壓瓶使用。高密度形式的最大宗使用是做為堅固的容器，舉例來說，做為洗潔劑的瓶子，漂白劑瓶子等等。它也被用來做為電池的元件，管子還有建築

用的壁版。低 T_m 溫度會限制聚乙烯的應用範圍，不過做為最便宜和具有低 T_g 溫度的聚合物，而且在低溫的時候並不會易脆，聚乙烯的產量超過其它所有的聚合物。

在性質上接近聚乙烯的是最近所發展的烯烴，聚丙烯 (PP)。如同表 18.1 中所指出的，它有一個甲烷的側邊群集並且可以是同排、雜排還有間規結構。同排形式是一種 T_m 溫度約莫 165°C 的結晶狀物，並且是最有用處的。它擁有比 PE 高的強度與剛性，也是聚合物中最輕的，比重值是 0.905。聚丙烯在低於 T_g 溫度之下經歷了好幾個過渡現象，典型的結晶現象或是幾乎結晶的聚合物都被認為是和鍊結短片段的移動性有關。在聚丙烯的例子中，這會造成了在 0°C 溫度附近堅韌性的喪失。對這個材料而言的高 T_m 溫度，165°C 與聚乙烯相較之下，給予了聚丙烯額外的抗溫度能力，這在許多的應用領域如包括沸水或是蒸汽的使用上是相當有用的。聚乙烯和聚丙烯在一些應用領域中都被拿來做為裝填和異分子聚合使用。

有許多的工程聚合物都是和聚丙烯結構相當類似的，為人所熟知的就像是乙烯基聚合物，在這其中最常見的就是聚氯乙烯。乙烯基群是一種單取代乙烯聚合物；取代的分子可能會是氯，如同表 18.1 中所示，還有苯環（苯乙烯）和其它群集包括碳，氫還有氧氣也都是可能的取代分子。

表 18.1 烯烴，乙烯基還有其它相關聚合物的結構與過渡點

聚合物	單元結構	T_m, °C	T_g, °C
聚乙烯，高密度 低密度	—C(H)(H)—C(H)(H)—	137 ~115	−120 −120
聚丙烯	—C(H)(H)—C(H)(CH₃)—	176	−18
聚苯乙烯	—C(H)(H)—C(H)(苯環*)—	…	−50
聚丙烯	—C(H)(H)—C(H)(CN)—		105
甲基丙烯酸酯	—C(H)(H)—C(H)(C(=O)—O—CH₃)—		105
烷基苯磺酸鹽（ABS）		…	105
聚氯乙烯	—C(H)(H)—C(H)(Cl)—	212	87
聚四氟乙烯	—C(F)(F)—C(F)(F)—	327	

*⬡ = 苯環 =

表 18.2　烯烴，乙烯基還有其它相關聚合物的性質

聚合物	張力強度 Mpa	張力模數 Gpa	伸長量%	艾氏衝擊強度 J/cm
聚乙烯，高密度	21–28	0.7–1.4	16–1000	0.5–2.7
低密度	7–21	2.1	50–800	10.7
聚丙烯	28–35	1.1	300	0.2–1.1
聚苯乙烯	35–56	3.2	1–2	0.3
衝擊	21–49	2.2	3–80	0.5–4.8
甲基丙烯酸酯	42–84	2.1–3.5	4–5	0.27
烷基苯磺酸鹽（ABS）	42–56	2.1–2.8	15–25	1.1–2.7
聚氯乙烯，堅硬	35–63	2.1–4.2	5–100	0.5–10.7
塑化	7–28	0.2	350	
聚四氟乙烯	14–49	0.7	350	1.6–3.2

*性質會隨著製程與組成的變化而有很大的改變

+全部的伸長量都是在破裂之前，這和金屬是成對比的，大部分都是彈性伸長

　　聚氯乙烯常常被稱為乙烯基或是 PVC，曾經一度是被使用最廣泛的聚合物。如同在表 18.2 中所看到的，它在未塑化時有引人注目的強度或是堅硬的外型。它的機械性質使得這個材料在瓶子和容器的製造使用上很受歡迎，假使經過塑化之後，在薄片以及衣物及套子的纖維上也是相當受歡迎的材料。它在乙烯基醋酸鹽和乙烯基氯化物（一種取代乙烯苯基取代烯，在其中兩個氯分子被控制在單元上）的異分子聚合使用上也相當的廣泛。這比 PVC 還要穩定並且也更強壯一些。從工程的觀點來看，更重要的是在這個群集中兩個額外的材料，它們本身被廣泛的使用而且也結合使用來產生主要等級的聚合物，丙烯睛—丁二烯—苯乙烯樹脂。第一個群集是那些被稱之為丙烯酸聚合物的材料，通常是聚丙烯睛和甲基丙烯酸酯。聚丙烯睛最常被以纖維的形式來使用，這是在幾種商用衣料上最主要的組成成分，例如，奧龍或是艾克龍。在這個形式中，聚合物有良好的強度、剛性、堅韌性以及屈曲壽命。甲基丙烯酸酯是清潔，無色、透明塑性並且有良好張力性質的材料（表 18.2），使用在許多種類的鑄造固狀物像是平板還有棒材上，也常被拿來做為鑄模和擠壓成形使用。它是一種線性熱塑性材料，這大部分都是存在於間規性結構中，不過因為大量的旁支群集結構（表 18.1）所以這是屬於非結晶形聚合物，它良好的光學性質和戶外風化行為使得它在做為標誌，光源以及玻璃鑲嵌的應用上相當受歡迎。這種材料較為人所熟知的是它的一種商品命名 PMMA 或是樹脂玻璃。

　　烷基苯磺酸鹽（ABS）群集的第二個組成就是聚苯乙烯，這也是一個重要的聚合物。這已經變為一種主要的低成本熱塑性材料並且已經被使用在家用的應用領域，玩具還有在最近也使用在建築材料上面。就像甲基丙烯酸酯一樣，聚苯乙烯有優異的光學性質和良好的強度。它是雜排結構並且是屬於非結晶形聚合物，同時也是最容易製造的熱塑性材料之一。

比較負面的來說，它傾向於易脆性，並且有低軟化溫度（100℃）和貧乏的抗溶解能力。所有的這些問題都可以藉由添加劑或是異分子聚合來克服。這種材料的抗衝擊能力可以藉由混合橡膠進入聚苯乙烯的基地中來改善，通常會是 5 到 10%，這會造成所謂的衝擊聚苯乙烯這種產物。橡膠在結構中是以第二相的方式來存在，所產生的微細構造可以在顯微照片 18.2 中看到。這種構造是一種在聚合物中最常見到和金屬微細構造相類似的。全面的結果就是會增加材料的堅韌性，和表 18.2 中可以看到的一樣。

最引人注意的聚苯乙烯聯合體如同上面所指出的就是以烷基苯磺酸鹽 (ABS) 的形式，這是由丙烯酸、丁二烯（一種橡膠）還有苯乙烯所混和製成的。這種結合體也是一種兩相的混成，和衝擊聚苯乙烯相當的類似，最後會造成橡膠被包含在玻璃基地內。橡膠是一種丁二烯—苯乙烯的異量分子聚合物，其基地主要是一個丙烯酸—苯乙烯的異量分子聚合物。最佳的性質是當在基地與內含物之間存在接合物（鍵結）的狀況。丙烯**腈**—丁二烯—苯乙烯樹脂的抗溫度和抗溶解能力都比聚苯乙烯要來得高。它們也有良好的強度、抗衝擊能力、成形性以及適中的成本。它們在許多種類的應用領域中被廣泛的應用，譬如說管子、運輸的元件還有家庭用品工業、電話設備、行李箱甚至是汽車的格子板。它們也可以在模具中進行冷成形加工，這一點和金屬很像。它們的性質都列在表 18.2 中。

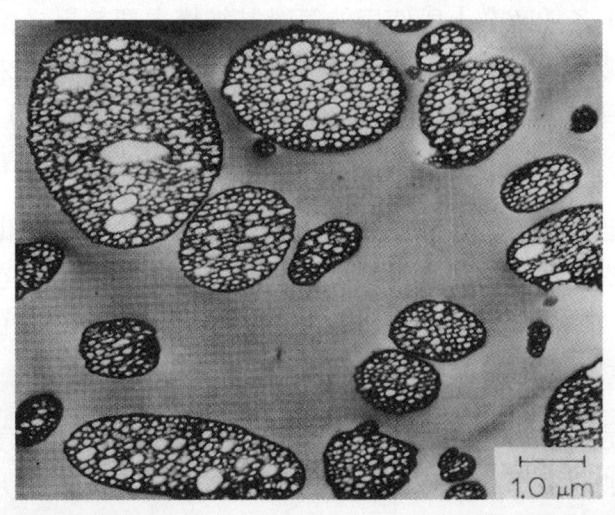

顯微照片 **18.2** 利用加入橡膠增強堅韌性的聚苯乙烯。黑色部分的橡膠區域包括了吸收的聚苯乙烯粒子，這會產生一個特有的薩拉米結構。

許多碳鍊結的熱塑性材料在這邊並沒有被考慮到，這是因為它們在工程上受到限制的應用。有某一個群集的結構非常類似目前所討論的材料也具有良好的工程潛能，不過它的應用因為成本較高所以有點受到限制。即完全添加氟素的聚合物，人們所熟知的鐵弗龍。在這個群集中最常被使用的材料就是聚四氟乙烯 (PTFE)，聚三氟氯乙烯 (PCTFE) 還有添加氟素的乙烯—丙烯 (FEP)。它們都是高度結晶狀，具有良好方向性的聚合物，沒有許多的旁支和擁有相當高的結晶熔點（220 到 325℃）。它們傑出的特性就是在相當廣闊的溫度範圍下的穩定度，良好的低溫堅韌性，良好的抗高溫能力、低電介值常數、極端的化學鈍性還有低表面摩擦的特徵。所有的這些特徵都是這些材料使用上相當重要的一環。如同表 18.2 中可以看到的，這些材料的機械性質屬於中等的等級，而且上面所描述的作業特徵特別是抗溫度能力和鈍性會使得它成為一種相當難以製造的材料。因為這種材料即使是在它的結晶熔點溫度以上仍然是不容易流動的，所以必須採取像粉末冶金上所使用的技術才可以。這種材料的典型包括了化學用的管子和幫浦，線材，電子設備還有絕緣保護體。

18.4 熱塑性聚合物 Thermoplastic Polymers

在熱塑性聚合物和烯烴還有乙烯基聚合之間的基本差異主要是在聚合物鍊結的脊柱性質上。材料的不勻相鍊結群集比原先所討論的群集還要更複雜，在原先討論的群集中，氧氣、氮氣、矽還有包括這些元素的環狀結構都是位於基本鍊結上。在這個種類中包括了一些重要的商用纖維和種種的工程用塑性材料。有一些擁有這個結構的材料也會歸類到彈性體的類別，這將會在稍後被討論到。

或許在這個群集中最為一般人所熟知的材料就是聚醯胺和聚酯。前者在現在的別名是更為人所熟知的尼龍，然而後者就有許多的商業名稱，像是達克龍、扣斗還有密拉。尼龍群集是最常被使用的，各種商業上所使用的等級其結構主要差異之處是在分開鍊結中的氧和氮位置的 CH_2 群集數目。它們是藉由在單體鍊結中的碳原子數目來描述的，對於從單獨的氨基酸中產生尼龍只需要使用單一數目的群集，從二氨（第一號）還有二鹽基酸（第二號）中產生尼龍則需要幾個數目的群集。在表 183 中所指出的是兩個最常見到的尼龍結構。

在商業使用上最佳的尼龍就是 6、66、610、8、11 還有 12 的變化以及它們的異量分子聚合物。這些材料被依照它們的應用領域來做分類，主要是以工程考量為主，舉例來說，軸承、齒輪、凸輪軸、滑軌、小元件、輪胎圈還有紡織工業上所使用的材料。直到了最近，輪胎圈的消耗才變為尼龍纖維的主要市場。

一般來說，尼龍是相當堅韌的，它是一種不透明的固體並且擁有適中的熔點。它們傑出的特性是在於可以被抽拉為纖維時，變得更堅韌，然後成為不透明的高強度材料。在這種形式之下它們可以進行結晶作用並且有高度的方向性。良好的強度、堅韌性還有抗磨損的能力就是尼龍 66 材料的幾個特徵，它的機械性質也可以維持到大約 125℃。低溫度下的性質也可以維持的相當好。抗溶解能力也相當不錯，抗潮濕的能力也還可以；在這個材料中濕氣會做為塑化劑的作用並且材料的堅韌性會端視濕氣成分的多寡而定。不過尼龍 66 也可能單獨因為它良好的強度就被使用，它也有對它有利的容易製造，重量輕以及自動潤滑軸承的性質。

表 18.3　不均相熱塑性聚合物的結構與過渡點

聚合物	單元結構	T_m, °C	T_g, °C
66尼龍（聚醯胺）	—N—(CH₂)₆—N—C—(CH₂)₄—C—	265	50
11尼龍（聚醯胺）	N—(CH₂)₁₀—C—O	194	
聚對苯二甲酸乙二酯（聚酯）	—O—CH₂—CH₂—O—C—⌬—C—	265	80
聚氧亞甲基	—CH₂—O—	180	−50
聚碳酸酯	O—C(CH₃)₂—⌬—O—C—	230	150
聚雙甲基矽氧烷（矽樹酯）	—Si(CH₃)₂—O—	…	−123

表 18.4　熱塑性聚合物的性質

聚合物	張力強度，Mpa	張力模數，Mpa	伸長量%	艾氏衝擊強度 J/cm
聚醯胺：				
66 尼龍	84	2.8–3.5	60–300	3.2–6.4
30%FRP‡	147–196	9.8	7	0.5–1.1
11 尼龍	56	0.7–1.4	300	1.1
乙縮醛：				
聚氧亞甲基	70	3.5	25–75	0.5–1.1
聚碳酸酯	63–77	2.1–2.8	130	6.4–9.6

*性質會隨著製程與組成的變化而有很大的改變

+全部的伸長量都是在破裂之前，大部分的都是彈性伸長

‡纖維增強聚醯胺

在表 18.4 中顯示出幾種尼龍的機械性質，6 尼龍主要被使用在輪胎圈還有一般用途的元件上，這些強度需求比 66 尼龍還要低一些。610、8、11 還有 12 的變種都被使用來做為絕緣還有護套使用，還有在某些受到限制的應用領域中也有使用，如細線。

熱塑性的聚合物主要是纖維和薄膜的方式存在，這其中最重要的就是聚乙烯還有酯。在毛胚紡紗的型態下，這些纖維都是結晶狀並且相當的堅硬，保持著良好的機械性質直到 150°C 以上。它有良好的抗溶解能力以及低吸收濕氣能力。在薄膜的型態之下，它是相當強壯的，張力強度大約是 175 Mpa，而且有非常高的曲屈強度。撞擊堅韌度也是相當的高，這使得這種材料在錄音帶的應用上非常的受到歡迎。

其它重要的工程熱塑性材料就是乙縮醛，聚乙烯還有聚碳酸酯。乙縮醛的群集中，聚氧亞甲基是最好的一個例子，大約有 75%的結晶並且擁有所有高分子量部分結晶聚合物的所有良好性質。它們有相當高的熔點，大約是 180°C，良好的剛性、強度、堅韌性、抗磨損能力等等。因為這些的能力的結合，它們在許多應用領域中都被使用來取代金屬，譬如說汽車的元件、幫浦、管件還有閥件，在許多地方已經取代了鑄鐵、鋅、黃銅還有鋁。從它們的結構（表 18.3）來看，可以看到乙縮醛事實上是聚乙烯的一個成員，在其中乙醚連接是一個亞甲基的群集。其它的聚乙烯被使用在管件、幫浦還有導管中，在這些應用中也是取代了金屬的地位。

聚碳酸酯在一般工程應用上的使用性和乙縮醛相當的類似。它們是部分結晶的熱塑性材料，擁有良好的強度和傑出的堅韌性。它們很容易的就可以被製造出來並且是清澈透明的，對有高度結晶的聚合物來說，聚碳酸酯有著相當不尋常的光學性質。典型的應用包括了電子元件、幫浦的遮蔽物、建築用材等等，還有利用了它們良好光學性質的領域像是燈泡等等。乙酸醛、聚乙烯還有聚碳酸酯都是擁有優異工程應用潛能的聚合物，並且可以取代在一些應用中所使用的傳統聚合物。它們的價錢一般來說比聚丙烯，烷基苯磺酸鹽 (ABS) 或是中等價位的尼龍都要來得高一些，因此它們應用的推廣會和經濟面有相當大的關連。

有小部分的複雜熱塑性聚合也應該要被提及，它們就是聚醯亞胺。這些材料是相當的昂貴，不過因為它們的結構中包含複雜的鍊結所以相當的堅硬，這些鍊結是由幾個環互相連接而成（雜環族化合物的聚合物），它們有非常良好的抗高溫能力。它們在 300°C 時可以保持適中的性質大約一個月，而在溫度上升到 400°C 時則可以保持好幾個小時。

熱塑性聚合物包括了許多自然的纖維，舉例來說，羊毛、絲綢還有纖維物質像是棉還有人造絲。羊毛還有絲綢是由氨基酸複合物所組成的蛋白質，然而棉和人造絲的結構是屬於利用線性的碳鍊結來連接複雜的碳一氧環。從工程上的觀點來看，纖維素的產物人造絲還有纖維醋酸鹽是最重要的。人造絲，一種再生的纖維產物，如同人們所熟知的黏液以及黏液人造絲。這個產物被使用到彈性和非彈性的型態，不過彈性型態的對於工程上的應用來說是最有用的，這是因為它相當不錯的方向性以及結晶能力。這種纖維在過去被廣泛的使用來做為輪胎圈。相同的材料在薄膜型態下被使用做為玻璃紙，這是一種現在被使用來代替其它聚合物的被覆材料。醋酸鹽纖維素是另一種纖維素的產物，使用在薄片和模子的成形。它的成本相當的低廉，不過強度並不是很高，而且它的軟化溫度比較低，同時也具有高吸收濕氣的能力。

一個特別的，或許是極端的不均相鍊結聚合物的例子就是矽樹脂。這些材料有相當簡單的鍊結，包含了另類的氧氣和處於脊柱下方的矽原子，但是並沒有包含碳。這個材料通常是繁茂的交叉連接，並且在低分子量的形式下使用來做為誘電性流體（液體）或是在高分子量的形式下來做為彈性體或是聚合物被覆材料。

18.5 熱固性聚合物 Thermosetting Polymers

熱固性聚合物，如同前面所描述的，會在製程的影響下或是製造為繁茂的共價交叉連接三維網路情況下受到改變。在一些例子中，需要熱能來產生交叉連接，這很碰巧地會和聚合作用同時發生。在其它的例子中，並不需要熱能，而且可能只會發生分離的聚合作用步驟。這通常是彈性體的特性，被認為是分離的而不是正常的熱固性樹脂。

熱固性樹脂已經長期的被使用，並且在今日仍然被廣泛的使用來做為合成樹脂。這些樹脂是從石碳酸還有甲醛中產生，並且在抗溫度能力還有尺寸的穩定性上表現得相當傑出，同時也具有適中的強度。這些材料被廣泛的使用，並且填充了許多種類的微粒或是纖維狀填裝物，這些填充物是拿來改善材料的抗熱能力，導電性質或是抗衝擊的能力。沒有適當裝填物（通常是彈性體）的話，材料的抗衝撞能力將會相當的低。至於成本則是低到中等價位之間，端視所使用的裝填物而定。許多裝填合成樹脂的性質可以在表 18.5 中看到。合成樹脂並不只是被用來當作裝填製模的樹脂，同時也拿來在製紙上使用的含酒精溶液裡使用，其中包括了紙漿、木頭還有其它材料，成品可以拿來做為壁紙還有工業上的薄紙板使用。熱固性樹脂被使用做為膠黏劑的接著樹脂以及亮光漆。製模樹脂包括這些材料的都被稱為電木這樣的商用名稱。

第二種重要的熱固性聚合物群集就是氨基樹脂，在其中尿素甲醛還有密胺甲醛是最重要的。就像合成樹脂一樣，它們是生產來做為製模樹脂，薄板樹脂還有膠黏劑，還有其它特殊的專門產品。氨基樹脂是清澈透明並且無色的，所以可以被使用在需要光亮或是較淡顏色的應用領域裡。它們的強度和硬度比起合成樹脂高很多，不過堅韌度則比較低一些。然而，這些材料常常被廣泛的填充，它們的性質主要端視所使用的填充料而定。有一些填充合成樹脂的性質可以在表 18.5 中看到。製模樹脂的應用包括了器具的遮蔽物、電子元件還有家庭用品等等。

當從雙鍵的碳原子中利用廣大的交叉連結來產生聚酯時，這種已經被討論的熱塑性聚合物可能也會被歸類為熱固性種類。起初原料是二鹽基，單醇類還有單體的連結體，通常是苯乙烯。它們被生產來做為層合樹脂和製模樹脂。聚合物的強度是中間程度的，但是它的堅韌度在未開發的形式下是比較低的，不過這可以利用填充物的使用來改善。玻璃纖維的增強作用是相當常見的，而且可以在表 18.5 中看到它可以同時改善強度還有堅韌度。典型的使用包括了工程材料應用像是船身、汽車還有卡車的車體元件、建築用的模子、薄片還有鑲板。在這些應用領域中，最常見的就是玻璃纖維的填充。

事實上，環氧樹脂是和聚合物有相當的關係的，這是一種堅韌、強壯且有彈性以及抗化學作用的熱固性材料群集，它們可以使用在製模的成形還有層合樹脂。不過它們的價錢就比較昂貴，這也限制了這種材料的使用，但是它們在填充電子與工具元件上仍然相當的受歡迎，如表面的被覆鍍層還有膠黏劑的應用。

最後有一種熱固性材料的群集主要被使用來做為泡沫塑料的就是氨基鉀酸酯。它們很接近彈性體（聚氨酯—彈性體也會被產生），這些高度交叉連結的泡沫塑料被使用在中空的結構外型上，藉由補償的重量來達到強化作用的目的。它們的抗油性融化與抗潮濕能力使得它們特別適合拿來當作夾層隔絕物還有建築用鑲板的用途。

表 **18.5** 熱固性聚合物的性質

聚合物	張力強度 Mpa	張力模數 Mpa	伸長量%	艾氏衝擊強度 J/cm
合成樹脂：				
石碳酸甲醛	35–63	5.6–9.1	1	0.3
玻璃填充	63–84	0.7–1.4	1–2	0.5–4.8
橡膠填充	28–63	0.28–0.42		
氨基的：				
尿素-甲醛	35–70	9.1–11.0	1	0.2
密胺-甲醛	35–63	7.0–9.1		
纖維素填充	49–70	9.1–11.0	1	0.2
聚酯	42–91	6.3–8.4	3	0.2
玻璃填充	35–70	10.5–17.5	1–5	0.5–8.5
環氧化物	63–105	2.8–6.3	4–5	0.5

*性質隨著製程和組成的變化作廣泛的變化

18.6 彈性體聚合物 Elastomeric Polymers

在許多工程材料的應用中有一個非常重要的聚合物群集就是彈性體。這些材料結合了熱塑性聚合物的彈性以及熱固性材料的交叉連結特性，因此可以提供一種獨一無二的材料特性。彈性體的結構比以上這些簡單的描述都還要複雜，它也包含了線圈狀還有交叉連結的彈性體鍊結，所以這個群集的材料可以達到相當顯著的彈性伸長特性。這個彈性的機制到目前為止也沒有完全的被瞭解。很顯然地，彈性體是由順式未飽和碳化物鍊結所形成，這會傾向於形成線圈狀。線圈本身會對彈性有所貢獻，這很像彈簧的強度在載荷下所允許的延伸伸長量一樣。橡膠的硫化是一種交叉連結的過程，這也是必要的。假使沒有橡膠的硫化,線圈將會僅僅彼此的滑過而不會有延展的情形,也不會出現柔軟的熱塑性結果。橡膠硫化交叉連接聚合物鍊結線圈的過程是應力作用在許多的材料上使得一些分子展開而不是滑動。假使被攜帶的太遠,交叉連結會將分子們緊緊的綁在一起,這樣就不會造成分子線圈的延展換言之,分子線圈會變得堅硬並且具有剛性。藉由控制橡膠硫化過程,種種的一系列橡膠產物就可以被生產。一般來說,橡膠硫化作用是利用硫磺來達成,其中硫磺的數量必須要在極少量到最多 30% 之間變化以產生這樣的效應。

硫化的橡膠還不是完全令人滿意的,必須要使用填充劑來調整像是強度、抗磨損性、抗擦傷能力以及剛性等等的機械性質。最常見來產生這個效應的填充劑就是炭黑,它的角色是相當複雜的,在其中炭黑也貢獻了一些內部鍊結的交互作用來增補藉由橡膠硫化作用所產生的鍊結。其它重要的增強劑包括了燈芯絨、纖維還有帶狀物,這些常被用到橡膠胎中,其它的化合物也會被添加來改善抗氧化的能力。擁有未飽和碳鍵結的橡膠會傾向於被氧氣所攻擊,產生軟化作用或是易脆性作用(起因於交叉連接和剝蝕)。

化合物在橡膠科技中是一種專門的名詞,它們與添加物有關,添加物主要被使用來使得製程更容易而不是改善性質。最常見的化合物材料就是油的補充劑(添加油來做為塑化劑),活化劑與加速劑都是被添加來促進橡膠的硬化。橡膠的硬化本身稱之為熱化,必須要小心的控制,不只是硫磺的含量,混合的情況,所持續的時間也很重要。很明顯地,交叉連結和剝蝕都會在橡膠硫化作用中自發性地產生,這也會使得橡膠經歷過度的轉化;換言之,橡膠會軟化並且變得相當虛弱就像是經過氧化作用的攻擊一樣。

在今日最常被使用的橡膠就是從苯乙烯和丁乙烯的異量分子聚合物中所生產出來的,也就是苯乙烯一丁二烯橡膠,緊接著就是包含丁乙烯的橡膠還有其中更受到應用限制的材料,舉例來說,像是丁基橡膠,亞硝酸鹽還有尼奧普林。聚異戊二烯或是自然橡膠目前在橡膠市場中不管是自然生產的或是合成形式,都只佔了中等的地位。這些材料的機械性質可以在表 18.6 中看到。

最常使用的橡膠,苯乙烯一丁二烯橡膠在適當的增強與製造之下會和自然橡膠非常的類似。張力強度會超過 3500 lb/in^2,抗磨損的性質相當的良好。抗風化的能力也相當的好,不過在高溫下的抗熱性和聚異戊二烯相比就不是特別的有吸引力。它被使用來做為種種的商用產品,像是輪胎、模造產品、地板材料、帶狀物、軟管還有衣物等等。其它的丁二烯主要被使用在和其它的橡膠相混和的用途。丁基橡膠或是聚異丁烯都是一種特殊目的的橡膠,因為它缺乏橡膠,苯乙烯一丁二烯橡膠的強度與抗磨損能力。不過這些材料有相當低的的氣體滲透性,這使得此類材料在膠黏劑、填隙、密封還有輪胎的內胎使用上相當的受歡迎。亞硝酸鹽橡膠則是一種丁二烯和丙烯酸的聚合物。在高丙烯酸程度時 (40%) 亞硝酸鹽橡膠具有相當高的抗油性融化特性並且被使用在需要這個性質的應用領域中。尼奧普林(聚氯丁二烯)因為它優異的抗油性融化特性而受到注目,不過它也具有其它良好的一般性質並且在許多種的作業要求領域中都被採用。尼奧普林不需要使用炭黑填充劑就可以具有高張力強度。不過它的價錢比起其它的橡膠來說是有一點昂貴的，這會限制其發展。

表 18.6 彈性體的性質

彈性體	張力強度	伸長量	使用溫度，°C 較高	使用溫度，°C 較低	抗氧化能力	氣體滲透性	抗溶解能力
苯乙烯-	26	550	100	−55	Fair	High	Poor
丁二烯橡膠	21	400	120	−50	Good	Low	Poor
丁基	31	600	100	−60	Poor	High	Poor
聚異戊二烯	17	550	140	−15	Good	Moderate	Good
亞硝酸鹽	28	800	100	−45	Good	Moderate	Good
矽樹脂	10	600	250	−90	Excellent	....	Excellent

問題

1. 描述可容易被重複使用的聚合物並解釋為什麼。

2. 描述低密度和高密度聚乙烯在結構上的不同。為何高密度聚乙烯比低密度更易結晶？

3. 假使醫院就經濟上的考量，要以聚合物取代玻璃容器，而這些聚合物需要有哪些特性呢？讀者可以建議哪些聚合物呢？

4. 請讀者試著整理以下的這些聚合物 (a) 預期有抗熱能力 (b) 為了增加強度 (c) 為了增加堅韌度：聚乙烯，聚氯乙烯，66 尼龍，聚碳酸酯還有聚四氟乙烯

5. 聚乙烯酯經過淬火變為薄膜狀並且密度達到 1.30 g/cm^3。它會被退火並且密度上升到 1.40 g/cm^3。試解釋這其中所包含的現象。

6. 根據下列各項聚合物的結構，哪一種聚合物將會有最佳的結晶狀態傾向：聚丙烯，甲基丙烯酸酯聚合物，聚四氟乙烯還有聚苯乙烯？又何種因素會影響這個行為呢？

參考文獻

Seymour, R. B.: *Polymers for Engineering Applications,* ASM Int., Materials Park, OH, 1990.

Budinski, K. G., and M. R. Budinski: *Engineering Materials: Properties and Selection,* 6th ed., Prentice-Hall, Upper Saddle River, NJ, 1999.

Rosen, S. L.: *Fundamental Principles of Polymeric Materials,* Wiley, New York, 1982.

Strong, A. B.: *Plastics: Materials and Processing,* 2d ed., Prentice-Hall, Upper Saddle River, NJ, 2000.

Tadmor, Z., and C. G. Gogos: *Principles of Polymer Processing,* Wiley, New York, 1979.

Allcock, H. R., and F. W. Lampe: *Contemporary Polymer Chemistry,* 2d ed., Prentice-Hall, Upper Saddle River, NJ, 1990.

Rodriguez, F.: *Principles of Polymer Systems,* 2d ed., McGraw-Hill, New York, 1982.

Fried, J. R.: *Polymer Science and Technology,* Prentice-Hall, Upper Saddle River, NJ, 1995.

VanVlack, L. H.: *Elements of Materials Science and Engineering,* 6th ed., Prentice-Hall, Upper Saddle River, NJ, 1989.

Engineering Plastics, vol. 2, *Engineered Materials Handbook,* ASM Int., Materials Park, OH, 1997.

Harper, C. A.: *Handbook of Plastics, Elastomers, and Composites,* McGraw-Hill, New York, 1996.

第十九章
陶瓷材料與玻璃
Ceramics and Glasses

陶瓷材料因為它的高硬度、耐高溫、抗水還有其它抵抗化學藥品的能力以及特別的光學、熱與電子的性質而被廣泛的使用。從歷史上來看，經由黏土所製作的陶瓷材料是第一個被人類製造並且使用的。太陽曬乾的黏土磚被使用在史前時代和有歷史記載的時期，在今日也在這個世界上被當為建築用的材料使用。其它早期的工程材料可以被認為是陶瓷材料的都是自然礦石的材料（大理石、花崗石、沙石等等），這些材料都已經被使用了幾千年，作為建造建築物的材料來使用。在古代世界的七大奇蹟中有六個都是以陶瓷材料[註1]來作為建材，譬如說英國 Salisbury 平原上的史前時期巨大石柱群和中國的萬里長城。在羅馬兩千多年前的建築物有許多到了現在都還在使用，這些建築被當作是現代建築物和橋樑的基準原則。

在這個章節中所討論的陶瓷材料範圍中，有三個種類會被討論到：傳統的陶瓷材料像是黏土產品，結晶陶瓷材料還有玻璃。黏土產品因為它們在工程應用上受到比較多的限制，所以會簡短的討論，使用鋁矽酸鹽來做為例子。結晶陶瓷材料被拿來作為抗擦撞、抗磨損以及耐火性作業需求的用途。耐火性的磚材可以被拿來與黏土產品一起考量，為了方便起見將會被放到結晶體群集中。玻璃是以管狀或是容器的形式做為產品，除此之外還有許多更廣泛的工程應用。在這些種類陶瓷材料之間的分界線或是邊界是有一點任意而為的，這是因為在這三者之間有許多交叉點存在。即使在本章節中這三種類型的材料被分開討論，但是這個事實還是被承認的。

19.1 陶瓷相圖 (Al_2O_3-SiO_2)
A Ceramic Phase Diagram(Al_2O_3-SiO_2)

黏土產品的普及是因為它們相當容易形成。黏土主要包括了含水的鋁矽酸鹽（Al_2O_3-SiO_2 化合物），鹼土金屬（鋇、鈣）的氧化物或是化合物，鹼金屬（鈉、鉀）化合物還有其它一些鐵氧化物。黏土產品的性質都對黏土的組成、粒子大小、形狀還有初始

[註1] 羅茲島上的巨像被認為是利用青銅所製造的。

材料的分布相當的敏感。SiO_2 和 Al_2O_3 的熔點都相當的高，分別是 1728℃與 2050℃，不過在兩個氧化物之間的相圖（圖 19.1）顯示出在 5.5%的 Al_2O_3 時有一個低熔點共晶 (1545℃)。在大多數黏土中的其它組成成分會改變這個相圖並且允許在大約 900℃的溫度時發生熔解。各種組成的黏土允許一系列產品的製造，譬如說磚塊、陶器、粗陶器還有瓷器。瓷器是這些產品中純度最高的，一般來說所包含的 Al_2O_3 和 SiO_2 含量範圍是在 $SiO2$ 和富鋁紅柱石 ($3Al_2O_3$-SiO_2) 之間，也就是說，大約 20 到 50%的 Al_2O_3。少量的其它材料像是鹼金屬氧化物都會被添加進來以調整熔化的溫度。

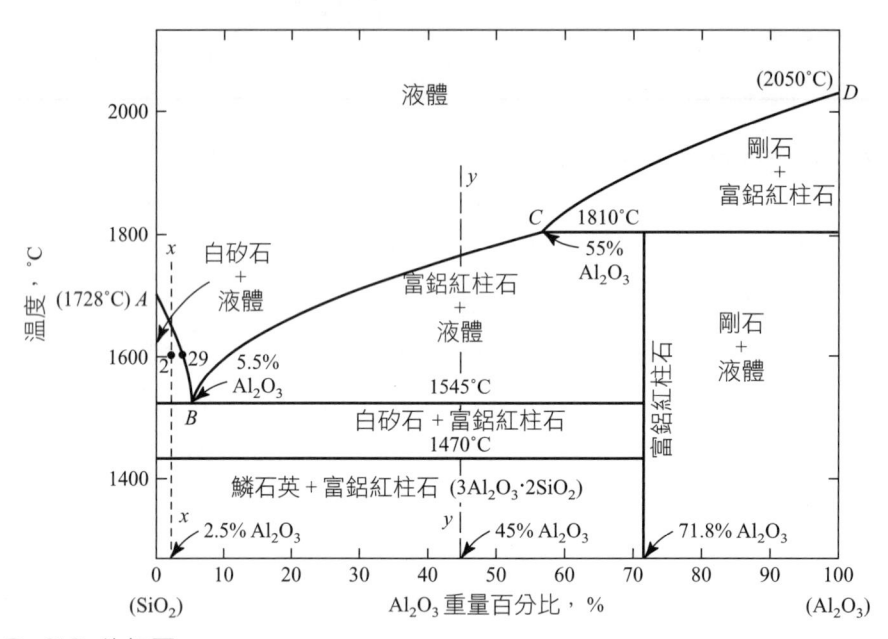

圖 19.1 Al_2O_3-SiO_2 的相圖

19.2 傳統的陶瓷：黏土、耐火磚以及研磨黏土
Traditional Ceramics：Clay, Refractories, and Abrasives

黏土 Clay

　　黏土產品的製造需要添加水來使得它們變的有塑性。當薄片狀的黏土粒子被水分子所被覆時，就可以自由的彼此移動，並且傾向於彼此之間排成平行的一直線。水是分佈在微粒與微粒本身表面細孔之間的空隙上。必須提供足夠的水氣以避免混合變的虛弱且易碎；這個最小的水量就是塑性的限制。比最小水量更多的水也是可以被添加的，但是當多餘的水使得黏土變得潮濕時，就算是已經達到上界了。這被稱之為水限。所需要精準數量的水主要端視黏土的形態與黏土粒子的表面狀況而定。有一些添加物被混合到黏土中來給予它特別的性質，這些性質不管是在製造上或是隨後的使用上都是相當有幫助的。

當黏土形成的時候是乾燥並且加熱過的。在乾燥的過程中，位於空隙間的水氣開始脫離，因此乾燥的黏土會比之前更加強壯。乾燥的速率是相當重要的。假使乾燥速率太快，伴隨著乾燥操作的正常收縮將會造成產品的破裂。因此必須要控制乾燥的速率使得水氣是以它可以經由空隙擴散到表面的速率來被移除。緊接著乾燥之後的增強加熱首先會移除表面的水氣然後在更高的溫度下，通常高於 600°C，化學的作用會牽制水氣。在接近 900°C 的溫度時，氧化反應會發生，這會移除在黏土中的有機材料。在 900°C，產品開始出現熔化或是玻璃化的現象。在溫度被增加到 900°C 到 1400°C 之間時，玻璃化作用可能會變得完整，但是這個作用很少會被完成，這是因為完全熔接的產品雖然強度相當大，可是在過程中產品在高溫下也會變的軟化並且崩潰。更常見的是產物會只有部分被熔化，造成在玻璃基材中不能反應的 Al_2O_3 和 SiO_2 粒子。當需要非多孔性的玻璃狀表面時，被覆上一層低熔點陶瓷組成物的表面將會在所需物體已經做過乾燥烘烤之後被使用上去，然後在接下來的高溫烘烤中，玻璃披覆材料將會完全變為液體，然後在冷卻變為玻璃。

陶器和一般常見的磚塊通常都是在 800 到 900°C 之間烘烤，然而飾磚會在更高的溫度下處理。飾磚是使用在建築物外觀的磚塊；它需要較低的多孔性，較高的壓縮強度還有比一般磚塊更密集的結構，所以這種材料需要更廣大的玻璃化作用。粗陶器還有瓷器也經過高度的玻璃化作用，特別是瓷器，它在薄剖面上幾乎是透明的。

磚塊材料還有陶器大多使用在建設工業上，瓷器還有粗陶器的產品則是使用到化學製程的工業上，這是因為它們良好的抗化學性質，特別是抗酸的能力。一般來說，瓷器還有粗陶器在抗撞擊的能力上是相當弱的，也很容易受到鹼金屬的攻擊，張力強度的程度也只是中等。這些性質都會對它們的使用產生限制。就像其它陶瓷材料一樣，它們在壓縮強度的表現上比起張力強度要好上很多。

耐火物質 Refractories

陶瓷材料一個最重要的使用之一就是當作耐火物質來使用。有一些性質可以在表 19.1 中看到。和金屬性的材料相比較，陶瓷材料較強大的共價鍵和離子鍵會產生相當穩定的化合物，因此需要相當高的溫度來使得這些材料熔解。耐火物質最重要的特性就是它的抗高溫能力，隔絕熱能力還有抗爐渣（較高溫度的化學攻擊）的能力。耐火物質材料可能以許多形式來得到，不過最常見的一種就是耐火磚的形式。耐火黏土磚塊和其它材料不一樣的地方在於它們一般來說都是 Al_2O_3-SiO_2 的純混合物，大約有 20 到 40% 的 Al_2O_3 含量。這些耐火黏土磚塊的性質端視它們的 Al_2O_3 含量還有烘烤的溫度而定。這兩者都是會改變的。察看 Al_2O_3-SiO_2 的相圖（圖 19.1）可以發現組成成分的變化以及相關的性質改變，這都可能會發生在這些材料上。耐火黏土和富鋁紅柱石 ($3Al_2O_3$-$2SiO_2$) 都可以被使用來作為耐火磚。假使組成中含有純富鋁紅柱石，大約是使用了 72% 的 Al_2O_3，那麼少量或是無玻璃黏合的相將會存在。黏合相將會藉由 Al_2O_3 和 SiO_2 個別粒子的燒結來形成一個強力的共價化合物。這需要相對應的高烘烤溫度來配合，這個烘烤溫度比包含更多共晶熔化玻璃基材相的溫度還要高一些。玻璃基材在陶瓷材料中被稱為是陶瓷鍵結。大多數的耐火磚都會在足夠高的溫度下被烘烤來產生大量的陶瓷鍵結以確保良好的冷強度和最小化在較高溫度作業時的收縮與尺寸變化。雖然陶瓷鍵結會改善在較低溫度時耐火磚的強度,在較高的溫度時它也會減少耐火磚的強度,這是因為陶瓷鍵結在加熱到大約 1300℃時會開始軟化。因此耐火黏土磚在溫度達到 1300℃或是更高的時候將會被軟化,不過富鋁紅柱石就不會有這樣的情形。在耐火磚中廣大陶瓷鍵結的存在將會允許更容易的製造,不過在較高溫度的作業方面就沒有特別的幫助了。再一次的,對於高溫時的尺寸穩定度來說,良好烘烤的磚塊並且具有低多孔性質的是最好的選擇。不過多孔性也會改善磚塊的隔絕特性,所以也是具有相當的好處的。因為這個理由,耐火磚的完整烘烤並不是使用上所需要的。

　　耐火性磚塊的抗化學能力也是相當重要的。耐火磚一般都被分類為酸性,中性還有鹼性。這個專門用語是來自於在水溶液中氧化物的表現。對於在高溫作業下的耐火磚來說,這個分類的重要性是在於對高溫狀況下耐火磚的敏感性以及液態的化學攻擊。

表 19.1　耐火性氧化物的性質

氧化物	熔點,℃	密度,g/cm^3	熱傳導係數,W/m．℃,於某溫度下,℃
Al_2O_3	2050	3.97	4 @ 1315
BeO	2550	3.03	29 @ 1000
MgO	2800	3.58	59 @ 1100
SiO_2	1728	2.65	
ThO_2	3300	9.69	3 @ 1000
ZrO_2	2677	5.56	3 @ 1315

研磨料 Abrasives

　　有許多拿來當作耐火磚使用的材料也能夠因為它們的硬度以及抗磨損能力而被使用。在碳化物的形式中以鑽石的硬度為最高,天然的和合成的鑽石都被使用到這個應用領域。鑽石塵在漿體中被拿來當作研磨材料或是做為切削的工具或葉片。其它的堅硬材料包括了硼和金屬碳化物、鋁的氧化物、二氧化矽還有軟性氧化物像是 MgO 和 Fe_2O_3。表 19.2 中列出了這些研磨材料的硬度。對一個研磨材料來說,重要的特性包括了它的硬度、堅韌度、抗磨損的能力以及易碎性。因為在表 19.2 中大多數的材料都有足夠的硬度來做為研磨材料,所以這些材料其它的特性就是使得它們的表現不一樣的原因。研磨材料的晶粒在使用中會因為小片的碎片掉落或是剝落而退化,這會使得尖端的部分變得遲鈍進而減低它們的效能。這就稱之為磨損。磨損可以藉由晶粒的破裂而得到補償,這是因為產生了新的切割表面。易碎性也因此變為一個重要的正面特性,因為磨損之後為了要得到新的切割表面就需要晶粒的破裂,這時候如果易碎性不佳,則無法產生新的切割表面。不過太過度的易碎性也是不好的,因為它會導致低抗衝擊能力以及低堅韌性的產生。除此之外,高熔點溫度在磨損中是相當有用的,因為局部的溫度可能會相當高,而切削工具或是研磨粒子的軟化或是磨圓也會減低其效能。

研磨材料以各種形式被使用,而且在這個短短的一個章節中不可能對這樣複雜的領域做出很細微的探討。舉例來說,使用在磨輪的研磨材料,它們的表現和所使用的黏結劑有很大的關係。有一些黏結劑會將研磨晶粒緊緊的固定在磨輪上,不過其它的可能是被設計來使其磨損並且允許磨損的研磨料粒子被拔出來,使其暴露接觸到新的研磨粒子。尺寸、速度以及在操作時所施加的壓力也都有可能會是影響表現的重要因素之一。

最後,精巧的表面還有化學的效應都有可能會影響到研磨切割操作的性能。有某些研磨料和金屬的結合體會比其它有相似硬度的研磨料更有效率。潤滑油或是冷卻劑也可能會顯著地改變一些研磨料的使用效能,但是對於其它的研磨料這兩者的影響卻又不是很大。現在的研磨材料技術已經可以應用熔化型式的陶瓷材料在許多地方,而不只是受限在磨輪方面的應用,它們天生的低堅韌性已經藉由陶瓷結構的改善和工具的幫助之下獲得克服,它們可以在高速的粗糙機械加工操作中取代金屬的作用。

表 19.2 研磨料的硬度

研磨材料	維氏硬度	研磨材料	維氏硬度
Diamond	8000	Al2O3	2800
BC	3700	WC	2400
SiC	3500	Quartz	1250
T1C	3200		

19.3 工程陶瓷的結構與性質
Structure and Properties of Engineering Ceramics

高等級的耐火磚是那些藉由純的或是相當純的氧化物所形成的,在其中陶瓷鍵結被保持到最小的狀態。在耐火磚中的陶瓷鍵結常常會減低它的抗爐渣及抗熔化能力,這會對它的表現有很大的影響。消除陶瓷鍵結通常意味著氧化物陶瓷的製造是藉由滑動鑄造、乾壓或是其它不需要添加氧化物或碳化物的方法來製造。氧化鋁、二氧化矽、氧化鎂、氧化鋯、綠寶石還有方釷礦都是用來做為純氧化物耐火磚。在這些材料中最後三種氧化物一般來說比前面幾種都要昂貴很多。

耐火磚中含有許多的 MgO 和 CaO 是很基本的,並且會被含爐渣所攻擊而導致含有許多 SiO_2。相反地,富含 SiO_2 的耐火磚是酸性的並且會被基本的爐渣所攻擊。這個攻擊的機制是藉由低熔點共晶的形成而產生,於存在液態爐渣的主要金屬冶煉與精鍊過程中是可以使用耐火磚的,這也就是耐火性材料最重要的特性。在製備金屬的過程中,一種特需型態的爐渣可能會需要。舉例來說，高含氧的基礎爐渣（富含有 CaO）在基本的氧氣煉鋼過程中是需要的，這是因為在生鐵被精鍊時就會因為 Si 的氧化而產生二氧化矽。在這些情況之下，一個基本或是中性的耐火性材料必須要被使用。Al_2O_3 是一種兩性的耐火性材料，因此它在爐渣中的作用端視其它的構成成分石灰或是二氧化矽而定。

耐火磚包含了金屬碳化物和碳。不過大多數的碳化物都較有高的熔點，它們無法抵抗氧化的侵蝕，因此並不特別適用於較高溫度的作業條件之下。在今日所使用最重要的高溫碳化物耐火磚是由矽、鋯還有鈦所製造而成的。矽的碳化物已經在耐火性作業需求的領域中被使用很長一段時間，提供為磚塊、坩鍋還有耐熱元素來使用。這種產品正常來說都是藉由黏土的黏結劑、氮化矽還有矽所做成。它有比單獨碳化矽還要低的軟化溫度，這是因為鍵結在 1200 到 1500°C 開始軟化。經由燒結所產生的自我鍵結矽碳化物是最常見到的耐火材質之一。石墨和碳也都可以拿來當作耐火磚使用。在超過 800°C 的溫度之下，做為耐火磚的材料表面如果在被覆上一層鍍層，效能將會更好。

在周遭溫度之下，碳有一個附加的好處就是它是沒有活性的並且是非常容易加工的，這是一個非常特別的特徵，幾乎沒有其它耐火磚有這樣的特性。有一種石墨產物，稱為高溫分解石墨，這是藉由控制碳在基板上的沈積所得到的，這種材料具有高度方向性的六角結構，它的基本面是平行於基板的表面，它的強度在平行於表面的方向上是相當強大的，可以維持其強度直到 2400°C 的高溫。

被覆 Coatings

陶瓷這一個字眼常常被使用在所有的無機，非金屬材料上，有一個為人們所感興趣並且正在逐漸擴張的應用領域就是使用這些堅硬，抗磨損的化合物（氮化物，碳化物，氧化物等等）來做為被覆的原料，主要是使用在金屬加工的工具上。其它重要的無機物就是二硫化鉬（一種固態的潤滑劑），砷化鉀（一種半導體）還有硫化鎘（一種光電材料），所有的這些材料都隨著新科技像是化學氣相沈積 (CVD) 和物理氣相沈積 (PVD) 的發展而被應用到各種不同的領域上。

氧化鋁 (Al_2O_3) 可以經由氣相沈積來製造一個無化學活性及抗電性的表面，這個表面並擁有低熱傳導係數以及大約 HV2100 的硬度。碳化鈦，就像其它群集如 IV、V 還有 VI 金屬的碳化物一樣，可以產生一個無活性的被覆層，且擁有相當優異的硬度（大約是 HV 3200）和 3140°C 的熔點。它的相似物，氮化鈦有較低的硬度 (HV 2000) 但是在高溫時候的抗氧化能力比碳化物要高很多。碳化鎢（WC 和 W_2C）的吸引力就是它的低沈積溫度，不過使用上比較不廣泛。它們的易脆性會造成低鍵結強度，雖然在低載荷的工作情況下它們顯現出非常良好的抗磨損能力，但是在高速工具的應用領域中會造成工具的碎裂。

電漿輔助化學氣相沈積 (PACVD) 是一種製程方法，它可以使用氫氣並且包含少量的碳氫化合物來做為製程氣體，操作壓力約在 0.5 Pa，使用 13.56-MHZ 的電漿源來進行沈積堅硬的碳薄膜。現在談論到類鑽石的碳被覆，以兩種結構最為著名，一種是非結晶碳 (a-C) 薄膜，另一種就是氫化非結晶碳 (a-C:H) 薄膜。

這兩種型態的碳薄膜都有混和的 SP^3（鑽石）和 SP^2（石墨）鍵結，這個比例可以藉由改變反應氣體的組成來變化。它們有一些獨特的性質：光學透明性質、電子隔絕性質，對大多數的化學物質呈現無活性，具彈性、堅硬還有低摩擦係數。有一項限制就是它們在超過 350°C 就會開始氧化。另一個就是在被覆層與基板之間的黏著問題，這個問題可以藉由使用分級內層來減緩，大部分是使用鈦／氮化鈦／碳酸鈦／碳化鈦／類鑽石被覆層的方式。類鑽石被覆鍍層的應用已經被快速的發展。舉例來說，被拿來做為密封、衝孔機、撈錐、低摩擦應用作業需求的鍍層，裝潢用的被覆鍍層，手術使用的刀具以及 F1 比賽中摩托車引擎的凸輪軸。

19.4 玻璃的特徵 Characteristics of Glass

討論到陶瓷材料對於工程應用上的重要性時，通常會提及到眼鏡，因為這是一個廣泛被使用的應用領域，由此也可以代表陶瓷材料的重要性。如同第 18 章中所提到的，玻璃在事實上屬於一種特殊型態的非結晶結構而不是特殊的材料，不管是無機材料或是有機材料也都可以存在於玻璃狀態下。有機玻璃已經在第 18 章中討論過了，然而無機玻璃是比較堅硬並且有比較高的熔點，它們在許多方面都與有機玻璃相當的類似。最常被使用來描述玻璃的就是 ASTM 所採用的，那就是，「一種無機的熔化產物，它被冷卻到達一個堅硬的狀態卻沒有結晶的產生」。這個描述已經把有機材料從玻璃的群集裡排除了。如同先前所指出的玻璃並不是沒有結構，而是沒有長距離的三維等級結晶固體特性。就像有機的聚合物一樣，無機玻璃有三維的架構結構，即使等級是屬於短距離的。和有機玻璃一樣的，在這些無機玻璃中的鍵結大部分都是共價鍵結，這會產生高強度的固體。

對於一個無機玻璃來說，結晶體與玻璃結構之間的差異可以從圖 19.2 中來闡明。結構是 B_2O_3，這可以比 SiO_2 更便利地來代表玻璃。典型的矽酸鹽玻璃在圖 1.14 中已經有說明過。在這個可比較的 B_2O_3 結構中，都是由三角形的 B-O 建築所構成，而不是 SiO_4 的三角形結構，存在一個短距離或是第一鄰近的等級，如同圖 19.2a 中所示。硼一氧的 2：3 的比例被維持一定，不過氧的位置並不存在遠距離的等級。圖 19.2b 闡明了一個結晶體玻璃的長距離特徵，在這個結晶體玻璃中也具有相同的硼一氧比例。

大多數的商用玻璃主要都是考慮 SiO_2，其它的組成也幾乎總是存在的。這並不會造成結構上的困難，因為短距離等級在結構中的幾何配置並沒有強烈的需求。一般的添加物包括了 B_2O_3、Na_2O、K_2O、CaO、Al_2O_3 還有其它。並不是所有的這些氧化物都會形成玻璃狀結構，只有少數幾個擁有配位與結構必須條件的才可以形成一個三維的共價網路。

硼　氧氣

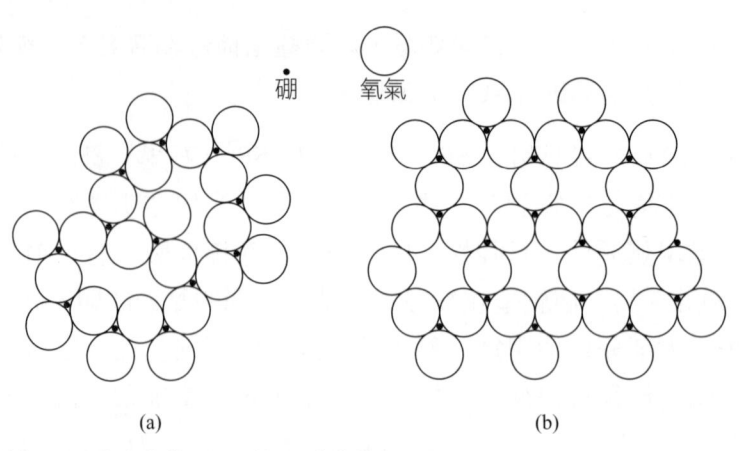

(a)　　　(b)

圖 19.2 B_2O_3 的結構 **(a)** 玻璃狀態 **(b)** 結晶體狀態

氧化物 B_2O_3、GeO_2、P_2O、As_2O_5 還有 SiO_2 都具有足夠低的配位數字，所以氧與金屬離子可以形成三角形或是四面體的單元格，當它們鍵結在三個或是四個角落的時候就可以組成架構結構。這些氧化物就稱之為網路結構形成者。氧化物 Na_2O，K_2O 還有 CaO 傾向於藉由引入離子鍵到起因於形成氧氣離子和陽離子對的結構中以聚合 SiO_2。陽離子在結構中並不是隨機排列的，不過必須要佔據在 SiO_2 網路中的間隙位置。它們被稱之為網路結構改變者。

有一些氧化物像是 Al_2O_3 可以進入到架構結構中並且取代 Si 的位置。其它的氧化物像是 TiO_2，PbO，ZrO_2，CdO 還有 ZnO 都是臨界的玻璃形成者，並且被稱之為中間體。網路結構改變者和中間體的效應都是相當重要的。它們可以藉由減少 SiO_2 的軟化溫度來達到容易製造的有利效應，不過它們也會允許玻璃的結晶體發生。

如同有機玻璃所指出的，當無機的玻璃從熔化（液體）玻璃製造溫度冷卻到結晶熔點溫度時，它們可能不是變為結晶體就會仍然處於液體狀態。假使它們被快速的冷卻或是液體是非常具有黏性的，那麼原子就不會將它們自己本身安排在結晶狀態，它們會持續的冷卻到達玻璃過渡溫度範圍，在這個例子中稱之為想像溫度 T_f。這是類比於在有機聚合物例子中的 T_g 溫度。這個溫度並不是不改變的，它會隨著冷卻的速率而改變。玻璃也可以經歷局部的稠化作用和結晶化作用，這稱之為去玻作用，於再加熱或是處於或高於這個溫度的熱處理都會緊接著快速冷卻來通過這個點。大多數的玻璃都是可以抵抗去玻作用的。

二氧化矽是一種理想的玻璃，除了先前所提到的，它的高熔點，1728°C 和它太黏稠了所以無法允許藉由製模或是其它玻璃成形技術來輕易地製造。在正常的低強度商用玻璃中，這個問題可以藉由添加 Na_2O 到 SiO_2 中來改善。這個二元系統的相圖可以在圖 19.3 中看到。如同可以從這個圖中看到的，二氧化矽可以以三種結晶體的形式來存在：石英，它在平衡狀況之下可以維持穩定直到 870°C；鱗石英，它在 870 到 1470°C 之監視穩定的；還有第三種就是白矽石，直到熔點它都還是穩定的。

因為結晶化過程的不活潑性質，這些形成物都可以在低溫的狀況下以亞穩態的狀態存在幾乎無限期的時間。添加了 Na_2O 會快速的減低玻璃的熔點溫度（還有它的黏度）到達製程可以實行的點。在 SiO_2 和化合物 Na_2O-SiO_2 之間的較低熔點共晶組成被認為是相當理想的。然而，這個組成，大約是 25%的 Na_2O 會產生在水中是可溶解的玻璃。在這時候 CaO 就必須被添加到玻璃的組成中以產生不溶於水的碳酸氫鈉石灰玻璃。這種玻璃比較接近的化學式可以寫為 Na_2O-CaO-$6SiO_2$，這是今日最常使用玻璃的基礎。少量的 Al_2O_3 和 MgO 可以被添加到這個組成中以改善抵抗化學物品侵蝕的能力。這樣的玻璃在成本上相當低廉並且可以抵抗玻化作用，因此相當適合拿來做為瓶子、電子管、鑲嵌玻璃還有其它一般用途的使用。在缺乏雜質氧化物的情況下，碳酸氫鈉石灰玻璃是沒有顏色並且清澈透明的，所以也被稱之為鉛玻璃。氧化鐵在熔點時會將玻璃變為綠色，其它的氧化物則會產生其它的顏色；舉例來說，少量的氧化鈷將會造成藍色的玻璃。

　　在特殊目的的玻璃之中，從工程上的觀點來看，最重要的就是那些包含了氧化硼和高二氧化矽含量來增強抗化學侵蝕能力與溫度衝擊的材料。這些玻璃都可以在表 19.3 中看到，是屬於硼矽酸玻璃與高二氧化矽玻璃。硼矽酸玻璃有良好的抗化學侵蝕能力並且有低熱膨脹係數，這兩種能力使得硼矽酸玻璃在做為管子、實驗室的器皿還有在一些家務用品的使用上相當受到歡迎。這個玻璃更為人所熟知的商用名稱是派樂克斯玻璃。有一個相類似的產品就是鋁矽酸鹽玻璃。

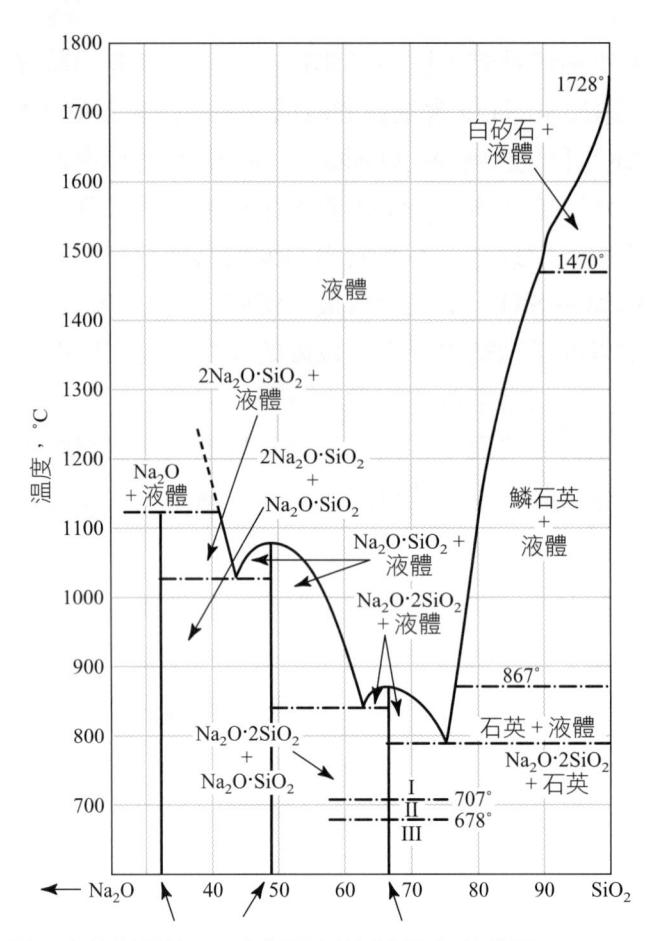

圖 19.3 Na$_2$O-SiO$_2$ 相圖。中等劑量的 Na$_2$O 就可以抑制 SiO$_2$ 的熔點。

高二氧化矽玻璃藉由化學方式來處理硼矽酸玻璃以形成。B$_2$O$_3$-Na$_2$O-SiO$_2$ 玻璃在加熱到足夠高的溫度時會故障變為不可混合的液體，不過很幸運的是所形成產品的物理外型並不會被破壞掉。兩種玻璃的形成都允許 B$_2$O$_3$ 的重新分配，如此一個 SiO$_2$ 富集相（96%）還有一個 SiO$_2$ 貧乏相才會被產生。剩下的高二氧化矽產物都是多孔性並且半透明的，不過再加熱到 1200°C 就可以使其恢復清澈，高度抗衝擊玻璃的抵抗能力可以維持到大約 900°C 的溫度。

含二氧化矽最高的產品理所當然的就是熔化的二氧化矽，含量超過 99%。這個產物的熔化溫度相當的高，這使得它相當難以生產製造。因為它的低熱膨脹係數，它對於熱衝擊和溫度的抵抗能力就顯得相當的高。在機械上來說這種產品是相當強壯的，當它是清澈透明的時候，可以被紫外光、可見光還有紅外線輻射所穿透。對於光學性質來說，有兩種形式的二氧化矽。第一種就是清澈透明的類型，如同所熟知的熔化石英；第二種就是半透明類型的，如同所熟知的熔化二氧化矽。熔化二氧化矽是因為它的抗熱衝擊與抗溫度能力而被採用做為工程材料。熔化石英則被使用在需要特殊光學性質的應用領域中。熔化石英是很難去製造的，所以它的價錢相當的昂貴。

其它的玻璃被使用在特殊的應用領域，在其中可能需要一項或是兩項特殊的性質。鉛玻璃也被列在表 19.3 中，具有高折射率的性質，因此具有高度的光澤。因為這個光學性質，鉛玻璃主要使用在高品質的餐具上。工程應用包括了輻射的防護罩與光學製品。

玻璃產品的製程需要相關溫度範圍內產品特性的知識，有了這些才可以經由退火來移除或是減少殘留的應力。圖 19.4 中闡明了對於最常使用的幾類玻璃其溫度範圍與性質。玻璃的製造必須要在足夠高的溫度才可以造成材料的流動而產生玻璃製品，這在實際的製程裡意味著黏度必須要夠低來允許在合理應力之下的材料流動。這個黏度的範圍被認為是在 10^4 到 10^8 P 之間。對於上述各種玻璃材料的溫度範圍所經歷的黏度都是相當大的。如同可以在圖 19.4 中看到的，碳酸氫鈉石灰玻璃在 1000 和 700°C 的溫度之間通過這個範圍，在這範圍內允許在一段正常的時間內加熱與良好成形的產生。對於硼矽酸玻璃來說，這些溫度是在 1200°C 和 800°C 之間。對於高二氧化矽玻璃和熔化二氧化矽玻璃來說，相對應地溫度都在 1400°C 以上因此這些玻璃的製程都是相當困難並且昂貴的。

大多數的玻璃成形作業都會在冷卻之後在玻璃的表面遺留下一些殘留應力，假使沒有受到控制的話，玻璃周遭的溫度強度也會對玻璃本身發生較不利的影響。對只需要中等工程強度的玻璃產品來說，足夠的應力控制可以很容易的經由低溫退火或是控制成形後的冷卻速率來達成。對於其它的產品來說，像是光學玻璃，改善的控制是必須的，因為應力會造成雙倍的折射和降低強度。這個控制通常都是藉由在某個範圍內進行熱處理來達成，這個範圍就是圖 19.4 中的退火範圍。在這個範圍之內，玻璃有相當低的黏度來允許殘留應力被黏性的微流體帶走，無論其後的冷卻速率是在這個範圍之內或是在這個範圍以下，都必須要被放慢以保持產品免於應力作用。在光學玻璃中，接近假想溫度（在這邊定義為黏度為 $10^{14.6}$ P 時的溫度）時的冷卻速率必須要在 1°C/h 附近。低於這個溫度，較高的冷卻速率可以在室溫溫度之下被採用。在這種情況下的黏度大約是 10^{20} P。對於大的元件或是複雜的外型，冷卻速率必須要被減慢。或許在這個類型中最不尋常的例子就是 Mt. Polomar 天文台的單筒望遠鏡鏡子，這是鑄造硼矽酸玻璃（直徑 500 公分）所做成的。它被以 1°C/day 的冷卻速率進行冷卻，溫度範圍是 500°C 和 300°C 之間；也就是說需要 200 天來冷卻經過這個範圍。

表 19.3　商用玻璃的組成

玻璃型態	組成成分，%							
	SiO2	Na$_2$O	K$_2$O	CaO	PbO	B$_2$O$_3$	Al$_2$O$_3$	MgO
碳酸氫鈉石灰	70–75	12–18	0–1	5–14	…	…	0.5–2.5	0–4
鉛	53–68	5–10	1–10	0–6	15–40	…	0–2	
硼矽酸	73–82	3–10	0.5–1	0–1	1–10	5–20	2–3	
鋁矽酸鹽	57	1	…	5.5	…	4	20.5	12
高二氧化矽	96	…	…	…	…	3		

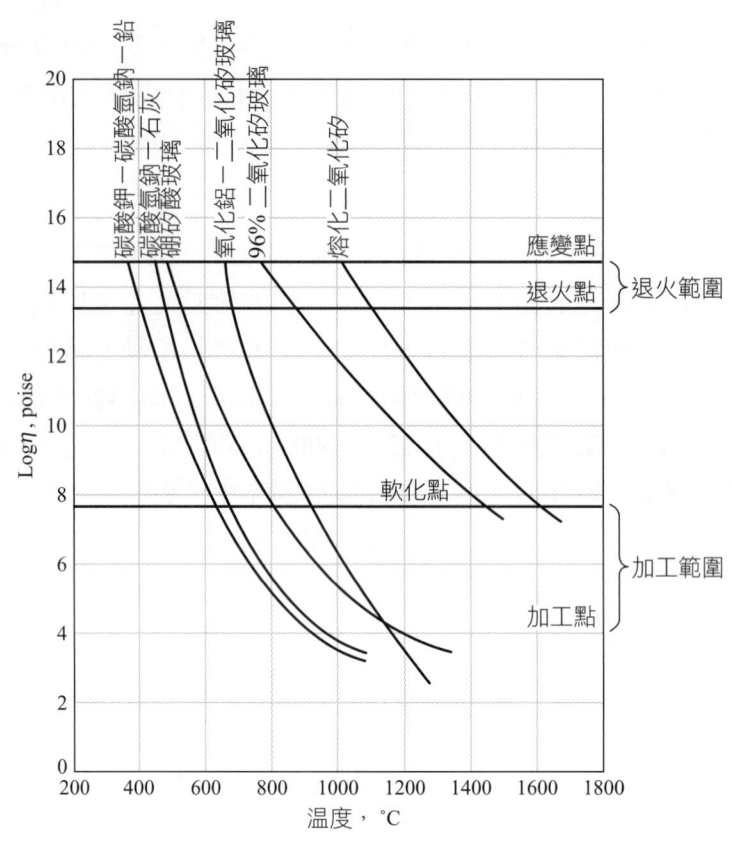

圖 19.4　幾種標準玻璃的黏度－溫度曲線。退火和加工範圍對於不同類型的玻璃來說都是發生在不一樣的溫度。

在玻璃中殘留應力通常被認為是一項不利的條件，但是也可能是一項資產。玻璃有時候會被給予特殊的冷卻溫度以在玻璃表面上產生殘留壓縮應力以增加它的靜止與衝擊強度。這個過程稱之為回火。流程為加熱玻璃到達退火的範圍然後讓外部表面藉由空氣的吹拂冷卻下來。這會造成表面開始收雖並且冷卻，可是中心地區仍然是有黏性的並且可以重新調整應力。在稍後放慢中心地區的冷卻以使其開始收縮，可是在這時候表面是堅硬的，於是就會在玻璃的表面產生壓縮應力和在截剖面的中心產生張力應力。除此之外，從上述的 T_f 溫度快速的冷卻會造成表面比起中心地區有較大的最終體積（意即較低的密度），這會更減慢冷卻並且可以發展出更多的原子重新安排和較高等級的長距離次序。這個效應重頭到尾的結果就是增加的表面的壓縮應力。順帶一提的，這樣一個回火過程的目的與結果可以直接和金屬的垂擊處理（見第 13 章）相比較。

相同的結果可以在化學強化玻璃上藉由添加金屬的離子到玻璃表面來達到，舉例來說，在溶解鹽浴的槽中改變玻璃表面的密度或是改變它的熱膨脹係數。在其它的例子中，表面層性質是被調整過的，所以在製程和冷卻之後表面層是在壓縮的狀態。再一次的，一個可比較的過程和結果就是低碳鋼的滲碳化作用（第八章）

玻璃的表面壓縮應力的重要性是起源於在玻璃上接近或是位於表面肇因於張力應力的格利菲微裂紋所致。先前表面在兩個方向上壓縮應力的存在是有高度好處的：

1. 在實質上會造成較高的彎曲應力，相關連的彈性變形也可以在格利菲裂紋上的張力應力達到臨界值之前被應用上
2. 當破裂發生的時候，會發生在兩個主要應力的方向，造成小塊的碎片，這是比較無害的，而不會造成長形的尖銳破片，這是相當有害的。

回火的玻璃在典型上都是因為安全的理由而被使用，例如，汽車玻璃和家用淋浴室的圍牆，在這些應用中回火玻璃也會因為它們較高的強度而薄化所需使用的正規玻璃厚度。因為化學強化玻璃在生產上是比較昂貴的，它的使用就被限定在外型上而沒有適應到回火過程中。

最後，對於使用一種看似矛盾的材料，結晶玻璃，這個應用領域已經越來越多人感興趣。這些材料是在非結晶形式之下進行生產與製造，接著再利用熱處理使其變為結晶化。它們包含了相對很高比例的網路結構改變者，最常見添加到 SiO_2 中的包括 Li_2O、Al_2O_3、MgO 還有 ZnO。這些都常常會藉由像是 TiO_2、ZrO_2、CaF_2 或是偶爾利用微小的金屬粒子像是鉑，金，銀還有銅來做為成核作用的媒介物。

玻璃藉由正常的技術來製造成為商品，然後給予一個二步驟的熱處理過程。第一部就是加熱到成核溫度 T_n，在這個溫度之下成核媒介物會初始化微小結晶區域的形成。在 T_n 溫度時的黏度大約是 10^{11} 到 10^{12} P。這個溫度接著會以 5°C/min 被增加到結晶成長溫度，T_{cr}，這個溫度大約比結晶溫度 T_m 少了 100°C。所造成的產品是一個微結晶的產物，它的結晶尺寸大約是直徑 0.01 微米到 1 微米之間，這個結晶會擴散到玻璃基材中，濃度大概是每個立方公分內擁有 10^{12} 到 10^{15} 個核。這個玻璃現在是不透明的，很像是一個結晶的有機聚合物，這是因為在晶體和基材之間空隙的散射所致。這些玻璃是比較強壯的，比起非結晶的玻璃來說擁有較高的抗撞擊能力。這種類型的玻璃在商業上其材料名稱為火玻璃（焦陶）。

問題

1. 描述在一個回火玻璃表面層上導致壓縮殘餘應力形成的一連串物理事件。要如何藉由化學物添加（還有在哪個方向，增加或是減少）的方式來改變表面層的熱膨脹係數以達到一樣的目的呢？

2. ASTM 定義玻璃為「一種無機的熔化產物，它被冷卻到達一個堅硬的狀態卻沒有結晶的產生」。這個定義是如何來滿足或是不滿足玻璃的描述？

3. 圖 19.4 中顯示出對一般玻璃而言的溫度一黏度曲線。對於鉛玻璃來說，低退火和低加工溫度範圍會幫助或是會阻礙它的製造與使用？在這張圖中的應變點得到了大約 10^{15} 的黏度。為何鉛玻璃不會延續得到低於這個等級的黏度呢？

4. 當磨碾一個堅硬的材料時,為何單只有研磨料的硬度並無法控制研磨時的效率?哪一種研磨料的特性在這一種應用領域中會是最有用的?

5. 從下列的幾種材料中從最大到最小列出抗溫度能力(軟化溫度)的等級:瓷器、碳酸氫鈣石灰玻璃、熔化的石英、富鋁紅柱石、陶器。又鑽石符合這其中所列的材料性質嗎?為什麼?

6. 哪一種耐火性磚塊可能是最適合拿來用在熔化玻璃以做為吹玻璃工業使用或是製模使用的熔爐中?

參考文獻

Mangonon, P. L.: *The Principles of Materials Science for Engineering Design,* Prentice-Hall, Upper Saddle River, NJ, 1999.

Ceramics and Glasses, vol. 4, *Engineered Materials Handbook,* ASM Int., Materials Park, OH, 1991.

Meyers, M. A., and K. K. Chawla: *Mechanical Behavior of Materials,* Prentice-Hall, Upper Saddle River, NJ, 1999.

Kingery, W. D., H. K. Bowen, and D. R. Uhlmann: *Introduction to Ceramics,* 2d ed., Wiley, New York, 1976.

Wachtman, J. B.: *Structural Ceramics,* Academic Press, New York, 1988.

Kalpakjian, S.: *Manufacturing Engineering and Technology,* 4th ed., Prentice-Hall, Upper Saddle River, NJ, 2001.

Reed, J. S.: *Introduction to the Principles of Ceramic Processing*, Wiley, New York, 1988.

Brinker, C. J., and G. W. Scherer: *Sol-Gel Science, The Physics and Chemistry of Sol-Gel Processing,* Academic Press, New York, 1990.

Jacobs, J. A., and T. F. Kilduff: *Engineering Materials Technology: Structures, Processing, Properties and Selection,* 4th ed., Prentice-Hall, Upper Saddle River, NJ, 2001.

第二十章

複合物
Composite Materials

當兩種或是更多種型式的材料被混合在一起,將其最佳的性質都聯合起來以應用到一個特殊形態的應用領域時,就形成一個新類型的材料,這也就是現今所稱的複合物(composite materials)。在比較嚴格的認定中,析出硬化的金屬合金也被考慮為本質上就是屬於複合物,這是因為它們擁有金屬基地以及被擴散的微小金屬間化合物粒子。當在脆性析出材料中添加一個額外的強度因子時,很重要的一點就是要維持延展性基地的形成性質。假使所需求的就是強度和延展性兩者兼備的話,那麼最後所造成的材料就會因此而得到性質的改善,並且滿足需求。

複合物有許多吸引人的性質使得它們在材料選擇的過程上是獨一無二的。它們的熱膨脹性質可以是相當低或甚至是可以依照需求量身定做。像是抗腐蝕性、材料疲勞與破裂行為、電傳導性、透明度、熱隔絕性、磨損、可撓性還有扭力剛性等等重要的特性都是可以被調整的。

藉由慣用的方法,包括強化組成成分的添加或是分散相,對於複合物來說這些都是肉眼可見的,這一點可以和合金的微小析出做比較。然而,藉由將每一個組成要素的性質相加起來(結合作用的原則)以改善最終產物性質的概念都是一樣的。混合定律對許多性質都定義了這樣的加成關係。拿複合物的機械性質,彈性模數來當作例子,複合物的機械性質可以寫為

$$E_C = f_M E_M + f_R E_R \quad \text{模數的混合}$$

在其中 E_C 是複合物的模數,M 和 R 分別指基材以及添加的加強成分,f 則是體積的分率。同樣地,雖然添加成分和基材的鍵結是主要的考量,複合物的張力強度有時候也可以被寫為

$$\sigma_C = f_M \sigma_M + f_R \sigma_R \quad \text{張力強度的混合}$$

在其中 σ_M 是指基材的張力強度,σ_R 則是分散相的張力強度。物理性質通常都是跟隨著混合定則的,除非加強成分是均勻分散,連續並且單向的。例子包括了

$$\rho_C = f_M \rho_M + f_R \rho_R \quad \text{密度的混合}$$

$$K_C = f_M K_M + f_R K_R \quad \text{熱傳導係數的混合}$$

因此，複合物的性質總合會是基材與分散相的性質還有它們個別分率的函數。同樣重要的就是外型、尺寸、分佈還有加強成分的方向。最常見的複合物分類就是以這些因素為基準的。

20.1 複材的強化材料形式與性質
Forms and Properties of Composite Reinforcing Materials

複合物藉由它們進入到強化粒子，強化纖維或是結構中的強化相來分類；最後的一個等級包括了層壓板和壁板。強化相的強度與剛性的變化是相當有意義的，這可以從圖 20.1 和圖 20.2 中有關纖維的圖形瞭解。研究人員也發現藉由增加在複合物中纖維的體積分率，複合物的強度與剛性將會增加。

然而，當混合的體積分率達到大約 80%時，纖維就無法再把基材完整地環繞起來。假使性質是隨著方向而變化，那麼這種材料就會被稱做非等向性材料。還有一些比較專門的對稱性包括了正交異向以及立方形式。更高階的聚合物複合物其非等向性可以是沿著好幾個軸的變化。強度，剛性還有熱膨脹係數在不同的方向上都會以 10 的因素來變化。

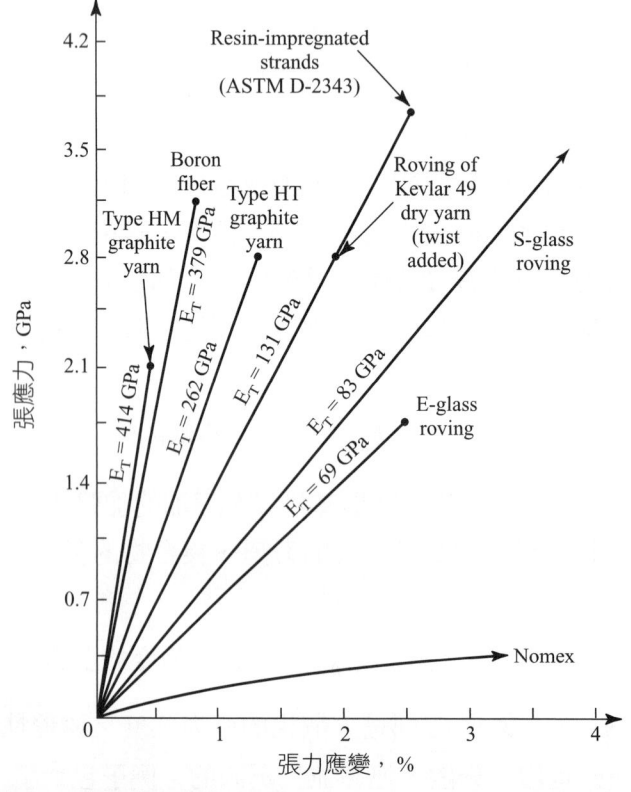

圖 20.1 選擇強化纖維的應力－應變行為表現圖

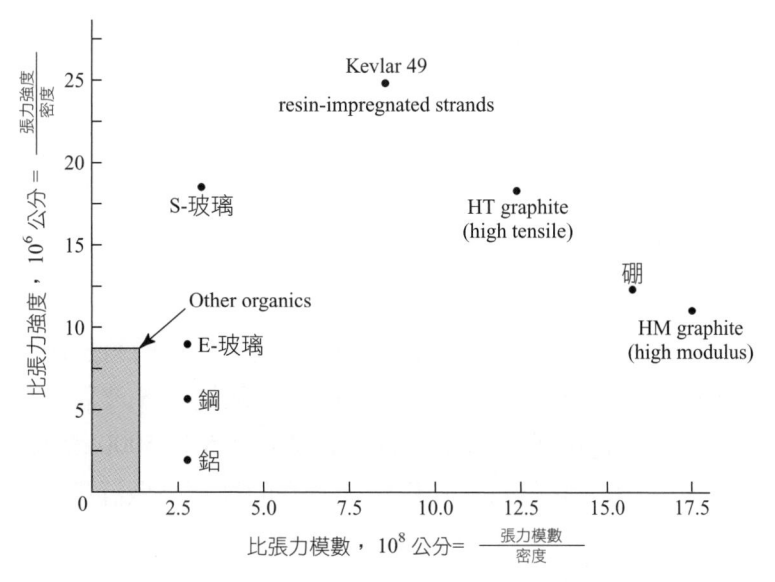

圖 20.2　所選擇強化纖維的比張力強度與模數

玻璃纖維 Glass Fibers

玻璃纖維是一種最常見用來作為複材強化的材料，它有許多種可利用的形式。它的受歡迎要歸功於幾個有用的性質：無化學活性、強度、可撓性、重量輕還有容易製作。在商業使用上，連續的玻璃纖維是利用直接熔解擠壓成形的製模玻璃來通過多樣的孔洞並且快速的將它們抽拉到一個細微的直徑（通常是 3 到 20 微米）而得到。在按尺寸製作之後就會將這些單獨的細絲藉由黏合黏結在一起變成繩索狀以增強抗磨損的能力。

在這幾種類型之中，E-玻璃是一種一般用途的纖維，這是由鋁矽酸鈣和最多 2% 的鹼金屬所組成的。典型的組成是 52 到 56% 的 SiO_2，16 到 25% 的 CaO，12 到 16% 的 Al_2O_3 還有 8 到 13% 的 B_2O_3。E-玻璃會被採用是因為它的強度以及高抗電性（見表 20.1）。S-玻璃則是因為它鋁矽酸鎂成分的高強度而被採用。C-玻璃則是有更典型的碳酸氫鈉-石灰硼矽酸組成成分，這種成分的化學穩定度相當良好，特別是在酸中。A-玻璃是一種高鹼金屬構成的玻璃，而 ECR 是一種具有抗化學能力的 E-玻璃類型。

玻璃纖維的張力強度值一般來說都是指原始的單獨細線在室溫的空氣下所得到的值為主。有時候也會使用多條線所構成繩索的強度值，這個張力值可能會低於原始細線的值大約 20 到 40%，這是因為在繩索成形過程中表面的損壞所造成。在潮濕的環境中也會發生強度上的損失，這就是所熟知的靜態材料疲勞。在室溫下的空氣中，假使相對濕度達到 50% 的話，那麼可能降低的強度會達到 50% 到 100% 之多。帕松比並不會因為矽酸鹽玻璃中組成成分或是溫度而出現很大的改變。對 E-玻璃來說它的值大約是在 0.22±0.02 之間。

玻璃纖維精美的完成形式典型來說是連續的紡條、交織紡條、玻璃纖維團、截斷繩和紡織紗。紡條就是將整捆細線解開所得到的。連續形式是將所收集的繩束捆成單一的大繩束所得到,然後再將其包裝成為圓柱狀。截斷紡條的製程通常是使用到像是浴缸,玻璃纖維船還有淋浴隔間這幾種產品上面。交織紡條是一種紡織原料的形式,它有直的或是斜紋的編織方法,這可以提供獨一無二的多方向強度。玻璃纖維團包括了非編織而成,隨機方向的纖維,這可以生產出連續和截斷繩束兩種類型的表面結構,作為抗腐蝕性襯墊和表面的應用。截斷繩則是被廣泛的使用到注入製模產品的強化成分上。斜紋和層合精細纖維可以產生紗線的繩束,它的強度可以使其經由編織來變為紡織布料。

還有一種類型的玻璃強化成分可供使用的,就是微球。它們有控制特別良好地微粒尺寸、強度和密度。它們有許多種形式,包括了矽酸的、陶瓷的、玻璃的、聚合物的還有礦物的等等。從 A-玻璃中所製造的固態的玻璃微球其尺寸從 5 到 5000 微米,而最常被使用在聚合物中的尺寸則是 30 微米。它們可以利用接合媒介的被覆來做詳細的說明,此接合媒介會使得鍵結產生並且消除環繞球體周圍的液體吸收。微球還有一種形式就是中空類型,這主要是用到減低塑性系統的重量上。

表 **20.1** 所選擇的強化纖維之性質

	張力強度 MPa	彈性模數 GPa	熱膨脹係數的誘電係數 10^{-6}/K	熔點 °C	在 20°C,1MHz 情況下
E-玻璃	3450	72	5.0	1720	6.3
A-玻璃	3040		8.6		6.9
S-玻璃	4600	87	5.6	1720	5.1
氧化鋁	2070	380		2015	
碳化矽	3930	485		2700	
氧化鋯	2070	345		2677	
硼	3450	380		2030	
鎢	4000	400		3410	

碳纖維 Carbon Fibers

碳的強化用途是因為它們為人所熟知的重量輕,高強度還有高彈性模數性質的結合體。強化碳材料的高成本也限制了它在許多工業上的應用,不過在航空與太空工業的應用上面,它還是相當受歡迎的。談到了它們的製造,有一些前驅物像是人造絲,聚丙烯腈(PAN)或是瀝青,一種芳香族的化合物,都常被引入到連續的細纖維中然後使其氧化。這就是三步驟製程中的第一步,並被稱之為穩定化作用。第二步就是實施碳化作用,這會熱裂解前驅物材料。這個高溫的製程會分解有機體並且帶走所有的元素,除了碳之外。增加碳化作用的溫度從 1000 到 3000°C 將會減低張力強度,不過卻也會增加彈性模數的值。第三個步驟稱之為石墨化作用。在這其中包含了許多碳纖維和石墨纖維,所以這些字眼常常都是可以交換地使用的,其中的差異只在於製造溫度的不同。PAN 主要是碳為主,在 1315°C(2400°F)

製造，碳含量大約是 93%到 95%，然而高模數的石墨則是在 3010℃(5450°F) 下製造，通常含有 99%的碳。石墨纖維是可以得到的纖維中最具剛性的，一般來說剛性會是鋼的 1.5 到 2.0 倍。纖維本身也是複合物，這是因為在結晶小板的形式中，只有少量的碳被轉化為石墨。當石墨的成份越高時，纖維的剛性也就越高。

Aramid 纖維 Aramid Fibers（人造纖維之一種，強韌、質輕，用於輪胎和防彈衣）

這種材料是在 1970 年代時開始推行，用來作為代替輻射輪胎中的鋼，這種人造纖維被發現在複合物的世界中佔有重要的一席之地。Aramid 聚合物典型來說是使用在高性能的應用領域中，它可以抗材料疲勞、損壞以及應力破裂，是相當重要的一種材料。它們在材料使用上如此的受到歡迎必須要歸功於優異的結合了強度，剛性以及低密度等性質。因為這個獨一無二的特徵結合，它們擁有相當傑出的剛性—重量和強度—重量比例。

在化學上來說，它是一種芳香族的聚醯胺聚合物，其強度主要是來自於包含苯環的脊柱。Kevlar 就是最為人所熟知的例子，這是由杜邦公司所生產的，它的商標名稱為 Kevlar 29 和 Kevlar 49。這些纖維會產生出堅韌、抗衝擊並且擁有石墨一半剛性的複合物結構。兩種形態的 Kevlar 都有大約 2344 MPa 的張力強度，損壞應變大約是 1.8%。Kevlar 49 的張力模數大約是 Kevlar 29 的兩倍，並且也超過了鈦的張力模數。還有一個優點就是它們的密度遠小於玻璃纖維和碳纖維。它們也可以抗火焰燃燒，有機燃料，溶劑還有潤滑油，不過會被酸還有鹼金屬所侵蝕。它們的使用上有一個缺點就是無法做為低溫作業上的應用。

金屬與陶瓷纖維 Metal and Ceramic Fibers

金屬纖維的強化作用有幾個其它系統所沒有的優點。最特別的就是它們相當容易生產，對於結構損壞的敏感性很低，相當的強壯並且可以抗高溫，比起陶瓷纖維來說，金屬纖維先天上的延展性就比較好，而且也比玻璃容易處理。在輪胎中的鋼線仍然是最大宗的應用。

在商業上最成功的連續金屬纖維就是硼、碳化矽、石墨、氧化鋁還有鎢。硼纖維是使用在 borsic-aluminum 的複合物上，這是藉由氣相沈積硼到薄的（直徑 10 微米）鎢線上然後被覆鍍層碳化矽以減低和鋁基材之間的反應。連續的碳化矽纖維則是藉由兩步驟的化學氣相沈積製程在抵抗加熱的碳單絲上所製造的。高溫分解石墨（PG）1 微米厚首先被沈積到碳上面來使得基板變得光滑，並且增進其導電性。在第二步中，PG-被覆基板被暴露到矽烷和氫氣的製程氣體中，這些氣體被分解並且在基板上形成 β-碳化矽連續層。做為 MMCs 的石墨纖維則是藉由與聚合物基材複合物一樣的碳化作用過程來製作，這個在前文中已經敘述過了。

20.2 複合基材材料的形式與性質
Forms and Properties of Composite Matrix Materials

基材 (Matrix) 這一個詞的意思是指複合物中的非纖維相。它的功能僅僅是幫助纖維的製程並作為一個從環境到纖維的轉移媒介。基材通常會控制物理性質。在機械上來說，它只能夠承擔小部分的作用載荷。基材的材料範圍包括了金屬、聚合物以及陶瓷。聚合物基材材料是最常用的，其特徵就是低密度、相當低的強度、非線性的應力一應變關係以及高應變一破裂比。它們可以比金屬或是陶瓷基材材料包含更高體積比率的強化材料。它們也可以做為熱固性或是熱塑性化合物一樣的應用，前者有抗高溫的優點，後者則是可以被重複的加熱與成形。金屬基材複合物可能包括了鋁、銅、鎳、鎂還有金屬間化合物。

一般來說，希望纖維和基材之間能夠安全地鍵結在一起，如此才可以成功的將載荷從基材傳遞到高剛性的纖維上面。有一個例外就是陶瓷強化基材，它所需要的是較弱的鍵結來做為裂痕致動系統，並且用來補償熱膨脹係數的不協調。為了要有良好的鍵結，玻璃纖維常常會利用矽烷型態的媒介物來改善在玻璃纖維複合物中的鍵結和抗潮濕能力。膨脹的相配係數可以確保當纖維膨脹和收縮的速率與基材不一樣的時候，鍵結的破壞可以被最小化。在層與層之間的分離與去鍵結現象可以藉由像是三維編織的方式來降低。

聚合物基材樹脂 Polymer Matrix Resins

如同已經討論過的，強化成分會對複合物提供改善強度與剛性的因素。在另一方面來說，基材的功能就是要加入一些抗衝擊能力，最常見到的就是當作保持強化成分位置並且傳遞作用的載荷到比較強的相的作用。因為基材會完全地環繞強化物質，它也可以保護強化物質免於磨損毀壞和腐蝕。對於聚合物基材系統來說，熱固性和熱塑性樹脂都被使用。表 20.2 中可以看到一些熱塑性材料的性質資訊。

有五種類別的熱固性樹脂被當作主要的聚合物基材複合物使用。它們就是環氧化物、bismaleimides、酚醛樹脂、聚酯還有聚醯亞胺。最終的基材或是所謂的最佳樹脂系統典型來說就是將一系列所需要的性質都利用混合物的組成將其聯合在一起。配方中可能會包括了好幾種樹脂與熱化劑、催化劑、填充劑還有控制劑的互相結合，以上每一種物品都會對最終的基材結構性質有所貢獻。

環氧化物提供了包括環保與抗潮濕能力、抗材料疲勞能力、夾層間剪切強度還有容易製造等等幾種特別性質的平衡。它們的性質在一個相當廣大的溫度範圍內仍然是相當穩定的，而且它們的強度比起聚酯和酚醛樹脂來說都要優越。bismaleimides 則是使用在需要溫度性能表現介於環氧化物和聚醯亞胺的應用領域中。它們有類似環氧化物的製程和相似的性質平衡，不過易脆性的傾向也更加明顯。酚醛樹脂有抗高溫與抗化學能力、良好的介電性、高表面堅硬度還有尺寸的穩定度。不過在生產的過程中容易在熱化時揮發掉，這也限制了它們在某一些複合物應用領域的發展。醇酸樹脂是一種未飽和的聚合物，這是最常見的聚合物樹脂擁有良好的抗弧形能力、尺寸穩定性以及傑出的介電性質。它們會產生中等的複合物機械性質，擁有貧乏的抗化學與抗水解能力，也比其它的熱固性樹脂有較高的收縮係數。使用這種材料的動機在於它們可以快速熱化的能力以及較低的成本。聚醯亞胺在商業應用上的成功可以歸功於良好的平衡了熱氧化穩定性以及高玻璃過度溫度。就像酚醛樹脂一樣，它們的使用也因為在熱化時揮發率相當高所以被限制住。它們被使用到作業溫度比 bismaleimides 所能達到的還要高的狀況下（大約是 110℃ 到 190℃）的應用領域。

表 20.2　所選擇的熱塑性樹脂的性質

樹脂型態	性質
尼龍	良好的尺寸穩定性、高熱變形能力、良好的張力與撓性強度
乙烯基	優越的電導性質、良好的抗化學與潮濕能力、自熄性質
碳氟化合物	相當高的抗熱與抗化學能力、不可燃性、高尺寸穩定性、最低摩擦係數
聚苯乙烯	低成本、良好的鋼性、良好的撞擊強度、適中的熱變形能力
聚乙烯	重量輕、低成本、可以焊接、良好的可撓性、良好的堅韌性
丙烯酸	光學清晰性、良好的光澤、抗風化能力、優異的導電性
聚碳酸酯	高機械性質、自熄性質、高介電強度
聚碸	在高溫時有良好的導電性、良好的透明度、高機械性質、抗熱性、可以電鍍

預浸體 Prepregs

預浸體是工業界在複合物上所使用的名稱，是指在一個部分聚合基材中的連續纖維系統。最常見的強化材料就是碳、玻璃還有 aramid 纖維。熱塑性與熱固性的樹脂也都可以拿來做為基材。預浸體典型地來說提供了四種形式：單向的纖維型態、交織結構、紡條或是截斷繩。

交織結構提供了比單向性纖維型態更均勻的複材性質，不過強度也比較低一些。它們被廣泛的使用則是因為其容易製造和二維強度的優點。截斷繩提供了較低的成本結構和均勻強度的特徵，它們的複合物強度性質一般來說都是比交織結構的低一些。

一旦預浸體系統從某個給定的選拔中被選擇出來，使用者就要開始把利用手工操作或是機器輔助所得到的預浸體疊塗到某種外形的表面上。同一時間，隨著加熱與壓力而帶來的熱化將會完成整個過程。典型的預浸體薄片厚度是在 0.1 到 0.25 毫米之間；寬度則從 2.5 公分變化到 152.5 公分。因為在室溫下熱化過程會繼續，所以預浸體必須要儲存在 0℃ 以下。

20.3 金屬基複合材料 Metal Matrix Composites

金屬材料在聚合物或是陶瓷基材上的明顯優點就是它們結合了抗高溫的能力、適中的強度還有良好的延展性。額外的好處就是當金屬被強化來變成複合物時，會包括 (1) 增強潛變強度，這在像是渦輪機葉片方面的應用是相當重要的；(2) 減少熱膨脹係數，這會減少熱應變；(3) 增強單位密度的強度與模數，也因此會減低了結構的重量；(4) 增強抗磨損的能力。一些金屬複合物 (MMCs) 的機械性質被列在表 20.3 中。

除了在航空上的應用之外，金屬基材複合物也在許多應用領域中被使用，譬如說核子領域、生物工藝學、重機械還有運動的商品以及汽車工業等等。舉例來說，純態的碳化物與氮化物對於在常溫下抗磨損性被易脆性所限制的狀況是相當有幫助的，當它們是分散到金屬的基材時，會顯著的增加組成成分的抗磨損能力。在日本大約有 40%的金屬切削工具是 TiCMo2C-Ni/Mo（或是 Ti, Mo）C-Ni/Mo 的碳化鈦基底混合材料。它們展現出較長的使用壽命、較低的磨損還增加了切削的速度。電子連接器、儲存電池板還有超導電金屬線都廣泛的使用 MMCs。另外可以了解的是，使用矽和碳化鈦的微粒來強化鋁複合物可以得到較佳的阻尼性質。輕量的腳踏車、航海船的桅桿還有高爾夫球杆的杆頭都是使用像是碳化矽強化的鋁。

函數梯度材料 (FGM) 是一種利用組成梯度設計而得到的複合物，它可以抵抗熱機械載荷，主要是因為它在表面層上擁有抗熱的反氧化層，在材料裡面則是具有機械方面的堅韌材料。因此，對這種材料來說，材料性質像是模數、膨脹係數還有熱傳導性等等的過渡都是藉由控制材料的厚度來決定。一個額外的優點就是在整個材料上都會發生熱量鬆弛現象。

表 20.3 選擇金屬基材複合物的張力性質

材料	製造方法/形式	張力強度 Mpa	彈性模數 Gpa	伸長量%
Al-Cu	擠壓鑄造	261	70.5	14.0
Al-Cu+Al2O3	擠壓鑄造	374	95.4	2.2
Al-Cu-Mg (2124-T6)	粉末軋碾/板	474	73.1	8.0
Al-Cu-Mg (2124-T6)+SiC ($Vf=0.17, 3\,\mu m$)	粉末軋碾/板	590	99.6	4.0
Al-Cu-Mg (2124-T6)+SiC ($Vf=0.10, 10\,\mu m$)	噴霧軋碾/片	343	91.9	3.8
Al-Li-Cu-Mg (8090-T6)	噴霧成形/板	505	79.5	6.5
Al-Li-Cu-Mg (8090-T6)+SiC ($Vf=0.17, 3\,\mu m$)	噴霧成形/板	550	104.5	2.0

連續纖維加強 MMCs Continuous Fiber-Reinforced MMCs

硼是第一個使用到金屬基材複合物中的高強度、高模數的強化纖維。添加硼之後的鈦基材複合物，得以增強其強度，在利用纖維進行強化金屬的技術方面，獲得了成功。然而假使沒有表面的被覆和擴散障礙層的話，它的強度和剛性會在劇烈的製程環境下退化。今日，最有用處的商用連續纖維強化 MMCs 系統就是 borsic-鋁，碳化矽—鋁還有石墨—鋁複合物。有一些進階的複合物包括了利用碳化矽纖維來強化鈦合金等可以在顯微照片 20.1 中看到。所有這些都提供了異常優異的高強度和模數等級。硼強化 MMC 提供了有用的機械性質直到 510℃以上，然而一個相同的硼—環氧化物系統則被限制到 190℃。

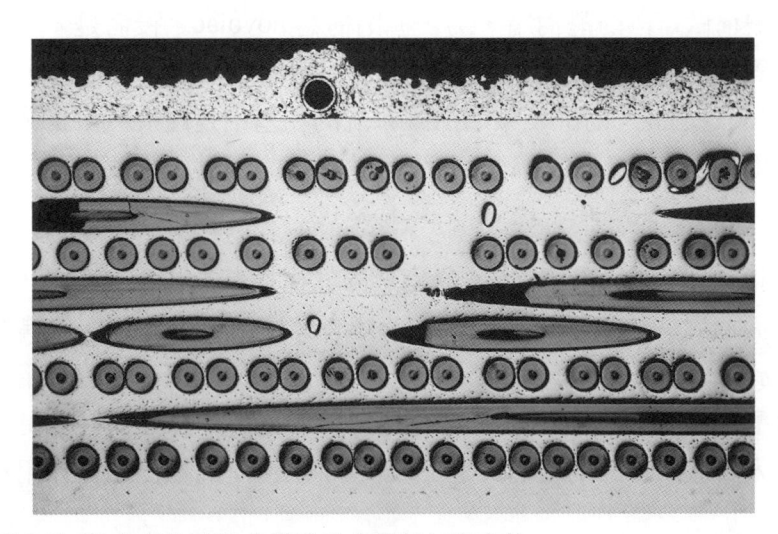

顯微照片 20.1　Ti-6Al-4V 和碳化矽強化纖維的金屬基材複合物

非連續纖維強化 MMCs Discontinuous Fiber-Reinforced MMCs

　　今日的金屬基材複合物大多數都是利用微粒或是在鋁、鎂還有其它基材合金中晶鬚形式 Al_2O_3、SiC、TiC 或是 B_4C 的非連續性強化。非連續纖維常常利用它們長度對直徑的展弦比來描述；當這個比例越高，強度就被改善越多。典型的纖維直徑大約是 10 到 150 毫米。一個關於此類型強化作用的例子就是添加高比例的碳化物到鋁中，可以造成其模數顯著的上升約 50%。非連續纖維強化材料的成本，製程還有加工都比連續纖維複合物要低。

　　最常用來製造金屬—陶瓷和金屬—金屬複合物的方法就是粉末冶金。一個預先合金的粉末被拿來和強化微粒或是晶鬚進行冷均壓，接著徹底的加熱去除氣體，然後再進行鍛造或是擠壓。大多數的加工都是在基材固溶溫度以下完成，不過有時候需要維持溫度到超過固溶線溫度以最小化應力並且預防對於強化介質的破壞。

20.4 聚合物基複合材料 Polymer Matrix Composites

最廣泛使用的複合物材料一直以來都是聚合物基材系統,這是因為它們相當容易製造,密度也相當低且具有抗化學能力及良好的機械與介電性質。今日,超過 80%的強化 PMCs 擁有熱固性基材。高溫的熱固性基材複合物使用上述的聚醯亞胺和 bismaleimides。主要的應用包括了航空工業和電子工業,印刷線路板還有航空機翼的翼肋蒙皮等等。這些複合物一般來說都會在 315℃以上被使用一段時間或是在 480℃以上使用短暫的時間。

酚醛樹脂在中間溫度時被使用,它的性質可以維持穩定直到 200℃。這種樹脂有兩種主要的類型,一種被稱做可溶酚醛樹脂,另一種則稱為 novolac,後者是一種兩步驟的一般目的製模化合物。對於在中等溫度時的高強度需求,環氧化物是一種選擇,不過它的可用範圍是在 230℃到 260℃之間。酚醛―截斷纖維系統的利基則是在於汽車工業、電子業還有設備市場。玻璃纖維強化 PMCs 則是藉由預浸體的疊塗來提供,主要用在船的修理以及包裝材料上。

最常被具體指出的複合材料系統是聚酯熱固性樹脂基材,這是利用 E-玻璃來進行強化。它是最多方面適用的,最經濟的複合物,擁有良好的電子性質和優異的抗酸性。它的用途被限制到低於 125℃的低溫應用領域中。更嚴格要求的應用則是會利用熱塑性材料來達成,像是聚碳酸酯樹脂。不過要注意的是使用它們來做為複合物基材會受到限制,儘管如此,還是有許多人對它們感到高度的興趣。表 20.4 中清楚的指出強化作用在機械性質上的影響。

表 **20.4** 選擇的熱塑性聚合物基材複合物的性質

樹脂型態	張力強度 Mpa	撓性模數 Gpa	衝擊強度 J/cm(有凹槽/無凹槽)	熱撓曲溫度 ℃
非結晶樹脂				
尼龍				
基本樹脂	2.6	> 21/no break	125	
30%玻璃纖維	148	7.9	0.64/3.7	140
30%碳纖維	207	15.2	0.64/4.3	145
聚碳酸酯				
基本樹脂	62	2.3	1.40/ > 21	130
30%玻璃纖維	128	8.3	2.00/9.34	150
30%碳纖維	165	13.1	0.96/5.34	150
結晶樹脂				
尼龍 66	80	2.8	0.48/ > 21	77
30%玻璃纖維	179	9.0	1.5/11	255
30%碳纖維	241	20.0	0.80/6.4	257
Polybutylene				

酯(PBT)				
基本樹脂	59	2.3	0.48/>21	85
30%玻璃纖維	134	9.7	1.4/9.1	210
30%碳纖維	152	15.9	0.64/3.5	210

20.5 陶瓷基材複合物 Ceramic Matrix Composites

　　陶瓷材料令人滿意的性質包括了它們的高熔點、高壓縮強度且在高溫時可以保持良好的強度還有優秀的抗氧化能力。早期所發展的陶瓷基材複合物製程被材料本質上的易脆性所妨礙，內部應力的產生則是起源於熱能的不協調。然而，因為它們優異的抗高溫能力與高強度的能力，使得它們變為在 1650℃的溫度下或是更高溫的狀況下唯一在經濟因素下可行的材料，所以人們到目前為止仍然對它抱持相當的興趣。

　　將陶瓷基材複合物依照它們的強化材料型態可以很方便的分為三種類型：金屬纖維與金屬線、碳（包括石墨）纖維還有陶瓷纖維。適當的金屬會被化學一致性，熱膨脹係數還有所選擇的機械性質的要求所限制。除此之外，它們必須要能夠在高溫的製造過程中保持性質的完整。和聚合物基材複合物相比之下，通常聚合物基材複合擁有 70 vol %或是更多的強化材料，陶瓷基材複合物則被限制為在性質開始退化之前只有少於 50 vol %的強化材料。

　　大多數的金屬強化陶瓷都是使用耐火性元素，包括鉬、鎢、鉭還有鈮。這些選擇有兩個本質上的問題：易受氧化作用影響以及非常高的密度。因此，使用金屬強化陶瓷基材複合物（CMCs）會被限制到特別的短時間應用領域，溫度範圍在 500℃到 800℃之間。同樣地，碳纖維在超過 400℃的溫度下暴露到空氣中時，也會有一樣的快速退化缺點。不像耐火性金屬一樣，碳纖維會有比較低的密度。化學的不活潑性、高強度以及模數還有較佳的可利用性。它們結合了抗高溫能力、高強度以及低密度的特性，這使得它們在缺乏空氣的應用領域中非常具有吸引力。因此將注意力放到碳的抗氧化被覆鍍層和陶瓷纖維上是可以理解的。增加陶瓷纖維的可利用性，像是碳化矽和氧化鋁都會改善生產高溫的陶瓷纖維強化陶瓷基材複合物系統的可能性。雖然對於真實的陶瓷基材材料來說有許多的限制加工，但是在高於 900℃的情況下，已經獲得了一些成功並且沒有喪失其強度。

20.6 碳與石墨複合物 Carbon and Graphite Composites

　　對於應用領域中包含了超過 2200℃溫度時，碳和石墨真的是比其它的材料都還要優秀。結合碳或是石墨纖維在碳基材或是石墨基材上，這會造成某種類型的材料，這種材料是比組成成分更加進階的。它們就是所熟知的碳─碳複合物 (CCCs)，這種材料有著不尋常的性質與特徵，這在其它的材料系統中是沒有辦法發現到的。雖然在周遭溫度的時候並不會使人特別印象深刻，它們可以在溫度從室溫到相當高溫的的 2760℃範圍內都保持著可用的性質以及尺寸的穩定性。結合了抗高溫能力，重量輕還有剛性使得它們在固體火箭的馬達，飛彈還有太空船的應用領域上成為優秀的候選人。

碳—碳複合物是藉由多孔性全碳結構和液態滲碳前驅物像是瀝青的多重注入所製造而成的。這個系統隨後會以和碳纖維製造一樣的方式來進行熱解。第二個方法是在化學氣相滲透（CVI）的過程中將熱解的碳鋪在表層上，並且使用氣相的碳氫化合物像是甲烷，丙烷／丙烯還有苯等等。CVI 的主要問題在於經過厚剖面的均勻沈積，這常會藉由經過剖面的壓力梯度來克服。和聚合物基材複合物相比，在 CCC 中，基材的應變—破裂比例通常會低於纖維強化，而且微小裂痕多半都是來自於製程所產生的應力。因此，碳基材會先損壞。碳—碳複合物的材料疲勞是一個可能會被預期的問題，這是因為它們廣泛的基材裂痕所致。然而，這些材料顯示出其良好程度是和樹脂複合物呈現比例性的關係。另一個和聚合物基材材料不一樣的變化在於因為纖維和基材的模數都是類似的，所以比起在 PMCs 中，碳—碳複合物的載荷更是由兩個組成成分來共同平均分擔。

連續的纖維強化材料可能會是單一方向性或是多重方向性的。這兩者都具有生物相容性，可以被量身訂做來使用到骨頭中，做為像是固定骨折處或是取代髖關節的用途。對於摩擦材料來說也有特別的抗氧化和結構強化等級，這可以使用到飛機、交通工具的煞車系統、熱壓模具、防熱壁板或是太空系統中的熱結構元件和進階的氣動渦輪引擎中。

問題

1. 在某一個溫度範圍內使用複合物基材時，假使基材或是強化材料就像時效硬化一樣，發生相變態的時候，金屬基材複合物的設計考量應該是如何呢？

2. 讀者認為在金屬纖維的強化聚合物基材複合物中，哪一種型態的腐蝕機制會是最有可能發生或是最不利的呢。在哪一種環境之下這種類型的複合物應該要被避免呢？

3. 基於讀者關於材料的一般知識，試列出幾種複合物的系統 (a) 依抗熱性的增加排列 (b) 依強度的增強排列 (c) 依相對的成本增加排列。考量幾種可能的組成原料結合。

4. 比較並且對照聚合物基材複合物和碳—碳複合物的基材與強化物質破裂模式。

5. 當使用不連續，隨機方向的纖維強化材料時，列出兩種具有吸引力的特徵還有兩種不想要出現的特徵。對於連續，有方向性的纖維強化材料也列出兩種具有吸引力的特徵還有兩種不想要出現的特徵。

參考文獻

Schwartz, M. M.: Composite Materials, vol. 1, Properties, Non-Destructive Evaluation and Repair, Prentice-Hall, Upper Saddle River, NJ, 1997.

Engineered Materials Handbook, vol. 1, Composites, ASM Int., Materials Park, OH, 1987.

Herakovich, C. T.: Mechanics of Fibrous Composites, Wiley, New York, 1998.

Warner, S. B.: Fiber Science, Prentice-Hall, Upper Saddle River, NJ, 1995.

Callister, W. D. Jr.: Materials Science and Engineering: An Introduction, 5th ed., Wiley, New York, 2000.

Harper, C. A.: Handbook of Plastics, Elastomers, and Composites, McGraw-Hill, New York, 1996.

Suresh, S., A. Mortensen, and A. Needleman: Fundamentals of Metal Matrix Composites, Butterworth-Heinemann, Stoneham, MA, 1993.

Weeton, J. W., D. M. Peters, and K. L. Thomas: Engineer's Guide to Composite Materials, ASM Int., Materials Park, OH, 1987.

索引

A

Ceramic Phase Diagram　陶瓷相圖　19-1
Electrochemical Factor　電化學因素　15-5
Niobium (Columbium)　鈮（鋼）　17-14
Abrasives　研磨料　19-4
Aging　時效處理　6-6
Alloy Steels　合金鋼　9-6
Allotropic Forms　同素異形體　1-10,
　　　　同素形成　16-3
Alloys of Iron and Carbon　鐵與碳的合金　7-4
Aluminum Alloys　鋁合金　13-15
Aluminum-Lithium Alloys　鋁－鋰合金　13-18
Amorphous　非晶形　1-16
Amprphous and Polymer Structures
　　非晶型與高分子結構　1-13
Annealing　退火　4-17, 4-12, 6-6
Annealed Metals　退火金屬　4-19
Aramid Fibers　Aramid 纖維　20-5
Atomic Packing　原子堆積形式　1-3
Atomic Size　原子大小　1-7
Austempering　沃斯田回火法　9-12
Austenite　沃斯田鐵　7-13
Automobile-Body Stock　車體原料　8-7

B

Bainite　變韌鐵　7-17
Binary Eutectics　二元共晶　5-1
Body-Centered Cubic, BCC　體心立方結構　1-5
BRASS(ES)：Cu-Zn Alloys
　　黃銅：銅－鋅合金　14-5
Brinell Hardness, BHN　布氏硬度　1-22
Brittle Fracture　脆性破裂　2-6

Brittle Mterial　脆性材料　2-4

C

Carbon and Graphite Composites
　　碳與石墨複合物　20-11
Carbon Fibers　碳纖維　20-4
Carbon Steels　碳鋼　9-4
Cast Alloys　鑄造合金　15-13
Cast Aluminum Alloys　鑄造用鋁合金　13-6
Cast Copper-Base Alloys　鑄造銅基材合金　14-18
Cast Irons　鑄鐵　12-9
Cast Iron (Fe-C-Si) Phase Diagram
　　鑄鐵（鐵－碳－矽）的相圖　12-1
Cast Magnesium Alloys　鑄造鎂合金　15-6
Cemented Carbides　燒結碳化物　10-15
Ceramic Matrix Composites
　　陶瓷基材複合物　20-11
Characteristics of Glass　玻璃的特徵　19-7
Characteristics of Unalloyed Solids
　　非合金固體的特性　1-31
Chromium　鉻　10-2, 17-18
Classification of High-Carbon Steels
　　高碳鋼的分類　10-1
Classification of Medium-Carbon Steels
　　中碳鋼的分類　9-2
Clay　黏土　19-2
Coatings　被覆　19-6
Cobalt-Base Superalloys　鈷基材超合金　17-10
Composite Materials　複合物　20-1
Composite Matrix Materials　複合基材材料　20-6
Composite Reinforcing Materials
　　複合強化材料　20-2
Concentration of Solute　溶質濃度　6-12

Cooling-Rate Variables 冷卻速率的變數 5-6	Electrical Properties 電性 1-27
Copper Alloy Designations 銅合金的命名 14-1	Electrical Conductivity 導電性 1-28
Corrosion Resistance 抗腐蝕性 16	Electronegativity 陰電性 3-3, 3-4
Cost 成本 15-17	Endurance Limit 疲勞限制 1-24
Covalent Crystal 共價晶體 1-12	Environment 環境 2-7
Covalent 共價鍵 1-9	Equilibrium 平衡 7-7
Creep 潛變 1-23	Eutectic Microstructures 共晶微細構造 5-7
Creep Properties 潛變性質 16-15	Eutectoid Steel 共析鋼 7-13
Creep 潛變 1-15	
Crystal Axes 晶軸 1-7	**F**
Crystal Planes 晶面 1-9	Face-Centered Cubic Structure, FCC 面心立方結構 1-4
Crystal structure 晶體結構 1-8	Fatigue 疲勞 1-15, 1-23
Crystallography 結晶學 3-2, 3-3, 15-4	Fe—Fe3C Phase Diagram Fe—Fe3C 相圖 7-2
Cu-Be Alloys 銅—鈹合金 6-15	Formability 形成性 15-16
Cu-Zu Phase Diagram 銅—鋅合金相圖 14-5	Fracture 破裂特性 1-16
Cyclic Loading 循環載荷 2-12	
D	**G**
Deformation 變形 4-6	Gary Cast Iron 灰鑄鐵 12-2
Deformation-Hardened Metals 變形硬化金屬 4-9	Glass Fibers 玻璃纖維 20-3
Designations 命名 15-1	Grain boundary energy 晶界能 1-13
Density 密度 1-25	Grain Growth 晶粒成長 4-14
Diffusion 擴散 3-12	Grain Size 晶粒尺寸 2-6, 8-4
Diffusion Coefficient 擴散係數 3-14	Grain Strengthening 晶粒強化作用 3-20
Dimensional Changes 尺寸改變 10-13	Grain Structure 晶粒組織 1-13
Directional Properties 方向性質 4-21	Grain-Size Control 晶粒尺寸控制 15-13
Discontinuous Fiber-Reinforced MMCs 非連續纖維強化 MMCs 20-9	Graphitization 石墨化 12-6
Dislocation Theory 差排理論 4-3	Grüneisen's 格魯案森常數 1-26
Ductile 延展性 12-6	**H**
Ductile Material 延展性材料 2-3	Hardenable 可硬化 9-4, 9-6
E	Hardening 硬化 10-12
Effect of Morphology 型態的效應 16-11	Hardness 硬度 1-22
Elastic Properties 彈性 1-16, 1-17	Heat Treatment 熱處理 7-13
Elastomeric Polymers 彈性體聚合物 18-20	Heat-Treatable Aluminum Alloys 可熱處理鋁合金 13-3

Heavy Steel Plates　重鋼板　8-9
Hexagonal Close-Packed, HCP　六角密排結構　1-4
High-Carbon Steels　高碳鋼　10-3
High-Strength, Low-Alloy (HSLA) Steels
　　高強度低合金 (HSLA) 鋼　8-12
High-temperature Performance　高溫性能　17-2
Hot Working　高溫加工　4-19
Hypoeutectoid　亞共析　7-4

I

IA, or Alkali, Metals　第 IA 族，鹼金屬　1-32
IB, or Noble, Metals　第 IB 族貴金屬　1-36
Ideal Conditions　理想狀態　1-14
Identification　識別　15-3
IIB Metals　第 IIB 族金屬　1-37
Impact　衝擊　1-23
Induction　磁感應　1-29
Linear Elastic Fracture Mechanics
　　線性的彈性破裂機制　2-8
Intermetallic Compounds　金屬間化合物　5-4
Ionic Crystal Structures　離子晶體結構　1-11
Ionic　離子化合物　1-9
Isothermally Transformed Steel
　　恆溫變態鋼材　7-29

K

Kirkendall Effect　克肯達耳效應　3-13

L

lattice Parameter　晶格常數　1-5, 1-8
Lattice　晶格　1-7
Law of Diffusion　擴散定律　3-13
Light Metals　輕金屬　1-37
Low-Carbon Steel　低碳鋼　8-15, 8-18

M

Machinability　加工性　15-17

Magnesium Alloy　鎂合金　15-1
Magnesium Alloying　鎂合金　15-4, 15-14
Magnetic Field Strength　磁場強度　1-29
Magnetic Properties　磁性　1-28, 1-29
Magnetization　磁化　1-29
Magnetic Properties　磁性　1-27
Marquenching　麻淬火法　9-13
Martensite　麻田散鐵　7-27
Martensite Transformation　麻田散鐵變態　7-17
Matrix　基材　20-5
Mechanical Properties　機械性質　17-2
Mechanical Property Tests
　　機械性質試驗　1-17, 1-18
Mechanism of Solidification　凝固的機制　3-4
Mechanical Properties　機械性質　1-17
Metal and Ceramic Fibers　金屬與陶瓷纖維　20-5
Metal Alloys　金屬合金　3-16
Metal Matrix Composites　金屬基複合材料　20-8
Metallic　金屬　1-9
Metals of High Valence　高價電數金屬　1-38
Microstructure　顯微組織
Microstructure　微細構造　5-6, 7-8, 7-29
MMCs Continuous Fiber-Reinforced
　　MMCs 連續纖維加強　20-8
Modulus of Elasticity　彈性模數　15-16
Molecular　分子化合物　1-9
Molybdenum　鉬　10-2, 17-19
Multicomponent Eutectics　多元共晶　5-5
Multiphase Materials　多相材料　5-14

N

Neck Down　頸縮　1-17
Nickel-And Iron-Base Superalloys
　　鎳和鐵基材的超合金　5
Niobium　鈮　17-13
Nonequilibrium　非平衡　7-7

Noneutectoid Steels　非共析鋼　7-21
Nonhardened Steel　非硬化鋼　7-8
Nonhardenable Low-Carbon Steels
　　無法硬化之低碳鋼　8-6
Nonresulfurized　等級　9-2
Normalized and Annealed Steels
　　正常化處理和退火鋼　7-40
Notch Sensitiviy　刻痕敏感性　15-16

O

Olefin, Vinyl and Related Polymers
　　烯烴、乙烯基還有相關的聚合物　18-11
Oxidation Behavior　氧化行為　17-4
Oxygen-free, hight-conductivity, OFHC
　　無氧，高傳導性銅　14-2

P

Permeability　導磁率　1-29
Phase Diagrams　相圖　15-1
Physical Metallurgy of Al-Li Alloys
　　鋁—鋰合金的物理冶金　13-19
Physical Properties　物理性質　1-25
Plastic Flow　塑性流　4-3
Plastic Properties　塑性　1-16, 1-18
Plasticity of Metals　金屬的塑性　4-2
Plasticity of Single Crystals
　　單晶之的塑性變形　4-2
Polycrystalline　多晶　4-6
Polymer Matrix Composites
　　聚合物基複合材料　20-10
Polymer Matrix Resins　聚合物基材樹脂　20-6
Polymers　聚合物　18-3, 18-8
Porcelain Enameled Ware　瓷琺瑯製品　8-7
Precipitation　析出硬化　6-3, 6-15, 11-6
Precipitation Hardening　析出硬化　6-1, 6-5, 6-11
Precipitation-Hardenable Stainless Steels
　　可析出硬化物的不鏽鋼材　11-6
Preferred Orientation　優利方向　4-21
Prepregs　預浸體　20-7
Pressure Die-Cast Magnesium Alloys
　　壓力壓模鑄法的鎂合金　15-14
Property Changes　性質改變　4-9, 4-10, 4-19,
Property Deterioration　性質退化　2-10, 2-12

Q

Quenching　淬火　6-6

R

Rate of Strain Hardening　應變硬化率　1-21, 1-22
Real Solid Solutions　真實固溶體　3-19
Recovery　回復　4-12
Recrystallization　再結晶　4-13
Reduction of Area　斷面縮減率　1-21, 1-22
Refractories　耐火物質　19-3
Refractory Metals　耐火金屬　17-2
Refractory Metal Coatings
　　耐火性金屬的被覆　17-23
Relative Atomic Sizes　相對原子尺寸　15-4
Remanence　殘留磁化值　1-30
Residual Stresses　殘留應力　13-15
Resulfurized Steel　易切鋼　9-2

S

Segregation　分離　3-16
Semiconductors　半導體　1-39
Shape Variables of Eutectic Structures
　　共晶結構的外型變數　5-7
Silicon and Aluminum Bronzes　矽與鋁青銅　14-17
Size Factor　尺寸因素　3-3
Soft　軟施力　1-21
Solid solutions　固溶體　3-2 3-20, 3-22, 6-3
Solidification　凝固　12-6

Solidification of Metal Alloys
　　金屬合金的凝固　3-9
Solidification of Pure Metals　純金屬的凝固　3-7
Solution Strengthening　溶質強化作用　3-20
Solution Treatment　溶解處理　6-6
Specific Heat　比熱　1-26
Stainless Steels　不鏽鋼　11-1, 11-6, 11-9
Stainless-Steel Alloy Designations
　　不鏽鋼合金的命名　11-4
Steels for Low-Temperature Service
　　低溫作業用鋼材　8-10
Steelmaking Processes　煉鋼製程　8-3
Strain Hardening　應變硬化　4-9, 4-10
Strain　應變　1-17
Strength　強度　1-15
Stress Distribution　應力分佈　2-7
Structure of Nonmetallic Solids
　　非金屬固體結構　1-10
structure-sensitive properties　結構敏感性　1-16
Suppression　抑制　2-6
Surface Effects　表面效應　10-12
Surface Hardening　表面硬化　8-18

T

Tantalum　鉭　17-13, 17-16
Temperature Dependence　溫度相關性　3-14
Temperature　溫度　2-6
Tempering　回火　7-27, 10-8
Tensile Elongation　拉伸伸長量　1-20, 1-21
Tensile Specimens　抗拉試片　1-18
Tensile Strength　抗拉強度　1-20, 1-21
Tensile Test　抗拉試驗　1-18, 1-22
Terminology　專門用語　7-6
Test Results　測試結果　1-19
Testing Machines　試驗機器　1-17
Thermal Conductivity　熱傳導係數　1-26

Thermal Expansion　熱膨脹　1-27
Thermal Properties　熱性　1-26
Thermomechanical Processing　熱彈性製程　9-14
Thermoplastic Polymers
　　熱塑性聚合物　18-16, 18-19
TIN BRONZ(ES)：Cu-Sn Alloys
　　錫青銅：銅—錫合金　14-16
Tin Plate　錫板　8-8
Titanium Alloys　鈦合金　16-4, 16-9, 16-11, 16-16
Traditional Ceramics　傳統的陶瓷　19-2
Transformation Diagrams　變態圖　10-3
Transformation　變態　7-14
Transition layer　過渡區　1-13
Transition Metals　過渡金屬　1-38
True Breaking Strength　真實斷裂強度　1-21
Tungsten　鎢　17-21
Twinning　雙晶　4-5
Two-Phase Brasses　兩相黃銅　14-8
Two-Phase Microstructures　兩相微細構造　14-11

U

Ultra-High-Strength Steels　超高強度鋼材　9-13
Unalloyed Coppers　非合金銅　14-2
Unalloyed Titanium　非合金鈦　16-1
Unit Cell　單位格子　1-3

V

Valence Factor　原子價因素　3-3
Valency Factor　原子價效應　15-4
Vanadium　釩　10-2, 17-14
Vanadium
　　釩　17-13
Viscosity　黏滯性　1-12

W

Weldability　可焊性　15-17

Welding　焊接　8-15

Work-Hardenable Wrought Aluminum Alloys
　加工硬化鋁合金　13-3

Wrought Brasses　鍛軋黃銅　14-15

Y

Yield Strength　降服強度　1-20

Young's Modulus　楊氏係數　1-20

Z

Zone Refining　帶熔純化　1-31, 3-17